Axure RP9 完全自学教程

苏文学◎编著

北京大学出版社
PEKING UNIVERSITY PRESS

内容提要

本书以“完全精通 Axure RP 9 原型设计”为出发点，由浅入深，引导新手掌握产品原型设计需要掌握的知识，全书共 4 篇，分为 18 章。

第 1 篇为基础篇，主要针对初学者，从零开始，系统全面地讲解了 Axure RP 9 软件的基础操作，包括软件的安装与卸载、汉化、新功能特性、操作界面、自定义工作区及各个面板的作用等内容。

第 2 篇为核心篇，包括默认元件库的各个元件的介绍和使用、图标库、交互设计、母版、流程图的应用、如何发布和预览原型等知识。

第 3 篇为高手养成篇，包括各种辅助工具，如截图工具、脑图工具、投屏工具、扩展字体、屏幕分辨率、使用 Axure 集成的元件、如何搭建本地原型服务器和发布原型到三方服务器等。

第 4 篇为实战案例篇，讲解 Axure RP 9 如何完成行业经典案例（效果）的制作，包括电商类产品、推荐问答类产品、支付金融类产品和影视音乐类产品。

全书内容系统全面，语言通俗易懂，实例题材丰富多样，操作步骤清晰准确，非常适合从事原型设计、网页 DEMO 设计及交互设计的人员学习使用，也可以作为相关院校和电脑培训班的教材参考书。

图书在版编目(CIP)数据

Axure RP 9完全自学教程 / 苏文学编著. 一 北京：北京大学出版社，2021.8

ISBN 978-7-301-32304-5

Ⅰ. ①A… Ⅱ. ①苏… Ⅲ. ①网页制作工具－教材 Ⅳ. ①TP393.092.2

中国版本图书馆CIP数据核字（2021）第131922号

书　　名 Axure RP 9完全自学教程
Axure RP 9 WANQUAN ZIXUE JIAOCHENG

著作责任者 苏文学　编著

责任编辑 张云静　杨　爽

标准书号 ISBN 978-7-301-32304-5

出版发行 北京大学出版社

地　　址 北京市海淀区成府路205号　100871

网　　址 http://www.pup.cn　　新浪微博：@ 北京大学出版社

电子信箱 pup7@ pup.cn

电　　话 邮购部010-62752015　发行部010-62750672　编辑部010-62580653

印 刷 者 北京宏伟双华印刷有限公司

经 销 者 新华书店

889毫米×1194毫米　16开本　22.25印张　694千字

2021年8月第1版　2021年8月第1次印刷

印　　数 1-4000册

定　　价 119.00 元

学好原型设计，多一门高薪技艺

写给读者的话

Axure RP 9 是美国 Axure Software Solution 公司推出的原型设计软件，目前最新版本是 RP 9，其中 RP 是 Rapid Prototyping（快速原型）的缩写。Axure RP 让负责定义需求和规格、设计功能和界面的专家能够快速创建应用软件或 Web 网站的线框图、流程图、原型和规格说明文档，作为专业的原型设计工具，它能快速、高效地创建原型，同时支持多人协作设计和版本管理。

随着互联网的发展，越来越多的软件公司开始重视原型设计，产品设计相关的工作岗位也越来越多，原型设计成为软件工程中重要的一环。就像修建楼房一样，一定要先设计好相应的图纸，再去动工。通过设计原型可以清楚地知道要做什么，如何做，以及预计工作量等信息。

客户提出了软件开发需求，各种说明文档和会议远没有设计出原型来得直接，不仅能节省时间，最重要的是可以将用户的想法都表达出来，若有疏漏之处也便于调整。

没有原型，开发人员很难精准地做出技术选型，例如，前端需要树形结构的选择、模糊搜索、分页、饼图等，开发人员看到原型就知道该如何实现。

Axure 作为一种产品岗位的设计工具，在国内外非常受欢迎。熟练掌握 Axure 的操作技巧，能使你在职场中更游刃有余。

学好 Axure 的好处

Axure 之所以受到广大原型设计从业者的青睐，是因为它拥有强大的设计能力。鼠标拖动式的元件搭建，配合交互面板、样式面板可以让原型交互设计更加得心应手。学好 Axure 的优势如下。

（1）就业前景好。就算你没有出众的学历，只要你能设计出好原型，就不愁找不到工作。在招聘网站中输入“原型设计”或者“Axure”，搜索结果会告诉你，市场对原型设计岗位的需求与日俱增。

（2）行业刚需。随着互联网的不断发展，软件行业已离不开原型设计，尤其是大公司，软件编码前一定要先设计出原型进行评审。

（3）就业范围广，可塑性强。如果你一直从事软件相关行业，有一天不想写代码了，学习 Axure 可以帮助你顺利转行。掌握原型设计技能后，可以深入学习 PC 端、移动端的原型设计，如 APP（手机软件）、小程序等。结合 UI（用户界面）设计师的包装，能够设计出更多市场需要的产品。学会它，职业生涯便有了更多的可能性。

本书特色

（1）内容全面，注重学习规律。本书几乎涵盖了 Axure RP 9 的所有工具、命令等常用功能，是市场上内容极为全面的图书之一。书中还标出了 Axure RP 9 的“新功能”及“重点”知识。

（2）案例丰富，可操作性强。全书安排了 78 个知识型实战、5 个章节过关练习、28 个妙招技法、61 个元件案例、9 个大型综合设计案例，读者可以结合书中案例同步练习。

（3）任务驱动＋图解操作，一看即懂，一学就会。为了便于读者学习和理解，本书采用“任务驱动＋图解操作”的写作方式，将知识点融入相关案例进行讲解，分解操作步骤，只要按照书中讲述的步骤去操作，就可以做出与书中一样的效果。另外，为了解决读者在自学过程中可能遇到的问题，书中还设置了“技术看板”板块，解释在操作过程中可能遇到的疑难问题；还添设了“技能拓展”板块，其目的是教会读者通过其他方法来解决同样的问题，举一反三。

（4）扫二维码看视频学习，轻松更高效。本书配有同步音 / 视频讲解，几乎涵盖了全书所有案例，如同老师在身边手把手教学，学习更轻松、更高效。

（5）理论结合实战，强化动手能力。本书在编写时采用了“知识点讲解＋实战应用”的方式，易于读者理解理论知识，便于动手操作，增加学习的趣味性，为将来从事原型设计工作奠定基础。

除了本书，您还可以获得什么

本书还配套赠送相关的学习资源，内容丰富、实用，全是干货，包括同步学习文件、PPT 课件、设计资源、电子书、视频教程等，让读者花一本书的钱，得到一份超值的学习套餐。学习资源包括以下几个方面。

（1）同步学习文件。提供全书所有案例相关的素材文件及结果文件，方便读者学习和参考。

素材文件：本书中所有实践章节的素材文件，全部收录在同步学习资源文件夹中。读者在学习时，可以参考图书内容，打开对应的素材文件进行同步练习。

结果文件：本书中所有实践章节的最终效果文件，全部收录在同步学习资源文件夹中的“结果文件 \ 第 × 章 \”文件夹中。 读者在学习时，可以打开结果文件查看效果。

（2）同步视频讲解。本书为读者提供了与图书内容同步的视频课程。

（3）精美的 PPT 课件。赠送与书中内容同步的 PPT 教学课件，方便老师教学使用。

（4）8 本高质量设计相关电子书。赠送如下电子书，让读者快速掌握图像处理技巧与设计要领，成为设计界的精英。

《平面 / 立体构图宝典》

《文字设计创意宝典》

《版式设计创意宝典》

《色彩构成宝典》

《色彩搭配宝典》

《中文版 Photoshop 基础教程》

《手机办公宝典》

《高效人士效率倍增宝典》

（5）2 部实用视频教程。这些视频教程可以帮助你成为职场中最高效的人。具体如下。

《5 分钟学会番茄工作法》教学视频

《10 招精通超级时间整理术》教学视频

温馨提示：以上资源，可用微信扫描下方二维码关注微信公众号，然后输入资源提取码 AX91845 获取下载地址及密码。另外，在微信公众号中，还为读者提供了丰富的图文教程和视频教程，可以随时随地给自己“充电”。

资源下载

官方微信公众号

本书适合哪些人学习

- Axure 原型设计初学者。
- 想提高原型设计能力的 Axure 爱好者。
- 产品经理、需求分析师、架构师、交互设计师、网站策划师等。

创作者说

本书由凤凰高新教育策划，苏文学组织编写。全书案例由设计经验丰富的设计师提供，并由经验丰富的产品顾问执笔编写，他们具有丰富的原型应用技巧和设计实战经验。由于计算机技术发展非常迅速，书中难免有疏漏和不足之处，敬请广大读者及专家指正。

若您在学习过程中产生疑问或有任何建议，可以通过邮箱与我们联系。

读者信箱：2751801073@qq.com

编　者

目　录

第1篇　基础篇

本篇主要使用当前最新版本 Axure RP 9 进行讲解，通过了解软件的发展史、新功能特性、基本操作等，为后续的深入学习打好基础。“设计无极限、交付不妥协”，你准备好了吗？

第2篇 核心篇

本篇作为核心篇，将通过学习Axure元件库中的默认元件库（Default）熟悉元件的用途，使用图标库（Icons）美化和丰富原型设计，通过流程图标库（Flow）学习如何设计流程图，简单交互模型（Sample UI Patterns）是Axure提供的集成元件，将在后面章节中介绍。围绕元件库还将继续学习交互设计相关知识、母版的用途、发布和预览原型及如何创建和管理Axure团队项目。

第 3 篇　高手养成篇

本篇将介绍一些辅助软件及常用的设计字体，便于使用 Axure 设计原型或发布原型。原型是由若干个小的元件加上样式和事件交互组合成的，我们把常用的元件交互组合称为元件或组件，如分页、折叠菜单、选项卡等。本篇还将学习如何设计不同风格的元件，以及 Axure 自带的元件。

第4篇 实战案例篇

本篇按分类介绍生活中常用的移动端或Web端常见的原型制作效果。本篇涉及的产品版本会不断变化（更新）（如电商类产品京东，经常改换色系，优化布局），如果读者在实际的移动端或Web端发现与本书教程中出现的效果图有差异属于正常现象，重要的还是学习原型的制作方法。考虑到部分案例功能有相似之处，部分章节将仅提供核心思路供读者参考。

本篇主要使用当前最新版本 Axure RP 9 进行讲解，通过了解软件的发展史、新功能特性、基本操作等，为后续的深入学习打好基础。“设计无极限、交付不妥协”，你准备好了吗？

第1章 带你走进 Axure RP 9

- Axure RP 是哪家公司出品的？第一个版本是什么时候发布的？
- Axure RP 解决了什么问题？
- Axure RP 有哪些同类软件？
- 如何安装 Axure RP 9？英文版看不懂如何汉化？
- Axure RP 9 最新版本有哪些新功能？
- 在学习过程中，如何获得官方帮助？

学完这一章的内容，你将获得上述问题的答案。

1.1 Axure 简介

Axure 发展至今已有 18 年，是全世界领先的快速原型工具，目前最新的版本是 Axure RP 9，比之前的版本增加了很多新功能。本章将介绍行业内部分同类软件与 Axure RP 9 的比较，学习 Axure RP 时，不仅需要了解它诞生的原因，还需要了解行业内的同类软件。

1.1.1 Axure 的诞生

Axure RP 由美国 Axure Software Solution 公司出品，RP 是 Rapid Prototyping 的缩写，中文意思是快速原型，通常我们将其称作 Axure，省略后面的 RP。

1. Axure 诞生的原因

Axure 的创始人是维克多 • 许和马丁 • 史密斯。维克多 • 许是一位电力工程师，后来改行进入软件行业，马丁 • 史密斯是一位经济学家和自学成才的黑客，也曾经在网络公司就职。

2002 年 Axure 公司成立，维克多和马丁就职于该初创公司进行软件研发，但在工作中频繁被软件开发的生命周期限制所困扰，而且产品团队在编写规范之前很难评估他们的解决方案是否有效，开发人员经常不理解或不阅读给出的规范，导致工作效率低下，产品质量受损。作为产品经理和开发人员，他们也经常讨论解决方案，如图 1-1 所示。

图 1-1

经过多次尝试，在2003年1月，Axure诞生了，2003年年底发布了Axure 2。Axure 2将基于HTML的编辑器切换为流程图编辑器，奠定了原型生成的基础。在之后的10年里，基于Axure 2不断进行功能改进，如动态面板、条件逻辑和团队共享工程等。

从2003年到2020年，Axure RP发布了多个版本，已是原型设计工具中的佼佼者，最新版本为Axure RP 9。作为专业的原型设计工具，它让负责需求定义及界面交互的人员能够快速创建PC端、手机端、平板端的流程图、线框图、原型及规格说明文档。

2. Axure 的应用

Axure是一个快速绘制线框和Demo示例的原型工具，主要用来定义应用程序的需求与规格，设计用户界面与功能，在国内外深受用户体验设计师的好评。

Axure提供与Windows软件相同的拖放操作环境，用户可以快速绘制线框图，Axure内置了许多常用的元件，如按钮、文字、图片、矩形、文本框、单选按钮、复选框和下拉列表等。

Axure可以快速创建流程图，就像创建线框一样容易，流程元件库中有设计流程图时经常会用到的形状，可以轻松在流程之间加入连接线并设定连接的格式。

3. 哪些职业需要使用 Axure

Axure的应用范围非常广泛，产品经理、产品专员、产品助理、需求分析师、商业分析师、信息架构师、交互设计师、用户体验设计师、IT咨询师、界面设计师等都需要用到Axure。

另外一些公司还要求程序员和架构师掌握Axure的操作，具体可以查看招聘网站中对岗位的描述，如图1-2所示。

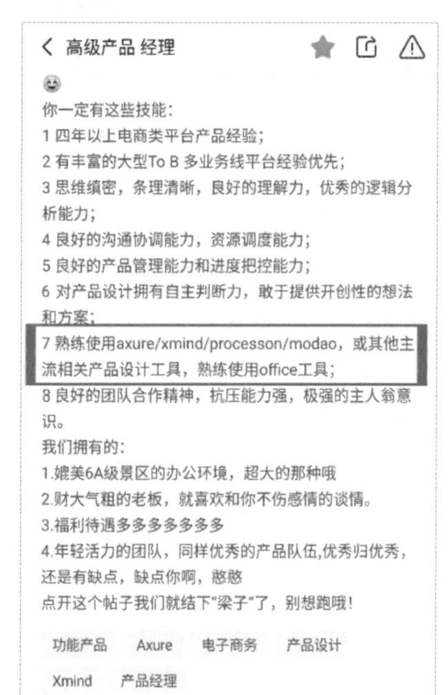
< 高级产品 经理

你一定有这些技能：
1 四年以上电商类平台产品经验；
2 有丰富的大型To B 多业务线平台经验优先；
3 思维缜密，条理清晰，良好的理解力，优秀的逻辑分析能力；
4 良好的沟通协调能力，资源调度能力；
5 良好的产品管理能力和进度把控能力；
6 对产品设计拥有自主判断力，敢于提供开创性的想法和方案；
7 熟练使用axure/xmind/processon/modao，或其他主流相关产品设计工具，熟练使用office工具；
8 良好的团队合作精神，抗压能力强，极强的主人翁意识。
我们拥有的：
1.媲美6A级景区的办公环境，超大的那种哦
2.财大气粗的老板，就喜欢和你不伤感情的谈情。
3.福利待遇多多多多多多多
4.年轻活力的团队，同样优秀的产品队伍,优秀归优秀，还是有缺点，缺点你啊，憨憨
点开这个帖子我们就结下"梁子"了，别想跑哦！

功能产品 Axure 电子商务 产品设计 Xmind 产品经理

图 1-2

1.1.2 Axure RP 9 版本介绍

目前，Axure RP 9是比较适合设计人员设计产品概念并和开发人员完成产品交接的原型设计工具，Axure RP 9界面如图1-3所示。

图 1-3

美国时间2019年4月25日，Axure 9正式版发布，包括Windows版和macOS版，版本号为9.0.0.3646。当前最新版本为2021年2月23日发布的9.0.0.3727，如图1-4所示。

图 1-4

Axure也有测试版本，如图1-5所示，但测试版本的软件并不稳定。

图 1-5

本书将围绕 9.0.0.3727 版本进行讲解，在 Axure 的安装章节将讲解如何安装 Axure RP 9，请确保安装软件版本一致。

1.1.3 比较 Axure 同类软件

在前文中已经介绍过，Axure RP 9 是一个快速原型工具，那么在行业内有哪些类似的原型设计工具呢？很多公司的招聘信息中经常写到熟练掌握 Axure、modao 或其他主流产品设计工具。不同的公司对岗位的要求有所不同，这里列出几个同类的原型设计工具。

1. MockingBot

中文翻译为“墨刀”，也有人称其为“modao”。它是北京磨刀刻石科技有限公司旗下的一款在线原型设计与协同工具，如图 1-6 所示，这是墨刀桌面客户端的截图。

图 1-6

墨刀有 macOS、Windows 和 ubuntu 这 3 种不同的版本，其中 Windows 版还可以选择 Windows 64 位、Windows 32 位或通用兼容版，如图 1-7 所示。

除此之外，墨刀也支持在线使用，在浏览器中打开墨刀官网并登录即可，首次使用需要先注册账号。

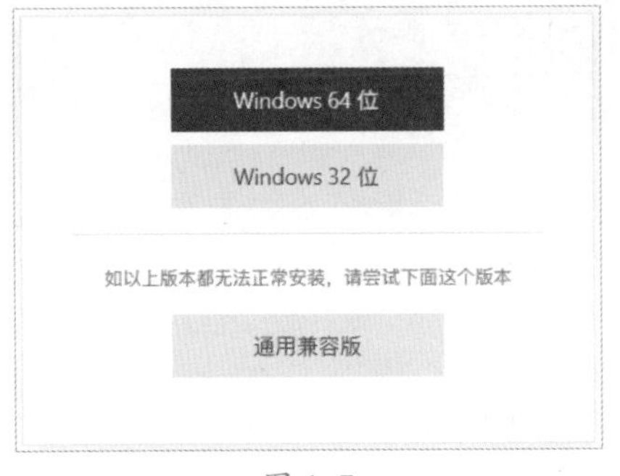

图 1-7

墨刀内置了非常多的组件，可以很方便地实现原型交互，如图 1-8 所示。

图 1-8

通过这些组件可以组合出复杂的原型交互，如搜索组件和标签选项卡组件可以组合成带搜索功能的标签选项卡；单选组件、复选组件、文本框组件、上传组件等可以组合得到表单。在灵活性上，笔者认为墨刀并没有 Axure 强大。

有网友将墨刀和 Axure 比作美图秀秀和 Adobe 的 Photoshop，想要快速制作简单原型，那么使用墨刀集成的组件、模板确实非常省事儿；如果需要更加灵活和强大的交互，那么 Axure 更胜一筹。当然，Axure 中的动态面板、中继器也是重点和难点，我们将在后续的章节中进行讲解。

好的软件是需要付费的，墨刀免费版的空间、素材是有限的，版本价格可查看官网。同样 Axure 也需要购买授权，具体将在后面的章节介绍。

2. Adobe XD

Adobe XD（以下简称 XD）是 Adobe 家族旗下的软件，它一出生就自带家族光环，可以方便地和 Adobe Photoshop（以下简称 PS）进行交互，换句话说，在 PS 中设计的效果图可以方便地导入 XD。XD 目前是完全免费的，可以在官方网站查看详细介绍并下载，如图 1-9 所示，支持 Windows 和 Mac 双平台。

图 1-9

XD 安装完成后，可以新建预设大小尺寸的原型或通过“开始教程”了解基础知识，如图 1-10 所示。

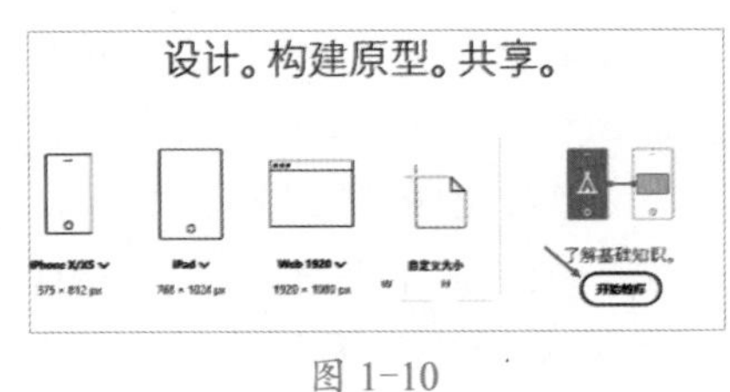

图 1-10

如果有一定的 PS 基础，XD 非常容易上手，XD 有画板工具、矩形、圆形、文字和钢笔等工具。这些工具都围绕图层布局在指定尺寸的画布上，如图 1-11 所示，左侧是 XD 的工具栏。

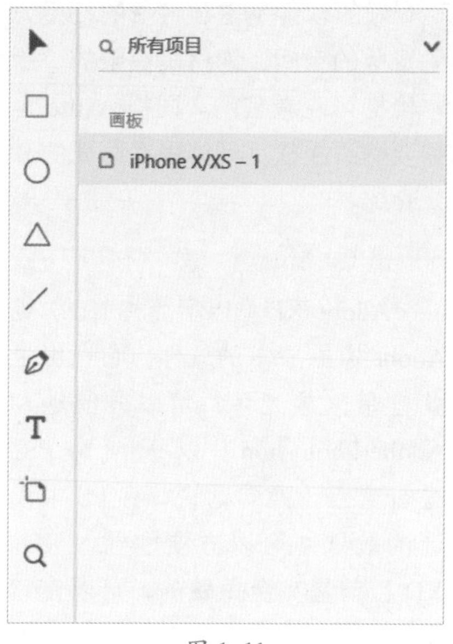

图 1-11

如果读者对 XD 感兴趣，不妨下载来体验一下，XD 中还有 Axure 插件，支持将 XD 的设计导出为 Axure 能识别的格式。

XD 与 Axure 各有优缺点，一些简单的交互 XD 更适合，XD 引用 PS 的设计可以快速实现高保真原型图的交互设计，但 XD 过于依赖页面元素，重复内容过多，如 A 页面上有一个按钮，单击该按钮将会显示一个提示信息，Axure 在实现上只关注这个按钮的交互内容，而 XD 需要将整个 A 页面复制到 B 页面，然后在 B 页面中添加提示信息，两个页面的区别只是 B 页面多了一个"提示信息"。另外 XD 的交互触发较少，如图 1-12 所示，没有双击、右击等交互功能，因此复杂的交互使用 Axure 更为合适。

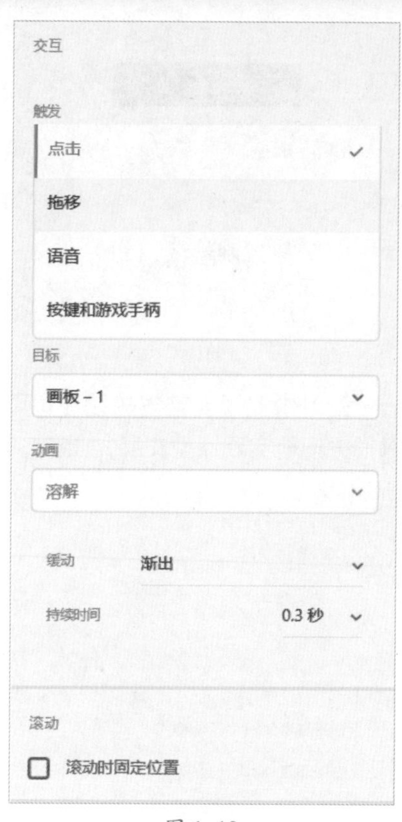

图 1-12

当然，不同的软件产品在定位上有所不同，没有更好或最好，对于使用者来说，是否能满足需求才是最重要的。

3. ProtoPie

ProtoPie 中文翻译为"菠萝头派"，它是高保真交互原型设计工具。Protopie 是韩国 Studio XID 公司打造的移动端交互原型设计软件，设计师无须编写代码就可以快速制作出高保真交互原型，还能实时在手机上演示，使原型能够在更多场景下使用，软件的中文官网末端可看到相关软件下载链接，如图 1-13 所示。

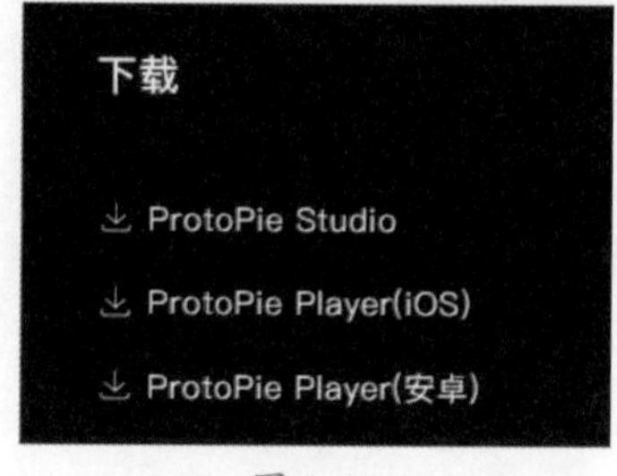

图 1-13

该软件功能全面，使用方便，当然也不便宜，目前有个人和企业两个版本。在 2019 年 10 月 18 日前可以一口价购买永久激活码，目前已不支持。官方称已购买永久激活码的用户依然可以永久使用以前的版本，但不能再升级新版本，现在 Axure 只有订阅模式（包月或包年）。

新用户可以免费试用，ProtoPie Studio 安装完成后需要单击"注册获取 10 天试用"链接，如图 1-14 所示。

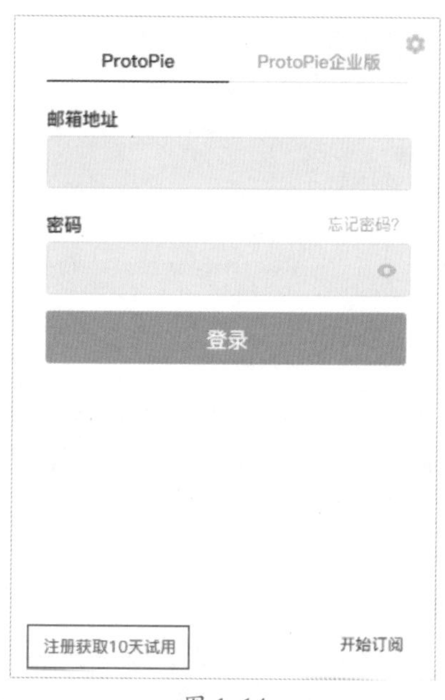

图 1-14

学生订阅还有相应的优惠，具体可以访问该软件的官网了解详情。

关于 ProtoPie 与 Axure 的比较，Studio XID 首席执行官托尼 • 金在接受动点科技采访时表示，在中国，许多人使用 Axure RP Pro 7 学习原型设计，但是 Axure RP Pro 7 缺乏可在移动端使用的复杂功能。在创建原型产品时需要编码背景，对于没有编码基础的人来说，很难一下子搞懂某些操作。

ProtoPie 可以给任何移动设备创建产品原型，包括可穿戴设备和物联网设备。这款工具旨在加强设计师与开发团队的沟通，并最终将成为一款开发者必备工具。

一些复杂的交互和编程一样，需要很多逻辑判断设置，包括局部变量、全局变量和函数等，不过那是在 Axure RP 7 中，现在 Axure RP 9 在移动端的设计功能也得到了加强，并且官方网站也做出了无需代码的宣传，如图 1-15 所示。

Axure RP 9 is the most powerful way to plan, prototype, and hand off to developers, all without code. Download a free trial and see why professionals choose Axure RP.

图 1-15

ProtoPie 还和 Adobe 公司有相应的合作，XD 的内容也可以在 ProtoPie 中使用。

总之，ProPie 与现在的 Axure RP 9 都有非常庞大的用户群体，长期专注于产品行业的读者不妨都学习一下。

★重点 1.1.4 原型设计的好处

我们知道修房子前会有相应的图纸，通过图纸可以看出哪里是过道、厨房或厕所，也可以提前发现不合理的布局，如果想到一点就动工或按文字描述来施工，发现问题后再推翻重来，造价将非常高。软件工程就好比建造房子，Axure 扮演的角色就是进行前期的规划与设计。

在项目开始前进行原型设计可以减少项目风险。原型可以模拟产品功能，无须编写代码。在其他开发任务开始之前进行原型设计，可以减少团队技术负担，帮助团队开发出更好的产品。

原型不能解决所有产品开发问题，但是在项目早期，有原型可以大大减少不必要的变更，开发人员能根据原型评估大概的工作量、时间成本和人员成本等。

1. 原型帮助技术决策

通过代码向客户展示产品，并通过客户的反馈来审视产品，然后重新编写代码，不断完成产品迭代，这个过程虽然能确保软件以用户为中心，但可能产生额外的零碎代码和技术负担。

但如果客户反馈的问题不清晰，应先收集反馈并在现有原型的基础上进行迭代，这样在开发人员编写代码之前，有更长时间思考应用程序的设计，包括技术体系、框架体系、预估开发天数等，这样做的好处就是减少了零碎的代码和技术负担，先在原型上进行需求功能优化，给技术团队留出更多时间，从而开发出更好的产品。

2. 原型赋予团队积极进取的目标

如果在开发过程中反复修改需求功能，对产品的目标认知不清，可能导致生产力、代码质量降低，甚至可能导致开发人员流失。

通过使用高保真原型设计可以在开发之前与客户和利益相关者进行沟通，测试和验证产品设计。如果是低保真原型，设计师需要对其进行美化。

3. 原型使项目资源规划成为可能

一些大项目通常会拆分为几期，因为在没有终点线的情况下就开始开发，对预算和资源规划是一场灾难。在构建产品时，如果需求一直变化，就无法预测实现业务目标将花费多少时间、金钱，需要多少人员。

通过评审和迭代原型，可以就实现业务目标需要构建的内容做出明智的选择。

用户在和开发人员谈项目、需求（想法）时，开发人员需要知道实现这个项目、需求（功能）需要哪些资源，如某些功能点的改动涉及第三方公司配合联调，需要提前购买短信服务、物流轨迹服务等。

4. 原型避免了低效率会议

软件行业少不了会议沟通，在软件行业，产品经理负责让产品可用，用户界面设计师负责让产品看起来美观，用户体验设计师负责让产品布局设计更加人性化，开发测试人员负责让产品真正投入使用，如图 1-16 所示。

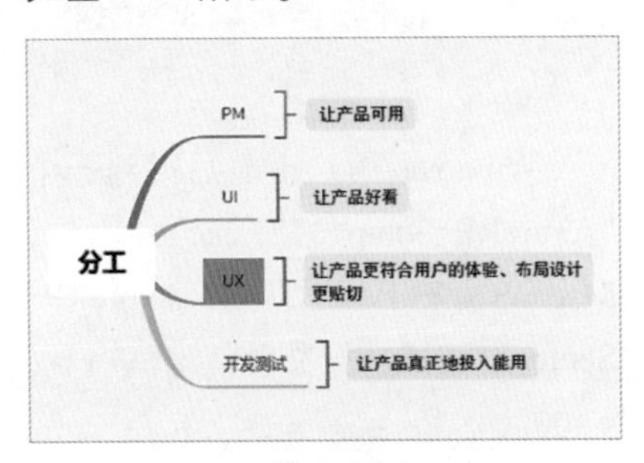

图 1-16

除此之外，可能还有项目经理和销售等人员参与的会议，不同的会议、不同的公司需要参会的人员有所差别。

如果没有原型直观演示，只通过文档进行沟通，就会导致会议效率低下。不同的角色关心的重点有所不同，作为需求源头的产品经理需要清楚地告知相关人员产品目标是什么，有哪些功能点，原型长什么样，大概有多少个页面。一些小公司很多人员都要负责多个项目，开一个效率低下的会议会浪费大家的时间。原型制作不是完美的，但通过交互演示，几乎每个人都可以理解开发的要点。

1.2 Axure RP 9 的安装与卸载

本节讲解 Axure RP 9 的安装、汉化，以及安装后的目录结构、文件格式、激活 Axure、卸载和安装谷歌浏览器 Axure 插件。

1.2.1 实战：安装 Axure RP 9

Axure 提供了 Windows 和 MacOS 两种版本，在使用前需要先进行下载，步骤如下。

1. 下载 Axure

Step01 打开浏览器，进入 Axure RP 9 的官方下载页面。

Step02 ❶ 单击“Download Axure RP 9 Mac”可下载 Mac 版，❷ 单击“Download Axure RP 9 Win”可下载 Windows 版，如图 1-17 所示。

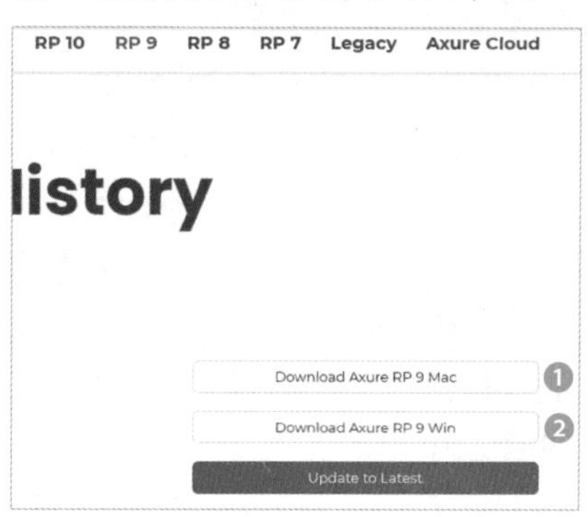

图 1-17

Windows 用户下载后得到一个“AxureRP-Setup-3727.exe”文件，Mac OS 用户下载后得到“AxureRP-Setup-3727.dmg”文件。

2. Windows 系统安装 Axure

计算机配置要求如下。

（1）操作系统：Windows 7、Windows 8 或 Windows 10。

（2）最小 2 GB 内存（RAM），建议 4 GB。

（3）1 GHz 处理器。

（4）5 GB 磁盘空间。

具体安装步骤如下。

Step01 双击 AxureRP-Setup-3727.exe 应用程序，在弹出的安装界面单击“Next（下一步）”按钮，如图 1-18 所示。

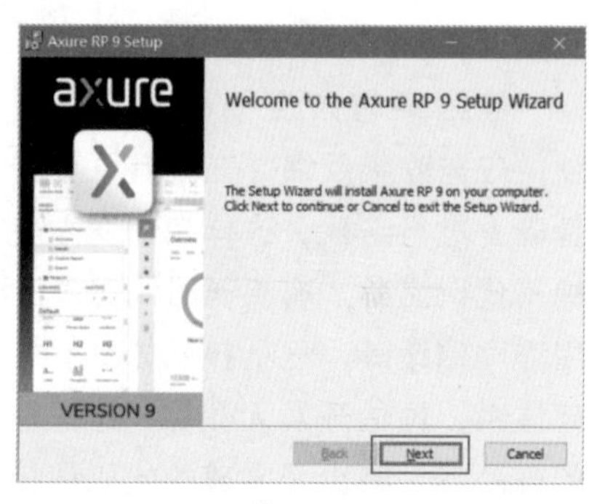

图 1-18

Step02 在 Axure 客服协议界面，❶ 勾选同意协议内容复选框，可以上下滚动查看协议内容，Axure 的云服务使用者须满 18 周岁。❷ 只有勾选了同意协议才能单击“Next（下一步）”按钮，继续进行下一步操作，如图 1-19 所示。

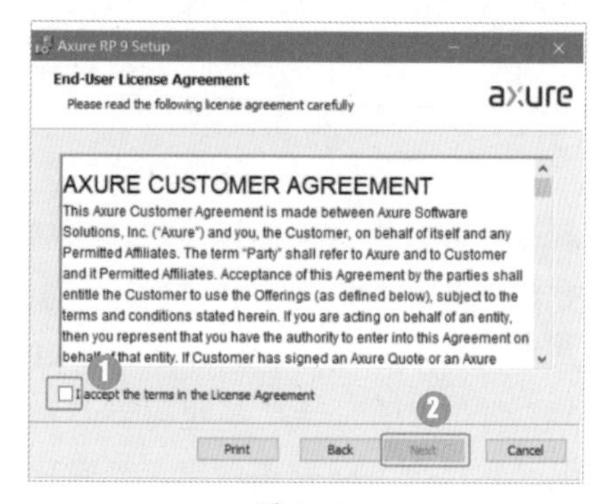

图 1-19

Step03 ❶Axure 默认安装在系统盘路径，大多为 C 盘，也可手动更改安装路径，如 D 盘、E 盘等。❷ 单击“Change”按钮弹出“路径选择”对话框，根据个人偏好选择相应的路径即可。需要确保所选路径有足够的空间。❸ 单击“Next（下一步）”按钮开始安装软件，如图 1-20 所示。

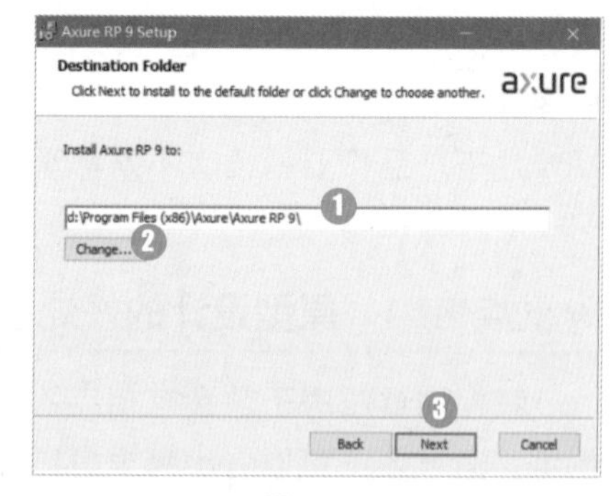

图 1-20

Step04 若无系统相关问题（内存或

磁盘空间不足等问题），程序安装完成。❶“Launch Axure RP9”默认为选中状态，表示完成安装后立即启动 Axure RP 9，若不需要启动则取消勾选。❷单击“Finish”按钮，完成 Axure RP 9 的安装，如图 1-21 所示。

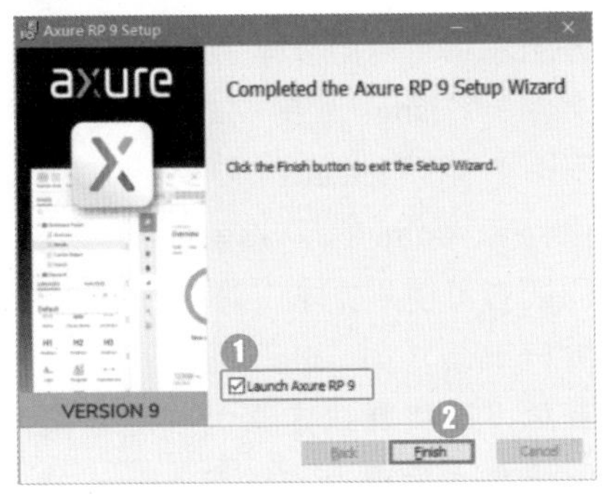

图 1-21

3. macOS 系统安装 Axure

计算机配置要求如下。

（1）操作系统 macOS 10.13 以上。

（2）最小 2 GB 内存（RAM），建议 4 GB。

（3）配备 64 位 Intel 处理器。

（4）5 GB 磁盘空间。

具体安装步骤如下。

双击已下载的“AxureRP-Setup-3727.dmg”应用程序，启动安装程序并将 Axure RP 9 图标拖到“应用程序”文件夹中，即可完成安装。

1.2.2 了解安装目录结构

Axure 安装完成后，需要花几分钟时间了解 Axure 在 Windows 下安装后的目录结构。

找到 Axure 安装后产生的快捷方式，❶右击“Axure”图标，❷在弹出的快捷菜单中选择“属性”选项，❸在弹出的“属性”对话框中选择“快捷方式”选项卡，❹“起始位置”就是安装路径，如图 1-22 所示。

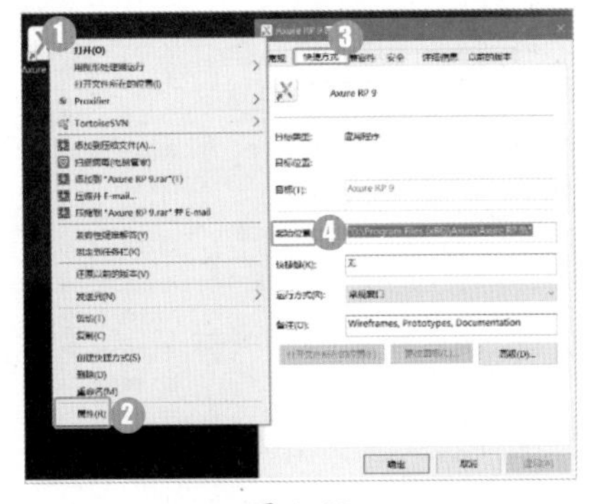

图 1-22

打开 Axure 安装目录，在目录下有 4 个文件夹，如图 1-23 所示。

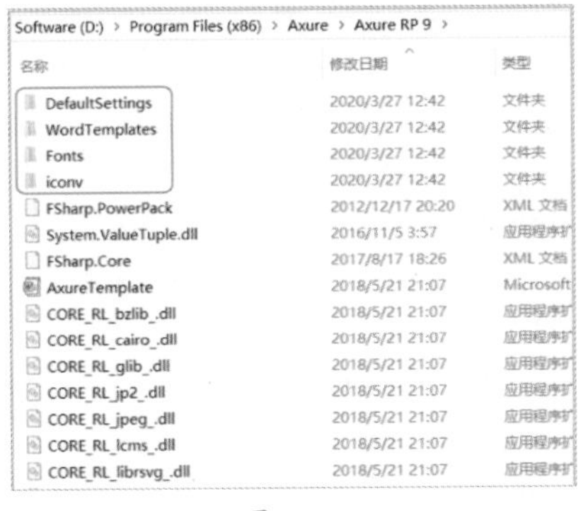

图 1-23

1. DefaultSettings

“DefaultSettings”文件夹为默认设置文件夹，包含 4 个子文件夹，如图 1-24 所示。

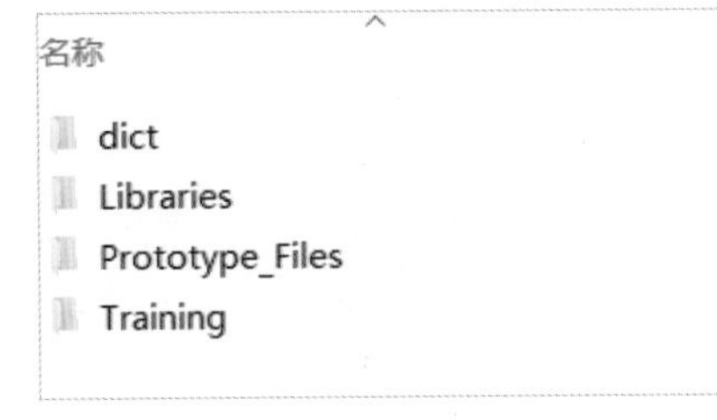

图 1-24

（1）“dict”文件夹存放多国的字典文件，如图 1-25 所示。

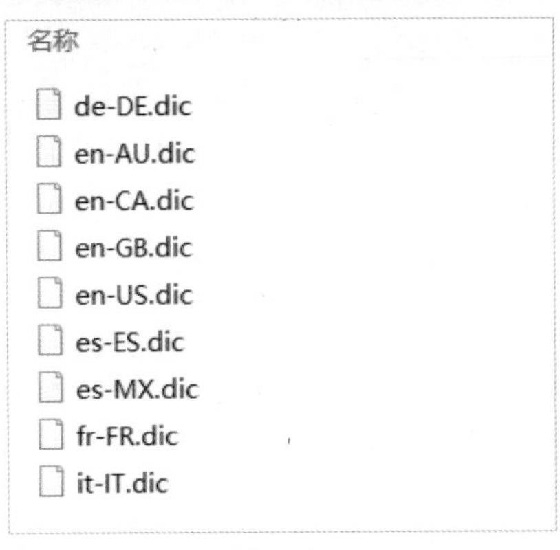

图 1-25

（2）“Libraries”文件夹存放了 Axure 的元件库，包括默认元件 Default、流程元件 Flow、图标元件 Icons 及一些常用样本集成元件 Sample UI Patterns，如开关和选项卡等。这些元件是 Axure 的核心，原型设计将围绕它们开展工作，如图 1-26 所示。

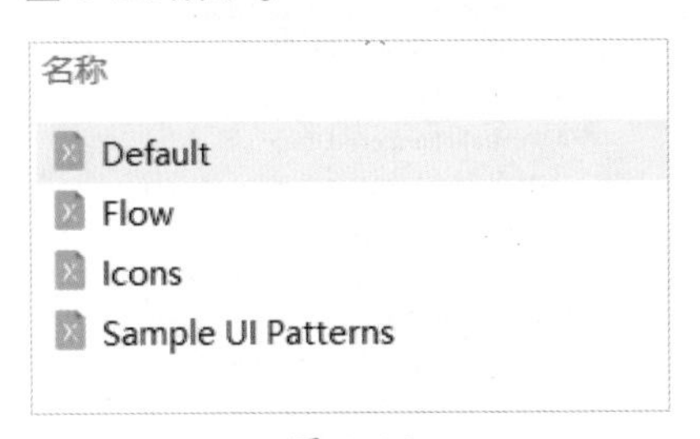

图 1-26

（3）“Prototype_Files”是原型文件夹，存放生成原型所需的 html 文件、js 文件、css 等网页文件及相关插件，如图 1-27 所示。

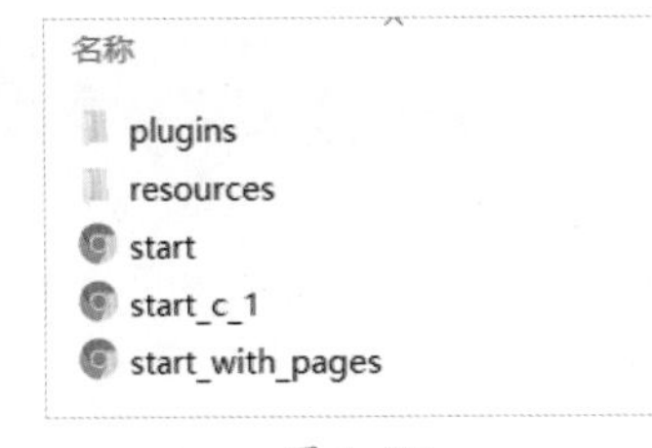

图 1-27

（4）“Training”为培训文件夹，存放了两个 WH 原型文件，官方提供这两个原型文件的目的是使新手快速入门；GettingStarted.rp 是入门指南，RP9 Tour.rp 是官方提供的导览原型文件，帮助读者掌握原型设计的基础知识。Axure 安装完成后启动时，欢迎界面提示打开导览文件查看，即打开“RP9 Tour.rp”，如图 1-28 所示。

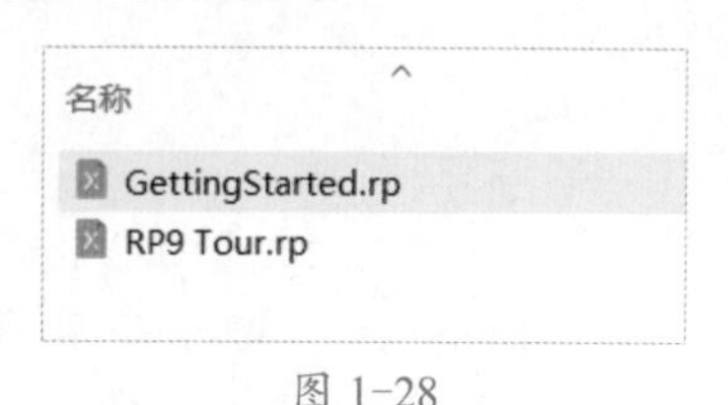

图 1-28

2. WordTemplates

该文件夹下存放了 16 个 Word 模板，文件格式为 .docx，如图 1-29 所示。

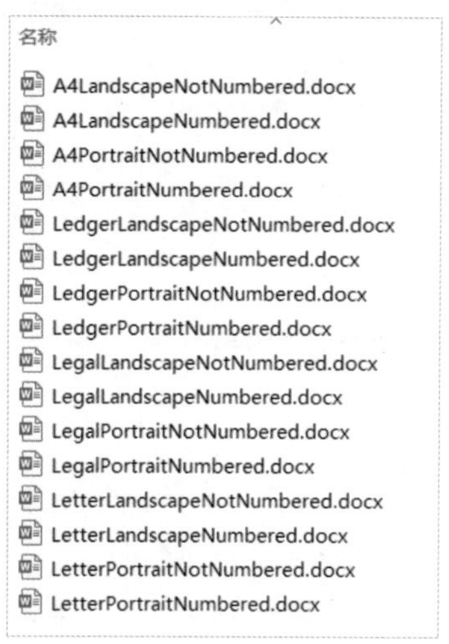

图 1-29

技术看板

.docx 是 Office 软件 Word 的文件格式，需要安装 Microsoft Office Word 或其他能打开 .docx 格式文件的软件。

3. Fonts

字体文件夹，存放了上百种字体（主要针对英数和相关符号），可用于原型设计，如图 1-30 所示。

名称	修改日期
AxureHandwriting.ttf	2020/1/9 11:54
AxureHandwriting-Bold.ttf	2020/1/9 11:54
AxureHandwriting-BoldItalic.ttf	2020/1/9 11:54
AxureHandwriting-Italic.ttf	2020/1/9 11:54
Lato-Black.ttf	2019/9/26 15:00
Lato-BlackItalic.ttf	2019/9/26 15:00
Lato-Bold.ttf	2019/9/26 15:00
Lato-BoldItalic.ttf	2019/9/26 15:00
Lato-Hairline.ttf	2019/9/26 15:00
Lato-HairlineItalic.ttf	2019/9/26 15:00
Lato-Light.ttf	2019/9/26 15:00
Lato-LightItalic.ttf	2019/9/26 15:00
Lato-Regular.ttf	2019/9/26 15:00
Lato-RegularItalic.ttf	2019/9/26 15:00
Lora-Bold.ttf	2019/9/26 15:00
Lora-BoldItalic.ttf	2019/9/26 15:00

图 1-30

设计原型时可以使用这些字体，Axure 的手写体如图 1-31 所示。

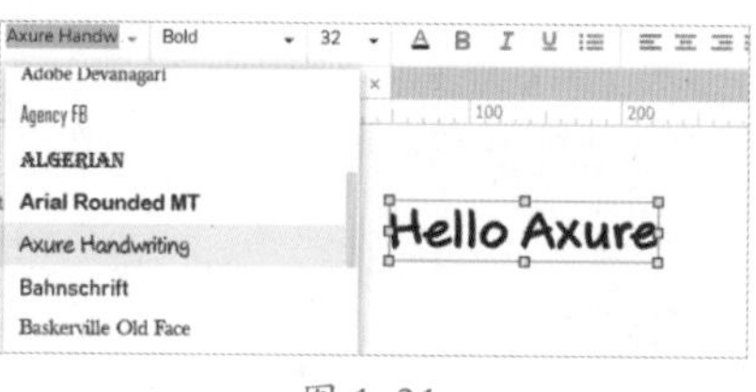

图 1-31

4. iconv

该文件夹存放了很多扩展名为 .so 的文件，用于进行相应的编码转换，如图 1-32 所示。

- iso-8859-2.so
- iso-8859-3.so
- iso-8859-4.so
- iso-8859-5.so
- iso-8859-6.so
- iso-8859-7.so
- iso-8859-8.so
- iso-8859-9.so
- iso-8859-10.so
- iso-8859-13.so
- iso-8859-14.so
- iso-8859-15.so

图 1-32

1.2.3 实战：汉化 Axure

为方便大家学习，本节将介绍如何汉化 Axure。

Axure 官方只提供了英文版软件，在汉化时可以根据安装的 Axure 版本在网上搜索相应的汉化方法，也可以打开本书提供的汉化文件夹“lang”，在“lang”文件夹下有一个“default”文件，该文件保存了 Axure 的汉化信息，感兴趣的读者可使用文本工具打开该文件进行编辑，如“file”对应“文件”菜单，可将其自定义为其他含义，编辑文本后保存并重启 Axure，就可以看到新的汉化结果（注意调整前先备份），如图 1-33 所示，具体步骤如下。

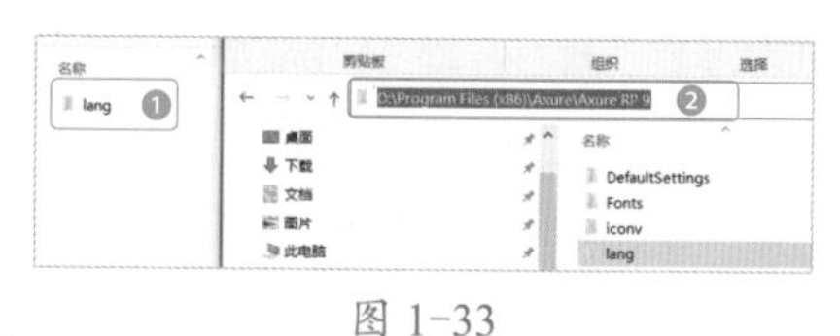

图 1-33

Step 01 将“lang”文件夹复制到 Axure 安装目录，操作前要先退出 Axure，复制完成后，目录结构如图 1-34 所示。

图 1-34

Step 02 完成汉化，打开 Axure 查看欢迎界面，如图 1-35 所示。

图 1-35

Axure 默认新用户有 30 天的试用期，后面章节将介绍如何获得授权，激活 Axure，拥有更长的使用天数。

macOS 汉化方法和 Windows 类似，将汉化文件复制并粘贴到 Resource 文件夹中进行替换。

技术看板

随着 Axure 版本更新，汉化文件也需要不断更新。笔者之前遇到过中继器元件排序汉化后不生效，启用情形时条件满足，但事件无法响应的问题，在后续使用过程中若发现此类问题，可先还原汉化，方法是重命名 lang 文件夹中的“defualt”文件，在英文版中排查问题。

★重点 1.2.4　熟悉 Axure 相关文件格式

不同的软件文件格式有所不同，Axure 也是如此。Axure 的常见文件格式如表 1-1 所示。

表 1-1　文件格式及含义

文件格式	含义
rp	Axure 原型源文件格式，打开可以查看、编辑原型
rplib	Axure 元件库文件，包含一个或多个元件，如矩形、按钮、文字或多种元件组合
rpteam	同 rp，适用于团队协作
rpteamlib	同 rplib，适用于团队协作

技能拓展——了解网页相关文件格式

Axure 制作的原型文件通过浏览器进行预览，生成的 html 原型文件还包括 js、css 等文件格式。

1.2.5　启动 Axure RP 9

除通过桌面快捷方式打开 Axure 外，打开 rp 格式的文件也可以启动 Axure，同时，在开始菜单中找到 Axure，右击软件图标，执行“固定到‘开始’屏幕”命令，方便后续快速找到并启动软件，如图 1-36 所示。

图 1-36

1.2.6　实战：激活 Axure

为更好地使用 Axure，需要将其激活，所谓的激活就是输入有效的授权码。官方提供了不同版本的授权码，包括专业版、团队版和企业版，具体可参考官网。

购买官方授权码比较麻烦，要填写的信息很多，包括授权邮箱、主体（个人或公司）和支付信息，我们使用时可以在授权经销商那里购买。

激活 Axure 的具体操作步骤如下。

Step 01 输入授权码激活 Axure，如果读者之前使用过 Axure 并且 30 天的试用期已过，那么只能通过输入授权码进行激活；如果试用期没有结束，则通过执行“帮助”菜单中的“管理授权”命令进行激活，如图 1-37 所示。

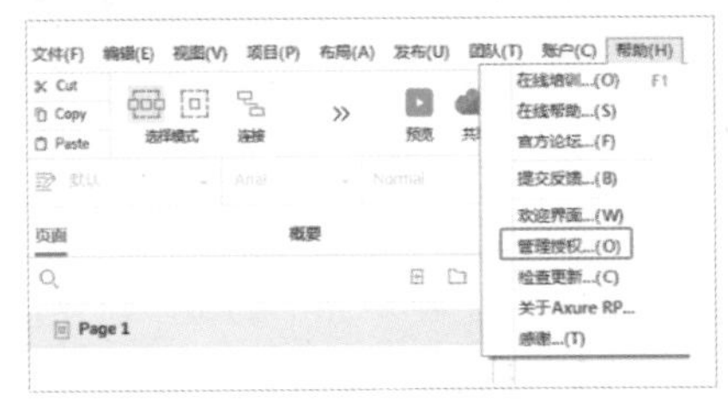

图 1-37

Step 02 在弹出的“管理授权”对话框中，❶ 单击“输入授权码”，弹出“授权”对话框，❷ 在对话框中输入正确的“被授权人”，❸ 输入“授权密钥”，❹ 单击“提交”按钮即可完成授权，如图 1-38 所示。

图 1-38

1.2.7　退出 Axure RP 9

退出 Axure RP 9 的方法很多，这里介绍常用的 3 种。

（1）单击右上角的“关闭”按钮。

（2）打开“文件”菜单，选择“退出”命令，或者使用快捷组合键“Alt+F4”。

（3）在“开始”菜单任务栏右击 Axure，在弹出的菜单中选择“关闭窗口”命令。

1.2.8 实战：卸载 Axure RP 9

卸载 Axure 前需要先将已打开的 Axure 关闭，操作方法如下。

❶依次打开“控制面板”中的“程序和功能”面板，❷选中“Axure RP 9”选项，❸单击“卸载”按钮，即可完成卸载，如图 1-39 所示。

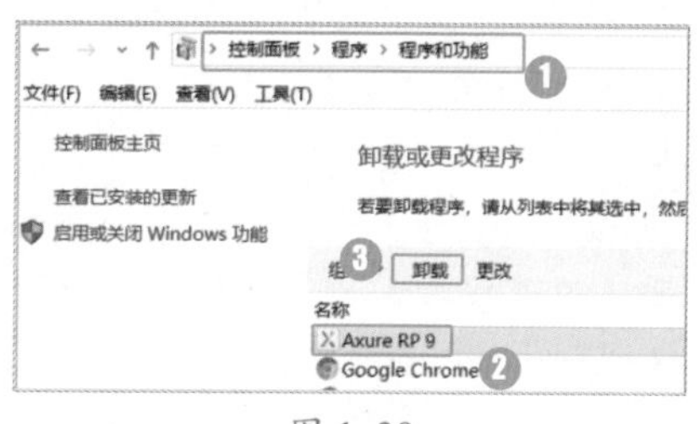

图 1-39

除此之外，也可以使用第三方软件进行卸载，如腾讯电脑管家有“卸载”功能。

1.2.9 实战：安装谷歌浏览器及 Axure 原型插件

Axure 原型的载体是浏览器，Axure 设计的原型文件最终是通过浏览器进行展示的。本小节将介绍如何安装谷歌浏览器及所需的 Axure 插件。

1. 安装谷歌浏览器

可以安装本书提供的谷歌浏览器应用程序（版本可能不是最新的），也可以在网上自行下载安装，操作和安装 Axure 类似。

2. 安装谷歌 Axure 插件

为确保和生成的 Axure 原型文件在谷歌浏览器能正常显示，需要安装 Axure 插件，如果能直接访问谷歌应用商店，则输入“Axure”搜索相关插件下载安装，否则步骤如下。

Step 01 打开同步学习文件夹中的“谷歌浏览器插件”文件夹或通过网络搜索下载如下插件，如图 1-40 所示。

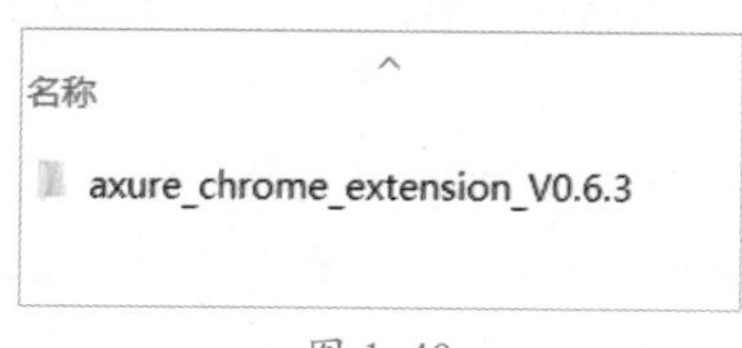

图 1-40

Step 02 ❶打开谷歌浏览器，在地址栏输入 chrome://extensions，❷单击“加载已解压的扩展程序”按钮，如图 1-41 所示。

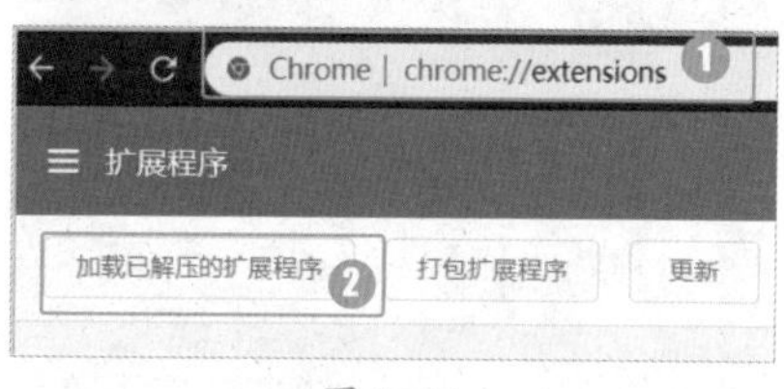

图 1-41

Step 03 ❶在弹出的对话框中选择插件所在的文件夹，❷单击“选择文件夹”按钮，完成该插件的安装，如图 1-42 所示。

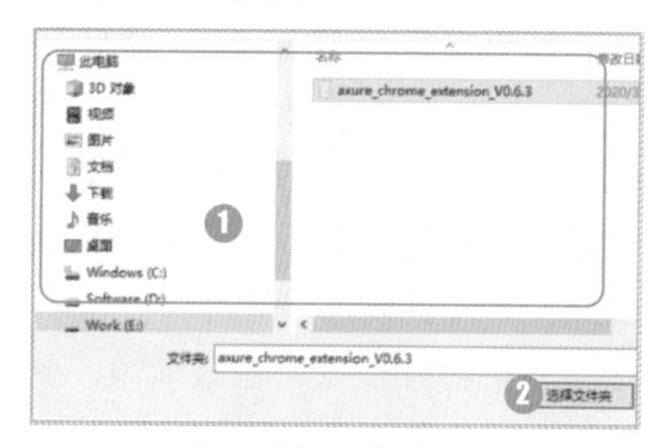

图 1-42

Step 04 完成插件安装，❶确保插件为可用状态，❷单击“详细信息”按钮可查看该插件的相关信息，如图 1-43 所示。

图 1-43

Step 05 在详细信息中选中“有权访问的网站”为“在所有网站上”选项，如图 1-44 所示。

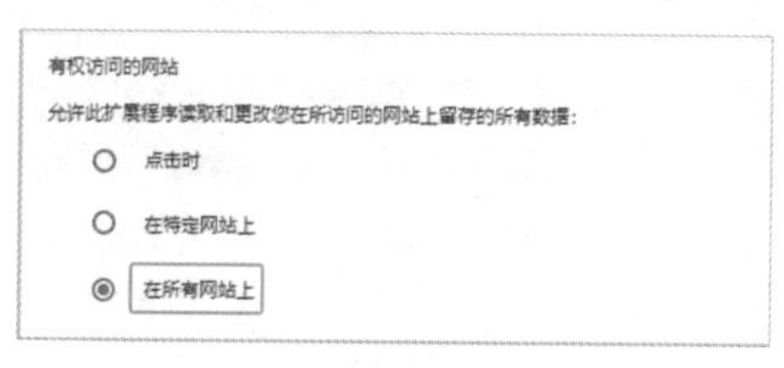

图 1-44

> **技术看板**
>
> 为什么要使用谷歌浏览器？
>
> 其他浏览器也可以查看原型，如 Edge、火狐等，选用谷歌浏览器是因为后续还会安装 Axure 的插件，使设计原型更得心应手。另外很多开发人员也在使用谷歌浏览器进行代码调试，使用谷歌浏览器查看原型更方便。

1.3 Axure RP 9 的新增功能

Axure RP 9 使用了新的硬件加速渲染引擎，在保存和加载文件时更快速，画布的平滑缩放也更加流畅，当然这也取决于电脑硬件配置。本节将介绍 Axure RP 9 的新增功能，如果读者使用过 Axure 的其他版本（RP 8 或更早），可以更好地了解新版本的变化并快速适应。如果是新手，可以先跳过本节或简单了解即可，因为新功能需要和旧的版本进行对比，没用过旧版本，就没有比较对象。

★新功能 1.3.1 从 Axure RP 8 过渡到 RP 9 的提示

习惯使用 RP 8 后，使用 RP 9 会很不适应。RP 9 的变化很大，新增功能很多，小版本也在不断地迭代更新，并有很多人性化的功能变化。

1. Axure 版本无法向下兼容

Axure RP 8 创建的文件能被 Axure RP 9 编辑，但无法使用 RP 8 编辑 RP 9 生成的文件。

2. 新增黑暗主题

Axure RP 9 安装完成后默认主题为“明亮模式”，也可以将其更换为“黑暗模式”。

3.“大纲”和“母版”窗格的位置变化

窗格可以任意移动，方法是拖动窗格的名称并将其捕捉为“选项卡”模式（鼠标指针会变为小手形状），松开鼠标即可完成窗格的位置调整，可水平堆叠或垂直堆叠这些窗口。

4. 交互窗格变化

Axure RP 9 的主要目标之一是无论新用户还是有经验的用户，都可以更轻松、更快速地进行交互。

新的交互窗格实现了这个目标，读者可以在“交互”窗格中直接创建和编辑交互。如果不太习惯新的窗格，仍然可以通过单击“交互”窗格底部的按钮或双击现有交互的任意部分来打开“交互编辑器”对话框。

5. 新增单键快捷模式

这个功能在很多软件中出现过，如 Adobe 的 PS，操作时按键盘上的某个字母就可以进行工具的切换。

使用 RP 9 的单键快捷方式，可以轻松绘制形状，如按快捷键“P”使用“钢笔工具”，按快捷键“R”使用“矩形工具”。在这种模式下，将“元件”拖入“工作区”后立即用键盘输入任意信息，“元件”会处于编辑状态，按“Enter”键才能进行文字输入。

6. 使用平滑缩放功能查看原型

可以在触控板上双指捏合缩放画布，与触摸屏上操作一样，也可以按住快捷键“Ctrl”，然后滚动鼠标放大或缩小画布。

先按住键盘上的“空格键”不放，然后按住鼠标左键不放，此时可以通过鼠标上、下、左、右移动来调整画布位置，此方法可以更加便捷地浏览画布内容。

★新功能 1.3.2 环境与画布

Axure RP 9 在操作环境上最直观的改变如下。

（1）RP 9 的黑暗外观主题，如图 1-45 所示。

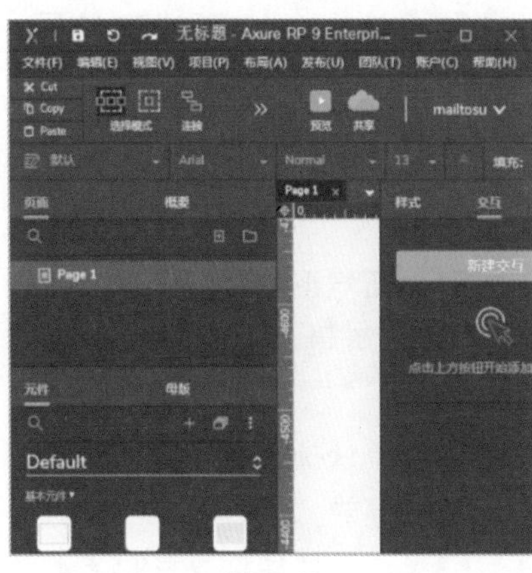

图 1-45

（2）可自定义操作环境布局，将多个面板窗口组合在一起，如图 1-46 所示。

图 1-46

（3）可快速选择页面尺寸，如图 1-47 所示。

图 1-47

（4）在 Axure RP 9 中，画布新增了“负区域”功能，如果不习惯，也可以关闭这项功能，负区域上限为 -20000，如图 1-48 所示。

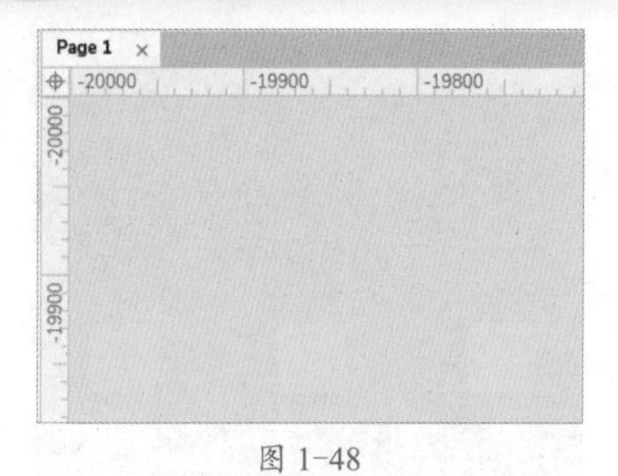

图 1-48

（5）拖动元件时可智能捕捉距离，如图 1-49 所示。

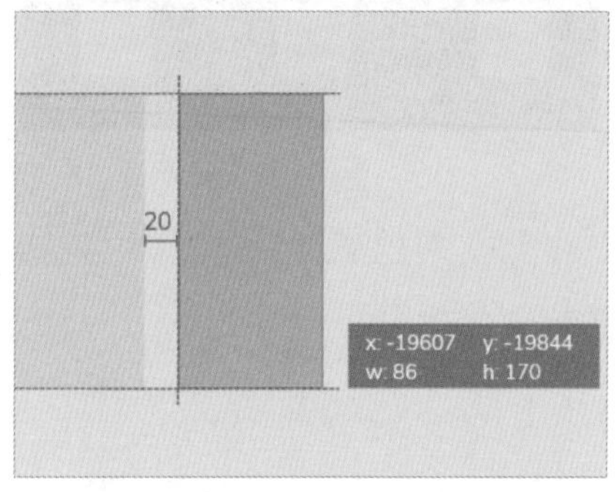

图 1-49

（6）支持显示或隐藏"标尺"，在 Axure RP 8 中是无法隐藏标尺的。

（7）支持缩放适应选择内容和缩放适应全部内容，缩放适应选择内容会将元件自动缩放到适合当前画布的大小，比例会很大；缩放适应全部内容会考虑画布上的全部元件，通常比例会很小，如图 1-50 所示。

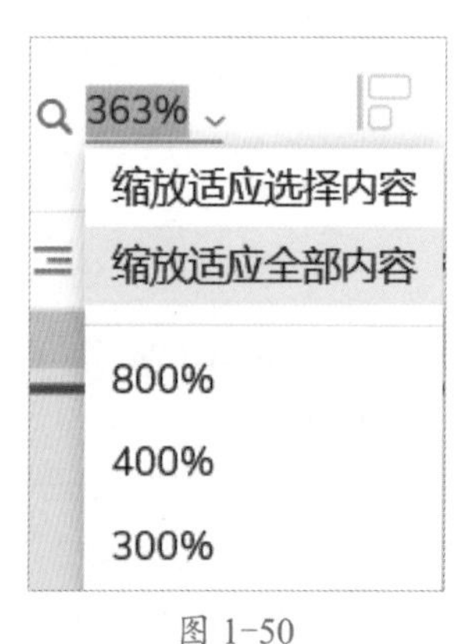

图 1-50

（8）支持快速回到画布的中心原点（0，0），在设计过程中，如果内容特别多，这是非常实用的功能。

（9）可内联编辑动态面板和中继器元件，在当前页面就可以完成动态面板元件内容及中继器元件数据内容的编辑，非常方便；而在 RP 8 中则需要在新的选项卡页面编辑，编辑完成后再回到当前页面进行设计。

★新功能 1.3.3 交互面板

交互是原型的核心，每一次单击、长按和按键都是用户与产品的互动，新版本对交互的改进如下。

（1）新增交互窗口。

（2）元件在新增交互事件时支持事件搜索。

（3）移动元件时新增轨道选择功能支持除直线外的弧线轨迹。

（4）在交互样式中新增"获取焦点"样式。

交互面板将会在后面的章节中详细介绍。

★新功能 1.3.4 形状与绘图

系统预设常用形状让原型设计更加方便，节省设计者的时间，新增功能如下。

（1）新增形状绘图工具，可快速绘制五角星、心形、三角形等形状。

（2）单快捷键模式可以快速切换到绘图模式。

（3）通过插件可以将 Sketch 软件设计的形状直接粘贴到 Axure 中。

（4）双击形状边框可以编辑矢量点，从而改变形状。

（5）除了使用背景色填充形状外，同样支持使用背景图片进行填充。

（6）优化了钢笔工具。

（7）形状在原型中以 SVG 方式生成。SVG 是可缩放的矢量图形，也就是说我们画一个形状，在浏览器中查看原型，这个形状对应的是一个".SVG"文件，而在 RP 8 中对应的是".PNG"文件。SVG 文件的具体使用将在后面的章节中讲解。

★新功能 1.3.5 选色器

"选色器"也叫"拾色器"，新增功能如下。

（1）颜色轮盘：通过它可以选择某个颜色及周围相邻的颜色，如选择红色，轮盘周围都是深浅不一的红色。

（2）径向渐变色：一种从起点到终点，颜色从内到外变化的圆形渐变。

（3）收藏颜色：可以收藏经常使用的颜色。

（4）建议的颜色：根据设计时对颜色的使用，系统会推荐颜色。

★新功能 1.3.6 文本格式

Axure 新版本中对文本格式进行了改进。

（1）字间距：文字与文字之间的距离可调整。

（2）删除线：新增了文字删除线功能。

（3）基线：上标或下标，如数字 2 的上标和下标分别为 a^2、a_2。

（4）填充乱数假文：可将某个形状使用乱数假文快速填满，让原型看起来更加"饱满"。

（5）文字支持两端对齐。

（6）项目符号可以缩进并自动对齐。

★新功能 1.3.7 图片元件

处理图片不是 Axure 的特长，以往一些简单的调色、图片翻转，需要使用其他图片处理软件处理后再将图片导入 Axure 中使用。Axure RP 9 强化了图片元件功能，新增功能如下。

（1）可对图片的颜色进行调整，包括色调、饱和度、亮度和对比度，如图 1-51 所示。

☑ 调整颜色	重置
色调:	18.4
饱和度:	0.92
亮度:	0
对比度:	1

图 1-51

（2）支持水平或垂直翻转图片。

（3）使用更好的方法对图片进行压缩，改善了原型中的图像质量。

★新功能 1.3.8 动态面板

动态面板是 Axure 的高级元件，用途非常广泛，在后面的章节中会详细讲解。

（1）最大的变化就是内联编辑，方便在动态面板中添加状态，单击空白处或关闭编辑模式可快速回到画布。

（2）动态面板的每个状态均可单独设置外边框的颜色、圆角及外部阴影。这些改动会让原型有更好的交互体验。

★新功能 1.3.9 母版元件

母版元件在 RP 9 中也发生了很大的变化，新增功能如下。

（1）在 RP 8 中母版的自适应视图在 RP 9 中变为母版视图，布局上有所调整。

（2）继承母版内容时可以重写母版的文本与图片。例如，母版提供一个漂亮的“确认”按钮，设计原型时 A 页面引用了这个母版，可将“确认”重写为“提交”，这个改动不会影响母版，如果 B 页面也引用这个母版，则依然显示“确认”。

★新功能 1.3.10 元件库

Axure 的文件格式为 .rplib，这是 Axure 的原件库文件格式。在 RP 9 版本中对元件库的改动如下。

（1）双击 .rplib 格式的文件可以加载或编辑库。

（2）元件库面板移除了 RP 8 中的刷新库，取而代之的是自动刷新库。

（3）可以为元件库新增图片文件夹，读者可以将图片添加到元件库中，设计原型时直接引用相关图片。

（4）对元件库的管理进行了优化，包括打开元件库所在文件夹、移出库、独立添加元件库按钮等。

★新功能 1.3.11 表单元件

表单元件的变化主要还是在样式上，另外还一个小的分类变化，是将 RP 8 中表单元件下的“提交按钮”元件迁移到了 RP 9 中的基本元件下。左图是 RP 8 的表单元件，共 7 个；右图是 RP 9 的表单元件，共 6 个，如图 1-52 所示。

图 1-52

针对这些元件，主要的改进如下。

（1）可自定义样式，包括字体、边框和填充。

（2）交互样式上的变化，包括鼠标悬停样式和禁用样式等。

★新功能 1.3.12 自适应视图

设备的分辨率不同一直是件令人头疼的事，自适应视图可以解决这样的问题，设计原型时，可以使用预设或自定义的多种视图，如图 1-53 所示。

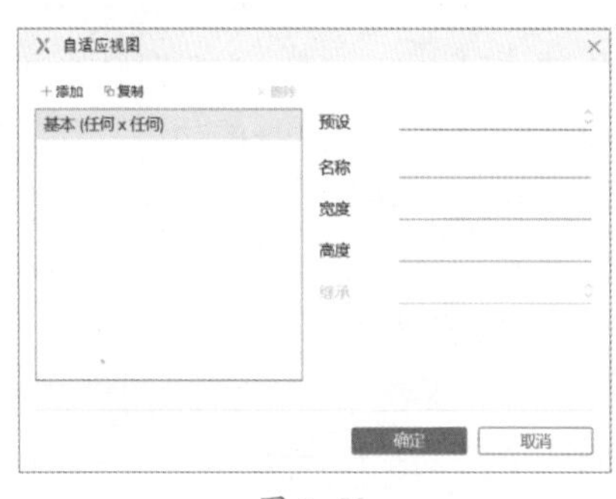

图 1-53

自适应视图的好处如下。

（1）页面具有不同的自适应视图，可以自动适应大屏幕或小屏幕。

（2）页面可以共享自适应视图集，如在大屏页面中添加一张图片，小屏页面中可自动添加。

（3）在查看原型时，可以根据当前终端的屏幕大小选择合适的视图进行查看，如 1920×1080、1440×900 等。

★新功能 1.3.13 文档与注释

注释在 Axure RP 和 Web 浏览器中都是可见的，但是只能在 Axure RP 中进行编辑。注释的新增功能如下。

（1）注释窗口可以查看所有注释信息（在不选中任何元件的情况下），在浏览器中预览原型时也能看到注释信息。

（2）同一个元件可以添加多个注释并按层次结构显示。

（3）可以在注释窗口编写注释信息，然后再选择相应的元件，双向操作。

（4）注释信息可以包含元件文字及交互内容。

（5）动态面板中添加注释时，编号会在不同的状态中连续显示。

★新功能 1.3.14 边框与样式

在 Word 中可以使用格式刷，将某一段文字的样式应用到另外一段，RP 8 中也有这样的功能，但在 RP 9 中用法有些不一样，并且不叫格式刷，叫作粘贴样式。边框与样式新增功能如下。

（1）复制要参考的元件样式，先选中需要变化样式的元件，粘贴样式，可以实现“格式刷”效果，快捷组合键为“Ctrl+Alt+V”。

（2）RP 9 中元件线宽可以设置为任意宽度，如图 1-54 所示。

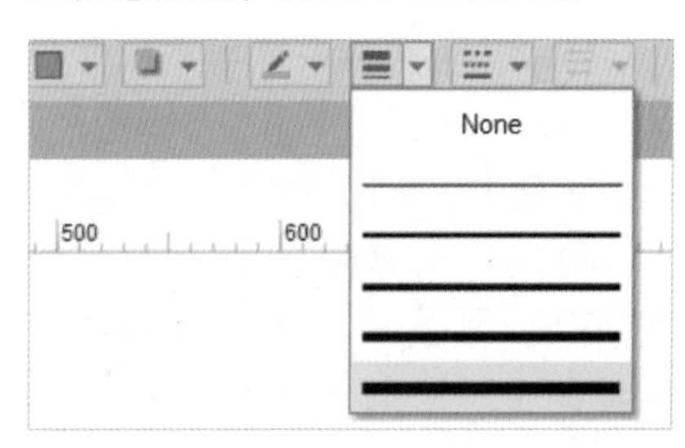

图 1-54

（3）新增了“焦点样式”。当使用鼠标单击某个元件或光标在当前元件上时，该元件被称为焦点元件，如果设置了焦点样式则自动触发。在浏览器中查看原型时也可以用 Tab 键切换元件的焦点。设置焦点样式的面板，如图 1-55 所示。

图 1-55

★新功能 1.3.15 原型播放器

设计好的原型需要在播放器中呈现，RP 9 对原型播放器进行了改进，新增功能如下。

（1）页面切换有了快捷方式“<”（上一页）和“>”（下一页）。

（2）查看原型时，缩放选项包括默认大小（Default Scale）、适应宽度（Scale to Width）及自适应（Scale to Fit），如图 1-56 所示。

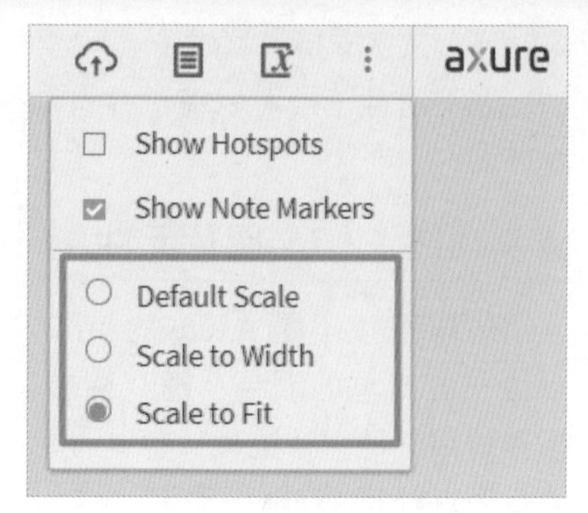

图 1-56

（3）移动端的原型在播放器中带有触摸光标（鼠标形状为圆点），超出屏幕尺寸时则显示滚动条，如图 1-57 所示。

图 1-57

（4）发布在 Axure 云上的原型自动包含 Google 字体及网络字体，如图 1-58 所示。

图 1-58

原型播放器还有很多功能，本小节主要介绍新功能，后面的章节还会对原型播放器进行详细介绍。

1.4 Axure 帮助资源

通过对前文内容的学习，相信读者已经对 Axure 有了一定的认识。本节将介绍如何使用 Axure 的帮助资源，提高原型设计水平。

1.4.1 Axure 在线帮助

Axure 官方提供了在线帮助文档。执行“帮助”菜单栏中的“在线帮助”命令可以打开在线帮助文档，如图 1-59 所示。

图 1-59

帮助信息是英文，若无法理解，可以使用翻译软件进行翻译，如图 1-60 所示，使用谷歌自带的翻译工具翻译文档。

图 1-60

官方提供的学习资料是最权威的，对于新增的功能知识点，如版本更新，书本上未能提及的，查阅官方学习资料会更加便捷。

1.4.2 官方论坛

可以通过执行“帮助”菜单栏下的“官方论坛”命令，或使用浏览器访问官方论坛，如图 1-61 所示。

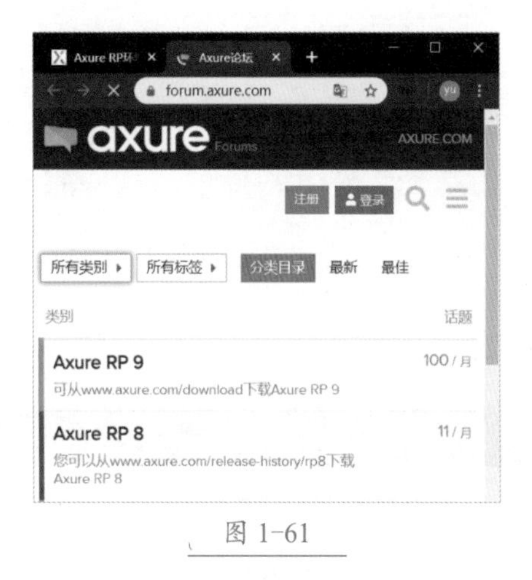

图 1-61

1.4.3 问题反馈

使用 Axure 过程中，如果发现相关问题，可以通过执行“帮助”菜单栏下的“提交反馈”命令提交问题，如图 1-62 所示。

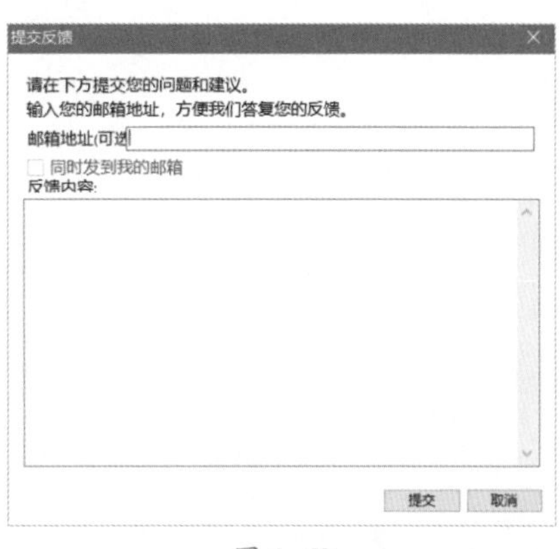

图 1-62

除此之外，也可以向官方邮箱 support@axure.com 发送邮件反馈问题。

1.4.4 管理授权

激活 Axure 时用到了“管理授权”功能，执行“帮助”菜单栏下的“管理授权”命令可以查看授权信息，如图 1-63 所示。❶ 可以清空当前授权密钥更换其他授权密钥（授权密钥即授权码）。❷ 若购买的授权码存在问题，也可以单击“需要帮助”链接，联系官方解决。

图 1-63

1.4.5 检查更新

检查更新就是检查当前安装的 Axure 是否有新的版本，包括正式版和体验版。执行“帮助”菜单栏下的“检查更新”命令，就可以进行版本检查，如图 1-64 所示。

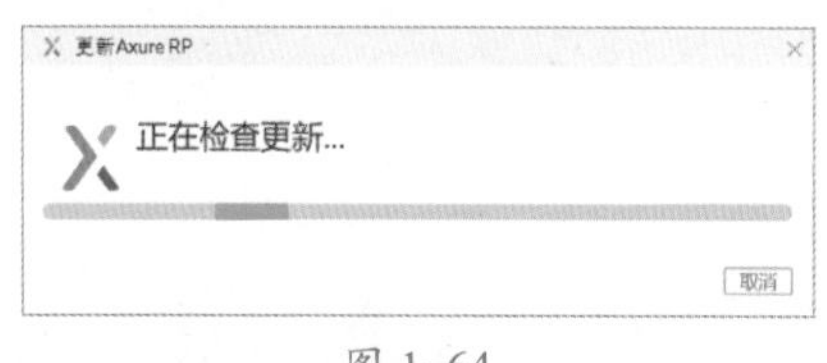

图 1-64

如果存在更新，页面将会列出相关信息，读者也可以查看测试版本的更新，❶ 勾选“包含测试版更新内容”选项，如图 1-65 所示。❷ 如果需要更新，单击“更新”按钮即可，Axure 会自动下载更新，更新前需要保存好当前的操作，避免文件信息丢失。❸ 若不需要该版本的更新，单击“跳过此次更新”，将不会对此版本进行更新。❹ 若需要在 Axure 每次启动时检查更新，勾选“Axure RP 启动时检查更新”选项即可。

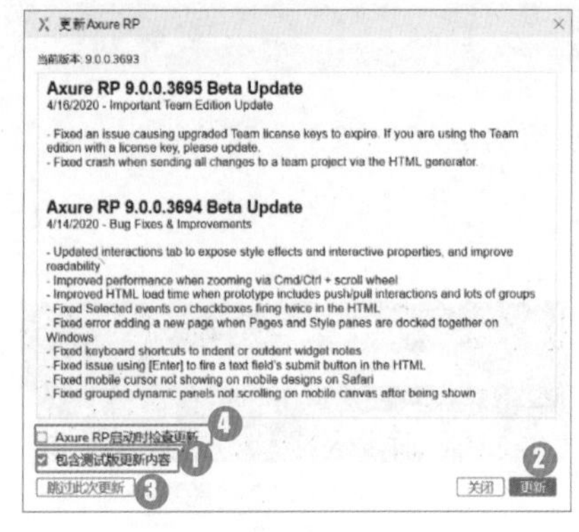

图 1-65

关于版本更新

测试版本可抢先体验新功能并修复了 BUG（漏洞），但可能并不稳定。读者需要根据实际情况决定是否使用测试版，如果现在的版本并不影响使用，花时间更新测试版可能存在问题，则更新前建议查看一下更新的内容，然后再决定是否更新。

最新的不一定是最好的，在实际工作中还是要求稳，避免由于更新版本导致原型演示出现问题。

本章小结

本章先介绍了 Axure 的发展史及功能相似的软件，如墨刀、XD 和 ProtoPie。之后讲解了如何安装、汉化和激活 Axure，以及 RP 9 的新功能特性；介绍了如何使用官方提供的在线帮助，包括官方论坛、管理授权、检查更新。

第2章 Axure RP 9 快速入门

- ➥ Axure RP 9 的工作界面有哪些面板?
- ➥ 页面面板有哪些操作?
- ➥ 画布有哪些常用的操作?
- ➥ 如何使用辅助工具更好地设计原型?
- ➥ 如何打造个性化的工作空间?
- ➥ 如何进行原型交互? 如何添加注释?

学习本章内容后，读者就能找到以上问题的答案。

2.1 熟悉 Axure RP 9 的工作界面

Axure RP 9 的工作界面中心是画布，周围是为画布提供服务的各种工具栏和面板窗口，这些工具栏及面板窗口可以帮助我们更好地进行原型设计。工作界面的构成除顶部的标题外，还包括 ❶ 菜单栏、❷ 工具栏、❸ 页面面板、❹ 概要面板、❺ 画布、❻ 元件面板、❼ 母版面板、❽ 样式面板、❾ 交互面板、❿ 说明面板。默认的工作界面布局如图 2-1 所示。

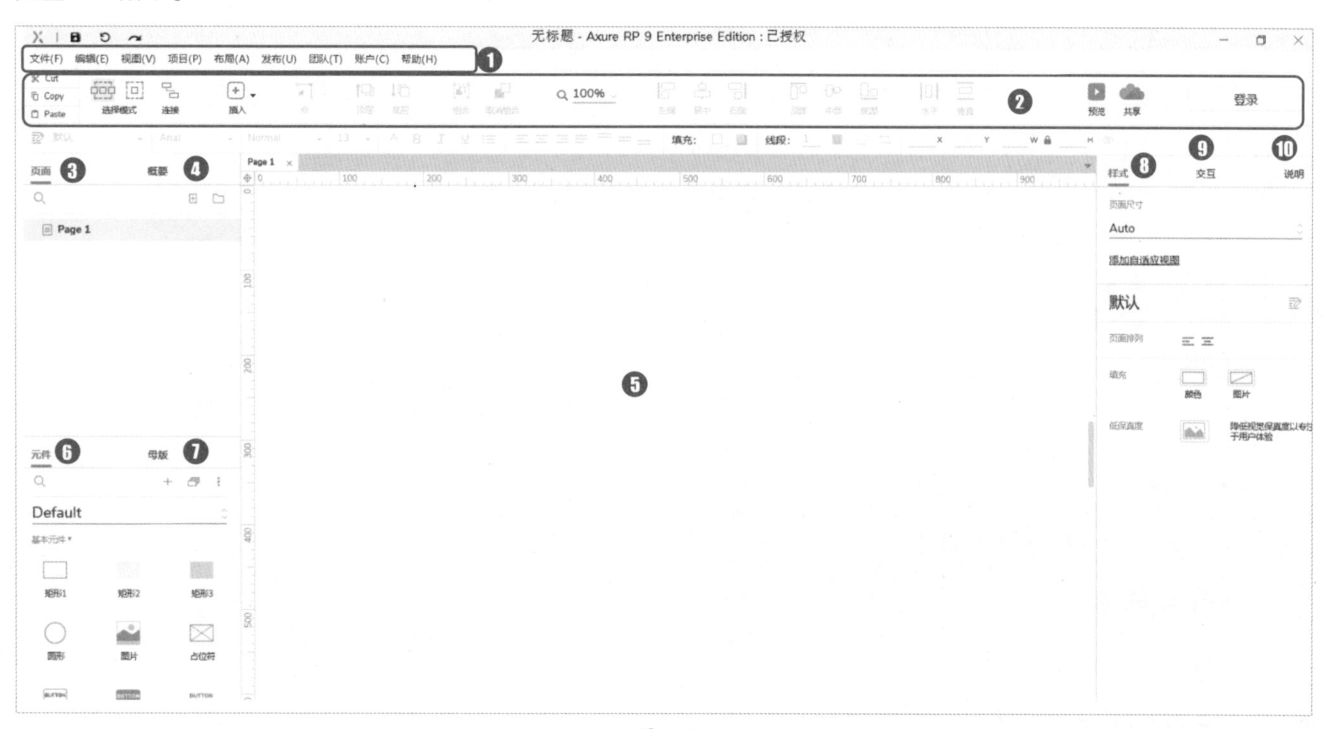

图 2-1

2.1.1 菜单栏

菜单栏提供了丰富的功能，通过菜单栏可执行很多常见的操作，如“文件”菜单下的“新建”和“保存”，“帮助”菜单下的“在线帮助”等。通过菜单栏还可以对工具栏或面板进行设置，不同分类菜单下的子菜单有所不同。目前菜单栏最多有 3 个层级，分别为 ❶ 一级菜单、❷ 二级菜单和 ❸ 三级菜单，如图 2-2 所示。

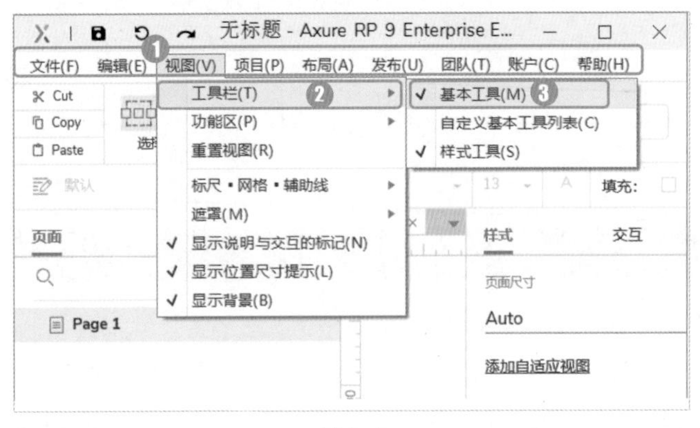

图 2-2

2.1.2 工具栏

工具栏集成了常用的操作，以图标 + 文字的形式呈现，更加直观，如元件对齐、预览原型和将多个元件进行组合，这些操作都可以在菜单栏或右键菜单中找到。有些菜单有 3 个层级，经常用到的操作如果没有快捷键，每次都通过查找菜单栏执行会很烦琐。如图 2-3 所示，工具栏列出了常用的对齐方式，单击相应的对齐方式即可执行相应操作。

图 2-3

2.1.3 页面面板

页面面板用于管理整个原型页面，包括 ❶ 查找页面、❷ 添加页面、❸ 添加文件夹分组管理页面，如图 2-4 所示。其中删除页面、重命名页面和移动页面等操作需要使用快捷键或右键菜单执行。

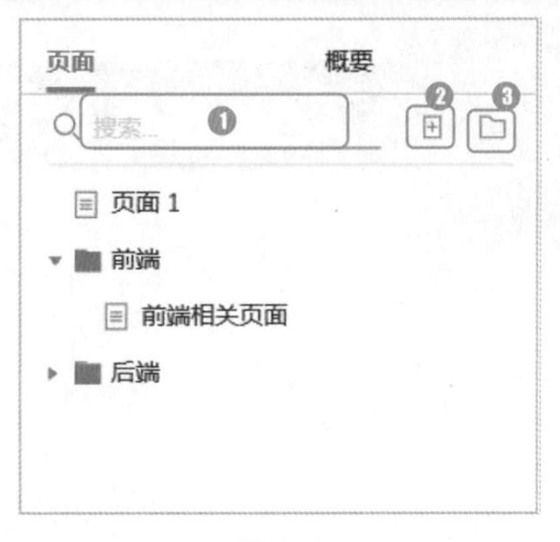

图 2-4

技术看板

目前页面面板可以添加的页面数量是没有上限的，也就是说，可以根据原型需要添加无数个页面。Axure 每次加载原型页面都需要时间，加载时长取决于计算机硬件配置及页面个数。

2.1.4 概要面板

概要面板也叫大纲面板、层级面板，它的功能是展示当前页面的元件内容。通过概要面板可以对这些内容进行排序或筛选，方便我们更快地在画布面板中找到相应的元件，如图 2-5 所示。

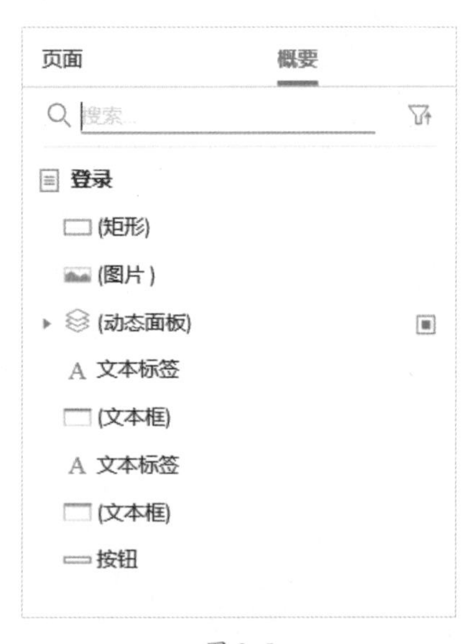

图 2-5

2.1.5 画布面板

画布面板用于直观地呈现来自“元件面板”“母版面板”的内容，可以通过调整“样式面板”或“工具栏”的元件属性来改变它们的颜色、位置和大小等。还可以使用“网格线”或“标尺线”更加精准地在画布上进行操作，如图 2-6 所示。

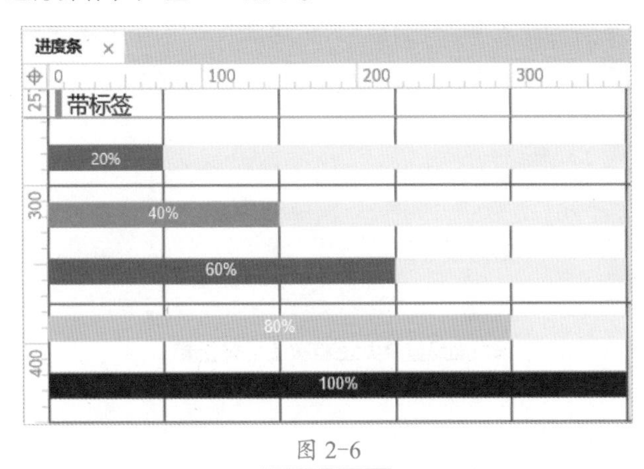

图 2-6

2.1.6 元件面板

Axure RP 9 当前的元件面板默认提供 4 种元件库，包括默认（Default）、流程、图片、简单的元件。除此之外，还可以导入外部库或创建自己的库。“矩形 1”“圆形”“图片”“占位符”等元件可以直接拖到“画布面板”中进行原型设计，如图 2-7 所示。

图 2-7

2.1.7 母版面板

在原型设计过程中我们会用到很多相同的元件，如很多页面都会用到带下拉菜单的按钮。如果原型设计好之后发现下拉菜单需要调整，此时需要调整所有页面，母版的作用之一就是解决这样的问题。母版面板用于管理母版，功能包括添加、删除、移动文件夹、对母版进行分组，和页面面板的管理功能类似，如图 2-8 所示。

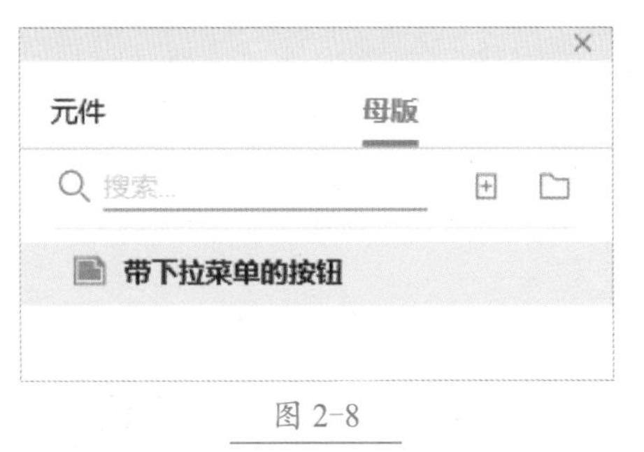

图 2-8

2.1.8 样式面板

原型设计得好不好看，样式（外观）很关键。样式面板用于管理元件和页面的样式，不同的元件可调整的样式有所不同，如图片元件可以调整图片的饱和度和对比度，但矩形元件没有这些样式属性。

页面样式面板如图 2-9 所示，图片元件样式面板如图 2-10 所示，可以发现两者的属性区别很大。

图 2-9

图 2-10

2.1.9 交互面板

一个好的原型作品，除外观（界面）好看外，还需要有灵活的交互功能，如在网上购买商品，需要浏览商品、加入购物车、提交订单、付款、联系客服人员等，这些都需要交互功能。交互面板的功能就是管理元件或页面与原型使用者之间的交互，为元件或页面添加、删除交互事件或情形，如图 2-11 所示。

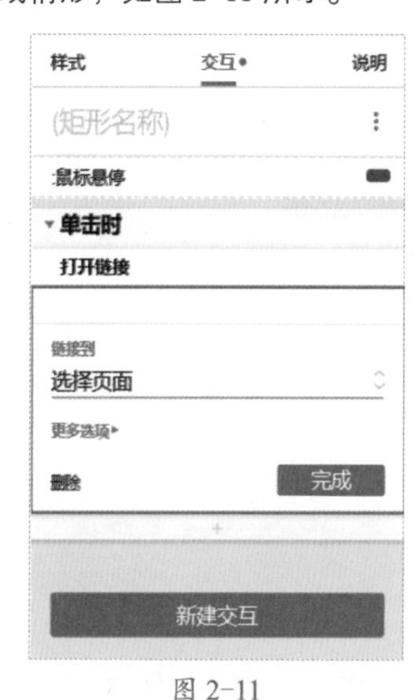

图 2-11

2.1.10 说明面板

说明面板也叫备注面板或注释面板，它的功能是为元件或页面添加注释，让原型设计更容易被理解，如在浏览器中查看原型时，通过注释可以对某个页面或按钮进行详细的介绍；在工作中，优化其他同事设计的原型时，也可以通过注释了解当时为什么要这样设计，以便更好地进行原型优化。为页面添加一个简要的说明，如图 2-12 所示；为登录按钮添加一个注释说明，如图 2-13 所示。

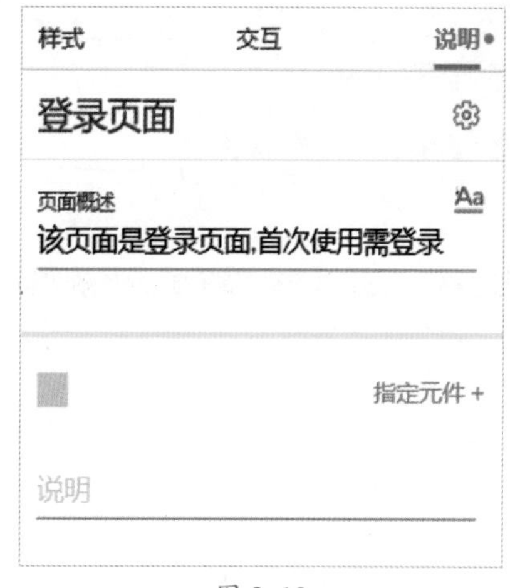

图 2-12

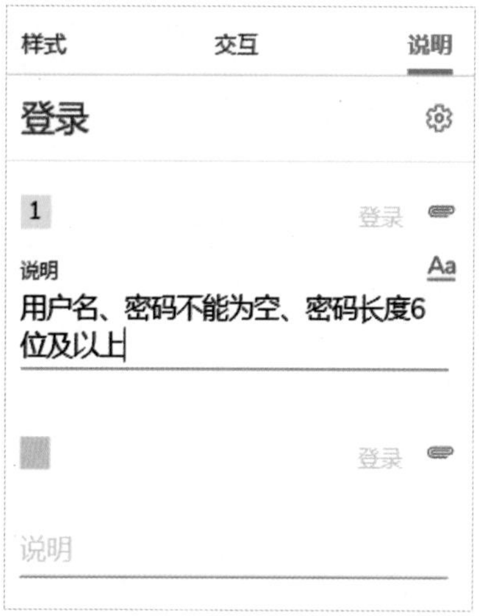

图 2-13

2.2 页面面板操作

前文对页面面板进行了简单的介绍，相信读者对它已经有了一定的了解，本节将进一步介绍页面面板相关的操作。

★重点 2.2.1 管理页面

打开 Axure RP 9 软件，系统会自动打开一个默认的页面，下面我们使用页面面板来对页面进行操作。

1. 重命名页面

页面的名称一般默认为“Page 1”，我们可以对其重命名，一共有 3 种方法。

方法 1：

使用快捷键“F2”进行页面重命名。单击需要重命名的页面，如图 2-14 所示，然后按快捷键“F2”（如果使用的是笔记本电脑并且解锁了“Fn”功能键，则需要按快捷组合键“Fn+F2”）重命名即可，如图 2-15 所示。

图 2-14

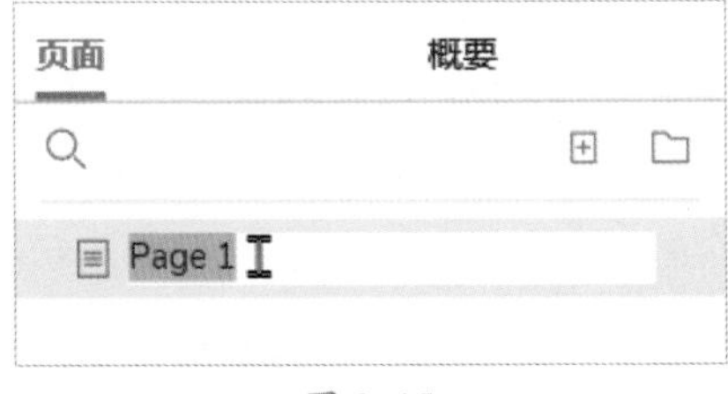

图 2-15

方法 2：

使用缓慢双击页面的方法进行重命名。单击页面，间隔 2 秒后再单击一次，即可对页面进行重命名。

方法 3：

使用“重命名”命令进行页面重命名。❶ 右击需要重命名的页面，❷ 在弹出的菜单栏中执行“重命名”命令，即可对页面进行重命名，如图 2-16 所示。

图 2-16

2. 添加页面

在实际工作中，系统默认的页面往往是无法满足工作需求的，我们需要添加更多的页面进行设计，最直接的方式是在“页面”面板中单击添加页面按钮，如图 2-17 所示。

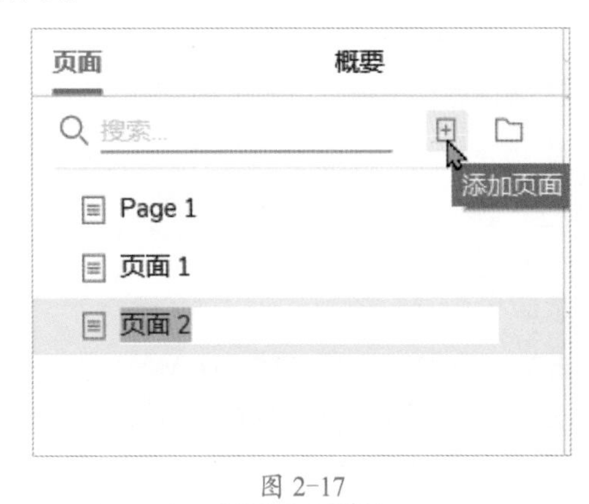

图 2-17

如果需要添加子页面，可以右击需要添加子页面的页面，在弹出的菜单中执行“添加”中的“子页面”命令，如图 2-18 所示。

图 2-18

此时系统会为所选页面添加新的子页面，并且默认新增加的子页面为重命名状态，可以输入新页面名称完成重命名，如图 2-19 所示。

图 2-19

3. 删除页面

单击需要删除的页面并按“Delete”键即可删除，也可以右击要删除的页面，在弹出的快捷菜单中执行“删除”命令，如图 2-20 所示。

如果要删除的页面包含子页面，那么在删除前系统会弹出警告提示，如图 2-21 所示。

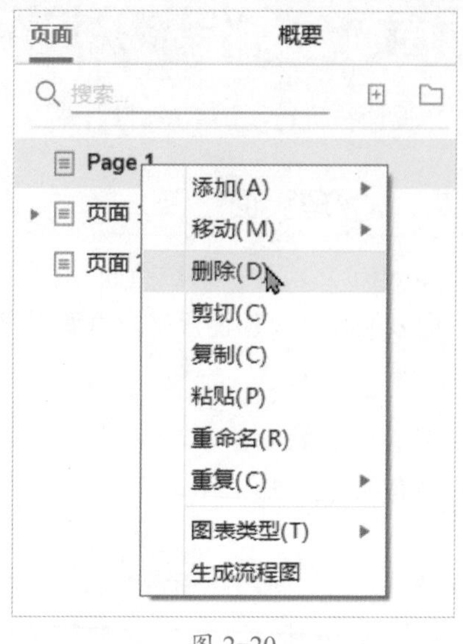

图 2-20

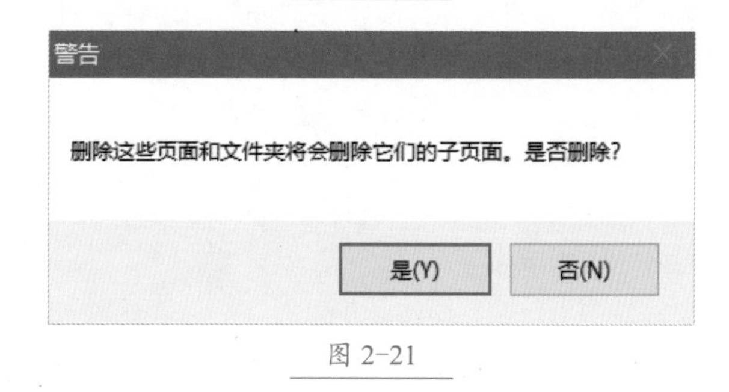

图 2-21

4. 查找页面

该功能在原型页面过多时非常实用，在搜索框输入页面名称的关键字可快速找到相应的页面，系统会自动模糊匹配含有关键字的页面，如图 2-22 所示。

图 2-22

5. 整理页面

整理电脑桌面时，可以对不同的应用图标进行分类整理或移动到其他位置，使桌面显得更加整洁。Axure RP 9 对页面的整理功能也类似，通过添加文件夹并将页面拖动到文件夹进行整理，如图 2-23 所示，也可以通过调整页面层级关系进行整理。

图 2-23

2.2.2 页面图表类型切换

Axure RP 9 的页面除能够设计原型外，还能制作流程图。方法是右击页面标题，在弹出的菜单栏中执行“图表类型”中的“流程图”命令，此时“页面 1”前的默认图标会变为流程图图标，如图 2-24 所示。

图 2-24

2.2.3 管理打开的页面

Axure RP 9 每个打开的页面，都会以选项卡标签的形式在画布的顶部呈现，这些标签页面和浏览器一样，可以通过选中页面进行切换，可以单击标签后面的“×”按钮关闭页面标签，或通过右键菜单选择关闭当前标签、关闭全部标签或关闭除选中标签外的其他标签，如图 2-25 所示。

图 2-25

2.3 画布的常用操作

上一节介绍了页面面板，本节将介绍画布的常用操作，包括一些基本样式设置和常用操作。读者需要学会并熟练掌握这些操作，后面的学习中会反复使用。

★重点 2.3.1 画布的样式设置

单击画布空白区域，可以在“样式”面板中看到页面的默认样式设置。画布的样式设置如图 2-26 所示。“样式”面板中各选项的作用及含义如表 2-1 所示。

图 2-26

表 2-1 样式面板选项的作用及含义

选项	作用及含义
❶ 页面尺寸	默认为自动大小，可以选择系统预设的尺寸
❷ 添加自适应视图	用户可根据需要添加自适应视图，如同样的登录页面，在计算机上展示用大尺寸，在手机上展示用小尺寸，则需要添加两种尺寸进行适配，操作上与母版视图类似
❸ “默认”页面样式	可以通过单击“修改”按钮更改页面样式
❹ 页面排列	默认居中显示，可以调整为左对齐
❺ 填充	白色背景填充，可更换页面背景或单击“图片”按钮，使用图片作为背景填充
❻ 低保真度	默认不降低保真度，可单击“降低”按钮降低保真度，降低保真度后页面内容将转换为“灰度”模式。另外，英数字体自动调整为“Axure RP 9 Handwriting”，需要注意的是，低保真模式下更换字体将不再生效

2.3.2 实战：使用预设页面尺寸添加第一个元件

下面我们来学习使用 Axure RP 9 预设的页面尺寸添加第一个元件，具体操作步骤如下。

Step 01 ❶ 单击要调整的画布空白处，在“样式”面板单击“页面尺寸”选项。❷ 在弹出的下拉列表中，选择“iPhone 8（375×667）”的尺寸，观察页面尺寸变化，如图 2-27 所示。

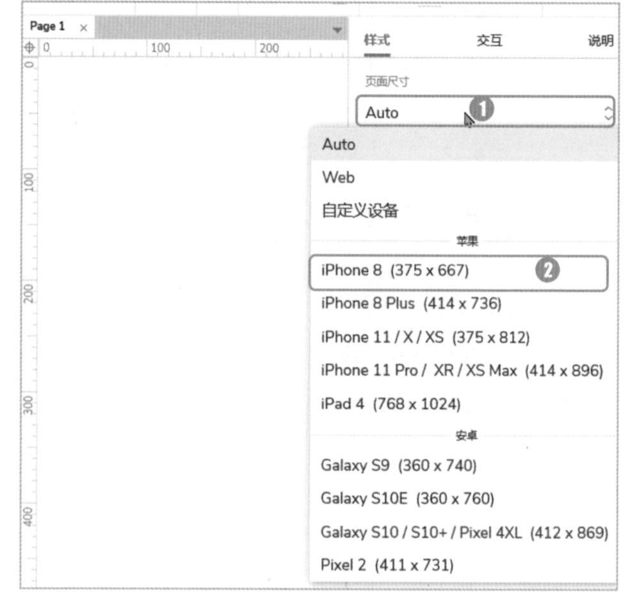

图 2-27

Step 02 ❶ 打开“元件”面板，找到“Default”元件默认库，❷ 在默认库中找到“H2 二级标题”元件，并将其拖到画布上，如图 2-28 所示。

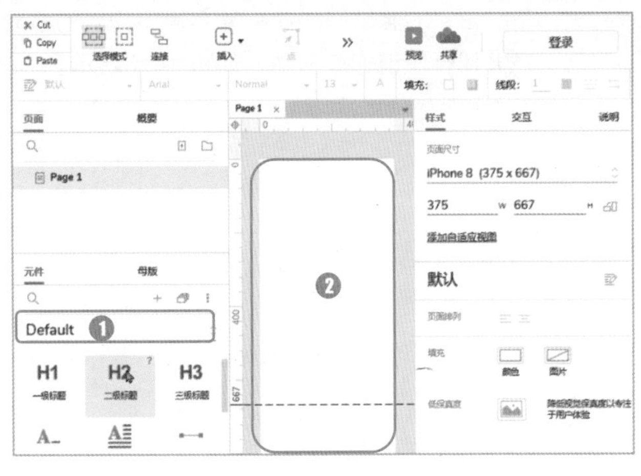

图 2-28

Step03 双击画布上添加的 H2 元件，将元件内容改为“hello，axure”，如图 2-29 所示。

图 2-29

Step04 ❶ 为确保元件被选中，❷ 可在“样式”面板中找到“排版”选项，❸ 单击字体打开下拉列表，选择一种喜欢的字体，完成元件字体的调整，如图 2-30 所示。

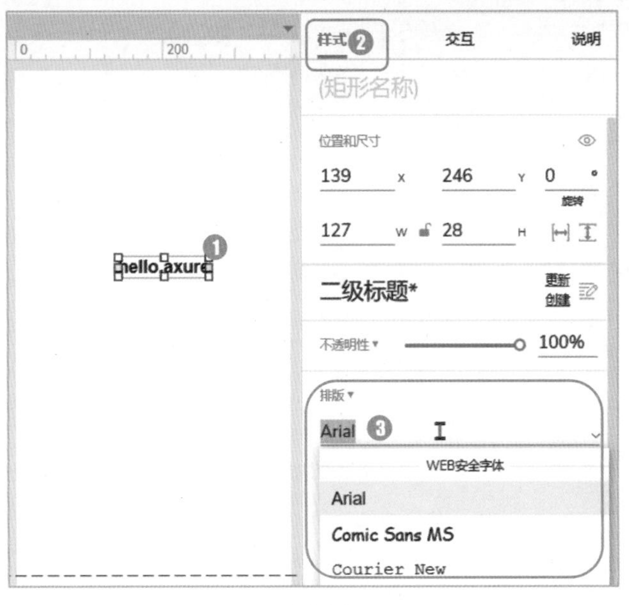

图 2-30

除“样式”面板外，在工具栏也可以对字体进行调整，如图 2-31 所示，此处选择了 Axure RP 9 手写体（注意该字体对中文不生效）。

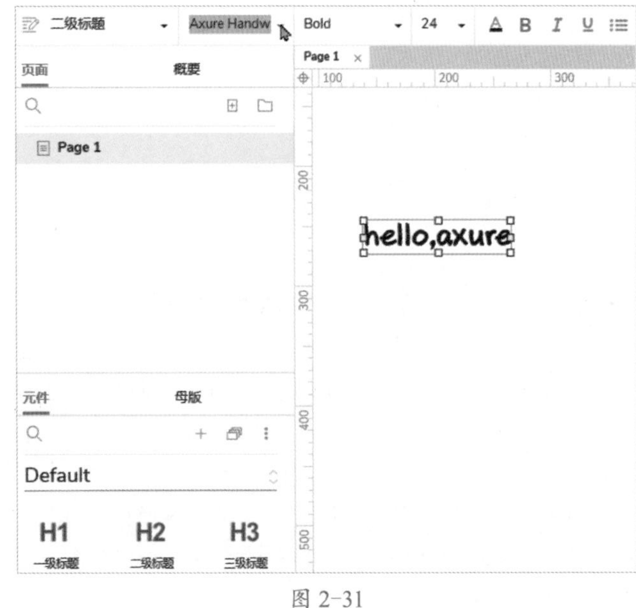

图 2-31

★重点 2.3.3 使用【缩放工具】调整画布大小

现在我们试着使用缩放工具调整画布的大小。单击“工具栏”上的缩放工具按钮，选择一个预设的缩放比例或手动输入一个比例，如图 2-32 所示。

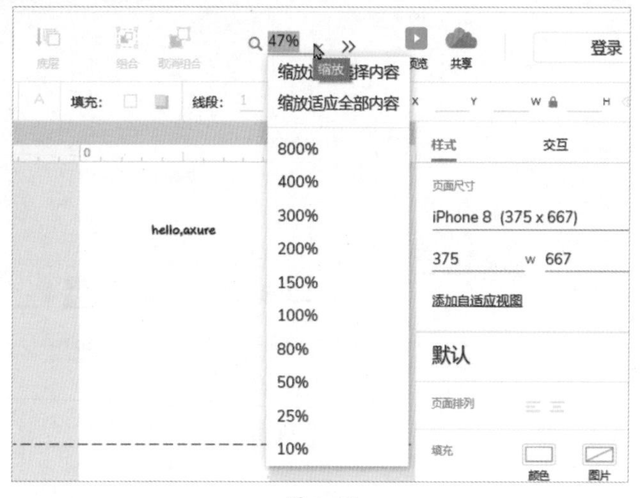

图 2-32

随机输入一个比例，缩小之后的画布如图 2-33 所示。

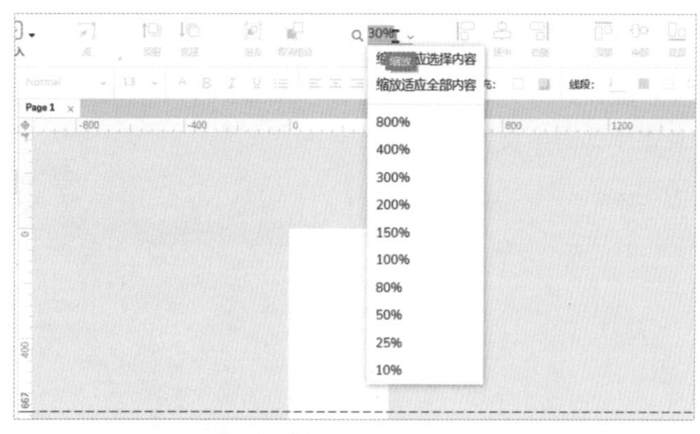

图 2-33

除此之外，还可以使用快捷方式进行调整，使用“Ctrl+‘+’”组合键可以放大画布，“Ctrl+‘-’”组合键可以缩小画布。如果习惯使用键盘和鼠标配合，那么按住“Ctrl”键不放，滚动鼠标也可以放大或缩小画布。

还有一种缩放画布的方式是针对有触摸板的用户，双指在触摸板上捏合也可以进行缩放，这和缩放移动设备上的图片一样。

★重点 2.3.4 使用【抓手工具】移动画布

为得到一个最佳的画布显示方式，可以将抓手工具和缩放功能配合使用，抓手工具相当于快速调整上下左右的画布滚动条，非常实用。操作方法是按住空格键不放，此时鼠标指针变为手形，然后按住鼠标左键不放，进行上、下、左、右移动，画布会随着鼠标指针的移动而移动，放开鼠标左键完成移动，如图 2-34 所示。

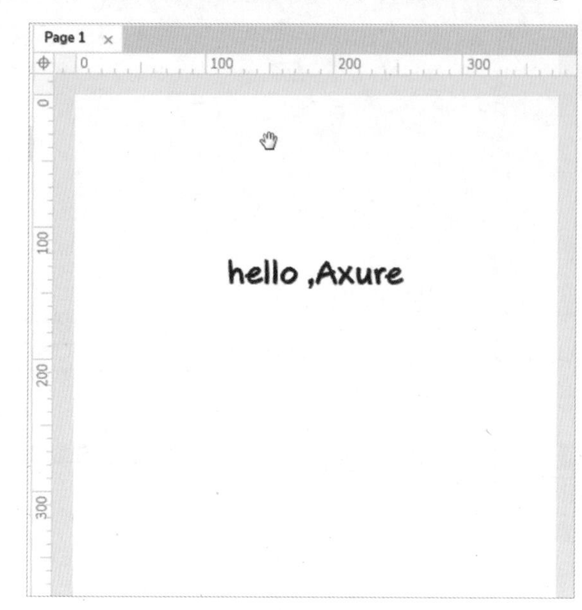

图 2-34

★重点 2.3.5 在浏览器中预览画布内容

现在我们在浏览器中预览画布内容，单击工具栏上的“预览”按钮或使用键盘的快捷键“.（句号）”进行查看，如图 2-35 所示。

图 2-35

此时会打开浏览器窗口并显示原型内容，如图 2-36 所示。

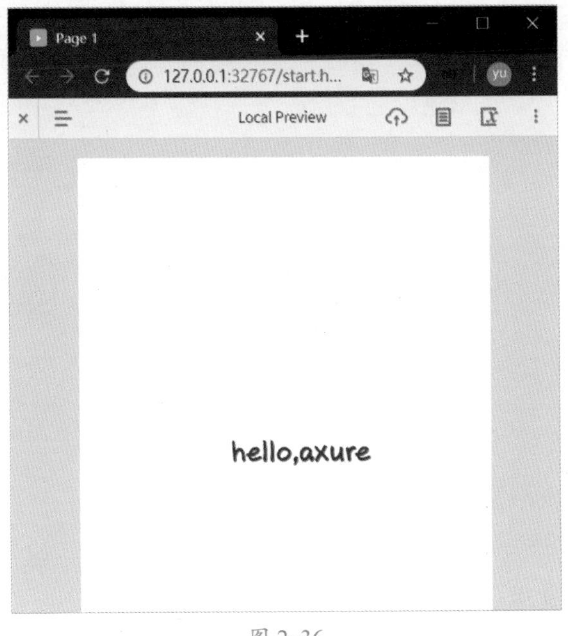

图 2-36

本书的预览浏览器默认为谷歌浏览器，如果打开的页面不是谷歌浏览器，可通过“发布”菜单下的“预览选项”修改打开原型的浏览器，如图 2-37 所示。

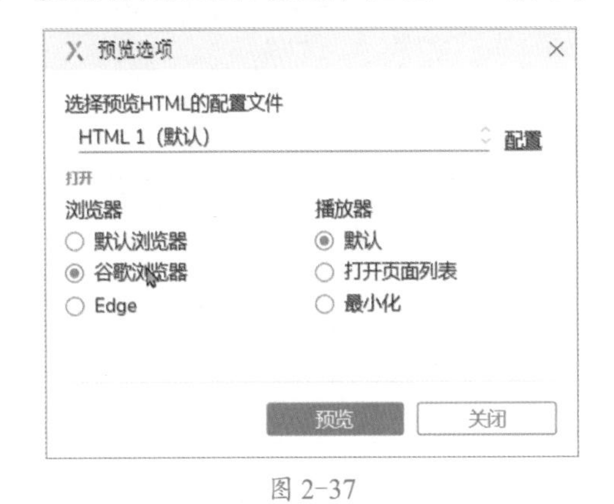

图 2-37

关于预览选项的更多配置信息，将在后面的章节进行介绍。

2.4 使用辅助工具

为了学好相应的科目，直尺、三角器和圆规等是必不可少的辅助工具。Axure RP 9 也提供了很多辅助工具帮助我们更好地设计原型，一起来看下吧。

★重点 2.4.1 使用标尺工具

为方便设计，Axure RP 9 默认显示页面标尺，它像尺子一样，让用户能够对页面横向和纵向尺度有更好的把控。如果想让画布区域更大，可以选择隐藏标尺，方法是执行“视图”菜单栏下的“标尺・网格・辅助线”子菜单中“显示标尺”命令，取消前面的勾选。反之如果需要显示标尺，再次勾选此命令即可。横向标尺和纵向标尺的位置如图 2-38 所示。

★重点 2.4.2 在画布窗口中添加辅助线

辅助线分为两种，一种是当前页面的辅助线，另一种是全局的辅助线。两种辅助线有着不同的作用，前者只能在当前页面显示，后者会在所有页面中显示。

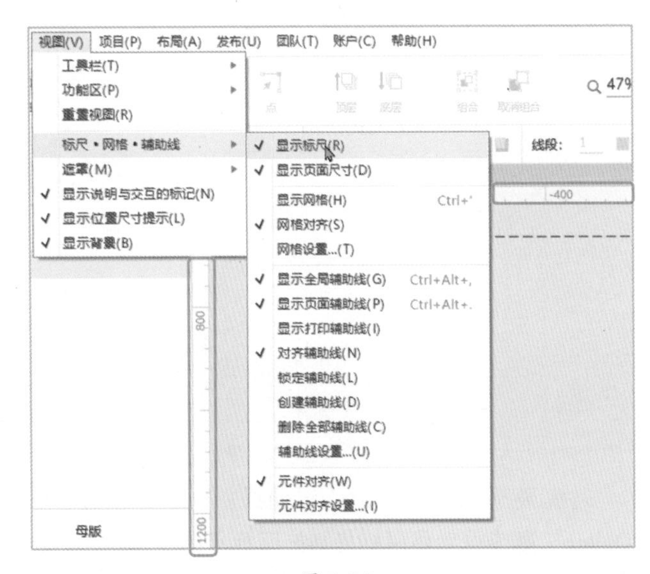

图 2-38

如果想要使用当前页面的辅助线，需要先显示标尺，然后在标尺上按住鼠标左键不放，将辅助线拖动到画布上即可，如图 2-39 所示。

图 2-39

添加全局辅助线的方法也非常简单，和添加当前页面的辅助线一样，需要先显示标尺，然后按住“Ctrl”键不放，再用鼠标拖动辅助线到画布上，如图 2-40 所示。

图 2-40

若需要删除或重新调整辅助线，选中辅助线，按“Delete”键或重新用鼠标将其拖回标尺的位置即可，如图 2-41 所示，选中辅助线后，辅助线会变为绿色，表示可以对它进行操作。

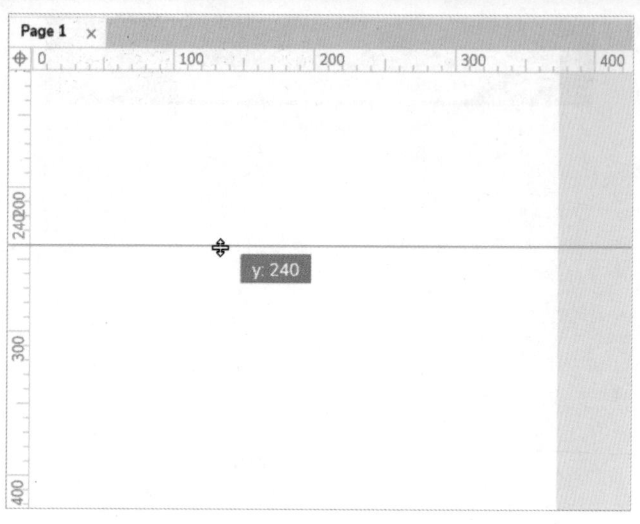

图 2-41

★重点 2.4.3 对齐辅助线

使用对齐辅助线功能，我们在画布上摆放元件时，元件边框会与辅助线自动对齐。使用该功能可以执行“视图”菜单栏下的“标尺・网格・辅助线”子菜单中“对齐辅助线”命令，确保此命令已被勾选，如图 2-42 所示。

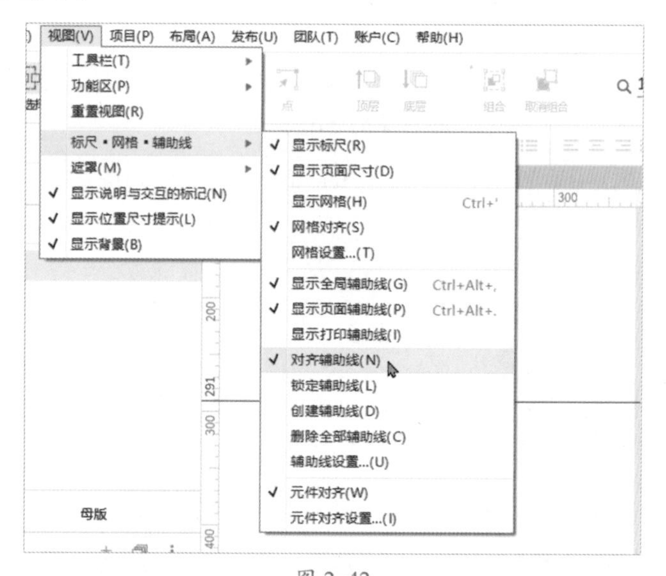

图 2-42

2.4.4 实战：使用辅助线添加元件

现在来使用辅助线及辅助对齐功能添加元件，操作步骤如下。

添加辅助线并开启辅助线对齐功能，❶ 选择“元件”面板，❷ 单击“Default”默认库选项，❸ 在打开的下拉列表中选择“主要按钮”元件，❹ 将其拖到辅助线边缘位置，此时该元件会贴合在辅助线上，如图 2-43 所示。

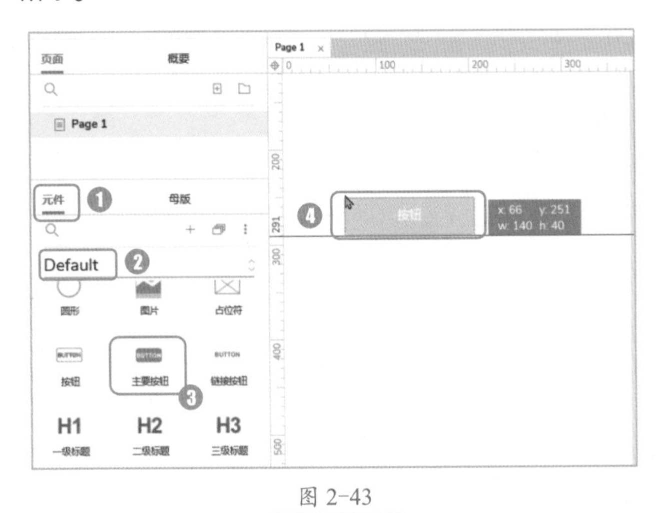

图 2-43

2.4.5 使用网格

网格就像 Excel 中的单元格一样，开启此功能，画布上会显示正方形格子。这些格子可以设置大小、颜色及相交方式，在设计原型时可以基于这些网格进行布局，在浏览器中预览原型时并不会显示这些网格。

通过执行“视图”菜单栏下的“标尺 • 网格 • 辅助线”子菜单中的“显示网格”命令，在画布上显示网格，如图 2-44 所示。

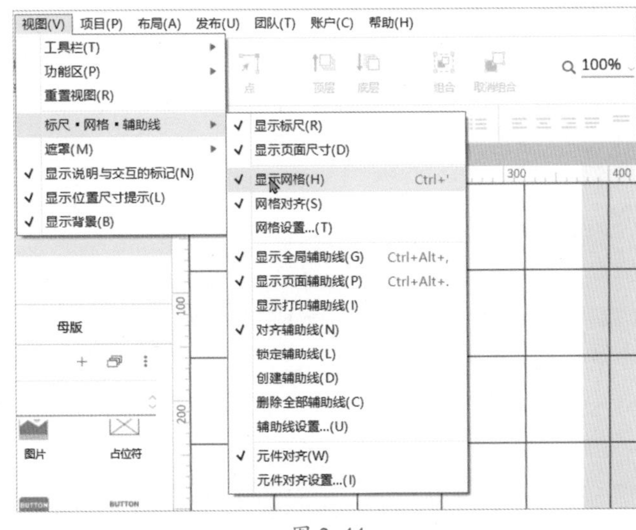

图 2-44

如果显示出的网格不是格子，可以执行“视图”菜单栏下的“标尺 • 网格 • 辅助线”子菜单中的“网格设置”命令，如图 2-45 所示。

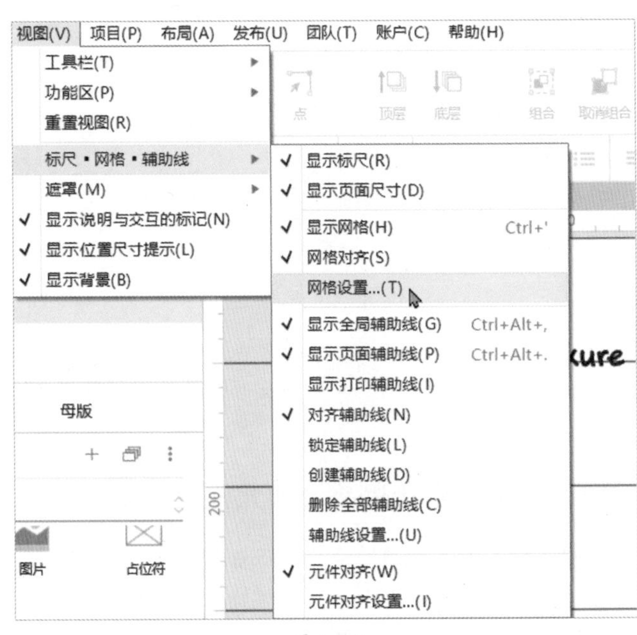

图 2-45

在弹出的“首选项”对话框中单击“网格”选项卡，即可对网格进行设置，包括网格之间的间距、样式和颜色。根据需要进行调整即可，如图 2-46 所示。

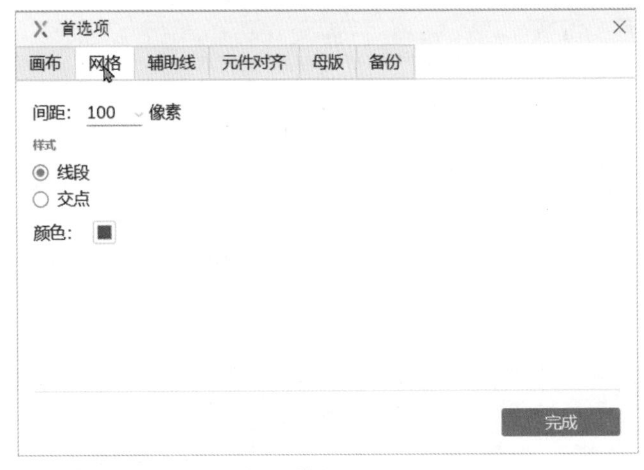

图 2-46

设置网格“间距”选项的参数值为 20 像素，在“样式”选项中选择“交点”，单击“完成”按钮完成网格的相关参数设置，如图 2-47 所示。

图 2-47

2.4.6 实战：基于网格添加元件

现在我们要在屏幕宽度为 375px 的画布上均匀地添加 5 个相同大小的矩形元件，具体操作步骤如下。

Step01 计算出每个元件的宽度。在 375px 的画布上均分 5 个相同宽度的矩形元件，每个元件的宽度是 75px。

Step02 ❶ 在“样式”面板中设置“页面尺寸”的参数值为“iPhone 8(375×667)”，❷ 使用前文介绍的方法，添加一个页面，如图 2-48 所示。

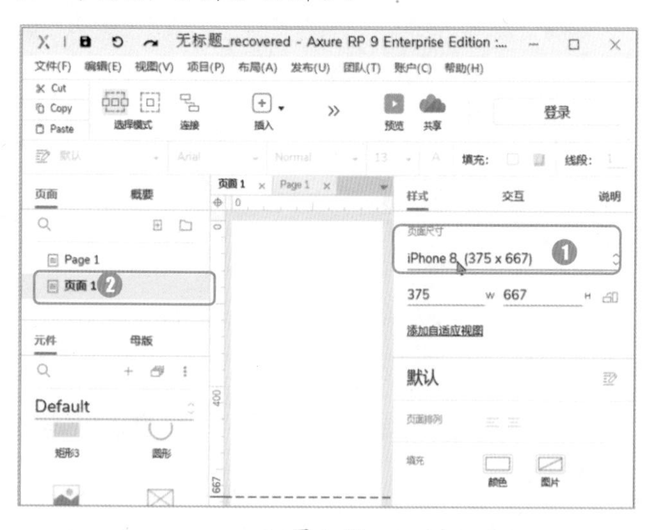

图 2-48

Step03 右击在画布空白区域，在弹出的快捷菜单中执行“标尺•网格•辅助线”子菜单中的“网格设置”命令，如图 2-49 所示。

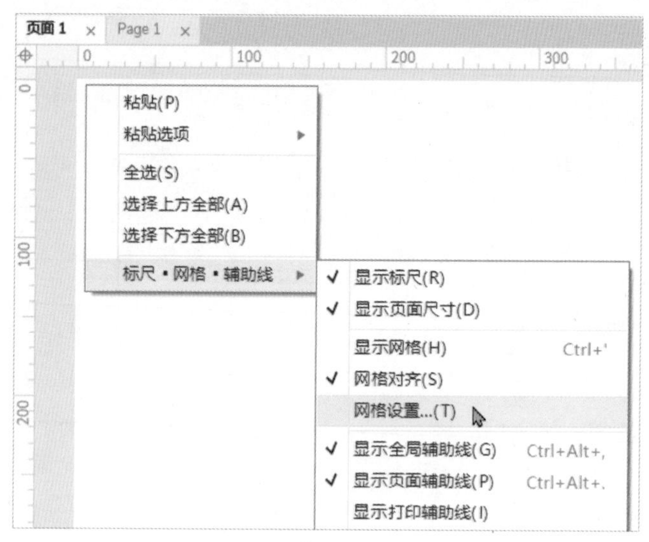

图 2-49

Step04 打开“首选项”对话框，选择“网格”选项卡，设置网格“间距”的参数值为 75 像素，并将“样式”设置为“线段”，线段颜色设置为红色，单击“完成”按钮，如图 2-50 所示。

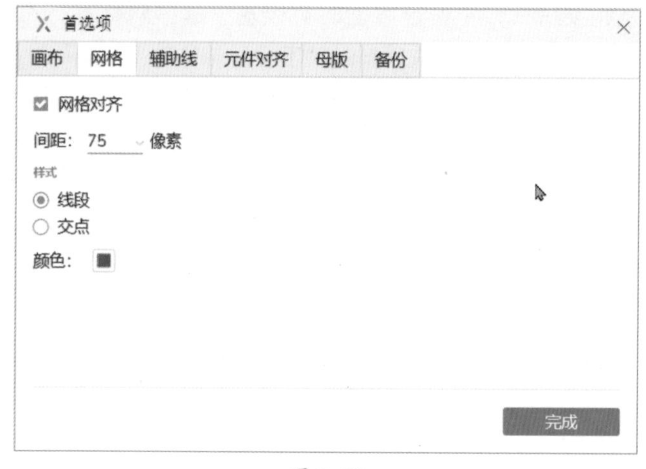

图 2-50

Step05 确保显示网格已勾选，如图 2-51 所示，此时画布上便显示了设置的网格。

图 2-51

Step06 在“元件”面板中单击“Default”默认库选项，并在弹出的下拉列表中找到“矩形 3”元件，将它拖动到画布上，如图 2-52 所示。

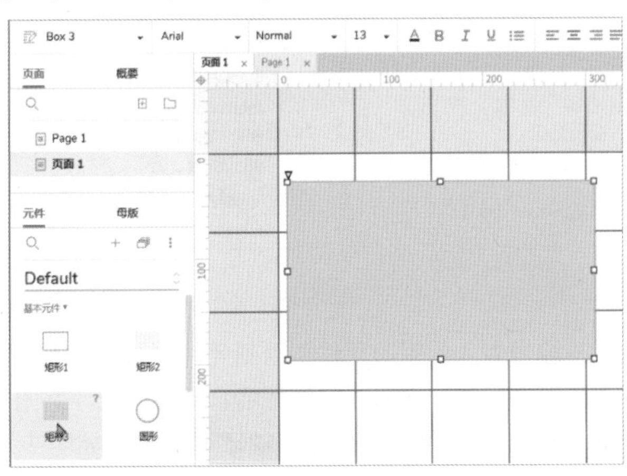

图 2-52

Step07 调整矩形大小，宽和高都设置为 75px，位置参数为 (0，0)，与设置的网格大小相同，如图 2-53 所示。

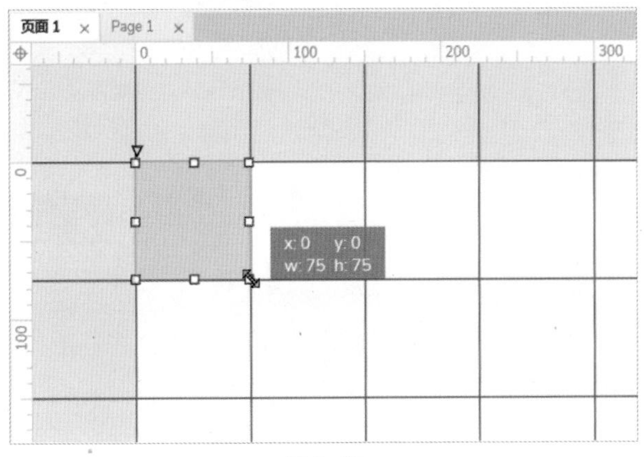

图 2-53

Step08 按住“Ctrl”键不放，将已绘制好的矩形元件拖到网格中，确保矩形元件与网格线重合，如图 2-54 所示。

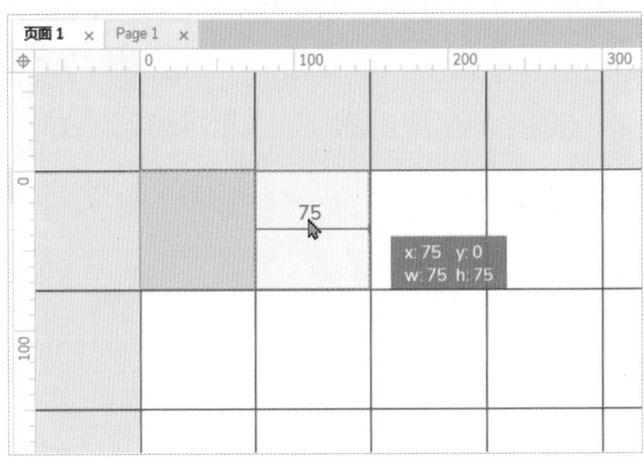

图 2-54

Step09 选中绘制的矩形元件，查看效果。元件更多样式将在“样式”面板章节中介绍。完成矩形在画布上的均分设置，如图 2-55 所示。

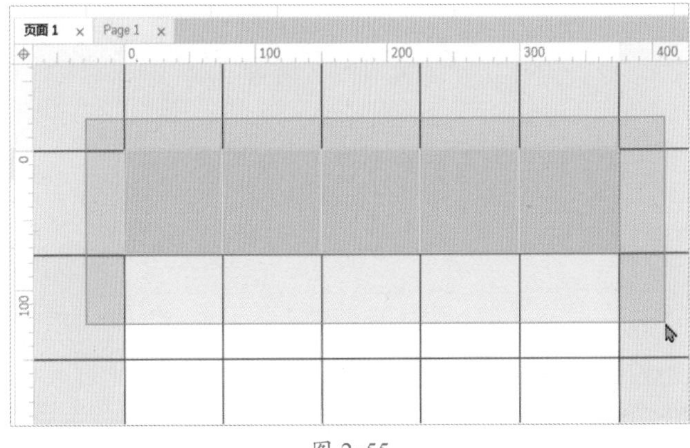

图 2-55

2.4.7 使用对齐与分布功能

本节我们将继续使用前面的例子，来学习使用对齐与分布功能，具体操作步骤如下。

Step01 隐藏网格，画布上展示了 5 个矩形元件，如图 2-56 所示。

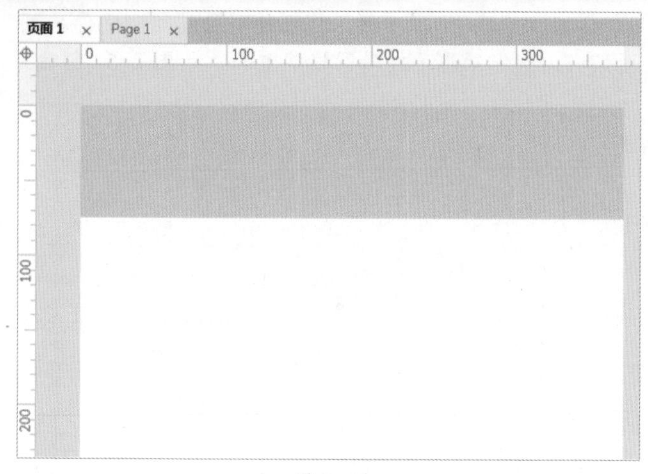

图 2-56

Step02 为矩形元件添加文字编号，双击矩形元件，从左到右依次输入数字 1~5，如图 2-57 所示。

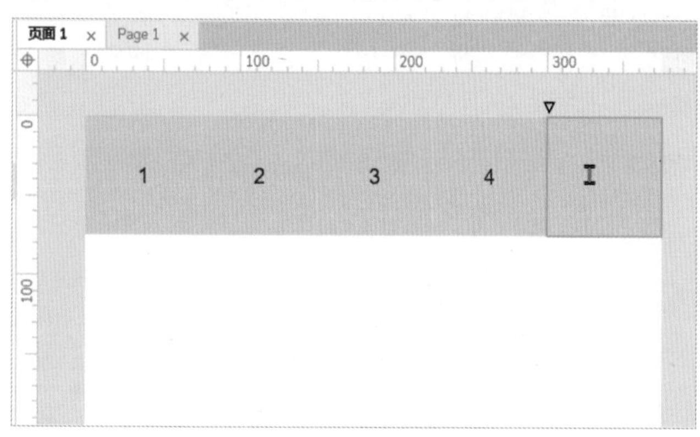

图 2-57

Step03 使用鼠标调整元件的位置，将元件 2 和元件 3 下移，放置的位置如图 2-58 所示。

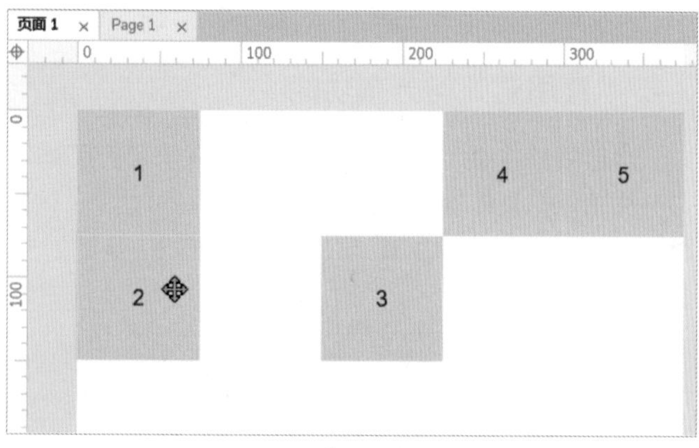

图 2-58

基于图 2-58，学习元件的对齐与分布功能。其中对齐需要选中至少 2 个元件，而分布需要至少选中 3 个元件作为参照。

1. 鼠标移动对齐

使用鼠标移动元件时，可以使用系统提供的“元件对齐”功能，从而将元件移动到“理想”的位置，在操作前要确保“标尺·网格·辅助线”选项卡下的“元件对齐”功能已开启，如图 2-59 所示。

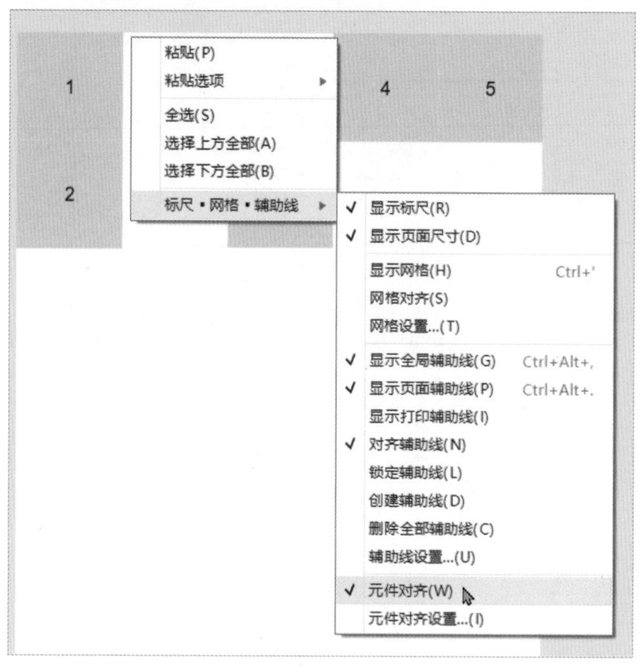

图 2-59

将编号为 4 的矩形元件移动到元件 3 和元件 5 之间且上下距离相等。在移动时系统会自动显示元件之间的距离，可以使用键盘上的方向键微调距离，如图 2-60 所示。

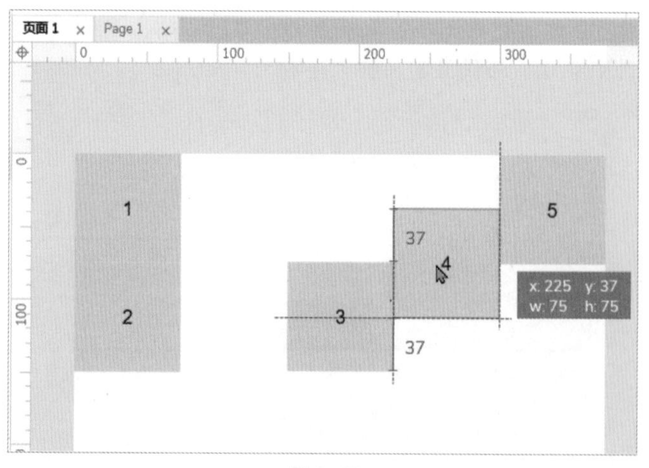

图 2-60

2. 元件左侧对齐

❶按住“Ctrl”键，依次选中编号为 1 和 3 的元件，❷单击工具栏“左侧”按钮或使用快捷组合键“Ctrl+Alt+L”，如图 2-61 所示。

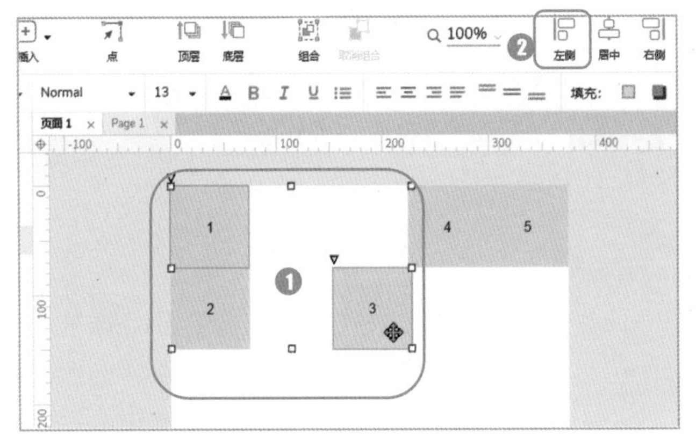

图 2-61

元件左侧对齐是以第一个元件为基准，可以看到编号为 3 的矩形元件位置发生了变化，效果如图 2-62 所示。

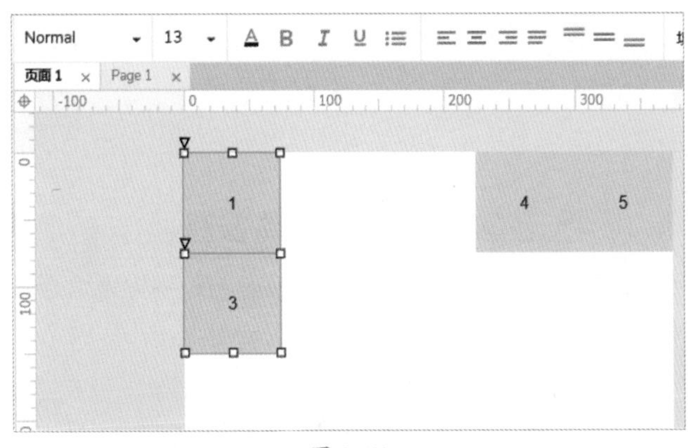

图 2-62

3. 元件居中对齐

使用快捷组合键“Ctrl+Z”撤销元件左侧对齐，使画布上的元件恢复到原来的位置。依次选中编号为 3 和 1 的矩形元件，单击工具栏的“居中”按钮或使用快捷组合键“Ctrl+Alt+C”使元件居中对齐，执行后的效果如图 2-63 所示。

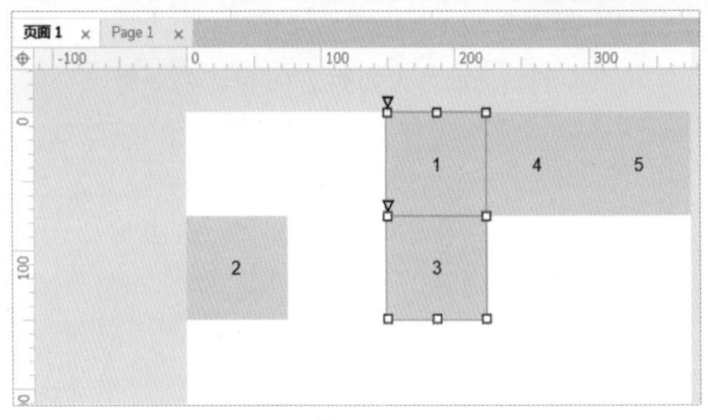

图 2-63

4. 元件右侧对齐

使用同样的方法撤销之前的操作，依次选中编号为 5 和 3 的矩形元件，单击工具栏的“右侧”按钮或使用快捷组合键“Ctrl+Alt+R”使元件右侧对齐，执行后的效果如图 2-64 所示。

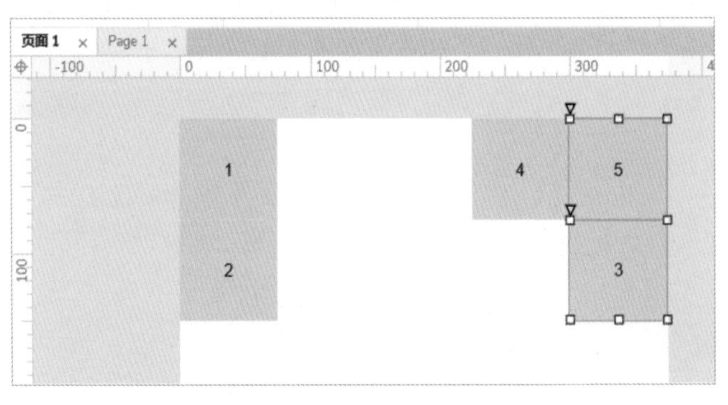

图 2-64

5. 元件顶部对齐

使用同样的方法撤销之前的操作，依次选中编号为 4 和 3 的矩形元件，单击工具栏的“顶部”按钮或使用快捷组合键“Ctrl+Alt+T”使元件顶部对齐，执行后的效果如图 2-65 所示。

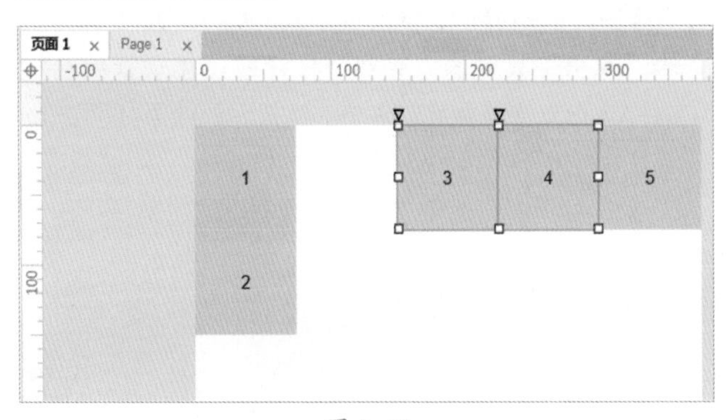

图 2-65

6. 元件中部对齐

将页面的布局调整为如图 2-66 所示的效果。

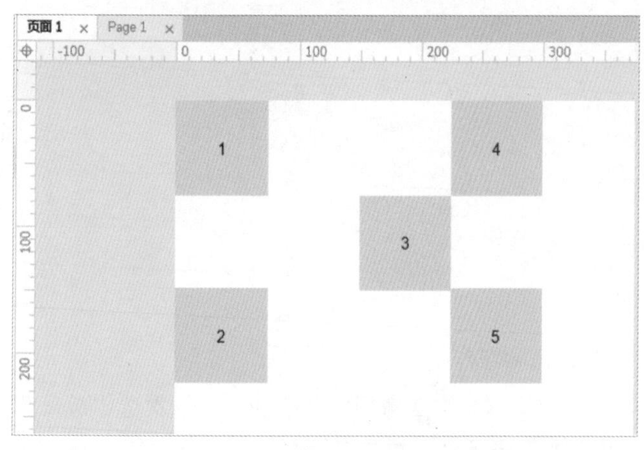

图 2-66

依次选中编号为 3、1、5 的矩形文件，单击工具栏的“中部”按钮或使用快捷组合键“Ctrl+Alt+M”使元件中部对齐，执行后的效果如图 2-67 所示。

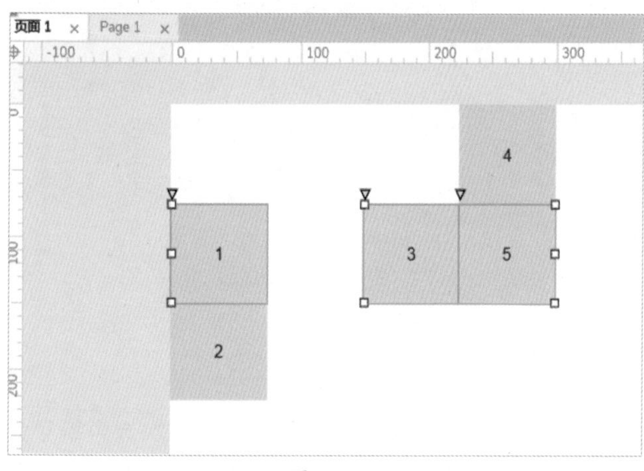

图 2-67

7. 元件底部对齐

撤销之前的操作，依次选中编号为 2、3、5 的矩形文件。单击工具栏的“底部”按钮或使用快捷组合键“Ctrl+Alt+B”使元件底部对齐，执行后的效果如图 2-68 所示。

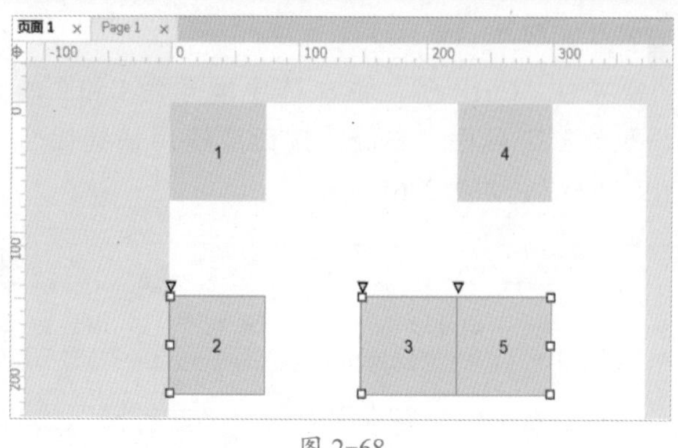

图 2-68

8. 元件水平分布

调整页面的布局，调整后的效果如图 2-69 所示。

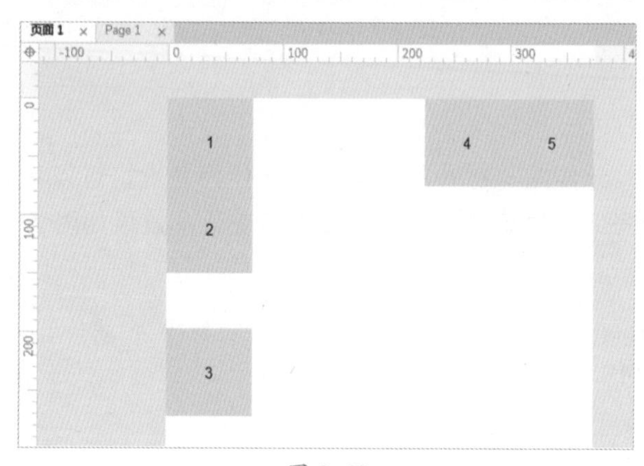

图 2-69

依次选中编号为 1、4、5 的矩形元件，如图 2-70 所示，在工具栏单击“水平”按钮或使用快捷组合键“Ctrl+Shift+H”使元件水平分布。

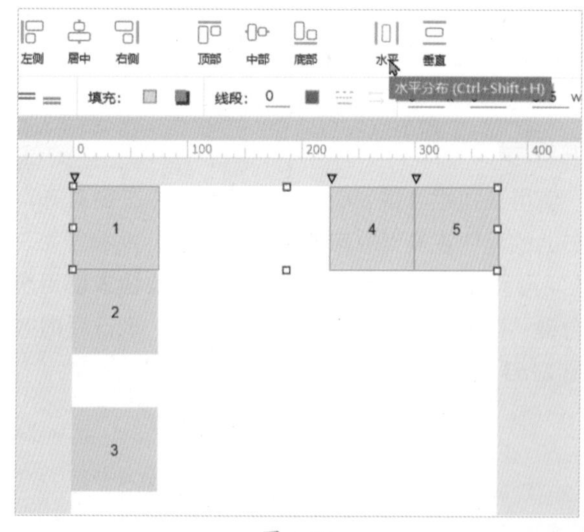

图 2-70

执行后的效果如图 2-71 所示。

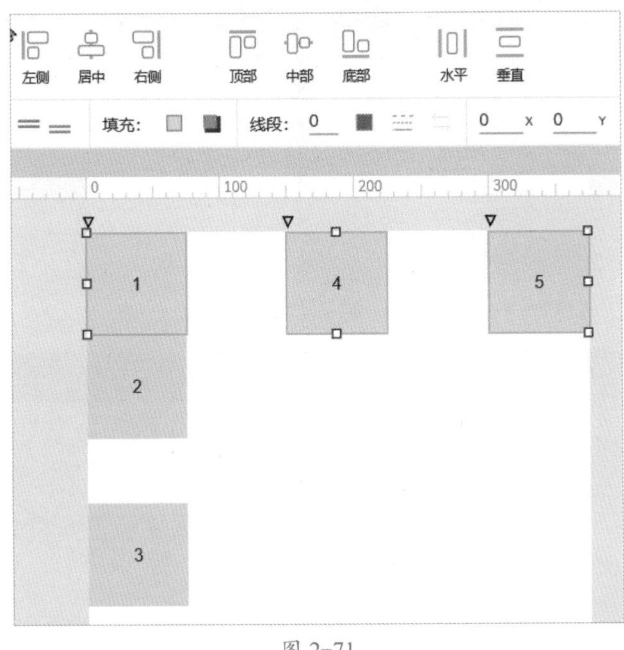

图 2-71

9. 元件垂直分布

依次选中编号为 1、2、3 的矩形元件，如图 2-72 所示，单击工具栏的“垂直”按钮或使用快捷组合键“Ctrl+Shift+U”使元件垂直分布。

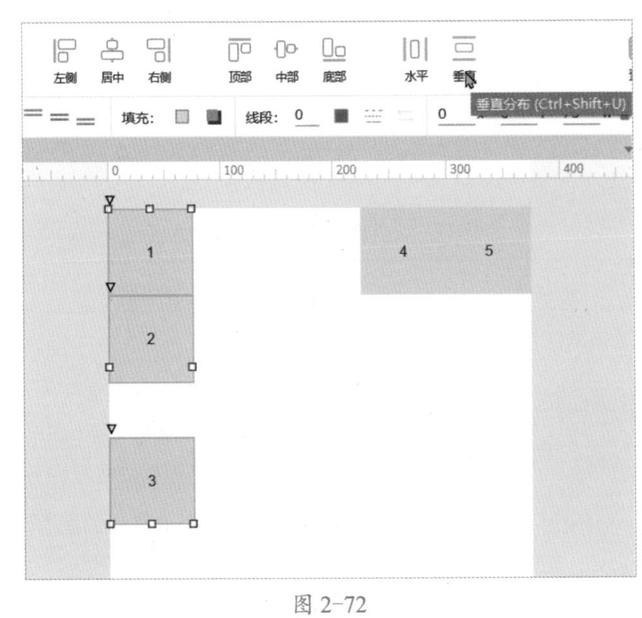

图 2-72

执行后的效果如图 2-73 所示。

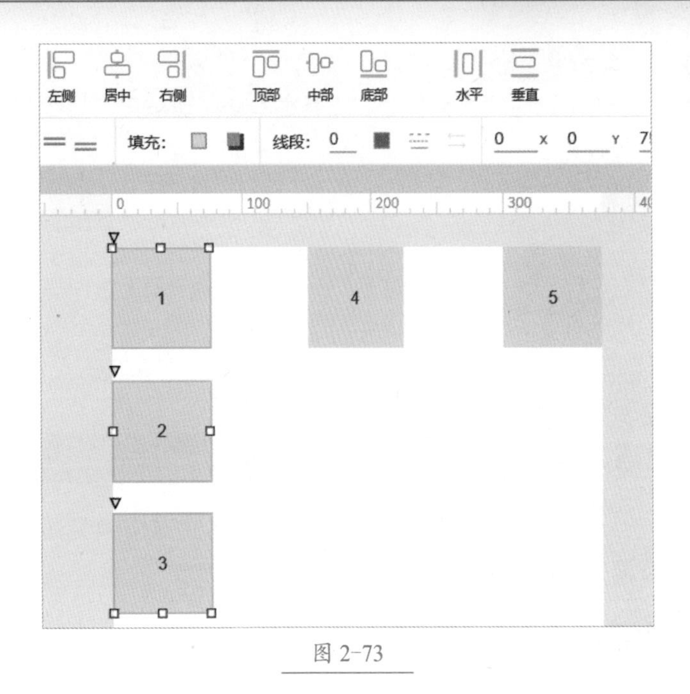

图 2-73

2.4.8 显示或隐藏元件

在原型设计中经常会设置元件的可见性，如消息提醒，短暂的显示提示后自动消失（隐藏）。显示或隐藏元件可以使用工具栏的隐藏按钮或元件右键菜单中的“设为隐藏”或“设为可见”命令进行设置。

1. 隐藏元件

选中需要隐藏的元件，在工具栏单击隐藏按钮，如图 2-74 所示，元件隐藏后在浏览器中预览时不可见。若元件在画布上为淡黄色，则表明该元件当前不可见。

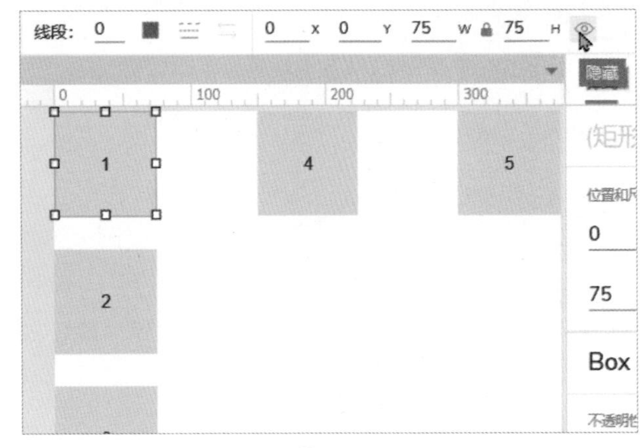

图 2-74

2. 显示元件

选中已隐藏的元件，在工具栏单击显现按钮，如图 2-75 所示。

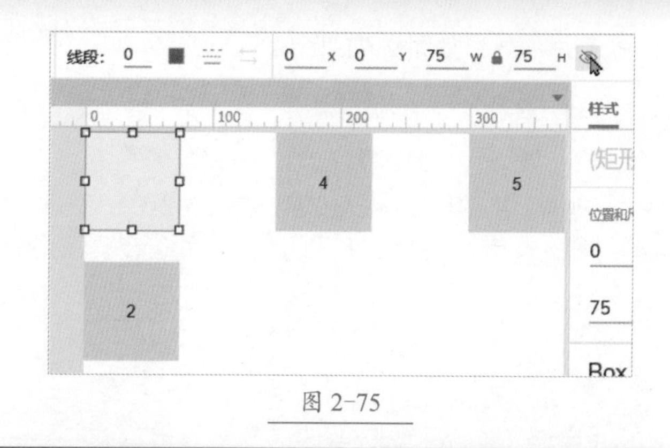

图 2-75

2.5 元件面板操作

元件是设计原型的关键所在，在后面的章节中会详细地介绍每个元件。本节将介绍切换元件库和管理元件库的相关操作。

★重点 2.5.1 切换元件库

Axure RP 9 提供了 4 个元件库，通过元件面板可以在这 4 个元件库之间切换，打开 Axure RP 9，在元件面板中单击“元件库”下拉列表，如图 2-76 所示。

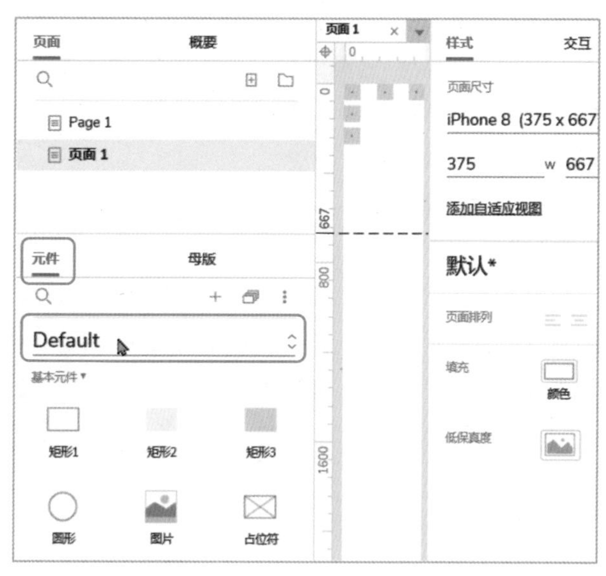

图 2-76

在元件库下拉列表中选择需要切换的元件库，如图 2-77 所示。每个元件库选项的作用及含义如表 2-2 所示。

图 2-77

表 2-2 元件库选项的作用及含义

选项	作用及含义
❶ 全部元件库	包含所有的元件
❷Default	系统默认的元件库，显示原型设计常用的元件，如矩形和图片等
❸Flow	流程元件库，显示流程图相关的元件
❹Icons	图标元件库，显示各行业常用的图标形状，可以随意调整大小、修改颜色，查看原型时这些图标形状会生成 SVG 文件
❺Sample UI Patterns	简单的用户接口元件，这也是 Axure RP 9 新增的元件

★重点 2.5.2　管理元件库

实际应用中，可能需要添加更多的元件库来满足自己的工作需求。通过元件面板提供的管理功能，可以导入新的元件库或添加图片文件夹作为元件库使用，移除无用的元件库，以便在海量元件库中找到合适的元件。

1. 添加元件库

元件库的文件格式为 rplib，在 Axure RP 9 中添加元件库，只需双击该格式的文件即可安装。也可在网络上搜索“Axure RP 9 元件库”下载相关的 rplib 文件进行安装，操作步骤如下。

❶ 双击已下载的元件库文件，系统默认会将元件库移动到 Axure RP 9 安装目录（此目录是系统盘的文件目录），也可以选择保留元件库文件在当前位置，❷ 若需要编辑元件库，可以单击“编辑元件库”按钮。❸ 单击“确定”按钮完成元件库的添加，如图 2-78 所示。

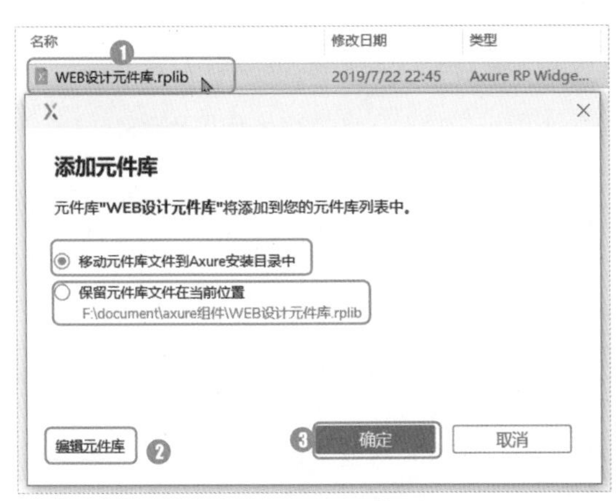

图 2-78

另一种添加方法是在元件面板中单击添加元件库按钮，在弹出的“打开”对话框中找到对应的“rplib”文件即可，如图 2-79 所示。

图 2-79

Axure RP 9 官方提供了很多精美的元件库，可在线预览效果，但需要付费购买，感兴趣的读者可以通过官方网站了解。

2. 搜索元件库

如果添加的元件库过多，通过输入关键字可模糊搜索元件库，如图 2-80 所示。

图 2-80

使用元件时，也可以使用强大的搜索功能快速找到符合要求的元件，如在全部元件库中搜索含有“手”的元件，如图 2-81 所示。

图 2-81

3. 添加图片文件夹

有时在设计原型时需要使用大量的示例图片，传统做法是，使用图片元件浏览图片或找到相应的图片素材后复制到画布上。

Axure RP 9 的“添加图片文件夹”功能可以将整个文件夹中的所有图片作为元件导入，并且图片名称就是元件名称，和使用图片元件一样。它的好处是所有图片内容已知，从而减少不必要的工作量。操作方法是单击元件面板上的添加图片文件夹按钮，选择需要添加的图片文件夹即可，如图 2-82 所示。

图 2-82

4. 元件库选项操作

通常能添加元件库便能移除它，单击元件面板上的选项按钮，如图 2-83 所示。

图 2-83

“选项”菜单中共有 4 个选项，分别是获取元件库、编辑元件库、打开 File Explorer 和移除元件库，如图 2-84 所示。每个选项的作用及含义如表 2-3 所示。

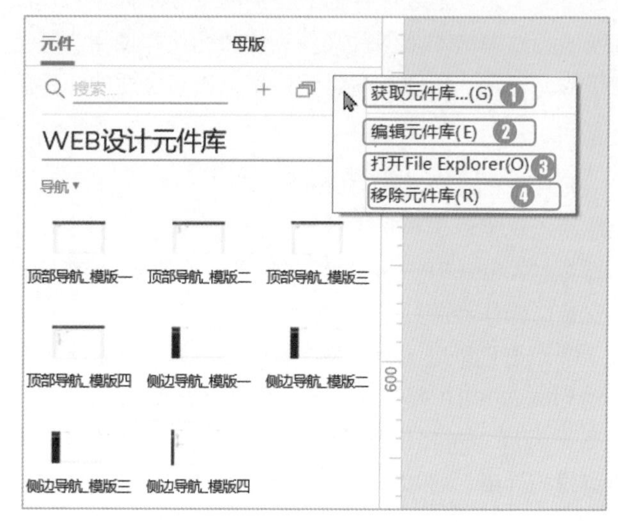

图 2-84

表 2-3　元件库选项的作用及含义

选项	作用及含义
❶ 获取元件库	单击跳转到官方推荐的元件库地址，需付费购买
❷ 编辑元件库	打开元件库进行编辑
❸ 打开 File Explorer	即打开元件库文件夹所在位置
❹ 移除元件库	移除不需要的元件库。需要注意的是，如果移除元件库后，每次打开 Axure RP 9 又出现该元件库，就需要使用“打开 File Explorer”功能定位到该元件，将其删除或移动位置

2.6 使用首选项设置

首选项一词源于英文单词“Preferences”，词义为优先、偏爱或偏好，因此首选项设置也称为偏好设置。该功能模块位于“文件”菜单下的“Preferences”（偏好设置或首选项），或使用快捷键 F9，前文已经介绍过首选项的一些功能，本节继续学习更多的设置。

★新功能 2.6.1 更改外观模式

这是 Axure RP 9 的新功能，可以将工作环境默认的明亮模式外观切换为黑暗模式。按快捷键“F9”或单击“文件”菜单下的“首选项（偏好设置）”选项，在弹出的“首选项”对话框中选择“画布”选项卡，在“外观”下拉列表中选择“黑暗模式”，最后单击“完成”按钮，如图 2-85 所示。

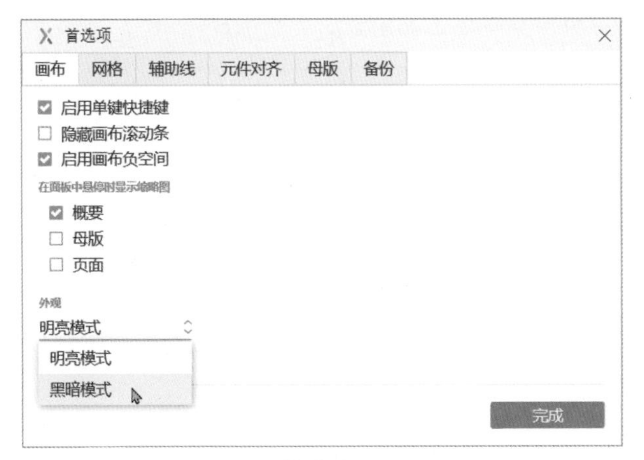

图 2-85

★重点 2.6.2 启用单键快捷键

Axure RP 9 具有“单键快捷键”功能，便于用户使用自定义的按键快速切换元件，如正在绘制一个矩形，突然想绘制一个圆形，就可以使用“单键快捷键”定义的快捷键将矩形改为圆形，非常方便。在“首选项”对话框中勾选“启用单键快捷键”，如图 2-86 所示。

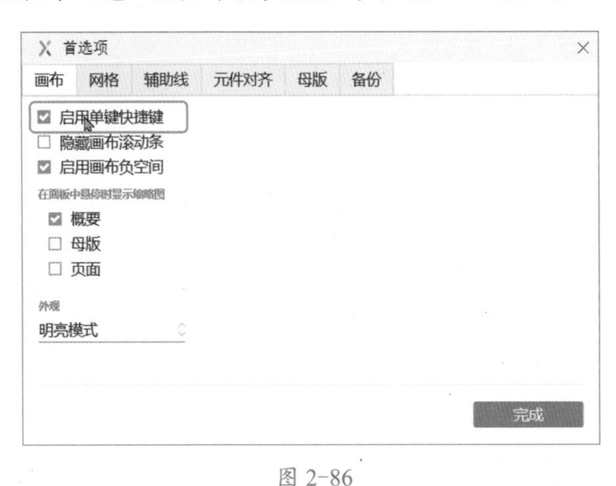

图 2-86

启用单键快捷键后，设计完时需要按回车键确认，单击“工具栏”上的“插入”按钮，❶ 左侧是已启用单键快捷键的样式，❷ 右侧未启用，当单键快捷键模式未启用时，需要使用 Ctrl+Shift 组合键。例如，开启单键快捷键模式后切换到矩形的快捷键是“R”，未启用该模式时则需要同时按下“Ctrl+Shift+R”，如图 2-87 所示（注：为方便对比，图片做了处理，实际操作中只会出现一种模式）。

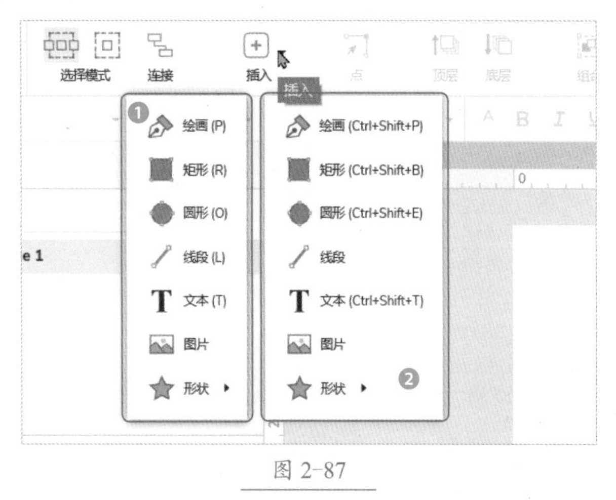

图 2-87

2.6.3 隐藏画布滚动条

画布一般默认显示滚动条，如图 2-88 所示。

图 2-88

通过设置可以将滚动条隐藏，方法是打开“首选项”对话框，打开“画布”选项卡，勾选“隐藏画布滚动条”复选框来隐藏滚动条，如图 2-89 所示。

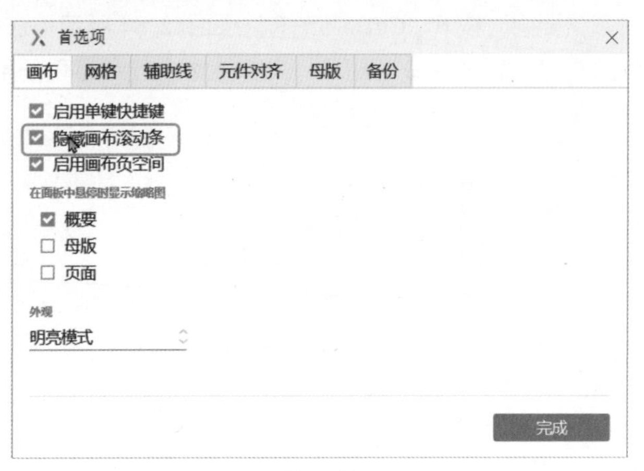

图 2-89

完成设置后发现画布的滚动条不见了，但画布依然可以上下、左右滚动。需要注意的是，该设置只是隐藏滚动条，不是禁用滚动功能。

★新功能 2.6.4　取消使用画布负空间

“画布负空间”是 Axure RP 9 的新功能，它的作用是承载更多的布局设计，但仅在设计时可用，在原型预览中并不可见。如果不需要负空间，打开“首选项”对话框，在“画布”选项卡取消勾选“启用画布负空间”复选框，然后单击“完成”按钮，即可取消使用画布负空间，如图 2-90 所示。

图 2-90

★重点 2.6.5　启用备份

“启用备份”是一个非常重要的功能，如果计算机突然关机，或者一些未知原因导致 Axure RP 9 崩溃（无响应）只能被关闭，备份可以保证用户制作的原型不会丢失。

“启用备份”功能，可以使未能及时保存的原型设计自动备份，方便下次开启 Axure RP 9 时通过备份恢复文件。文件名上如果添加了“_recovered”，则表示该原型是恢复的备份。

启用备份的方法是打开“首选项”对话框，在“备份”选项卡中勾选“启用备份”复选框，并设置备份间隔时间，最短间隔为 5 分钟，如图 2-91 所示。

图 2-91

2.7 样式面板操作

前文对页面的基本样式设置进行了介绍，本节主要介绍元件的样式设置。需要注意的是，不同的元件属性与用途不同，能设置的样式也不同。样式面板可以理解为原型设计中的“美化器”，字体的大小、颜色、边框类型和阴影等都是通过该面板进行设置和管理的。

★重点 2.7.1 位置和尺寸

每次移动元件时，它的位置都会发生变化。调整元件位置与尺寸的方法如下。

❶ 选中元件，❷ 在样式面板中的“位置和尺寸”选项栏进行参数设置，包括坐标位置和尺寸大小，同时工具栏上也可以进行相关操作。X 是指元件在画布中 X 轴的坐标值，Y 是指元件在画布中 Y 轴的坐标值，W 表示宽度，H 表示高度。❸ 在样式面板中还可进行“旋转”“宽度”与“高度”的参数设置，中间的锁形图标默认为解锁模式，锁定后显示为，表示宽高会按比例调整，如输入元件高度参数，系统自动按比例调整宽度。锁定比例仅针对手动输入有效，鼠标调整不生效，如图 2-92 所示。

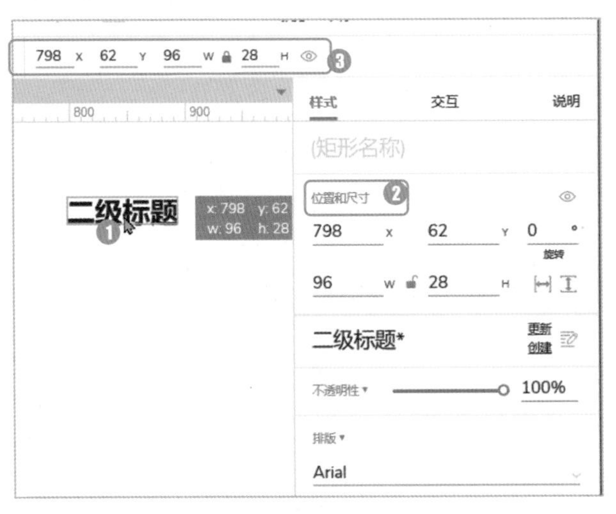

图 2-92

2.7.2 样式预设

Axure RP 9 为元件提供了预设的样式，如果不喜欢样式，可以对它进行调整，以便更加方便地将其应用在原型设计中。操作方法是 ❶ 单击样式面板的管理元件样式按钮，查看和管理预设的元件样式，❷ 对现有的样式预设进行调整，❸ 完成样式调整后需要单击“确定”按钮，让新的样式在画布上生效，如图 2-93 所示。

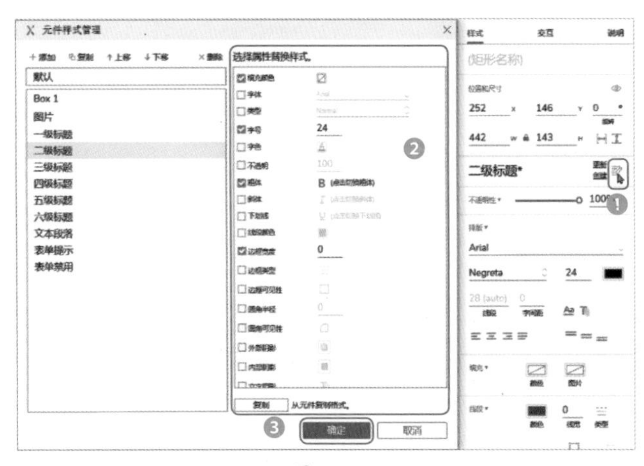

图 2-93

下面来自定义一个预设样式并应用它，具体操作步骤如下。

Step01 执行“项目”菜单下的“元件样式管理器”命令，打开“元件样式管理”对话框。也可以使用工具栏的“管理元件样式”按钮，或从样式面板打开元件样式管理器，如图 2-94 所示。

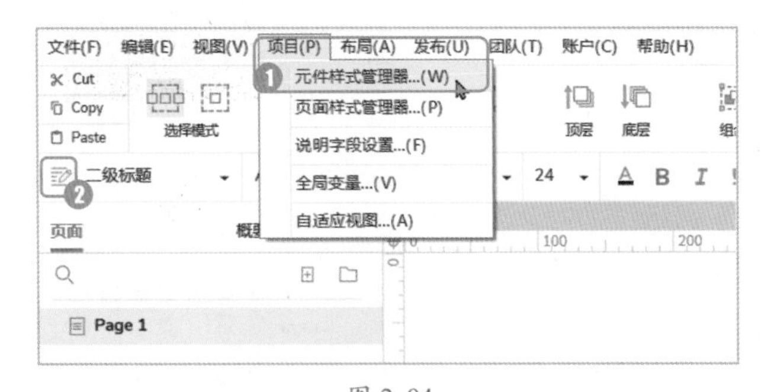

图 2-94

Step02 打开“元件样式管理”对话框，❶ 选中“表单禁用”选项，❷ 单击“复制”按钮，❸ 此时出现复制好的“表单禁用 1”选项，如图 2-95 所示。

图 2-95

Step03 ❶ 选中“表单禁用 1”选项可对其重命名，❷ 在右侧“选择属性替换样式”选项中调整填充色为“#28A745”，读者可以选择自己喜欢的颜色并增加其他样式，完成后单击“确定”按钮，如图 2-96 所示。

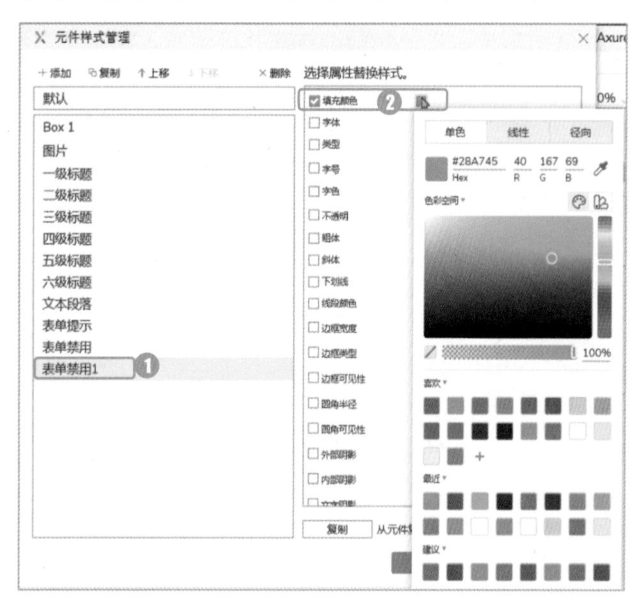

图 2-96

Step04 ❶ 选中元件，❷ 在样式面板中选择设定好的“表单禁用 1”样式，即可应用自定义的样式预设，如图 2-97 所示。

图 2-97

技术看板

3 种打开样式管理器的方法有什么区别？

样式面板需要选中某个元件，然后单击快捷图标定位到当前元件的预设样式。工具栏和视图菜单打开样式管理器会自动根据元件是否被选中进行判断，如果元件被选中就定位到该元件的预设样式，否则为默认样式。另外如果选中页面，在样式面板中单击快捷图标打开的是页面样式管理。

2.7.3 不透明度

不透明度让原型设计更加有层次感，如弹框屏蔽、调整屏蔽层等功能，在实际工作中很实用。不透明度的范围是 0%~100%，可以通过样式面板的“不透明性”选项进行调整，图 2-98 自下而上展示了同种背景色 20%、40%、60%、80% 和 100% 的效果。

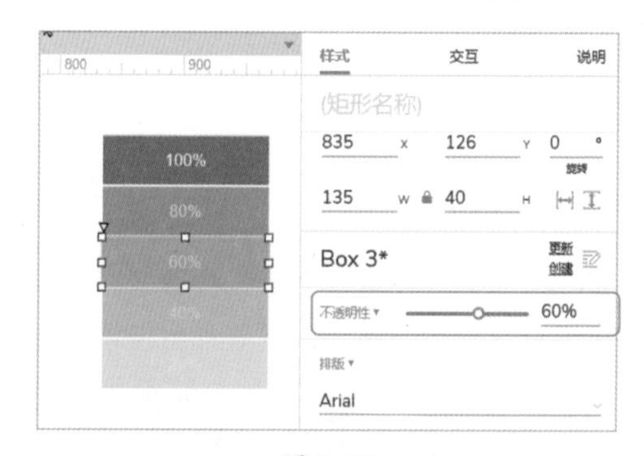

图 2-98

★重点 2.7.4 文字排版

文字排版很重要，尤其是专业的设计师，要遵循严格的排版规范。文字排版可以让原型看起来更加“舒服”，❶ 选中要进行排版的元件，❷ 在样式面板的“排版”区域进行操作，可以进行包括字体、字体样式、字号、线段、字间距、附加文本选项（上标、下标和删除线等）、阴影效果及对齐方式等功能的设置与修改，如图 2-99 所示。

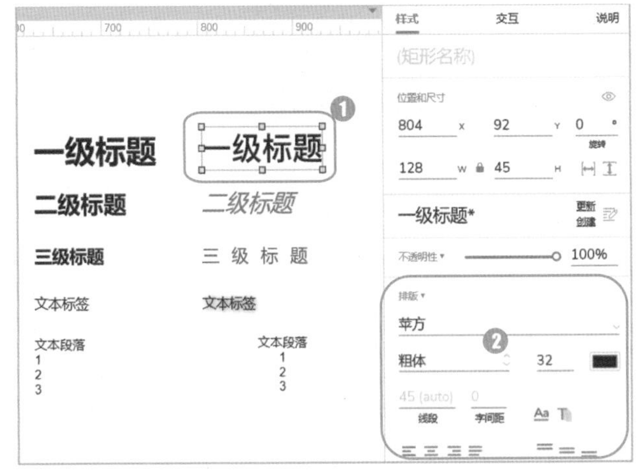

图 2-99

2.7.5 填充背景

Axure RP 9 在填充背景时有两种选择，一种是颜色填充，另一种是图片填充。

1. 颜色填充

拾色器面板在 RP 9 中有很大改进，有 3 种模式可供选择，分别是 ❶“单色”模式、❷“线性”模式、❸“径向”模式，另外还可以在 ❹ 色彩空间和颜色选择器之间切换，❺ 收藏喜欢的颜色，❻ 查看最近使用的颜色，❼ 选择某种颜色后给出相关“色系”的搭配建议，如图 2-100 所示。

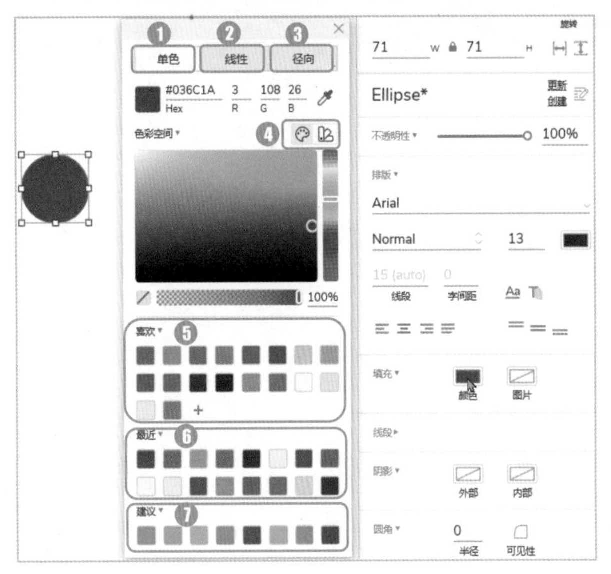

图 2-100

使用 3 种填充模式进行颜色填充，效果如图 2-101 所示。

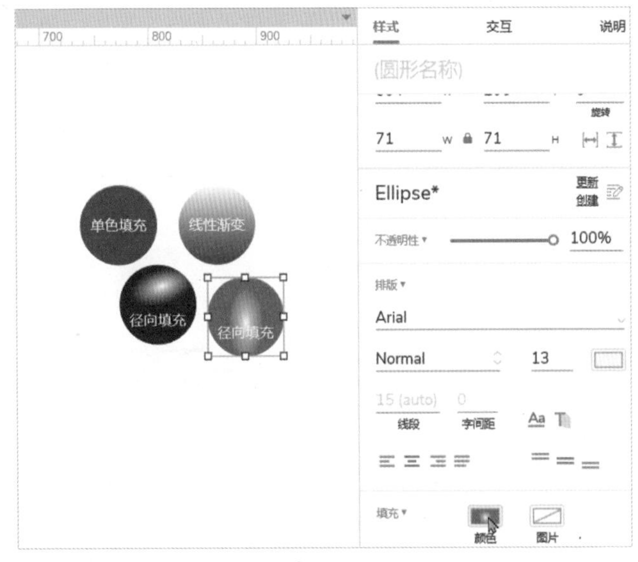

图 2-101

2. 图片填充

图片填充的具体操作步骤如下。

❶ 选中需要进行图片填充的元件，❷ 单击图片填充按钮，❸ 在弹出的交互面板中，单击“选择”按钮选择需要的图片，❹ 设置好图片的对齐方式，❺ 随后设置图片的填充方式，完成图片填充之后的效果如图 2-102 所示。

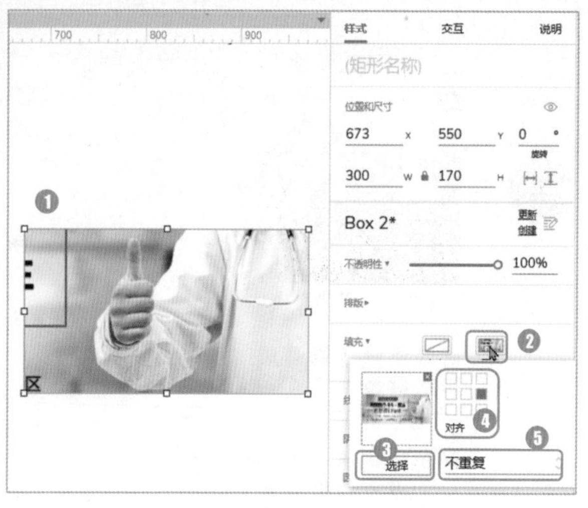

图 2-102

2.7.6 线段样式

不同元件所应用的“线段样式”功能有所不同，如矩形元件由 4 条边组成，可调整每条边的可见性，水平线元件和形状元件则不可调整边框可见性。选中元件后使用工具栏提供的部分边框样式或使用样式面板的“线段”区域选项可调整线段样式，线段样式包括线段颜色、线宽、类型（实线和虚线等）、可见性和箭头样式，如图 2-103 所示。

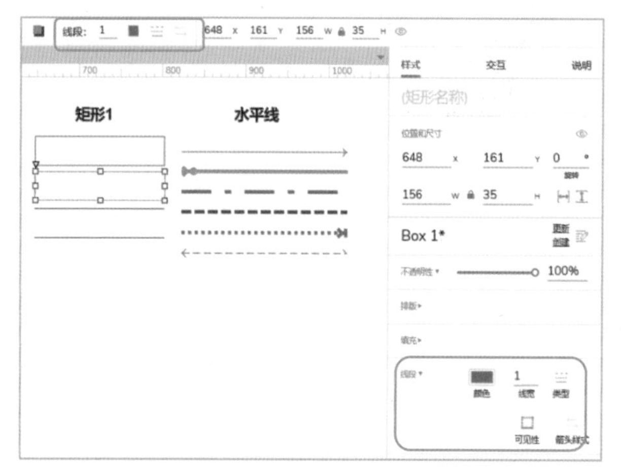

图 2-103

2.7.7 阴影效果

“阴影效果”是通过设置阴影位置、阴影颜色、模糊值（值越小阴影效果越明显）及扩展范围展现的，分为内部阴影和外部阴影两种。阴影设置的参数不同，效果也不同，其中扩展范围仅针对内部阴影。单击工具栏上的外部阴影按钮或在样式面板中的“阴影”区域设置阴影相关参数，效果如图 2-104 所示。

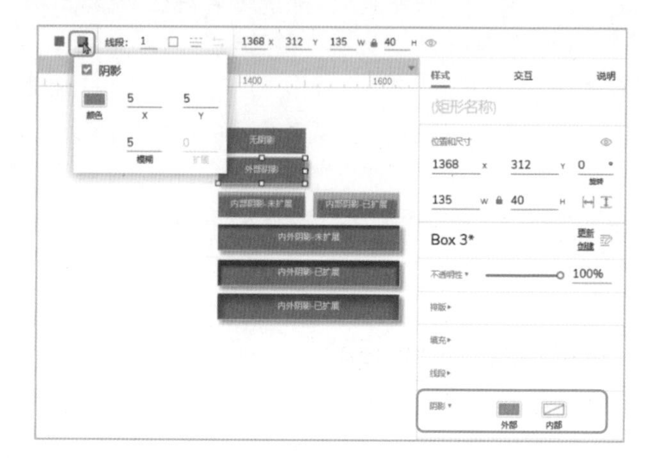

图 2-104

2.7.8 圆角

“圆角”功能在原型设计中经常用到，包括设置圆角面板和圆角按钮等元件，如苹果手机桌面几乎全是圆角应用图标。

在 Axure RP 9 中绘制圆角矩形也非常简单，有 2 种操作方法，❶ 在样式面板中的“圆角”区域调整“半径”的参数值及“可见性”。❷ 拖动元件上方的黄色小三角形，可以改变圆角半径参数值，如图 2-105 所示。

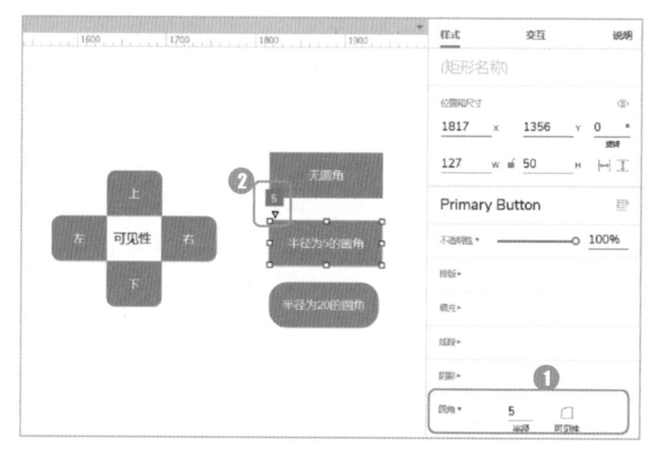

图 2-105

技能拓展——圆角的半径范围及如何计算半径值

圆角的半径范围为 0~10000，理论上半径的数值越大，圆角效果越明显，但这取决于矩形的大小。当半径数值超过矩形宽度的一半时，再增加数值将看不到变化。圆角的最大半径值是矩形宽度的一半，有小数时向上取整，如 80×100 的矩形，圆角的最大半径值是 40，75×200 的矩形，圆角的最大半径值是 38。也可以拖动元件上方的黄色小三角形，它会显示圆角的最大半径值。综上所述，若想测试圆角的最大半径值，需要将矩形元件的宽度设置为 20000。

2.7.9 边距

“边距”的设置位于样式面板的底部，用于调整元件文字与左侧边框、顶部边框、右侧边框和底部边框的距离，默认边距为 2。“边距”功能会在文字对齐的基础上进一步调整文字样式，有时会影响我们对布局排版的判断。例如，一个矩形元件文本内容使用了左对齐，此时将“边距”的左侧值调整得大一些，“左对齐”也能达到“居中对齐”的效果。调整元件左侧、顶部、右侧、底部的边距值，如图 2-106 所示。

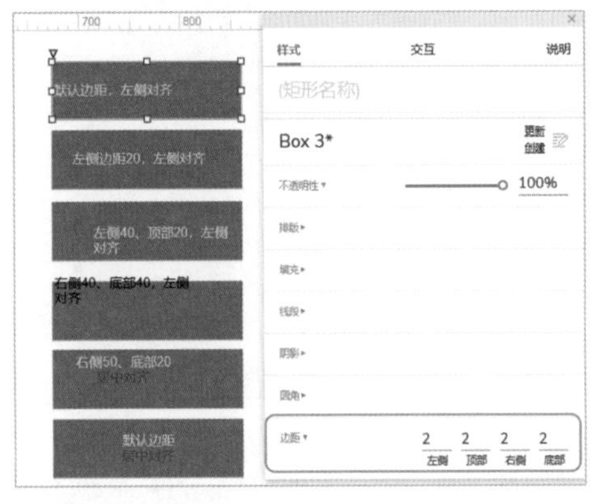

图 2-106

2.8 交互面板操作

交互功能决定了元件和页面的动态行为，让“静态”的页面充满“活力”。本节我们先介绍一些简单的交互动作，后文会详细讲解更多的交互内容。

★重点 2.8.1 实战：为元件添加单击时事件

现在来做一个简单的交互功能，要求是单击元件能够打开 Axure RP 9 官方网站，具体操作步骤如下。

Step 01 新建一个空白页面，❶ 打开“元件”面板，在“Default”库中找到“链接按钮”元件，并将其拖到画布中，❷ 双击画布上的元件，将显示内容改为“打开 Axure 官网”，如图 2-107 所示。

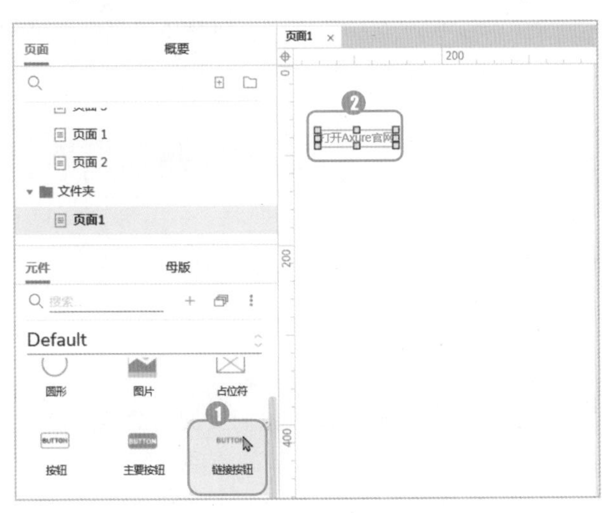

图 2-107

Step 02 ❶ 选中刚添加的元件，❷ 打开“交互”面板，单击“单击时→打开链接”按钮，如图 2-108 所示。

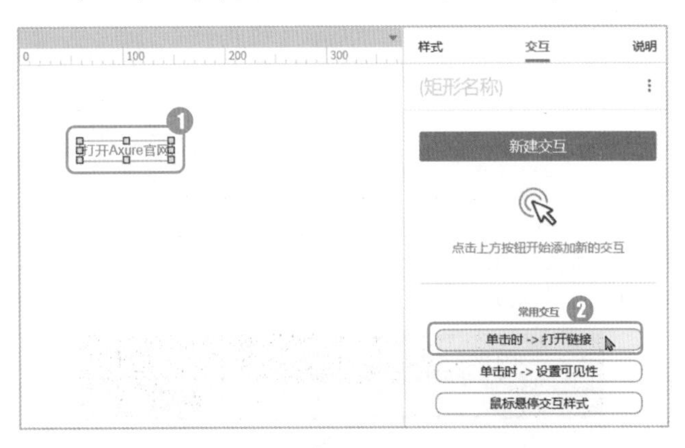

图 2-108

Step 03 在弹出的下拉列表中选择“链接到 URL 或文件路径”选项，如图 2-109 所示。

图 2-109

Step04 ❶ 在弹出的对话框中输入 Axure 的官方地址，❷ 单击“确定”按钮，完成单击时事件的添加。❸ 此时元件上多了一个黄色的小闪电标记，表示该元件添加了交互功能，如图 2-110 所示。

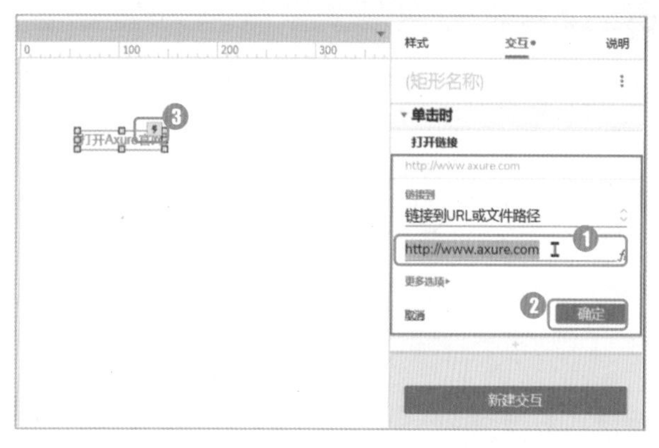

图 2-110

Step05 预览原型，单击“打开 Axure 官网”按钮验证交互功能是否启用，如图 2-111 所示。

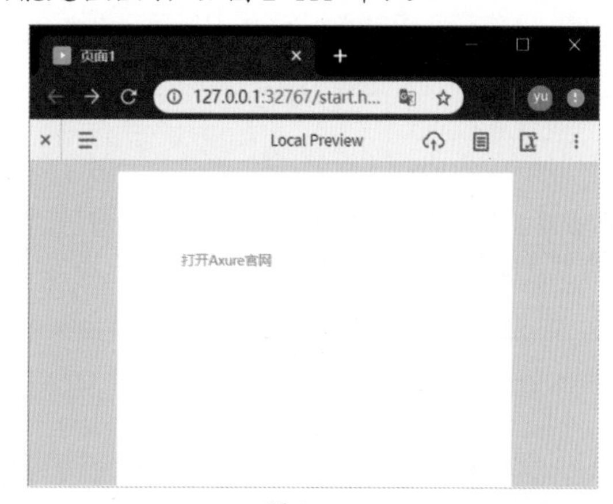

图 2-111

2.8.2 为元件添加交互样式

继续对前面的设计进行完善，现在添加一个交互样式，当鼠标指针悬停时改变原来的样式，具体操作步骤如下。

Step01 选中设置好的元件，在“交互”面板中单击“鼠标悬停交互样式”按钮，如图 2-112 所示。

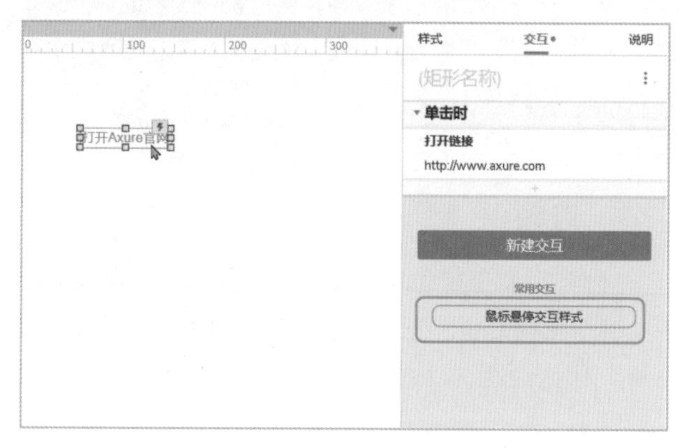

图 2-112

Step02 在弹出的“鼠标悬停”对话框中设置悬停样式，将“填充颜色”设置为“#0069D9”，“字色”设置为“#FFFFFF”，也可以设置自己喜欢的颜色，完成设置后单击“确定”按钮，如图 2-113 所示。

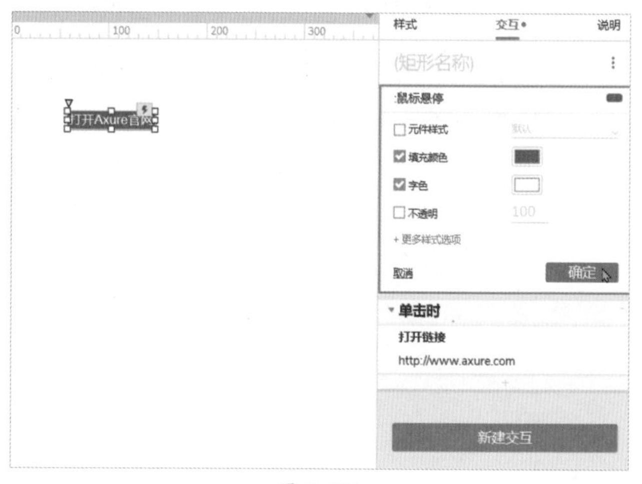

图 2-113

Step03 预览原型或刷新页面，鼠标指针指向该元件，观察样式变化。

2.8.3 为元件添加工具提示

“工具提示”功能可以让我们更加清楚地知道交互内容。❶ 单击“交互”面板下的选项按钮，❷ 在弹出的下拉列表中输入工具提示内容，如图 2-114 所示。

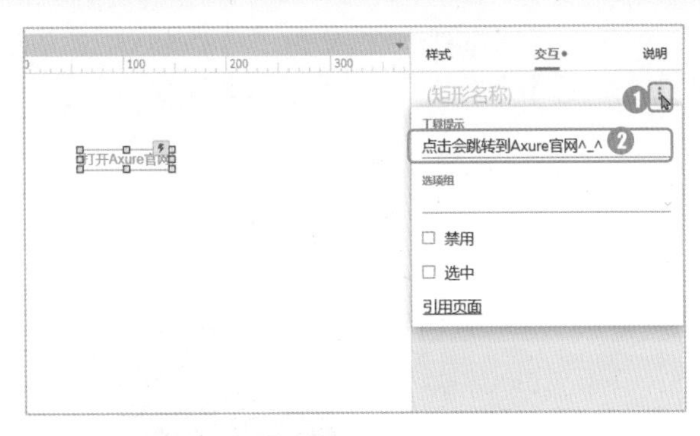

图 2-114

重新预览或刷新原型页面，鼠标指针指向元件，即可出现工具提示，如图 2-115 所示。

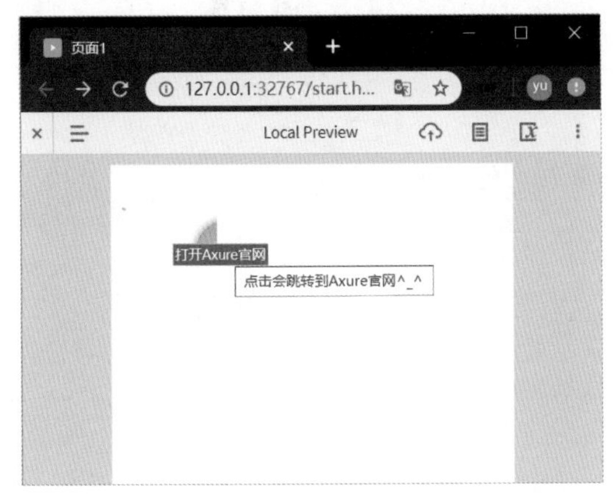

图 2-115

2.8.4 为元件添加引用页面

“引用页面”功能可以将元件内容快速替换为页面的名称，具体操作步骤如下。

Step01 添加一个新页面并重命名为“登录页面”，如图 2-116 所示。

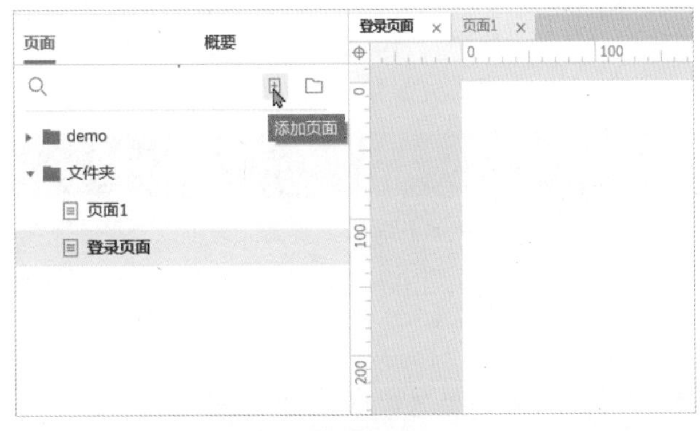

图 2-116

Step02 回到之前的页面，❶ 单击“交互”面板中的选项按钮，❷ 在弹出的下拉列表中单击“引用页面”选项，如图 2-117 所示。

图 2-117

Step03 ❶ 在弹出的“引用页面”对话框中选择新建的“登录页面”，❷ 单击“确定”按钮完成引用，如图 2-118 所示。

图 2-118

Step04 查看页面元件内容的变化，元件内容由“打开 Axure 官网”变为“登录页面”。元件上显示的文本内容随引用页面名称的变化而变化，如图 2-119 所示。

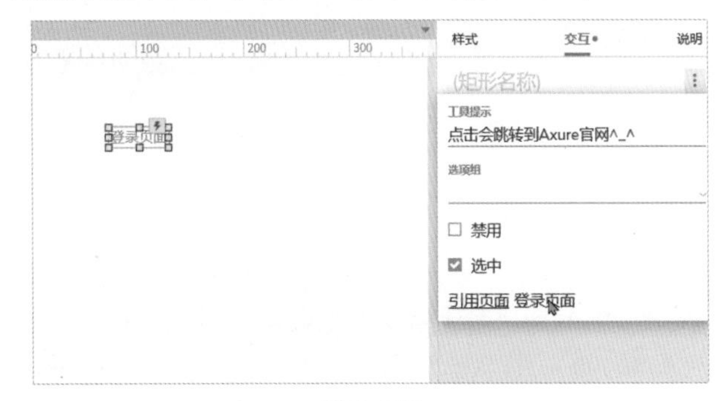

图 2-119

2.8.5 禁用样式与选中样式

交互样式除前面提到的鼠标悬停样式外，还有其他样式，包括禁用样式和选中样式。举个例子，我们在使用某个软件产品时，勾选同意协议叫选中，不勾选同意协议那么“下一步”或“进入游戏”等按钮是不可用的，这就是禁用，禁用将阻止我们继续进行交互。

在 Axure RP 9 中，元件禁用交互后，事件将不可用，如果设置了优先展示禁用样式，那么禁用的优先级最高。下面通过实际操作进行解释。

Step01 勾选“交互”面板中的“禁用”和“选中”2 个复选框选项，如图 2-120 所示。

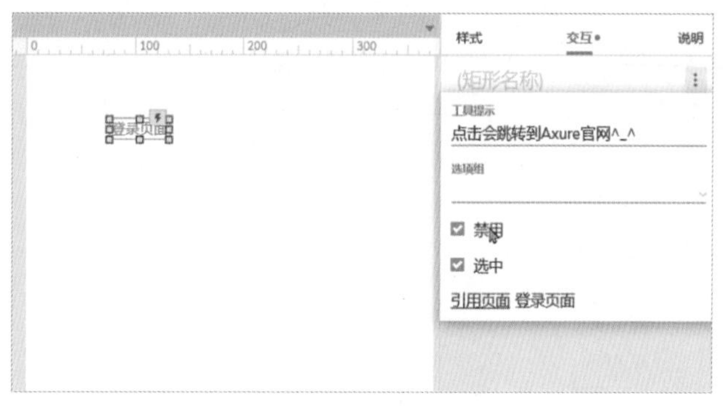

图 2-120

Step02 预览原型，这时单击元件将不再跳转到 Axure 官网，禁用让交互事件失效了，接下来我们再来设置“选中”样式。

Step03 双击“交互”面板中的“鼠标悬停”按钮，如图 2-121 所示。

图 2-121

Step04 ❶ 在弹出的“交互样式”对话框中，单击“选中”选项卡，❷ 勾选“填充颜色”复选框并将样式设置为黑色（#000000）或其他喜欢的颜色，关闭颜色设置面板，❸ 单击“确定”按钮，如图 2-122 所示。

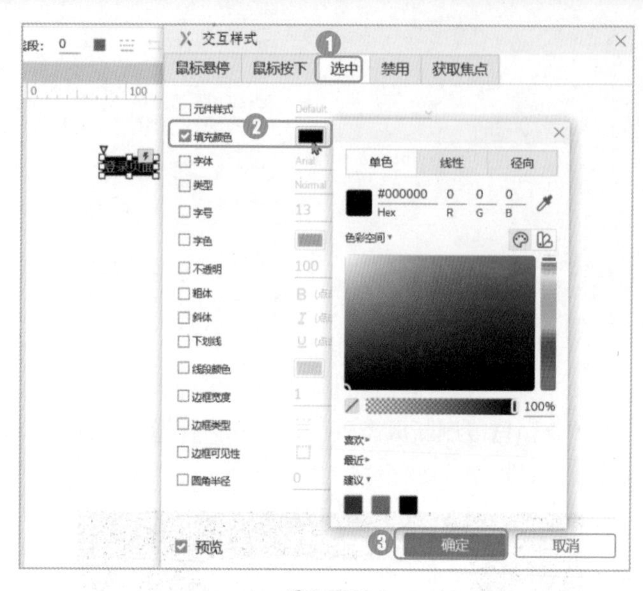

图 2-122

Step05 ❶ 在“交互”面板中多了一个“选中”按钮，❷ 单击“预览”按钮在浏览器中查看效果，如图 2-123 所示。

图 2-123

预览时你会发现，“选中”样式生效了。使用类似的方法，添加“禁用”样式，预览原型，结果是禁用样式生效了，选中样式失效了。

技术看板

悬停样式、选中样式和禁用样式三者中，禁用样式优先级最高。交互选项中勾选了禁用，交互事件将失效。如果勾选了禁用样式，我们首先看到的就是禁用样式；如果没有勾选禁用样式，则依次是选中样式和鼠标指向时的悬停样式（悬停样式仅适用于 PC 端）。

★重点 2.8.6 选项组的妙用

“选项组”是“交互”面板选项菜单中的一个重要功能，可以将多个元件的选项组名称设为一致。相同选项组的元件只能选中一个，如性别只能选择“男”或“女”，选中状态会互相切换。在原型设计中我们可以应用选项卡的“高亮”切换，下面通过操作进行展示。

Step01 ❶ 打开“元件”面板，在“Default”库中找到“单选按钮”元件，❷ 将其拖到画布中并命名为“男”，❸ 复制粘贴元件，并将新元件重命名为“女”，如图 2-124 所示。

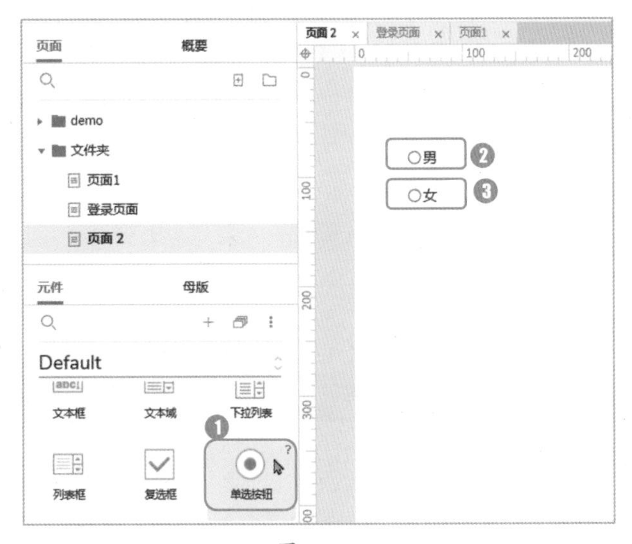

图 2-124

Step02 ❶ 选中两个元件，❷ 在“交互”面板上单击选项按钮，❸ 在弹出的“单选按钮组”输入框中输入“性别”，表示选中的元件是相同的单选按钮，只能被单选，如图 2-125 所示。

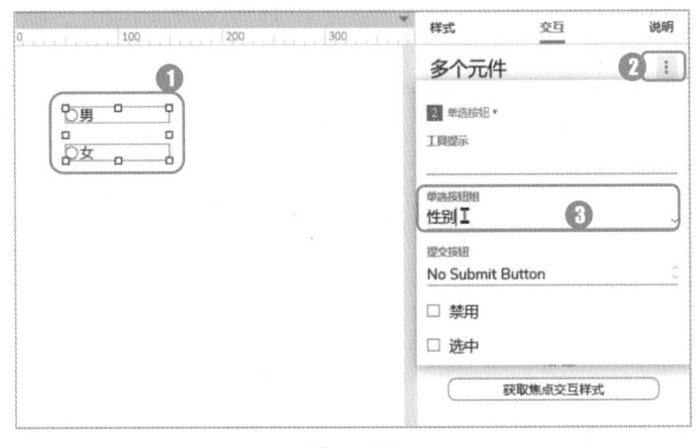

图 2-125

Step03 在“交互”面板中单击“获取焦点交互样式”按钮，如图 2-126 所示。

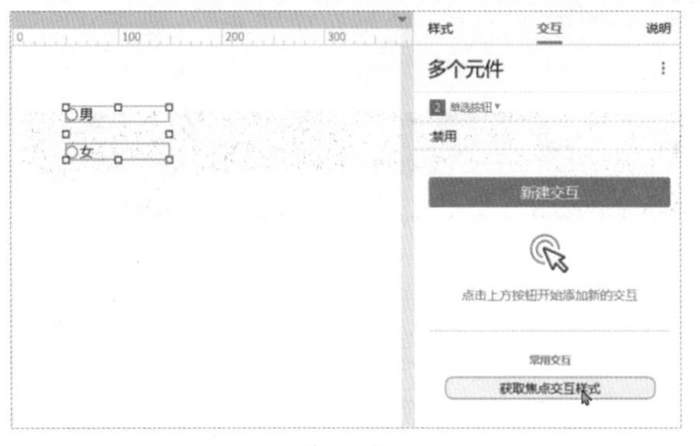

图 2-126

Step04 在弹出的对话框中，单击“更多样式选项”按钮，如图 2-127 所示。

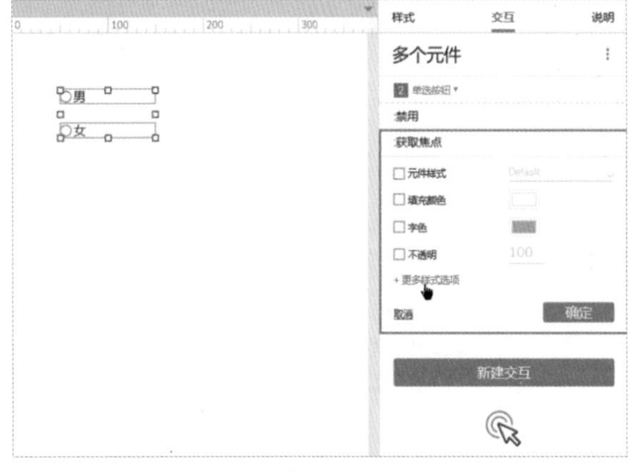

图 2-127

Step05 ❶ 在弹出的“交互样式”对话框中，单击“选中”选项卡，❷ 勾选“字色”选项，设置颜色为红色(#FF0000)，完成之后关闭“颜色”对话框，❸ 单击“确定”按钮，如图 2-128 所示。

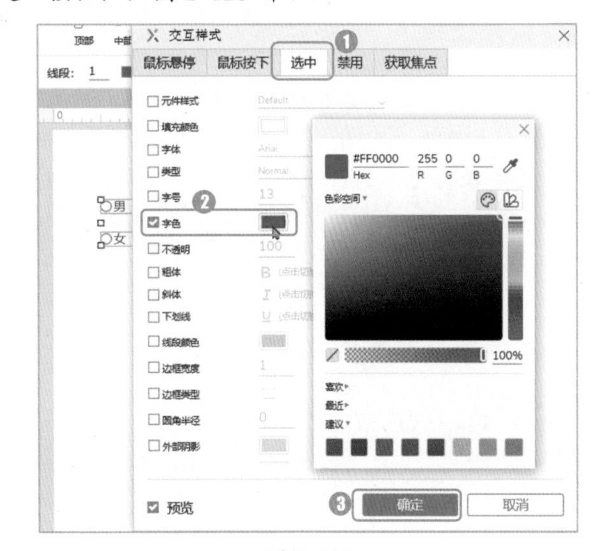

图 2-128

Step06 预览原型，单击“男”或“女”，每次只能选中一个选项，如图 2-129 所示。

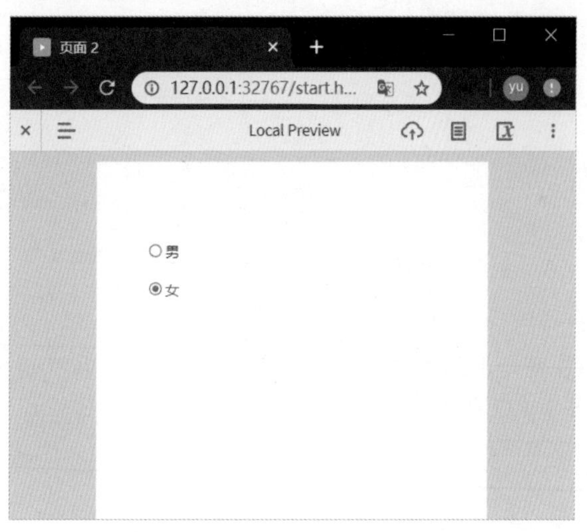

图 2-129

如果将两个元件的单选项按钮组设置为不同的名字，那么在预览时可以选中两个元件，样式并不会变化。

2.8.7 删除元件交互事件

具体操作方法如下。

选中已添加的事件，然后在“交互”面板中右击“单击时”选项，在弹出的快捷菜单中选择“删除全部情形”选项，或者按快捷键“Delete”删除情形，如图 2-130 所示。情形的含义将在后文中介绍。

图 2-130

2.9 说明面板操作

说明面板也叫注释面板，它的功能就是为元件、页面添加注释，通过注释我们可以更好地理解原型。具体如何添加注释，如何自定义字段集，通过实践操作告诉你。

★重点 2.9.1 实战：为元件添加说明

添加一个新页面，页面尺寸设置为“Auto”，然后从“默认”元件库中找到“主要按钮”元件将其添加到画布上。

为元件添加说明的具体操作步骤如下。

Step01 ❶ 选中“主要按钮”元件，❷ 在“样式”面板中将该元件命名为“确认按钮”（注：除样式面板外，交互面板和说明面板也可以重命名元件），如图 2-131 所示。

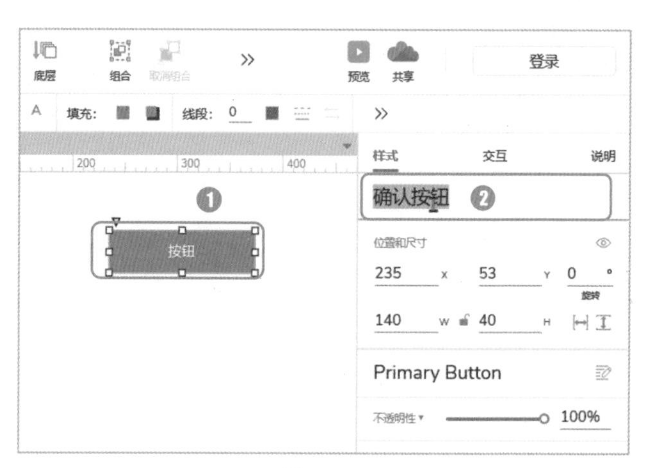

图 2-131

Step02 切换到“说明”面板，描述确认按钮的注意事项和交互功能，这里使用“点击进行登录”进行了说明，如图 2-132 所示。

图 2-132

上面的方法是选中元件填写注释，还有另外一种添加注释的方法：不选择任何元件，在“说明”面板中先填写注释，然后单击“指定元件”选项，如图 2-133 所示。

图 2-133

指定元件需要对应元件被命名，如果没有命名是无法指定的。

2.9.2 自定义元件说明

自定义元件说明可以设定一些预设信息，或为元件添加更加贴切的关键字进行描述，具体操作方法如下。

Step01 选中元件，在“说明”面板中单击设置按钮，如图 2-134 所示。

图 2-134

Step02 弹出“说明字段设置”对话框，打开“编辑元件说明”选项卡，单击“添加”按钮，弹出 3 个可以添加的元件种类，分别是“文本”“选项列表”和“数字”，如图 2-135 所示。

图 2-135

Step03 添加 2 种文本类型，分别命名为“说明”和“权限”，添加数字类型说明并命名为“切图大小”，添加选项列表说明并命名为“是否新功能”，然后设置选项列表“是”和“否”，单击“完成”按钮，如图 2-136 所示。

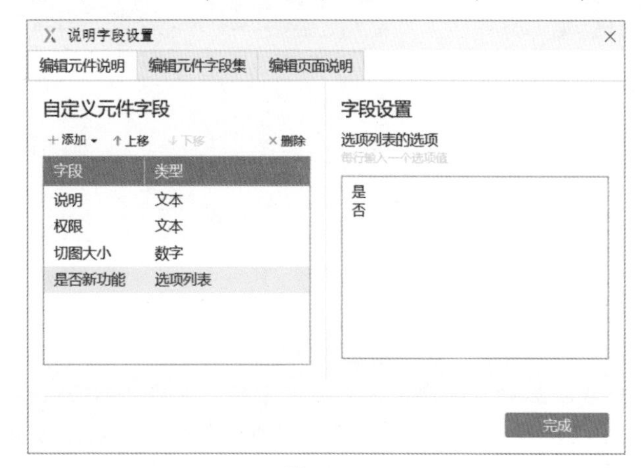

图 2-136

Step 04 使用自定义的元件说明，“权限”对应文本，“切图大小”对应数字，“是否新功能”为下拉列表，如图 2-137 所示。

图 2-137

2.9.3 自定义元件字段集

上节我们添加了 3 个自定义说明，本节学习的“自定义元件字段集”可以帮我们分组管理自定义的内容，操作步骤如下。

Step 01 ❶ 打开“说明字段设置”对话框，在“编辑元件字段集”选项卡中，单击“编辑字段集”区域的“添加”按钮，❷ 在文本框中将其重命名为“常用说明”，❸ 单击“字段集中的字段”区域中的“添加”按钮，如图 2-138 所示。

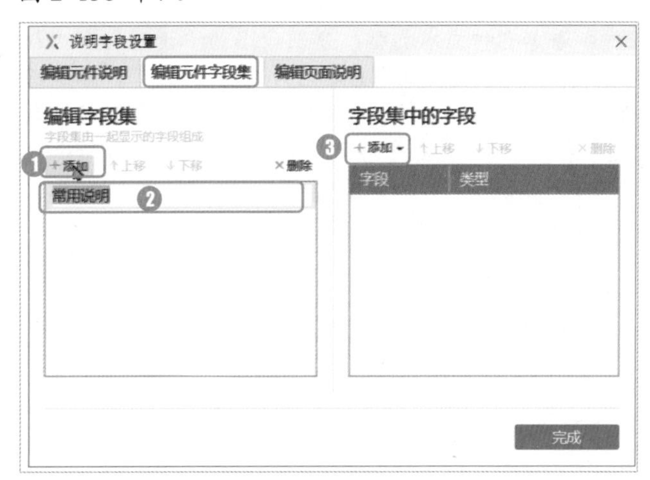

图 2-138

Step 02 添加相应的字段，可通过上移、下移、删除来调整字段集列表，确认后单击“完成”按钮，如图 2-139 所示。

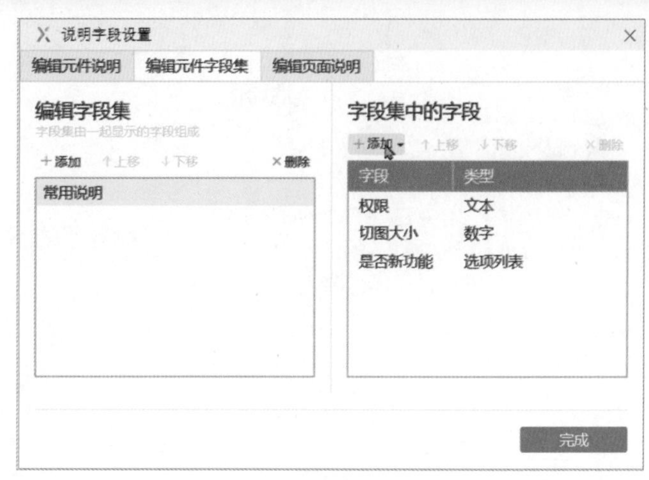

图 2-139

Step 03 如果需要查看添加的字段集，可以打开“说明”面板，在“全部字段”和“常用说明”之间切换，如图 2-140 所示，字段集的具体含义如表 2-4 所示。

图 2-140

表 2-4 字段集选项的作用及含义

选项	作用及含义
全部字段	展示元件的所有说明
常用说明	展示自定义的说明

2.9.4 自定义页面说明

该功能主要是针对页面进行说明，操作方法与前文类似，如图 2-141 所示。

图 2-141

添加完成后，在对页面进行说明时，就可以使用自定义的字段了，通过单击格式按钮还可以对说明的字体颜色、粗体和斜体等格式进行设置，如图 2-142 所示。

图 2-142

2.10 自定义工作区

根据个人习惯和屏幕大小等可以自定义 Axure RP 9 的工作区。前面我们介绍了 Axure RP 9 的工作区构成，包括菜单、工具栏和各种面板，这些都是 Axure RP 9 默认的布局方式，下面学习如何自定义工作区及如何恢复默认工作区。

2.10.1 重置视图

“重置视图”功能可以快速恢复 Axure RP 9 默认的布局方式，执行“视图”菜单栏中的“重置视图”命令，即可恢复到系统默认的布局方式，如图 2-143 所示。

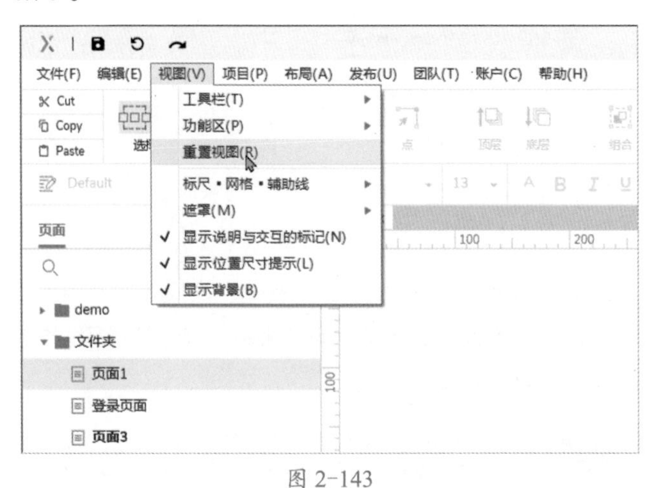

图 2-143

★重点 2.10.2 自定义工作区

“自定义工作区”功能可以方便用户根据个人使用习惯将不同的面板进行组合，方法是按住鼠标左键不放，将面板拖动到独立的位置或“吸附”到其他面板上。如果需要调整面板的大小，可以将鼠标指针移动到面板的边缘处，当指针形状变为左右箭头时调整面板宽度，变为上下箭头时调整面板高度。这个功能便于用户随意调整面板的组合及大小，如图 2-144 所示。

图 2-144

2.10.3 自定义工具栏

工具栏只列出了一些常用的功能，并非所有功能都有，用户可以根据需要自定义工具栏，具体操作方法如下。

Step01 执行视图菜单的“工具栏”菜单中的“自定义基本工具列表”命令，可以对工具栏上显示的内容进行自定义，如图 2-145 所示。

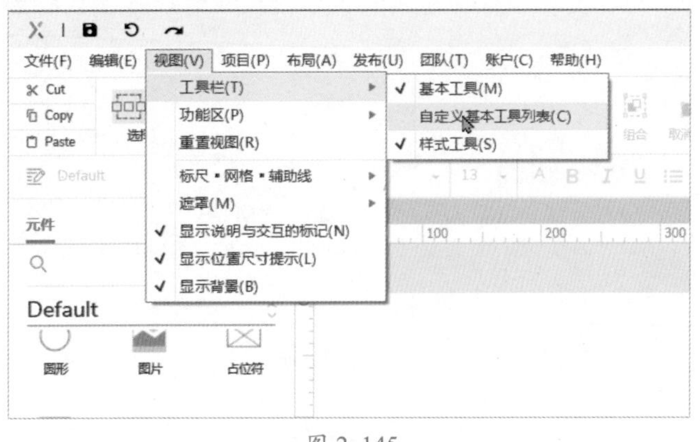

图 2-145

Step02 ❶ 在弹出的自定义工具栏对话框中，选项前打钩的表示当前已在工具栏中显示，取消打钩则隐藏。❷ 取消勾选“显示图标下方的文本”选项，则工具栏中的工具全部以图标的方式显示，钩选“显示图标下方的文本”选项，则工具栏中的工具全部以图标＋文字形式显示，❸ 确认操作后，单击“DONE（完成）”按钮即可完成设置，❹ 若需要恢复默认设置，单击“Restore Defaults（恢复默认）”按钮即可，如图 2-146 所示。

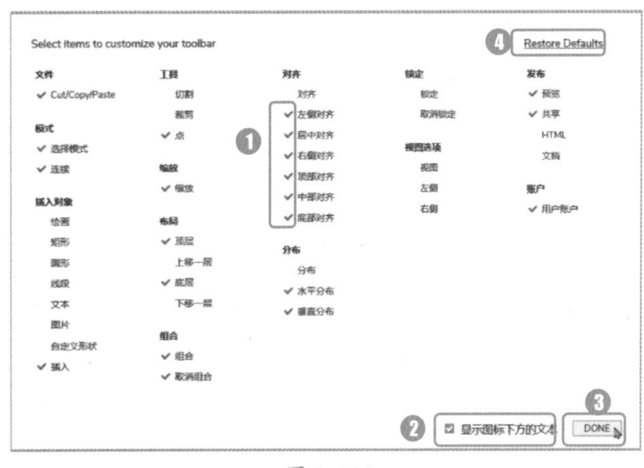

图 2-146

2.10.4 画布区域最大化

“画布区域最大化”功能可以在缩放一定比例后，配合前文介绍的“抓手工具”，更加直观地查看画布内容。具体操作方法如下。

Step01 执行“视图”菜单中“功能区”子菜单的“开关左侧功能栏”或“开关右侧功能栏”命令，即可扩大画布区域。也可以使用快捷组合键“Ctrl+Alt+[”或“Ctrl+Alt+]”关闭两侧的功能栏，如图 2-147 所示。

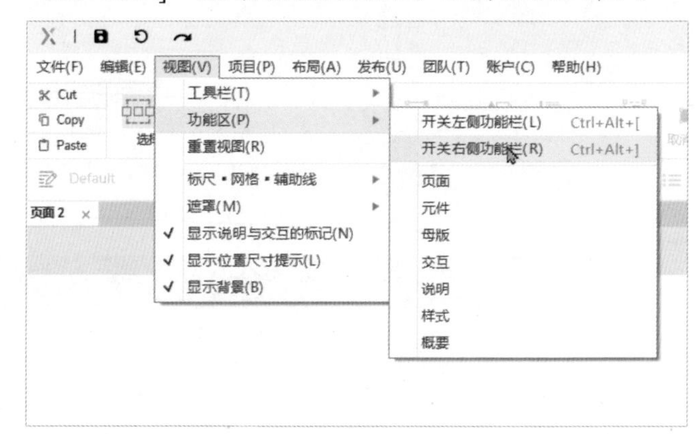

图 2-147

Step02 取消勾选“视图”菜单栏中“工具栏”子菜单的“基本工具”和“样式工具”选项，如图 2-148 所示。

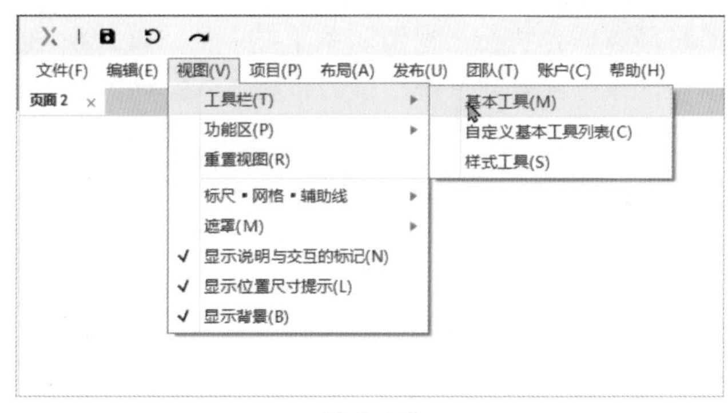

图 2-148

上述步骤会让画布区域最大化，如果不需要标尺，也可以通过前面介绍的方法隐藏标尺，若需恢复可重复上述操作或重置视图。

妙招技法

在实际工作中掌握一些小技巧，可以让工作更加轻松，节约更多的时间。针对前面学习的内容，介绍 4 个实用的小技巧。

技巧 01 辅助线的删除与锁定

想要固定一些辅助线，使用“锁定”功能即可。“锁定”功能可以避免我们不小心删除或移动辅助线，想要快速删除一些辅助线，也可以通过此方法完成。操作方法是右击辅助线，在弹出的快捷菜单中选择“删除”或“锁定”命令，如图 2-149 所示。

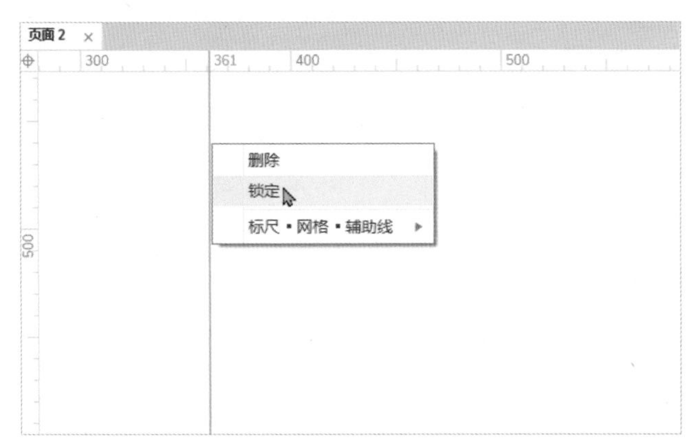

图 2-149

如果需要批量删除或锁定辅助线，执行“标尺 • 网格 • 辅助线”子菜单中的“锁定辅助线”或“删除全部辅助线”命令即可，如图 2-150 所示。

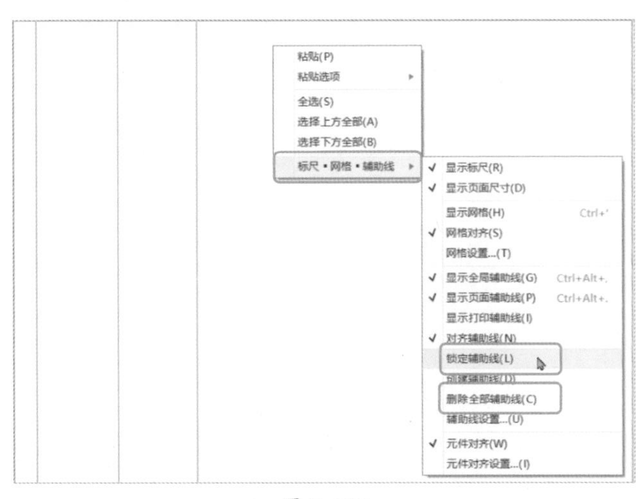

图 2-150

技巧 02 设置精准的辅助线

在拖动辅助线的时候，往往会在精度上有些偏差，如标尺 76，总是会在 75~77 徘徊。执行“标尺 • 网格 • 辅助线”菜单下的“创建辅助线”命令，可以通过预设方案或自定义方案为画布添加精准的辅助线，如图 2-151 所示。

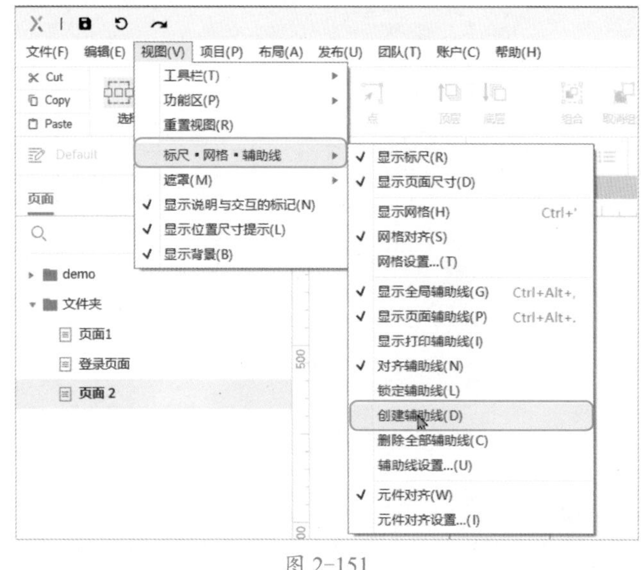

图 2-151

下面我们来创建 3 列辅助线，设置列宽参数值为 76，间隙和边距都为 0 的全局辅助线，如图 2-152 所示。

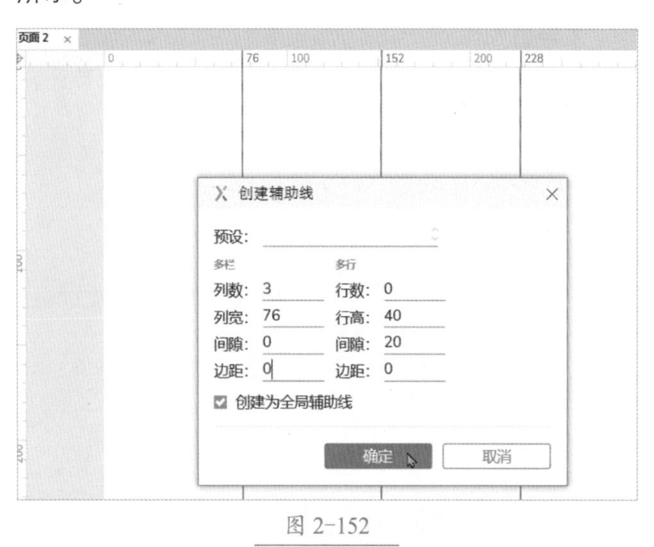

图 2-152

技巧 03 快速回到画布原点

Axure RP 9 的画布最大尺寸为 20000，如需要快速回到原点（0，0），单击标尺栏左上角的回到原点按钮或使用快捷组合键“Ctrl+9”即可，如图 2-153 所示。

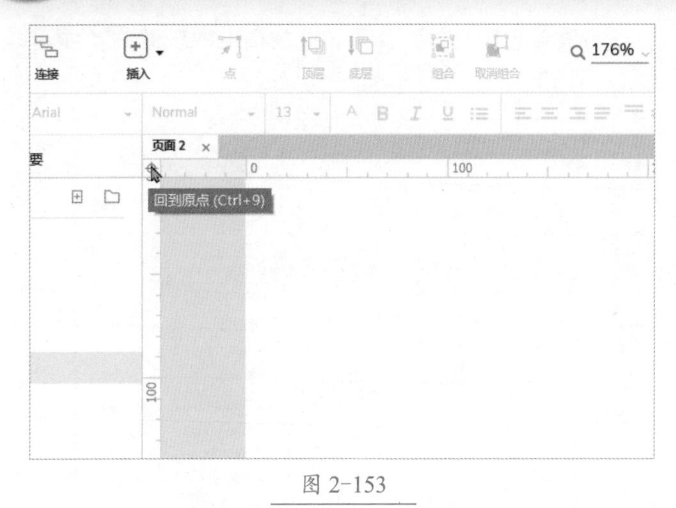

图 2-153

技巧 04 设置默认或自定义元件样式

通过修改默认元件样式或新增样式，调整元件的字体、颜色、字号等，在原型设计时引用这些预设的样式可以提高工作效率，如图 2-154 所示。

图 2-154

本章小结

本章首先详细介绍了 Axure RP 9 的工作界面构成，包括菜单栏、工具栏及每个面板的位置和用途，然后对画布、面板的一些操作进行了介绍，在自定义工作区章节还介绍了如何调整个性化的工作空间，如何恢复默认视图、自定义工具栏等。

第3章 Axure RP 9 概要面板

➥ 什么是图层?
➥ Axure RP 9 的概要面板有哪些功能?可进行哪些操作?
➥ 如何分组元件、锁定元件、调整元件层级?
➥ 如何快速找到元件?
➥ 如何快速选取多个文件?

本章主要讲解概要面板，学习本章内容后，就可以找到以上问题的答案。

★重点 3.1 认识图层

在 Axure RP 9 中，图层就是画布上显示的若干个元件，如矩形、圆形、图片和文本等按一定顺序或组合方式叠加在一起。概要面板的作用就是集中管理这些图层，通过它可以精准定位到某个元件，查看它们的顺序、层级和元件类型。概要面板以层级形式显示了画布上所有的元件信息，能够帮助用户更好地设计原型，如图 3-1 所示。

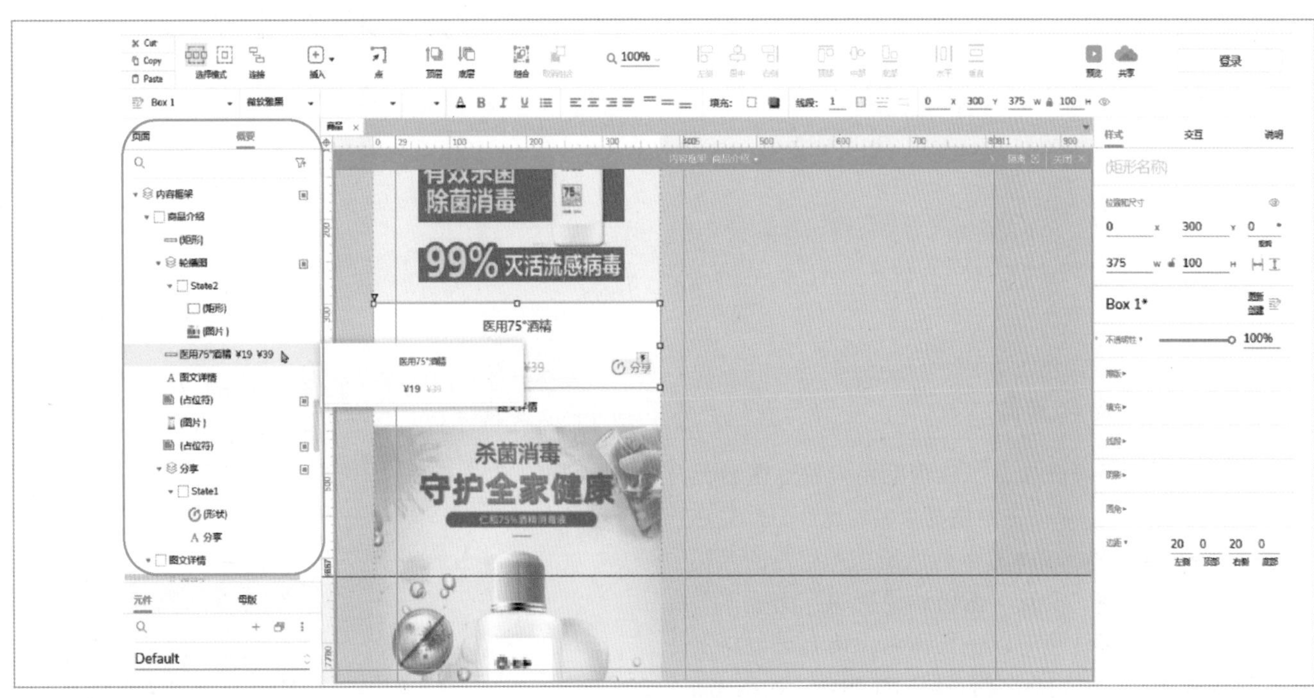

图 3-1

3.2 图层的常用操作

图层的核心就是层级关系，如两个矩形元件 A 和 B，在画布上 A 可以遮挡 B，B 也可以遮挡 A，此时需要分清 A 和 B 两个元件谁在上层谁在下层，这就是层级关系。为便于操作和记忆，我们需要对相关元件进行命名，有时还需要将多个元件组合起来，便于整体移动或整体删除。

3.2.1 实战：放置多个元件观察概要面板

首先需要完成一些准备工作。添加一个新页面，放置多个元件，观察概要面板，具体操作步骤如下。

❶ 打开“元件”面板，在 Default 库中选中“矩形 3”元件，将其添加到画布，❷ 再次拖动添加一个“矩形 3”元件到画布，❸ 切换到“概要”面板，可以发现“Page1”页面列表中显示了 2 个“矩形 3”元件，如图 3-2 所示。

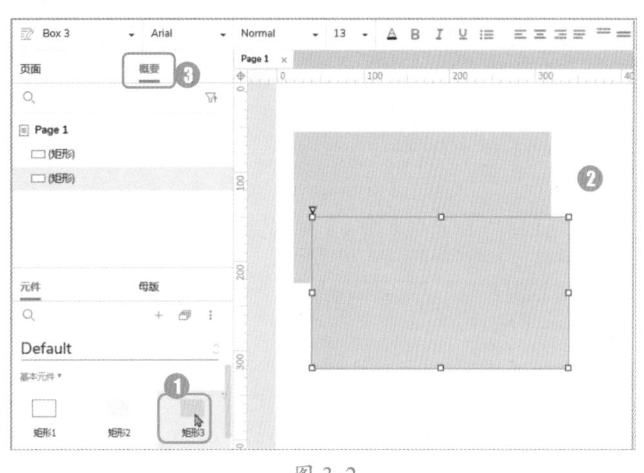

图 3-2

★重点 3.2.2 命名元件

在图层中给不同元件命名能帮助用户快速区分元件，操作方法如下。单击选中需要命名的元件，然后在“样式”面板下方的“文本输入”区域输入相应的名称即可完成命名。在“交互”面板和“说明”面板下方的“文本输入”区域也可以进行命名，读者可以将上节制作的矩形元件分别命名为“A”和“B”，如图 3-3 所示。

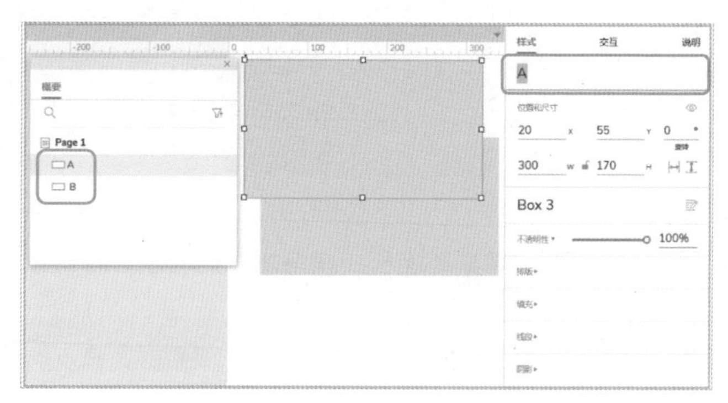

图 3-3

★重点 3.2.3 调整元件顺序

现在将元件 A 的背景色填充为蓝色“#0069D9”，新添加的元件顺序默认高于前面的元件，如图 3-4 所示。

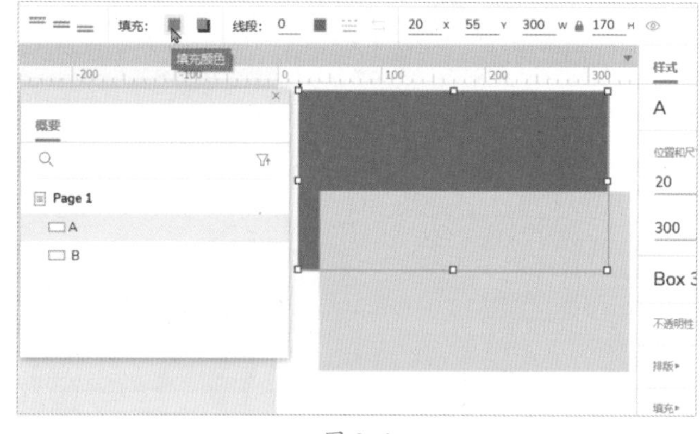

图 3-4

调整元件顺序，在“概要”面板中选中元件 A，并按住鼠标左键不放，将元件 A 拖到元件 B 下方（注意概要面板中的顺序是下层高于上层，与画布上看到的效果相反），如图 3-5 所示。

图 3-5

除在"概要"面板中通过拖动元件位置改变顺序外，还可以通过快捷菜单的"顺序"子菜单进行调整。在画布上再复制3个元件，分别填充不一样的颜色，命名为C、D和E，并在"概要"面板上将5个元件的顺序调整为A到E，如图3-6所示。选中一个元件并右击，即可打开快捷菜单，"顺序"子菜单选项的作用和含义如表3-1所示。

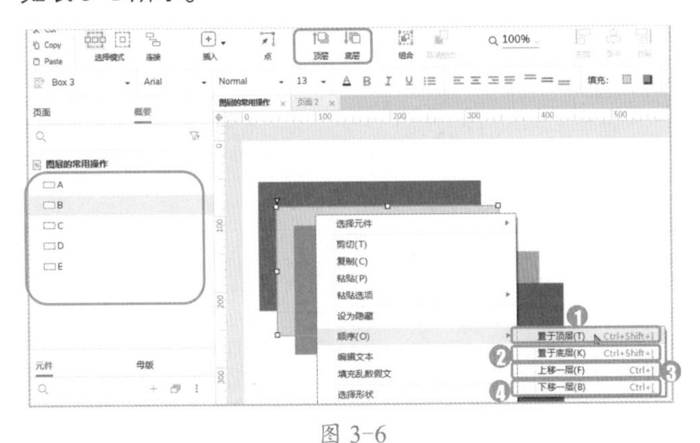

图 3-6

表 3-1 选项的作用及含义

选项	作用及含义
❶ 置于顶层	所选元件的层级将是所有元件中最高的，也可以使用快捷组合键"Ctrl+Shift+]"或工具栏中的"顶层"按钮调整元件层级
❷ 置于底层	所选元件的层级将是所有元件中最低的，也可以使用快捷组合键"Ctrl+Shift+["或工具栏中的"底层"按钮调整元件层级
❸ 上移一层	所选元件的层级将上移一层，也可以使用快捷键组合"Ctrl+]"调整元件层级
❹ 下移一层	所选元件的层级将下移一层，也可以使用快捷组合键"Ctrl+["调整元件层级

★重点 3.2.4 分组元件

分组元件的作用是将多个元件组合到一个分组中，这样就可以整体进行移动、调整样式等批量操作。分组元件的操作步骤如下。

Step01 选中需要进行分组的元件，单击鼠标右键，在弹出的快捷菜单中执行"组合"命令，即可完成元件的组合。也可以使用快捷组合键"Ctrl+G"，或者在工具栏单击"组合"按钮完成组合，如图3-7所示。

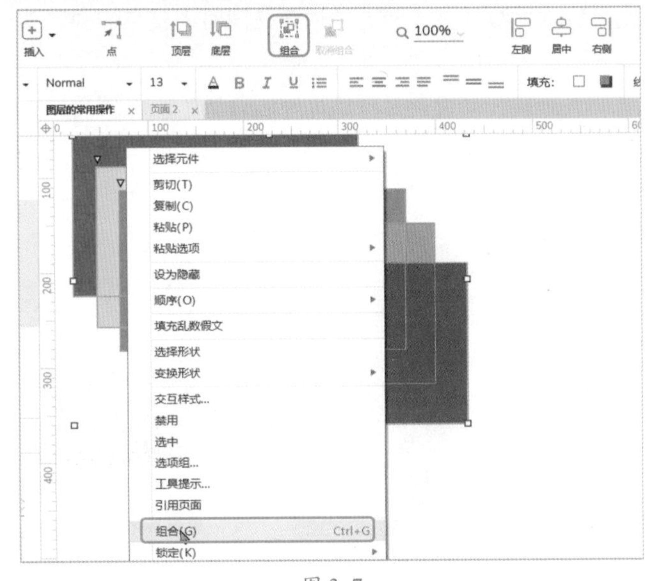

图 3-7

Step02 ❶ 在"概要"面板中，系统会将分组的元件自动添加到文件夹进行管理，文件名默认为"组合"，为方便理解可将默认名"组合"调整为"5种颜色的矩形"。移动分组时元件整体移动，删除分组时所有元件均被删除，如果要调整个别元件，需要单独选中进行调整，❷ 若需要取消分组，可以单击工具栏的"取消组合"按钮，也可以使用快捷菜单中的"取消组合"命令或快捷组合键"Ctrl+Shift+G"，如图3-8所示。

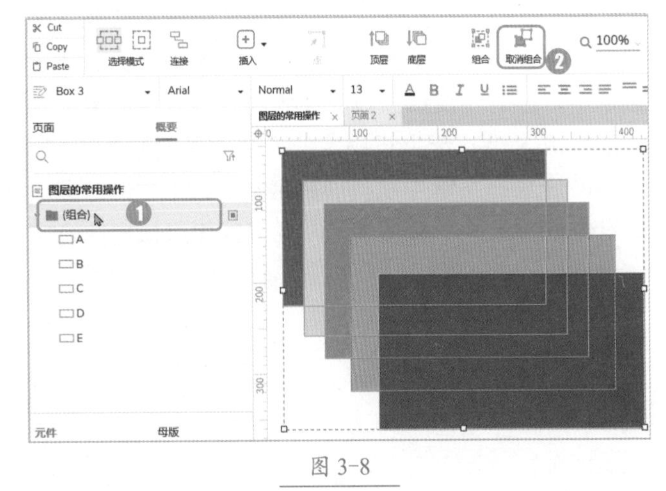

图 3-8

3.2.5 批量调整元件样式

通过框选多个元件或分组元件可批量调整元件的样式。需要注意的是，不同的元件样式属性有所不同，如果框选了不同类型的元件，只能批量调整属性相同的样式，如前文提到的矩形元件与水平线元件，箭头样式只有水平线元件才有，所以无法同时调整它们的箭头样式。

下面我们批量调整矩形元件的背景色，❶ 使用鼠标框选要调整样式的元件，❷ 单击工具栏上的填充背景色按钮，❸ 选择一个背景色完成填充，如图 3-9 所示。

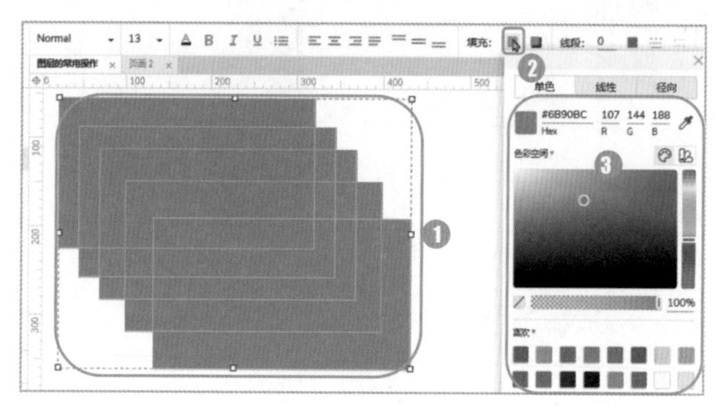

图 3-9

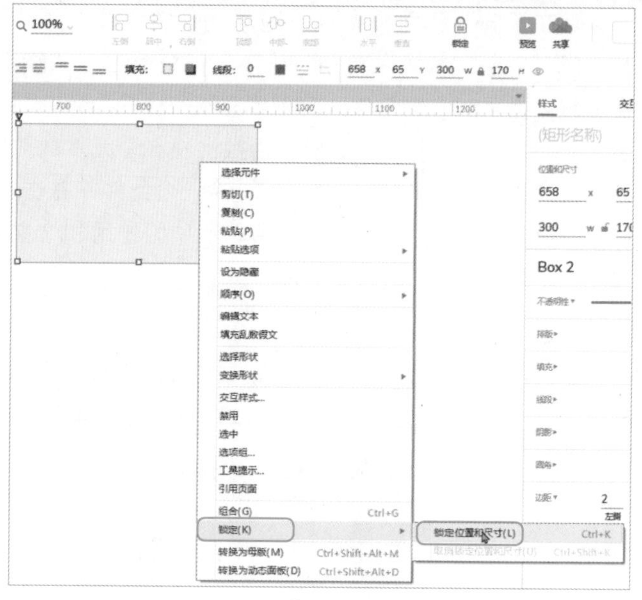

图 3-10

3.2.6 锁定元件

锁定元件后将不能直接调整元件的位置和大小，锁定的作用是将一些元件进行位置固定，操作方法是选中元件后单击鼠标右键，在弹出的快捷菜单中执行“锁定”子菜单中的“锁定位置和尺寸”命令，也可以使用快捷组合键“Ctrl+K”进行锁定，如图 3-10 所示。

锁定后的元件被选中时，元件的边框为红色且边框上的空心小矩形变为实心小矩形，这表明该元件已被锁定，当前无法调整位置和大小。若需要调整元件的位置或大小，选中已锁定的元件并单击鼠标右键，在弹出的快捷菜单中执行“锁定”子菜单中的“取消锁定位置和尺寸”命令即可，也可以使用快捷组合键“Ctrl+Shift+K”取消锁定，如图 3-11 所示。

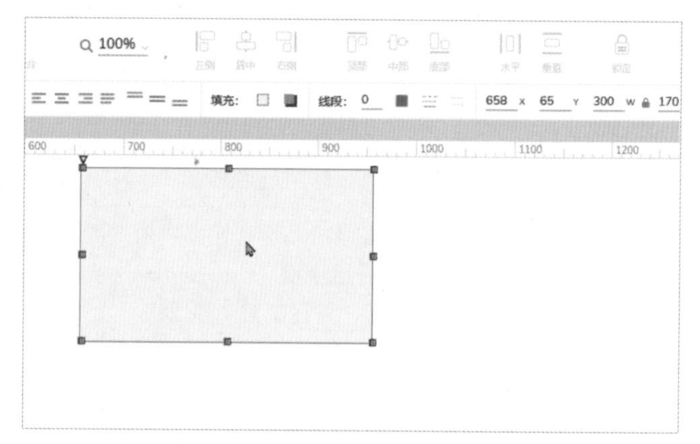

图 3-11

技术看板

在分组中被锁定的元件不能改变尺寸，但可以移动位置。分组可以整体移动元件，被锁定元件不能被移动和改变尺寸，两者的描述出现冲突。Axure 注意到了这样的问题，为了更好地使用分组，分组中的锁定仅针对元件尺寸。另外在工具栏上也可以锁定和取消锁定元件，方法是使用自定义工具栏，勾选“锁定”按钮或“取消锁定”按钮。

3.3 概要面板操作

概要面板提供了对图层的管理功能，包括元件搜索、通过预设的筛选类型查看页面上所有的元件，如仅动态面板、仅有名字的元件、仅有脚注（注释说明）的元件或被隐藏的元件等，同时还可以对元件层级进行排序。

★重点 3.3.1 元件搜索

在“概要”面板的搜索框中输入关键字，若有符合条件的元件会自动显示，如图 3-12 所示。

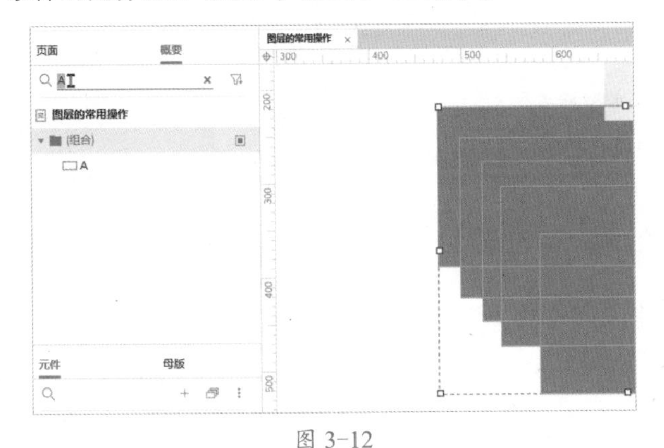

图 3-12

★重点 3.3.2 排序与筛选

单击“概要”面板上的排序与筛选按钮，从上至下由分隔线分为 4 个组，❶ 元件类型：全部元件、动态面板、母版、动态面板或母版；❷ 元件标记：具有名称和具有脚注；❸ 视图差异：显示或隐藏、显示、隐藏；❹ 排序方式：顶层至底层排序、底层至顶层排序，当前选中的是底层至顶层排序，如图 3-13 所示。

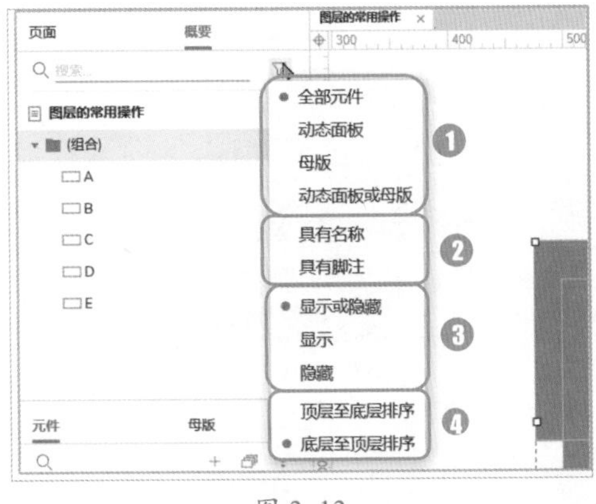

图 3-13

3.3.3 实战：使用排序功能观察层级变化

顶层至底层排序与底层至顶层排序是两种相反的排序方式，会对元件顺序进行快速调整，执行“顶层至底层排序”命令，组合中的元件会按照层级顺序由顶层至底层依次排序，如图 3-14 所示。注意图中“概要”面板中组合元件的顺序与图 3-13 的区别。

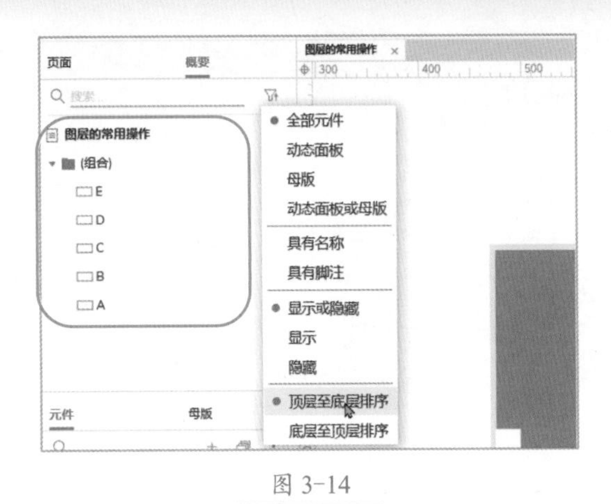

图 3-14

3.3.4 实战：元件类型筛选

在“概要”面板的搜索框中，筛选的元件类型默认为“全部元件”，现在我们将要筛选的元件类型调整为“动态面板”，发现“概要”面板没有显示元件，这是因为画布上没有使用动态面板元件，所以无法筛选出来，如图 3-15 所示。

图 3-15

利用同样的方法来筛选母版、动态面板或母版，观察“概要”面板中显示内容的变化。

3.3.5 实战：元件标记筛选

标记元件是为元件命名或在说明面板添加注释对元件进行解释说明。

Step 01 选中元件“E”，打开“说明”面板，在“说明”区域中添加注释说明，如添加“我有脚注啦”，如图 3-16 所示。

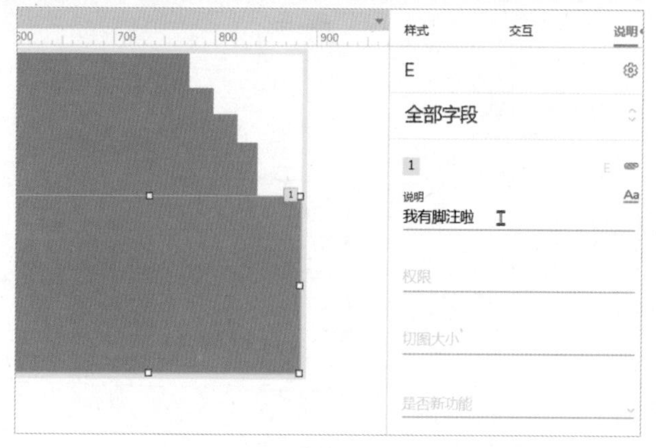

图 3-16

Step02 选中元件“A”，双击元件“A”并删除其名称，此时元件将恢复默认名称“(矩形)”，如图 3-17 所示。

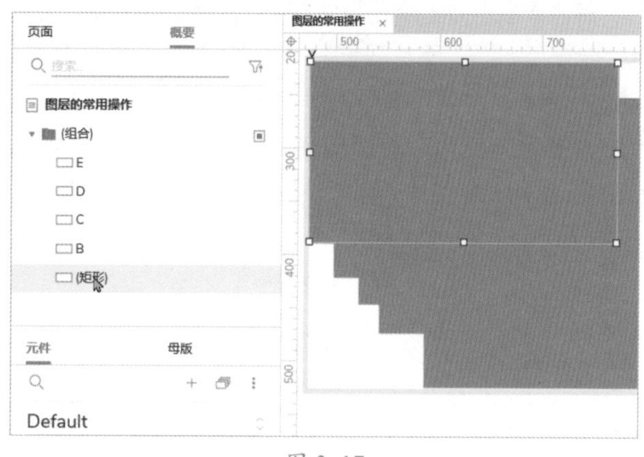

图 3-17

Step03 打开“概要”面板，单击排序与筛选按钮。在弹出的下拉菜单中，选择元件类型为“全部元件”，勾选元件标记为“具有名称”，没有名称的元件将不会显示，如图 3-18 所示。

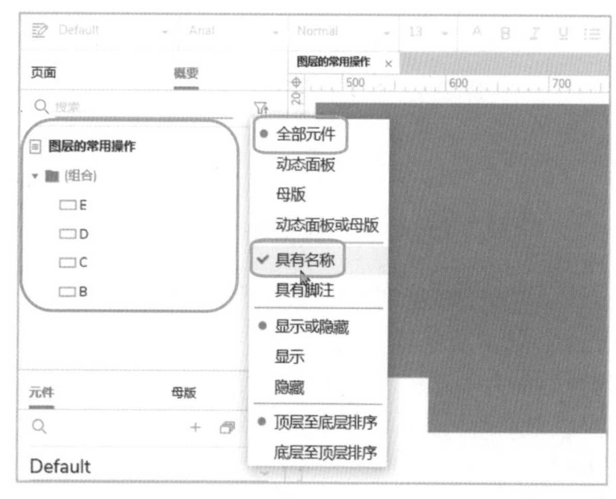

图 3-18

Step04 基于上个步骤的操作，继续勾选元件标记为“具有脚注”，此时概要面板只显示了元件“E”，其他未添加注释的元件被隐藏了，如图 3-19 所示。

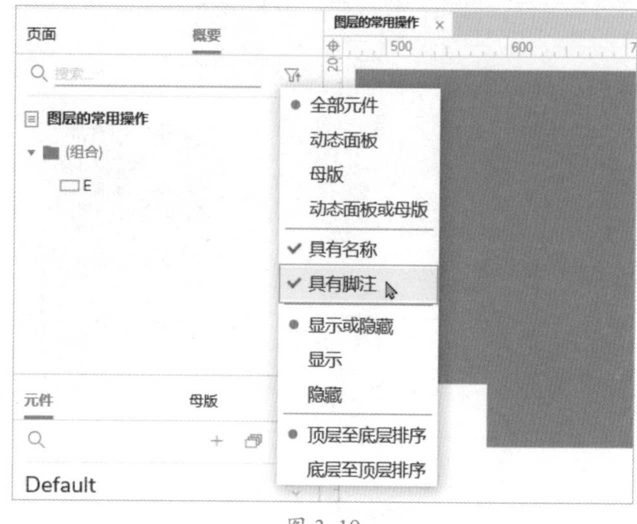

图 3-19

3.3.6 实战：元件可见性筛选

视图差异默认为显示或隐藏，可以通过“显示”或“隐藏”命令查看对应的元件。

Step01 选中元件“E”，单击工具栏中的可见性按钮，将元件“E”的状态设为“隐藏”，如图 3-20 所示。

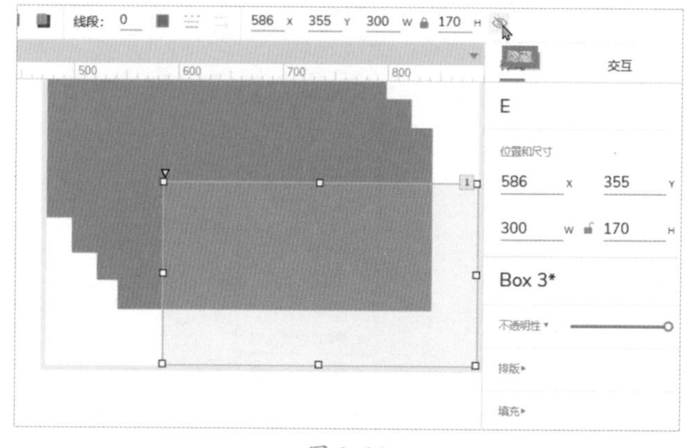

图 3-20

Step02 打开“概要”面板，单击排序与筛选按钮，在弹出的下拉菜单中，将视图差异调整为“隐藏”，查看概要面板中的显示情况，我们的预期是将上一步中被隐藏的元件“E”通过此筛选过滤出来，但实际筛选不生效，如图 3-21 所示。

筛选之所以不生效，是因为“排序与筛选”菜单中的“显示”和“隐藏”功能针对的是多视图差异化筛选，如A和B两个视图，B继承A，其中A视图有“登录”和“取消”两个按钮，B视图只有“登录”按钮，那么“取消”按钮就是两个视图的差异，通过“隐藏”筛选就能看到差异内容（“取消”按钮会以红色字体在概要面板中显示出来）。

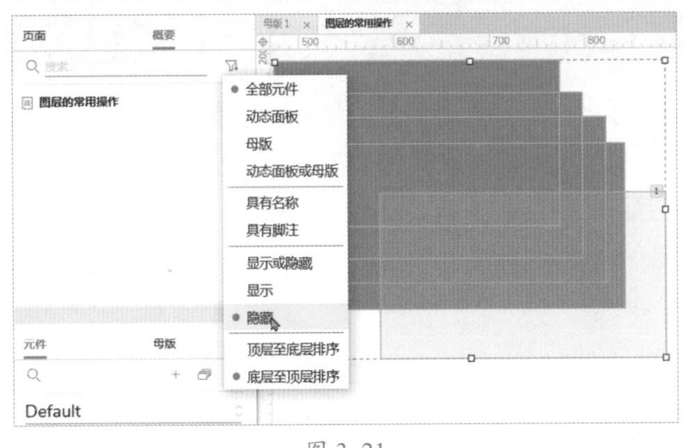

图 3-21

妙招技法

快捷键可以帮助我们更快地操作一些常用的操作，如调整元件层级顺序、分组、取消分组、锁定元件、取消锁定元件等，一定要记住它们的快捷键。

技巧 01　隐藏或显示分组

当需要对多个元件进行隐藏时，可以先将其选中，然后执行隐藏或显示命令，如图 3-22 所示。

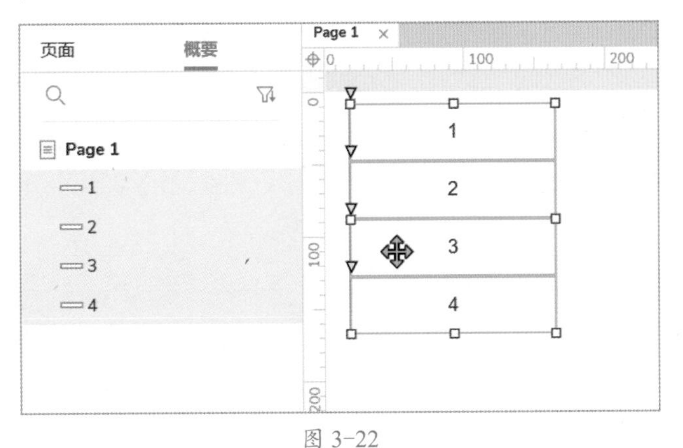

图 3-22

但如果需要对元件的隐藏或显示进行交互，框选并不适用，解决方法是先将这些元件组合在一起并对这个分组进行命名，然后直接设置这个分组的可见性，如单击按钮时隐藏元件 1、元件 2、元件 3 和元件 4，减少重复的操作，如图 3-23 所示。

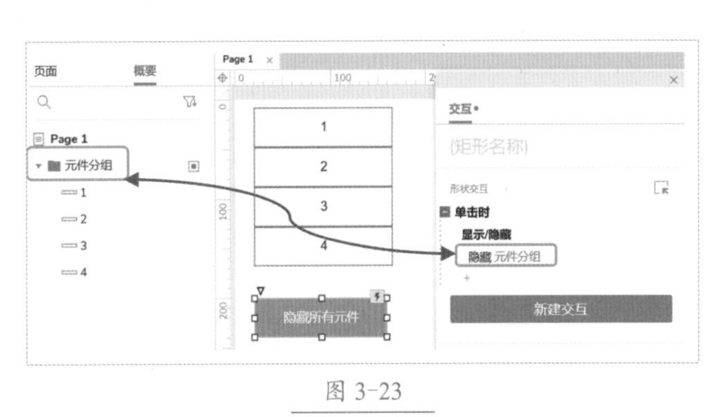

图 3-23

技巧 02　合理使用组合筛选

在前文中我们介绍了类型筛选、标记筛选和视图差异，其中 ❶ 和 ❸ 是单选条件，❷ 是复选条件，使用这些选项条件可以更加精准地筛选元件，如图 3-24 所示。

图 3-24

本章小结

本章首先介绍了“图层”的相关知识，“图层”这个词在设计领域非常常见，它的核心就是层级。接着对图层的常用操作进行了介绍，回顾了命名元件和调整元件顺序时概要面板发生的层级变化，还有如何批量调整元件样式、锁定元件的好处。在概要面板小节中介绍了元件搜索及排序与筛选的用法。本章涉及很多快捷键，熟练掌握快捷键，能够帮助读者提高工作效率。

第2篇 核心篇

本篇作为核心篇，将通过学习 Axure 元件库中的默认元件库（Default）熟悉元件的用途，使用图标库（Icons）美化和丰富原型设计，通过流程图标库（Flow）学习如何设计流程图，简单交互模型（Sample UI Patterns）是 Axure 提供的集成元件，将在后面章节中介绍。围绕元件库还将继续学习交互设计相关知识、母版的用途、发布和预览原型及如何创建和管理 Axure 团队项目。

第4章 Default 元件库

- Default 元件库中有哪些元件？各元件的用途是什么？
- 什么是动态面板？如何创建动态面板？
- 如何使用内部原型链接和外部原型链接？
- 如何使用中继器进行分页？
- 如何进行元件的变换与转换？

在前文中用到了一些元件，如常用的矩形元件、链接按钮等。这些元件都在默认的元件库下，本章作为核心篇的首个章节，将学习更多的元件，这些元件是设计原型的基础。除此之外，本章还会学习元件之间的变换效果及一些操作技巧，还会用到前文学到的知识（样式、交互），最后还有一个“过关练习”用于检验掌握情况。

4.1 基本元件

基本元件位于元件面板的默认库，在 RP 9.0.0.3687 版本中共有 20 个元件，一些元件大同小异，仅仅是初始样式不一样。我们经常使用的元件如图 4-1 所示。

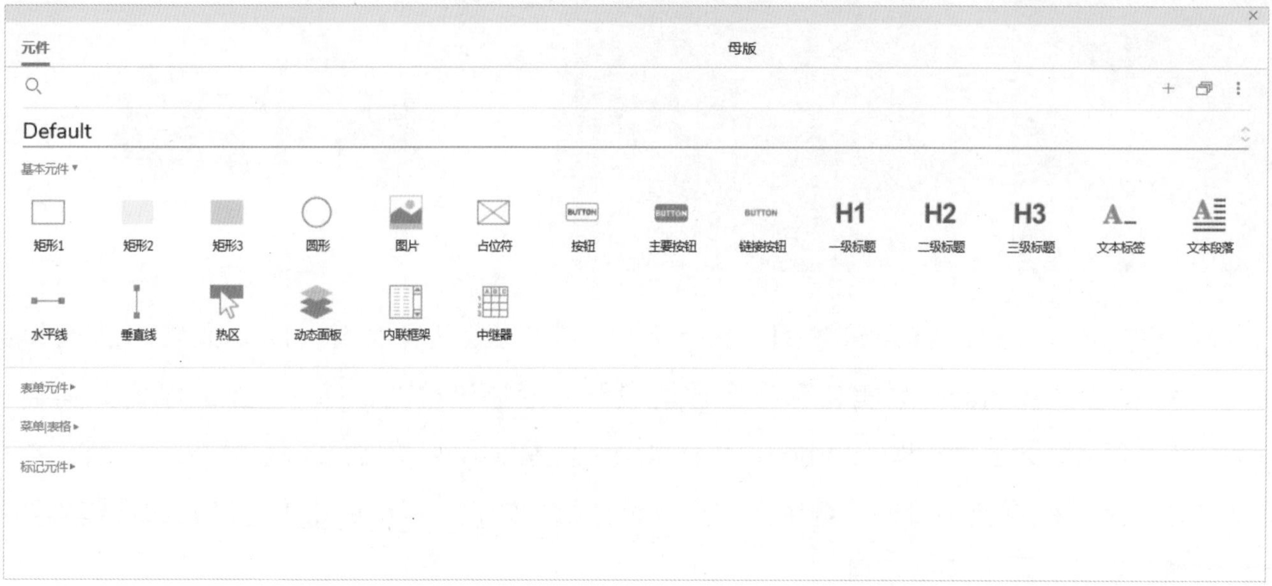

图 4-1

4.1.1 矩形

矩形的用途非常广泛，可用于制作带边框或不带边框的面板、按钮、分组容器等，后面要讲到的按钮元件就是使用矩形元件制作的，只是默认的样式不一样罢了。

矩形元件共有 3 种，分别为矩形 1、矩形 2 和矩形 3。区别在于矩形 1 带边框，填充色为白色，矩形 2 和矩形 3 不带边框，填充色为浅灰和深灰。矩形 2 可快速制作“灰色不可单击”的按钮，矩形 3 可用于低保真的原型设计（使用默认灰色样式）。在原型设计中要根据实际情况选择具体的矩形元件，然后通过“样式”面板调整原有的样式（边框色、字体、字号、背景色和阴影等样式），如图 4-2 所示。

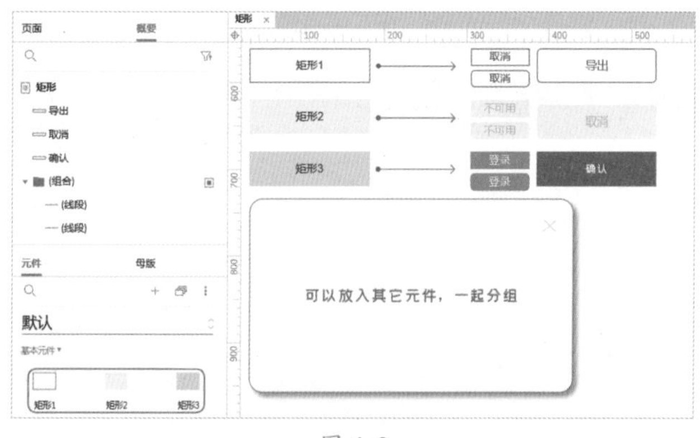

图 4-2

4.1.2 圆形

圆形通常可以搭配文字和图标形状，用于制作各种圆形图标或头像，如图 4-3 所示。

图 4-3

4.1.3 图片

原型中需要使用图片元件时，可以将图片元件直接拖入画布中，也可以从其他地方复制后粘贴到画布中，然后使用“样式”面板美化图片元件，如图 4-4 所示。

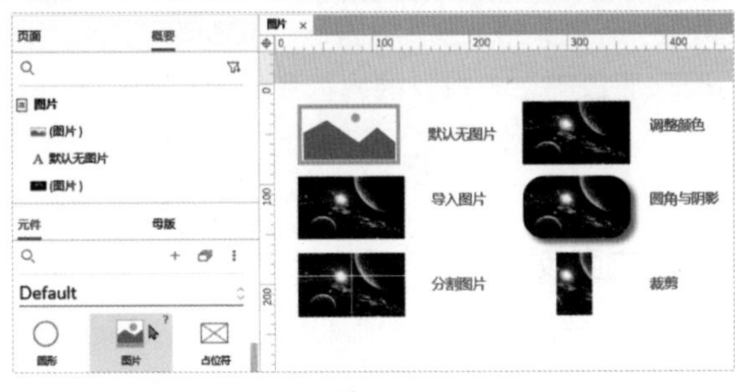

图 4-4

4.1.4 占位符

占位符在原型设计中是用来“占位”的。摆放占位符说明该位置要有一些填充内容，但还没有制作出来，可能是图片、滚动的 Banner、广告或其他内容，低保真原型经常使用占位符替代图片，如图 4-5 所示。

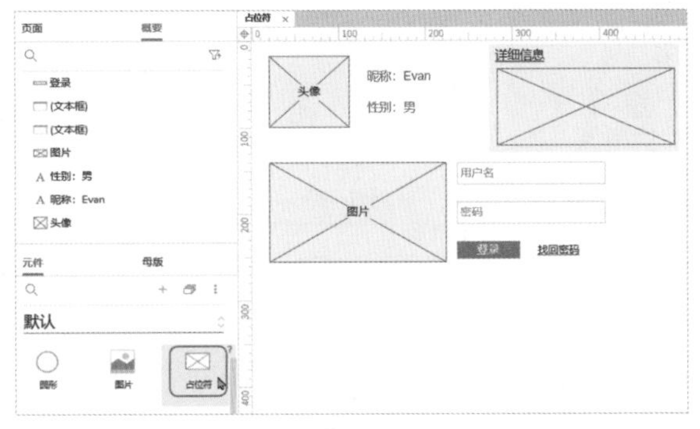

图 4-5

4.1.5 按钮

基本元件提供了 3 种类型的按钮，都是用矩形工具制作的，分别为按钮、主要按钮和链接按钮，如图 4-6 所示。我们可以根据需要调整这 3 个按钮的默认样式，也可以使用默认样式。不同类型的按钮具体作用及含义，如表 4-1 所示。

图 4-6

表 4-1 不同类型按钮的作用及含义

按钮类型	作用及含义
按钮	默认有灰色边框，无填充色
主要按钮	无边框，默认使用比较显眼的颜色（#169BD5）进行填充，用于表明这是一个主要的按钮，期望被“重视”
链接按钮	没有边框和背景填充，字体颜色和主要按钮的填充色一样（#169BD5），表明这是一个链接按钮，交互后会链接到其他页面

4.1.6 文本

在原型设计中，文本的应用也非常普遍，任何需要单独使用文字描述的地方都可以使用文本元件。文本元件前身是矩形元件，它默认提供了 5 种类型的格式，分别为 ❶ 用于区分标题层级的“一级标题”“二级标题”“三级标题”，❷ 描述正文的“文本标签”及“文本段落”，它们的字体大不相同，默认文本颜色都为 #333333，可通过“样式”面板调整或添加更多的样式，如图 4-7 所示。

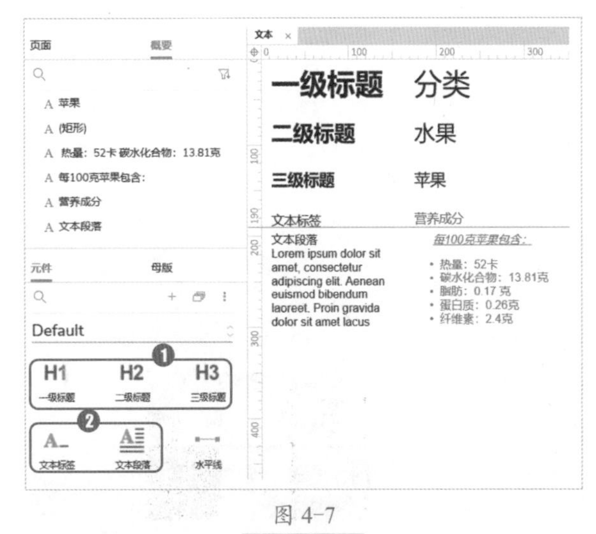

图 4-7

4.1.7 线条

线条元件共有两种，分别为横向的水平线及纵向的垂直线，它们可用于分隔内容，也可搭配其他元件使用。还可以通过“样式”面板为线条添加箭头（在“标记元件”小节中会详细介绍箭头元件），如图 4-8 所示。

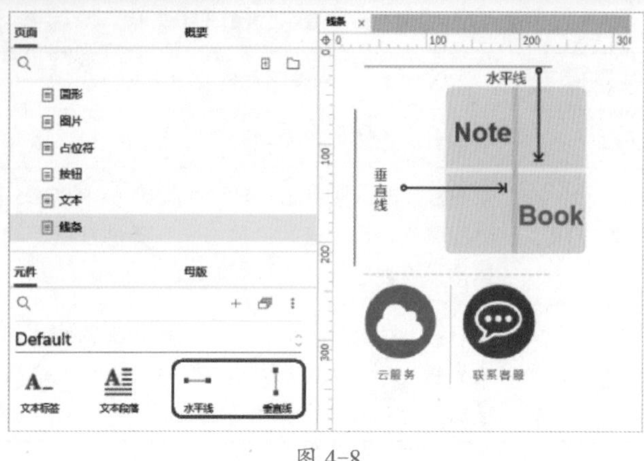

图 4-8

4.1.8 热区

热区元件比较特殊，在“样式”面板中除了改变其位置大小、角度外无法调整其他样式。它在画布上以“浅绿色”透明蒙版的形式呈现，热区会覆盖原有元件的交互，如单击“查看详情”将跳转到其他页面，如果在“查看详情”上添加热区，那么原来的交互将失效，需要在热区上添加页面跳转交互。根据实际情况可以添加多个热区交互或扩大交互区域，如图 4-9 所示。可以在图片元件的任意位置添加热区交互，如一张宠物猫的图片，可以在猫的鼻子、眼睛、尾巴等位置添加热区交互。热区在 Web 浏览中不可见。

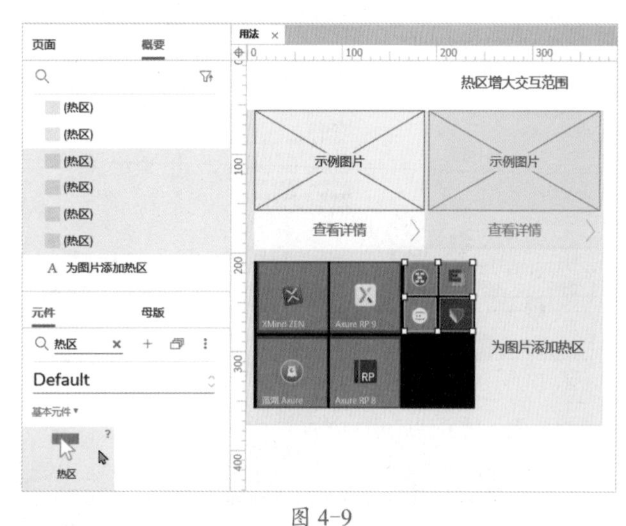

图 4-9

★重点 4.1.9 动态面板

动态面板是一个非常强大的容器元件，它具有一种或多种状态，每次只能显示其中一种状态，而状态中的内容就是其他元件的集合（图片、按钮、矩形……）。

动态面板有很多特有的属性和行为，包括自适应内容、浏览器中 100% 宽度显示、固定到浏览器的某个位置、拖动交互等。

1. 创建动态面板

方法 1：打开“概要”面板，在“元件库”中找到“动态面板”元件，拖到画布中，它以浅蓝色蒙版的形式呈现，如图 4-10 所示。

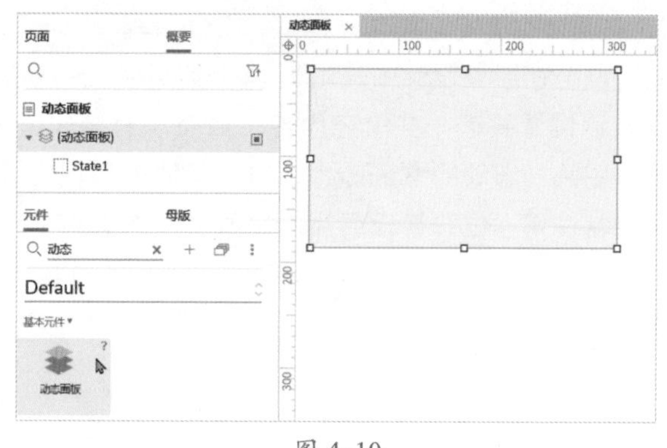
图 4-10

方法 2：右击需要转换为“动态面板”的元件，在弹出的快捷菜单中选择“转换为动态面板”命令，或使用快捷组合键“Ctrl+Shift+Alt+D”启动该功能，如图 4-11 所示。

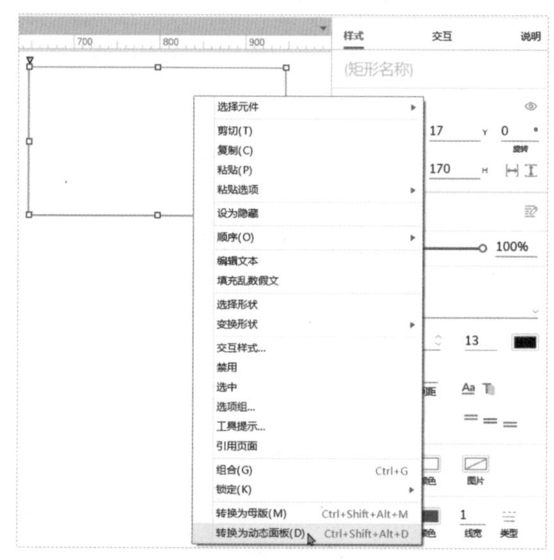

图 4-11

元件转换为“动态面板”后，右击元件，在弹出的快捷菜单中可以选择“从首个状态脱离”选项，也可以使用快捷组合键“Ctrl+Shift+Alt+B”，这样会还原“动态面板”的首个状态中的元件内容。

2. 为动态面板添加内容

Step01 双击“动态面板”元件进入“编辑”模式，默认在第一个状态上，状态类似一个全新的画布，可以在上面添加其他元件，如图 4-12 所示。

图 4-12

Step02 将文本、图片或矩形等元件拖动到“动态面板”当前状态中（State1），完成后双击空白区域或单击右上角的“关闭”按钮。移动动态面板时，状态中的元件会整体移动，如图 4-13 所示。

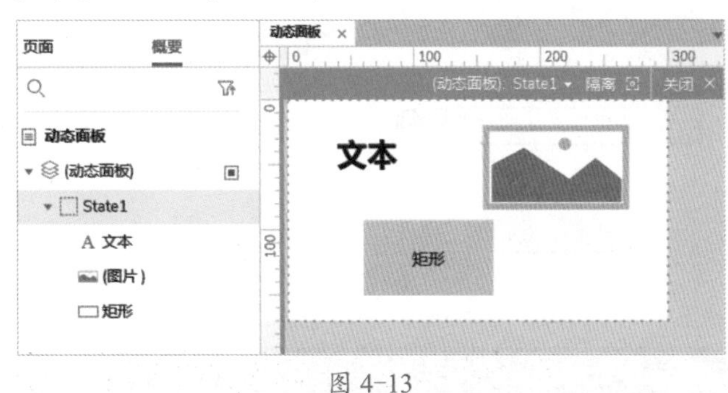

图 4-13

3. 管理状态

在编辑模式中，❶ 单击状态下拉列表，可以管理动态面板的状态，包括 ❷ 重命名状态名，❸ 复制和删除状态（默认保留一个状态，当动态面板只有一个状态时无法将其删除），❹ 添加新状态。选中状态后用鼠标拖动可以调整状态顺序，切换状态时单击相应的状态即可。❺ 状态可以被隔离，即只显示当前状态中的元件，如图 4-14 所示。

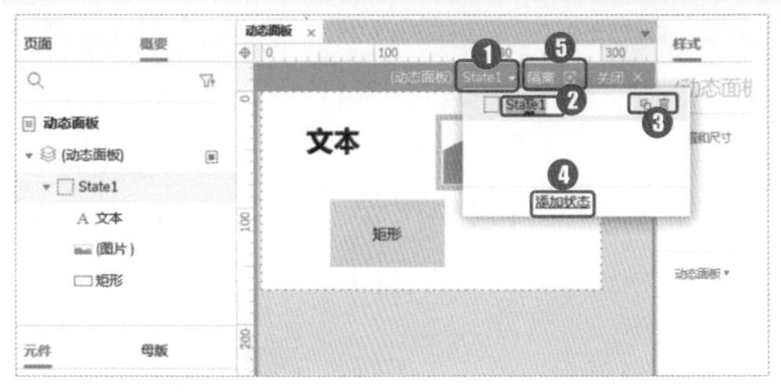

图 4-14

4. 动态面板样式属性

（1）滚动方式。系统默认的滚动方式为“从不滚动”，可以在“样式”面板中将页面调整为“按需滚动（当超出设置的尺寸范围时出现水平或垂直滚动条）”“垂直滚动”或“水平滚动”，如图 4-15 所示。

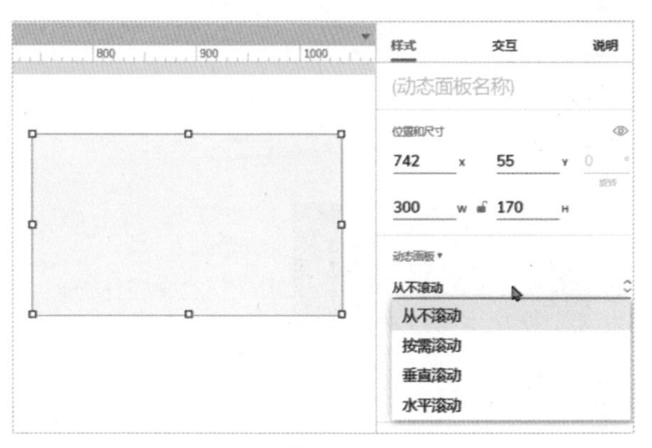

图 4-15

（2）自适应内容。根据当前状态中的元件尺寸自动调整高度和宽度，未勾选“自适应内容”的效果如图 4-16 所示；已勾选“自适应内容”的效果，如图 4-17 所示。

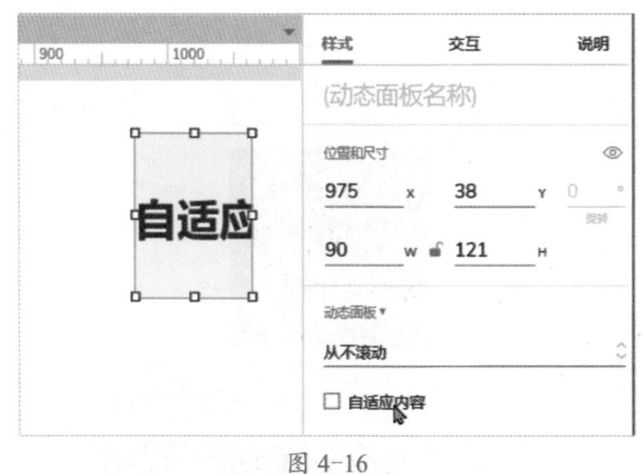

图 4-16

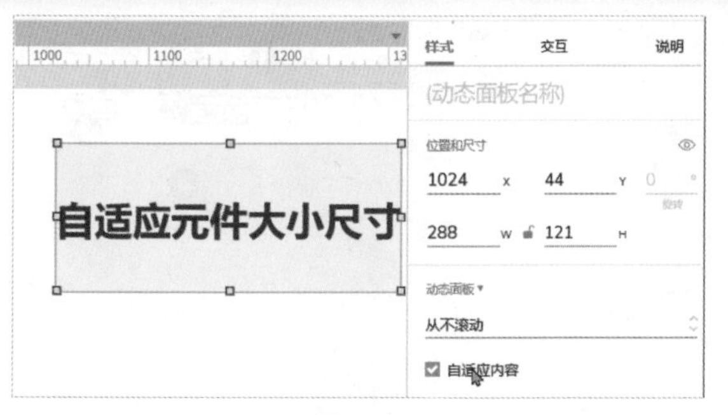

图 4-17

需要注意的是，勾选“自适应内容”后，如果再手动调整动态面板的尺寸，自适应内容将失效（自动取消勾选）。

（3）100% 宽度（仅在浏览器中有效）。不同设备的屏幕尺寸有所不同，在动态面板中选中“100% 宽度（仅浏览器中有效）”时，动态面板会自适应屏幕的宽度，如图 4-18 所示。

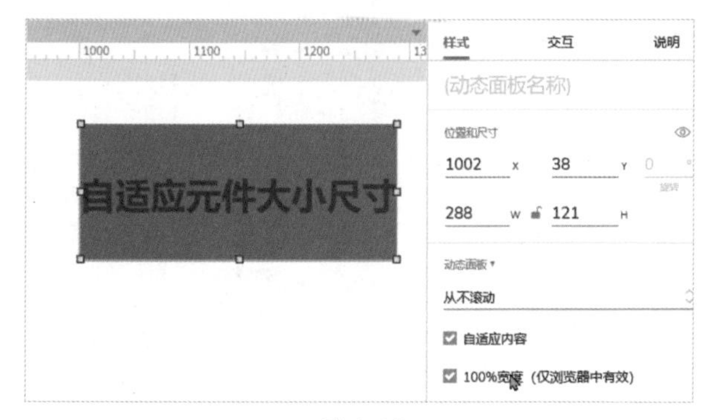

图 4-18

在浏览器中预览原型时，设置了 100% 宽度的“动态面板”会自适应设备的宽度，复制一个“动态面板”元件，文字内容改为 100% 宽度，预览效果如图 4-19 所示。

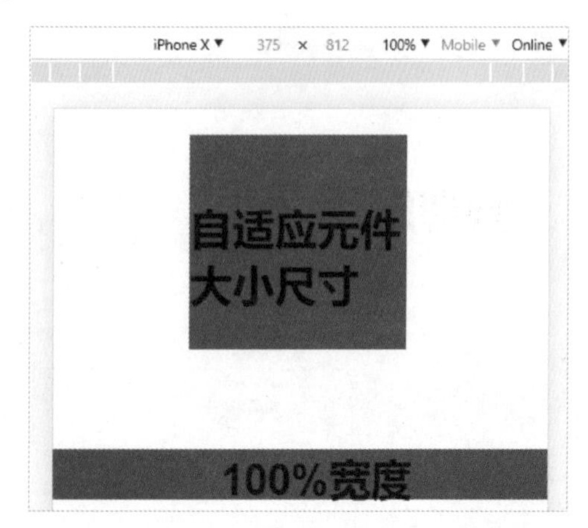

图 4-19

（4）固定到浏览器。设置动态面板位置固定，不会跟随滚动条滚动，这种“回顶部”固定按钮会经常用到，方便读者浏览内容时快速切换菜单。操作方法如下。❶ 单击“样式”面板中的“固定到浏览器”按钮，❷ 在弹出的“固定到浏览器”对话框中勾选“固定到浏览器窗口”复选框，❸ 调整“水平固定”的位置和“边距”的参数，❹ 设置“垂直固定”的位置和“边距”的参数，❺ 勾选“始终保持顶层（仅浏览器中有效）”选项以保证不会被其他元件遮挡，❻ 设置完成后单击“确定”按钮，如图 4-20 所示。

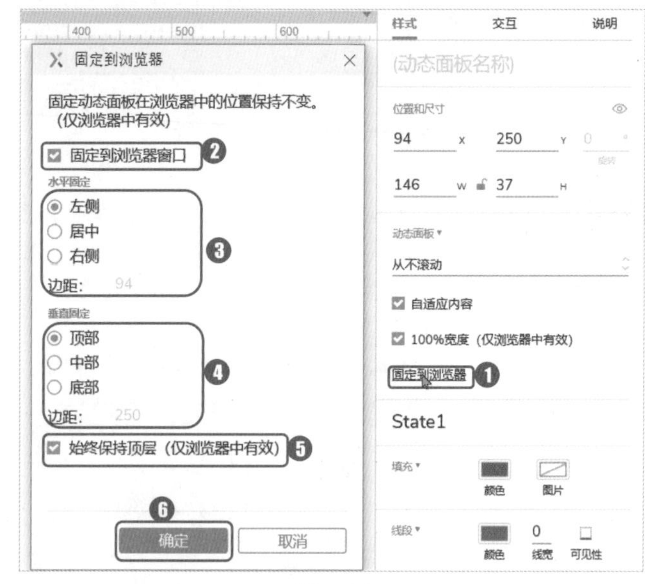

图 4-20

技术看板

在原型设计中，动态面板用处非常大，通过切换状态及前面介绍的特殊属性可以满足很多场景的需求，如滚动的 Banner、功能面板之间的切换和循环定时器等。动态面板之间的切换、拖动操作将在后面的交互设计章节介绍。

★重点 4.1.10 内联框架

内联框架元件其实就是网页的 iframe 标签，它可以嵌入其他页面的内容，包括原型中的页面及外部 URL 地址，如地图网站、视频链接及文件下载地址等。

1. 添加原型中的页面

Step01 将内联框架元件拖动到画布中，双击弹出“链接属性”对话框，如图 4-21 所示。

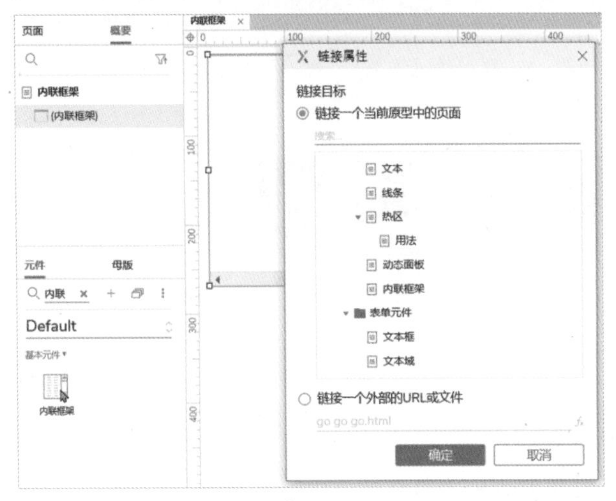

图 4-21

Step02 链接目标选择“链接一个当前原型中的页面”选项，然后选择一个页面，这里选择了“动态面板”页面，完成操作后单击“确定”按钮，如图 4-22 所示。

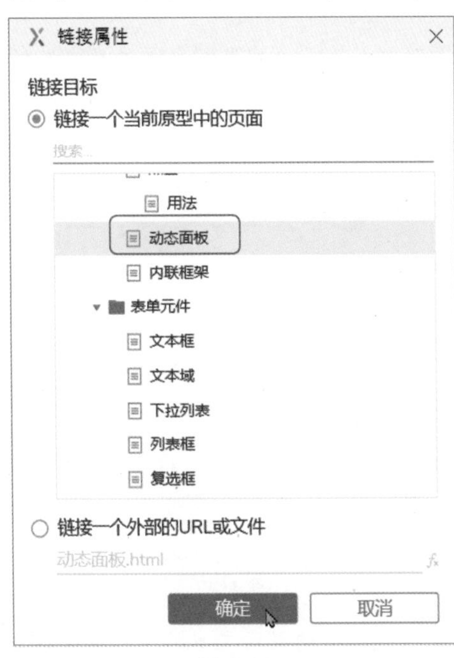

图 4-22

Step03 在浏览器中查看效果，动态面板为 100% 宽度，适应了内联框架大小，并且在页面边框高度不足时出现了滚动条，如图 4-23 所示。

图 4-23

2. 添加外部链接

Step01 在“链接属性”对话框中选择“链接一个外部的URL 或文件”，地址为 www.baidu.com，并单击“确定”按钮，如图 4-24 所示。

图 4-24

Step02 在浏览器中预览原型，如图 4-25 所示。

图 4-25

3. 内联框架样式属性

通过添加原型中的页面及外部链接，我们对内联框架元件有了一定的了解，通过“样式”面板还可以调整内联框架的显示方式。

（1）去除边框。图 4-23 和图 4-25 默认显示内联框架的边框，勾选“样式”面板的“隐藏边框”选项后在预览原型时内联框架将不显示边框，如图 4-26 所示。

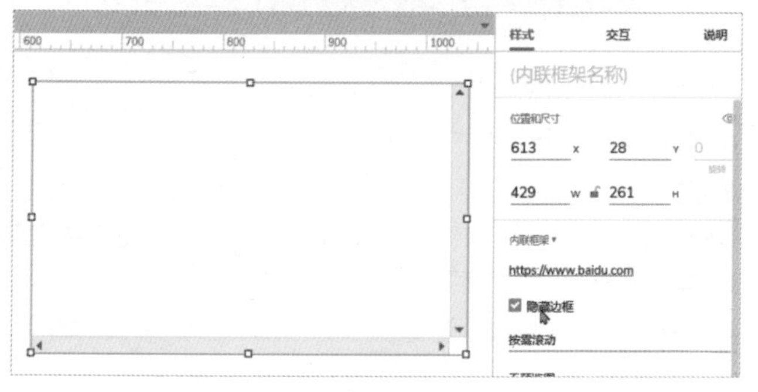

图 4-26

（2）调整滚动条显示方式。系统默认的滚动方式为“按需滚动”，可以调整为“始终滚动”或“从不滚动”，注意它有别于动态面板的滚动方式，在实际使用中要根据链接页面内容进行选择，如图 4-27 所示。

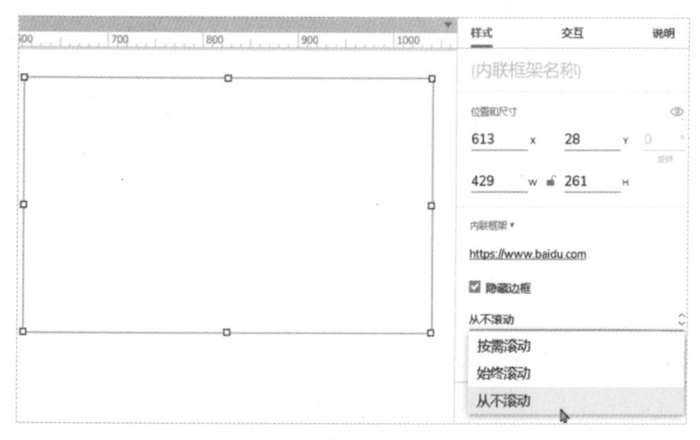

图 4-27

（3）预览图设置。内联框架默认无预览图，只有在浏览器中查看原型时才能看到链接页面的内容，在设计原型时，可以在“样式”面板中设置预览图的分类来区分内联框架内容。预览图包括 4 种类型：无预览图、视频、地图和自定义预览图，如图 4-28 所示。

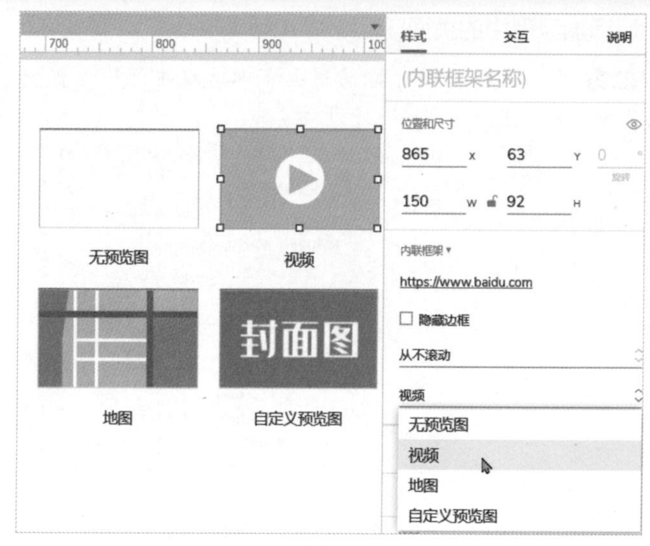

图 4-28

4. 在内联框架中打开链接

在前文中介绍了通过交互打开“Axure 官网”的方法，现在学习如何在内联框架中打开链接。这种方式常用在功能模块较多的原型中，可以通过内联框架切换功能页面。

Step01 在画布中拖入一个内联框架元件及文本标签元件，分别命名为“内容框架”和“链接标签”，如图 4-29 所示。

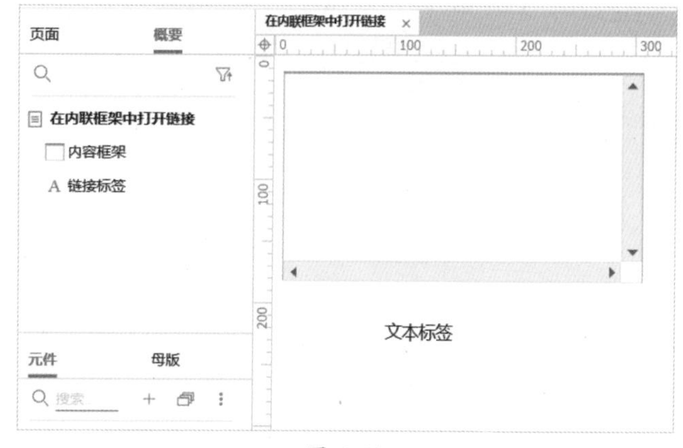

图 4-29

Step02 调整链接标签的显示文本为“打开 Axure 官网”，接着在“交互”面板中单击“新建交互”按钮，如图 4-30 所示。

图 4-30

Step03 选择"鼠标"分类下的"单击时"选项，如图 4-31 所示。

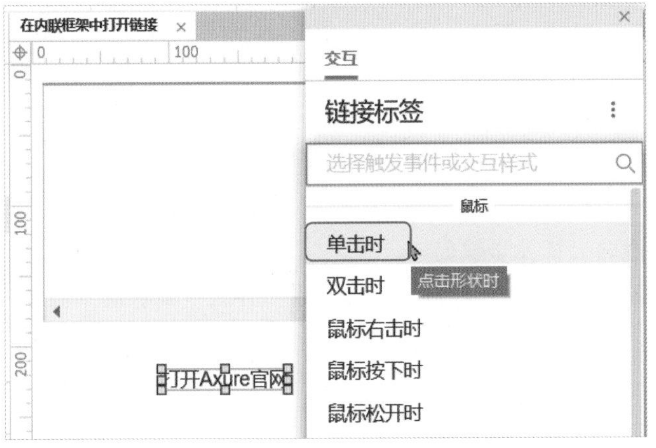

图 4-31

Step04 选择"链接动作"分类下的"框架中打开链接"选项，如图 4-32 所示。

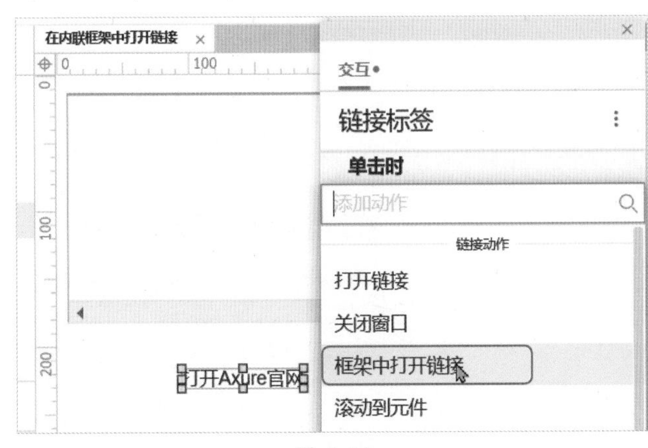

图 4-32

Step05 ❶"目标"选择"内容框架"，❷"链接到"选择"链接到 URL 或文件路径"，❸输入文本链接"www.axure.com"，默认会自动添加"https://"，❹完成后单击"确定"按钮，如图 4-33 所示。

图 4-33

Step06 预览原型，单击"打开 Axure 官网"按钮，稍等几秒（链接页面在加载），预览前也可以先调整内联框架的尺寸，若内联框架较小，链接内容无法全部展示时，默认按需滚动（显示水平或垂直滚动条），如图 4-34 所示。

图 4-34

★重点 4.1.11　中继器

中继器是一个功能非常强大的高级元件，用于显示文本、图片及其他元件的重复集合。例如，需要在画布中展示 5 行文本（文本可重复或完全不一样），可通过中继器的"数据集"进行设置。

数据集可以有效地对数据进行管理，包括排序、筛选、分页、新增或删除等。我们在网购时对数据也经常进行这些操作，购物网站呈现给我们的商品就来源于"数据集"。如果你是一名程序员，可以把中继器元件理解为列表或"数据集合"，它可以将相应的数据展示在画布中。

设置中继器会花费很多时间，因此，如果在原型设计中用不上诸如动态排序、翻页之类的效果，可以不使用它（很多时候开发人员也有相应的插件代码，如分页、排序等），简单的数据可以使用“表格”元件来展示。

1. 创建中继器

新增一个页面命名为“中继器”，打开“样式”面板，从“Default”库中找到“中继器”元件并将其拖入画布，默认在数据集容器中创建一列数据，有 3 个矩形元件，将数据集的内容 1、2、3 作为序号展示，如图 4-35 所示。

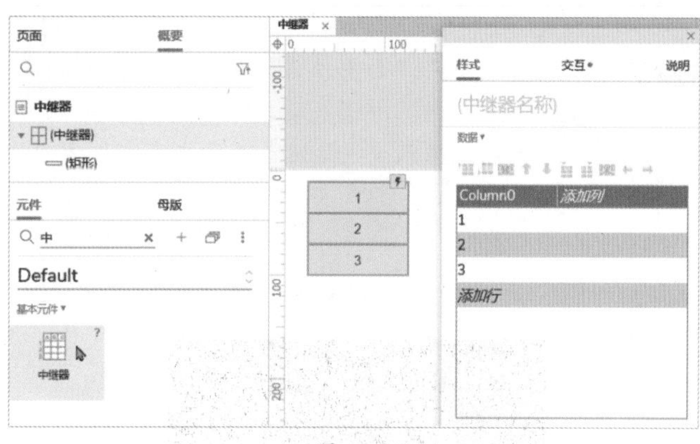

图 4-35

预览原型可以在浏览器中查看中继器的默认效果，如图 4-36 所示。

图 4-36

2. 数据集的应用

在浏览器中预览时，可以看见矩形上显示了对应的数字（1、2、3）。图 4-35 中“样式”面板中的“数据”区域有一个默认的“Column0”，这是创建中继器时默认的列名。❶ 选中中继器元件，❷ 切换到“交互”面板可看到默认添加了“每项加载”事件，❸ 动作为“设置文本”，内容为将 Item.Column0 的值赋给矩形元件，❹Item 就是数据集区域，即 3 个矩形值分别为 1、2、3，如图 4-37 所示。

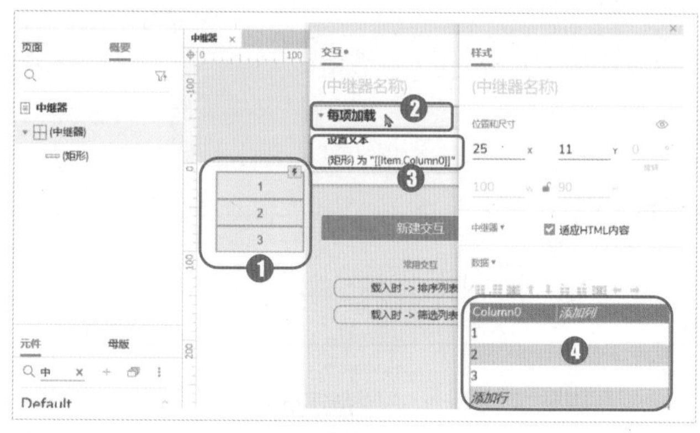

图 4-37

理解数据集的这一应用后，我们新增一列用于显示姓名，操作步骤如下。

Step01 选中“中继器”元件，在“样式”面板的“数据”区域，单击“添加列”选项，如图 4-38 所示。

图 4-38

Step02 将新增的列重命名为“name”，如图 4-39 所示。

图 4-39

注意列名不支持以中文和数字开头，不包括符号，输入空格时会自动转换为下划线“_”，建议使用英文、拼音或是方便理解和记忆的英数组合。

Step03 将“name”列第1行到第3行的内容分别设置为“张三”“李四”“王炸”或其他名字（切换到下一行时按两次回车键可快速输入），如图4-40所示。

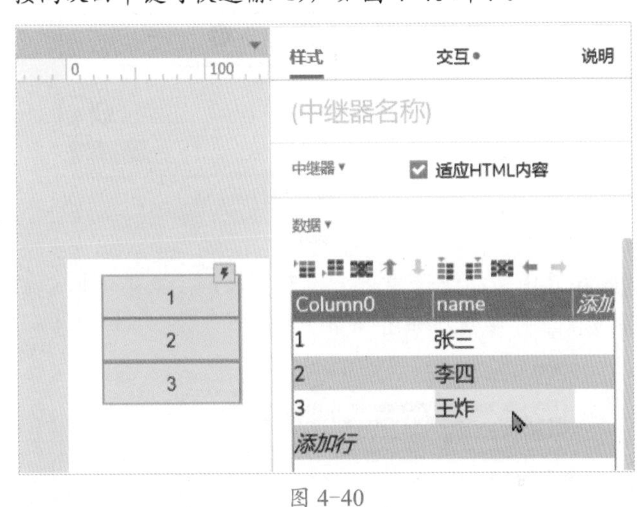

图 4-40

Step04 双击“中继器”元件，进入元件编辑模式，选中默认的矩形元件，将位置的参数设置为（0，0）。中继器中的标尺栏是独立的，注意和画布中的标尺区分，另外中继器和动态面板有所不同，没有“状态”。“隔离”和“关闭”按钮的用法和动态面板一样，如图4-41所示。

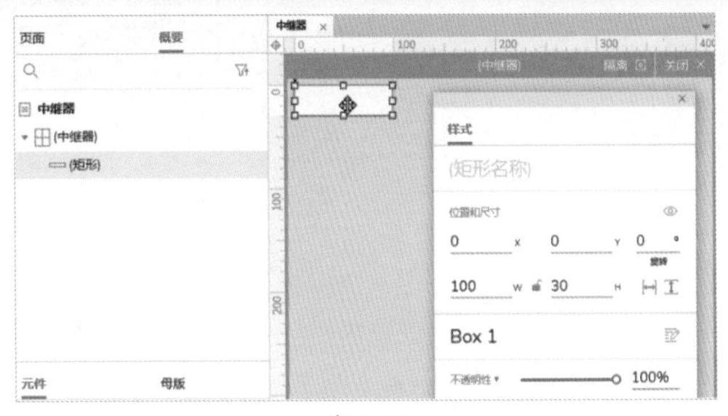

图 4-41

Step05 复制一个相同的矩形并粘贴，按住“Ctrl”键不放，使用鼠标将新矩形拖动到原矩形右侧并对齐，将位置的参数设置为(100，0)，如图4-42所示。

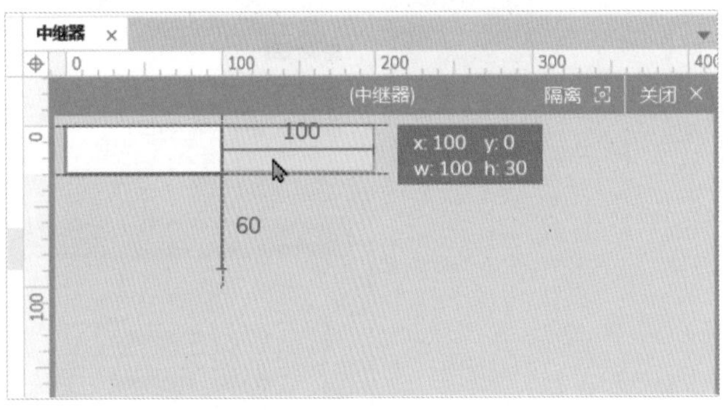

图 4-42

Step06 选中新复制的矩形元件，通过“样式”面板将其命名为“姓名”，如图4-43所示。

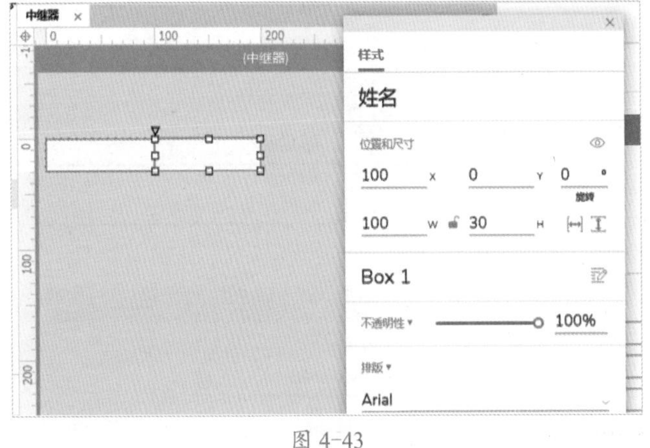

图 4-43

Step07 单击“关闭”按钮或双击元件外的空白区域，关闭中继器编辑模式，返回页面画布。此时可以看到中继器多了一列，但无任务内容，如图4-44所示。

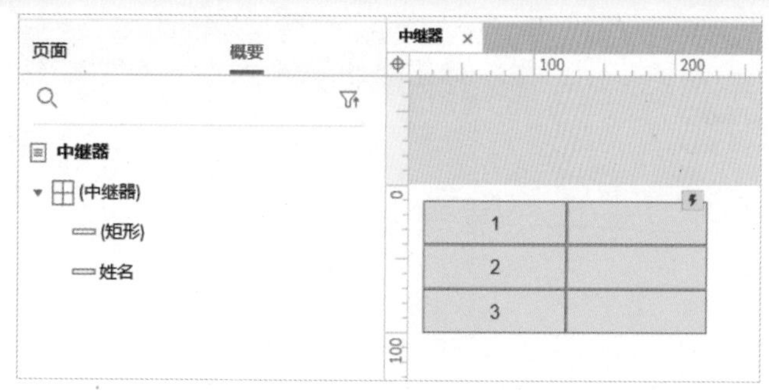

图 4-44

Step08 选中“中继器”元件，切换到“交互”面板，如图 4-45 所示。

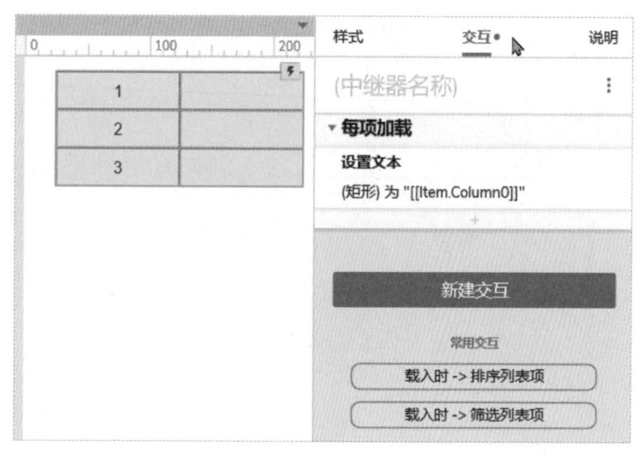

图 4-45

Step09 将鼠标指针移至“设置文本”选项，系统会自动出现“添加目标”按钮，如图 4-46 所示。

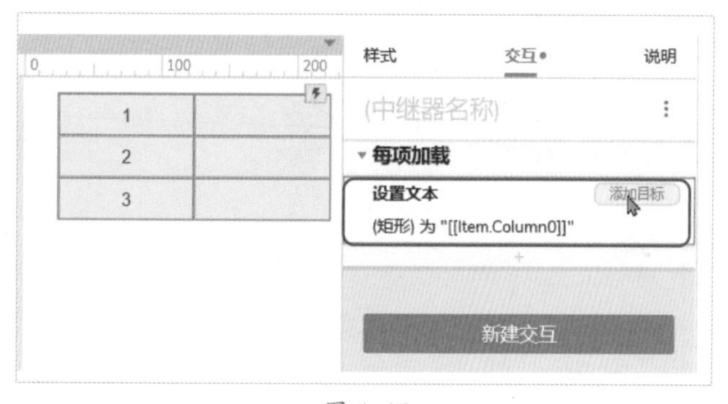

图 4-46

Step10 单击“添加目标”按钮，选择“姓名”元件，如图 4-47 所示。

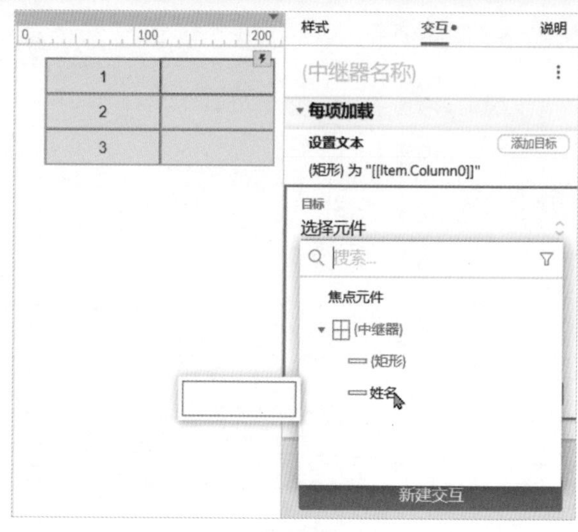

图 4-47

Step11 ❶ 设置类型为文本，❷ 单击“值”右侧的“*fx*”按钮，如图 4-48 所示。

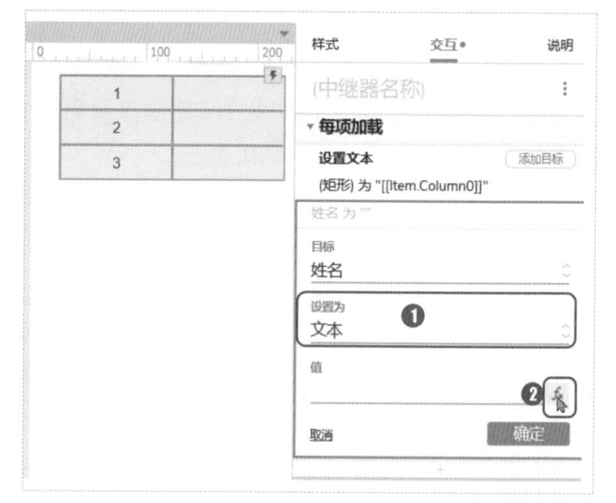

图 4-48

Step12 在弹出的“编辑文本”对话框中，单击“插入变量或函数”按钮，如图 4-49 所示。

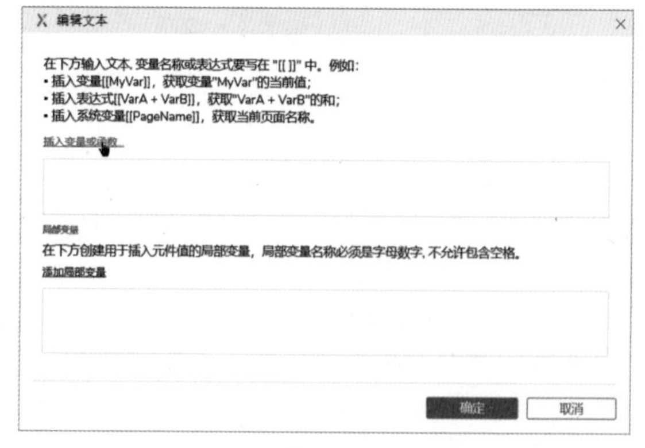

图 4-49

Step13 在弹出的搜索列表框中，选择“中继器 / 数据集”子菜单下面的“Item.name”选项，完成后单击“确定”按钮，如图 4-50 所示。

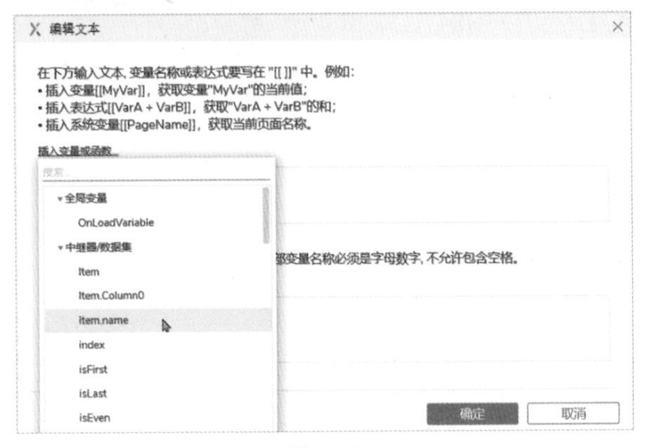

图 4-50

Step14 此时数据集中的“张三”“李四”“王炸”已完成赋值，单击“确定”按钮完成该中继器“name”列的值设置，如图 4-51 所示。

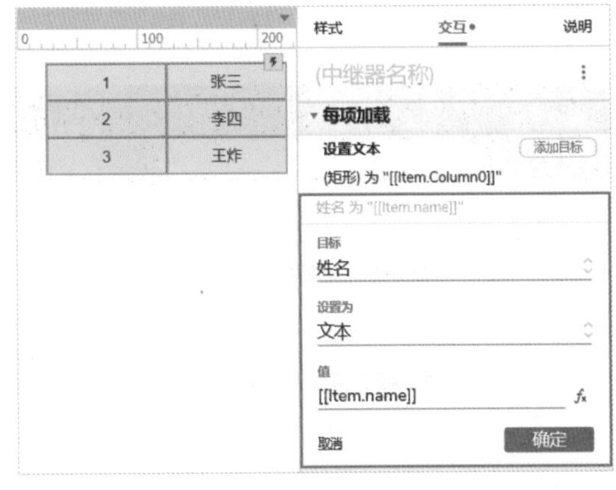

图 4-51

Step15 预览原型，在浏览器中查看具体效果，如图 4-52 所示。

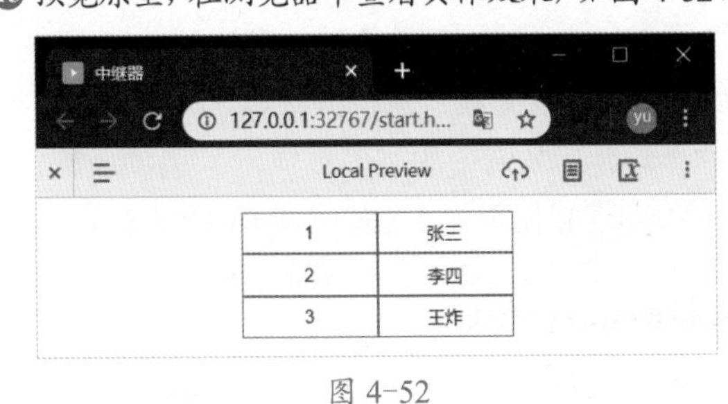

图 4-52

3. 填充与边框

在前文中，中继器作为容器被矩形元件所覆盖，中继器的填充色（FILL）为蓝色（#007BFF），线段色为红色（#E6020F），看不出效果，这时可通过“样式”面板调整中继器边距，这里设置了左侧边距的参数为 15，线宽的参数为 4，如图 4-53 所示。

图 4-53

4. 间距与布局

中继器中的行和列间距调整及垂直布局和水平布局，可以在实际应用中根据需要调整和选择。其中行间距适用于垂直布局，调整行间距的参数为 5，如图 4-54 所示。列间距适用于水平布局方式，调整列间距的参数为 5，如图 4-55 所示。

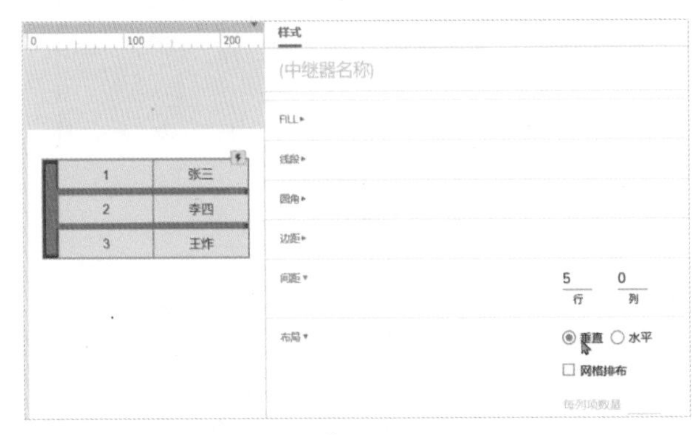

图 4-54

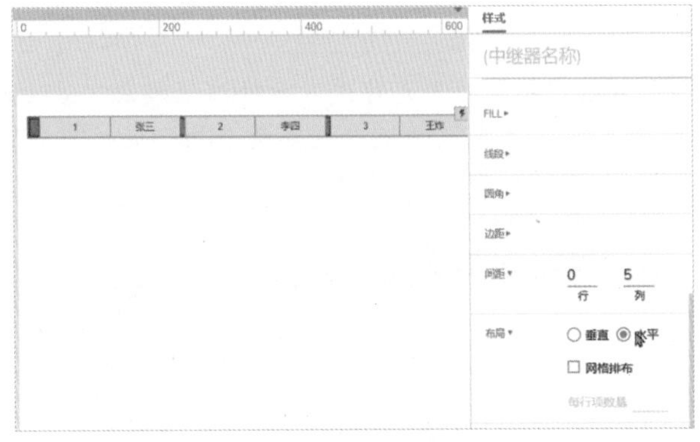

图 4-55

在“布局”选项中还有一个“网格排布”选项，勾选以后可以设置每列项数量，在布局上更加灵活。这里以垂直布局+网格排布，每列项数量为 2 进行设置，效果如图 4-56 所示。

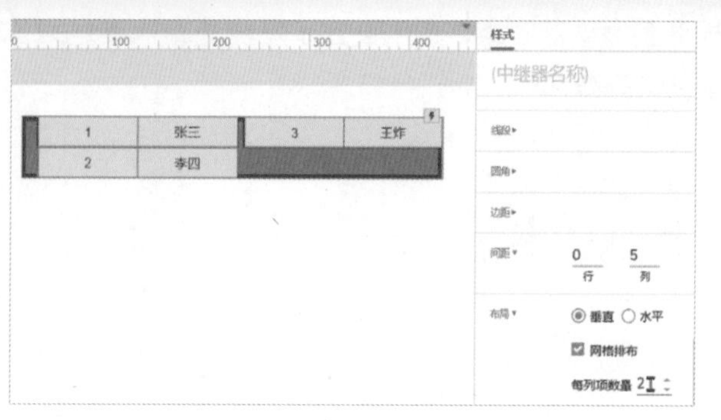

图 4-56

感兴趣的读者可以增加中继器的行列数据，切换布局方式、调整不同的参数观察效果。

5. 背景交替颜色

下面我们将中继器还原到之前的样式，如图 4-57 所示。

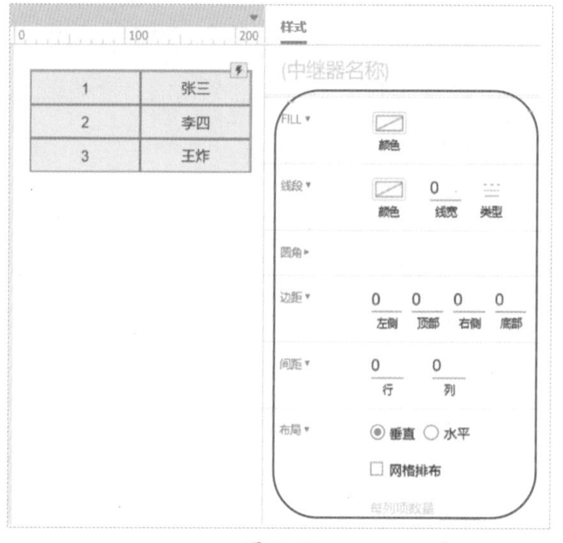

图 4-57

Step 01 双击“中继器”元件进入元件编辑模式，选中两个矩形，在“样式”面板中调整两个矩形的位置“Y”的参数值为 10，如图 4-58 所示。

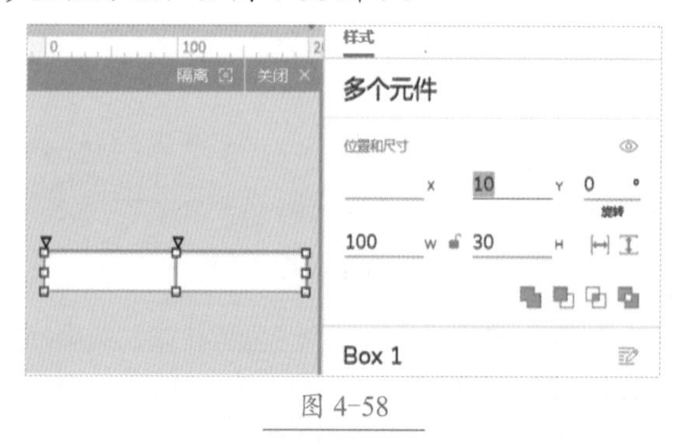

图 4-58

Step 02 在“样式”面板中勾选“背景”区域中的“交替颜色”选项，可根据偏好设置背景颜色和交替色，这里将背景颜色设置为深红色（#AC1034），交替色设置为深灰色（# 727B84），如图 4-59 所示。

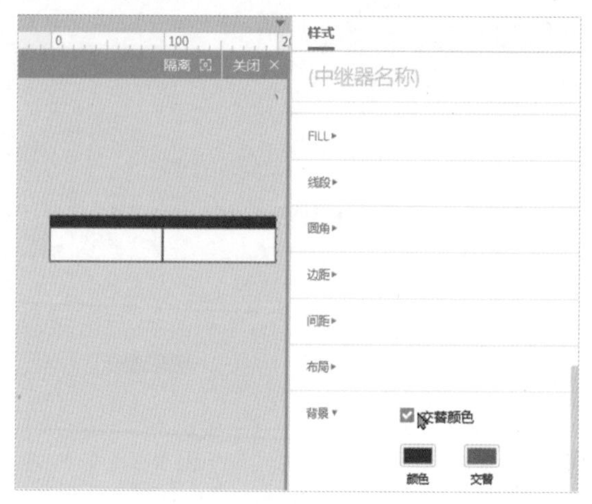

图 4-59

Step 03 预览原型，在浏览器中查看背景交替颜色，如图 4-60 所示。

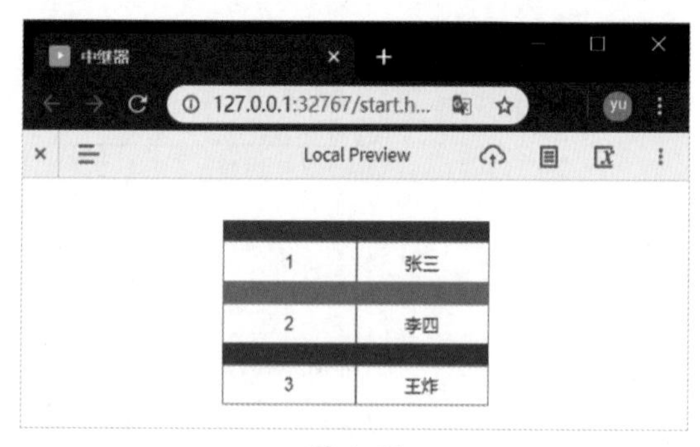

图 4-60

6. 分页显示

当中继器的行数特别多时，可通过中继器的“分页”功能，对“数据集”进行分页，方法是勾选“样式”面板中“分页”区域中的“多页显示”选项。默认每页项数量为 50，起始页为 1，如图 4-61 所示。

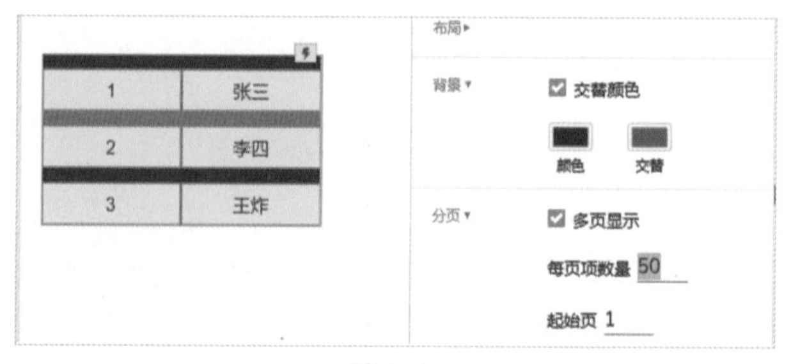

图 4-61

示例中的数据集只有 3 行数据，为了查看效果，我们调整每页项数量为 2，起始页为 1，此时“王炸”所在行就到了第 2 页，效果如图 4-62 所示。

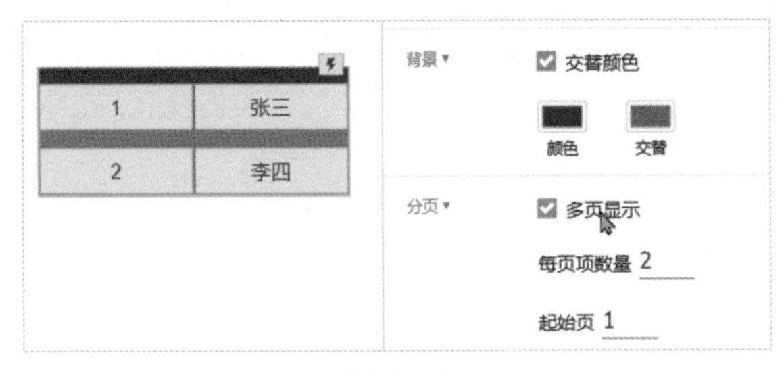

图 4-62

接着修改起始页为 2，此时只显示“王炸”所在行的内容，如图 4-63 所示。

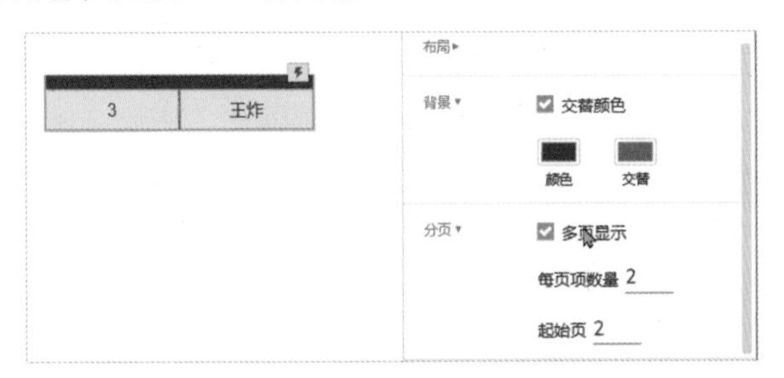

图 4-63

分页显示设置成功，但缺少单击显示上一页和下一页的交互功能，另外，中继器还有很多交互功能，如排序、筛选、新增行、更新、删除行等，这些都将在后续章节中进行讲解。中继器的设置需要花费时间，读者需要多加练习，尤其是数据集的应用。如果不对列赋值，中继器会默认使用元件上的文本，新增国籍 country 列，进入中继器编辑模式，复制矩形并粘贴，设置文本为“中国”，如图 4-64 所示。

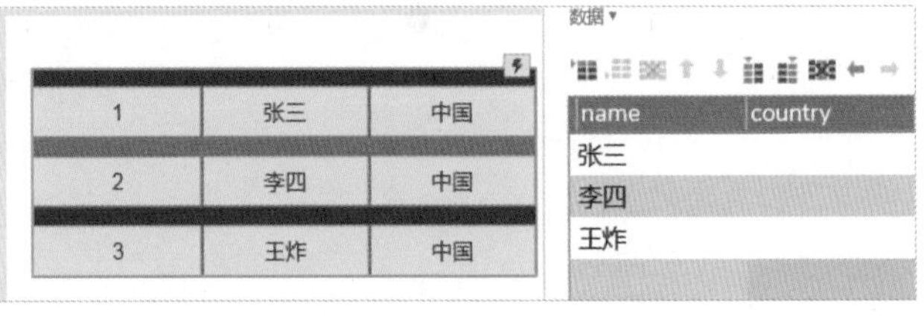

图 4-64

4.2 表单元件

表单的主要作用是采集数据，而表单元件就是为数据采集提供服务的。例如，我们新下载一个 APP，它需要注册和登录，在注册时需要输入手机号和密码、选择性别、勾选兴趣爱好和选择所在区域，以便更好地提供服务。在这个过程中，APP 通过注册收集了我们的信息，而我们输入手机号、下拉选择所在区域、勾选兴趣爱好及单选性别等，交互就是通过表单元件制作的。表单元件共有 6 个，分别是文本框、文本域、下拉列表、列表框、复选框及单选按钮，如图 4-65 所示。

图 4-65

4.2.1 文本框

文本框用于收集较短的文本信息或其他类型的文本，将文本框拖入画布并将其选中，❶ 单击“交互”面板，❷ 在“交互”面板中单击“输入类型”选项，弹出下拉列表，共有 11 种输入类型，分别是文本、密码、邮箱、数字、电话、URL、搜索、文件、日期、月份和时间，如图 4-66 所示。

图 4-66

在设计原型时，根据需求合理地选择相应的类型即可。类型不同，文本框的交互样式会有所不同，读者可以依次更换输入类型，在 PC 端和手机端观察效果。这里列出几种不同的类型，从上到下分别是“文本”“密码”“文件”及“邮箱”，如图 4-67 所示。

图 4-67

4.2.2 文本域

文本域用于收集更多的文本信息，当内容过多时自动出现滚动条方便上下滚动，可以通过“样式”面板改变文本域元件的默认样式，如图 4-68 所示。

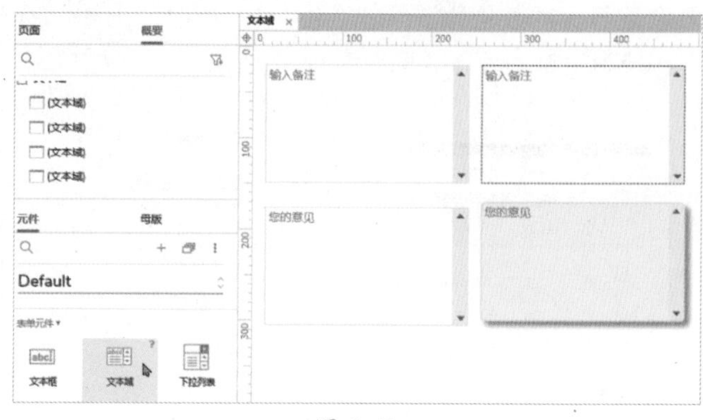

图 4-68

4.2.3 下拉列表

下拉列表以弹出菜单的方式进行交互，可添加多个选项并设置默认选中项，每次只能选择一个值，操作步骤如下。

❶ 将下拉列表拖入画布，❷ 双击下拉列表弹出“编辑下拉列表”对话框，❸ 单击“添加”按钮，重命名选项名称，如“北京”。同样的方法可添加多个城市选项，❹ 勾选一个城市作为默认值，这样下拉列表默认就会选中它，若不勾选则默认选中第一项，❺ 完成操作后单击“确定”按钮进行保存，如图 4-69 所示。

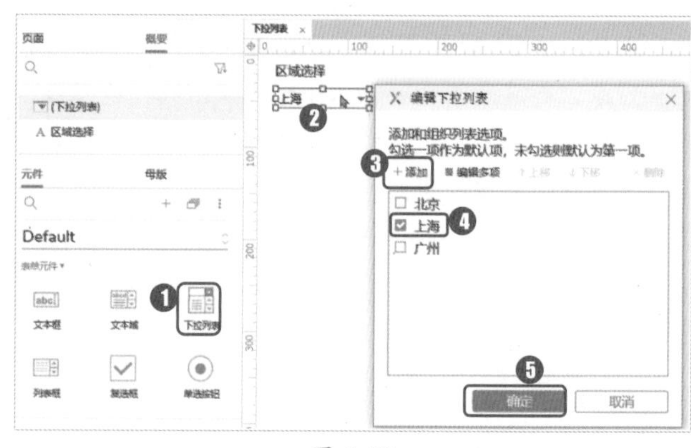

图 4-69

编辑下拉列表时，还可以使用“上移”“下移”“删除”命令对选项进行管理，另外如果选项内容比较多，每次都使用“添加”按钮会比较麻烦，使用“编辑多项”功能可以像编辑文本一样编辑选项，每项为一行，完成之后确认保存即可，如图 4-70 所示。

设置不同的样式，查看不同的应用场景选项，如图 4-71 所示。

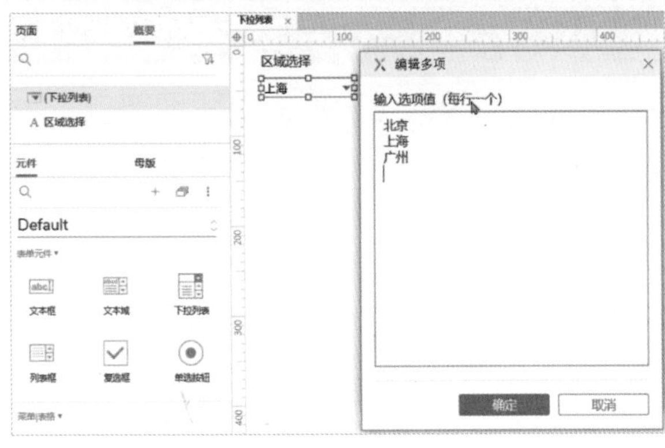

图 4-70

图 4-71

4.2.4 列表框

列表框默认的“样式外框”和“文本域”有些相似，不过列表框可选择多项，图 4-71 中“爱好选择”使用了“下拉列表”，一次只能选择一个，这并不恰当，因为兴趣爱好可能会有多项，这时我们使用列表框来代替下拉列表，添加选项的操作方法和下拉列表非常相似，这里就不再重复阐述。值得注意的是，在列表框中多了一个“允许选中多个选项”功能，勾选后可以在列表项中勾选多个选项，如图 4-72 所示。

图 4-72

在 Web 端浏览原型时，按住“Ctrl”键不放即可勾选多个选项值，在移动设备上查看时会弹出对话框以供勾选，这和 Web 端有一定的区别。

4.2.5 复选框

复选框用于收集多个选择项，它和列表框都可以收集多个选项值，只是展示形式有所不同。复选框的按钮默认是左侧对齐，可以通过“对齐按钮组”将其调整为右侧对齐，如图 4-73 所示。

图 4-73

4.2.6 单选按钮

单选按钮的作用就是提供单项选择，一般选择项不宜过多，对比下拉列表，更加一目了然。在实际使用过程中还需要用到“交互”面板的“单选按钮”。单选按钮的使用场景如图 4-74 所示。

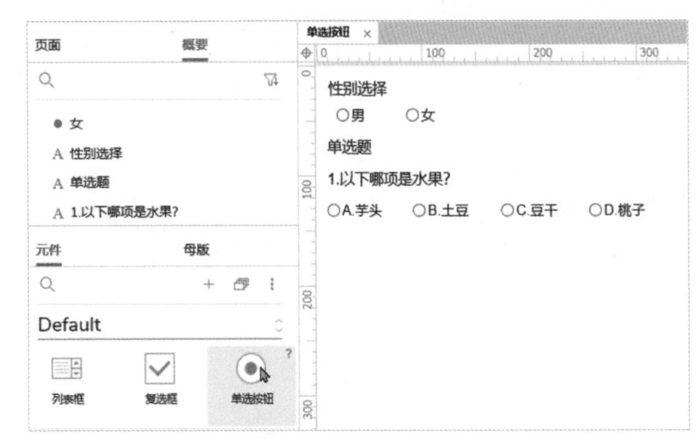

图 4-74

4.3 菜单表格

菜单和树在原型中扮演的角色是梳理功能点及树形层次结构（大纲）；表格则用于详细地展示数据信息，多用于查询结果、查看详细信息等。另外还可以直接将 Excel 的表格内容粘贴到画布中，但画布中并不支持更改表格样式及单元格合并。菜单表格共有 4 个元件，分别是树、表格、水平菜单和垂直菜单，如图 4-75 所示。

图 4-75

4.3.1 树

树元件是可以展开和折叠的层次列表，可以添加树的层级、修改属性、调整展开和折叠的图标，也可设置是否展示下级图标，若展示，则可以修改图标样式，如图 4-76 所示。

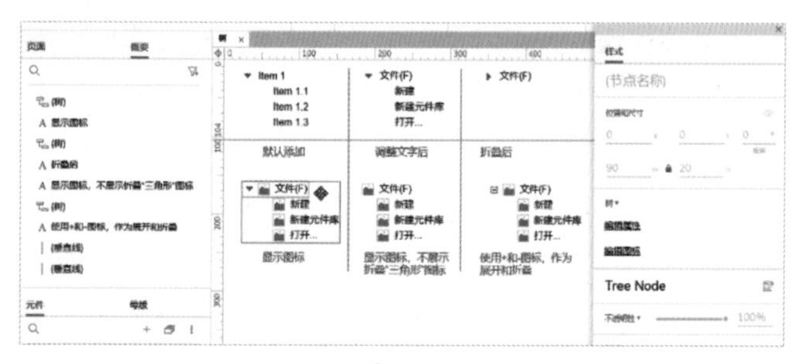

图 4-76

1. 修改菜单展示内容

将树元件拖到画布中，双击需要调整的菜单项，然后输入相应的名称即可，如图 4-77 所示。

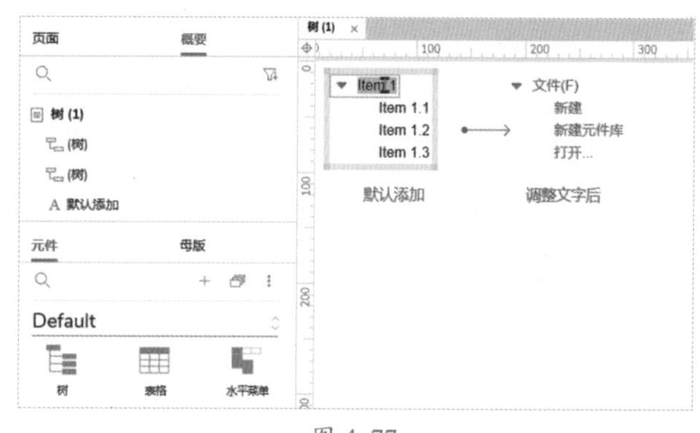

图 4-77

2. 添加子菜单

右击需要添加子菜单的项目，在弹出的快捷菜单中执行“添加”子菜单中的“添加子节点”（默认在现有子节点的基础下添加）命令，如图 4-78 所示。

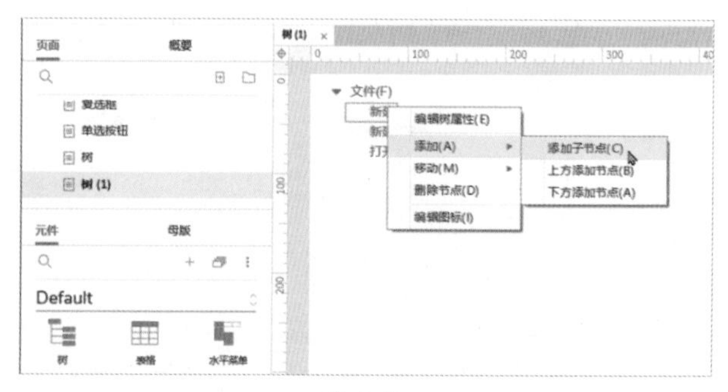

图 4-78

添加完成后重命名子菜单项，效果如图 4-79 所示。

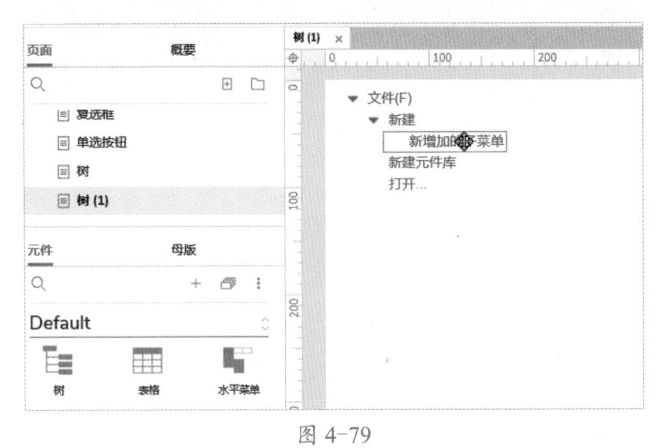

图 4-79

3. 移动层级

树形结构是由多个层级构成的，右击需移动层级的菜单项，然后在弹出的快捷菜单中依次执行“移动”子菜单中的“升级”/“降级”命令，如果所选菜单已经是最低级则无法降级，最高级也无法升级。上移和下移是对同级菜单中的多项进行顺序调整，如图 4-80 所示。

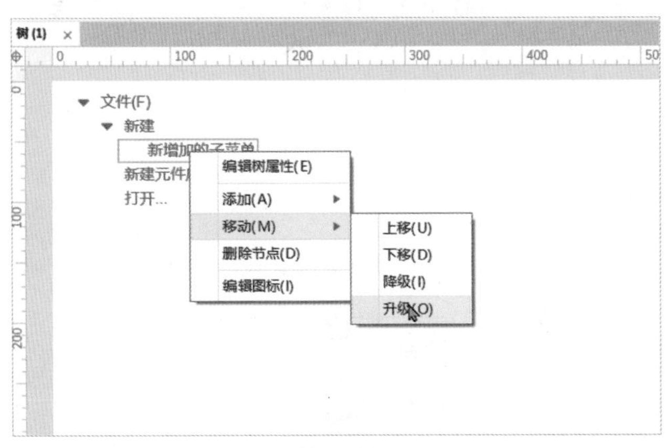

图 4-80

4. 编辑树属性

“树属性”对话框为我们提供了树元件的一些个性化设置，操作步骤如下。

Step01 ❶ 一种方法是右击“树”元件，在弹出的快捷菜单中选择“编辑树属性”选项，❷ 另外一种方法是选中树元件时在“样式”面板上单击“编辑属性”按钮，如图 4-81 所示。

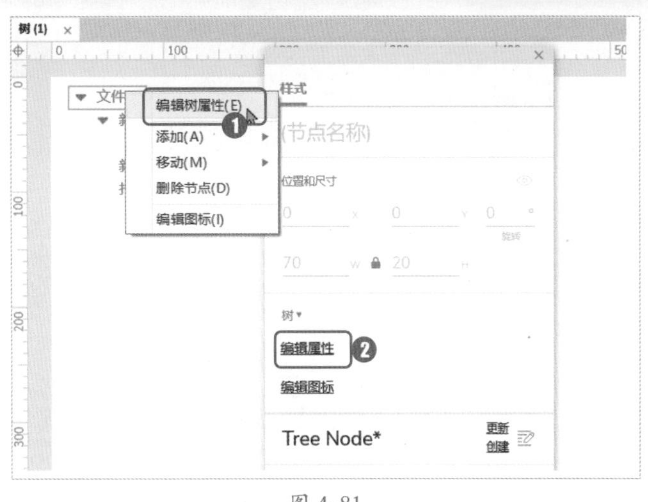

图 4-81

Step02 在弹出的“树属性”对话框中，❶ 可隐藏折叠和展开的图标，❷ 可以单击相应的图标调整默认三角图标为 +/-，或 ❸ 单击“导入”按钮自定义图标，❹ 若需要恢复则单击“移除”按钮，❺ 勾选显示图标复选框，可显示自定义的菜单图标（默认未勾选），❻ 操作完成后单击“确定”按钮，如图 4-82 所示。

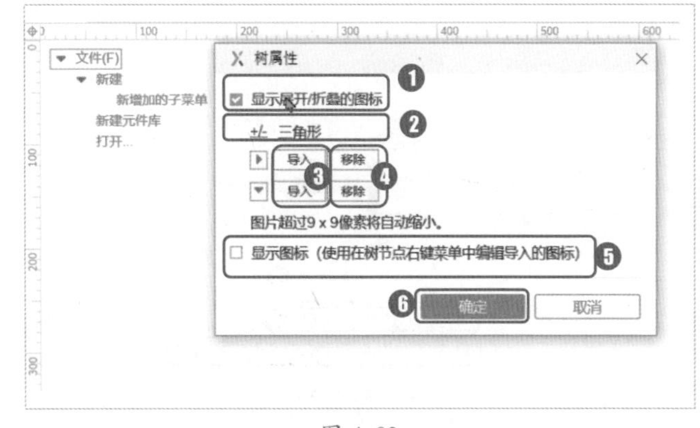

图 4-82

5. 编辑图标

如果勾选了“显示图标”复选框，则树形菜单会展示图标，如果未自定义则使用默认图片编辑图标，操作步骤如下。

Step01 ❶ 右击树元件，在弹出的快捷菜单中选择“编辑图标”，或 ❷ 选中树元件时在“样式”面板上单击“编辑图标”按钮，如图 4-83 所示。

图 4-83

Step02 弹出的“编辑图标”对话框建议我们导入大小为 16×16 像素的图标，❶ 单击“导入”按钮可导入自定义的图标，下面是 3 个单项选择，表示该图标的适用范围。❷“当前节点”表示选中节点图标发生变化，❸“当前节点和同级节点”表示同级节点都发生变化，❹“当前节点、同级节点和全部子节点”表示所有节点发生变化，如图 4-84 所示。

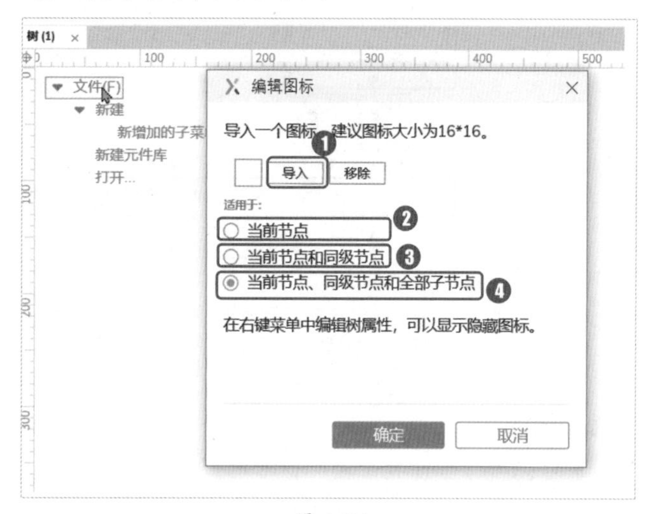

图 4-84

4.3.2 表格

表格元件可以方便地管理行和列，默认是添加 3 行和 3 列，如图 4-85 所示。

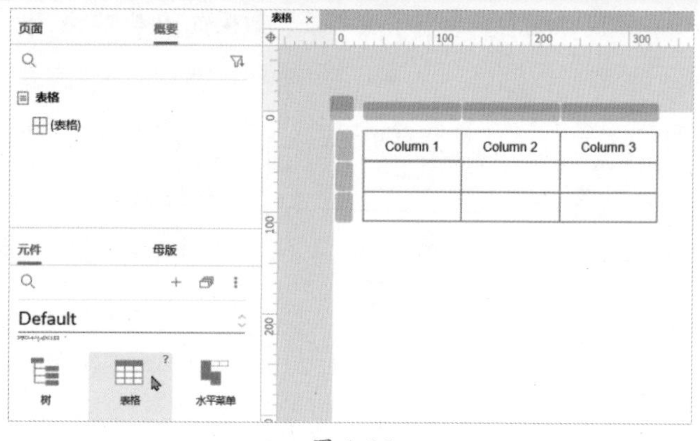

图 4-85

1. 表格元件的操作

通过双击单元格可以快速编辑单元格中的文本内容，鼠标指针移动到单元格边缘线上时，鼠标指针形状变为可调节状态，这时便可对表格的行、列或整体大小进行调整，也可以通过“样式”面板调整样式和大小。

右击表格的某个单元格，在弹出的快捷菜单中可选择相应的功能进行操作，❶ 选择行：可快速地选中当前行的所有单元格，❷ 单击左侧灰色按钮快速选中行，❸ 在当前行的上方或下方插入行，❹ 删除当前行。列的操作与行相同，如图 4-86 所示。

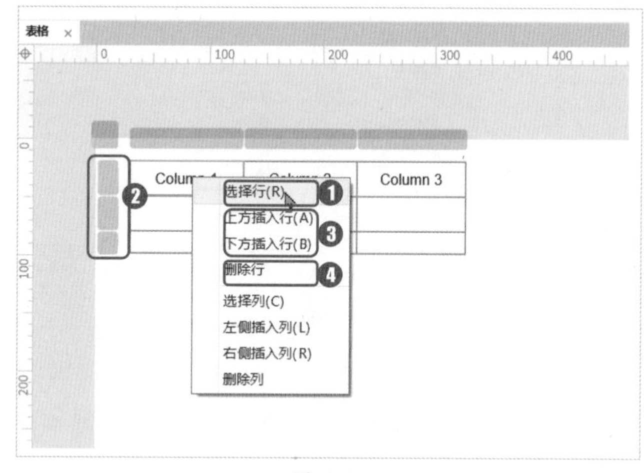

图 4-86

2. 从 Excel 中复制粘贴文本内容

对习惯使用 Excel 的小伙伴们来说，这个功能是非常贴心的。方法是在 Excel 中编辑好相应的内容，然后复制内容，在 Axure 的画布上进行粘贴，即在 Excel 中按快捷组合键“Ctrl+C”复制，在 Axure 中按快捷组合键“Ctrl+V”粘贴。不过在 Axure 画布中无法粘贴

Excel 中的样式及合并的单元格，复制表格内容进行粘贴时系统会弹框询问是粘贴为表格还是粘贴为图片，如图 4-87 所示。

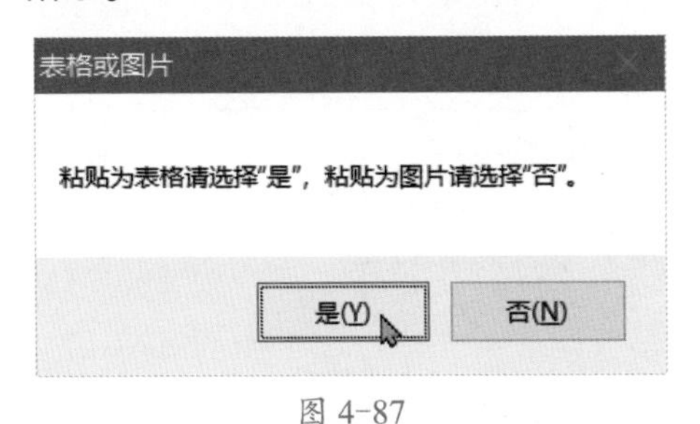

图 4-87

若不喜欢这种弹框交互，复制 Excel 中内容后可在 Axure 中的空白页面处右击（未选中任何元件），在弹出的菜单中执行“粘贴选项”子菜单中的“粘贴为表格”命令，如图 4-88 所示。

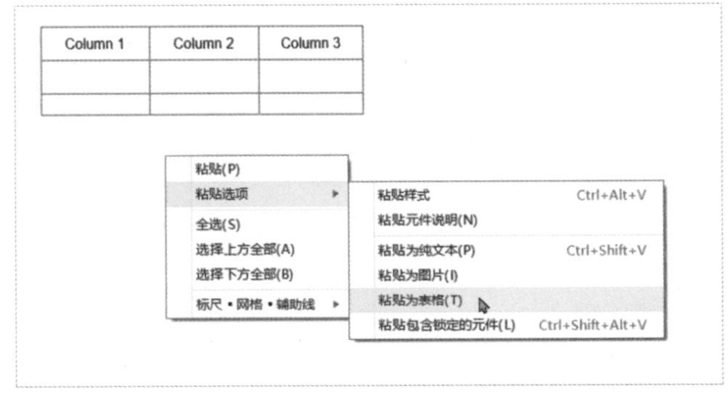

图 4-88

4.3.3 菜单

菜单元件有两个，一个是水平菜单，另一个是垂直菜单，它和树元件有很多相似之处，但展示形式不同，可用于制作多层级的功能导航，如图 4-89 所示。

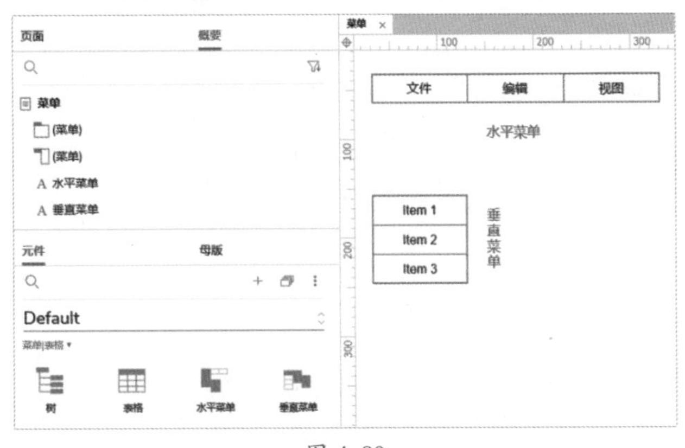

图 4-89

1. 菜单填充

以水平菜单为例，将其拖入画布中，水平菜单默认有 3 个菜单项（文件、编辑、视图），菜单宽度和高度分别为 300 和 30，可以通过“样式”面板调整。菜单填充是在现有的宽、高基础上进一步填充像素，目的是让菜单整体与菜单项保持一定的填充距离，操作方法如下。

Step01 ❶ 右击菜单元件，在弹出的菜单中选择“编辑菜单填充”或 ❷ 单击“样式”面板中“菜单填充”选项进行操作，如图 4-90 所示。

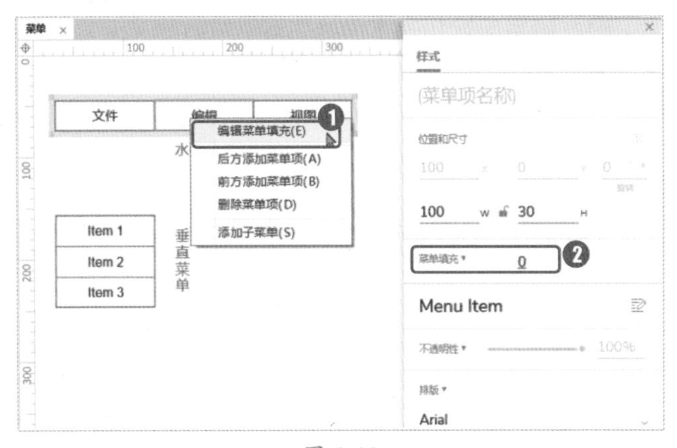

图 4-90

Step02 ❶ 在弹出的“菜单项填充”对话框中进行设置，输入需要填充的像素，这里设置为 5，单击确定后，再次打开该对话框。❷ 注意“样式”面板中的变化，原有高度和宽度在上下左右各增加了 5，尺寸参数变为（310，40），原为（300，30）。❸“适用于（填充范围）”有两项选择，第一项是该填充仅针对当前层级的菜单有效（其余层级没有填充效果），第二项则是对所有菜单都生效，如图 4-91 所示。

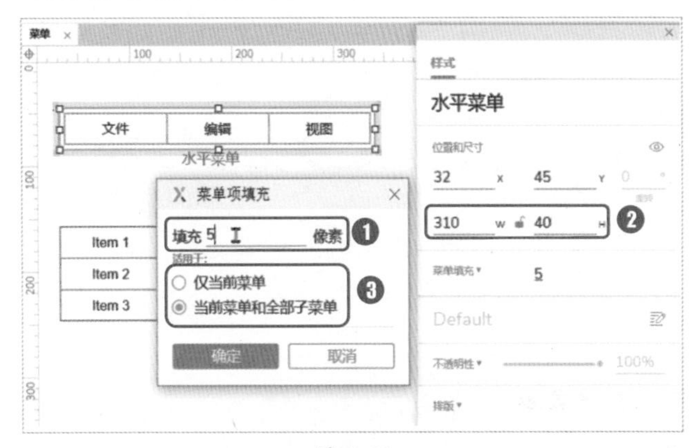

图 4-91

Step03 使用上一步的方法，将填充值改为20，并设置菜单的边框颜色为#E2E6EA，线宽为1；设置所有菜单项的边框及字体颜色为#28A745，线宽为1，这就像在菜单外面嵌套了一个矩形边框一样，效果如图4-92所示。

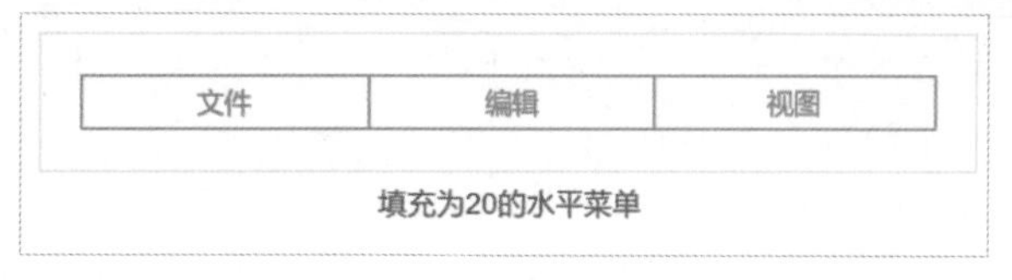

图 4-92

2. 添加菜单项

随着需求的变化，原型设计需要新增菜单项功能以满足需求。

Step01 右击需要添加功能的菜单项，在弹出的快捷菜单中选择“后方添加菜单项”或“前方添加菜单项”命令，如图4-93所示。

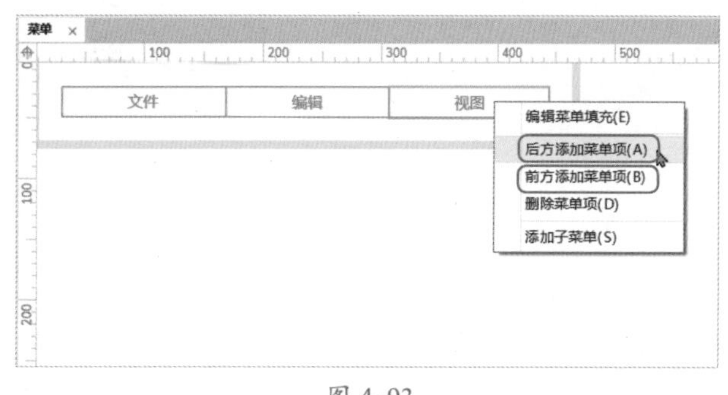

图 4-93

Step02 输入新的菜单项名称“项目”，这里参考了Axure的菜单，如图4-94所示。

图 4-94

3. 添加子菜单

Step01 操作方法和“添加菜单项”一样，右击需要添加子菜单的元件，在弹出的快捷菜单中选择“添加子菜单”命令，默认会添加3个子菜单，如图4-95所示。

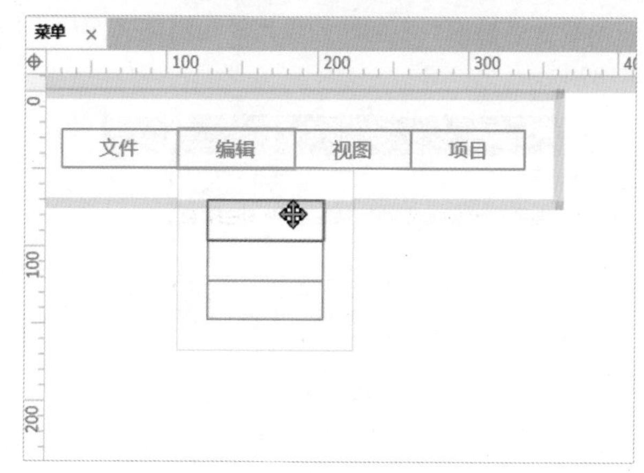

图 4-95

Step02 参考Axure的子菜单，调整子菜单名称，如图4-96所示。

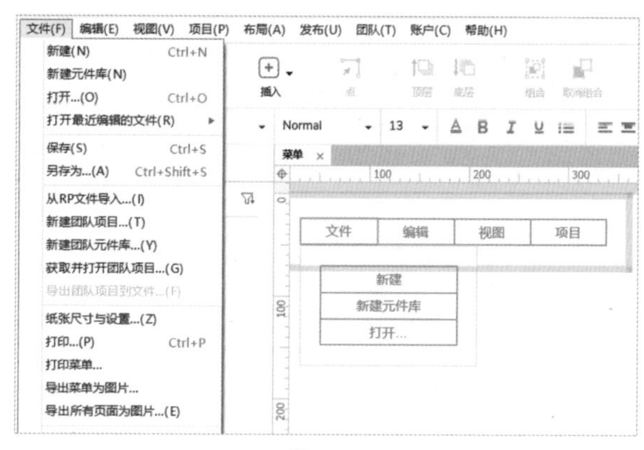

图 4-96

4. 删除菜单

删除菜单有两种方式，一种是“删除菜单项”（当前及下级全部删除），另一种是如果菜单项下面还有子菜单，则可以选择“删除子菜单”（仅删除子菜单），如图4-97所示。

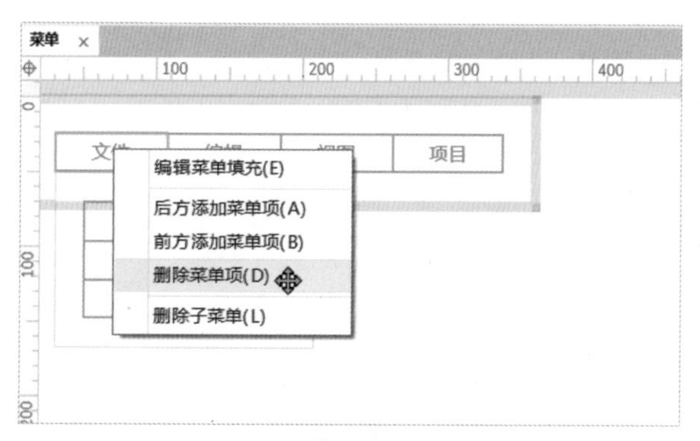

图 4-97

4.4 标记元件

标记元件包括快照、箭头、不同颜色的便签及圆形标记和水滴标记，在原型中起到标记提醒的作用，如图 4-98 所示。

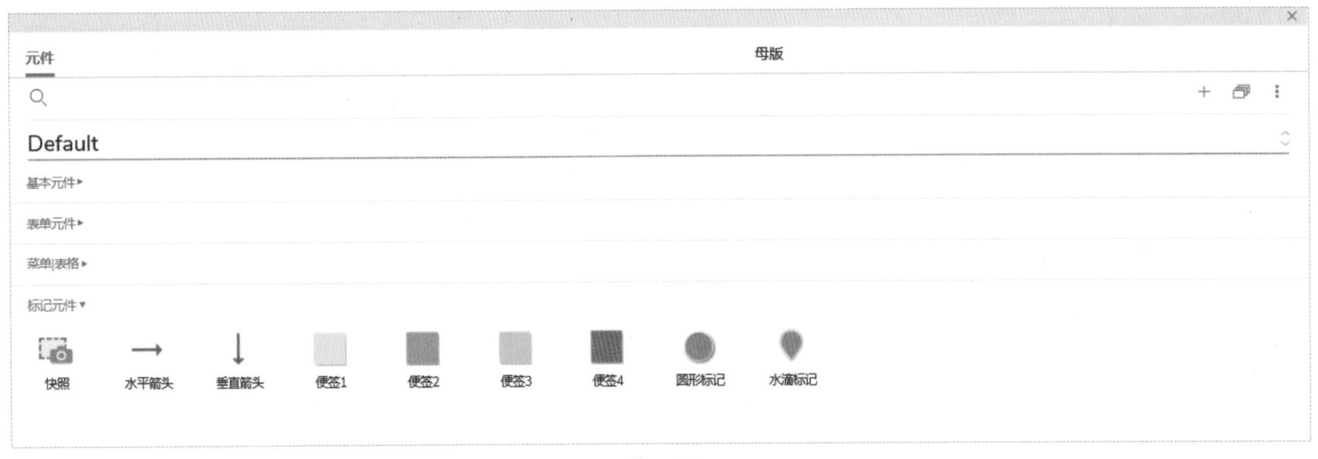

图 4-98

4.4.1 “快照”元件

“快照”元件可以帮助我们快速预览相关页面和母版的内容，梳理页面之间的跳转关系，下面介绍“快照”元件的相关操作方法。

1. 为“快照”添加引用

Step01 打开“元件”面板，在“标记元件”选项中选中“快照”元件。将“快照”元件拖入画布，调整其位置和尺寸，如图 4-99 所示。

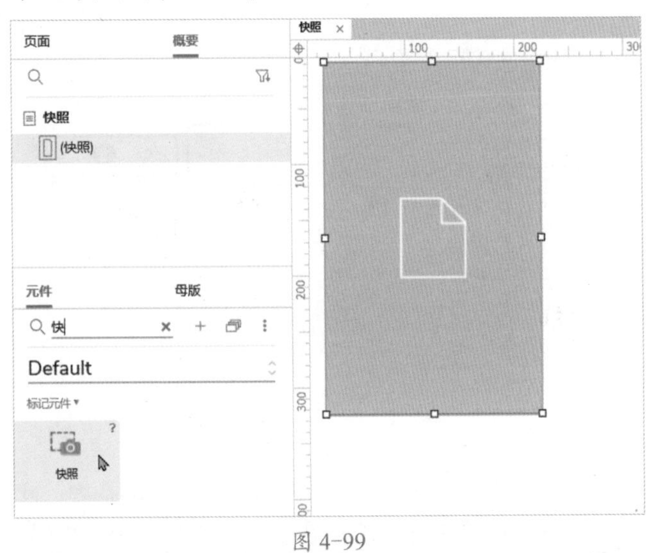

图 4-99

Step02 双击“快照”元件或单击“样式”面板的“添加引用页面”按钮，如图 4-100 所示。

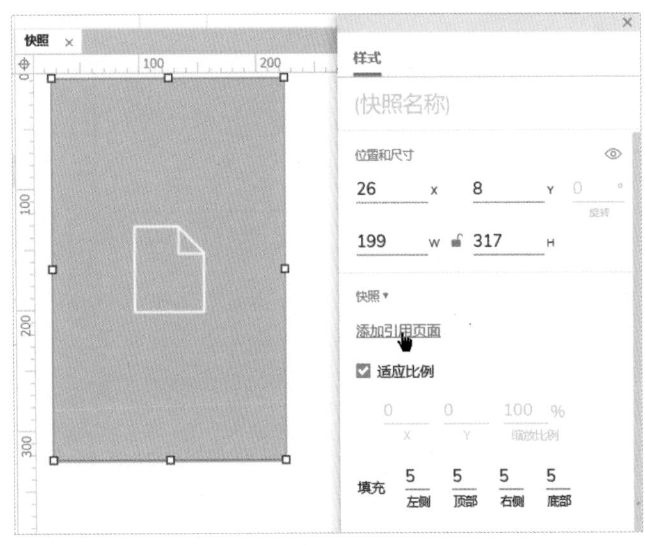

图 4-100

Step03 ❶ 在弹出的“引用页面”对话框中为快照添加引用页面，可选择添加页面或母版。其中页面类型列出了“页面”面板中所有的页面，母版类型则列出已创建的母版，❷ 可通过搜索功能筛选页面，❸ 也可以直接选择页面，完成选择后，单击“确定”按钮，如图 4-101 所示。

Step04 选中一个页面引用，此时快照元件会根据快照的尺寸，默认按适应比例显示引用的内容，可调整引用页面的填充距离，距离值默认都为 5，值越大距离快照边缘越远，如图 4-102 所示。

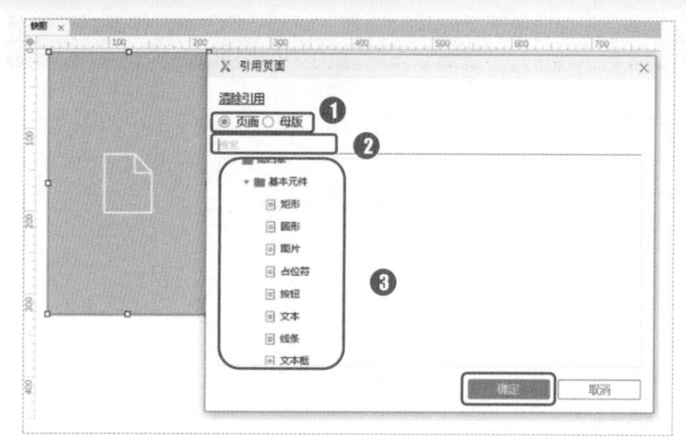

图 4-101

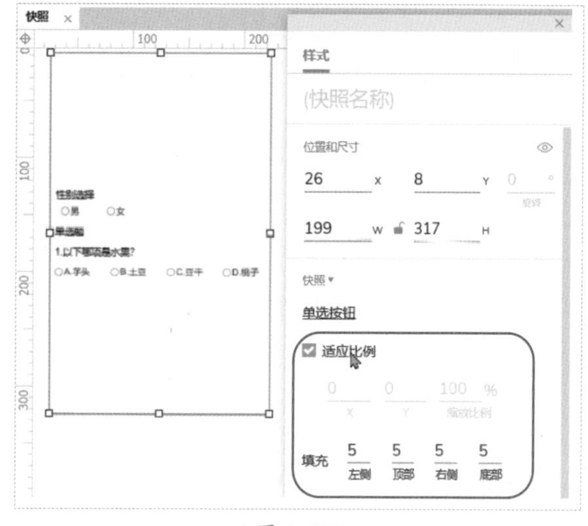

图 4-102

Step05 取消勾选“适应比例”复选框，调整坐标和缩放比例的参数，这些调整不会影响原始页面或母版，如图 4-103 所示。

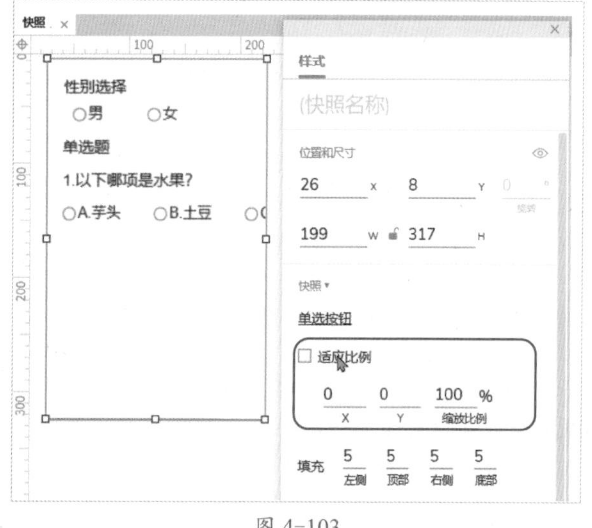

图 4-103

2. 删除或替换引用

删除引用需要在“引用页面”中单击“清除引用”按钮，替换则直接选择新的引用页面或母版即可，如图 4-104 所示。

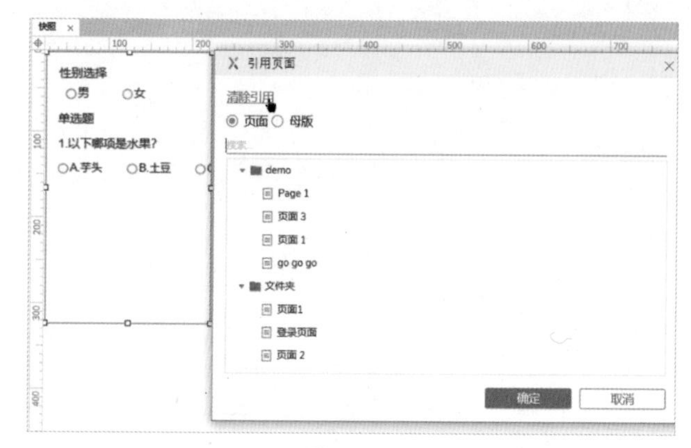

图 4-104

3. 执行动作

已添加引用的快照元件可添加执行动作，动作可以在缩略中执行，并不影响被引用页面或母版，下面通过一个实例讲解。

Step01 ❶ 新增一个页面，修改页面名字为“公司 Logo”，❷ 在“Default”库中找到“占位符”元件，将其拖到页面上，❸ 为方便在快照中观察，建议在“样式”面板中将占位符的位置调整为（0，0），尺寸为（87，64），❹ 并在“样式”面板中将其命名为“公司 A”，❺ 双击“占位符”元件将文本显示改为“公司 A”，❻ 复制该元件得到“公司 B”和“公司 C”（注意需要修改元件名），如图 4-105 所示。

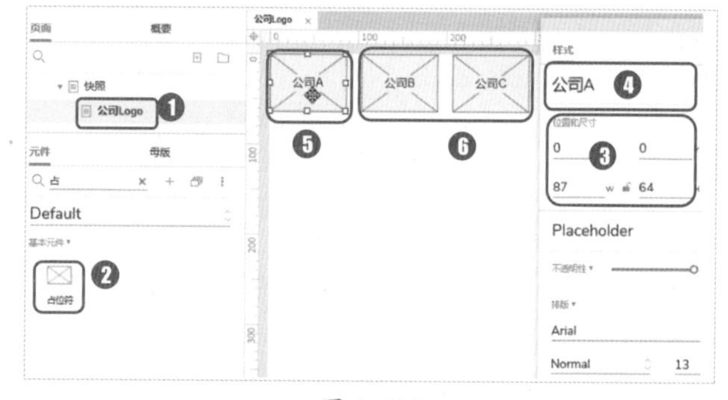

图 4-105

Step02 在快照页面添加快照元件（如果没有则添加，并使用前文介绍的方法调整页面层级），如图 4-106 所示。

Step03 使用上节介绍的方法，为元件添加引用页面“公司 Logo”，引用效果如图 4-107 所示。

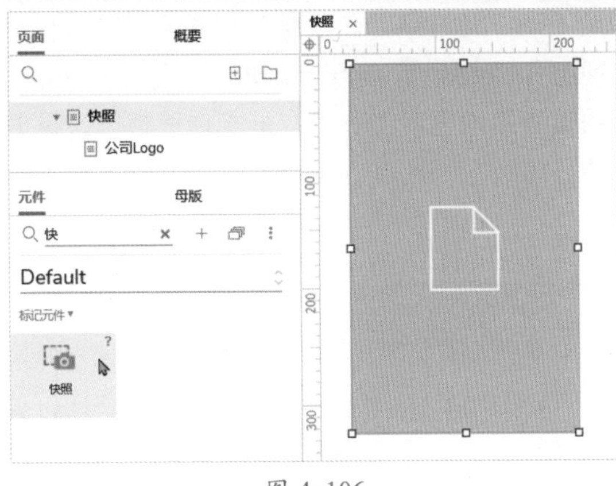

图 4-106

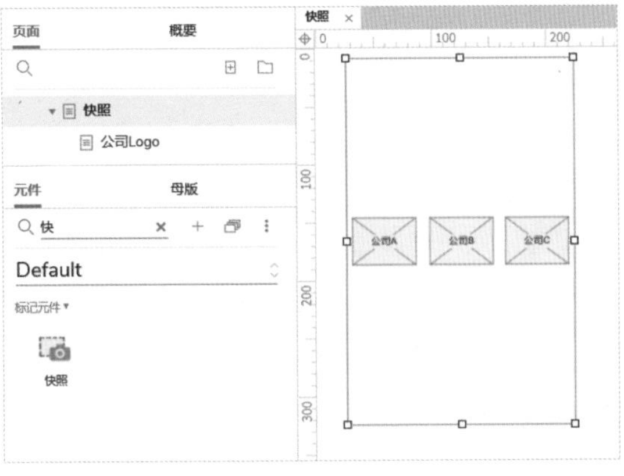

图 4-107

Step04 在上个步骤中，快照元件显示了公司A、公司B和公司C，现在我们不显示公司B，这将用到前面学习的元件可见性（隐藏与显示）。选中快照元件，在“样式”面板上单击“执行动作”按钮，弹出“快照”对话框后，对话框中有一个“点此添加”按钮，可对快照元件添加执行动作，如图 4-108 所示。

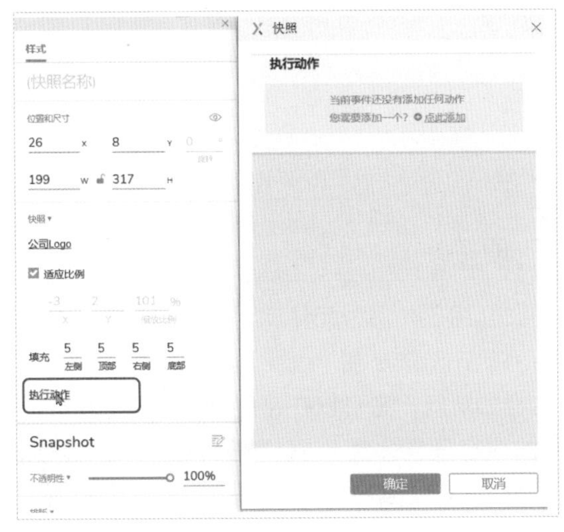

图 4-108

Step05 单击“点此添加”按钮，单击“显示/隐藏”选项，如图 4-109 所示。

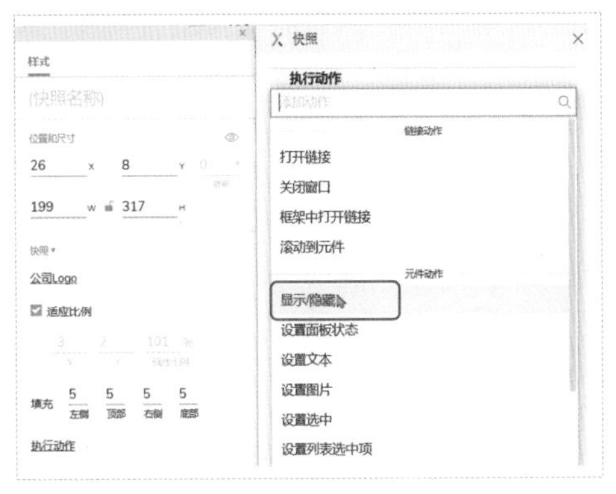

图 4-109

Step06 单击“公司B”选项，如图 4-110 所示。

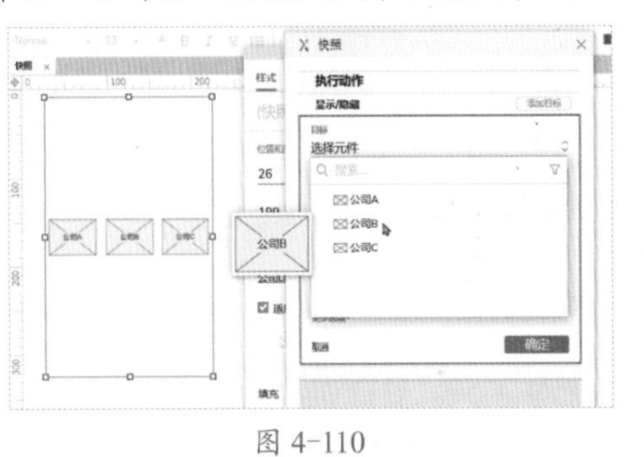

图 4-110

Step07 ❶设置可见性状态为“隐藏”，❷单击“确定”按钮，完成操作后，❸再次单击下方的“确定”按钮，如图 4-111 所示。

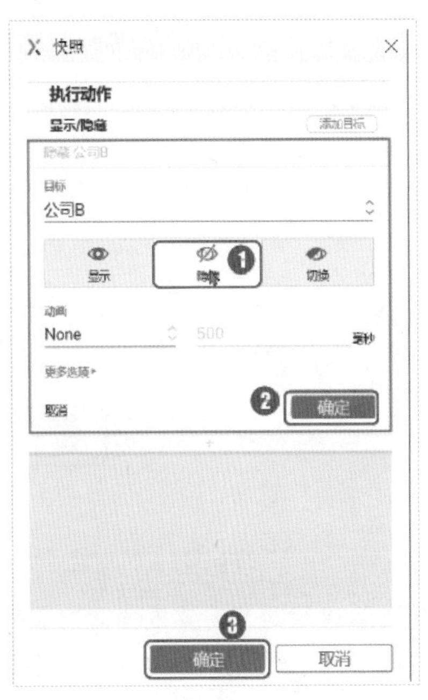

图 4-111

Step 08 返回页面可以发现“公司B”在快照中不再显示，但在“公司Logo”页面依然显示，效果如图4-112所示。

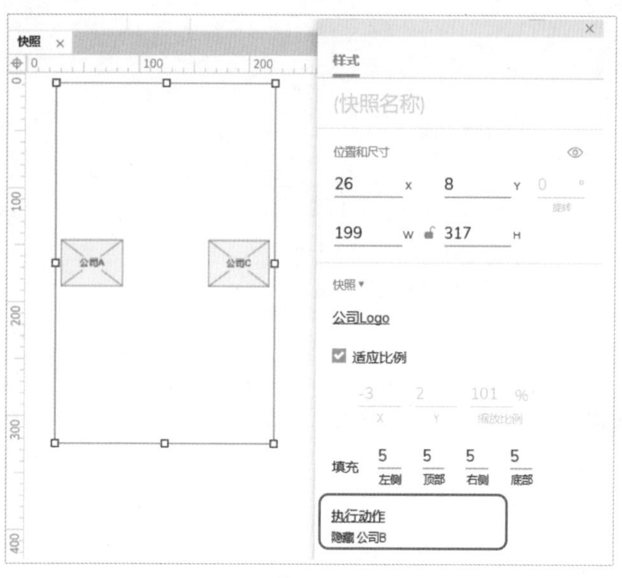

图 4-112

4.4.2 箭头元件

箭头元件其实就是前面学习过的线段元件，区别在于箭头元件在线段元件的基础上添加了箭头，可以在“样式”面板的“线段”区域改变默认的箭头样式，如图4-113所示。

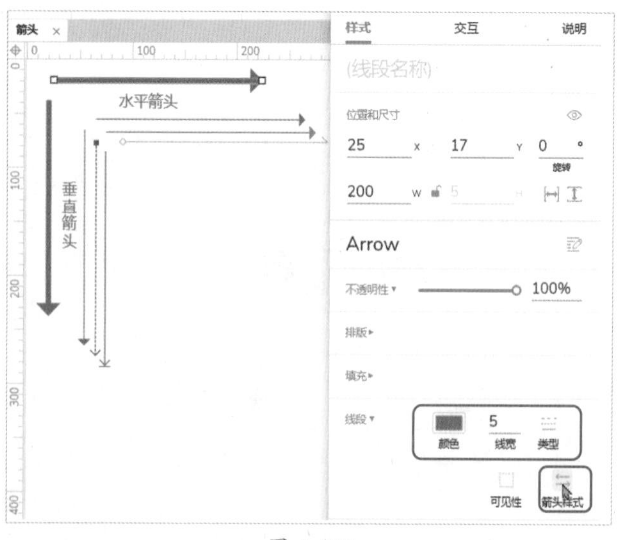

图 4-113

箭头在实际运用时，需要根据需求调整方向，通用的方法是选中元件时，按住“Ctrl”键不放，鼠标指向节点上的“小矩形”，鼠标指针形状变为旋转状态时，即可任意旋转箭头方向，也可以通过“样式”面板上的旋转属性设置箭头相应的旋转度数，如图4-114所示。

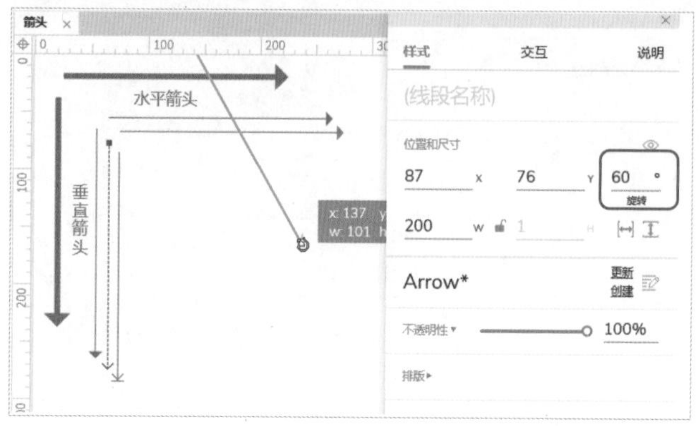

图 4-114

另外，使用鼠标旋转箭头时，按住键盘上的“Shift”键，角度会以45°增量添加，如图4-115所示。

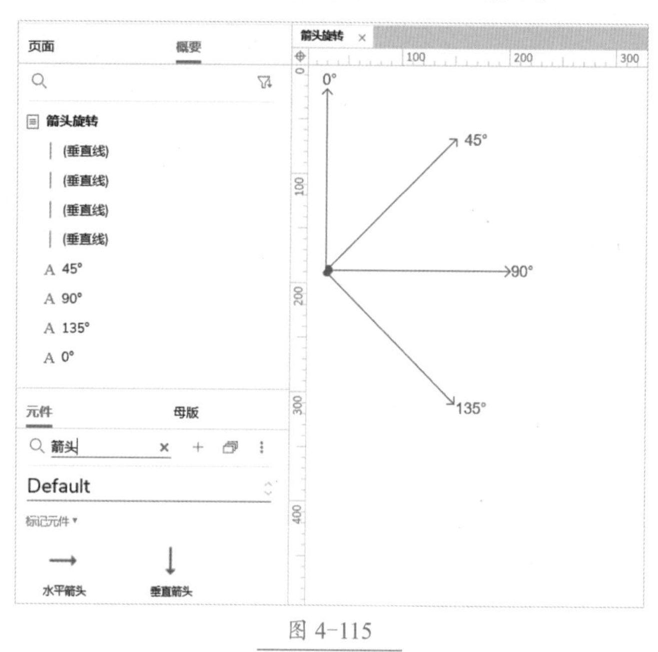

图 4-115

4.4.3 便签

前文介绍了如何为元件和页面添加注释，这些注释是屏幕外的，无法更加个性化地美化页面布局，便签提供了这样的功能，它可以在原型页面标记元件进行说明（说明的内容只作为提示）。便签的前身也是“矩形元件”，不同的是便签在矩形的基础上预设了鲜艳的背景色和外部阴影效果，如图 4-116 所示。

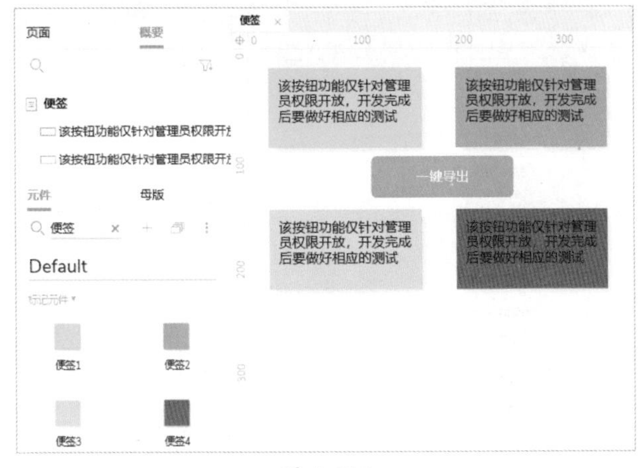

图 4-116

4.4.4 标记

标记有 2 种，一种是圆形标记，一种是水滴标记，可用作元件标记和地图标记等，如图 4-117 所示。

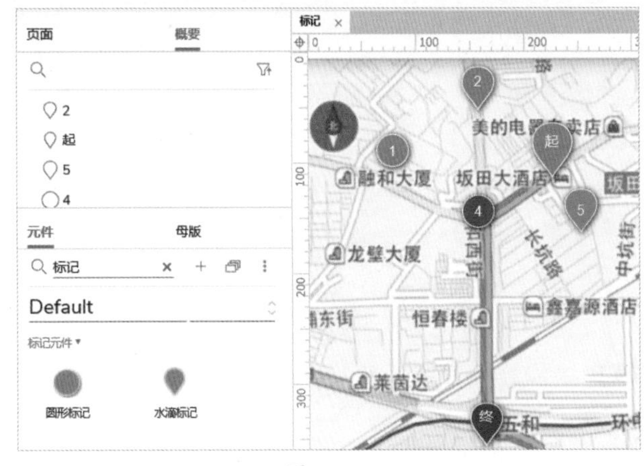

图 4-117

4.5 元件变换与转换

元件变换后会改变原有的形状，例如，通过编辑点可以将矩形调整为其他形状，也可以将多个元件合并为一个元件。元件转换可以改变元件类型，如矩形元件转换为图片后就变为图片元件。

★重点 4.5.1 编辑点

形状类的元件允许我们编辑点，改变原有形状。具体步骤如下。

Step01 ❶ 新建一个空白页面，命名为“元件变换与转换”，❷ 将“矩形 3”元件拖入画布，❸ 调整矩形的位置和大小，确保元件位于画布之中，如图 4-118 所示。

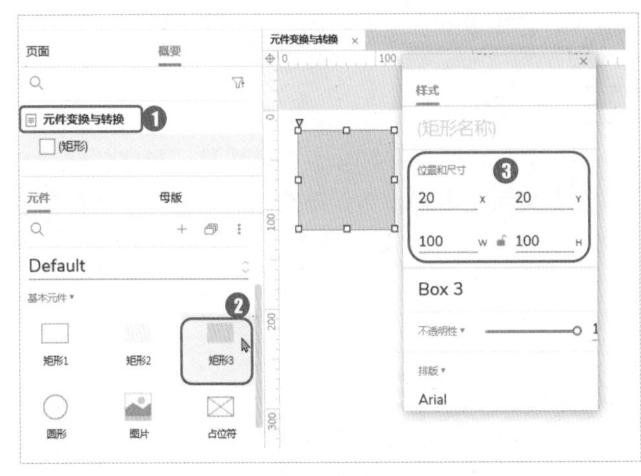

图 4-118

Step02 在画布上右击矩形元件，在弹出的快捷菜单中执行“变换形状”子菜单中的“编辑点”命令，如图 4-119 所示。

图 4-119

Step03 此时元件默认出现 4 个可以编辑的点，选中编辑点时，该点变为绿色，如图 4-120 所示。

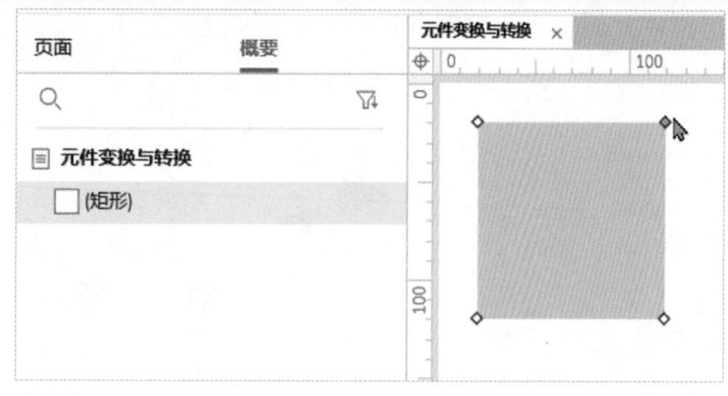

图 4-120

Step04 按住鼠标左键不放，拖动“编辑点”，改变元件形状，如图 4-121 所示。

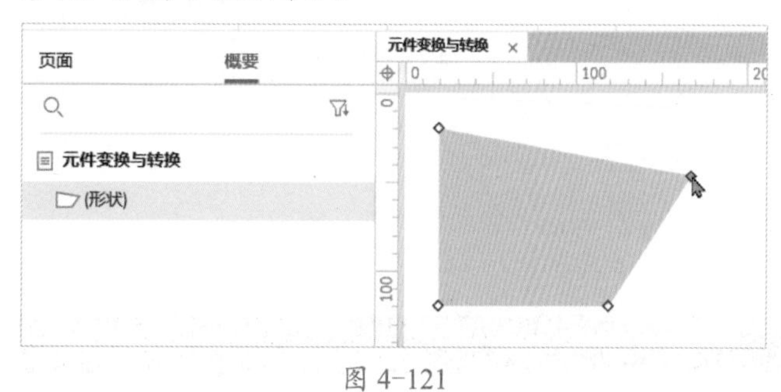

图 4-121

Step05 添加新的编辑点，在“编辑点”模式下，将鼠标移动到元件边缘，鼠标指针形状变为“+”时，单击即可添加新的编辑点，如图 4-122 所示。

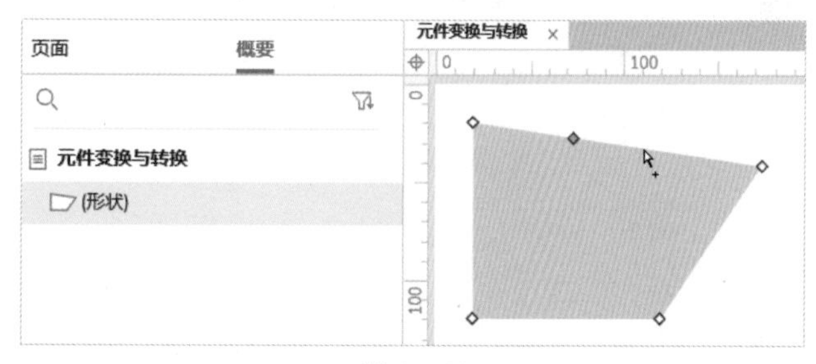

图 4-122

Step06 若需要删除编辑点，选中该编辑点后按“Delete”键即可。完成编辑后，单击任意空白处或按“Esc”键，退出“编辑点”模式。

1. 曲线连接各点

添加编辑点或使用编辑点改变元件形状后，可以将连接方式更改为“曲线连接各点”，如图 4-123 所示。

图 4-123

在图 4-122 中，新增了一个编辑点，使用曲线连接各点后，形状效果如图 4-124 所示。

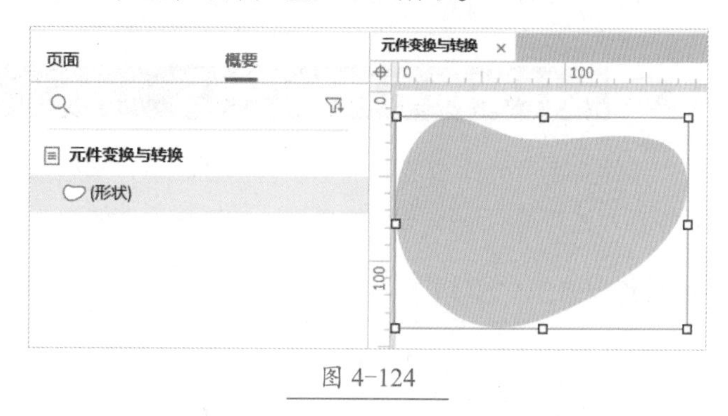

图 4-124

2. 折线连接各点

默认的连接方式为折线，右击选中的元件，在弹出的快捷菜单中执行“变换形状”中的“折线连接各点”命令，元件效果会恢复到如图 4-122 所示的样式。

4.5.2 翻转

翻转分为水平翻转和垂直翻转两种，形状翻转时文本文字角度不变。操作方法是右击选中的元件，在弹出的快捷菜单中执行“变换形状”子菜单中的“水平翻转”/“垂直翻转”命令，如图 4-125 所示。

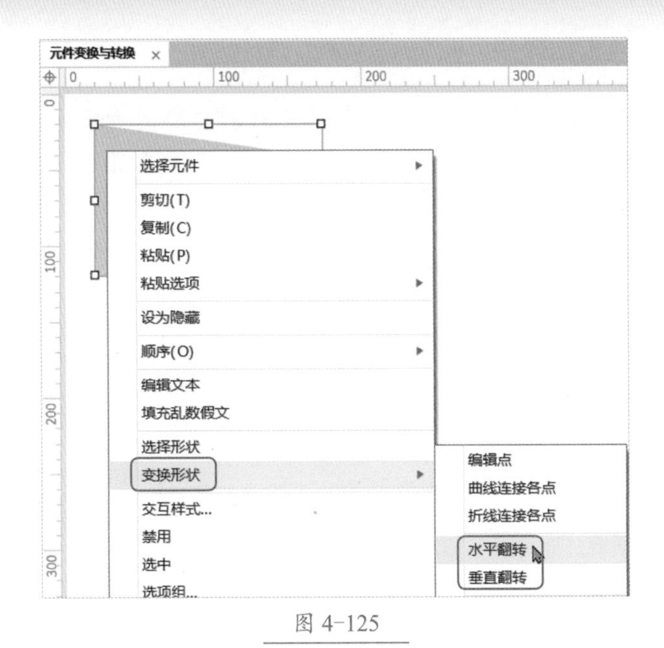

图 4-125

1. 水平翻转

以图 4-122 为例，双击元件，在元件上输入文本“翻转”，然后右击该元件，在弹出的快捷菜单中执行“变换形状”子菜单中的“水平翻转”命令，效果如图 4-126 所示。

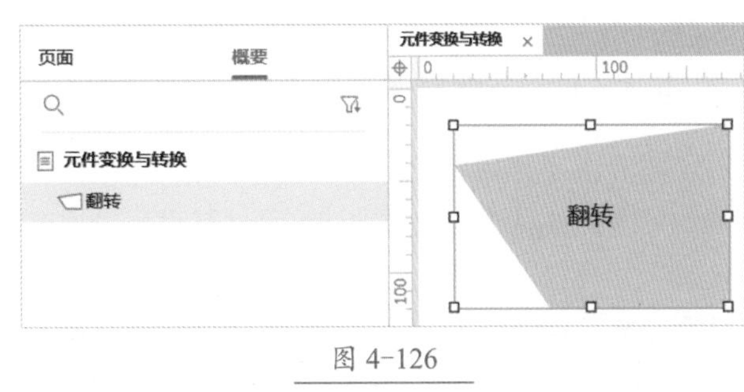

图 4-126

2. 垂直翻转

使用快捷组合键“Ctrl+Z”还原水平翻转，接着右击选中的元件，在弹出的快捷菜单中执行“变换形状”子菜单中的“垂直翻转”命令，效果如图 4-127 所示。

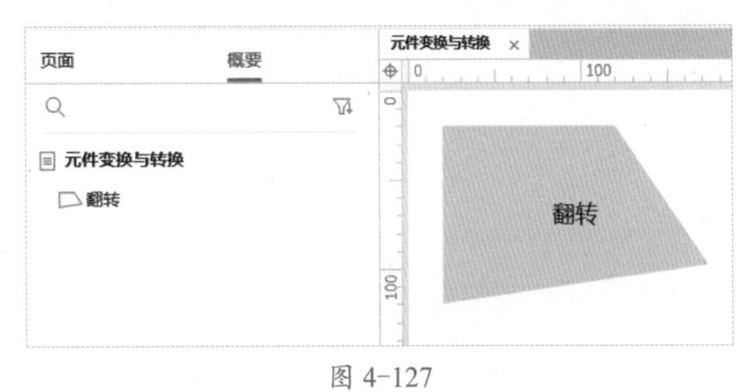

图 4-127

4.5.3 合并

合并是将两个及两个以上的同类元件合并为一个元件，注意只能是同类元件，矩形元件和图片元件无法合并。

Step01 在画布中拖入“圆形”元件，接着框选之前的“矩形”元件及刚拖入的“圆形”元件，也可以使用快捷组合键“Ctrl+A”全选当前画布上的元件，如图 4-128 所示。

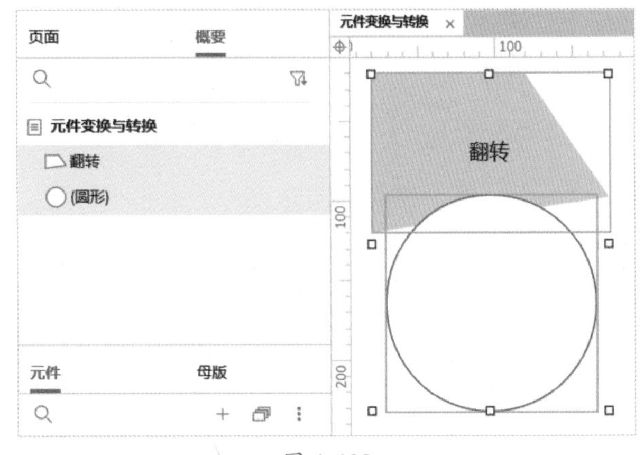

图 4-128

Step02 保持两个元件被选中，右击选中的元件区域，在弹出的快捷菜单中执行“变换形状”子菜单中的“合并”命令，也可以使用快捷组合键“Ctrl+Alt+U”进行合并，如图 4-129 所示。

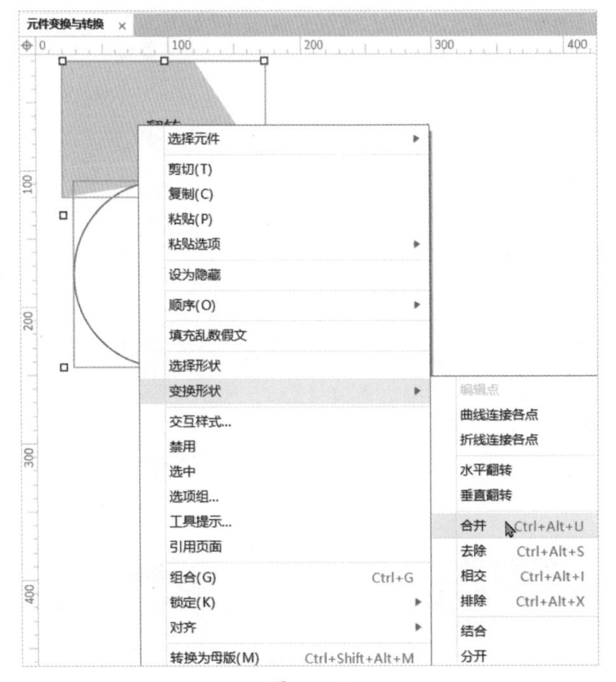

图 4-129

Step 03 执行合并操作后，两个元件变为一个元件，并沿用了矩形元件上的文字“翻转”，效果如图 4-130 所示。

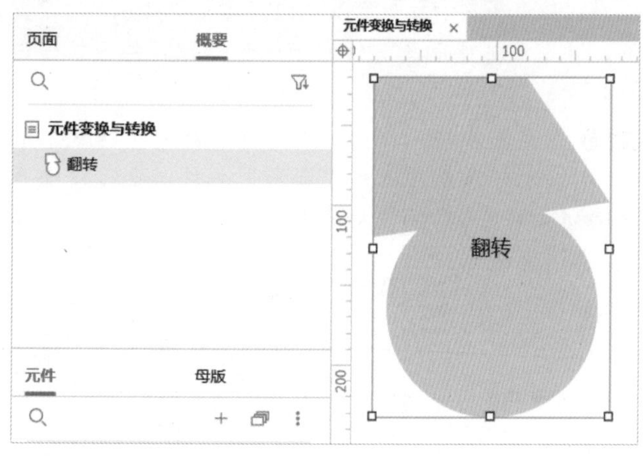

图 4-130

4.5.4 去除

接上节的操作，按快捷组合键“Ctrl+Z”撤销合并，并重新选中矩形和圆形 2 个元件，然后右击选中的元件，在弹出的快捷菜单中执行“变换形状”子菜单中的“去除”命令，或使用快捷组合键“Ctrl+Alt+S”去除，效果如图 4-131 所示。

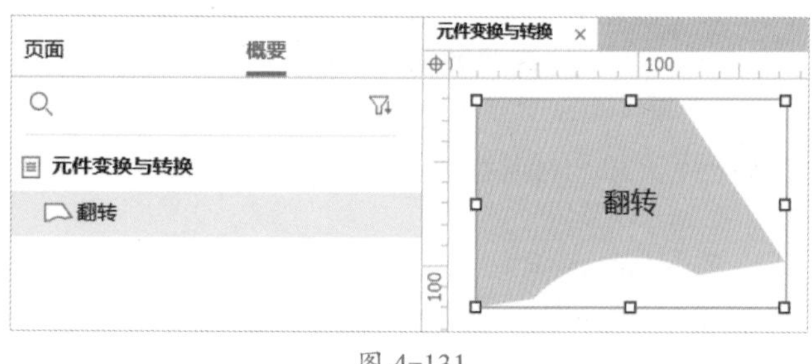

图 4-131

4.5.5 相交

按快捷组合键“Ctrl+Z”撤销之前的操作，用同样的方法执行“相交”命令，或使用快捷组合键“Ctrl+Alt+I”，效果如图 4-132 所示。

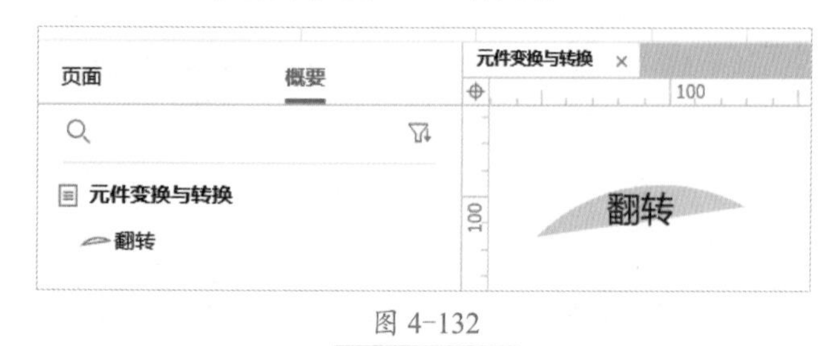

图 4-132

4.5.6 排除

按快捷组合键“Ctrl+Z”撤销之前的操作，用同样的方法执行“排除”命令，或使用快捷组合键“Ctrl+Alt+X”，效果如图 4-133 所示。

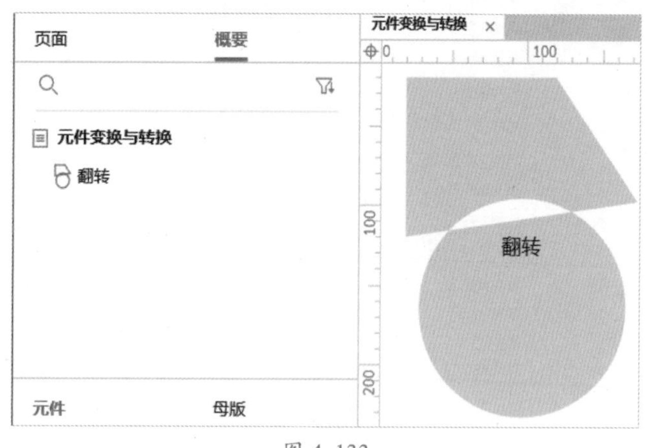

图 4-133

4.5.7 分开

对于元件之间的变换，可以在弹出的快捷菜单中选择“变换形状”子菜单中的“分开”命令将元件分开，如图 4-129 所示。

★重点 4.5.8 元件转换

前文介绍了如何将元件转换为“动态面板”，这里继续学习另外两种类型转换方法。元件转换后将拥有新元件类型的特性，如将矩形转换为图片后，可使用图片元件专有的“调整颜色”功能对图片颜色进行处理。

1. 转换为图片

右击需要转换的非图片元件，在弹出的快捷菜单中执行“变换形状”子菜单中的“转换为图片”命令，如图 4-134 所示。

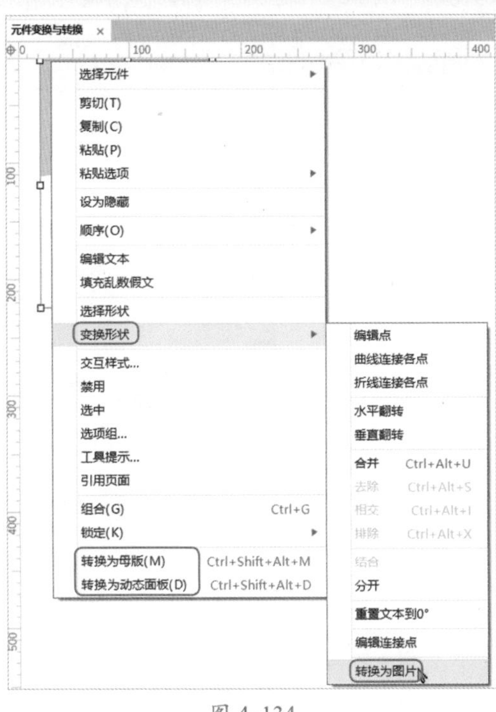

图 4-134

2. 转换为母版

如图 4-134 所示，在快捷菜单中执行“转换为母版”命令，或使用快捷组合键“Ctrl+Shift+Alt+M”即可将元件转换为母版，详细内容将在母版章节介绍。

3. 转换为动态面板

如图 4-134 所示，在快捷菜单中选择“转换为动态面板”命令，或使用快捷组合键“Ctrl+Shift+Alt+D”即可将元件转换为动态面板。

妙招技法

默认元件库是原型设计中用得最多的库，作为基础元件库为很多高级元件提供了“底层”的支持，在实际工作中灵活地运用好这些元件将大大提高工作效率，笔者准备了几个小技巧，一起来看看吧。

技巧 01　快速选择默认元件库中的元件

在前面章节中我们介绍了单键快捷键：R（矩形）、O（圆形）、L（线段）及 T（文本），使用这些按键可以在元件之间快速切换。这些快捷键可以用工具栏上的“插入”按钮查看，如图 4-135 所示。

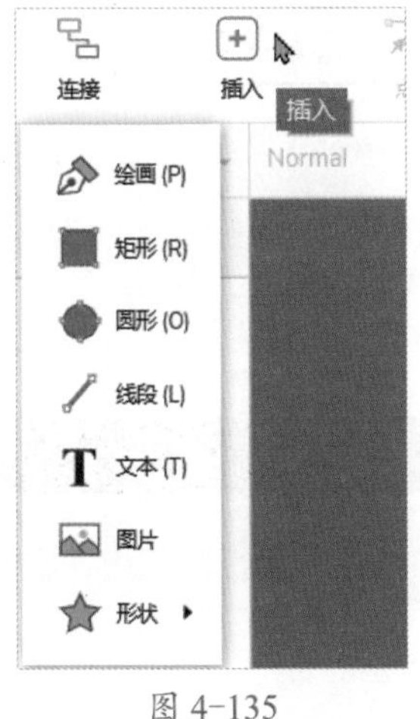

图 4-135

技巧 02　使用绘画模式自定义形状

如图 4-135 所示，在单键快捷键模式下，按字母“P”可以切换到绘画模式自定义形状，也可以使用“形状”菜单下预设的形状。绘画模式操作非常简单，单击绘制点进行连接即可，这里使用绘画模式画了一个三角形，如图 4-136 所示。

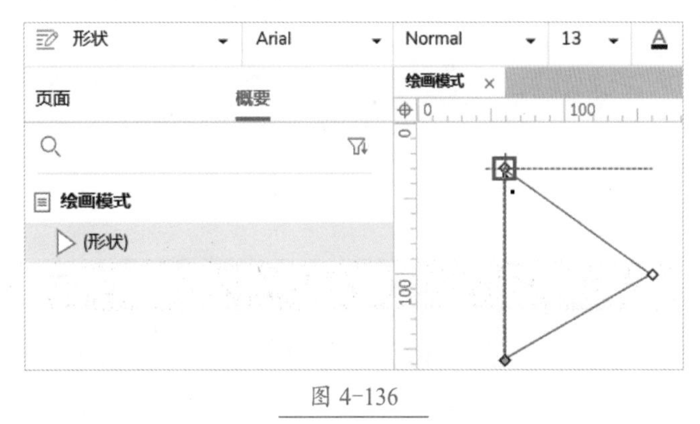

图 4-136

技巧 03 关闭单键模式实现文本快速输入

在单键模式下，每次在元件上输入文本都需要双击或按回车键。如果不习惯这个操作，可以通过首选项设置取消勾选"启用单键快捷键"复选框，这样元件被拖到画布中时，可以直接使用键盘录入文本实现快速输入，如图 4-137 所示。

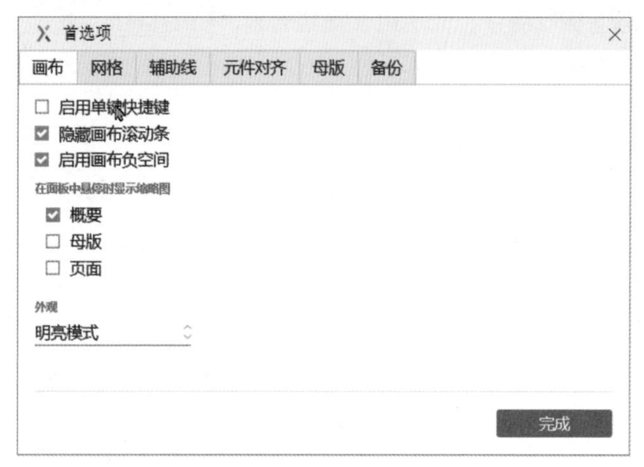

图 4-137

技巧 04 快速旋转元件与等比例调整元件大小

选中元件时，按住键盘上的"Ctrl"键不放，通过边框上的句柄点可快速旋转元件。按住键盘上的"Shift"键不放，通过边框上的句柄点可以等比例调整元件大小。

技巧 05 字母大小写转换

通过"样式"面板的❶"附加文本"选项可以快速将字母转换为❷大写（Uppercase）或小写（Lowercase），如图 4-138 所示。

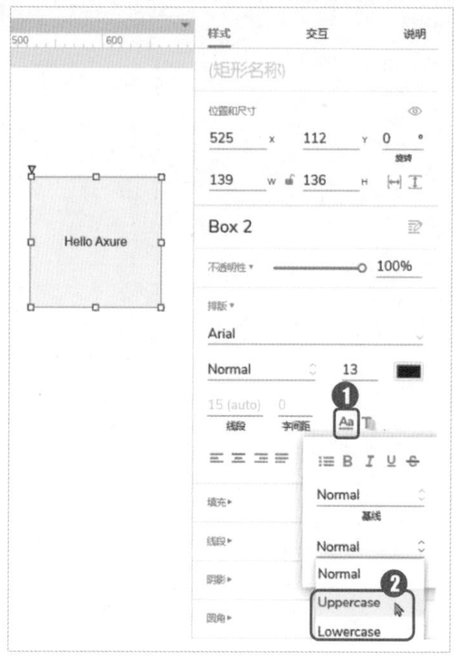

图 4-138

技巧 06 填充乱数假文

选择需要填充乱数假文的元件，这里以矩形为例，然后在快捷菜单中选择"填充乱数假文"选项，元件将以一些乱数假文填充，如图 4-139 所示。

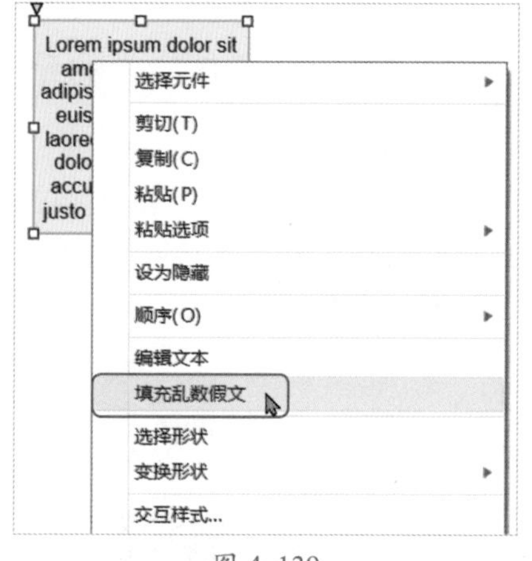

图 4-139

过关练习——设计一个简单的百度搜索效果

运用前面学习的知识，使用图片元件、表单元件及文本元件等，结合"样式"面板的运用，在画布上设计一个简单的百度搜索结果，不需要完全一样，相似即可，如图 4-140 所示。

图 4-140

Step01 新建原型页面，将其命名为“简单的百度搜索结果”，自定义页面尺寸为 1024×667，如图 4-141 所示。

图 4-141

Step02 打开百度搜索页面，右击 Logo 图片，在弹出的快捷菜单中执行“复制图片”命令，如图 4-142 所示。

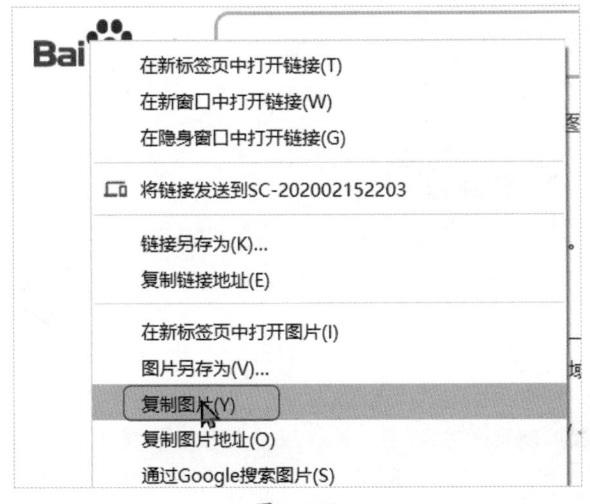

图 4-142

Step03 将复制的图片粘贴到画布上，命名为“logo”，设置位置的参数为（10，10），尺寸的参数为（135，44），如图 4-143 所示。

图 4-143

Step04 添加“文本框”元件，命名为“搜索框”，设置文本框“位置”的参数值为（165，20），“尺寸”的参数值为（560，44），“线段”的参数值为 2，“线段颜色”设置为“#C4C7CE”，“圆角半径”的参数值为 10，效果如图 4-144 所示。

图 4-144

Step05 在元件库中搜索“相机”元件，搜索结果如图4-145 所示。

图 4-145

Step06 添加“照相机”图标，命名为“拍照图标”，设置“位置”的参数为（680，32），“尺寸”的参数为（24，20），“填充色”的参数为“#868E96”，如图 4-146 所示。

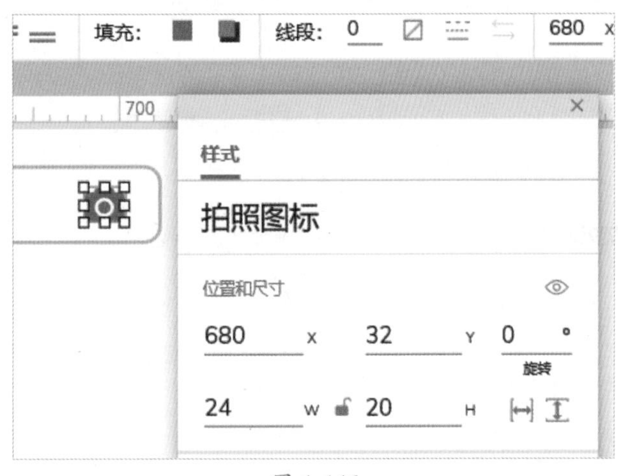

图 4-146

Step07 添加“矩形 2”元件，命名为“搜索按钮”，矩形内的文字设置为“百度一下”，设置“位置”的参数为（716，20），“尺寸”的参数为（112，44），“填充色”的参数为“#4E6EF2”，“字体颜色”的参数为“#FFFFFF”，“圆角半径”的参数为 10，圆角成可见性（左上角和左下角不可见，为直角），效果如图 4-147 所示。

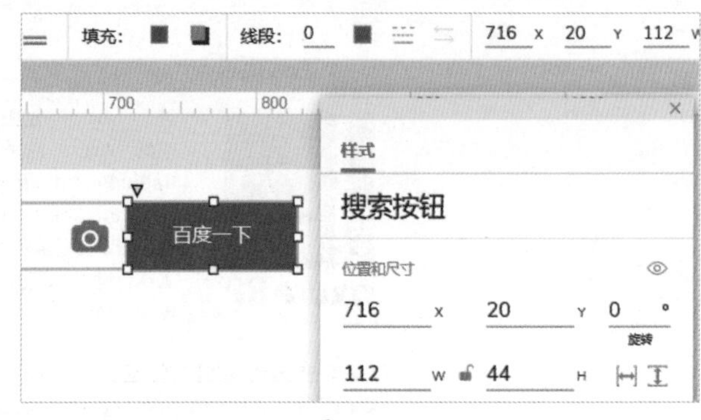

图 4-147

Step08 右击“搜索按钮”，打开“交互样式”对话框添加“鼠标悬停样式”，填充颜色的参数为“#4662D9”，如图 4-148 所示。

图 4-148

Step09 添加一个“矩形 2”元件，命名为“阴影”，位置的参数为（0，64），尺寸的参数为（828，21），填充色的参数为“#FFFFFF”，勾选外部阴影复选框，使用默认值，部分截图如图 4-149 所示。

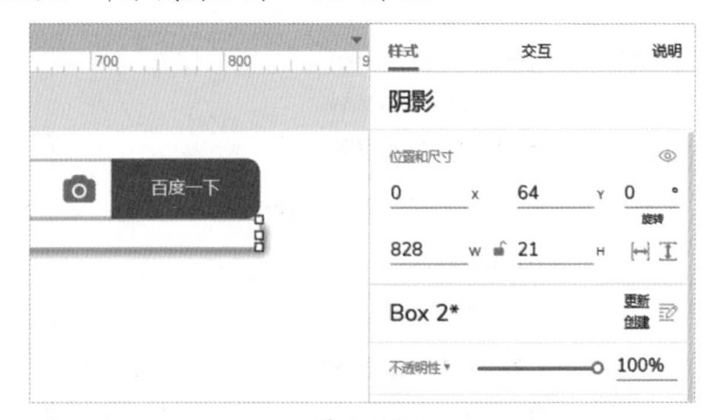

图 4-149

Step10 使用文本标签元件、图片元件结合样式调整，完成搜索内容设置，简单的文字排版后效果如前文中的图 4-140 所示。

本章小结

本章介绍了默认元件库中的基本元件、表单元件、菜单与表格、标记元件，以及元件变换与转换操作。读者需要熟悉这些元件的应用场景，不断练习。元件动态面板、内联框架、中继器功能和应用场景十分复杂，需要花更多的时间练习和掌握。6 个妙招技法中介绍了使用绘画模式自定义形状，结合“Ctrl”键或“Shift”键可以画出很多有意思的形状。

第5章 图标库

- ➥ 图标库有哪些分类？
- ➥ 如何扩展图标？
- ➥ SVG、AI 和 PNG 格式有什么区别？
- ➥ 如何安装 Axhub 插件？
- ➥ 如何将 SVG 图片转换为形状并自定义形状的颜色和大小？

在第 4 章的过关练习中，有一个“拍照”图标，设计这个图标可以使用图片元件，也可以使用形状。图标在 Axure 中作为形状可任意调整大小和颜色。本章将重点介绍 Axure 提供的各种行业的图标及如何扩展图标（找到更多有用的图标），了解图标相关格式，了解矢量图与位图的区别，还介绍了图标相关的小技巧，图标可以美化原型，图标和文字结合可以让交互更加直观。

5.1 Web 应用图标

原型设计中涉及 Web（网页）的，可以使用该分类下的图标。系统提供了近 500 个图标（版本不同，数量可能有差异），包括常用的开关、Wi-Fi、照相机、购物车、排序、关闭、讨论、转发、二维码和条形码等，读者可以通过搜索图标关键字找到相应的图标，也可以通过调整元件面板大小，更加直观地查看图标，找到自己需要的图标，如图 5-1 所示。

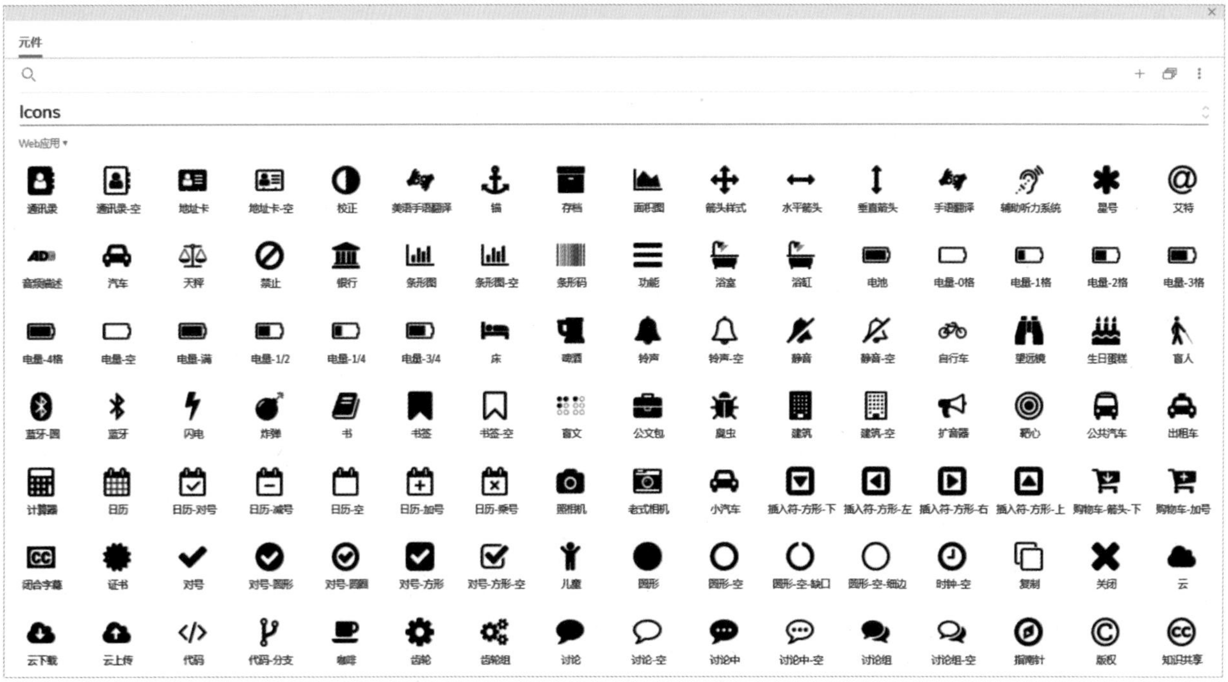

图 5-1

5.2 辅助功能图标

辅助功能图标主要用于进行辅助性的提示，如盲人、运动轮椅、手语和低视力等图标，若原型设计需要此类图标，可以在该分类中查找并选择，如图 5-2 所示。

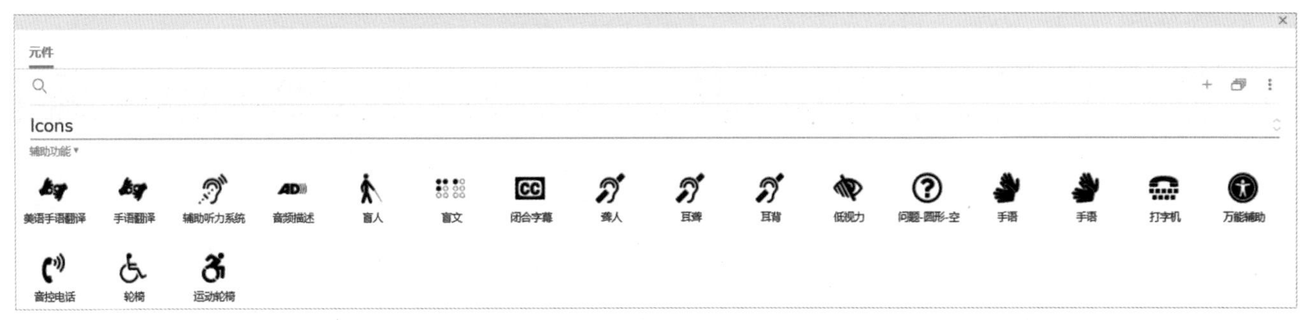

图 5-2

5.3 手势图标

手势图标提供了很多常用的手势，包括“点赞”的拇指-上、手型-和平-空（拍照常用的“耶”）等图标。在一些需要手势交互的原型示意中，如 AI 手势识别、评价点赞等，可以选择对应的手势图标，如图 5-3 所示。

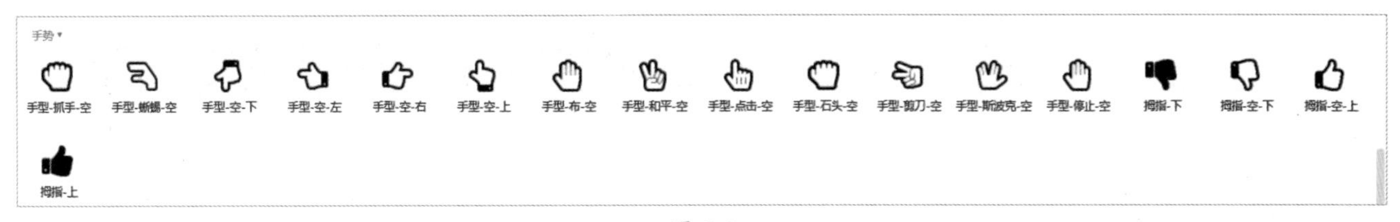

图 5-3

5.4 运输工具图标

系统同样也提供了大量运输工具图标，大到飞机、火箭，小到自行车、轮椅，注意有些图标有多个分类，如轮椅图标在辅助功能图标中也有。在做与运输相关的原型设计时可以使用该类图标，如制作电商产品物流轨迹图时，可以使用空运（飞机图标）和路运（货车图标），如图 5-4 所示。

图 5-4

5.5 性别图标

系统提供了各种类型的性别图标，性别图标多用于一些特殊产品行业的原型设计，了解即可，如图 5-5 所示。

图 5-5

5.6 文件类型图标

系统提供了常用的文件类型图标，如 Word 文件-空、Excel 文件-空、PPT 文件-空、文本文件、图像文件-空、电影文件-空等，这些图样在进行功能型原型设计时可以派上用场，如制作导出 Excel、下载 Word 文件或打印 PDF 等功能元件。这些文件类型图标有助于开发人员更好地理解原型设计，如图 5-6 所示。

图 5-6

5.7 加载中图标

系统提供了 5 个加载中图标，个别图标也包含在 Web 应用图标中，配合后面要学的旋转事件可以做出动态的加载图标。在需要进行等待交互的地方可使用加载中图标，如图 5-7 所示。

图 5-7

5.8 表单控件图标

表单控件图标提供了表单交互时用到的图标，包括复选框选中效果的对号-方形、方形-空或加号-方形等，读者可以根据工作需要选择相应的图标，如图 5-8 所示。

图 5-8

5.9 支付图标

系统提供了国外的一些常用支付方式图标，包括支付-Visa、信用卡和 Paypal 等。因为 Axure 是国外的软件，所以没有国内常用的微信支付与支付宝图标。Axure RP 9 提供的支付图标，如图 5-9 所示。

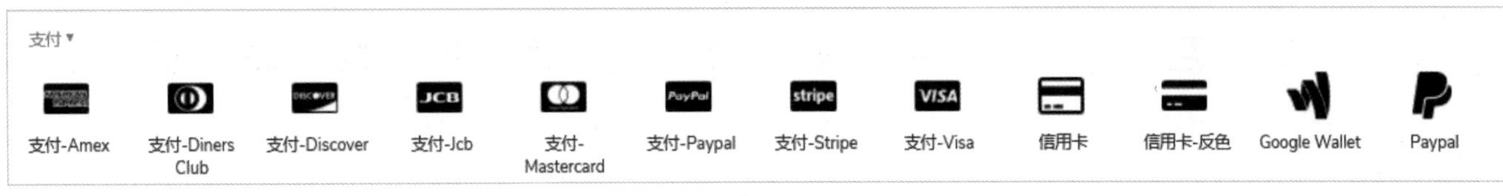

图 5-9

5.10 图表图标

系统共提供了 5 个图表图标，将该类图标尺寸调大一点，即可用于进行数据示意，包括常用的饼图、线形图、条形图和面积图；将图标尺寸调小一点可以作为按钮使用，如单击相应的“图表”按钮，可以查看相应的数据，如图 5-10 所示。

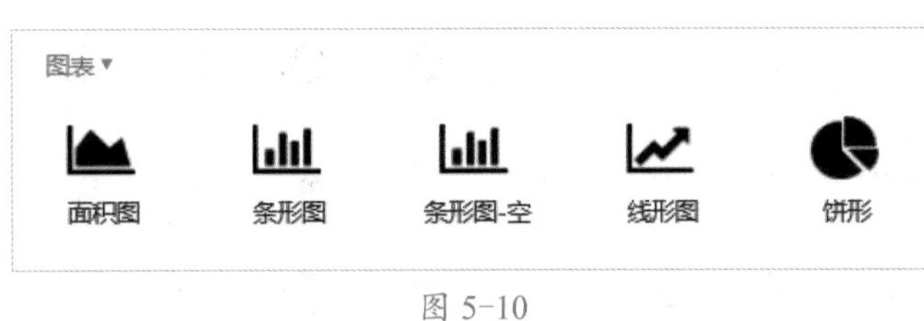

图 5-10

5.11 货币图标

金融外汇产品会用到多种货币图标，我们常用的是人民币图标“¥”，在设计与支付货币、跨国交易相关的原型时可以使用该类图标，如图 5-11 所示。

图 5-11

5.12 文本编辑图标

Axure 工具栏和样式面板中有很多文本编辑图标，如常用的对齐方式、粗体、斜体、下划线和链接等。文本编辑图标可用于设计“富文本”编辑器或工具条，可以在矩形元件上添加图标配合文本使用。如图 5-12 所示。

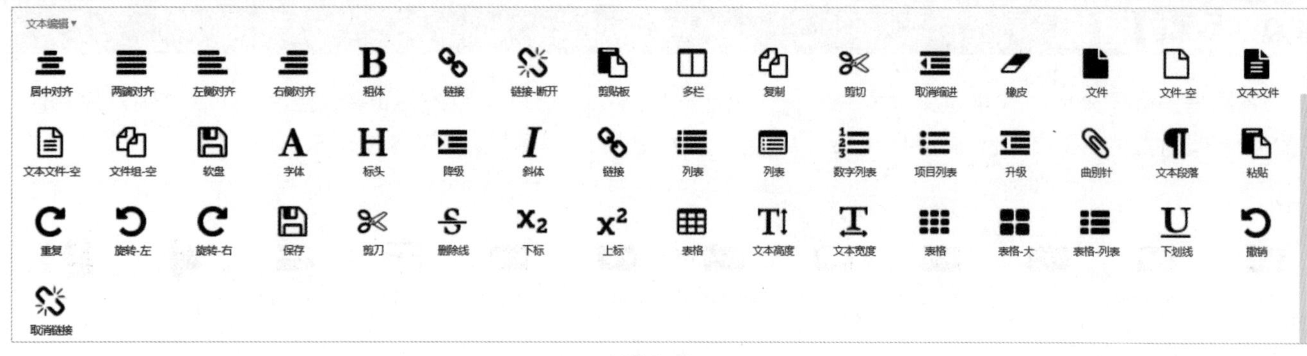

图 5-12

5.13 方向图标

方向图标主要用于向用户示意，如向右滑动解锁的向右箭头、下滑了解详情的向下箭头、上下左右切换等图标，如图 5-13 所示。

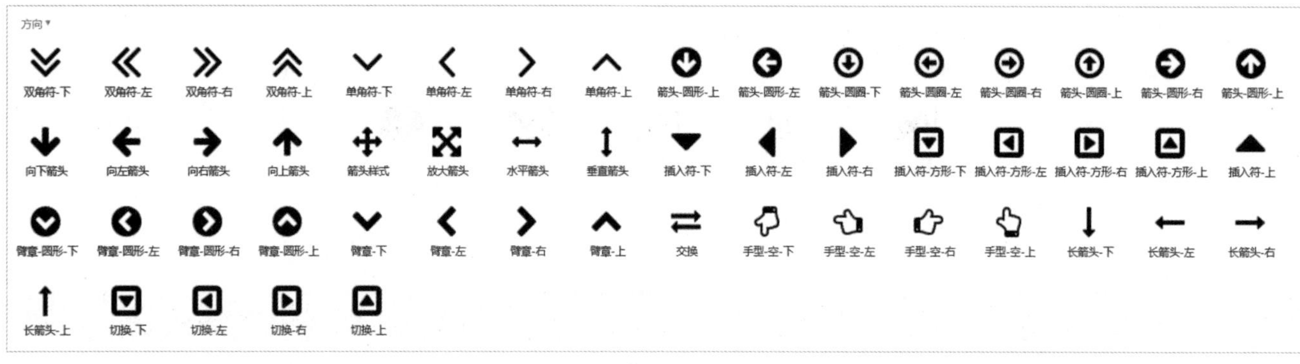

图 5-13

5.14 视频播放图标

视频播放图标常用于视频和音乐播放类产品原型设计中，该分类下包括快进、快退、播放、暂停、随机及全屏播放（放大箭头）等图标，个别图标也在方向图标类别中，如图 5-14 所示。

图 5-14

5.15 商标图标

系统提供了很多境外的商标图标，如谷歌浏览器、微软的 Edge、蓝牙、FaceBook 和 Github 等商标。制作使用谷歌浏览器打开网页的原型时，可以使用谷歌浏览器的商标。Axure 提供的商标图标如图 5-15 所示。

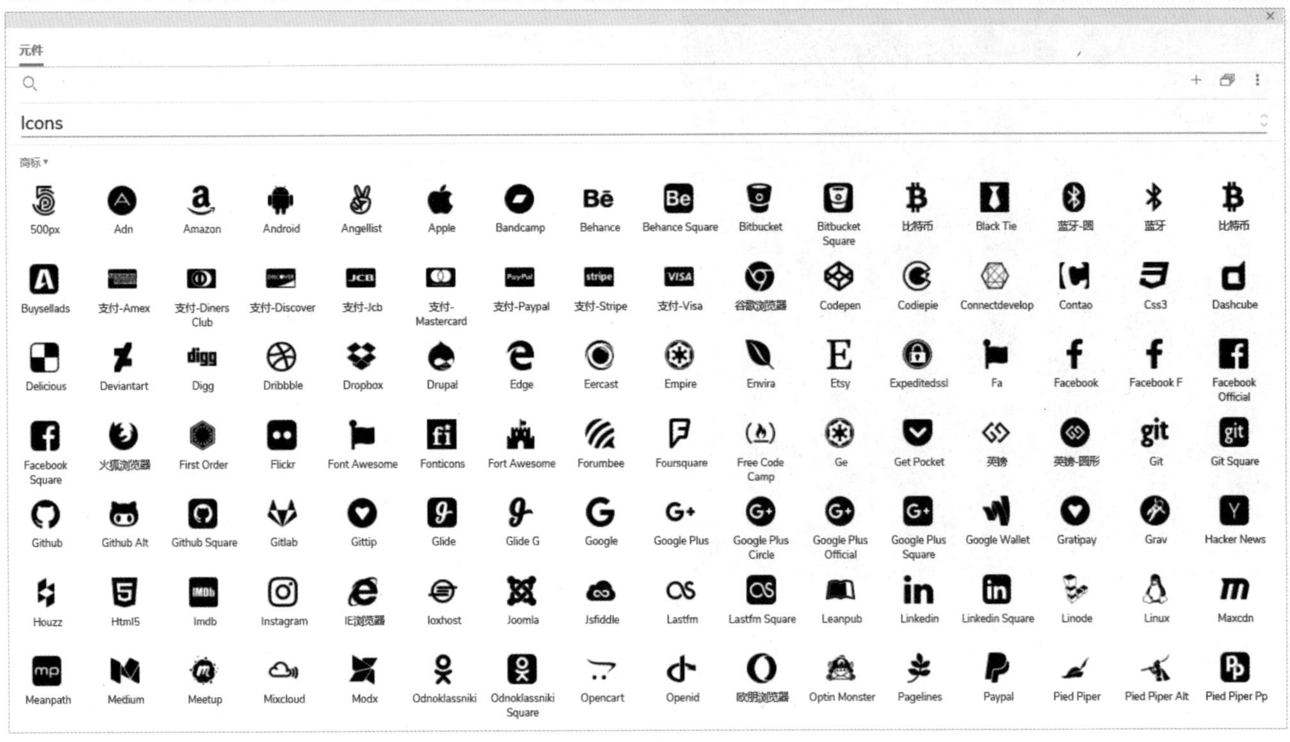

图 5-15

5.16 医学图标

系统提供了与医学相关的图标，个别图标也在运输工具图标和表单控件图标中，这些图标的用途是非常广的，既可以用于医学类相关的产品设计，也可以合理地应用在其他产品中，如“心形”和“心形-空”可以用于设计商品收藏和取消收藏，如图 5-16 所示。

图 5-16

5.17 扩展图标

尽管 Axure 提供了很多实用的图标，但在设计原型时还是不能完全满足需求，本节将介绍如何扩展图标及图标相关的知识，帮助读者设计出更好的原型。

5.17.1 使用阿里巴巴矢量图标库

阿里巴巴矢量图标库提供了海量的图标，登录其官网，可以下载、收藏或上传图标，也可以根据关键词搜索相关的图标，如图 5-17 所示。

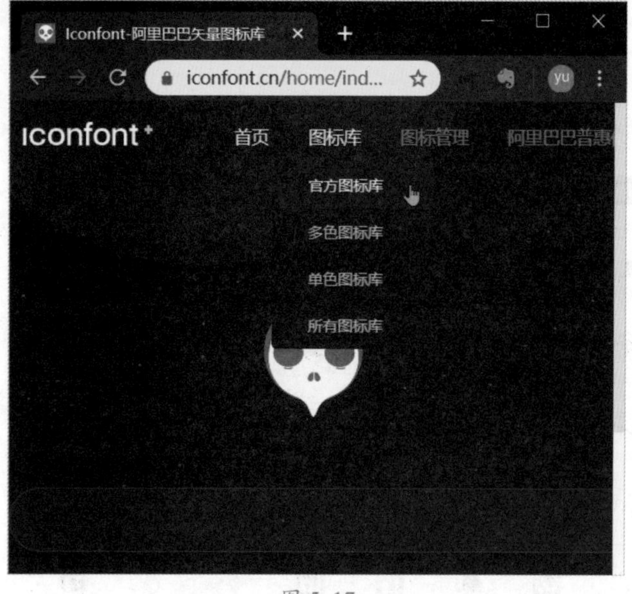

图 5-17

例如，使用关键字“微信”搜索相关的图标，可以对搜索结果进行进一步的筛选，如颜色及是否为精选图标等，如图 5-18 所示。

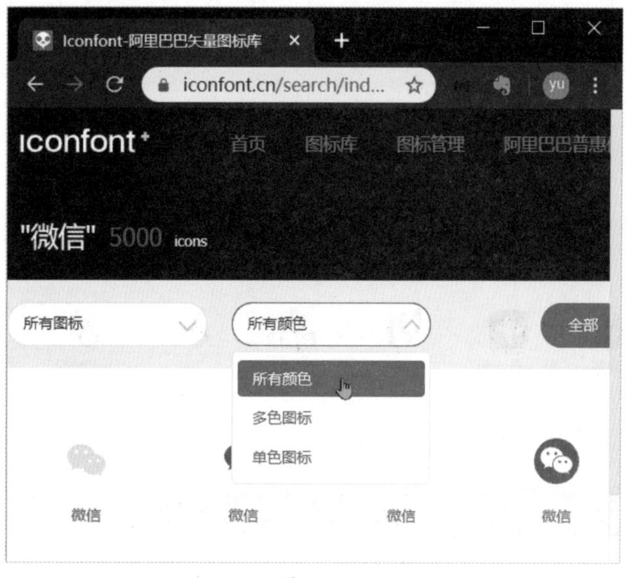

图 5-18

5.17.2 了解 SVG、AI 和 PNG 格式

下载阿里巴巴矢量图标库提供的图标时，系统会提示选择下载的格式，如图 5-19 所示。

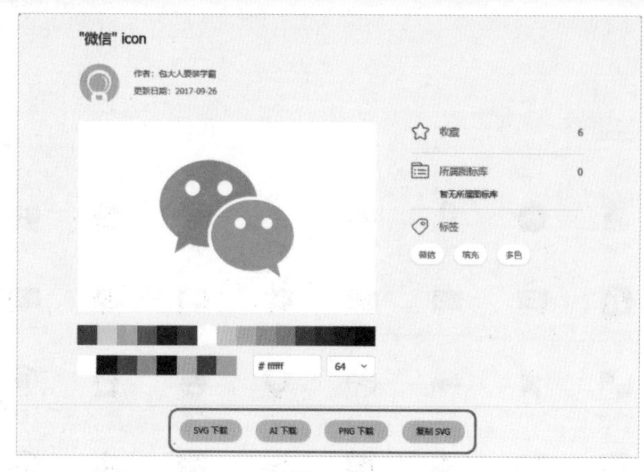

图 5-19

什么是 SVG、AI 和 PNG 格式呢？ SVG 格式在前面章节中有介绍过，它的英文全称是 Scalable Vector Graphics，意思为可缩放的矢量图形，下载后可以在原型设计中任意地调整大小或颜色，调整后的图标依然清晰；AI 格式是 Adobe 旗下的软件 Illustrator 生成的文件格式，选择 AI 下载会生成扩展名为 .eps 的文件，该文件是矢量图，可以使用 Illustrator 软件打开并编辑；PNG 格式是一种无损压缩的位图格式。SVG 格式的是矢量图，AI 格式是 Illustrator 生成的格式，PNG 格式的则是位图，读者可以根据自己的需求选择相应的下载格式。

5.17.3 矢量图与位图的区别

矢量图和位图最大的区别在于矢量图占用的空间较小，色彩变化较少；位图占用空间较大，可以表现丰富的色彩并产生逼真的效果。另外，矢量图用线段和曲线描述图像，放大后并不会失真，看上去依然清晰；位图由像素构成，放大到一定程度后会变得模糊。简单来说，在原型设计中要经常变化或随意调整图标的大小或颜色时使用矢量图，反之则使用位图。

5.17.4 官方图标库来源

Axure 官方提供的 Icons 图标库源于 Font Awesome，是 GitHub 上顶级的开源项目之一，提供的图标已在 1 亿多个网站上使用，通过访问 Font Awesome 官网可以查看更多图标，若需要使用则要注册登录。

妙招技法

图标的作用是让我们设计的原型更加生动，用户在原型交互时可通过图标更好地理解相关功能和流程。有时挑选最恰当的图标会花费很多时间，这里介绍两个小技巧，帮助我们更加方便地使用阿里巴巴矢量图标库。

技巧 01 使用谷歌 Axhub 插件一键复制图标到 Axure

Axhub 插件可以快速将阿里巴巴矢量图标库中的图标以 SVG 格式粘贴到 Axure 的画布中，如果可以直接访问谷歌应用商店，直接搜索“Axhub”下载安装即可。安装成功后浏览器工具栏会出现 Axhub 插件图标，在阿里巴巴矢量图标库中鼠标指向相应的图标，在弹出的菜单中选择“复制到 Axure”命令，然后在 Axure 画布上粘贴即可，如图 5-20 所示。

图 5-20

如果不能直接访问谷歌应用商店，可以使用以下两种方式下载 Axhub。

1. 网页搜索 Axhub 下载

在浏览器中搜索“Axhub”，找到安全的下载地址即可下载 Axhub 插件，如图 5-21 所示。

图 5-21

2. 使用本书同步学习文件中第 5 章附件“axhub.crx”安装

参考图 5-21 中提供的“安装方法”安装 Axhub 插件，谷歌浏览器版本不同，安装方式也有所不同。

技巧 02 将 SVG 图片转换为形状并自定义形状颜色和大小

右击从外部复制的 SVG 形状，在弹出的快捷菜单中执行“变换图片”子菜单中的“转换 SVG 图片为形状”命令，如图 5-22 所示。

图 5-22

完成转换后可以自定义图标颜色，调整尺寸大小时图标也不会模糊，这里以 Axure RP 9 的图标为例，如图 5-23 所示。

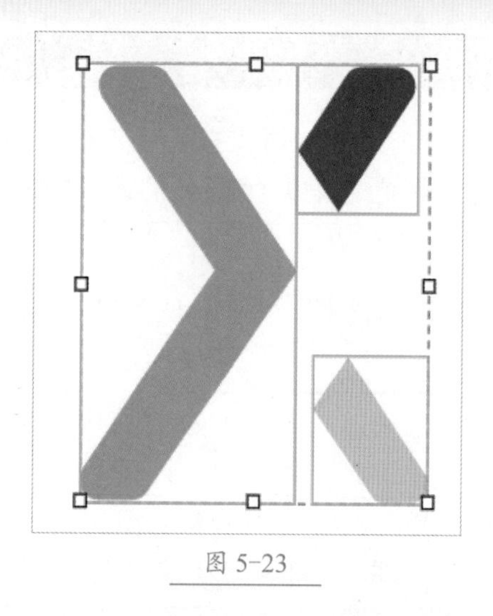

图 5-23

过关练习——使用图标库找到与“微信”底部相近的图标并调整颜色

打开微信 APP，观察其底部的图标，使用 Axure 内置的图标或扩展图标找出相近的图标并调整颜色做出与之相近的原型，原型页面尺寸建议选择为 iPhone 8（375×667），操作步骤如下。

Step01 在“页面”面板中新建一个原型页面，并命名为“图标练习”。打开“样式”面板，在“页面尺寸”下拉列表中选择尺寸“iPhone 8（375×667）”，如图 5-24 所示。

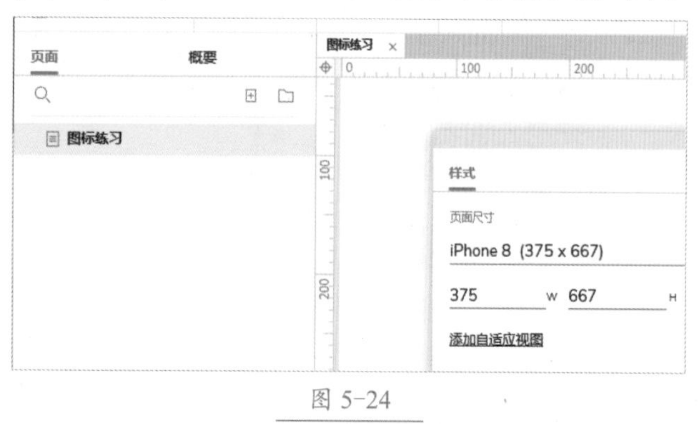

图 5-24

Step02 结合前面学习的小技巧，打开“阿里巴巴矢量图标库”，通过搜索与微信相关的图标，如“聊天”“通讯录”“发现”和“我”，如图 5-25 所示。

图 5-25

本章小结

本章介绍了 Axure 的图标库 Icons，它提供了 16 种不同行业的图标，如果这些图标无法满足需要，也可以使用阿里巴巴矢量图标库等进行图标的扩展。针对图标的使用还介绍了两个实用技巧，一个是 Axhub 插件，另一个是将 SVG 转换为形状，图标 + 文字的组合应用十分普遍，常用的如淘宝、支付宝、微信和头条等。

第6章 交互设计

- 什么是交互？交互有哪些常用行为？
- 在 Axure 中有哪些事件？动态面板与中继器元件又有哪些专项事件？
- 什么是情形？它与事件的关系是什么？
- 什么是动作？它与情形、事件的关系是什么？
- 交互时有哪些动画效果？什么是变量、常量、函数？

交互是原型的灵魂，通过交互面板可以为页面和元件添加交互事件。本章将介绍交互的三要素，分别为“事件”“情形”和“动作”，围绕它们学习更多的交互知识，包括动作中常用的行为、交互动画效果、变量和函数的应用。

6.1 事件

事件是指我们在进行原型设计时与元件或页面发生的交互行为，如鼠标事件中的单击、双击、右击或长按，键盘事件中的按键按下或松开及交互样式事件和其他元件事件。在原型设计中，根据交互场景选择合适的事件即可。

6.1.1 鼠标事件

与鼠标相关的操作也可以是触屏操作（仅针对手指单击和长按）。鼠标事件共有 10 种：单击时、双击时、鼠标右击时、鼠标按下时、鼠标松开时、鼠标移动时、鼠标移入时、鼠标移出时、鼠标停放时及鼠标长按时。操作方法是选中需要添加事件的元件，在“交互”面板中单击“新建交互”按钮，为元件添加这些事件，如图 6-1 所示。

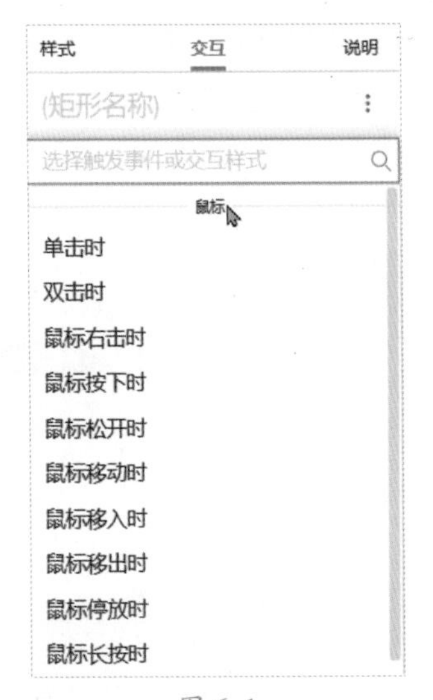

图 6-1

页面的鼠标事件与元件的鼠标事件有所不同，它的范围更广，对整个页面有效。页面包括 4 种鼠标事件：页面单击时、页面双击时、页面鼠标右击时和页面鼠标移动时。方法是单击页面空白区域，然后在“交互”面板中单击“新建交互”按钮，可以查看这些事件，如图 6-2 所示。

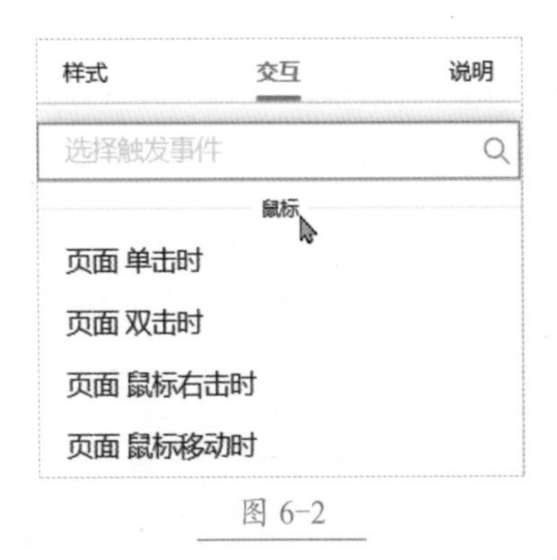

图 6-2

6.1.2 键盘事件

键盘事件分为两种，一种是按下键盘上的按键时触发，如键盘上常用的“F1”键——帮助；另一种则是松开按键时触发，在原型设计中也经常用到，如按下“Enter”键时确认登录、按“Esc”键取消等。在“交互”面板中单击“新建交互”按钮，可以查看键盘事件，如图 6-3 所示，左边是元件的键盘事件，右边是页面的键盘事件。

图 6-3

6.1.3 页面事件

页面事件共有 6 种，从上到下分别是窗口尺寸改变时、页面载入时、视图改变时、窗口向上滚动时、窗口向下滚动时、窗口滚动时，如图 6-4 所示，每个事件的作用及含义如表 6-1 所示。

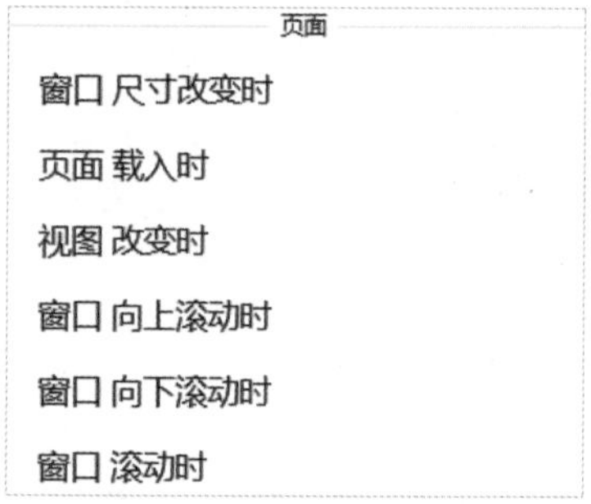

图 6-4

表 6-1 页面事件的作用及含义

事件	作用及含义
窗口尺寸改变时	当浏览器的尺寸发生改变时触发该事件，如最大化、最小化
页面载入时	当原型首次在浏览器中呈现时会先加载（渲染页面），很多元件都有"载入时"，顺序是先载入页面，然后再载入其他元件
视图改变时	页面设置了多种视图，如 1280×768 分辨率的计算机屏幕与 1920×1080 分辨率的计算机屏幕，切换视图时触发该事件
窗口向上滚动时	使用滚动条向上滚动时触发
窗口向下滚动时	使用滚动条向下滚动时触发
窗口滚动时	向上或向下滚动的集合，满足其中一种即会触发

6.1.4 元件动态事件

在元件库中我们学习了很多的元件，如矩形、图片及动态面板等。元件动态事件是指针对不同类型的元件特性，它们的事件也会有所不同，在"交互"面板中选择不同的元件，事件会有所区别。矩形元件、单选按钮元件及热区元件的事件区别如图 6-5 所示。

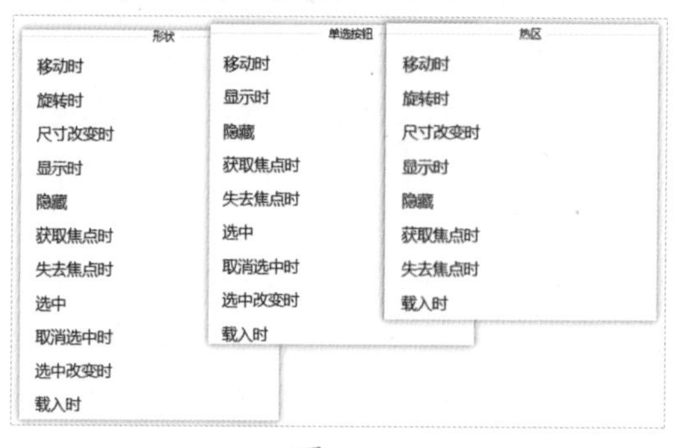

图 6-5

6.1.5 交互样式事件

在前文我们已经接触过部分交互样式，交互样式针对元件，而不是页面。添加交互事件的方法是选中需要添加交互样式的元件，在"交互"面板中单击"添加鼠标悬停样式"按钮，如图 6-6 所示。

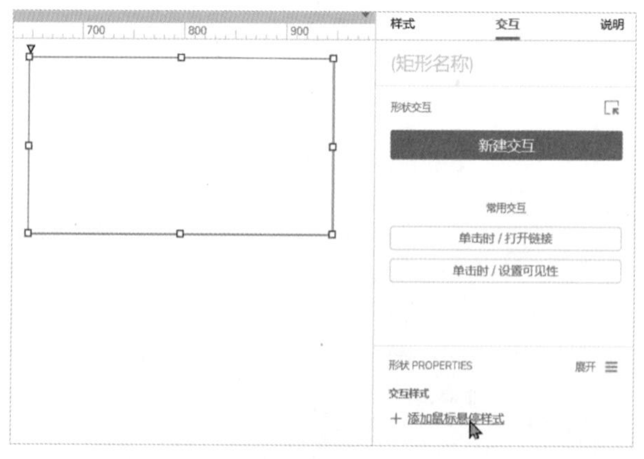

图 6-6

在“鼠标悬停”样式面板中单击“更多样式选项”，如图 6-7 所示。

图 6-7

单击“更多样式选项”链接后会弹出“交互样式”对话框，可以设置元件除“鼠标悬停”外的更多交互样式，包括“鼠标按下”“选中”“禁用”及“获取焦点”样式，这些交互样式可以让原型更加有趣，如图 6-8 所示。

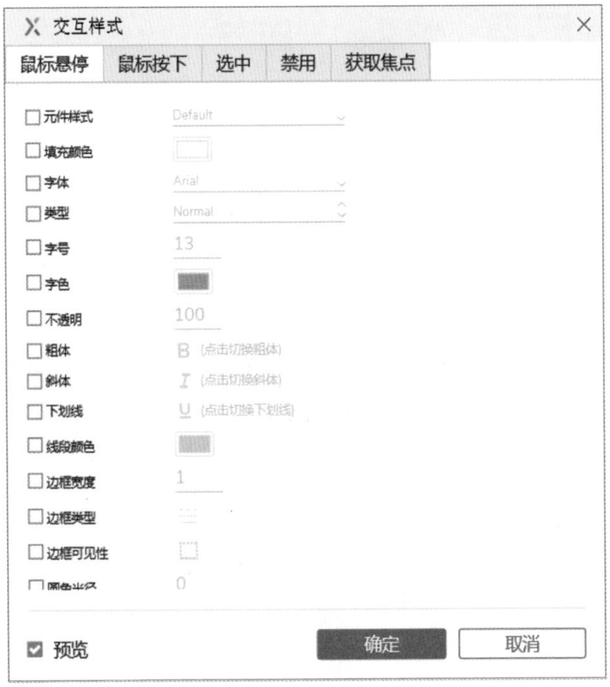

图 6-8

★重点 6.1.6 动态面板专项事件

动态面板元件具备一些其他元件没有的事件，因此当我们需要使用这些专项事件时，需要将元件转换为动态面板。动态面板专项事件是指状态改变时、拖动开始时、拖动结束时、拖动时、向上滚动时、向下滚动时、滚动时，如图 6-9 所示。

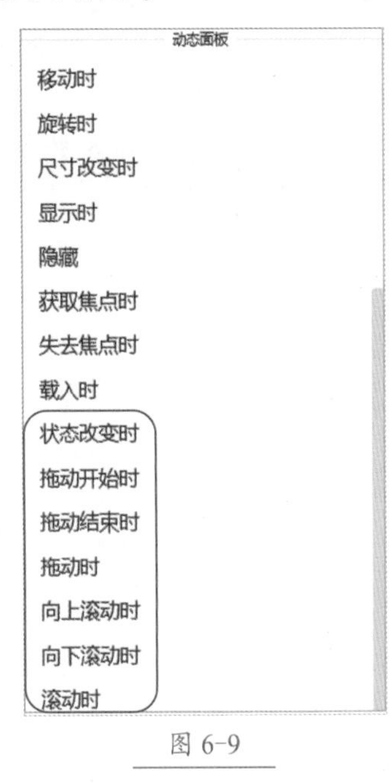

图 6-9

★重点 6.1.7 中继器专项事件

中继器在使用时默认添加了“每项加载”事件，同一元件只能添加一种相同的事件，已添加事件会变为灰色不可选择状态。除此之外，中继器还包括载入时（初始化加载的时候）及列表项尺寸改变，共 3 种触发事件，如图 6-10 所示。

图 6-10

技术看板

Axure RP 9 中提供了非常丰富的事件，可以满足原型设计中的各种需求。除上面提到的事件外，还有部分元件未提及，包括表单元件中下拉列表的“选项改变时”、复选框元件的“选中及取消选中时”等。在使用元件时可以多在“交互”面板的“新建交互”选项中熟悉相关事件。

6.2 情形

在原型交互设计中，情形可以方便地覆盖需求场景，如一个登录按钮的交互，当我们输入用户名和密码后单击它可以登录。登录时可能出现的情形有“用户名为空”“密码为空”“用户名长度不够”“密码长度不够”“用户名不存在”“密码错误”及“成功登录”等，这些情形（场景）能更好地辅助开发人员进行代码编写。当然，当开发团队有一定的默契后，对很多固化的场景添加备注即可，逐一添加情形还是需要花费时间的。

★重点 6.2.1 情形与事件的关系

情形建立在事件之上，默认事件是没有启用情形的，情形可以为事件添加条件，只有满足一个或多个条件时，该情形的事件才会被触发。

6.2.2 启用情形

启用情形的方法非常简单，选中已添加“事件”的元件，这里以“中继器元件”为例，在页面中添加中继器并将其选中，然后单击“交互”面板中对应的事件后的“启用情形”按钮，如图 6-11 所示。

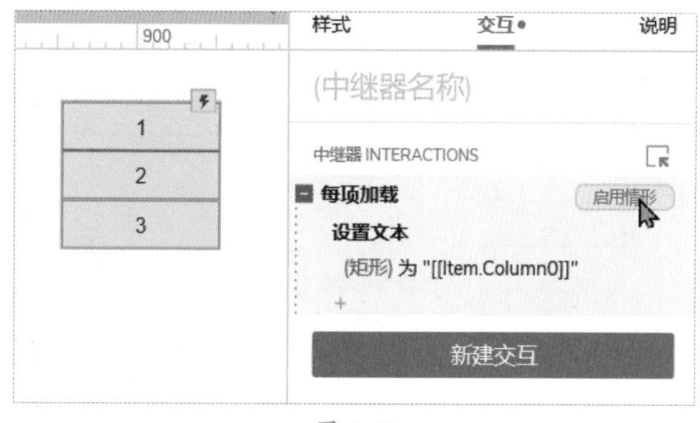

图 6-11

6.2.3 添加条件

单击“启用情形”按钮后会弹出“情形编辑”对话框，首个情形默认名称为“情形 1”，可以为其重命名，并添加匹配条件，如图 6-12 所示。

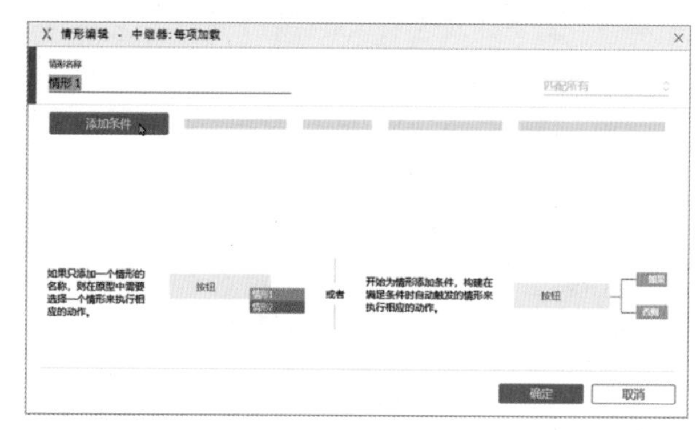

图 6-12

单击“添加条件”按钮，可以在下拉列表中选择条件类型并对条件内容进行设置。这里以元件文字为例，文本值设置为“test”，完成条件添加后单击“确定”按钮，如图 6-13 所示。

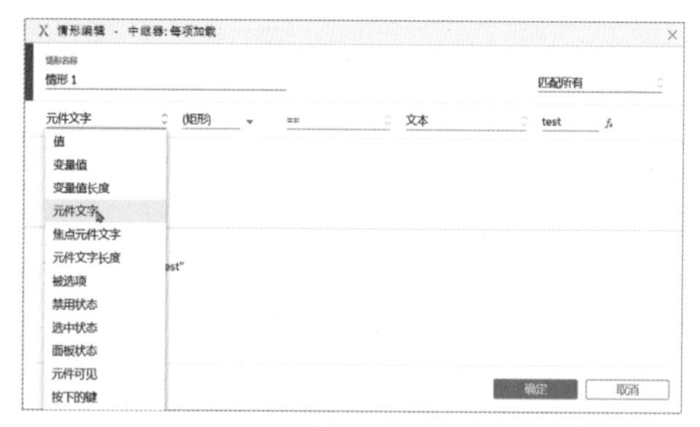

图 6-13

6.2.4 匹配条件

条件可以添加一个或多个，在对话框右上角可以对添加的条件进行匹配，默认是匹配所有（需要所有条件都满足才会触发事件），也可以选择匹配任意（满足其中一个条件即可触发），如图 6-14 所示。

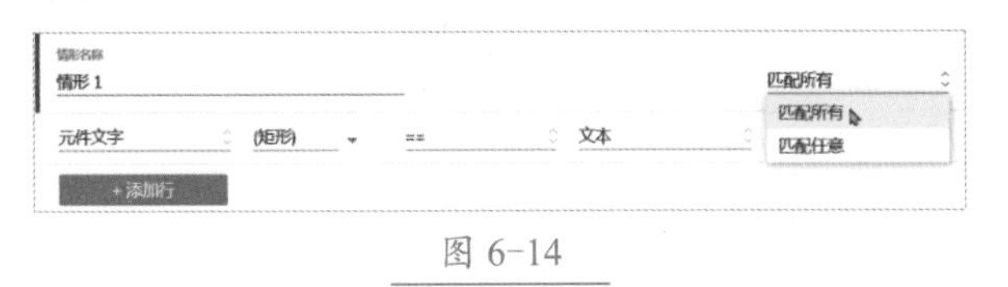

图 6-14

6.2.5 管理情形

情形添加成功以后，可以右击交互事件区域，在弹出的快捷菜单中继续添加或删除情形、清除条件，也可以复制、粘贴和剪切当前情形（可快速复用情形），如图 6-15 所示。

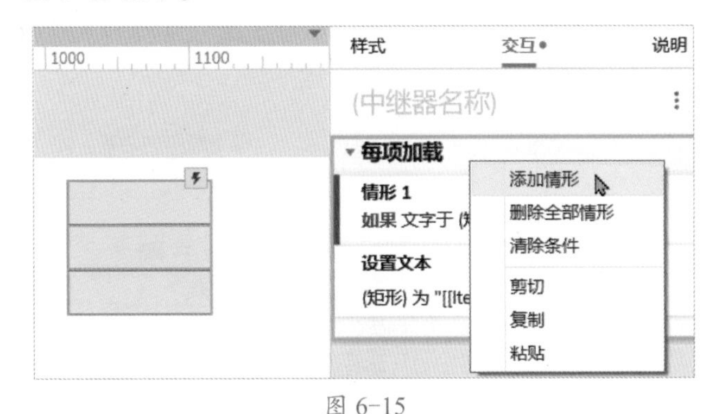

图 6-15

若需要重命名情形，在情形名称上缓慢单击两次即可。再次编辑情形或事件，选中元件后，操作步骤如下。

Step01 ❶ 在“交互”面板中双击事件和情形区域，❷ 或单击交互编辑器按钮，如图 6-16 所示。

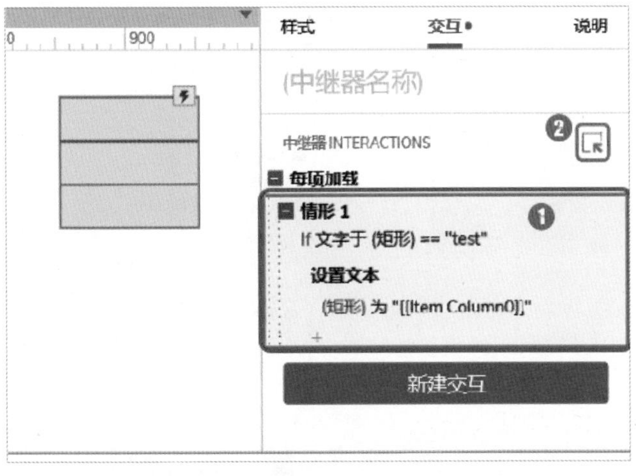

图 6-16

Step02 系统会自动弹出“交互编辑器”对话框，❶ 可继续在左侧区域添加其他动作和事件，❷ 通过再次双击“情形”区域可编辑当前情形，❸ 完成编辑后单击“确定”按钮，如图 6-17 所示。

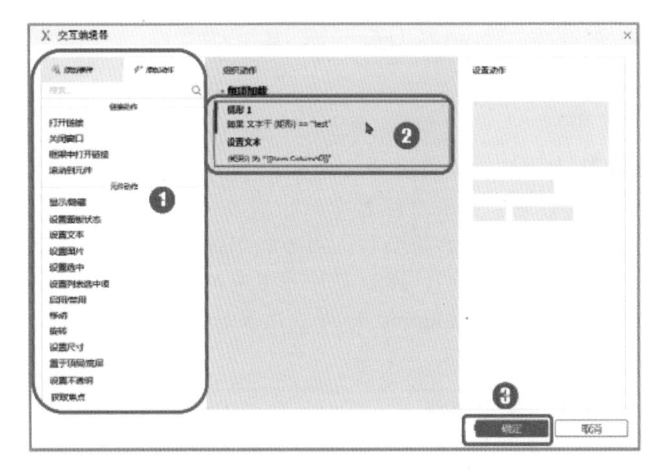

图 6-17

Step03 双击“情形”区域再次打开“情形编辑”对话框，在对话框中可以对当前情形进行编辑，如图 6-18 所示。

图 6-18

6.2.6 实战：情形的简单应用

细心的读者是否发现，当我们为事件启用情形并添加条件后，原来的中继器元件上的数字“1、2、3”消失了，这是添加情形条件所致，下面通过实战来详细讲解。

Step01 使用快捷键“.”或“Ctrl+.”在浏览器中预览原型（如果两种方式都不生效，需检查是否有其他软件的快捷键与 Axure 的快捷键冲突），预览效果如图 6-19 所示。

图 6-19

Step02 在“交互”面板中查看中继器的情形，发现有一个判断条件“如果中继器中的矩形元件文字等于 test”，那么执行设置文本的动作，因为我们并没有设置矩形元件的文本为“test”，所以条件并不满足，导致中继器无法将数据集中 Column0 列的值设置给矩形元件，如图 6-20 所示。

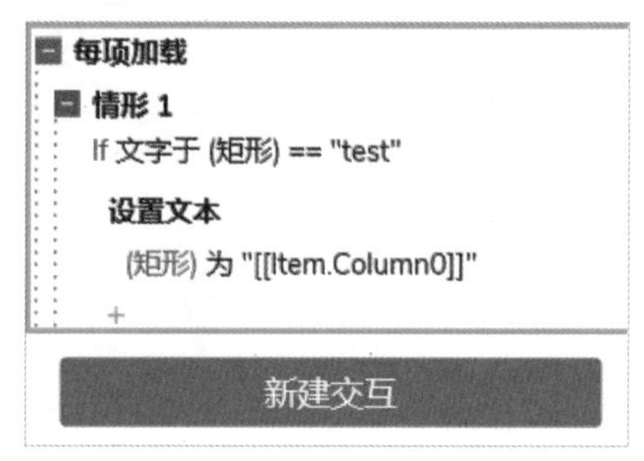

图 6-20

Step03 在画布中双击“中继器”元件进入元件编辑模式，如图 6-21 所示。

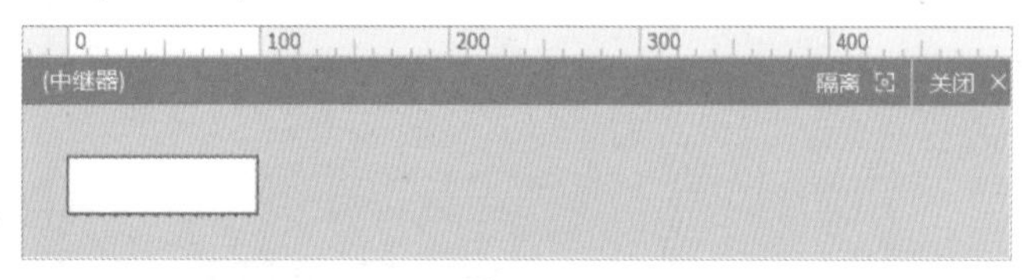

图 6-21

Step04 在中继器元件编辑模式中，双击“矩形”元件，并将文本设置为“test”以满足情形中设置的条件，如图 6-22 所示。

图 6-22

Step05 关闭中继器元件编辑模式，可以发现中继器中，数字再次出现了，如图 6-23 所示。

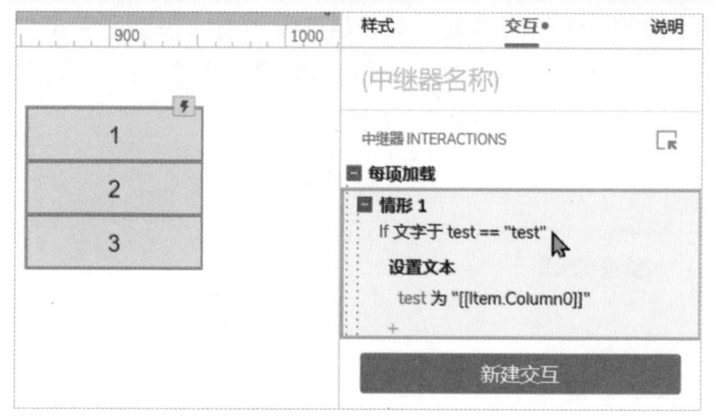

图 6-23

Step06 在“样式”面板中为中继器添加 1 个新列并命名为“new”，分别设置行值为“4、5、6 ”，如图 6-24 所示。

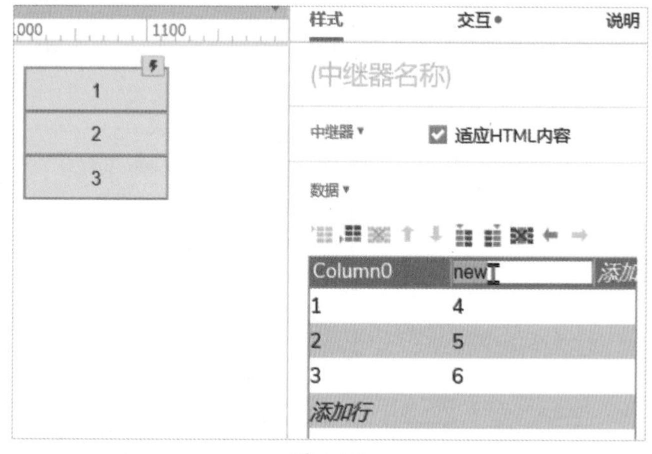

图 6-24

Step07 选中当前中继器的情形，复制后粘贴得到一个新的情形，如图 6-25 所示。

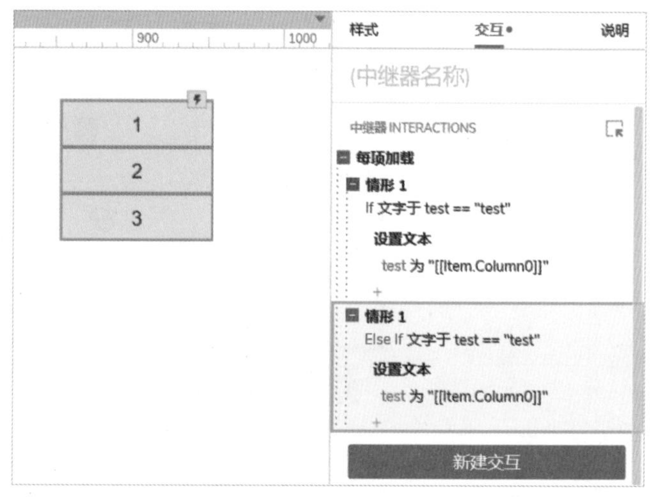

图 6-25

Step08 缓慢单击新复制的情形名字2次，或者选中复制的情形时按快捷键“F2”，将其重命名为“情形2”，如图6-26所示。

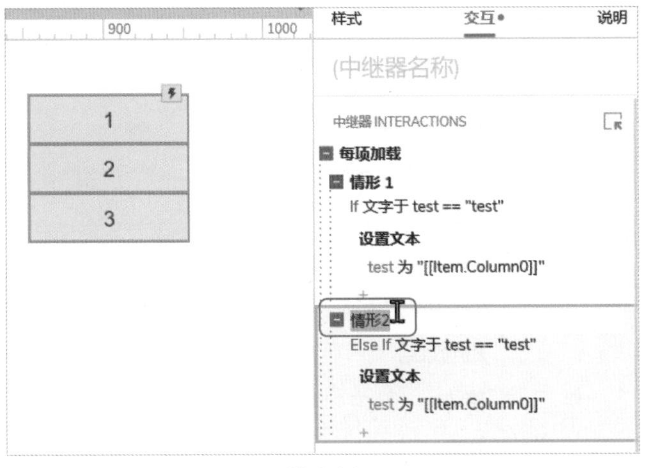

图6-26

Step09 使用前文中修改情形的方法，将矩形文字改为不等于“test”并将设置文本改为[[Item.new]]，表示如果矩形元件的文本值不等于“test”，则使用新增的new列的值“4、5、6”进行情形切换，如图6-27所示。

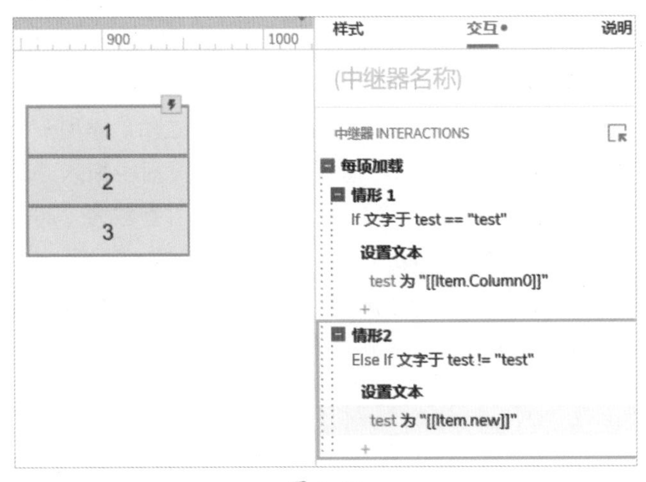

图6-27

Step10 双击中继器元件进入元件编辑模式，并调整矩形元件文本为“2020”，如图6-28所示。

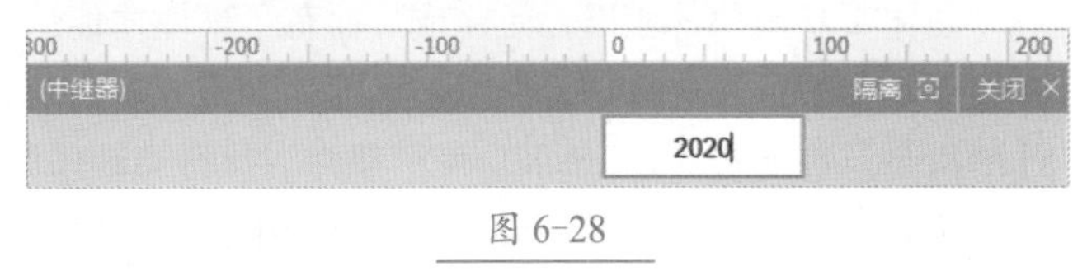

图6-28

Step11 关闭中继器元件编辑模式，此时由于“2020”的值并不等于“test”，满足情景2的条件，中继器每项加载时使用“new”列的值，如图6-29所示。

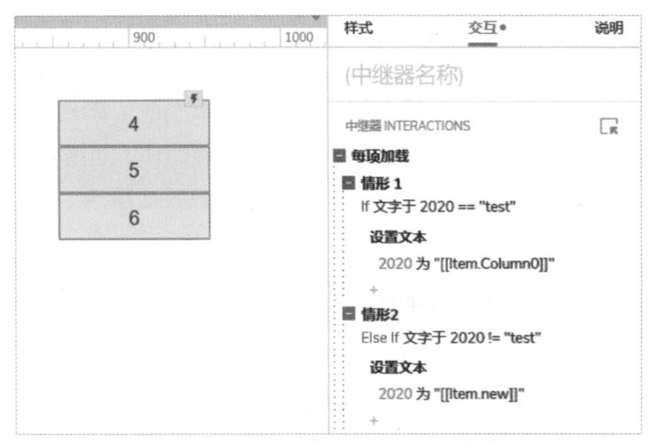

图6-29

技术看板

事件在启用情形后可以添加一个或多个情形，选中情形按住鼠标左键不放并上下移动可以调整情形的顺序，也可以在“交互编辑器”对话框中通过右键菜单调整情形顺序。交互设计中的情形和现实生活中的“如果…否则…”场景相似，设计时要确保情形有意义，尽量做到“闭合”，在特定环境中进行交互时总能满足其中一个情形。总之要根据“需求”灵活地应用情形，在与开发人员或客户交流时带入这些情形可以更好地阐释设计思路。

6.3 动作

在前面的学习中我们已经用到了很多动作，如单击按钮时打开Axure官网、中继器在每项加载时设置元件的文本内容为它的列，其中打开Axure官网和设置元件文本对应的动作分别为“打开链接”和“设置文本”。

★重点 6.3.1 动作与情形和事件的关系

动作听从事件的差遣，元件或页面有了事件才能选择动作，而情形是选择或判断执行事件的 0 个或多个条件的集合。简而言之，“情形”为“事件”执行“动作”提供了条件判断，只有满足情形事件才会执行指定的动作，例如，“当用户名和密码输入正确时”，单击“登录”按钮才能“打开首页”，情形是“当用户名和密码输入正确”，事件是“单击”，动作是“打开首页”。

6.3.2 链接动作

在“交互”面板中为页面添加“单击时”事件，然后查看“链接动作”区域中的 4 个链接动作，如图 6-30 所示；每个链接动作的作用及含义如表 6-2 所示。

图 6-30

表 6-2 链接动作的作用及含义

链接动作	作用及含义
打开链接	打开原型中的页面或外部页面
关闭窗口	在浏览器中关闭当前原型页面
框架中打开链接	在内联框架元件中打开链接内容
滚动到元件	定位到指定元件位置，像“锚点”一样

6.3.3 元件动作

针对不同的元件类型，共有 14 个元件动作，部分是通用动作，大多元件都有；部分是专项动作，如设置面板状态对应的是“动态面板”元件，设置列表选中项对应的是表单元件中的“下拉列表”和“列表框”，专项动作只能选择对应的元件。根据需求选取相应的元件动作，如图 6-31 所示。

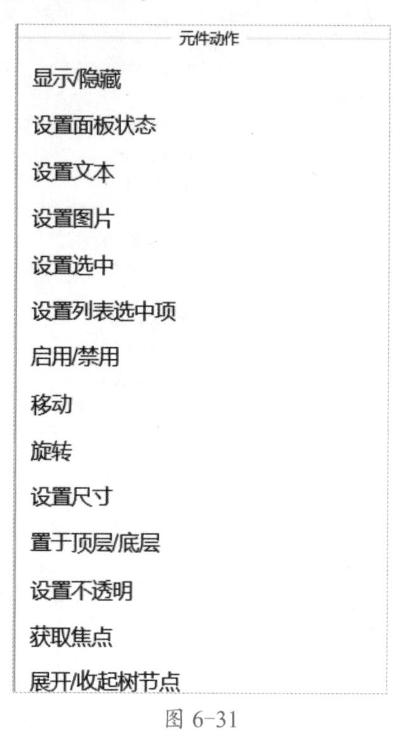

图 6-31

1. 设置面板状态

要使用这个动作，要先做一点准备工作，添加一个新页面并命名为“动态面板练习”，在页面中拖入“动态面板”元件，位置参数为（0，0），尺寸参数为（200，200），如图 6-32 所示。

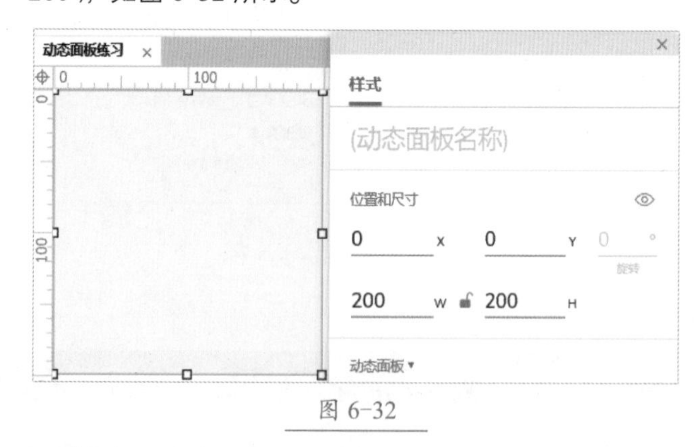

图 6-32

Step01 为“动态面板”添加状态，得到 2 个状态，分别为 State1 和 State2，如图 6-33 所示。

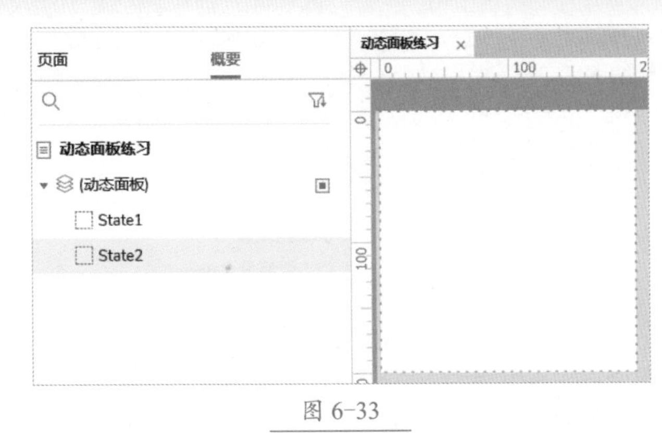

图 6-33

Step 02 为 State1 添加内容，将矩形 3 元件拖入 State1，位置和大小同动态面板保持一致，双击矩形设置文本内容为“这里内容 1”，通过“样式”面板将矩形元件也命名为“内容 1”，如图 6-34 所示。

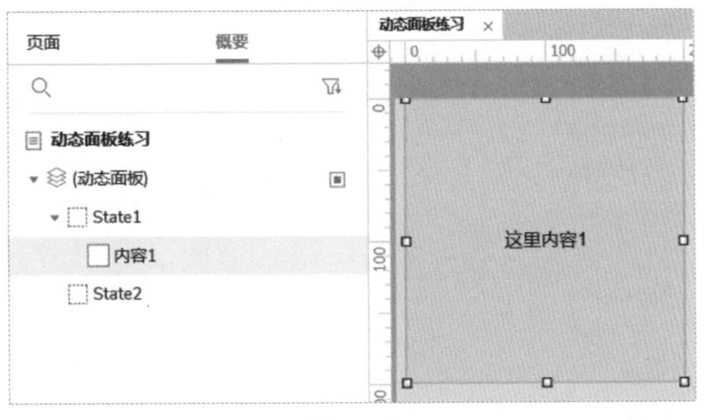

图 6-34

Step 03 将 State1 中的矩形元件复制到 State2 中并将元件名字改为“内容 2”，文本内容改为“这里内容 2”。注意观察“概要”面板中的元件及层级，如图 6-35 所示。

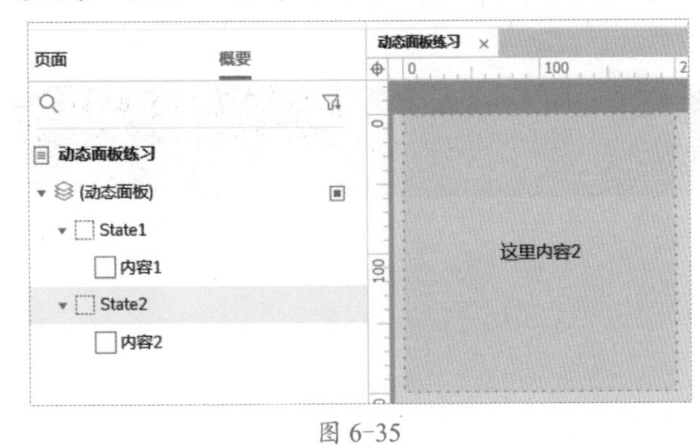

图 6-35

Step 04 打开“元件”面板，在“元件库”中找到“主要按钮”元件，并将其拖到页面中，命名和文本设置为“状态 1”，位置参数为（10，220），尺寸参数为（80，30），如图 6-36 所示。

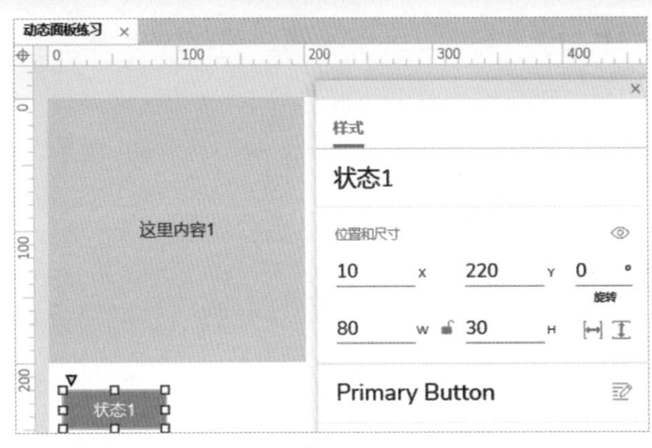

图 6-36

Step 05 为“状态 1”元件添加“单击时”事件，动作为“设置面板状态”，如图 6-37 所示。

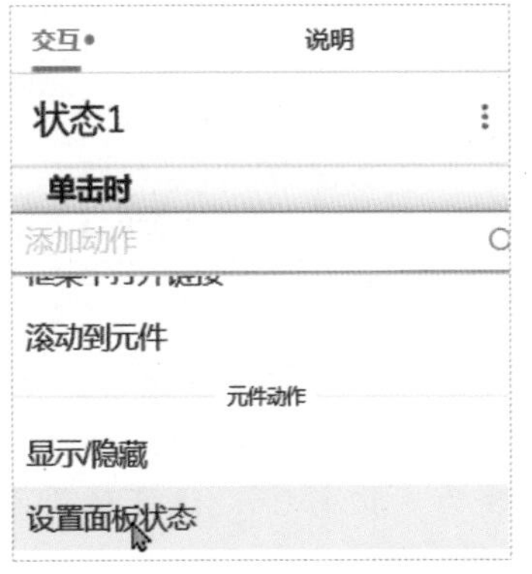

图 6-37

Step 06 选择要设置面板状态的“动态面板”元件，建议养成命名元件的习惯，方便元件的后续管理和使用，如图 6-38 所示。

图 6-38

Step07 元件状态（STATE）选择 State1，其余设置保持默认，然后单击“确定”按钮，如图 6-39 所示。

图 6-39

Step08 按住键盘上的“Ctrl”键不放，单击“状态 1”并拖动，复制一个按钮并粘贴，命名为“状态 2”，文本内容也改为“状态 2”，设置位置参数为（110，220），如图 6-40 所示。

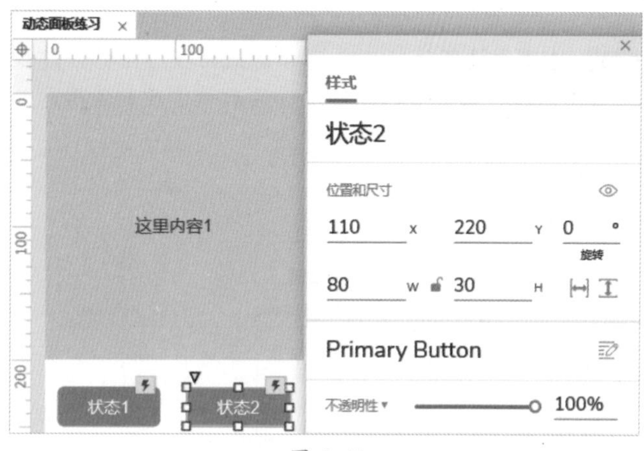

图 6-40

Step09 修改“状态 2”的交互事件，将“设置面板状态”改为“State2”，如图 6-41 所示。

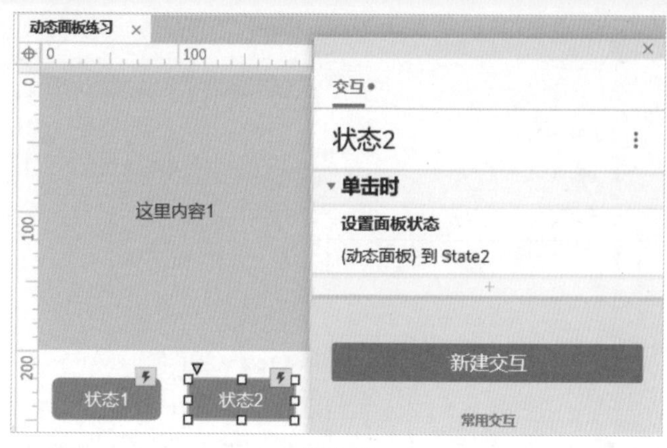

图 6-41

Step10 切换到“概要”面板，查看页面上元件的布局，如图 6-42 所示。

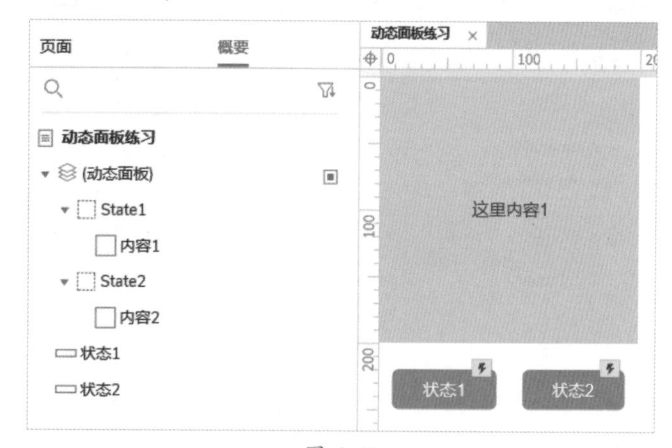

图 6-42

Step11 预览原型，在浏览器窗口中分别单击“状态 1”和“状态 2”按钮，动态面板会在两个状态之间来回切换，如图 6-43 所示。

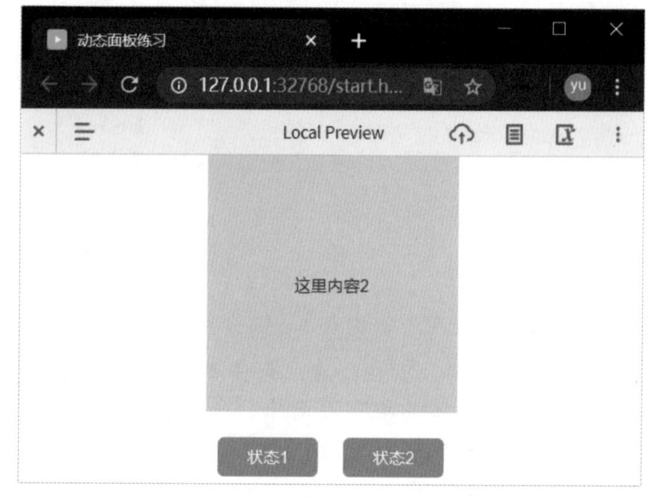

图 6-43

2. 设置文本与获取焦点

添加一个新页面并命名为“设置文本”，在页面中拖入“矩形1”元件，文本内容设置为“按H键获取提示信息”，元件命名为“提示”，位置参数为（0，0），尺寸参数为（200，100），如图6-44所示。

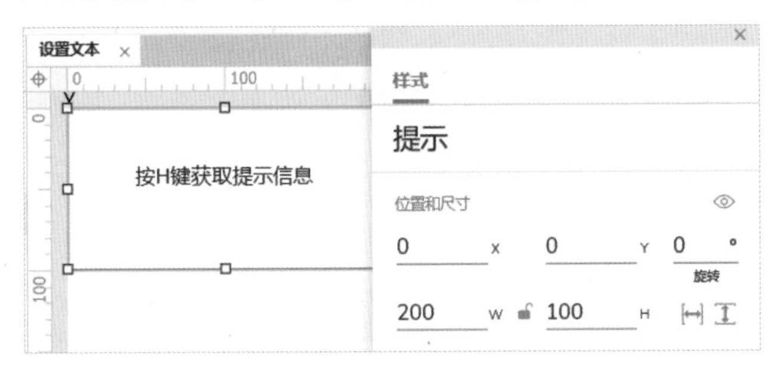

图 6-44

Step01 为“提示”元件添加“按键按下时”事件并指定元件动作为“设置文本”，如图6-45所示。

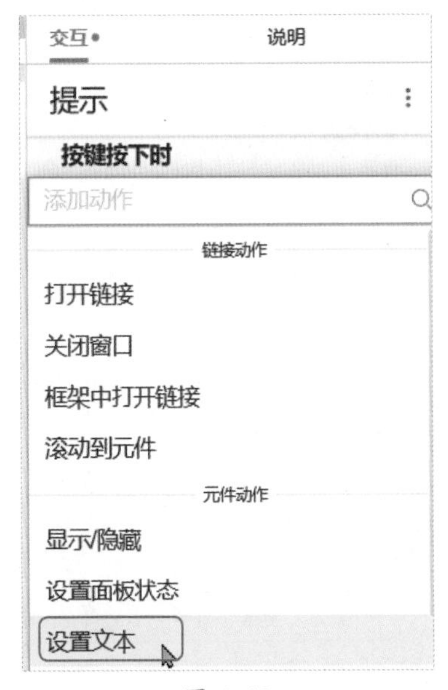

图 6-45

Step02 选择设置文本需要操作的目标元件，这里选择命名为“提示”的矩形元件，如图6-46所示。

Step03 设置文本的值为“精神的力量就是生命的支柱”或其他自定义的提示内容，设置完成后单击“完成”按钮，如图6-47所示。

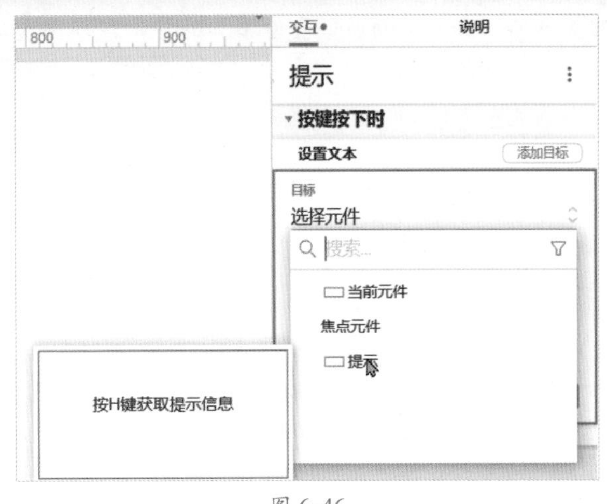

图 6-46

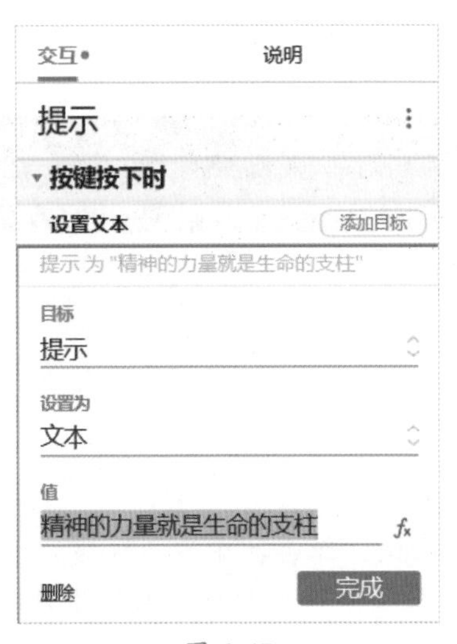

图 6-47

Step04 为“按键按下时”事件启用情形设置，并将情形名称命名为“按下H键”，条件选择“按下的键”，在线框的位置单击并按下键盘上的“H”键（支持单个或多个键的组合，不区分大小写），完成后单击“确定”按钮，如图6-48所示。

图 6-48

Step 05 返回“交互”面板，查看添加的情形、事件和动作，如图 6-49 所示。

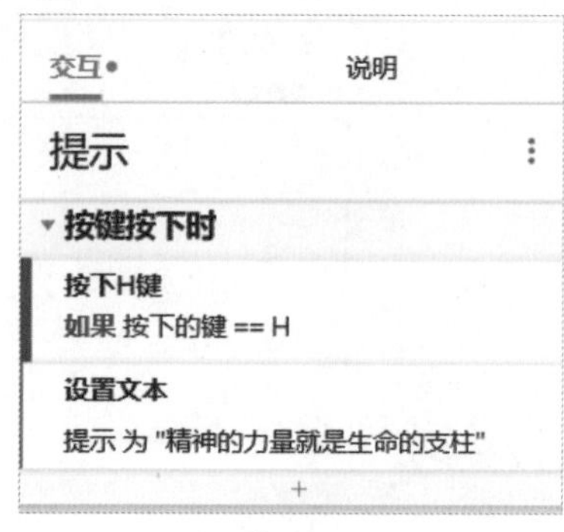

图 6-49

Step 06 预览原型，单击“矩形元件”区域，使之获得焦点（键盘按键需要在获取焦点时才能触发），按下键盘上的“H”键，如图 6-50 所示。

图 6-50

Step 07 返回 Axure，单击画布空白区域，并在“交互”面板中为页面添加“页面载入时”事件，如图 6-51 所示。

图 6-51

Step 08 为“页面载入时”事件选取“获取焦点”动作，目标元件选择“提示”，如图 6-52 所示。

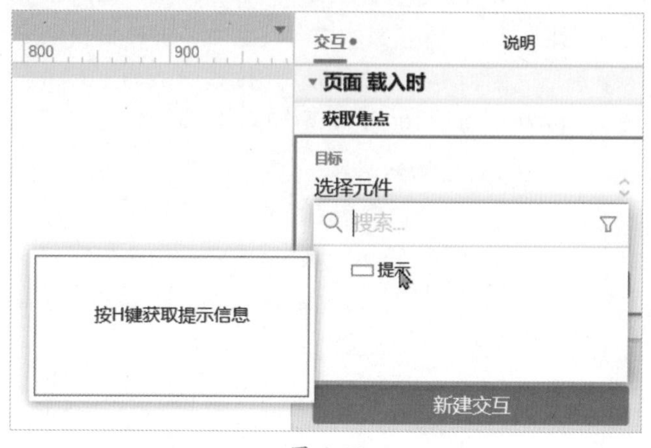

图 6-52

Step 09 完成上步操作后单击“确定”按钮，“交互”面板中显示的效果如图 6-53 所示。

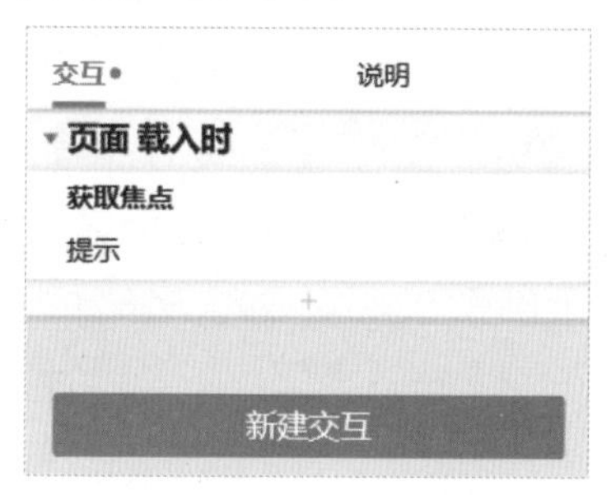

图 6-53

Step 10 再次预览原型，此时不必单击“矩形元件”，直接按键盘上的“H”键即可触发设置的文本动作，原因是页面载入时已自动将焦点设置到元件上，边框为蓝色，如图 6-54 所示。

6-54

6.3.4 中继器动作

前面我们学习了中继器元件，这里将详细介绍中继器元件相关的动作，主要针对数据集的操作，包括排序、筛选、设置每页项目数量、添加行、标记行、更新行及删除行等，如图 6-55 所示。

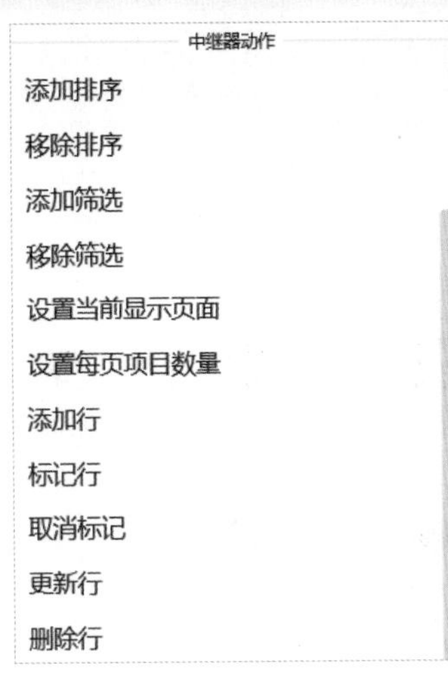

图 6-55

1. 准备工作

Step01 添加页面并命名为“中继器动作练习”，拖入“中继器”元件并命名为“班级数据”，“位置”参数为（100，100），如图 6-56 所示。

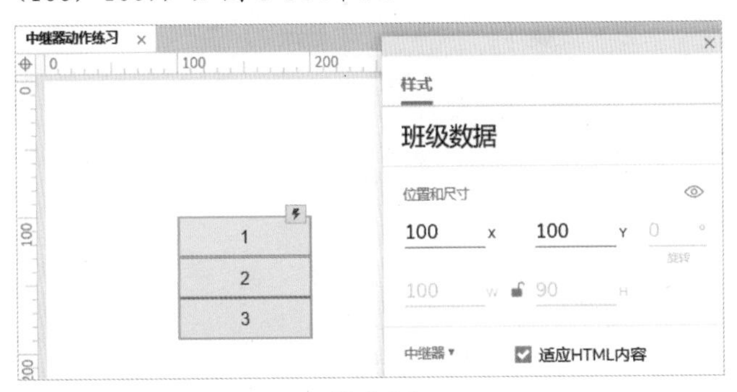

图 6-56

Step02 在“样式”面板中添加新列并命名为“name”，分别设置行值为张三、李四、王炸，如图 6-57 所示。

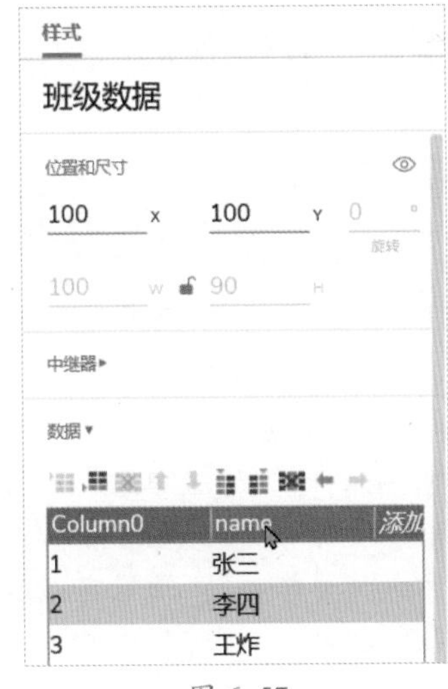

图 6-57

Step03 双击“班级数据”元件进入元件编辑模式，复制已有的“矩形”元件并粘贴，命名为“姓名”，“位置”的参数为（100，0），如图 6-58 所示。

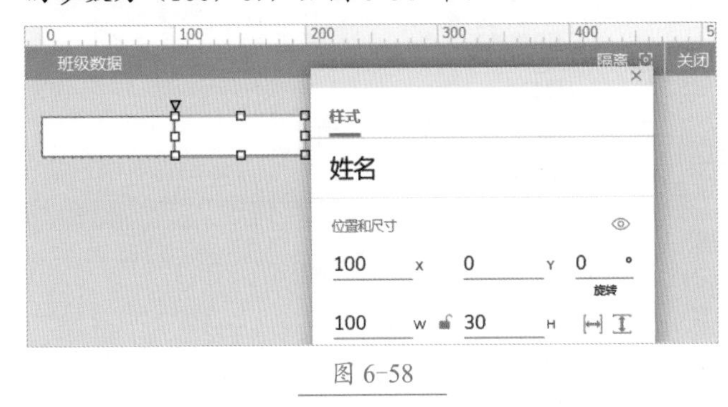

图 6-58

Step04 回到“交互”面板，选中已有的交互动作“设置文本”，并按快捷组合键“Ctrl+C”进行复制，如图 6-59 所示。

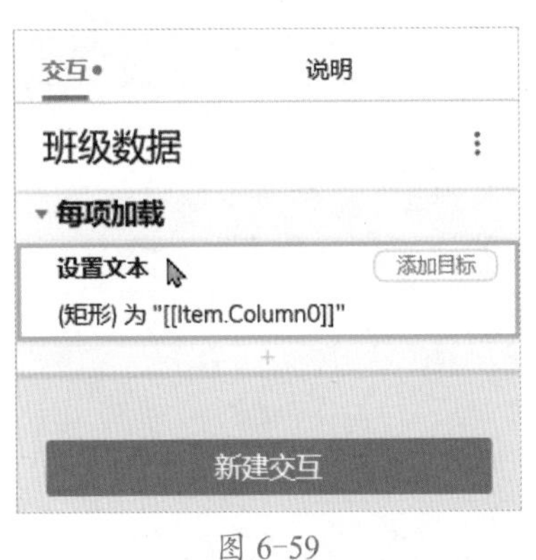

图 6-59

Step05 使用快捷组合键“Ctrl+V”粘贴动作，然后单击目标区域，如图 6-60 所示。

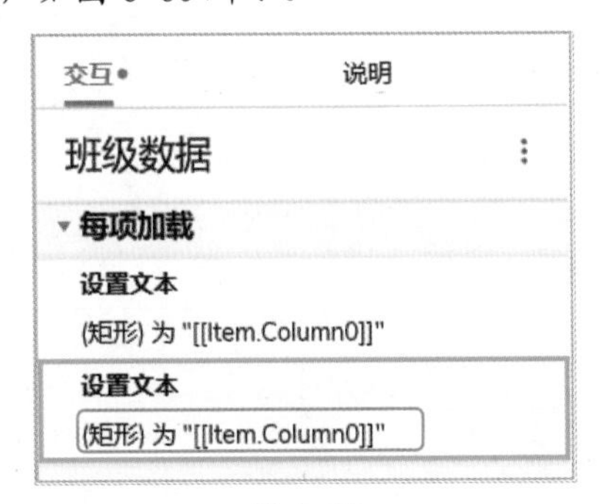

图 6-60

Step06 修改动作目标为“姓名”元件，文本值为“Item.Name”，并单击“完成”按钮，如图 6-61 所示。

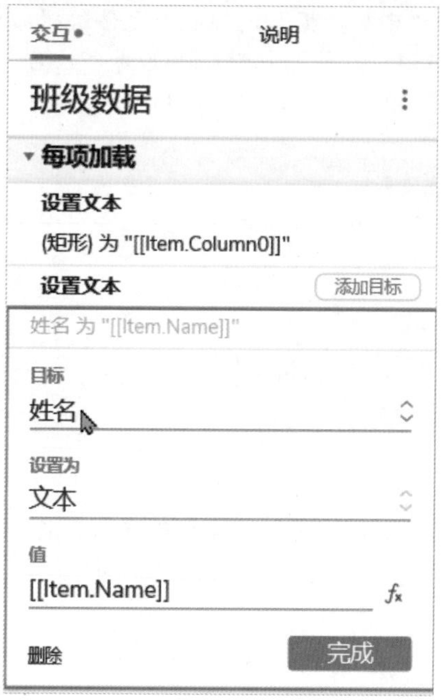

交互•
说明
班级数据
每项加载
设置文本
(矩形) 为 "[[Item.Column0]]"
设置文本
添加目标
姓名 为 "[[Item.Name]]"
目标
姓名
设置为
文本
值
[[Item.Name]]
删除
完成

图 6-61

Step 07 使用“矩形 1”元件为中继器添加表头，“尺寸”的参数为（100，30），“位置”的参数为（100，70），文本值和命名分别为“序号”“姓名”，如图 6-62 所示。

序号
姓名
1
张三
2
李四
3
王炸
样式
序号
位置和尺寸
100
70
0
旋转
100
30

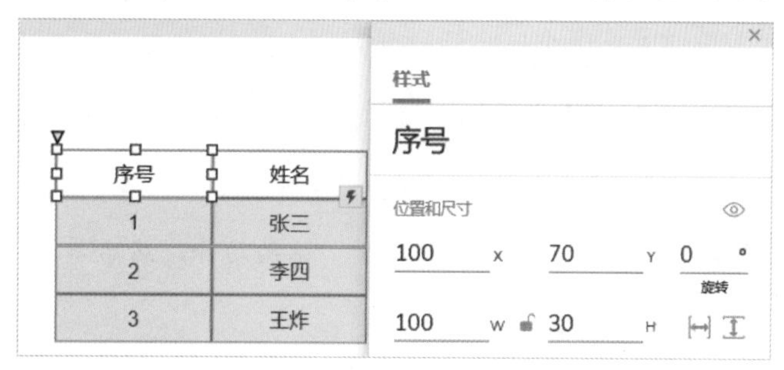

图 6-62

2. 数据排序

准备工作完成后，现在我们开始对数据进行排序，单击“排序”按钮后，序号和姓名下的内容会发生改变，如降序为 3、2、1，升序为 1、2、3，步骤如下。

Step 01 打开“元件”面板，在“元件库”中选择“Icons”图标库，并输入关键字“排”查找与排序相关的图标，如图 6-63 所示。

元件
母版
排
Icons
Web应用
重排
排序
排序-下
排序-上
取消排序

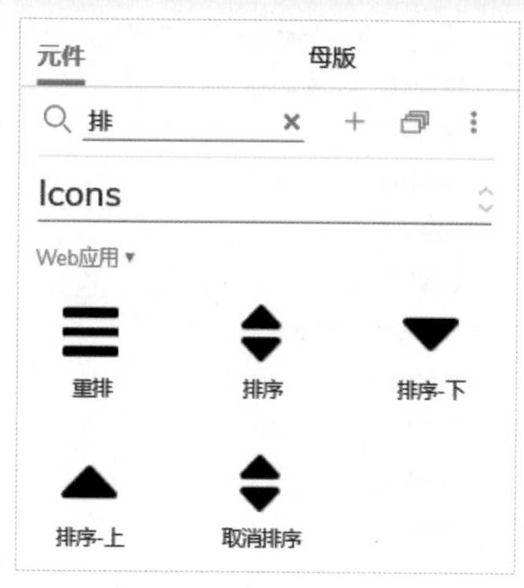

图 6-63

Step 02 将“排序－下”图标拖入页面，命名为“降序”，“位置”的参数为（177，88），“尺寸”的参数为（16，10），如图 6-64 所示。

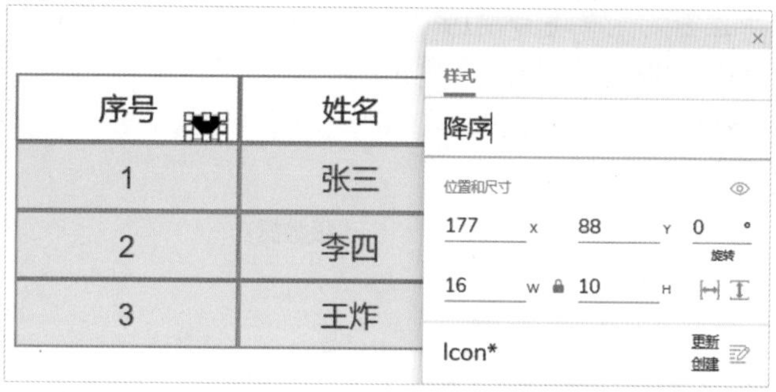

序号
姓名
1
张三
2
李四
3
王炸
样式
降序
位置和尺寸
177
88
0
旋转
16
10
Icon*
更新
创建

图 6-64

Step 03 将“排序－上”图标拖入页面，命名为“升序”，“位置”的参数为（177，76），“尺寸”的参数为（16，9），如图 6-65 所示。

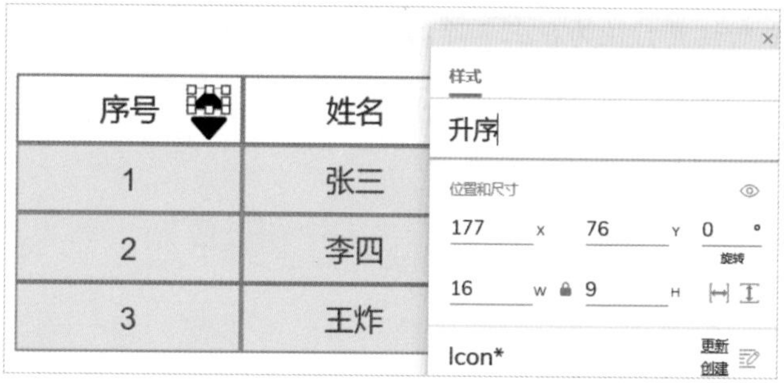

序号
姓名
1
张三
2
李四
3
王炸
样式
升序
位置和尺寸
177
76
0
旋转
16
9
Icon*
更新
创建

图 6-65

Step 04 为“降序”图标添加“单击时”事件，动作选择中继器下的“添加排序”，目标选择“班级数据”，名称设置为“序号排序”，列为“Column0”，排序类型为“数字”，排序方式为“降序”，设置完成后，单击“确定”按钮，如图 6-66 所示。

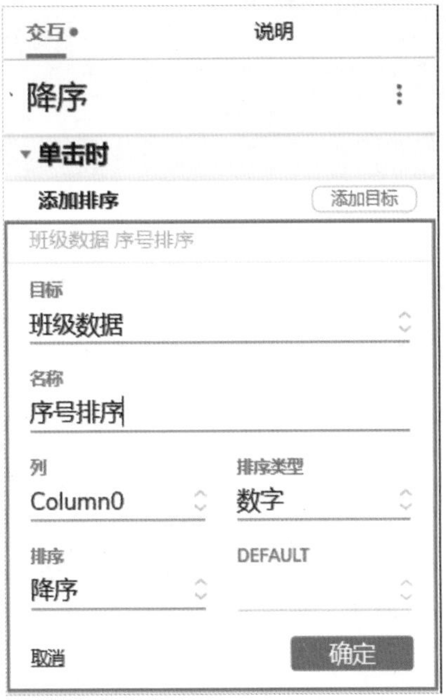

交互
说明
降序
单击时
添加排序
添加目标
班级数据 序号排序
目标
班级数据
名称
序号排序
列
Column0
排序类型
数字
排序
降序
DEFAULT
取消
确定

图 6-66

Step05 使用同样的方法为“升序”图标添加排序动作，排序方式设置为升序，如图 6-67 所示。

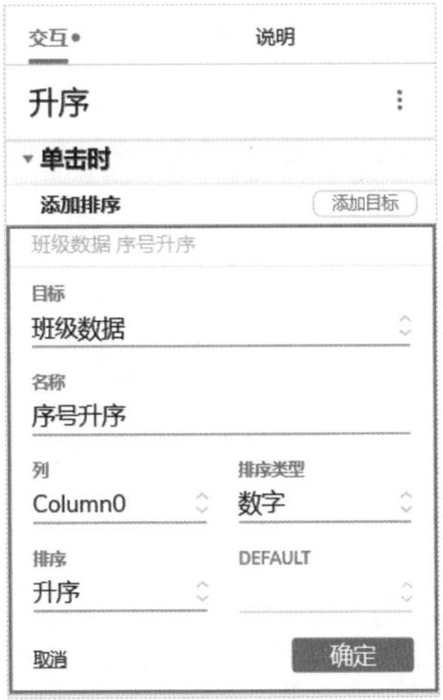

交互
说明
升序
单击时
添加排序
添加目标
班级数据 序号升序
目标
班级数据
名称
序号升序
列
Column0
排序类型
数字
排序
升序
DEFAULT
取消
确定

图 6-67

Step06 预览原型，在浏览器中分别单击“降序”“升序”图标，如图 6-68 所示。

Local Preview
序号
姓名
3
王炸
2
李四
1
张三

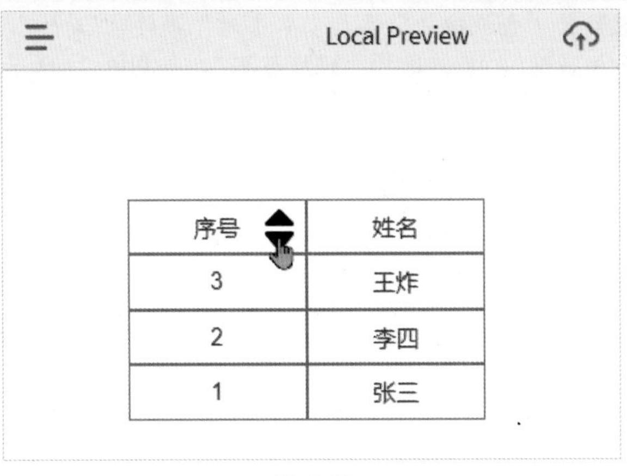

图 6-68

3. 数据筛选

当数据过多时，就需要对数据进行筛选，以便选出我们想要的数据，如购物时通过关键字搜索相应的商品。沿用“班级数据”中继器的例子，老师要找一个叫“李四”的学生，查看他（她）的序号，可使用原型设计满足这一需求，具体操作步骤如下。

Step01 在页面中添加表单元件中的“文本框”元件，命名为“姓名文本框”，“位置”的参数为（100，28），“尺寸”的参数为（125，30），如图 6-69 所示。

序号
姓名
1
张三
2
李四
3
王炸
样式
姓名文本框
位置和尺寸
100
x
28
Y
0
旋转
125
W
30
H

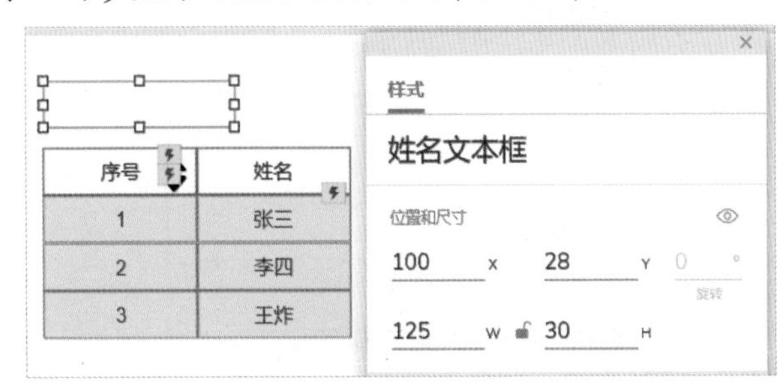

图 6-69

Step02 继续为页面添加“主要按钮”元件，文本内容设置为“查找”，元件命名为“查找按钮”，“位置”的参数为（245，28），“尺寸”的参数为（55，30），如图 6-70 所示。

查找
序号
姓名
1
张三
2
李四
3
王炸
样式
查找按钮
位置和尺寸
245
x
28
Y
0
旋转
55
W
30
H

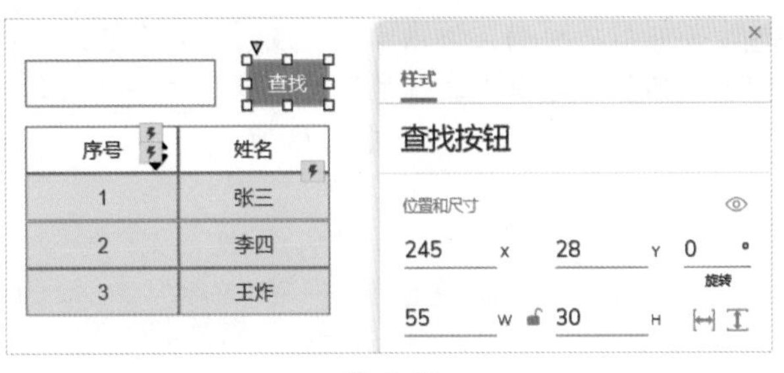

图 6-70

Step03 为“查找按钮”添加“单击时”事件，“动作”为“添加筛选”，目标选择“班级数据”，如图 6-71 所示。

交互• 说明
查找按钮
单击时
添加筛选 添加目标
目标
选择元件
搜索...
班级数据
取消 确定

图 6-71

Step04 设置筛选规则，将筛选名称设置为“按姓名查找学生”，如图 6-72 所示。

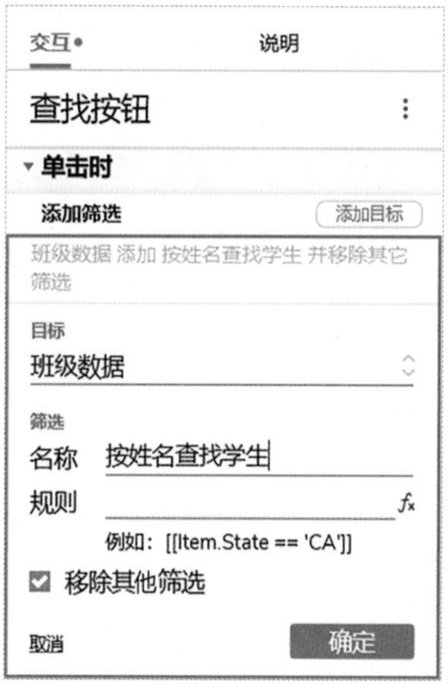

交互• 说明
查找按钮
单击时
添加筛选 添加目标
班级数据 添加 按姓名查找学生 并移除其它筛选
目标
班级数据
筛选
名称 按姓名查找学生
规则 fx
例如：[[Item.State == 'CA']]
移除其他筛选
取消 确定

图 6-72

Step05 设置筛选规则，可以单击“规则”文本区域后面的“fx”按钮，弹出“编辑值”对话框，这里会用到后面要学习的变量和函数，如图 6-73 所示。

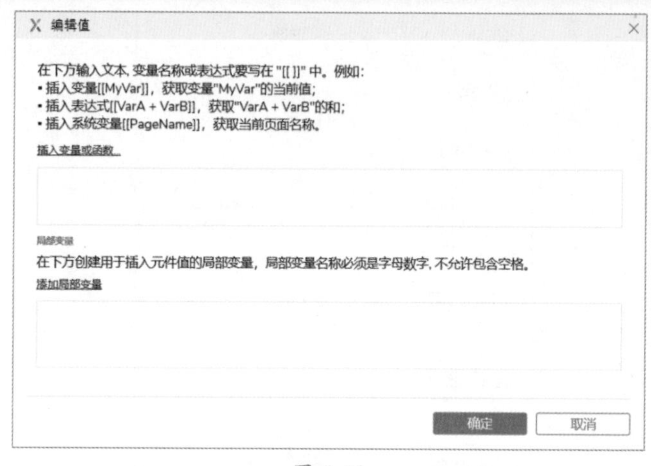

图 6-73

Step06 单击“添加局部变量”链接，目的是存放“姓名文本框”输入的值，如图 6-74 所示。

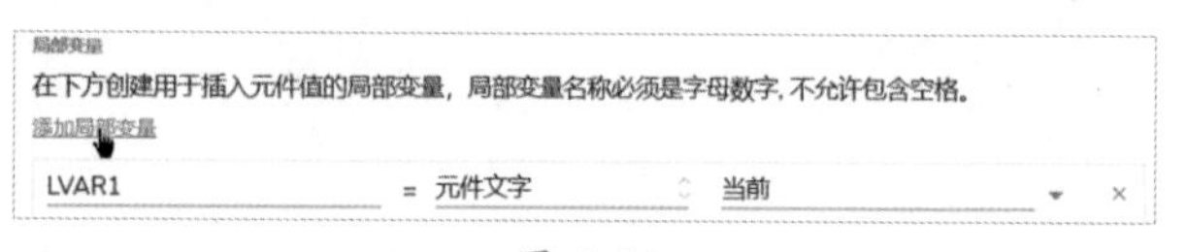

图 6-74

Step07 修改刚刚添加的局部变量，名字改为“NAME”，对象选择“元件”，目标选择“姓名文本框”，如图 6-75 所示。

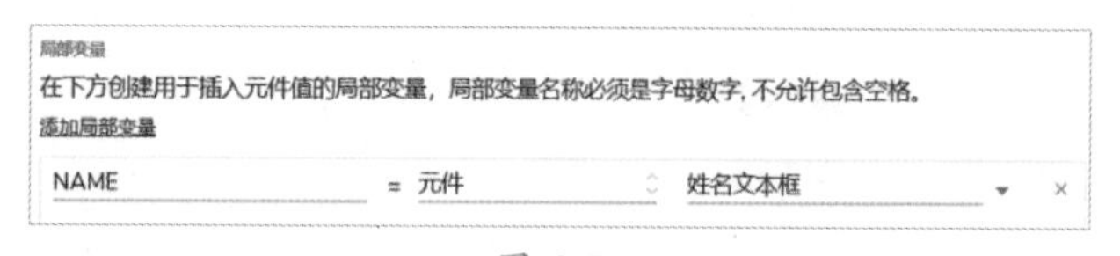

图 6-75

Step08 单击“插入变量或函数”选项，并选择“中继器 / 数据集”子菜单下的“Item.name”选项，如图 6-76 所示。

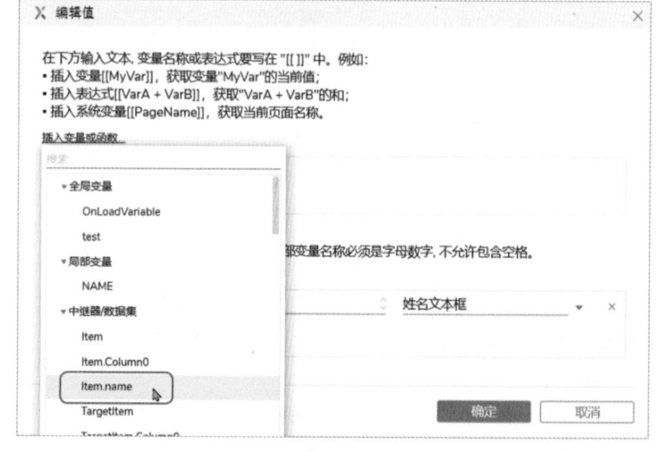

图 6-76

Step09 将光标移动到刚添加的函数后面并输入两个等号“==”，如图 6-77 所示。

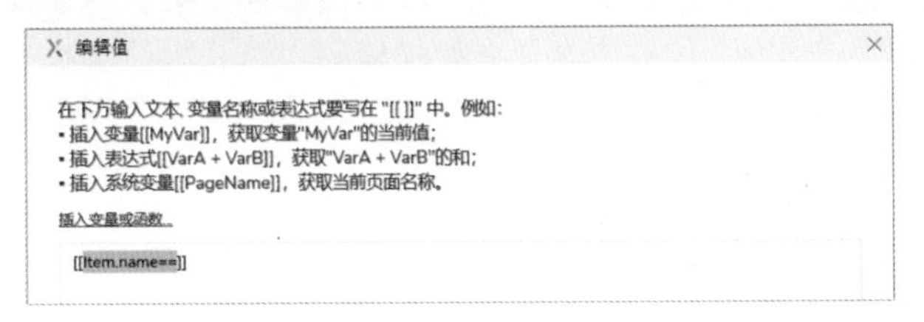

图 6-77

Step10 确认光标在最后一个等号后，再次单击“插入变量或函数”选项，这次选择之前添加的局部变量“NAME”，如图 6-78 所示。

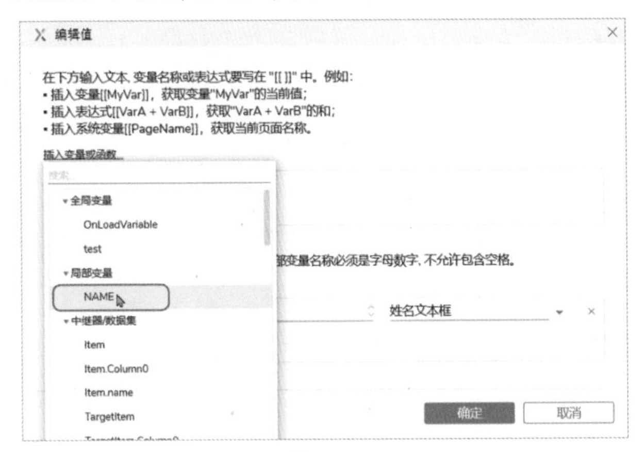

图 6-78

Step11 将光标移动到局部变量的后面，输入“.text”，将“姓名文本框”输入的值和“班级数据”中的“name”进行比较，以进行筛选，单击“确定”按钮，如图 6-79 所示。

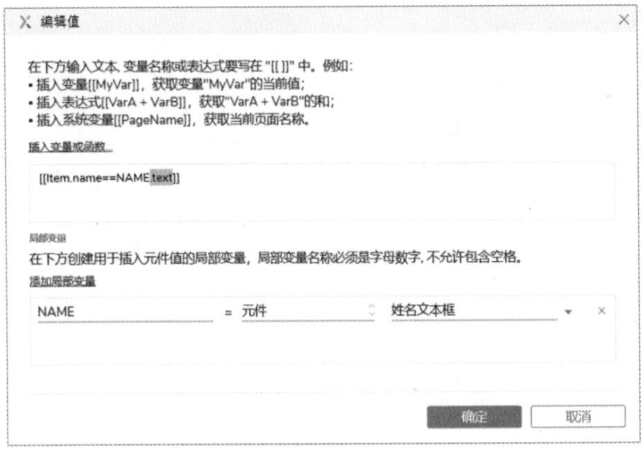

图 6-79

Step12 预览原型，在浏览器中查看筛选效果。输入“李四”，单击“查找”按钮，从“班级数据”集中匹配出输入内容的数据，如图 6-80 所示。

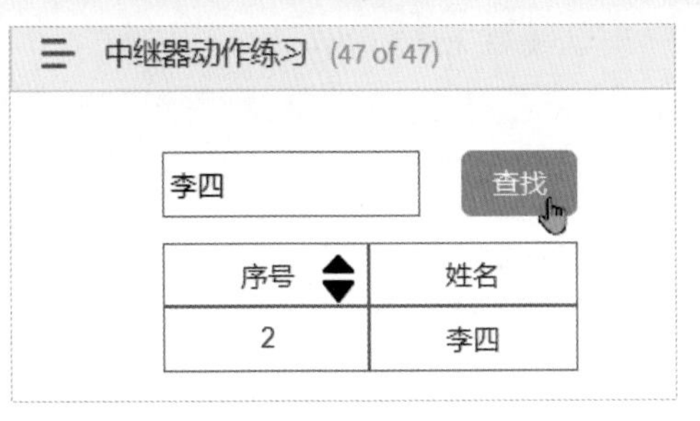

图 6-80

4. 分页设置

Step01 选中“班级数据”元件，在“样式”面板中勾选“多页显示”选项，“每页项数量”设置为 2，起始页设置为 1，如图 6-81 所示。

图 6-81

Step02 添加 2 个“链接按钮”到页面，文本内容和命名分别设置为上一页，位置参数为（129，180），尺寸参数为（43，19）；下一页，位置参数为（229，180），尺寸参数为（43，19），如图 6-82 所示。

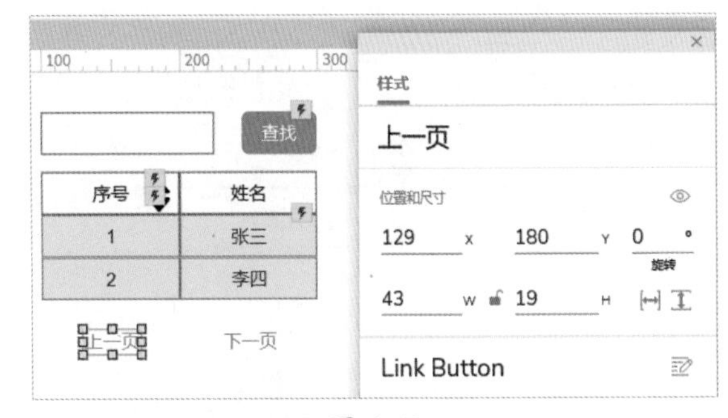

图 6-82

Step03 为“下一页”按钮添加“单击时”事件，动作选择“设置当前显示页面”，目标为“班级数据”，页面为“下一项”，如图 6-83 所示。

图 6-83

Step04 用上一步的方法为“上一页”按钮添加相同的事件和动作，页面变为“上一项”，如图 6-84 所示。

图 6-84

Step05 预览原型，在浏览器中单击“下一页”“上一页”，分页数据会发生变化，如图 6-85 所示。

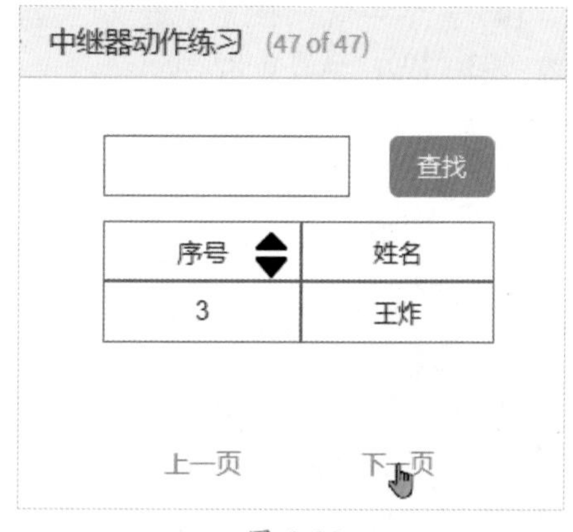

图 6-85

5. 添加行

Step01 在页面中复制“查找”按钮并粘贴，文本内容设置为“添加”，名称为“添加按钮”，“位置”的参数为（320，28），“尺寸”的参数为（55，30），如图 6-86 所示。

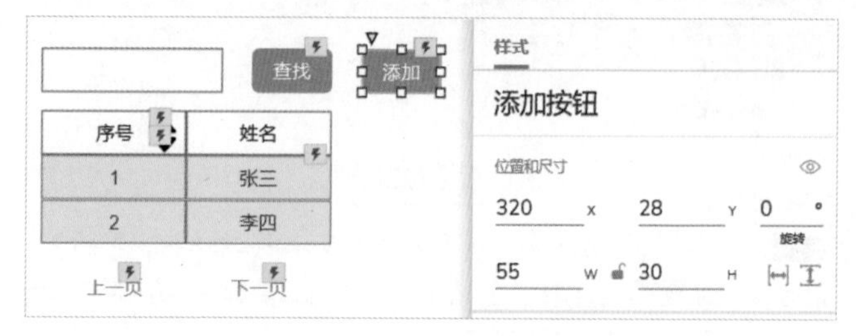

图 6-86

Step02 删除“添加按钮”已有的交互事件，单击“点此添加”链接添加新的动作，如图 6-87 所示。

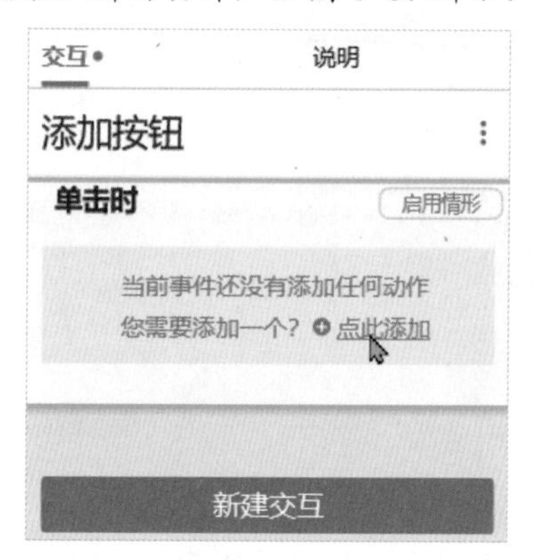

图 6-87

Step03 动作选择“添加行”，目标为“班级数据”，如图 6-88 所示。

图 6-88

Step04 单击“目标”区域下方的“添加行”按钮，弹出“添加行到中继器”对话框，如图 6-89 所示。

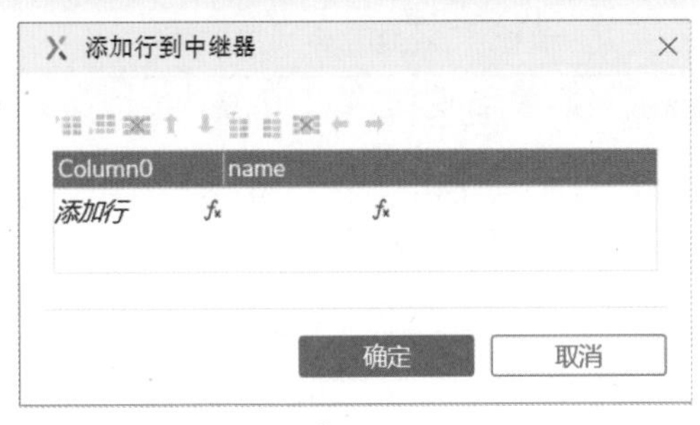

图 6-89

Step05 设置添加行的值，第一列 Column0 对应序号，第二列 name 对应姓名，新增行需要输入序号和姓名，这里我们还会用到函数。单击 Column0 下方的“*fx*”按钮对序号进行设置，添加局部变量名为“CLASSDATA”，对象选择“元件”，目标选择“班级数据”，如图 6-90 所示。

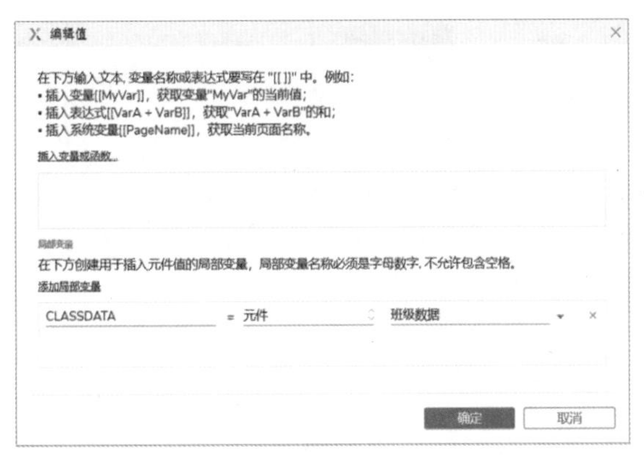

图 6-90

Step06 设置序号为自增长类型，不需要每次输入，这里会用到中继器的数据行统计函数。单击“插入变量或函数”选项，选择局部变量“CLASSDATA”并修改值为“[[CLASSDATA.Repeater.itemCount+1]]”（这里的“+1”表示序号在总条数的基础上进行迭代，确保序号唯一），完成后单击“确定”按钮，如图 6-91 所示。

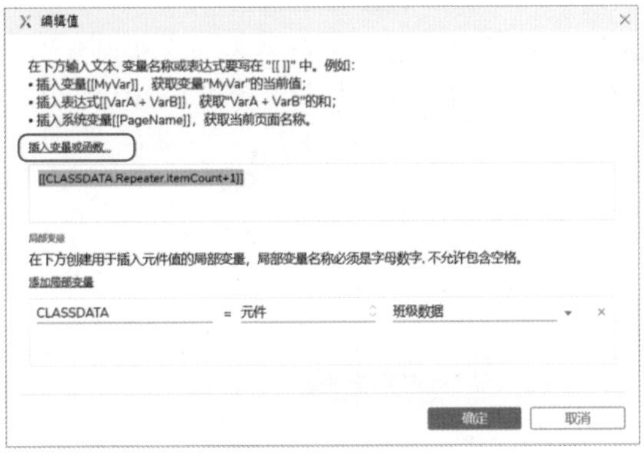

图 6-91

Step07 使用同样的方法单击“name”列下面的“*fx*”按钮，设置新行姓名值，这里我们用“查找”用到的文本框元件，新增“NAME”局部变量，用于存放“姓名文本框”输入的值，完成设置后单击“确定”按钮进行保存，如图 6-92 所示。

图 6-92

Step08 完成中继器行值的设置后，回到“添加行到中继器”对话框查看设置，单击“确定”按钮，如图 6-93 所示。

图 6-93

Step09 预览原型，单击“下一页”按钮，在“姓名文本框”中输入要添加的姓名“小明”，最后单击“添加”按钮，如图 6-94 所示。

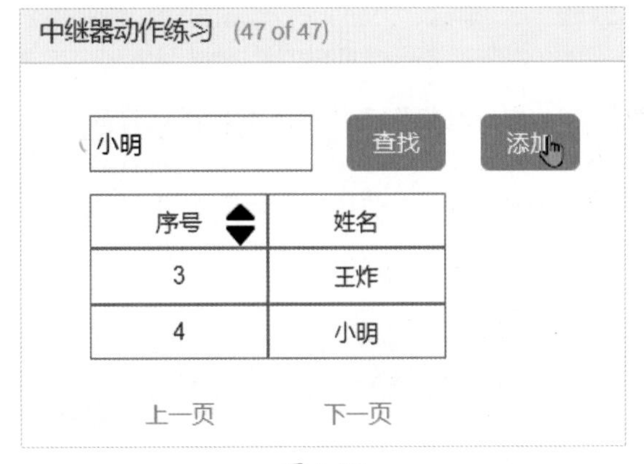

图 6-94

6. 更新行

Step01 在页面中双击“班级数据”元件进入元件编辑模式，复制已有的矩形并粘贴，将文本内容和命名都设置为“修改”，如图 6-95 所示。

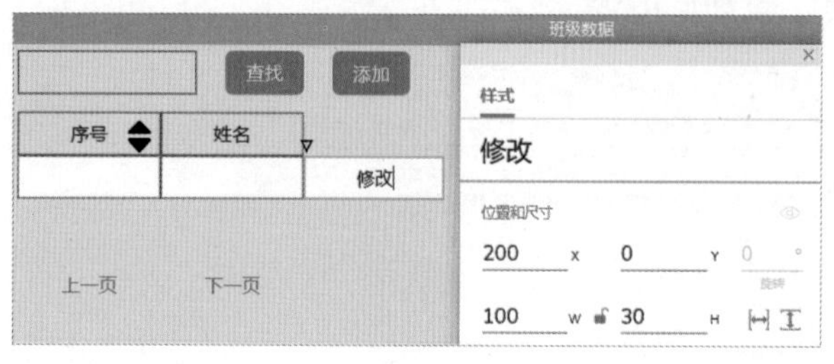

图 6-95

Step02 退出中继器元件编辑模式，复制“姓名”元件并粘贴，将文本内容和命名修改为“操作”，如图 6-96 所示。

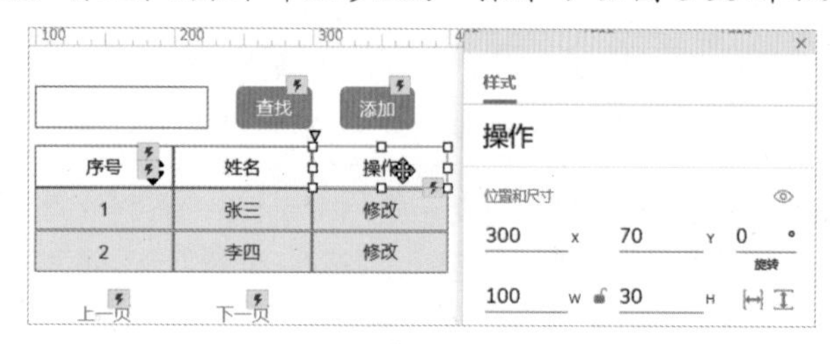

图 6-96

Step03 为页面添加“矩形 1”元件，在样式面板中将其命名为“更新边框”，“位置”的参数为（480，20），“尺寸”的参数为（300，200），如图 6-97 所示。

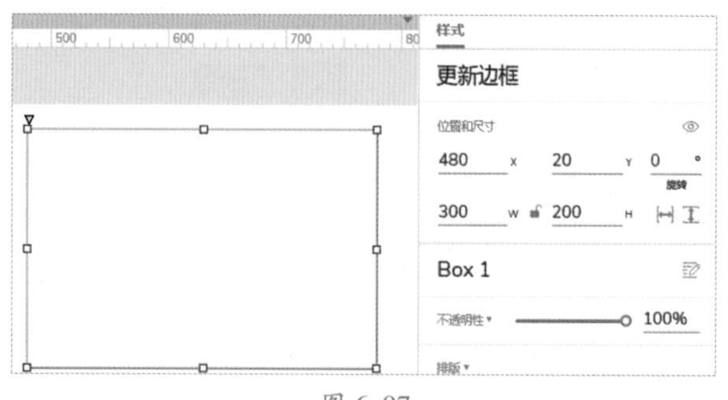

图 6-97

Step04 在“更新边框”元件中添加不同规格的元件，元件及参数如表 6-3 所示。为“新姓名”元件添加提示文本“输入新的姓名”，最终效果如图 6-98 所示。

图 6-98

表 6-3 不同规格元件及参数

元件	命名	位置	尺寸
文本框	新姓名	530，87	200，30
按钮	取消	516，160	100，30
主要按钮	更新	650，160	100，30

Step05 选中所有“更新边框”元件，如图 6-99 所示。

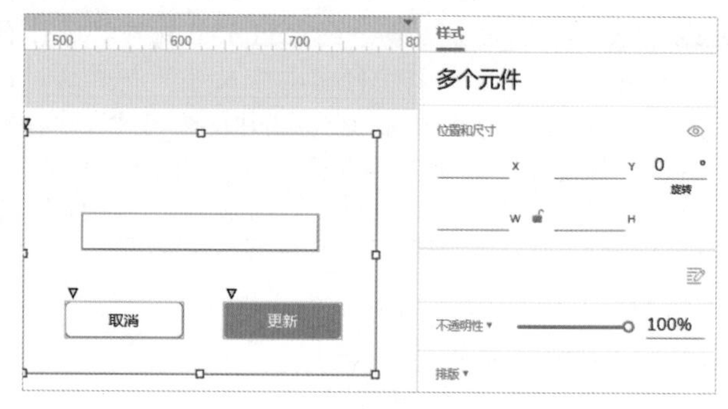

图 6-99

Step06 右击框选范围，将元件转换为动态面板，也可以使用快捷组合键“Ctrl+Shift+Alt+D”完成转换，如图 6-100 所示。

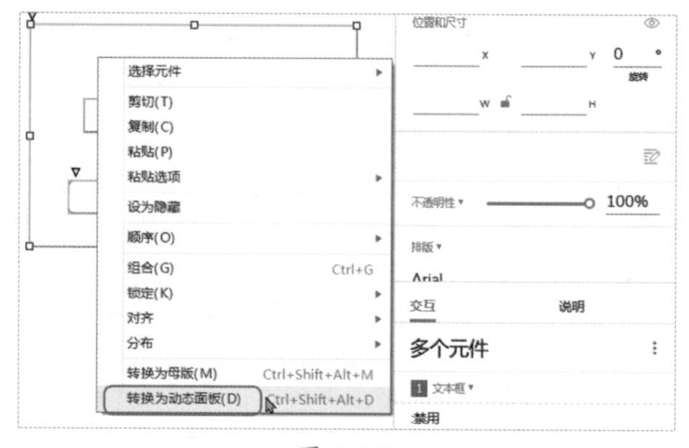

图 6-100

Step07 将转换后的动态面板命名为“更新面板”，然后单击工具栏上的“隐藏”按钮，如图 6-101 所示。

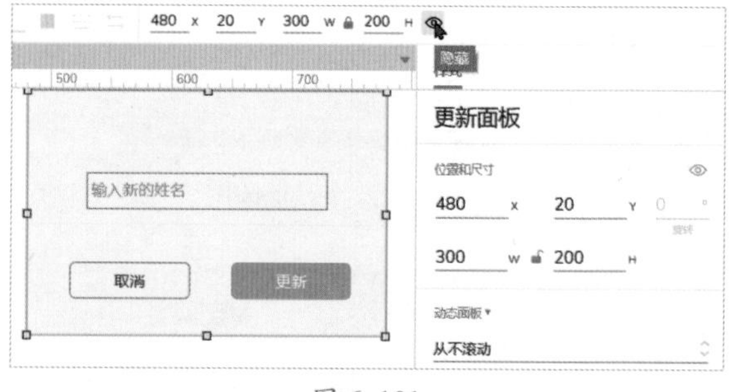

图 6-101

Step 08 双击“班级数据”元件进入元件编辑模式，选中“修改”按钮，为其添加“单击时”事件，动作为“显示/隐藏”，目标为“更新面板”并显示（前面默认设置了隐藏），单击“确定”按钮完成交互设置，如图 6-102 所示。

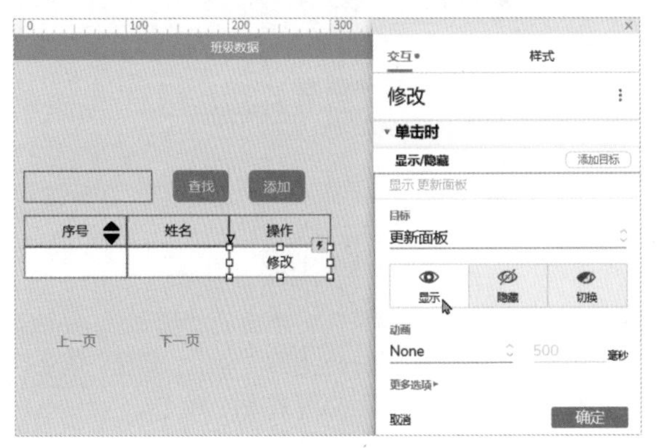

图 6-102

Step 09 完成“显示/隐藏”动作的添加后，继续为“修改”按钮添加动作，在交互面板中单击“插入动作”按钮，如图 6-103 所示。

图 6-103

Step 10 添加“标记行”动作（目的是标记要更新哪一行），目标选择“班级数据”，行选择“当前”，完成设置后单击“确定”按钮，如图 6-104 所示。

图 6-104

Step 11 双击更新面板进入面板状态编辑模式，为“取消”按钮添加“单击时”事件，动作为“显示/隐藏”，目标为“更新面板”，设置为“隐藏”，完成设置后单击“确定”按钮，如图 6-105 所示。

图 6-105

Step 12 为“更新”按钮添加“单击时”事件，动作为“更新行”，目标为“班级数据”，行类型选择“已标记”，如图 6-106 所示。

图 6-106

Step 13 单击“列 + 值”下面的“选择列”按钮，选择列为“name”，如图 6-107 所示。

图 6-107

Step14 列值类型为“值”，然后单击右侧的“*fx*”按钮，设置更新的值，如图 6-108 所示。

图 6-108

Step15 在弹出的“编辑值”对话框中设置更新行所在列的值，新增局部变量“NEWNAME”指向动态面板中的“新姓名”元件并在“插入变量或函数”区域引用 NEWNAME，最终为 [[NEWNAME.text]]，完成后单击“确定”按钮保存，如图 6-109 所示。

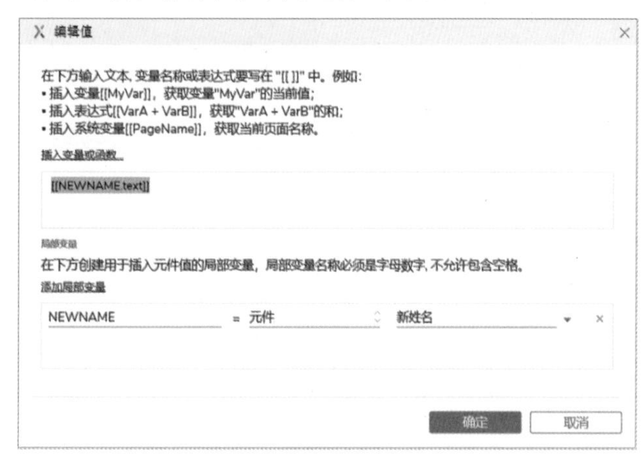

图 6-109

Step16 复制“取消”按钮的“显示 / 隐藏”动作，粘贴到“更新”按钮下，确保更新完成后自动隐藏对话框，如图 6-110 所示。

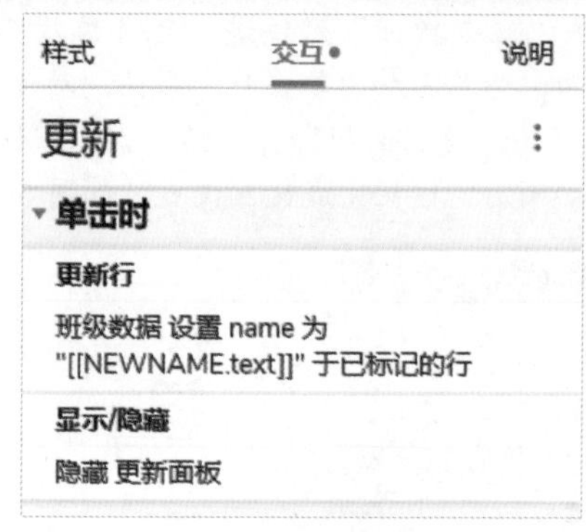

图 6-110

Step17 预览原型，单击序号 1 后面的“修改”按钮，弹出“更新面板”，输入新的名字“张三风”，单击“更新”按钮，数据已更新，如图 6-111 所示。

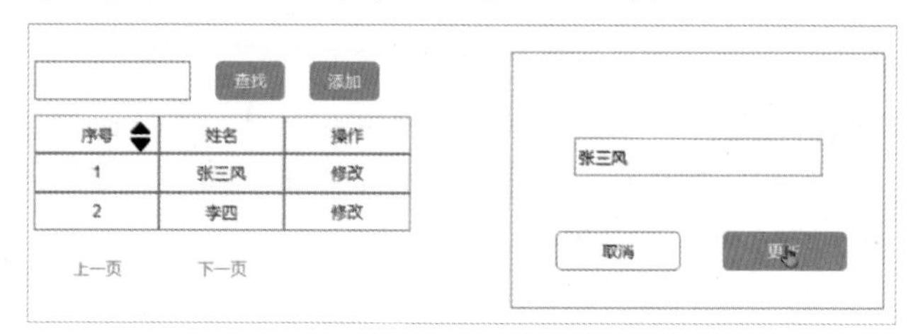

图 6-111

Step18 单击“取消”按钮隐藏“更新面板”，继续单击序号 2 后面的“修改”按钮，输入新的值“李四季”，单击“更新”按钮，发现第一行和第二行的姓名都发生了变化，这是因为每次单击“修改”按钮都会标记当前行，更新行是更新所有标记的行，如图 6-112 所示。

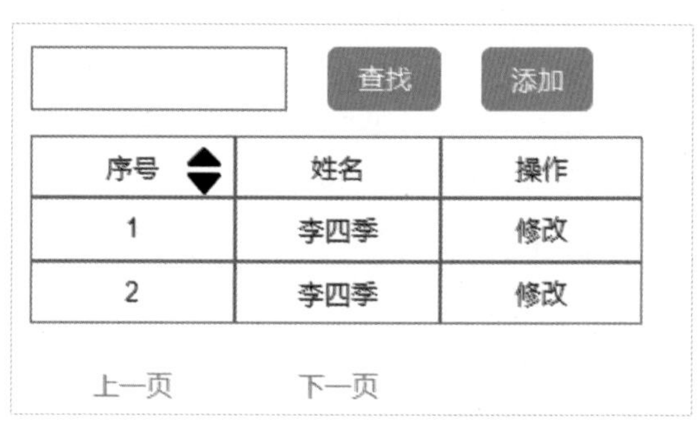

图 6-112

Step19 优化一下“修改”按钮，只更新当前行的数据。双击“班级数据”元件，进入中继器元件编辑模式，选中“修改”按钮，添加“取消标记”动作，目标为“班级数据”，行为“全部”，完成操作后单击“确定”按钮，如图 6-113 所示。

图 6-113

Step20 调整“修改”元件的动作顺序。选中要调整的动作，按住左键不放上下拖动调整位置，每次单击时先取消所有标记的行，再标记当前行，如图 6-114 所示。

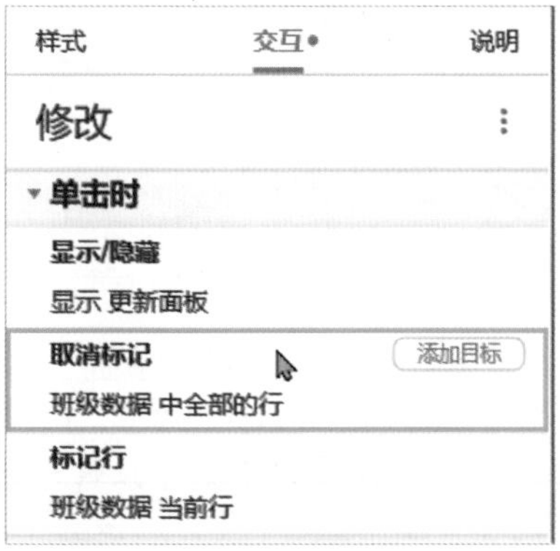

样式 交互 说明

修改

单击时

显示/隐藏

显示 更新面板

取消标记 添加目标

班级数据 中全部的行

标记行

班级数据 当前行

图 6-114

Step21 再次预览原型，更新多行数据，当前行的更新不会影响其他行的数据，如图 6-115 所示。

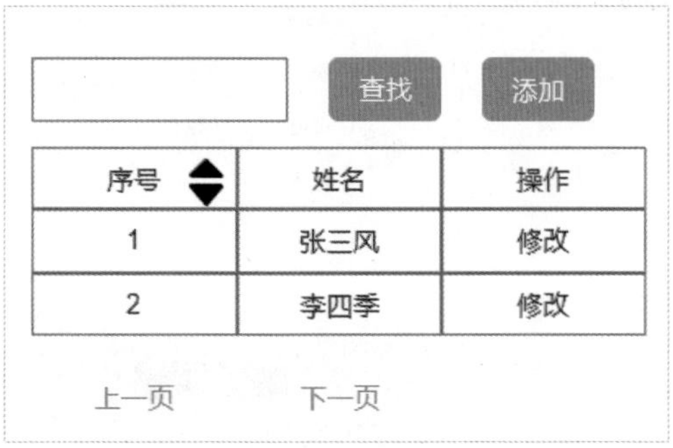

查找 添加

序号	姓名	操作
1	张三风	修改
2	李四季	修改

上一页 下一页

图 6-115

7. 删除行

Step01 双击“班级数据”进入中继器元件编辑模式，复制“修改”按钮并粘贴，修改文本和命名为“删除”，位置参数为（300，0），尺寸参数为（70，30），如图 6-116 所示。

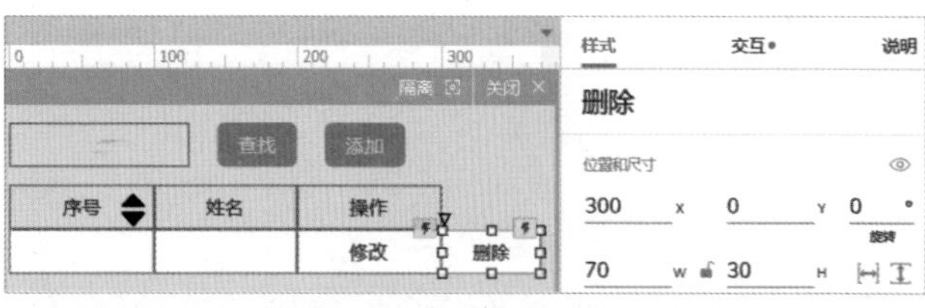

图 6-116

Step02 修改“删除”元件交互动作。删除复制过来的所有动作，添加“删除行”动作，目标为“班级数据”，行为“当前”，单击“完成”按钮保存设置，如图 6-117 所示。

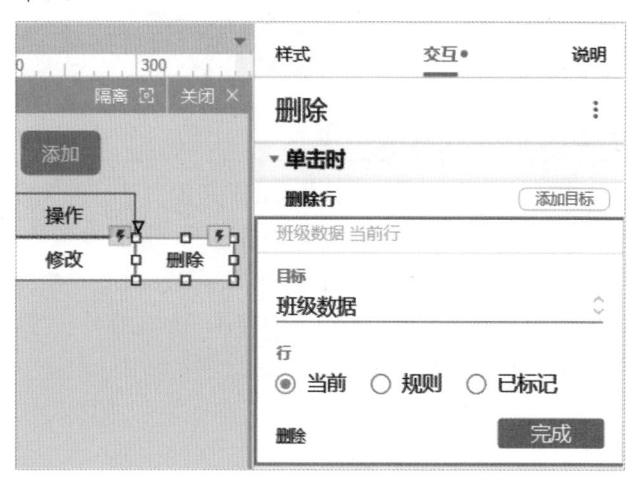

图 6-117

Step03 关闭中继器元件编辑模式，在页面上调整“操作”元件尺寸，使其与“删除”元件对齐，“位置”的参数为（300，70），“尺寸”的参数为（170，30），如图 6-118 所示。

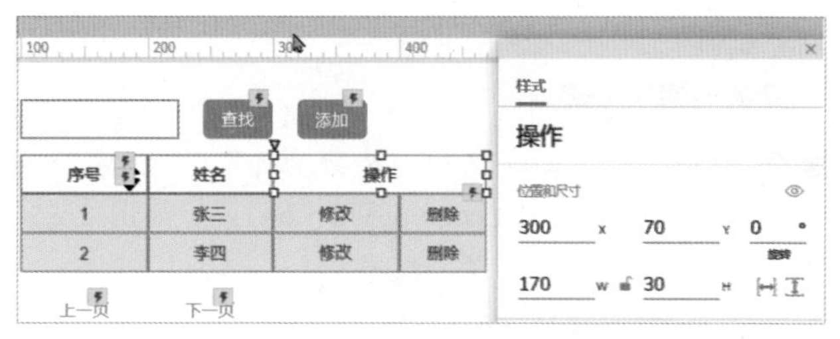

图 6-118

Step04 预览原型，单击序号 1 后面的“删除”按钮删除数据，结果如图 6-119 所示。

查找　添加

序号	姓名	操作	
2	李四	修改	删除
3	王炸	修改	删除

上一页　下一页

图 6-119

技能拓展——中继器动作

上面的例子对排序、筛选、分页设置、添加行、更新行及删除行进行了介绍，可扩展的知识还非常多，例如，数据筛选时的模糊匹配，分页设置中快速跳转到某一页，显示数据总条数批量更新、弹窗效果、批量删除和自定义规则等。后面还会介绍中继器相关的函数。

★重点 6.3.5　其他动作

除上一节介绍的动作外，Axure 还提供了一些非常实用的其他动作，包括设置自适应视图、设置变量值、等待、其他及触发事件。如果动作之间交互太快，为更好地衔接，可以使用“等待”动作及“触发事件”等，如图 6-120 所示。

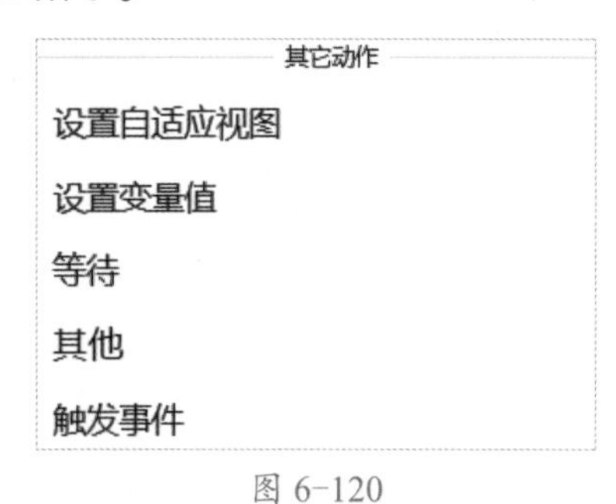

图 6-120

1. 设置自适应视图

Step01 新增一个页面命名为“其他动作”，在样式面板中设置页面尺寸为“iPhone 8(375×667)”，如图 6-121 所示。

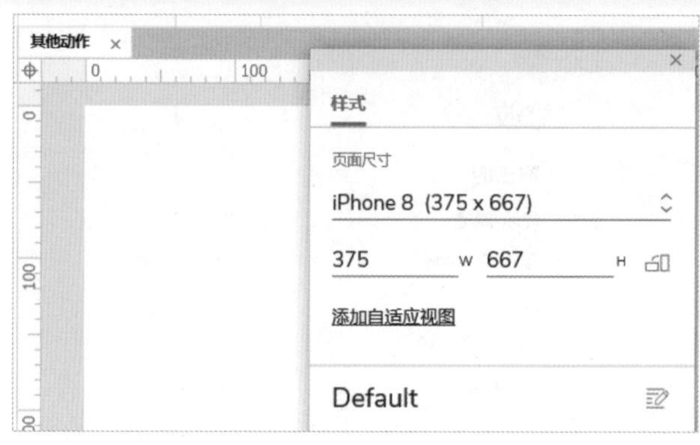

图 6-121

Step02 单击“添加自适应视图”选项，弹出“自适应视图”对话框，如图 6-122 所示。

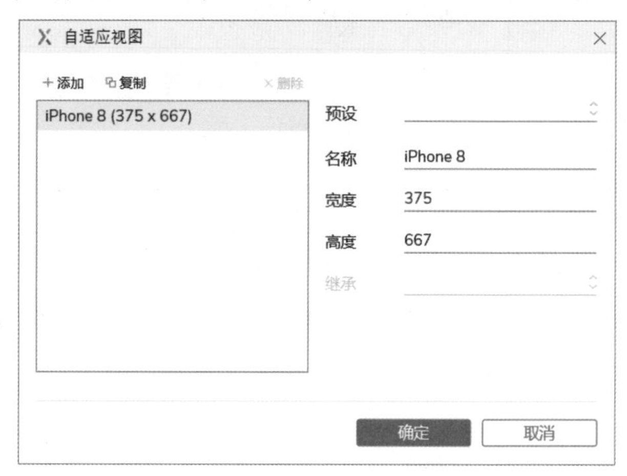

图 6-122

Step03 在“自适应视图”对话框中单击“添加”按钮，设置名称为“小视图”，尺寸参数为（200，200），继承 iPhone 8(375×667)，也可以单击“预设”选择预设好的视图，完成后单击“确定”按钮，如图 6-123 所示。

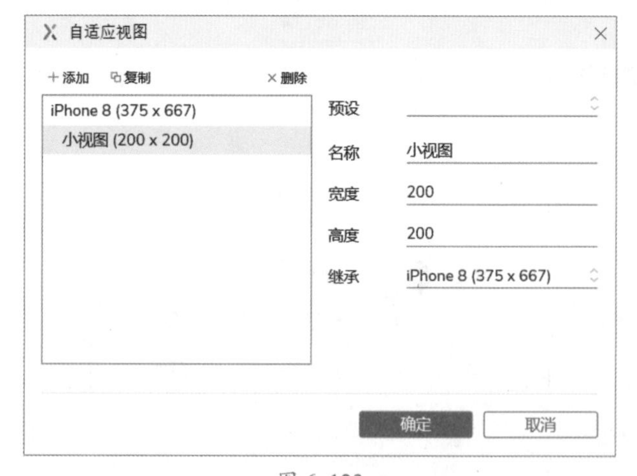

图 6-123

Step04 回到页面布局中，此时除了 iPhone 8 视图外，页面多了一个小视图窗口，在 iPhone 8 视图中拖入“主要按钮”元件，文本内容设置为“点击切换到小视图”，命名为“切换”，“位置”的参数为（40，50），“尺寸”的参数为（140，40），如图 6-124 所示。

图 6-124

Step05 单击“小视图”按钮发现，在 iPhone 8 视图中添加的元件，在小视图中也存在，如图 6-125 所示。

图 6-125

Step06 在“小视图”中复制“切换”按钮元件，文本内容设置为“点击切换到大视图”，命名为“切换 2”，“位置”的参数为（40，100），“尺寸”的参数为（140，40），如图 6-126 所示。

图 6-126

Step07 切换到“iPhone 8”视图，“切换 2”元件并没有出现，这是因为子视图默认新增的元件不影响继承的视图，若要保持一致，新增元件前需要先勾选“影响所有视图”复选框，如图 6-127 所示。

图 6-127

Step08 在“iPhone 8”视图中为“切换”元件添加“单击时”事件，动作选择“其他动作”下面的“设置自适应视图”，“自适应视图”选择“小视图（200×200）”，如图 6-128 所示。

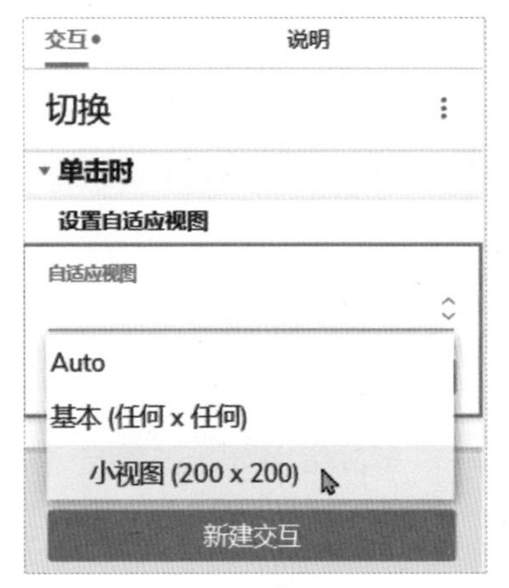

图 6-128

Step09 选中上一步添加的交互动作，使用快捷组合键“Ctrl+C”复制后，切换到“小视图”，删除“切换”元件，选中“切换 2”元件，在“交互”面板中按快捷组合键“Ctrl+V”粘贴已复制的交互事件，如图 6-129 所示。

图 6-129

Step10 单击动作目标“小视图”，将其修改为“基本（任何 × 任何）”，如图 6-130 所示。

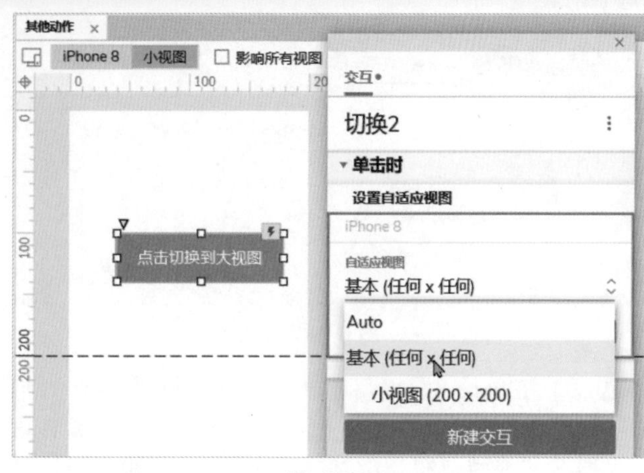

图 6-130

Step 11 预览原型，单击“点击切换到小视图”，窗口由 iPhone 8 变为自定义的“小视图”，如图 6-131 所示。

图 6-131

单击“点击切换到大视图”，则再次回到“iPhone 8”视图，如图 6-132 所示。

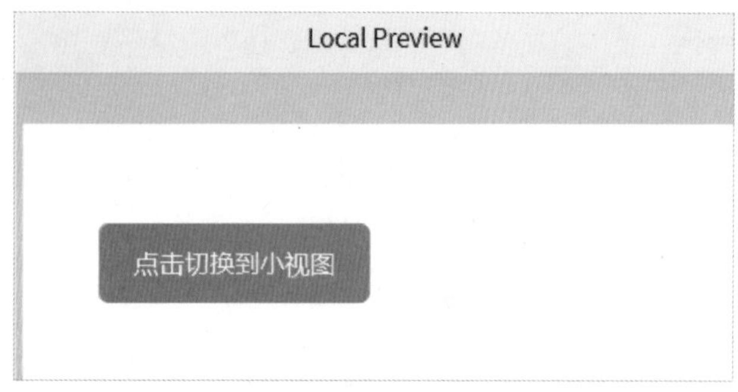

图 6-132

2. 触发动作实现加载效果

接上一个例子，继续学习一个重要的“触发”动作，触发其他页面或元件的事件。

Step 01 为页面添加“载入时”事件，动作选择“移动”，目标为“切换”，移动类型选择“经过”，“位置”的参数为（60，0），单击“完成”按钮，如图 6-133 所示。

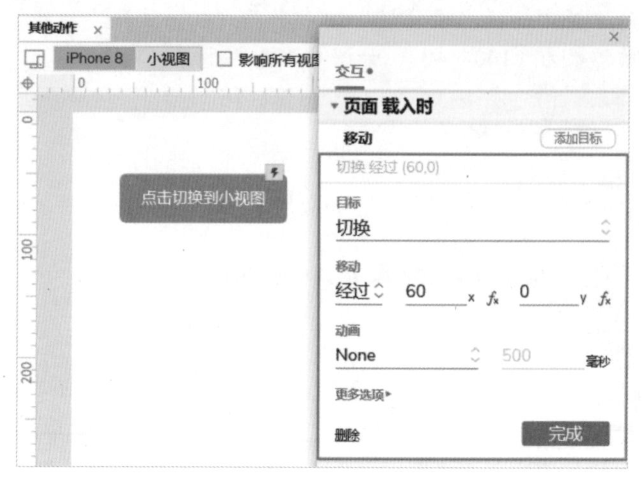

图 6-133

Step 02 预览原型，此时“切换”按钮的位置向右移动了 60 像素，如图 6-134 所示。

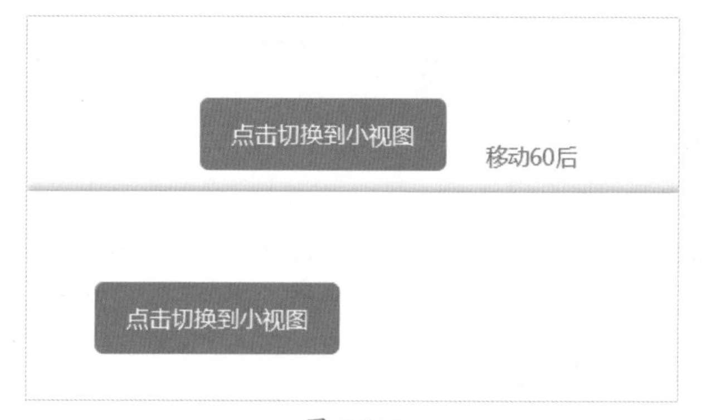

图 6-134

Step 03 在页面中添加“按钮”元件，文本内容和命名都为“触发加载事件”，“位置”的参数为（49，130），“尺寸”的参数为（82，19），如图 6-135 所示。

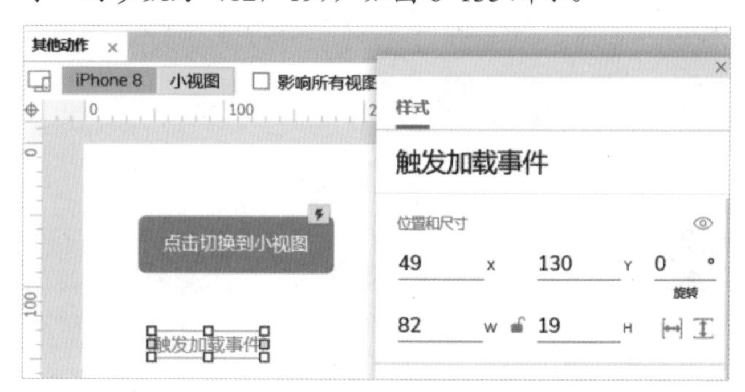

图 6-135

Step04 为“触发加载事件”元件添加“单击时”事件，动作选择“其他事件”下面的“触发事件”，目标选择“页面”，单击“添加事件”按钮，选择“页面载入时”，最后单击“确定”按钮，如图 6-136 所示。

图 6-136

Step05 预览原型，多次单击“触发加载事件”元件，此时并没有直接使用移动动作，而是通过触发页面的加载时事件进行驱动，如图 6-137 所示。

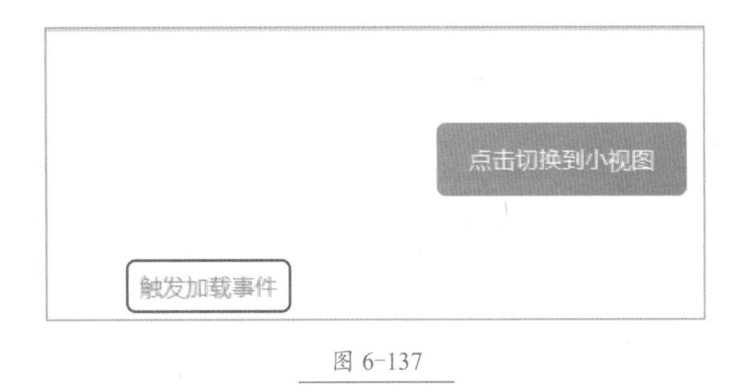

图 6-137

6.4 交互常用行为

在进行交互时配合动作会有很多行为，本节将对常用的行为进行梳理，以方便读者在进行交互设计时更好地应用它们，个别行为已经在前文使用过了，如“隐藏”“显示”“经过”等。

6.4.1 经过 / 到达

在移动元件时可以选择“经过”或“到达”，其中“经过”是指在现有的位置基础上进行叠加，如当前“位置”参数为（0，0），“经过”设为（100，100），则第一次移动后元件的位置参数为（100，100），第二次为（200，200），以此类推，可参考图 6-133。

“到达”则是不管当前元件的位置如何，直接到达指定位置；例如，矩形元件的位置参数为（90，100），“到达”设置参数为（200，100），执行到达后，则矩形元件的位置参数为（200，100）。

6.4.2 轨道

在移动动作中，“更多选项”可以对移动的轨道进行选择，轨道是指移动的轨迹，默认为“直线”，可以选择“顺时针弧线”和“逆时针弧线”，如图 6-138 所示。

图 6-138

6.4.3 边界值

同样，移动元件时还可以通过“更多选项”中的

"边界"限定元件的移动范围，可以对元件的顶部、底部、左侧、右侧添加一个或多个边界限制，如图 6-139 所示。

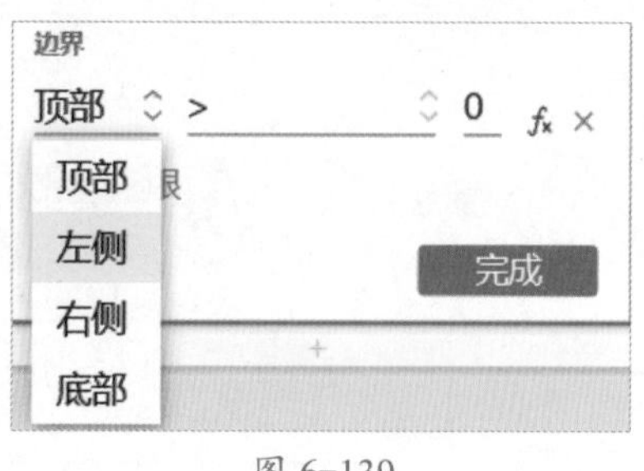

图 6-139

6.4.4 旋转

在对元件添加"旋转"动作后，可以设置旋转相关的行为。旋转用于改变原有元件的角度与位置，配合循环还可以做出旋转动画，旋转方向包括"顺时针"和"逆时针"。旋转时可以选择"经过"或"到达"并设置旋转角度，在"更多选项"中还可以设置旋转时的偏移值及锚点位置（默认居中），如图 6-140 所示。

图 6-140

6.4.5 偏移

偏移是指在现有的位置基础上整体沿 *X* 轴和 *Y* 轴移动（偏移），如图 6-141 所示，左边是未偏移的三角形，右边是偏移（200，200）的三角形。

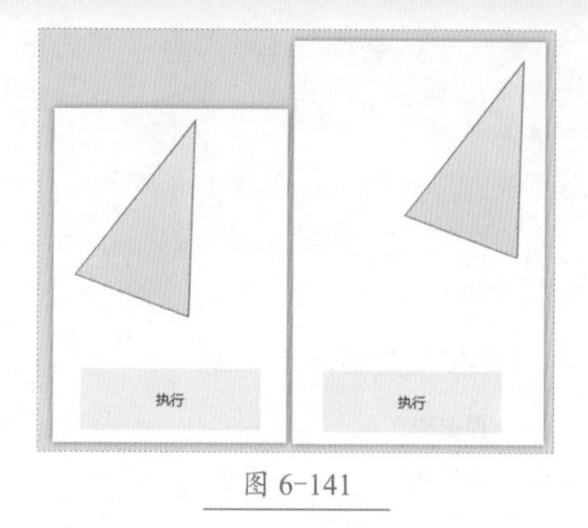

图 6-141

6.4.6 透明度

透明度可用于弹窗屏蔽及元件图层之间的视觉设置。透明度范围建议是 0~100，可以通过"样式"面板进行设置，也可以使用"设置不透明"动作进行设置，默认为 100%（不透明），如图 6-142 所示。

图 6-142

6.4.7 接触 / 未接触

在"情形编辑"时，当我们选择"指针"或"元件范围"时可以设置"接触"和"未接触"。接触和未接触用于判断指针或元件范围是否触碰另外的元件范围，所谓元件范围可以理解为元件的面积。举个例子，《西游记》中孙悟空使用金箍棒为师父画了一个圈，让师父待在圈里，当妖怪接触到圈时（任意方位都算）触发保护机制，未接触时不触发。在"情形编辑"对话框中，设置接触和未接触，如图 6-143 所示。

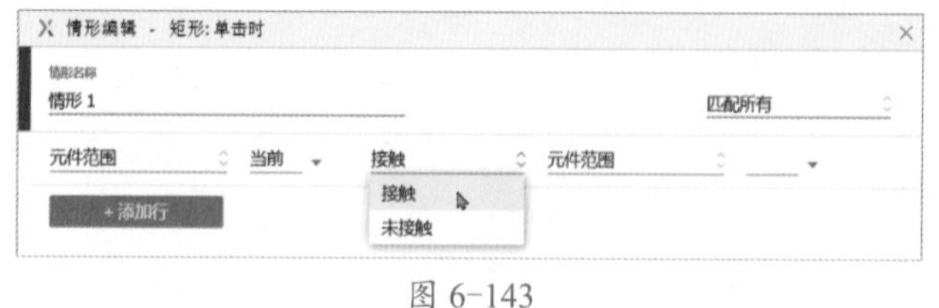

图 6-143

6.4.8 推动 / 拉动

对于已隐藏的元件，在设置显示时可以在“更多选项”中设置“推动元件”效果，可以整体推动下方或右侧的元件。“拉动”则是针对已显示的元件，在设置隐藏后，为确保不留空白区域（有时为了更加美观），可以整体拉动下方或右侧的元件。

6.4.9 置于顶层 / 置于底层

不管页面有多少层，都可以快速将元件置于顶层（不被遮挡），更直观地展示，置于底层可能被其他元件遮挡。

6.4.10 显示 / 隐藏

这两个行为用得比较多，可以通过“样式”面板设置元件是否可见，也可以通过动作设置，显示时可见，隐藏时不可见。

6.5 动画与效果

在进行交互时可以设置交互动画，就像我们制作 PPT 一样，Axure 同样可以设置很多交互动画效果。Axure 提供了很多动画与预设效果，包括常用的缓慢进入 / 退出、弹跳、灯箱效果、推动效果等。

6.5.1 摇摆

在设定的时间内，动画为“摇摆”，时间单位为毫秒，值越小速度越快（其他的动画也一样），可用作元件移动或旋转时的动画，如图 6-144 所示。

图 6-144

6.5.2 线性

线性是一种匀速的动画，在原型设计中可以将时间值设定得大一点，便于观察。

6.5.3 缓慢进入 / 退出

开始进入或退出时稍慢，中间很快。前者慢慢加速，后者慢慢减速，区分于线性的匀速效果。

6.5.4 缓进缓出

开始时缓慢进入，中间快，快结束时稍慢，简单来说就是两端慢中间快。

6.5.5 弹跳

动画到达指定位置时会回弹，就像小球碰到墙壁时会回弹一样。

6.5.6 弹性

弹性动画和弹跳很相似，但“弹性”速度更快且到达指定位置时还会继续弹出去，然后又马上回来，有点小顽皮。

6.5.7 逐渐

可以理解为由透明慢慢过渡到不透明的效果，从模糊不清逐渐变为清晰，在隐藏或显示动作元件时可以设置此动画。

6.5.8 滑动

类似手指在屏幕上、下、左、右滑动推出新的元件，常用于选项卡、小卡片之间的切换及滑动解锁等功能的动画交互，在隐藏或显示元件动作时可以设置此动画。

6.5.9 翻转

从不同的方向对元件进行翻转，速度取决于时间值，完成翻转后可以快速还原元件的原本模样，在隐藏或显示元件动作时可以设置此动画。

6.5.10 显示效果

在设置“显示”行为时，可通过“更多选项”设置 3 种不同的显示效果，分别是灯箱效果、弹出效果和推动元件，如图 6-145 所示。

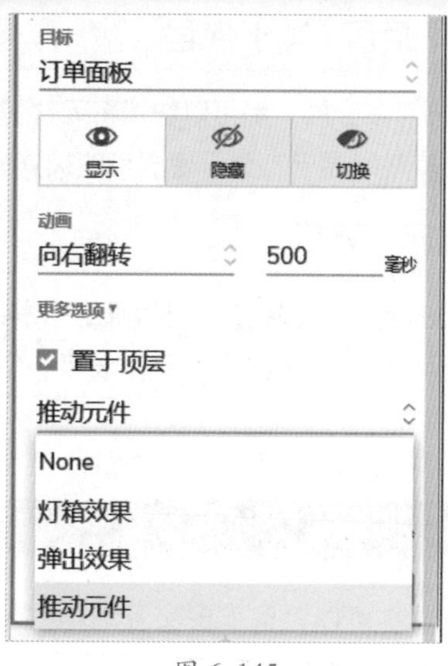

图 6-145

1. 灯箱效果

非常实用的效果，它会为元件下面的内容制作蒙版，像灯箱罩住灯泡一样，可以设置蒙版的背景颜色，也可以调整其透明度（默认为 61%），通常配合“置于顶层”选项使用，如图 6-146 所示。

图 6-146

为矩形元件添加“灯箱效果”，下面的按钮无法直接单击，当单击蒙版区域时可快速关闭这种效果（删除蒙版），常用于对话框或弹窗的交互，如图 6-147 所示。

图 6-147

2. 弹出效果

弹出效果和灯箱效果的区别在于没有蒙版，当离开触发弹出效果的元件范围时，弹出内容自动消失，可用于制作指向性的提示交互。

3. 推动元件

显示元件时推动下方或右侧的其他元件，可配合动画使用，默认没有动画。

6.5.11 拉动元件

使用动作将元件设置为隐藏时，可以在“更多选项”中选择拉动元件。隐藏元件时整体拉动下方或右侧的其他元件，可配合动画使用，默认没有动画。

6.6 变量

值可以随时发生改变的量称为变量，变量的作用是接收值并引用到需要的地方。本节主要学习局部变量和全局全量，其中局部变量仅在当前范围内有效，离开该范围则失效；全局变量则在整个原型设计中始终有效，页面之间可以共享。

★重点 6.6.1 变量与情形、事件及动作的关系

动作中可以设置全局变量的值，情形中可以将变量值作为判断条件，在编辑文本值时可以将变量的值指定给元件。事件驱动动作，情形约束事件，而变量则是作为“子民”为事件、情形、动作提供引用服务。

6.6.2 局部变量

在“中继器”动作中我们已经用到局部变量，局部变量顾名思义，就是局部有效的变量，使用时要设置变量名，并为这个变量名指定数据来源，引用即可。如 a=5，则 a+5=10，我们称 a 为变量，当 a=6 时等式结果会发生变化。如果这个 a 的使用范围有限，仅限于某道数学题，那么称这个 a 为局部变量。局部变量的命名允许使用中文，但不能以数字或英文开头，不能包含英文符号组合，可以是中文符号（不推荐），名字应该容易理解且有意义。

6.6.3 实战：局部变量的简单应用

Step01 新增一个页面并命名为“局部变量练习”，在“样式”面板中设置“页面尺寸”的参数为“iPhone 8（375×667）”，如图 6-148 所示。

图 6-148

Step02 在页面上添加如表 6-4 所示规格的元件，完成的效果如图 6-149 所示。

表 6-4 添加的元件及参数

元件	命名	位置	尺寸
文本框	姓名	45，110	300，40
矩形 2	提示框	0，200	375，40
主要按钮	验证	66，278	258，40

图 6-149

Step03 为“验证”元件添加“单击时”事件，目标为“提示框”，动作设置为“文本”，如图 6-150 所示。

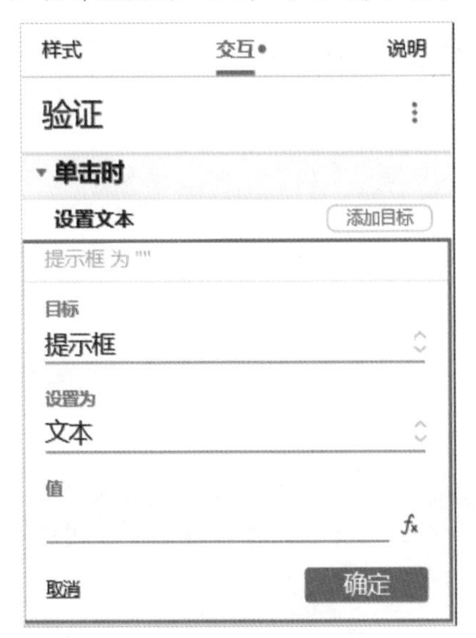

图 6-150

Step04 设置文本值，单击图 6-150 中的“*fx*”按钮，在弹出的“编辑文本”对话框中单击“添加局部变量”选项，修改变量名为“TIPS”，使用“姓名”为元件赋值，如图 6-151 所示。

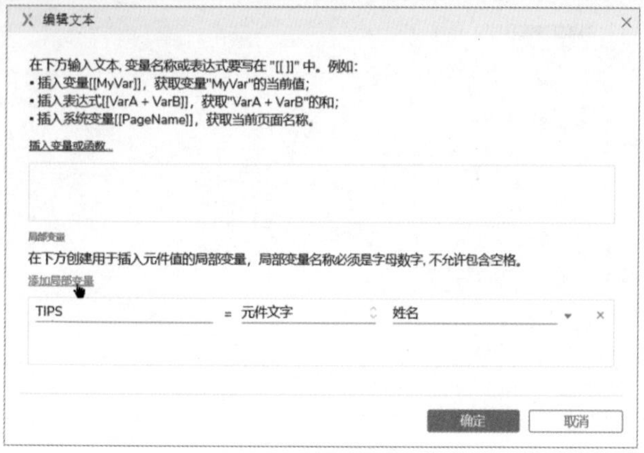

图 6-151

Step05 单击“插入变量或函数”选项，引用新添加的“TIPS”局部变量，单击“确定”按钮完成文本设置，如图 6-152 所示。

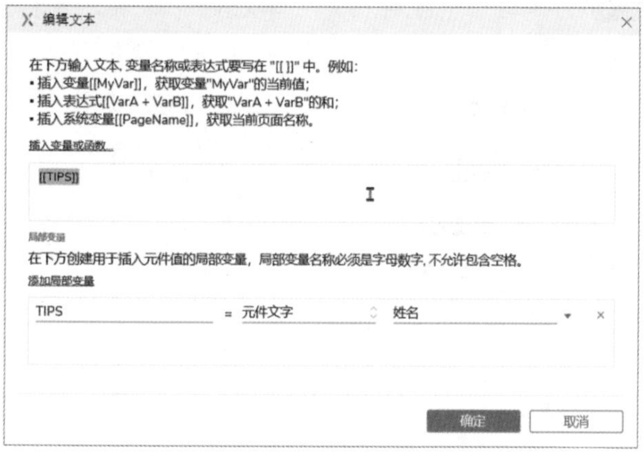

图 6-152

Step06 预览原型，在姓名文本框中输入“hello Axure”，然后单击“验证”按钮，提示框显示出相应的内容，如图 6-153 所示。

图 6-153

Step07 继续完善验证，当输入的姓名为“admin”时提示框显示“欢迎使用 admin”，否则显示“用户名 ××× 不存在”。在“交互”面板中单击“启用情形”按钮为“单击时”事件添加情形，如图 6-154 所示。

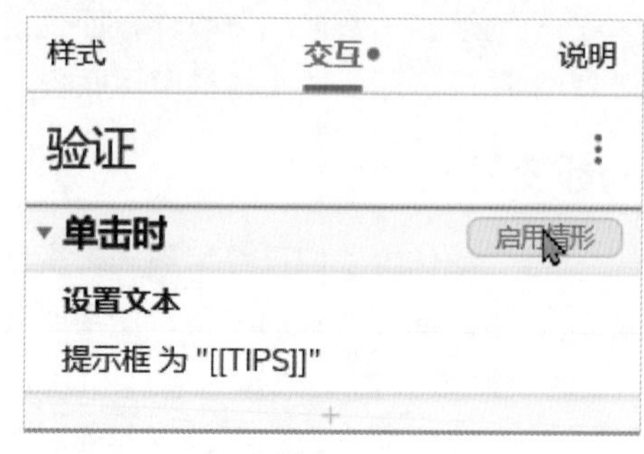

图 6-154

Step08 在弹出的“情形编辑”对话框中，设置情形名称为“用户名判断”，条件选择“元件文字”，对应的元件选择“姓名”，比较值为“admin”，如图 6-155 所示。

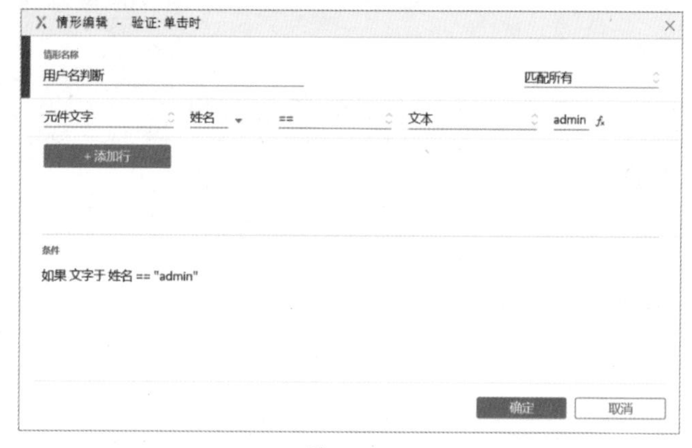

图 6-155

Step09 单击“确定”按钮添加情形后，“验证”按钮元件在交互面板中的内容如图 6-156 所示。

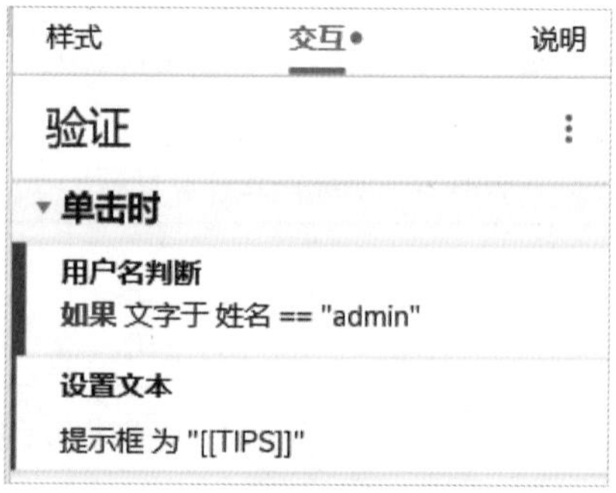

图 6-156

Step10 选中上一步中添加的情形，使用快捷组合键“Ctrl+C”复制，然后使用快捷组合键“Ctrl+V”粘贴，此时会提示新的情形，如图 6-157 所示。

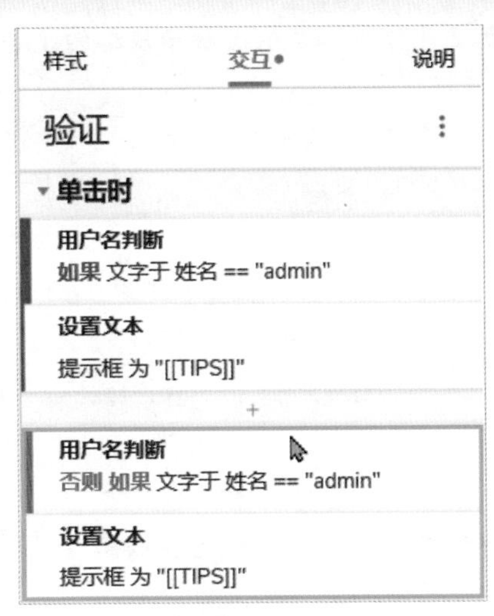

图 6-157

Step 11 使用前面学习的"修改情形"方法，修改新复制的情形名称为"用户名判断 2"，双等号"=="改为不等号"！ ="，如图 6-158 所示。

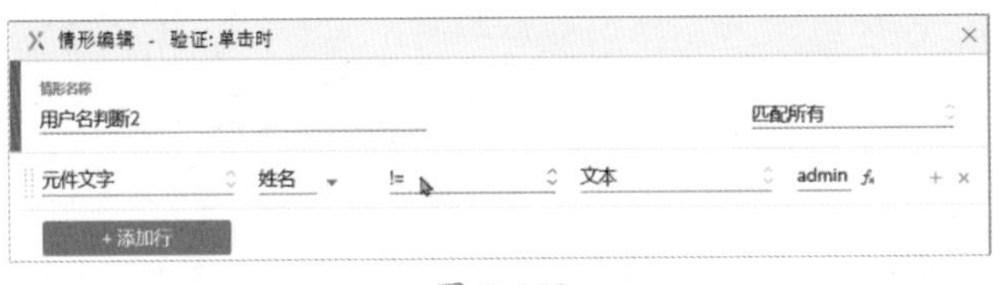

图 6-158

Step 12 修改动作执行内容，在"交互"面板中单击"用户名判断"情形中"设置文本"下方的内容链接，如图 6-159 所示。

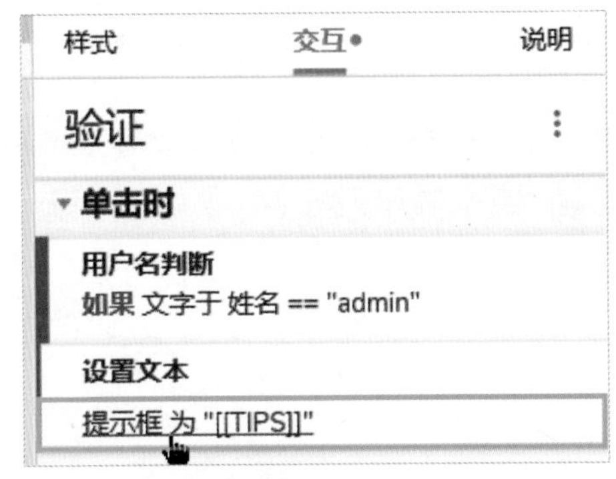

图 6-159

Step 13 在弹出的"编辑文本"对话框中，修改"插入变量或函数"中的内容，调整为 [[" 欢迎使用 "+TIPS]]，完成操作后单击"确定"按钮，如图 6-160 所示。

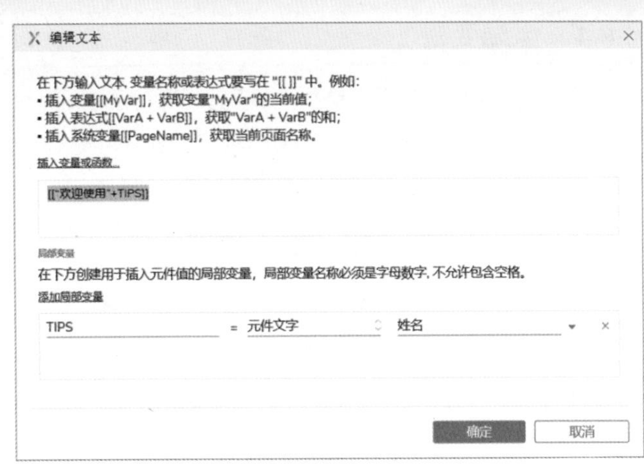

图 6-160

Step 14 用同样的方法调整情形"用户名判断 2"中的文本值为 [[" 用户名 "+TIPS+" 不存在 "]]，注意双引号为英文半角，最终"交互"面板的内容如图 6-161 所示。

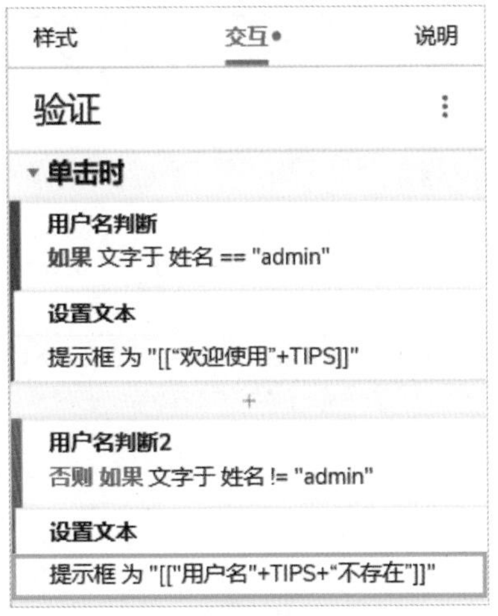

图 6-161

Step 15 预览原型，在姓名文本框中输入"admin"，单击"验证"满足"用户名判断"，情形显示"欢迎使用 admin"；当输入其他值，如"zhangsan"时不满足"用户名判断 2"中的情形，显示"用户名 zhangsan 不存在"，如图 6-162 所示。

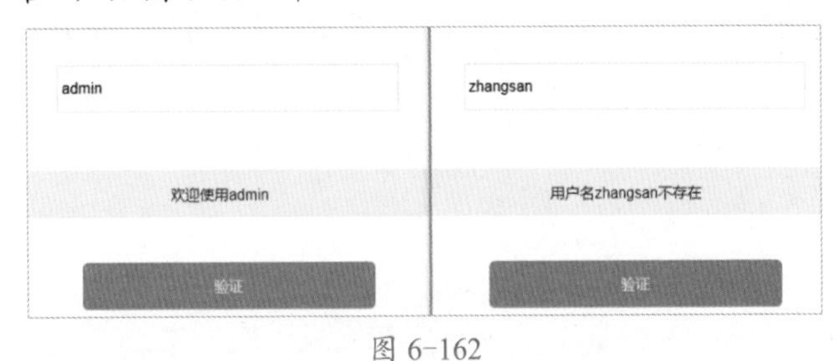

图 6-162

6.6.4 全局变量

全局变量的作用范围是整个原型页面，所有页面可以共享其值，在 Axure 中可执行“项目”菜单中的“全局变量”命令进行管理，如图 6-163 所示。

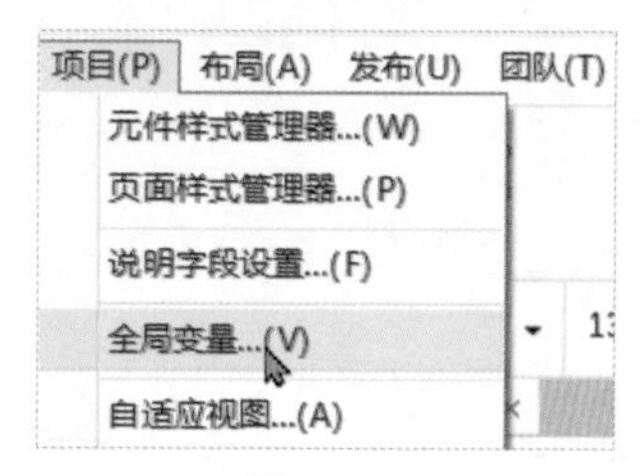

图 6-163

在“全局变量”对话框中，有一个默认的名为“OnLoadVariable”的全局变量，可以修改其名字并填写默认值，但无法删除这个默认的全局变量。通过单击“添加”按钮可以添加新的全局变量，当全局变量超过 1 个时，还可以通过“上移”“下移”按钮调整变量顺序，如图 6-164 所示。

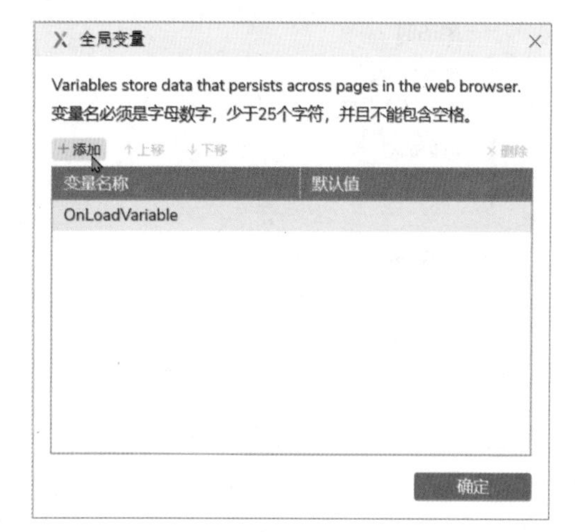

图 6-164

6.6.5 实战：全局变量的简单应用

Step 01 新增一个页面并命名为“全局变量练习”，“页面尺寸”设置为“iPhone 8（375×667）”，如图 6-165 所示。

图 6-165

Step 02 在页面上添加如表 6-5 所示规格的元件，效果如图 6-166 所示。

表 6-5 需要添加的元件及参数

元件	命名	位置	尺寸
文本标签	当前已报名人数	19，64	112，16
矩形 2	报名总数	131，51	183，42
文本框	人数文本框	19，128	328，40
主要按钮	提交	207，207	140，40

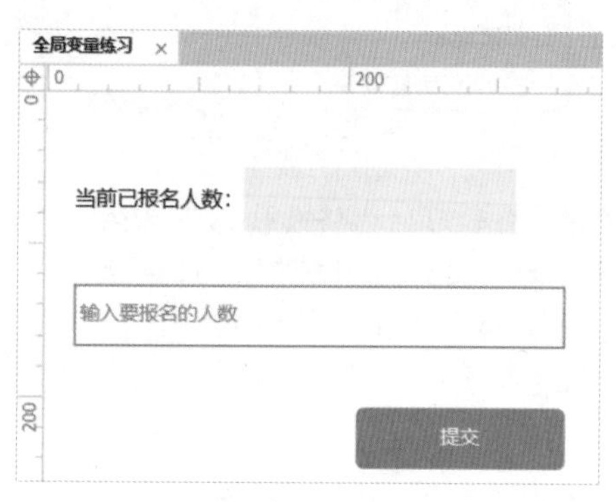

图 6-166

Step 03 打开“全局变量”对话框，添加全局变量“TOTAL”用于记录报名人数，默认值设置为 0，表示刚开始时没有人报名，如图 6-167 所示。

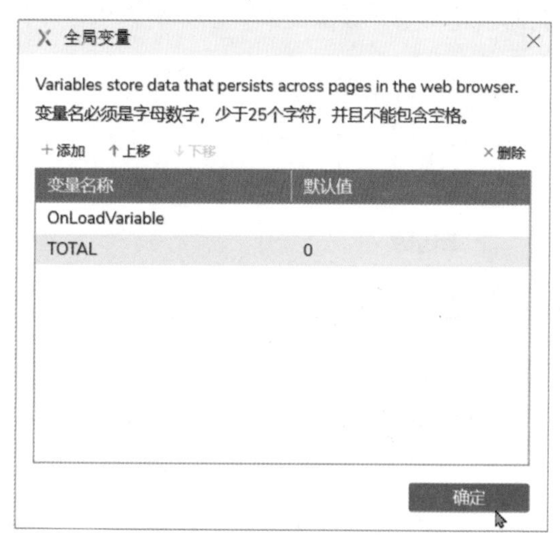

图 6-167

Step 04 为页面添加“页面载入时”事件，动作为“设置文本”，目标选择“报名总数”，设置为“文本”，文本值通过单击“值”后面的“*fx*”图标，在“插入函数或变量”中选择新增的全局变量“TOTAL”或直接输入“[[TOTAL]]”，完成之后单击“确定”按钮，如图 6-168 所示。

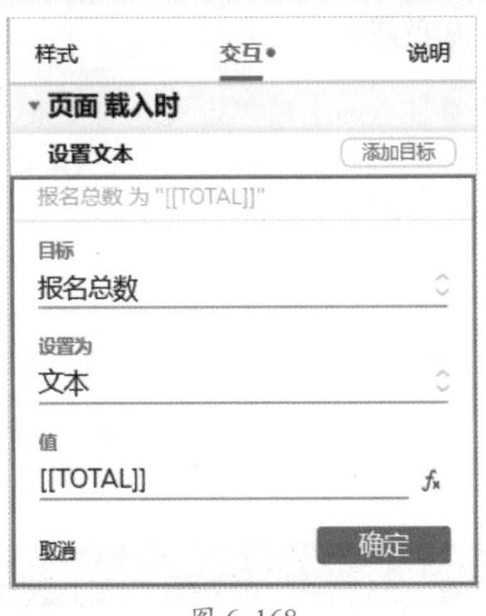

图 6-168

Step05 预览原型，此时页面载入时会将全局变量“TOTAL”的默认值0赋给“报名总数”元件的文本值，如图6-169所示。

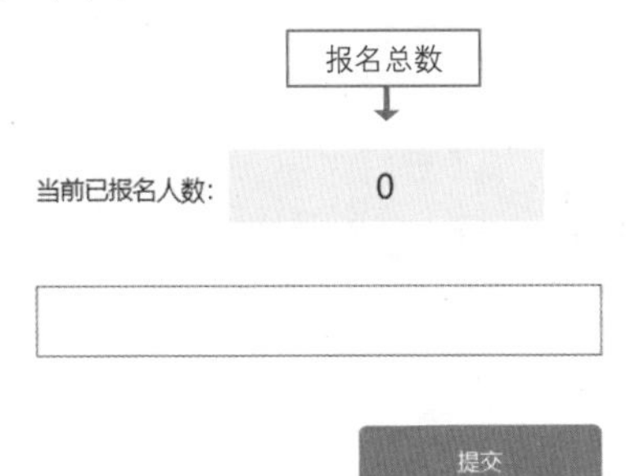

图 6-169

Step06 回到原型设计中，继续为“提交”按钮添加“单击时”事件，动作为“设置变量值”，目标选择“TOTAL”，单击“*fx*”按钮，如图6-170所示。

图 6-170

Step07 在“编辑文本”对话框新增局部变量“InputNumbers”接收输入的人数，总人数=当前总人数+输入的数量，因此，在“插入变量或函数”区域选择存放总人数的全局变量“TOTAL”及存放输入数据的局部变量“InputNumbers”，使用“+”号连接表明两个变量需要进行加法计算，这被称作“表达式”，完成操作后单击“确定”按钮，如图6-171所示。

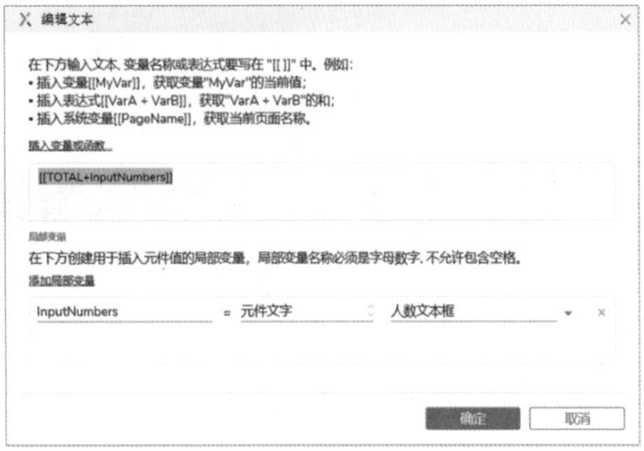

图 6-171

Step08 上一步的操作只会改变全局变量的值，但是并不会将值更新到“报名总数”元件的文本值，这里还需要为“提交”按钮添加一个触发事件，再次触发第3步中设置的页面载入时事件，目标为“页面”，事件选择“页面载入时”，确认操作后，单击“完成”按钮，如图6-172所示。

图 6-172

Step09 预览原型，第一次输入20并单击“提交”按钮，第二次输入90后提交，报名总数变为110，如图6-173所示。

图 6-173

6.6.6 系统变量

系统变量是 Axure 预先定义好的变量，也称系统属性。在原型设计时可以直接使用，如 width 代表宽度，页面宽度表示当前原型页面整体的宽度，元件宽度表示元件（矩形、动态面板等）当前的宽度，在下节中将详细介绍。

6.7 系统变量与函数

Axure 提供了很多系统变量和函数，可以帮助我们更好地进行原型设计。系统变量在上节中有提到，使用系统变量可以快速得到元件或页面的属性值。函数也并不陌生，如数学函数中的绝对值、平方根和正切等，函数由特定的名字表示，用于执行特定的任务，如 Math.abs(-5) 表示求 -5 的绝对值，abs 就是函数名，来源于 Math 分类，执行的任务就是计算数字的绝对值。

★重点 6.7.1 变量与函数的关系

了解变量与函数的定义后，搞清楚它们之间的关系非常重要。首先 Axure 中内置了很多函数，单击“*fx*”按钮可以插入函数或变量，函数由若干个变量构成。

函数在执行时需要传入一个或多个值，也可以使用空函数，即不传入值，如前面提到的 abs(-5) 可换成 abs(x)，函数引用变量 *x* 并执行特定的任务。

函数与变量的区别在于，函数有括号“( )”，变量可以直接使用，也可以配合函数和表达式使用（用 +、-、*、/ 等符号进行连接）。

6.7.2 页面属性

页面提供了一个叫“PageName”的属性（变量），它的作用是得到当前原型页面的标题名字，在“编辑文本”对话框中单击“插入变量或函数”按钮可以找到，也可以通过输入关键字进行模糊搜索，如图 6-174 所示。

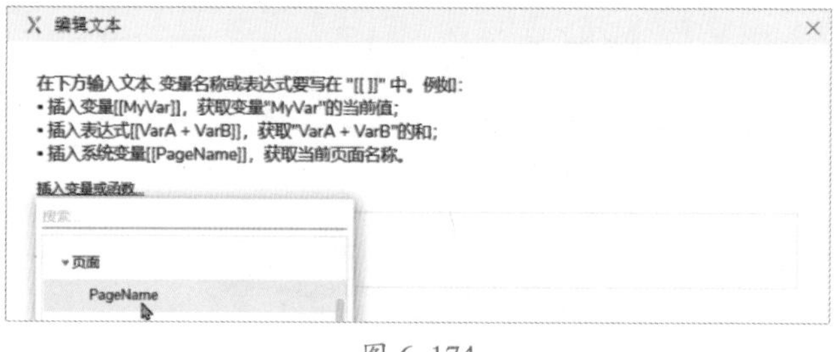

图 6-174

PageName 的用法非常简单，新增页面并将其命名为“页面属性”，在页面中拖入“二级标题”元件，接着为页面添加“页面载入时”事件，动作选择“设置文本”，目标为“二级标题”，设置的值为 [[PageName]]。系统提供的变量名不区分大小写，如 pageName 及 PAgeName 都可以，但都需要用 [[]] 包裹，如图 6-175 所示。

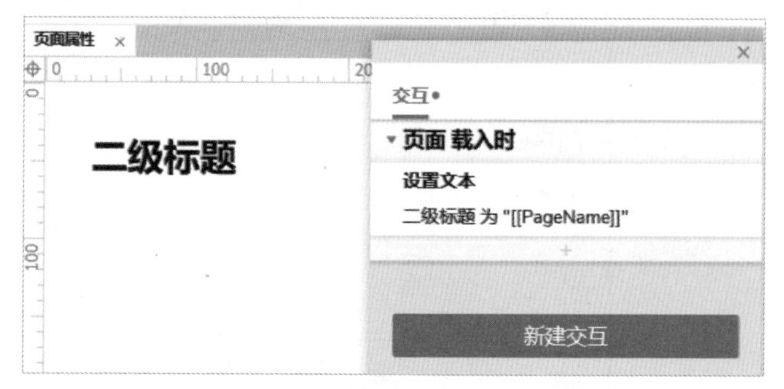

图 6-175

使用系统变量“PageName”为二级标题元件赋值后，我们来预览效果，可以看到页面上的“二级标题”变为页面标题“页面属性”，如图 6-176 所示。

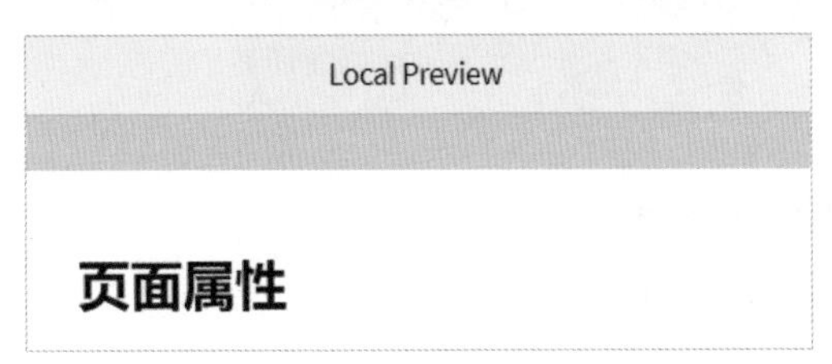

图 6-176

6.7.3 窗口属性

窗口属性共 4 个，使用“Windows.”调用，含义分别是获取窗口的宽度（Window.width）、高度（Window.height）、滚动条的 *X* 坐标值（Window.scrollX）及 *Y* 坐标值（Window.scrollY），通常可搭配“滚动时”事件使用，如图 6-177 所示，应用场景“查看当前窗口的属性”，如图 6-178 所示。

图 6-177

窗口宽度：1519
窗口高度：719
窗口滚动条X坐标位置：0
窗口滚动条Y坐标位置：28.79999923706

图 6-178

6.7.4 元件属性

在“样式”面板中可以设置元件属性，这些属性可以被引用在原型页面中，如元件上的文本（text）、元件的命名（name）、透明度（opacity）、元件位置（*x*，*y*）及元件尺寸（width，height）等，元件属性及含义如表 6-6 所示。

表 6-6　元件属性及含义

属性	含义
This	引用当前元件，配合其他属性使用，如 This.width 表示当前元件的宽度
Target	引用目标元件，配合其他属性使用，如 Target.width 表示目标元件的宽度
x	元件在页面上的 *X* 坐标值
y	元件在页面上的 *Y* 坐标值

续表

属性	含义
width	元件的宽度
height	元件的高度
scrollX	元件所在滚动条的 *X* 坐标值
scrollY	元件所在滚动条的 *Y* 坐标值
text	元件的文本值
name	元件的命名
top	元件在页面中的上边界值
left	元件在页面中的左边界值
right	元件在页面中的右边界值
bottom	元件在页面中的下边界值
opacity	元件的不透明度
rotation	元件的角度

元件属性的用法是 this. 属性或 target. 属性或者局部变量名 . 属性，展示的矩形元件的属性如图 6-179 所示。

hello

元件在页面上的x坐标值	176
元件在页面上的y坐标值	28
元件的宽度	73
元件的高度	56
元件所在滚动条的x坐标值	0
元件所在滚动条的y坐标值	0
元件的文本值	hello
元件的命名	我是矩形
元件在页面中的上边界值	28
元件在页面中的左边界值	176
元件在页面中的右边界值	249
元件在页面中的下边界值	84
元件的透明度	82
元件的角度	30.00001156757613

图 6-179

6.7.5 鼠标指针属性

鼠标指针属性用于记录鼠标操作的轨迹，拖动元件属性针对动态面板元件，共提供了 7 个属性，具体如表 6-7 所示。

表 6-7 鼠标指针属性及描述

属性	描述
Cursor.x	鼠标指针在页面的 *X* 坐标值
Cursor.y	鼠标指针在页面的 *Y* 坐标值
DragX	拖动动态面板元件时 *X* 轴的上一个位置和当前位置之间的像素差，向右拖动时，该值为正；向左拖动时，该值为负
DragY	拖动动态面板元件时 *Y* 轴的上一个位置和当前位置之间的像素差，向下拖动时，该值为正；向上拖动时，该值为负
TotalDragX	拖动动态面板元件时 *X* 轴的起始位置和当前位置之间的像素差，向右拖动时，该值为正；向左拖动时，该值为负
TotalDragY	拖动动态面板元件时 *Y* 轴的起始位置和当前位置之间的像素差，向下拖动时，该值为正；向上拖动时，该值为负
DragTime	拖动动态面板元件开始到结束的总时间，即按住拖动到达指定位置后放开的时间（单位为毫秒）

在“编辑文本”对话框中单击“插入变量或函数”按钮，也可以选择相应的指针属性，如图 6-180 所示；应用场景为拖动动态面板元件时，如图 6-181 所示。

▾ 鼠标指针

Cursor.x

Cursor.y

DragX

DragY

TotalDragX

TotalDragY

DragTime

图 6-180

鼠标指针x位置	183
鼠标指针y位置	107
拖动元件X轴上个位置与当前位置的值差	-1
拖动元件Y轴上个位置与当前位置的值差	0
拖动元件X轴起始位置与当前位置的值差	14
拖动元件Y轴起始位置与当前位置的值差	12
开始拖动到结束花费的总时间	4203

图 6-181

6.7.6 数字函数

数字函数主要用于数字格式转换，具体如表 6-8 所示。

表 6-8 数字函数及含义

函数	描述
toExponential(deciamlPoints)	转换为指数（小数点位数）
toFixed(deciamlPoints)	四舍五入到指定位数（小数点位数）
toPrecision(length)	将数字转换为指定的精度（长度），大数精度受损时返回指数

下面我们来看举例及执行结果，如表 6-9 所示。

表 6-9 执行函数及结果

执行函数	执行结果
[[12345.toExponential()]]	1.2345e+4
[[12345.toExponential(2)]]	1.23e+4
[[12.345.toFixed(2)]]	12.35
[[12.343.toFixed(2)]]	12.34
[[12.34.toPrecision(3)]]	12.3
[[12.34.toPrecision(5)]]	12.340
[[1234.toPrecision(2)]]	1.2e+3

6.7.7 字符串函数

字符串函数可以帮助我们“加工字符”得到新的字符串，如“abc”转换大写后变为“ABC”，替换字母“c”为“d”变成了“abd”，具体如表6-10所示。

表6-10 函数的属性及含义

函数（属性）	描述
length	测试长度
chartAt(index)	返回字符串中指定（索引）的字符
charCodeAt(index)	返回字符串中指定（索引）的字符UTF-16代码
concat('string')	用于连接字符串，也可以使用“+”进行连接
indexOf('searchValue')	返回字符串中搜索值的第一个实例的起始索引，如果找不到搜索值，则返回 -1
lastIndexOf('serchvalue')	返回字符串中（搜索值）的最后一个实例的起始索引，如果找不到搜索值，则返回 -1
replace('serchvalue', 'newvalue')	用新值替换搜索值的所有实例
slice(start，end)	切片函数，从开始位置切到结束位置，如果没有指定结束位置，则默认切到末尾。当起始位置为负数时，则从字符串的末尾开始切片
split('separator'，limit)	匹配分隔符号，将字符串按逗号进行分隔，可设置分隔次数
substr(start，length)	同 slice，开始值到指定值的长度
substring(from，to)	同 slice，但不支持负数索引值
toLowerCase()	将字符串转换为小写
toUpperCase()	将字符串转换为大写
trim()	删除字符串头和尾的空格
toString()	转换为字符串，通常针对数字类型进行转换

介绍完字符串函数后，下面通过执行函数和返回结果加深理解，学会后可以应用到原型设计中，具体如表6-11所示。

表6-11 执行函数及结果

执行函数	结果
[["123".length]]	3
[["axure2020".charAt(5)]]	2
[["axure2020".charCodeAt(5)]]	50
[["axure2020".concat('，hello')]]	axure2020，hello
[["axure2020".indexOf('2')]] [["axure2020".indexOf('3')]]	5 -1
[["axure2020".lastIndexOf('2')]]	7
[["axure2020".replace('2020'，'，nice')]]	axure，nice
[["axure2020".slice(1，5)]] [["axure2020".slice(1)]] [["axure2020".slice(-5，10)]]	xure xure2020 e2020
[["axure#2020#hi".split("#")]] [["axure#2020#hi".split("#"，2)]] [["axure#2020#hi".split("#"，1)]]	axure，2020，hi axure，2020 axure
[["axure2020".substr(1，5)]]	xure2
[["axure2020".substring(1，5)]]	xure
[["axure2020".toLowerCase()]]	axure2020
[["axure2020".toUpperCase()]]	AXURE2020
[[" axure2020 ".trim()]]	axure2020
[[123.toString()]] [["123".toString()+"456".toString()]]	123 579

技术看板

通过上面的例子可以看出 slice 函数和 substring 函数功能相似，截取的长度（位数）为结束值减去开始值，开始值为负数时长度则为开始值加上结束值，但 substring 并不支持负数索引值，而 substr 则是截取开始位置到指定长度。另外，toString() 函数不管怎么对数字转换，一旦涉及运算，Axure 会将字符串数字转为纯数字，如 [[123.toString()+456.toString()]] 结果为 579，若想得到“123456”，则需要使用 concat 函数，即 [["123".concat("456")]] 或者 [[123.concat(456)]]。若需要数字形式的字符串连接请使用 concat 函数。

6.7.8 运算符与数学函数

运算符包括加（+）、减（-）、乘（*）、除（/）、取余（%），而数学函数则是与数学相关的一些函数，包括求平方根、求最大值和最小值、取随机数等，具体的运算符属性及描述如表 6-12 所示。

表 6-12 函数运算符的属性及含义

函数（运算符）	描述
+	执行加法运算
-	执行减法运算
*	执行乘法运算
/	执行除法运算
%	执行取余运算
Math.abs(x)	计算 *x* 的绝对值
Math.acos(x)	返回 *x* 的反余弦值
Math.asin(x)	返回 *x* 的反正弦值
Math.atan(x)	返回 *x* 的反正切值
Math.atan2(y，x)	返回正 *X* 轴和射线从原点（0，0）到点（*x*，*y*）之间的平面角度（单位为弧度）
Math.ceil(x)	将 *x* 四舍五入到最接近的整数（向上）
Math.cos(x)	返回 *x* 的余弦
Math.exp(x)	返回 e 乘以 *x* 的幂，其中 e 是欧拉数
Math.floor(x)	将 *x* 四舍五入到最接近的整数（向下）
Math.log(x)	返回 *x* 的自然对数
Math.max(x，y...)	返回括号中最大的数字
Math.min(x，y...)	返回括号中最小的数字
Math.pow(x，y)	返回 *x* 乘以 *y* 的幂
Math.random()	返回 0（包含 0）到 1（不含 1）之间的随机数
Math.sin(x)	返回 *x* 的正弦
Math.sqrt(x)	返回 *x* 的平方根
Math.tan(x)	返回 *x* 的正切

数学函数在实际工作中很多都不会用到，部分了解即可。常用的函数除运算符外，还包括 ceil、floor、max、min、random 等，执行函数及结果如表 6-13 所示，为便于排版，部分结果仅保留了两位小数，以“省略”二字代替。

表 6-13 执行函数及结果

执行函数	结果
[[1+2]]	3
[[3-2]]	1
[[3*5]]	15
[[10/5]]	2
[[10%3]]	1
[[Math.abs(-5)]] [[Math.abs(5)]]	5 5
[[Math.acos(-1)]] [[Math.acos(0)]] [[Math.acos(0)]]	3.14 省略 1.57 省略 0
[[Math.asin(-1)]] [[Math.asin(0)]] [[Math.asin(1)]]	-1.57 省略 0 1.57 省略
[[Math.atan(-1)]] [[Math.atan(0)]] [[Math.atan(1)]]	-0.78 省略 0 0.78 省略
[[Math.atan2(30，60)]] [[Math.atan2(60，30)]]	0.46 省略 1.10 省略
[[Math.ceil(11.2)]] [[Math.ceil(11.9)]]	12 12
[[Math.cos(0)]] [[Math.cos(1)]]	1 0.54 省略
[[Math.exp(0)]] [[Math.exp(9)]]	1 8103 省略
[[Math.floor(11.2)]] [[Math.floor(11.9)]]	11 11
[[Math.cos(0)]] [[Math.cos(1)]]	0 2.19 省略
[[Math.max(18，29，30)]] [[Math.min(1，99，15，40)]]	30 1

续表

执行函数	结果
[[Math.pow(3，2)]]	9
[[Math.random()]]	0.55 随机
[[(Math.random() *100).substr(0，2)]]	88 随机
[[Math.sin(1)]]	0.84 省略
[[Math.sqrt(36)]]	6
[[Math.tan(1)]] [[Math.tan(9)]]	1.55 省略 -0.45 省略

6.7.9 日期函数

日期函数提供了与日期相关的函数，可以格式化日期、获取日期、增加日期等，顺序与插入的函数保持一致。日期函数的属性及含义具体如表 6-14 所示。

表 6-14 函数的属性及含义

函数（属性）	描述
Now	返回当前日期和时间，并带有 Web 浏览器的时区
GenDate	一个日期对象，表示上一次生成原型 HTML 的日期和时间。单独使用时，将返回生成的日期和时间，带有 Web 浏览器的时区
Now.getDate()	返回一个代表给定日期对象的月份的数字
Now.getDay()	返回一个数字，该数字表示给定日期对象是星期几，星期日为 0，其余对应具体的数字
Now.getDayOfWeek()	返回给定日期对象的星期几的名称
Now.getFullYear()	以 4 位数字格式返回给定日期对象的年份
Now.getHours()	返回给定日期对象时间的小时部分（24 小时制）
Now.getMilliseconds()	返回给定日期对象时间的毫秒部分
Now.getMinutes()	返回给定日期对象时间的分钟部分
Now.getMonth()	以 Web 浏览器所在时区中 1~12 的数字形式返回给定日期对象的月份
Now.getMonthName()	返回给定日期对象的月份的名称
Now.getSeconds()	返回给定日期对象时间的秒部分
Now.getTime()	返回从 UTC（协调世界时）1970 年 1 月 1 日 00:00:00 到给定日期对象经过的毫秒数
Now.getTimezoneOffset()	返回本地时间与 UTC 时区的时间差（以分钟为单位）
Date.parse(dateString)	解析给定的日期字符串表示形式，并创建一个新的 date 对象。返回从 UTC 1970 年 1 月 1 日 00:00:00 到给定日期经过的毫秒数
Now.toDateString()	返回日期对象的简化版本，仅包括星期几、月份、日期和年份
Now.toISOString()	以 UTC 简化的扩展 ISO 格式返回日期对象
Now.toJSON()	同 ISO 格式，结尾带有字母 Z
Now.toLocaleDateString()	返回浏览器中日期对象的日期部分，支持传入语言标记字符串
Now.toLocaleTimeString()	返回浏览器中日期对象的时间部分，支持传入语言标记字符串
Now.toLocaleString()	返回浏览器中日期对象的日期和时间部分，支持传入语言标记字符串
Now.toTimeString()	返回日期对象的时间部分，并带有 Web 浏览器的时区
Now.valueOf()	同 Now.getTime()
Now.addYears(years)	将指定的年数添加到日期对象中

续表

函数（属性）	描述
Now.addMonths(months)	将指定的月数添加到日期对象中
Now.addDays(days)	将指定的天数添加到日期对象中
Now.addHours(hours)	将指定的小时数添加到日期对象中
Now.addMinutes(minutes)	将指定的分钟数添加到日期对象中
Now.addSeconds(seconds)	将指定的秒数添加到日期对象中
Now.addMilliseconds(ms)	将指定的毫秒数添加到日期对象中

在时间函数中有一个重要的名词“UTC”，即世界标准时间，很多国家都存在时差。一般在中国使用北京时间即可，若需要获取 UTC 相关的日期，可以使用含有 UTC 的函数，如 Now.getUTCHours，区别在于含有 UTC 的是世界标准时间，不含 UTC 的是浏览器中接入的网络所在区域的时间，一些常用日期函数的执行结果如图 6-182 所示。

执行函数	结果
[[Now]]	Mon May 04 2020 11:52:24 GMT+0800 (中国标准时间)
[[GenDate]]	Mon May 04 2020 04:29:05 GMT+0800 (中国标准时间)
[[Now.getDate()]]	4
[[Now.getDay()]]	1
[[Now.getDayOfWeek()]]	Monday
[[Now.getFullYear()]]	2020
[[Now.getHours()]]	11
[[Now.getMilliseconds()]]	406
[[Now.getMinutes()]]	52
[[Now.getMonth()]]	5
[[Now.getMonthName()]]	May
[[Now.getSeconds()]]	24
[[Now.getTime()]]	1588564344406
[[Now.getTimezoneOffset()]]	-480
[[Date.parse("2020-12-12")]]	1607731200000
[[Now.toDateString()]]	Mon May 04 2020
[[Now.toISOString()]]	2020-05-04T03:52:24.406Z
[[Now.toJSON()]]	2020-05-04T03:52:24.406Z
[[Now.toLocaleDateString()]]	2020/5/4
[[Now.toLocaleTimeString()]]	上午11:52:24
[[Now.toLocaleString()]]	2020/5/4 上午11:52:24
[[Now.toTimeString()]]	11:52:24 GMT+0800 (中国标准时间)
[[Now.toUTCString()]]	Mon, 04 May 2020 03:52:24 GMT
[[Now.valueOf()]]	1588564344406

图 6-182

6.7.10 判断布尔值

布尔值是“真(True)”或“假(False)”中的一个，判断布尔值会用到以下运算符，如表 6-15 所示。

表 6-15 运算符及其描述

运算符	描述
==	等于，如 1==2 布尔值为假
!=	不等于，如 1!=2 布尔值为真
<	小于，如 3 < 5 布尔值为真
< =	小于等于，如 3 < =5 布尔值为真
>	大于，如 3 > 5 布尔值为假
> =	大于等于，如 3 > =5 布尔值为假
&&	并且（和），如 5 > 3 && 5 > 2 布尔值为真，&& 两侧都真才为真，一侧为假则为假
||	或者，如 5 > 3||5 > 10 布尔值为真，|| 任意一侧为真则为真，两侧都为假则为假

6.7.11 中继器 / 数据集

在操作中继器元件时，可以使用 Axure 提供的中继器 / 数据集属性获取中继器的列值、所在行的行号数据值、判断行号的数据是奇数或偶数、判断当前行是否被标记等，与中继器相关的系统属性及描述如表 6-16 所示。

表 6-16 中继器相关系统属性及描述

函数（属性）	描述
Item	数据集对象，通常会返回 [[object Object]]，内容取决于我们在样式面板中对数据的设置
Item. 列名	迭代列名在数据集的值，如 Item. name 表示获取 name 列的值
Item.index	数据集中行号的数值
Item.isFirst	在当前页中该行是否为第一行
Item.isLast	在当前页中该行是否为最后一行
Item.isEven	行号是否为偶数
Item.isOdd	行号是否为奇数
Item.isMarked	当前行是否被标记
Item.isVisible	在应用筛选和分页之后，返回该行当前是否可见

续表

函数（属性）	描述
Repeater	中继器对象，记录当前中继器的属性值，如总条数、页面总数等，需要使用 Item 调用
visibleItemCount	Item.Repeater.visibleItemCount 返回当前可见的行数值
itemCount	Item.Repeater.ItemCount 返回满足筛选条件后的行数值
dataCount	Item.Repeater.dataCount 返回数据集中所有的行数值
pageCount	Item.Repeater.pageCount 返回分页后的总数
pageIndex	Item.Repeater.pageIndex 返回当前所在页的数值

下面来看应用举例，装有 5 条数据的中继器，每页显示 4 条，共 2 页，当前页为第 1 页，单击下一页时当前页变为 2，并列出对应的行总数、可见行数等，如图 6-183 所示。

输入查询的序号　查询

序号	index行号值	行号是否为偶数	行号是否为基数	是否第一行	是否最后一行	是否被标记	是否可见
1	1	false	true	true	false	false	true
3	2	true	false	false	false	false	true
5	3	false	true	false	false	false	true
7	4	true	false	false	true	false	true

上一页　下一页

所有行数: 5　满足条件总行数: 5　可见行数: 4　总页数: 2　当前页数: 1

图 6-183

妙招技法

交互设计中提供了两种小技巧，第 1 种是使用空情形，也就是没有任何条件，此时触发交互时会弹出菜单供选择，因为 Axure 不知道触发哪一种情形。第 2 种则是将交互事件显示在说明中，这样在浏览器中查看原型时可以看到相应的交互事件。

技巧 01　使用空情形提供交互选择

为“登录”按钮添加“单击时”事件，设置目标动作后，启用情形，不添加任何条件，然后重命名情形名称，复制粘贴出多个情形，修改对应的情形名称及目标动作。预览原型，单击按钮时弹出“情形”菜单供我们选择，如图 6-184 所示。

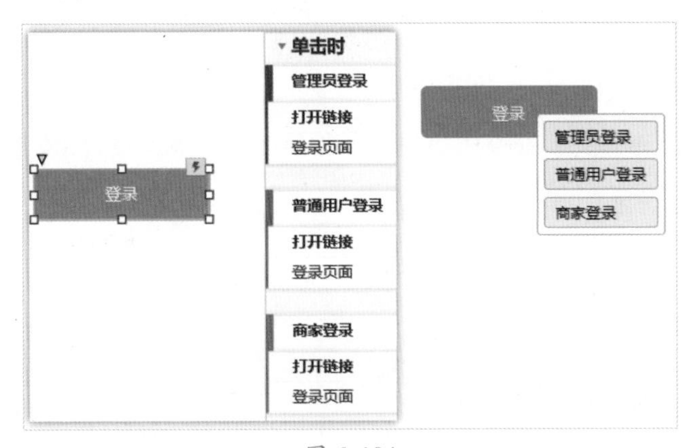

图 6-184

技巧 02　将交互事件显示在说明中

选中要显示交互事件的元件，在“交互”面板中单击“连接”按钮，然后选择“包含交互内容”选项，如图 6-185 所示。

图 6-185

完成设置后预览原型，效果如图 6-186 所示。

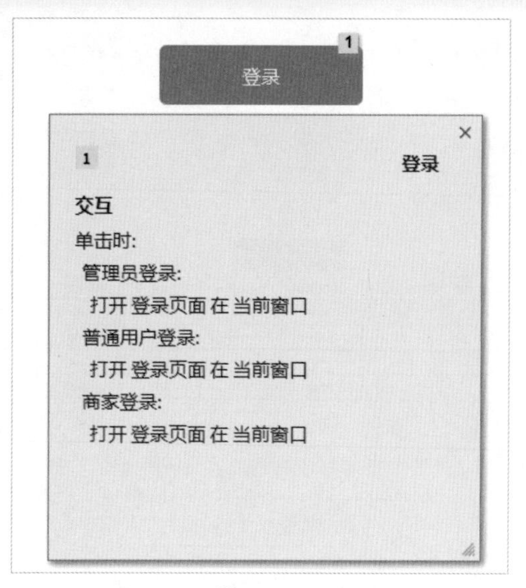

图 6-186

过关练习——使用函数“加工”学生信息

学生信息有很多内容，如姓名、身份证号、出生年月、年龄、英语成绩、入学日期等，应用所学的知识展示这些信息，并使用函数从身份证号中获取出生年月，判断英语成绩水平（低于 60 分为不及格、60~69 分为差、70~79 分为中、80~89 分为良、90~100 分为优）。操作步骤如下。

Step 01 新建原型页面并命名为“函数和情景的应用”，拖入“表格”元件，输入学生相关信息，并将身份证号“56789198909191213”所在单元格命名为“身份证”，“70”所在单元格命名为“英语成绩”，如图 6-187 所示。

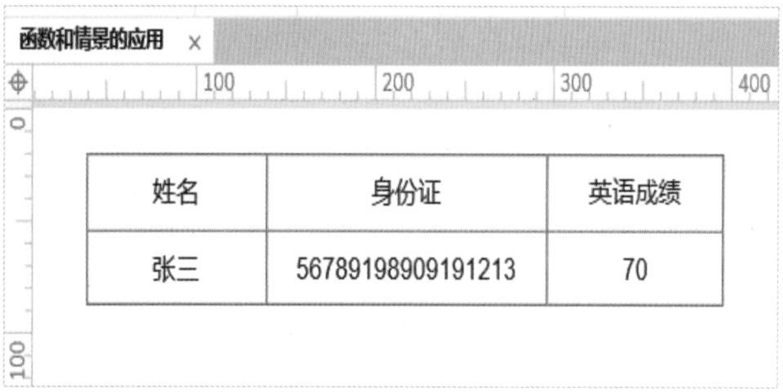

函数和情景的应用

姓名	身份证	英语成绩
张三	56789198909191213	70

图 6-187

Step 02 拖入“文本标签”元件，文本分别设置为“出生日期”和“英语成绩”，拖入“主要按钮”元件并将文本设置为“查看”，如图 6-188 所示。

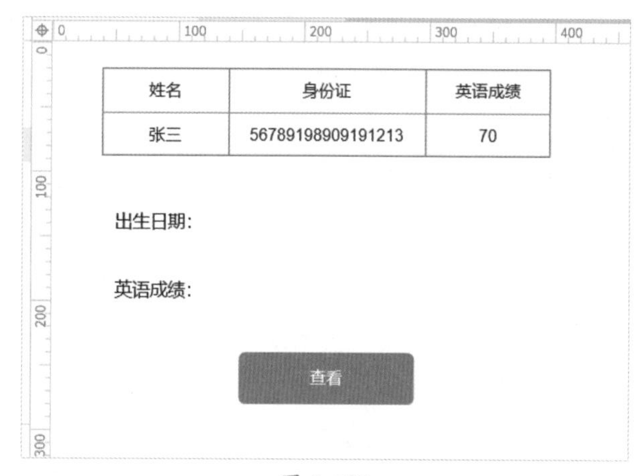

图 6-188

Step 03 拖入两个“三级”元件，文本都设置为“***”，命名同前面的文本标签一致，设置为“出生日期”和“英语成绩”，如图 6-189 所示。

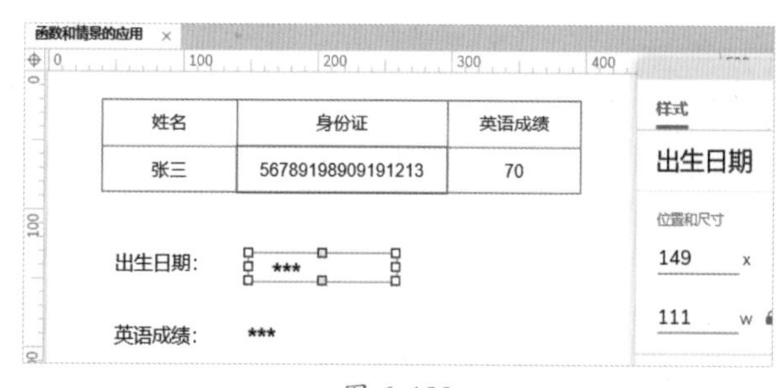

图 6-189

Step04 为“查看”按钮添加“单击时”事件，分别设置“***”内容为单元格的内容，其中出生日期从身份证中截取，成绩直接赋值，LVAR1 表示对应单元格的元件文字，如图 6-190 所示。

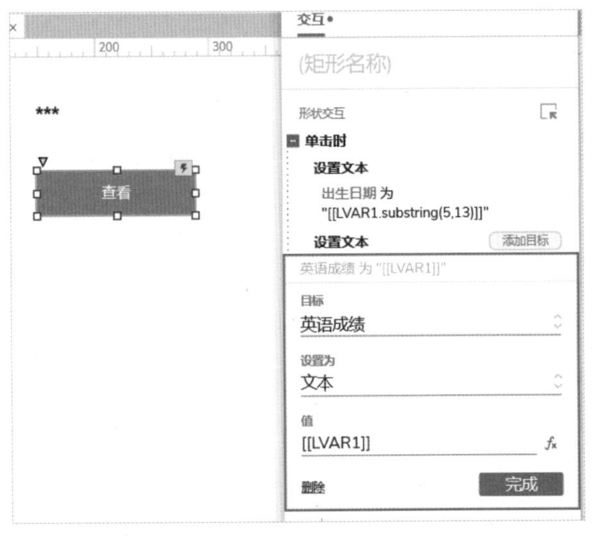

图 6-190

Step05 加入情形条件，对单元格的成绩进行判断，并调整文本内容为“对应的成绩水平”，如图 6-191 所示。

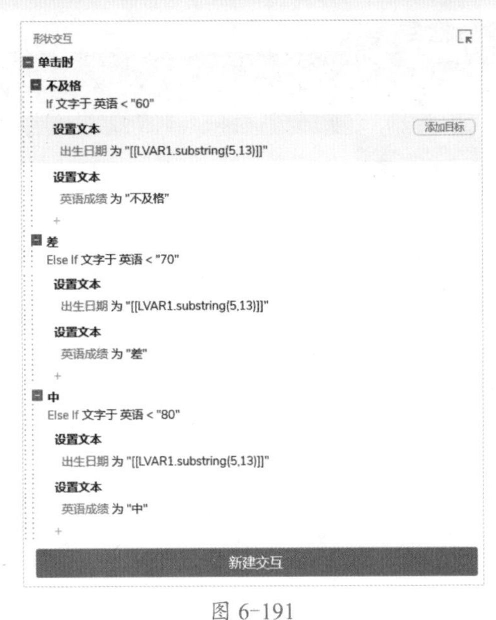

图 6-191

Step06 预览原型，单击“查看”按钮，效果如图 6-192 所示。

图 6-192

本章小结

本章首先介绍了交互设计中用到的各种事件，如鼠标事件、键盘事件、页面与元件的事件，个别元件还有专项事件，如动态面板的拖动时、中继器的每项加载时。接着介绍了情形，它是判断是否满足触发事件的一个或多个条件。在动作章节中介绍了链接动作、元件动作、中继器动作和其他动作，针对动态面板和中继器特有的动作进行举例。学习完动作后，罗列了与动作相关的交互行为，如“移动”动作中的经过和到达，熟练地运用这些行为可以提高我们的原型设计能力。为让交互更加生动，介绍了交互的动画及显示和隐藏时的效果，尤其是显示时提供的灯箱效果，用途很广。变量一节介绍了局部变量、全局变量及系统变量，通过例子熟悉变量的应用场景，系统变量也称为系统属性，可以为我们提供页面和元件的各种属性值。这些属性值也可以通过样式面板进行设置，如位置、尺寸和透明度等。函数拥有一个特定的名字，用于执行特定的任务。本章的内容比较多，需要读者反复练习，第 7 章我们学习母版。

第7章 母版

- ➥ Axure 中母版的作用是什么？它的应用场景是什么？
- ➥ 如何创建和使用母版？如何将元件转换为母版？
- ➥ 母版有哪些拖放行为？默认的拖放行为是什么？
- ➥ 如何引用母版？如何脱离母版？
- ➥ 如何为母版添加交互引用？
- ➥ 如何添加母版视图？什么是继承和重写？

在第 2 章对“母版”面板进行了简单的介绍。在进行原型设计时，很多页面会用到相似或一样的元件，如导航栏、底部友情链接或相同样式的交互按钮。对每个页面都进行元件设置十分麻烦，且一旦需求发生变化，对应的元件内容展现方式也随之变化，这就要调整与之相关的所有页面。这些不必要的操作增加了我们的工作负担，而母版可以很好地解决这类问题。创建一个模板，根据形态不同还可以添加不同的母版视图，引用母版的页面，当对应的母版发生变化时其他页面也自动变化。若不想母版受页面变化影响，也可以在引用时脱离母版。

7.1 创建和使用母版

要创建和使用母版有两种方法，可以利用“母版”面板创建母版或将元件转换为母版。完成母版编辑后，在需要使用母版的页面中将母版拖入页面即可。

★重点 7.1.1 将元件转换为母版

在“元件转换”节已介绍过该方法。选中一个需要转换的元件，如一个样式漂亮的按钮，右击该元件，在弹出的快捷菜单中选择“转换为母版”命令即可。也可以使用快捷组合键“Ctrl+Shift+Alt+M”完成转换。

7.1.2 在母版面板中添加母版

在“母版”面板中单击“添加母版”按钮，即可新增母版。新添加的母版默认命名为“母版 1”，之后新增的母版默认命名的数字会递增，可修改默认名字，如图 7-1 所示。

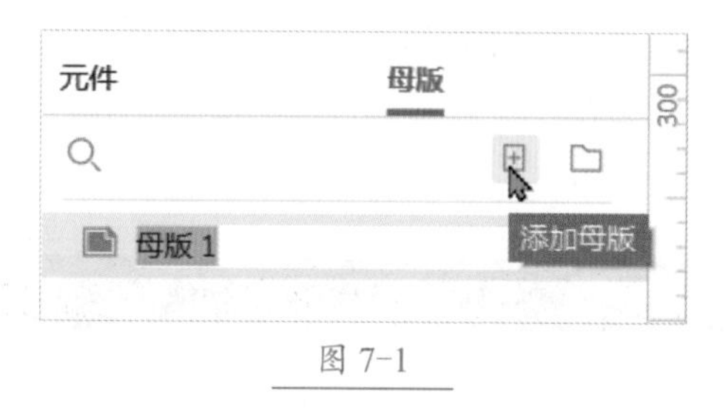

图 7-1

7.1.3 母版的页面属性

创建母版后，我们可以在“样式”面板中设置母版页面的样式，“交互”面板的各项功能可以设置母版的交互动作，使用“说明”面板的各项功能来设置母版的注释说明。除“样式”面板在进行母版页面设置时操作有所不同外，其他操作同原型页面一样，如图 7-2 所示。

图 7-2

7.1.4 实战：创建一个母版按钮

结合前面小节的介绍，读者可以尝试创建一个母版按钮，具体操作步骤如下。

Step 01 在“母版”面板中单击“添加母版”按钮创建一个新母版，在文本区域将母版的命名修改为“按钮”。

Step 02 打开“元件”面板，在“元件库”中将“主要按钮”元件拖动到“母版”面板中的“按钮”页面，文本内容和命名设置为“查询”。

Step 03 打开“样式”面板，在“位置和尺寸”区域调整“查询”元件的参数值。设置“位置”的参数为（0，0），“尺寸”的参数为（140，40），并将元件的背景色设置为 #28A745，如图 7-3 所示。

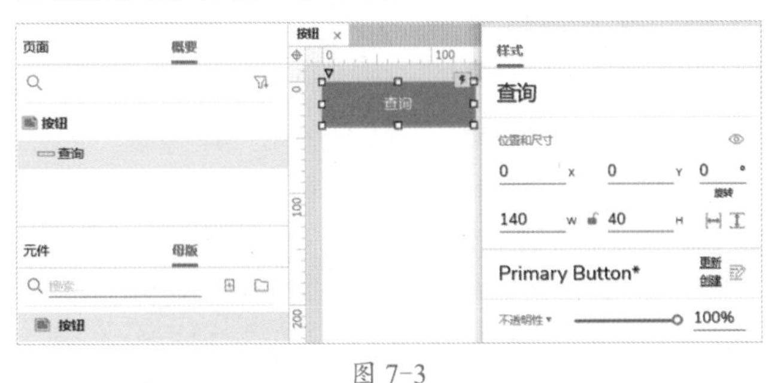

图 7-3

★重点 7.1.5 母版拖放行为

母版的拖放行为共有 3 种，分别为“任意位置”“固定位置”和“脱离母版”。3 种母版的拖放行为的作用及含义如表 7-1 所示。

表 7-1 母版的拖放行为及含义

拖放行为	作用及含义
任意位置	系统默认的行为。以上节中“按钮”母版为例，任意位置表示页面在引用时可以任意拖放位置，不受位置（0，0）的影响
固定位置	选择此种拖放行为，受位置（0，0）的影响，页面引用的位置与母版页面中设置的位置一致
脱离母版	意味着引用的页面将不受母版影响，如 A 页面脱离母版引用了“按钮”，按钮的背景色为绿色，当打开“按钮”母版页面，将按钮的背景色调整为“红色”时，A 页面依然显示“绿色”

要改变母版的拖放行为，只需在对应的母版上右击，在弹出的快捷菜单中选择“拖放行为”子菜单，然后根据自己的需求选择对应的行为即可，如图 7-4 所示。

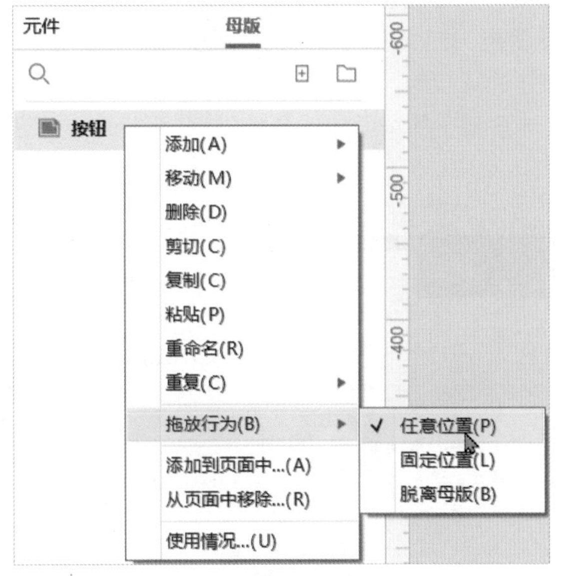

图 7-4

7.1.6 引用母版

在页面中，像拖放元件一样，将对应的母版拖到页面中，完成操作后，注意观察“概要”面板中的元件，“母版”前面的图标为■，如图 7-5 所示。

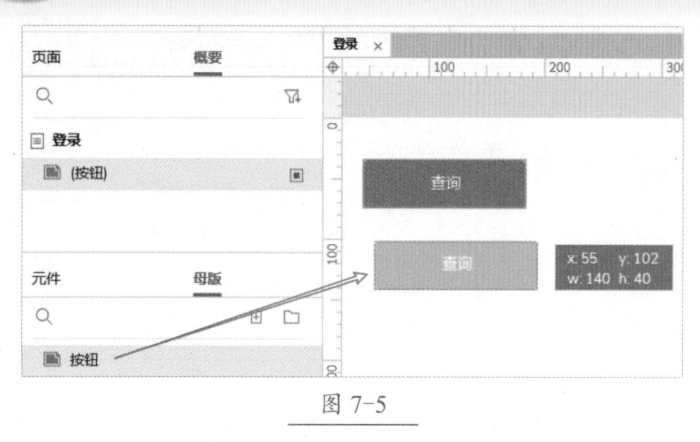

图 7-5

7.1.7 脱离母版

前文中介绍了母版拖放行为中的“脱离母版”，所有引用该母版的页面与母版都是“脱离”关系。另外可以设置母版的拖放行为是“任意位置”或“固定位置”，引用该母版后，在对应的页面中单击鼠标右键，并在弹出的快捷菜单中选择“脱离母版”命令，即可设置成功。也可以使用快捷组合键“Ctrl+Shift+Alt+B”进行设置。这种脱离仅影响该页面，如果改变母版页面中按钮的背景色，只有选择了脱离的页面不受影响，其余（未脱离）的页面会随母版的变化而变化，如图 7-6 所示。

图 7-6

★重点 7.1.8 统计母版的使用情况

查看母版被哪些页面所使用，可以方便了解改变此母版的影响。方法是在对应的母版中单击鼠标右键，然后在弹出的快捷菜单中选择“使用情况”命令，弹出的“母版使用情况报告”对话框会列出该母版被哪些页面使用，如图 7-7 所示。

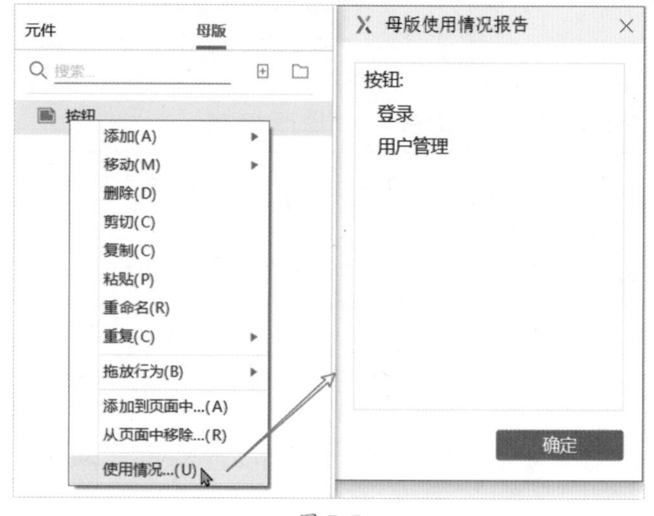

图 7-7

7.1.9 分类管理母版

随着母版的增加，此时需要对母版进行分类，如按钮、对话框、提示框和分页等。操作方法与管理“页面”面板一样，在“母版”面板中添加文件夹，然后将相应的母版拖动到文件夹下即可，选中文件夹或母版时，可以使用快捷组合键“Ctrl+ 方向键”调整文件夹或母版顺序或层级，如图 7-8 所示。

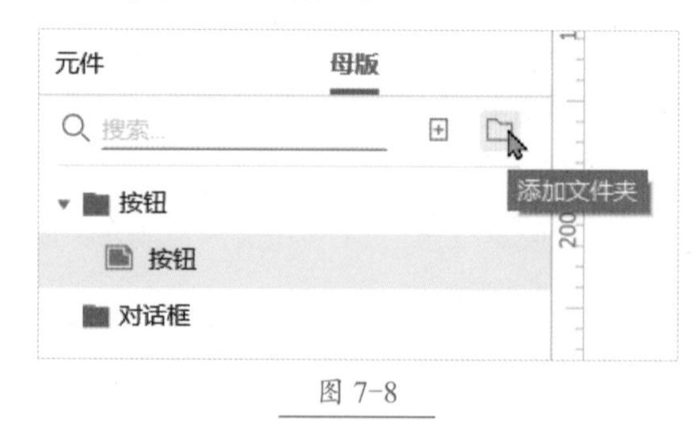

图 7-8

7.2 母版的交互与引用

母版的交互默认都是统一的交互，要产生不同的交互效果，需要使用“母版”创建“引发事件”，在引用的页面中选择对应的母版，然后在“交互”面板中选择“引发事件”，用于定义页面的交互事件。

★重点 7.2.1 实战：为母版添加交互

为了更好地理解母版的交互功能，可以为母版添加交互功能，具体操作步骤如下。

Step 01 继续完善之前做好的“按钮”母版，打开“交互”面板，为“查询”元件添加“单击时”事件，目标设置为“当前”，动作为“设置文本”，文本值为获取页面标题，使用“PageName”属性，如图 7-9 所示。

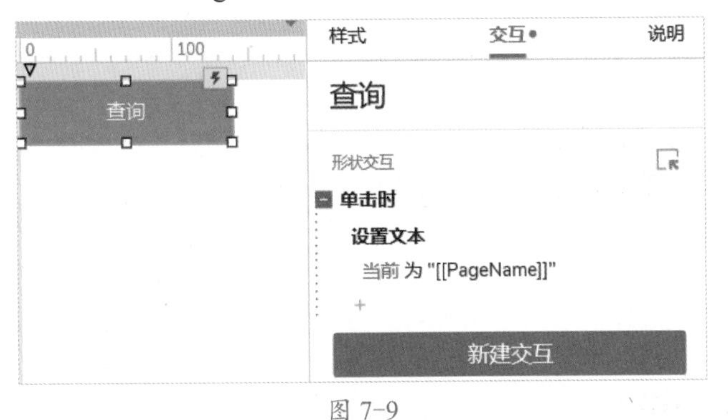

图 7-9

Step 02 新增两个页面并分别命名为“登录”和“用户管理”，并在页面中分别拖入“按钮”母版。预览原型，单击“查询”按钮，此时按钮的文本发生了变化，文本值为当前页面的标题，如图 7-10 所示。

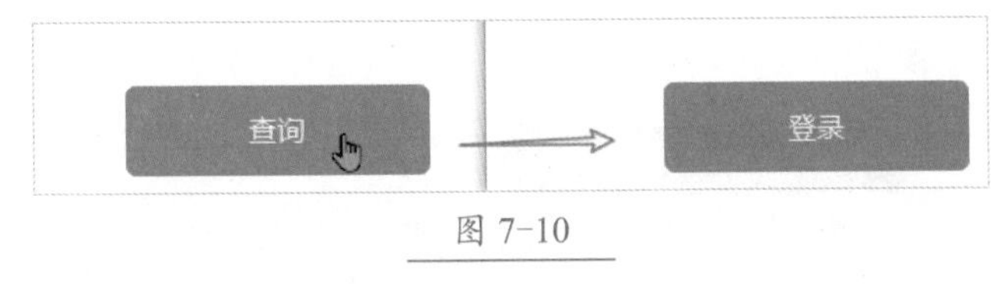

图 7-10

7.2.2 为母版添加引发动作

打开“按钮”母版，在“交互”面板中添加“其他动作”中的“引发事件”动作，单击“添加”按钮添加“引发事件”，并将其命名为“newEvent”，如图 7-11 所示。

图 7-11

接着切换到“登录”页面，选中“查询”母版元件，在“交互”面板中单击“新建交互”按钮，此时可以选择母版的引用事件“newEvent”，之后便可以为该事件添加新的动作，如图 7-12 所示。

图 7-12

7.3 母版视图

通过样式面板中的“添加母版”视图功能可以为母版添加更多的视图、继承或重写视图，页面引用母版时可以选择不同的视图。

★重点 7.3.1 添加母版视图

添加母版视图可以增加更多的视图功能，具体操作步骤如下。

Step01 切换到母版页面，在“样式”面板中单击“添加母版视图”按钮，如图 7-13 所示。

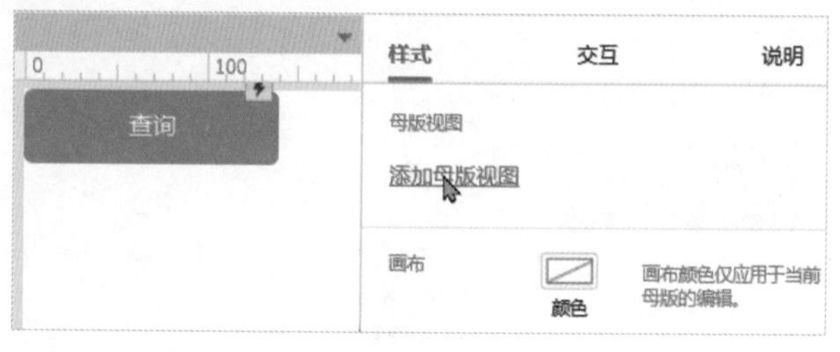

图 7-13

Step02 在弹出的“母版视图”对话框中可以对视图进行“添加”“复制”操作，如图 7-14 所示。

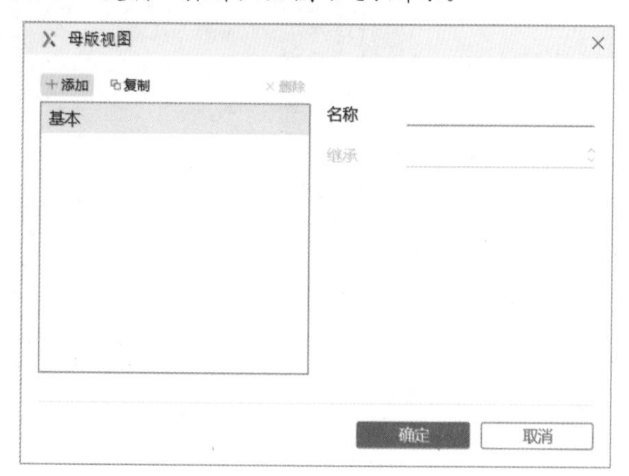

图 7-14

Step03 单击“添加”按钮，为该视图添加新的母版视图，将“名称”设置为“长按钮”，“继承”设置为“基本”，完成操作后，单击“确定”按钮，如图 7-15 所示。

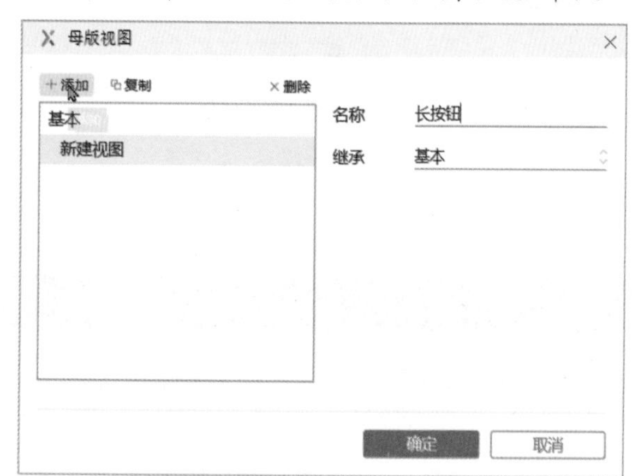

图 7-15

Step04 回到母版页面，标尺栏上方出现了“基本”和“长按钮”两个母版视图，如图 7-16 所示。

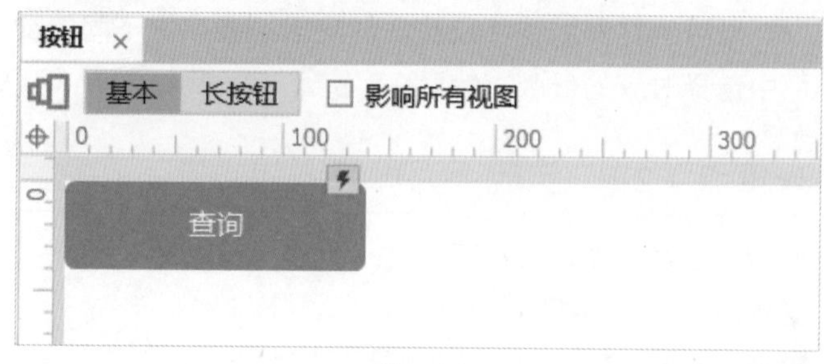

图 7-16

Step05 单击“长按钮”视图，在“样式”面板中调整“长按钮”视图中“查询”按钮的属性，设置“尺寸”的参数为（240，40），如图 7-17 所示。

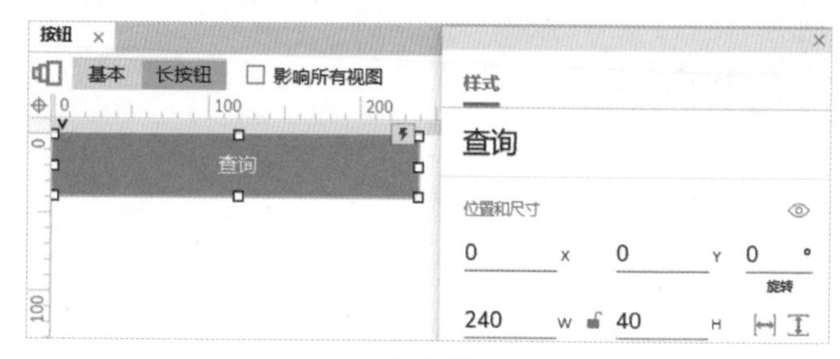

图 7-17

Step06 继续在“长按钮”视图页面中添加“文本标签”元件，设置文本内容为“这是母版视图中的长按钮”，并命名为“提示”。在“样式”面板中设置“尺寸”的参数为（154，16），“位置”的参数为（42，52），如图 7-18 所示。

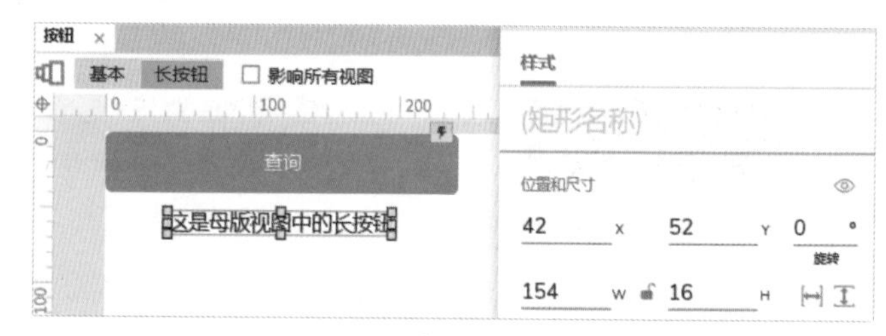

图 7-18

Step07 单击标尺栏上方的“基本”按钮，切换到该视图，查看当前页面的元件，“查询”元件与“长按钮”中的视图尺寸不同。另外，该视图下没有“提示”元件，如图 7-19 所示。

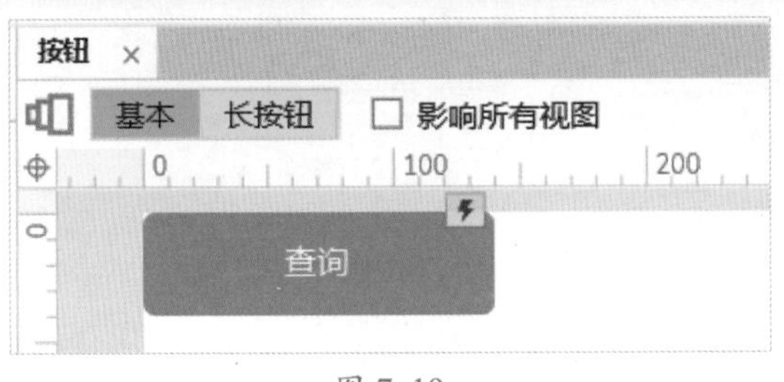

图 7-19

Step08 切换到“登录”页面，选中“按钮”母版，在“样式”面板中，选择“长按钮”视图，页面上的母版内容发生了变化，“基本视图”中按钮较短没有提示，而“长按钮视图”中按钮较长且有提示，如图 7-20 所示。

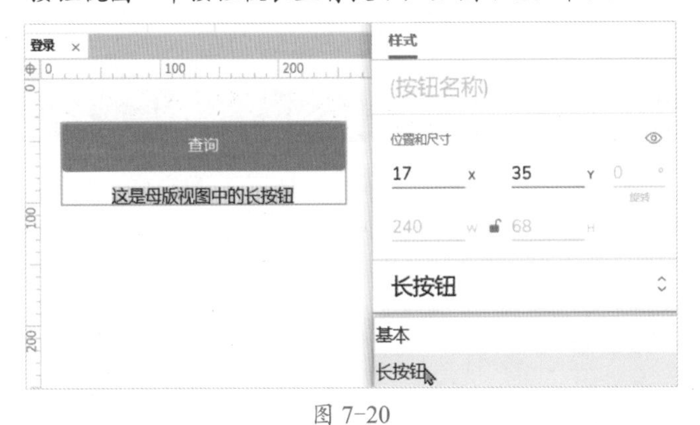

图 7-20

7.3.2 影响所有视图

上节调整了按钮元件的尺寸，新增了文本标签元件，但在“基本视图”中都没有体现，这是因为子视图即“长按钮”视图默认不影响继承视图，若需要同步变化，需要先勾选视图后面的“影响所有视图”，如图 7-21 所示。

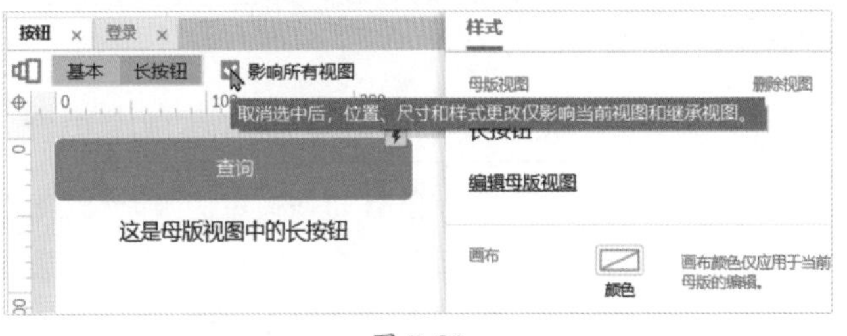

图 7-21

勾选“影响所有视图”后，切换到“基本”视图时按钮尺寸依然没有变化，并且也没有提示文本元件，这是因为影响所有视图要先勾选后操作，操作过后再勾选，仅对以后的操作有效。

7.3.3 母版视图元件差异

通过“概要”面板可以查看母版视图的元件差异，当前视图没有的元件会以红色字体显示，方便我们了解该视图与其他视图的差异，如图 7-22 所示。

图 7-22

妙招技法

清楚母版能解决什么问题，可以帮助我们提高原型设计效率，下面提供几个小技巧帮助读者更好地应用母版。

技巧 01 母版的继承与重写

新增母版视图时，总是会继承一个视图，而新的视图默认拥有继承视图的所有元件内容。

重写可以覆盖母版中的文本内容，在不影响其他页面对母版的引用的同时，可以打造差异化的效果，如图 7-23 所示。

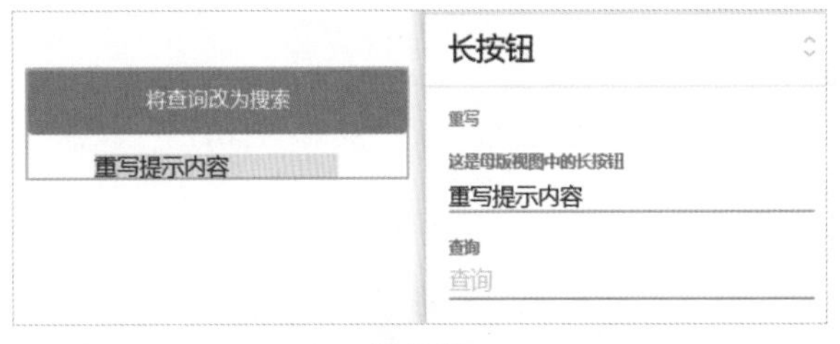

图 7-23

技巧 02　快速回到母版设计页

在页面中双击引用的母版，即可快速回到母版设计页面。

技巧 03　在母版面板中将母版添加到指定页面

除在页面中拖动母版外，还可以通过母版面板将指定的母版添加到相应的页面中，这和添加说明（注释）的方法一样，操作方法是右击要添加的母版，在弹出的快捷菜单中执行“添加到页面”命令，然后在弹出的“添加母版到页面中”对话框中选择页面，并对母版位置等参数进行设置，如图 7-24 所示。

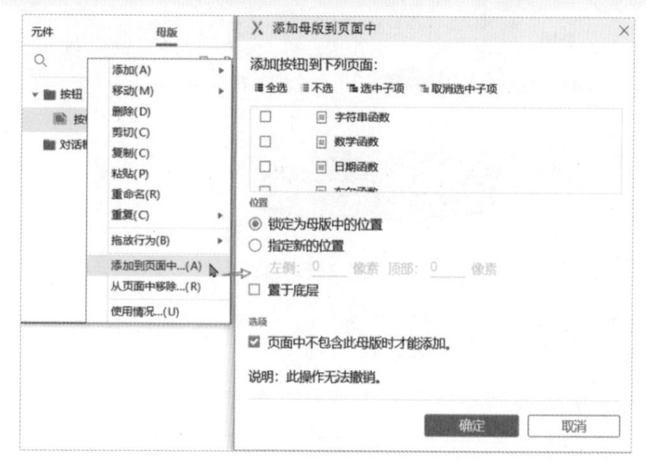

图 7-24

过关练习 —— 继承母版视图打造差异化的区域选择

假设你的项目需要用到很多区域选择，如在点外卖时，不同的地点能选择的区域有所不同。虽然区域不同，但展示的样式基本相同，可以使用继承母版视图实现这一需求。例如，要定义多个视图，四川视图显示四川省的城市，云南视图显示云南省的城市，具体操作步骤如下。

Step01 在“页面”面板中新建一个元件页面并命名为“母版继承”，在“母版”面板中添加一个新的母版并命名为“区域选择”，如图 7-25 所示。

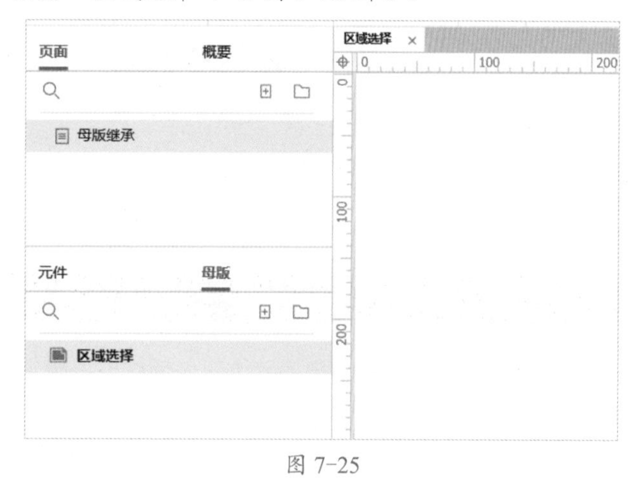

图 7-25

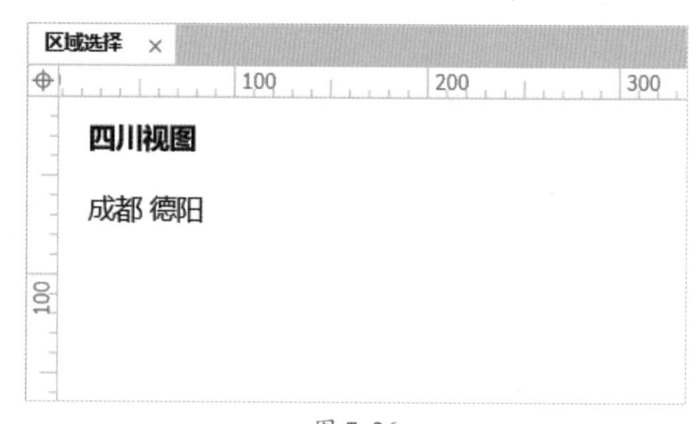

图 7-26

Step02 打开“区域选择”母版页面，拖入“文本标签”文件，键入“四川视图”及“成都 德阳”，如图 7-26 所示。

Step03 在“样式”面板中单击“添加母版视图”按钮，在弹出的“母版视图”对话框中将“继承”重新命名为“四川视图”，同时单击“添加”按钮，添加新视图，名称为“云南视图”，继承“四川视图”，如图 7-27 所示。

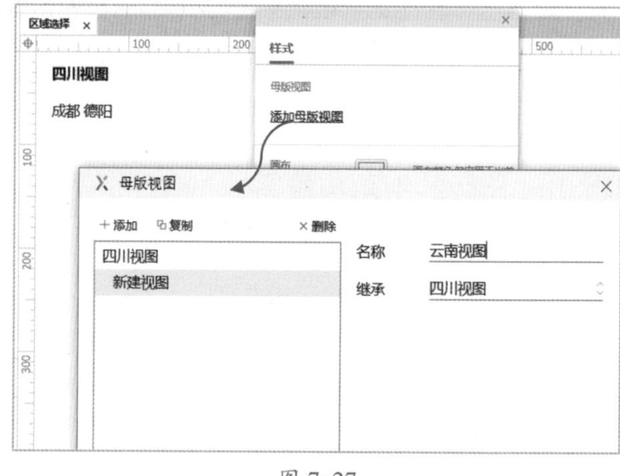

图 7-27

Step 04 切换到“云南视图”页面，删除页面上的元件，重新拖入“文本标签”元件，并将内容修改为“云南视图”“昆明 丽江”，如图 7-28 所示。

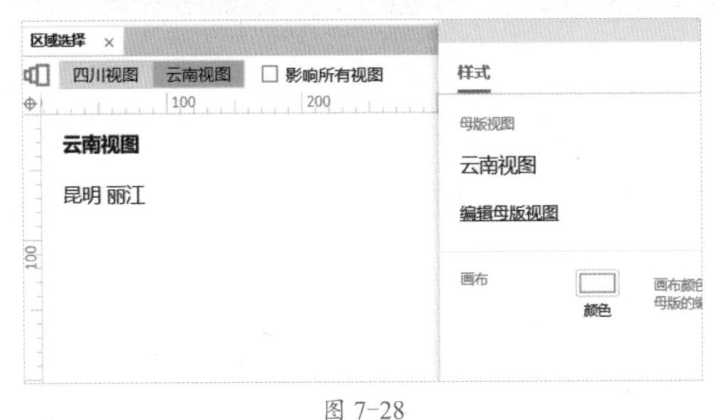

图 7-28

Step 05 回到“母版继承”页面，引用刚刚添加的母版，拖入页面后，在“样式”面板中可以切换视图，对应的页面内容也会发生变化，如图 7-29 所示。

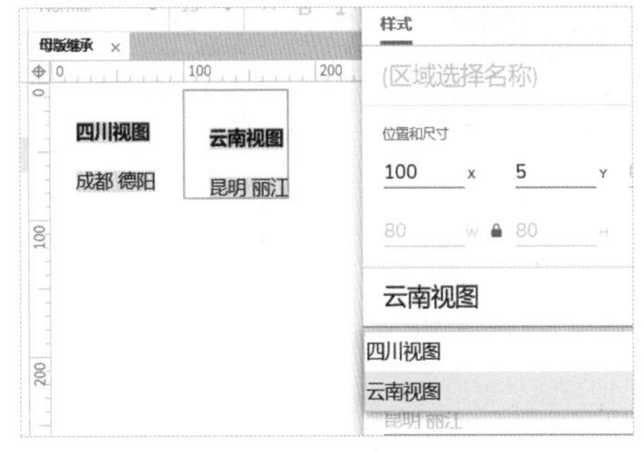

图 7-29

本章小结

本章介绍了母版的应用场景，创建母版后可以设置它的拖放行为，分别是任意位置、固定位置和脱离母版。另外还介绍了如何在引用页面中脱离母版，它和拖放行为中的母版是有区别的；当母版内容过多时，可以通过新建文件夹进行管理，这和管理原型页面一样。母版可以建立统一的交互事件，如果需要独立的事件，需要使用“引发事件”。母版视图可以帮助我们打造不同“形态”的母版内容，在引用时可以通过切换视图来调整内容。通过概要面板列出的红色字体可以看到母版视图之间的差异，另外重写可以在当前页面覆盖母版中的文字内容，当需要重新调整母版时，在引用页面双击它快速切换到母版编辑页面。这些知识你都学会了吗？下一章我们将学习流程图。

第8章 流程图

- ➥ 常用流程图会用到哪些图标？各图标的含义是什么？
- ➥ 如何使用 Axure 画流程图？如何切换连接工具？
- ➥ 如何调整箭头样式？
- ➥ 如何编辑连接点？
- ➥ 如何自动生成页面流程图？

流程图是原型设计的基本依据，尤其是一些复杂的原型设计，在设计之前使用流程图厘清页面之间的关系和业务流程是十分关键的。例如，一个登录操作，异常流包括用户名或密码为空、验证码错误、用户名或密码错误等，而正常流包括登录成功后跳转的页面、弹框提醒等（根据业务场景不同可能有所不同）。因此学习流程图设计是做好原型设计必不可少的一部分。

8.1 流程图图标含义

打开“元件”面板，将“元件库”列表框由“Default”切换为“Flow”，可以看到非常多的流程图标，在画流程图前需要搞清楚它们的含义。这里介绍一些常用的图标及含义，如表 8-1 所示。Flow 流程元件库，如图 8-1 所示。

表 8-1 流程图常用的图标及含义

常用图标	作用及含义
矩形	用于描述流程处理操作，如“登录”“选择爱好”和“生成订单”。在 Axure 中也可用于表示页面，如“登录页面”和“用户管理页面”
圆角矩形	在流程图中作为起始框和结束框，表示流程的开始和结束
菱形	用于流程的判定，如“是否新用户”，如果是新用户则送券，否则不送券
文件	如同其名，在流程中表示需要上传验证文件或下载文件等，表示流程中需要与文件进行交互
括号	用于进行注释说明，比较复杂的流程步骤可以添加说明，方便理解
角色	用于模拟不同的流程角色，如“买家”“卖家”和“管理员”，不同的角色在功能权限上有所不同，流程上也有所区别
快照	用于显示原型中的页面，用连接线连接可以直观地了解页面之间的关系

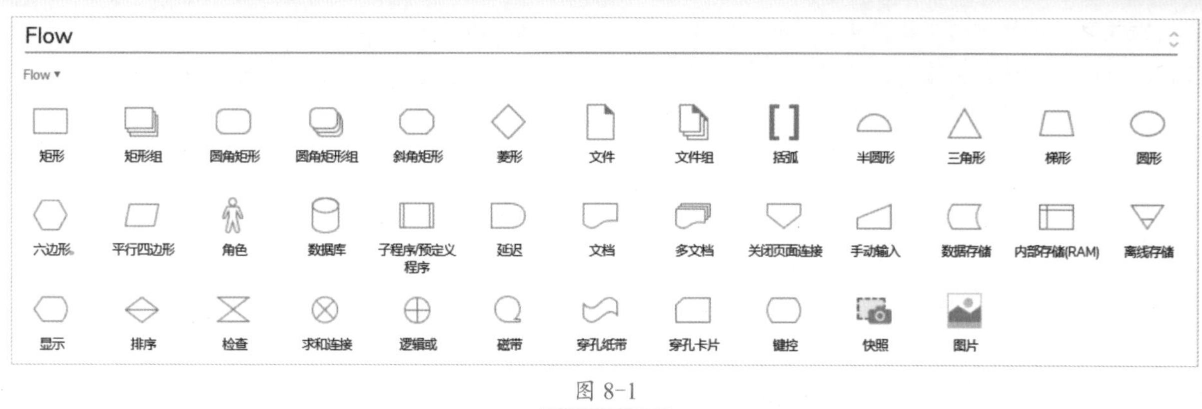

图 8-1

8.2 画流程图

在原型设计前画流程图可以使功能点（交互场景）更加清晰，包括正常流和异常流的处理机制。例如，设计登录页面，通过流程图设计可以判断用户名和密码等逻辑，使原型设计思路更加清晰。

★重点 8.2.1 连接工具的使用

在画布中拖入流程元件后，需要使用“连接工具”将流程元件连接起来。单击工具栏上的连线工具按钮，便可以在元件的连接点上拖动连线，与其他元件连接，如图 8-2 所示。

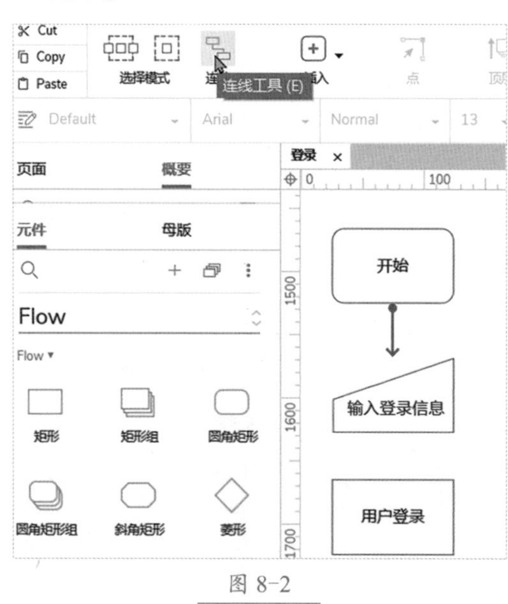

图 8-2

8.2.2 强化学习箭头样式

流程之间需要用到线段连接，而在学习“箭头”元件时我们介绍过，箭头两端的显示样式可以改变，单击选中连接线段，在“样式”面板或工具栏上可以调整线段的显示样式及箭头样式，如图 8-3 所示。

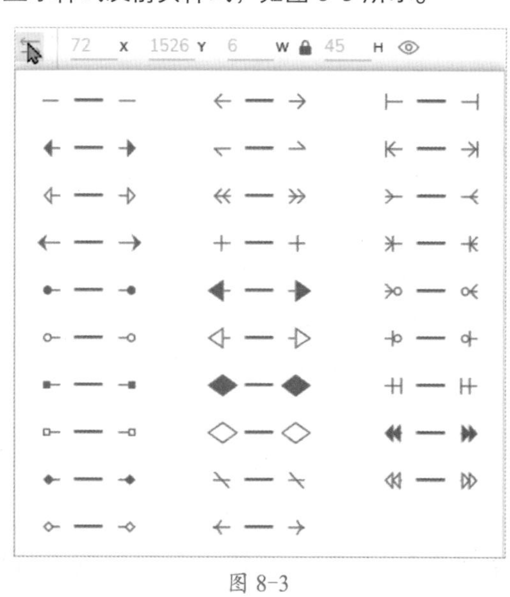

图 8-3

8.2.3 编辑连接点

默认在连接流程元件时，有 4 个蓝色的连接点用于连接线段，如图 8-4 所示。

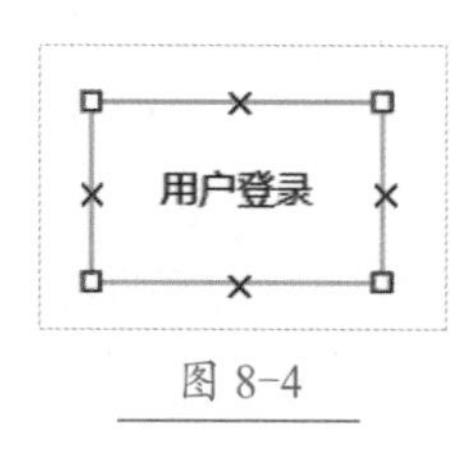

图 8-4

当流程关系比较复杂时（超过 4 条线的流程关系），再次复用相同的点，线段会重合，此时可以右击流程元件，然后在弹出的快捷菜单中执行“变换形状”子菜单中的“编辑连接点”命令，如图 8-5 所示。

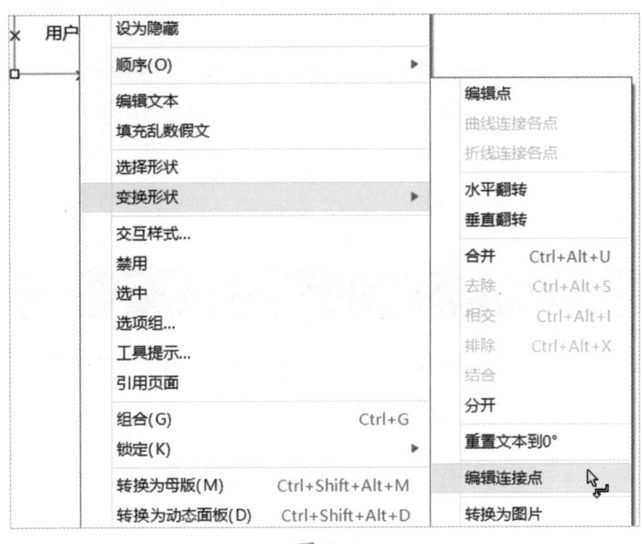

图 8-5

在“编辑连接点”模式下，可以随意移动原有连接点的位置，单击空白位置可新增连接点，完成新增后就可以使用新的连接点进行元件之间的连接，如图 8-6 所示。

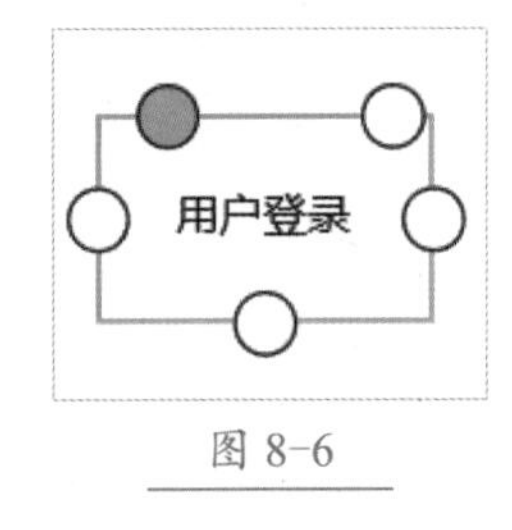

图 8-6

★重点 8.2.4 实战：创建一个简单的流程图

无论是网页还是 APP，用户在登录时都需要输入用户名和密码，系统需要对输入信息进行验证，以这个场景为例画一个相关的流程图。

Step01 添加一个页面，并命名为“登录流程图”。在打开的“样式”面板中，将“页面尺寸”设置为“Auto”，即自动，根据页面内容而定，如图 8-7 所示。

图 8-7

Step02 在画布中拖入“圆角矩形”元件表示流程开始，如图 8-8 所示。

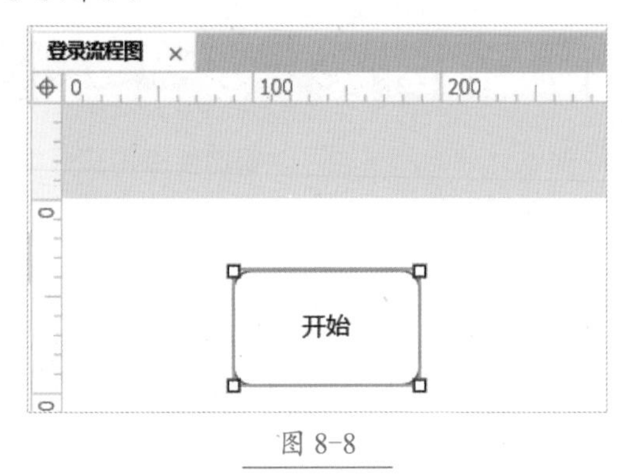

图 8-8

Step03 继续添加操作流程和判断流程，切换到“连线工具”模式，然后使用箭头连接流程（通常使用没有起始样式的箭头），如图 8-9 所示。

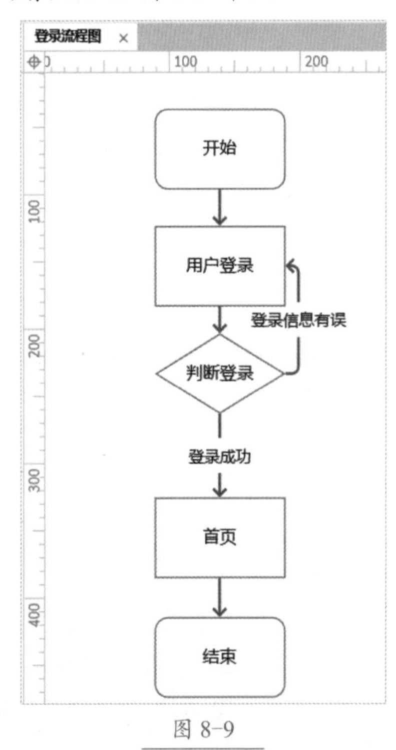

图 8-9

8.2.5 自动生成页面流程图

流程图除前面学习的基本流程图外，还包括页面流程图，可以使用 Axure 自带的功能生成。页面流程图可以直观地查看页面的层级关系。操作方法是先选择一个存放页面流程图的页面，然后在需要生成流程的文件夹或页面中单击鼠标右键，并在弹出的快捷菜单中选择“生成流程图”选项，如图 8-10 所示。

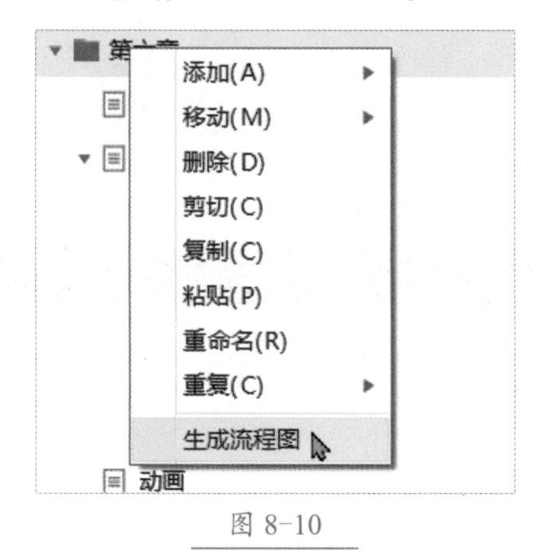

图 8-10

在“生成流程图”对话框选择流程图的图表类型是“向下”还是“向右”，根据选择的不同，会生成不同方向的流程图，如图 8-11 所示。

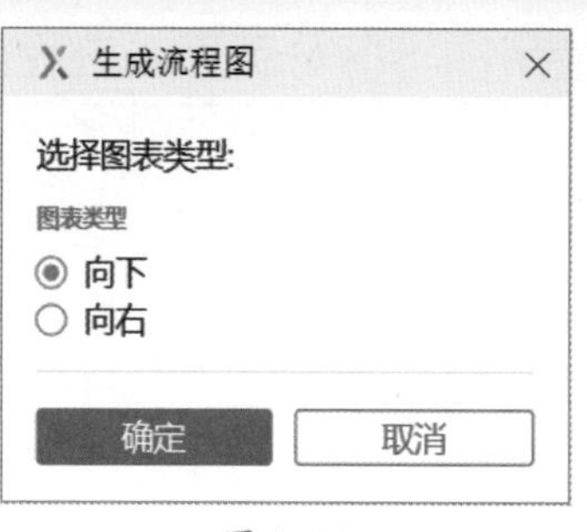

图 8-11

以一个包含两个子页面的页面为例，选择“向下”生成的页面流程图如图 8-12 所示。

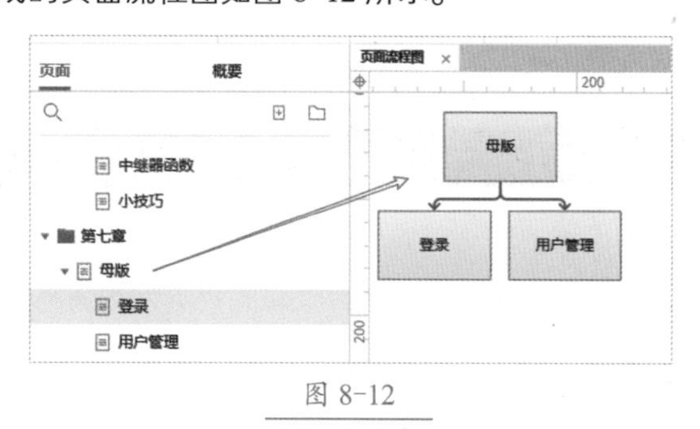

图 8-12

8.2.6 了解更专业的流程图工具 Visio

学习基本流程图的画法、自动生成页面流程图的方法后，给大家介绍一个更加专业的流程图工具 Visio。它是 Office 家族的一款软件，可以设计更加复杂和专业的流程图，包括跨职能流程图和工作流程图等。感兴趣的读者可以去下载并学习使用。

妙招技法

流程图可以帮助产品设计师梳理流程关系，尤其是一些复杂的流程，如果没有安装专业的流程图工具，在使用 Axure 绘制流程图时，首先要做的就是熟悉常用的流程图含义。另外，连线工具模式与选择模式之间的快速切换也需要多加练习才能掌握。

技巧 01 连线工具与选择模式的快速切换

在单键快捷键模式下，连线工具的快捷键是字母“E”，非单键快捷键模式时，切换快捷组合键是“Ctrl+E”。另外，在原型设计时使用的“选择模式”共有两种，一种是相交选中，表示选中元件的部分即可，快捷组合键为“Ctrl+Alt+1”；另一种是包含选中，需要将元件全部框选，可以使用快捷组合键“Ctrl+Alt+2”。下图按钮从左到右分别是“相交选中”“包含选中”和“连线工具”，如图 8-13 所示。

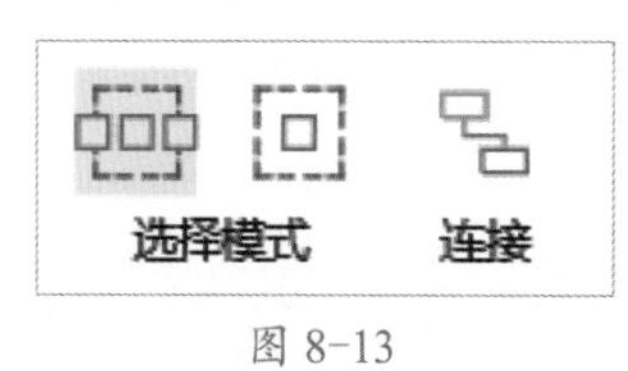

图 8-13

技巧 02　使用图标区分页面和流程图

在“页面”面板中区分页面和流程图，可以右击页面，在弹出的快捷菜单中执行“图表类型”子菜单中的“流程图”命令，此时默认的页面图标会变为流程图图标，页面也更换为流程图，如图 8-14 所示。

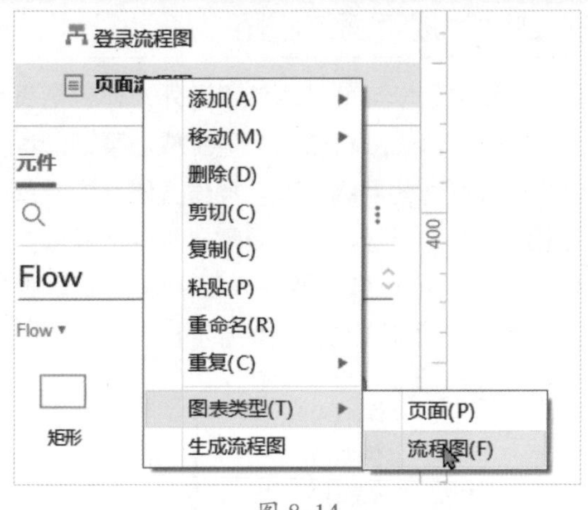

图 8-14

过关练习 —— 购买商品流程图

想想你在京东或淘宝等购物平台购买商品的流程是什么？有中意的商品准备购买时，可以先将其加入购物车或立即购买，使用前面学习的方法将购物流程图画出来。

Step01 新建一个页面并命名为“购买商品流程图”，完成后右击该页面，接着在弹出的菜单中选择“图表类型”子菜单中的“流程图”，如图 8-15 所示。

图 8-15

图 8-16

Step02 打开“元件”面板将元件库切换到“Flow”库，如图 8-16 所示。

Step03 将“圆角矩形”元件拖到画布中，将文本内容设置为“开始”，表示流程的开始，如图 8-17 所示。

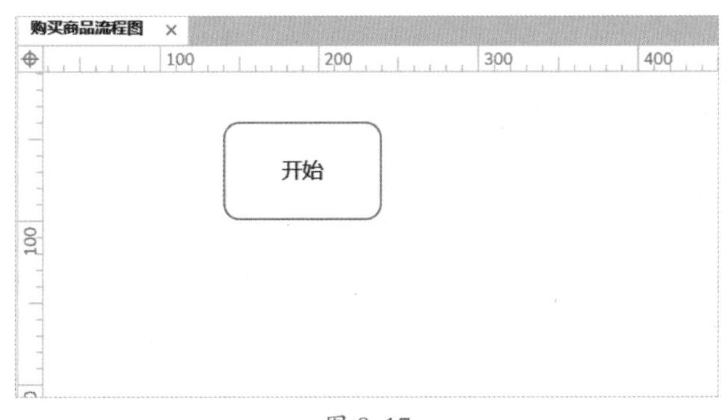

图 8-17

Step04 使用“矩形”元件表示流程动作，文本内容设置为“购买商品”，如图 8-18 所示。

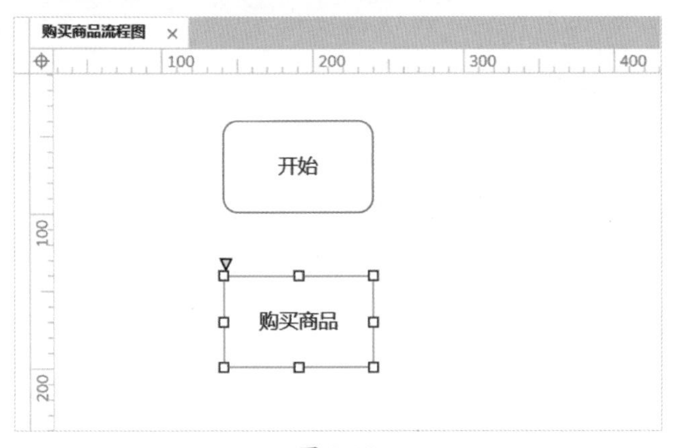

图 8-18

Step05 购买商品时系统会进行登录判断，拖入“菱形”元件，键入“判断”文本为后续作准备，接着单击工具栏上的“连接”按钮切换到“连接”模式，此时元件周围出现“连接点”，在点之间拖动即可进行连接，如图 8-19 所示。

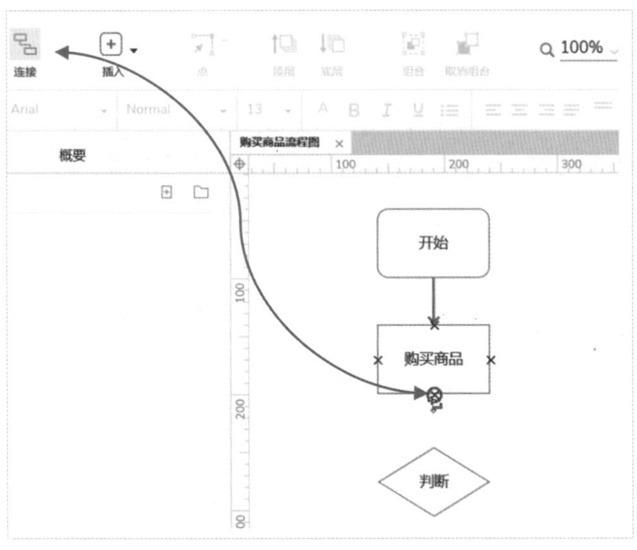

图 8-19

Step06 单击“购买商品”按钮，如果未登录则无法购买商品，系统提示登录，如果已登录则根据选择进入“加入购物车页面”或“提交订单页面”，如图 8-20 所示。

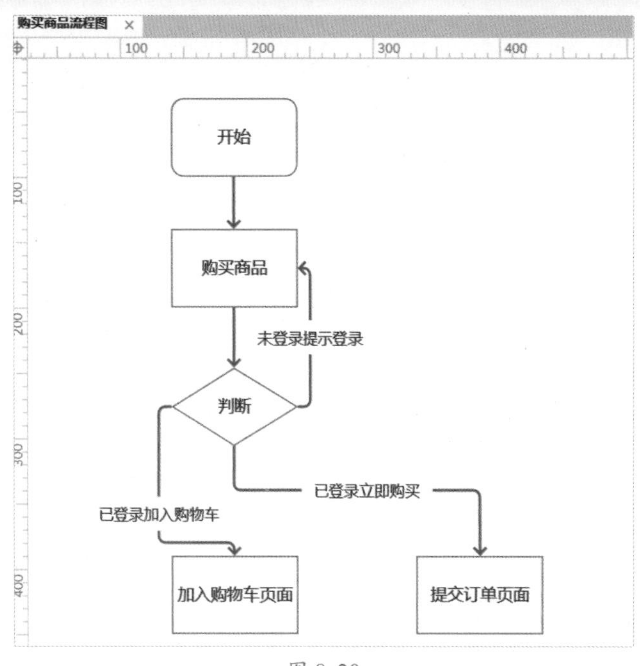

图 8-20

Step07 继续完善流程图，在“加入购物车页面”确认商品规格数量后，可以在“购物车页面”查看清单，也可以提交订单，提交订单后将进行支付，此时共有两种情况：“支付成功”和“支付失败”，如图 8-21 所示。

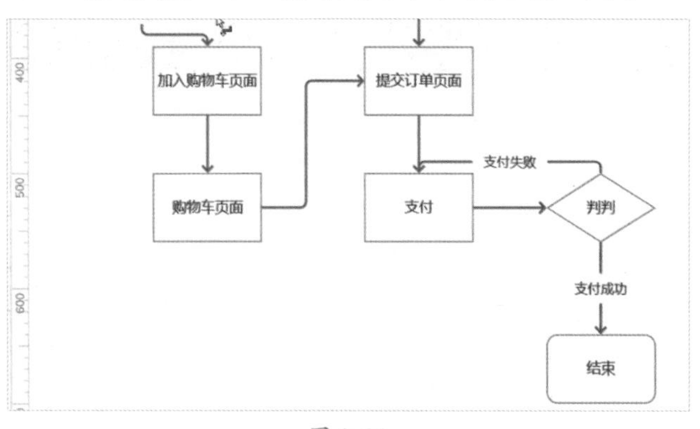

图 8-21

Step08 至此一个简易版商品购买流程图完成，可根据需要进一步优化完善，如图 8-22 所示。

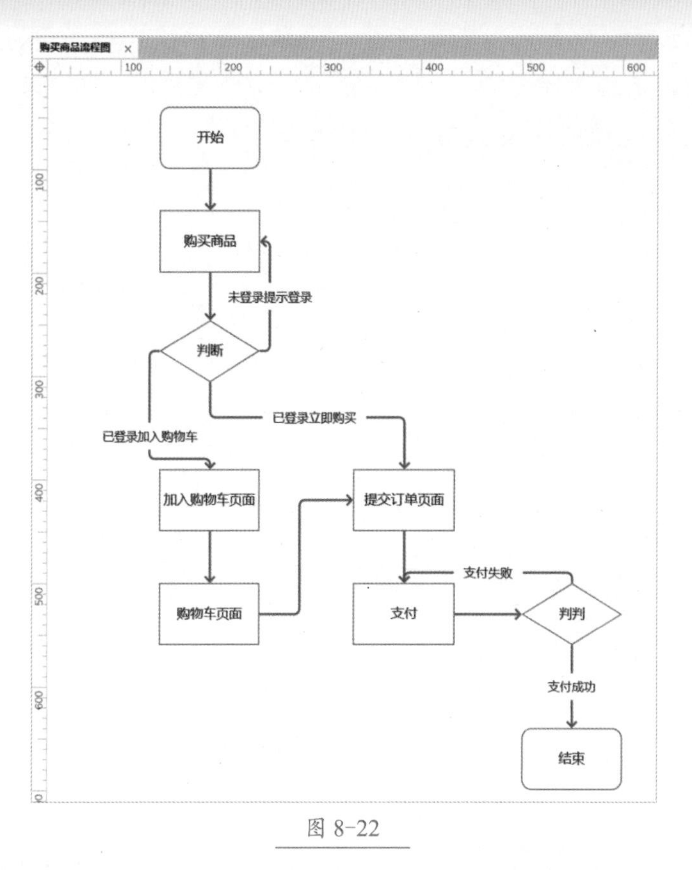

图 8-22

本章小结

本章首先介绍了 Axure 的一些常用流程图图标，在画流程图时，需要切换到“连线工具”模式，设计原型时需要切换到“相交选中”或“包含选中”模式。流程图在连接时使用线段或箭头，通常起始端无箭头，目标端有箭头，如果两边都有关系，可以使用双向箭头。流程元件默认提供了 4 个蓝色的连接点用于进行流程关系连接，我们可以通过“编辑连接点”改变它们的位置或添加新的连接点。接着以登录场景为例画一幅简单的流程图，还介绍了如何自动生成页面的流程图，以及更加专业的流程图工具 Visio。下一章将介绍如何发布原型及预览原型时的相关操作。

第9章 发布和预览原型

- 如何发布原型？如何进行预览配置？
- 如何将原型发布到本地并生成 html？如何生成 Word 说明书和 CSV 报告？
- 如何将原型导出为图片？如何将原型发布到云服务器？
- 如何使用 Web 原型播放器？如何对原型播放器进行汉化？
- 如何使用手机原型播放器 Axure Cloud 播放原型？

前文频繁提到预览原型，通过浏览器我们可以查看原型，本章将详细介绍如何发布和预览原型。

9.1 发布和预览配置

完成原型设计后，我们通常先预览，在浏览器中查看效果并不断地完善原型。除此之外，还可以发布原型，将原型生成html等相关格式的文件。本节主要介绍在发布和预览原型时如何进行配置，例如，你设计了10个原型页面，个别页面不想给用户看，但又不想删除，可以通过“预览配置”设置可见的原型页面，还可以调整原型预览时默认的浏览器及生成器中更多的文件格式配置。

★重点 9.1.1 预览选项

在“发布”菜单中执行“预览选项”命令，可以设置打开原型的浏览器及原型播放器的选项，如图 9-1 所示。

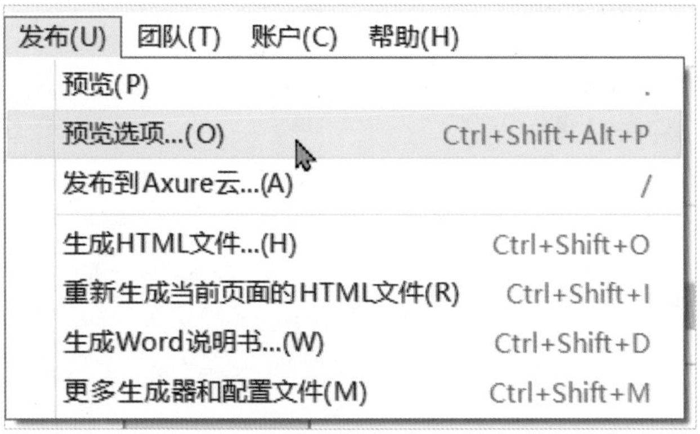

发布(U) 团队(T) 账户(C) 帮助(H)
预览(P) .
预览选项...(O) Ctrl+Shift+Alt+P
发布到Axure云...(A) /
生成HTML文件...(H) Ctrl+Shift+O
重新生成当前页面的HTML文件(R) Ctrl+Shift+I
生成Word说明书...(W) Ctrl+Shift+D
更多生成器和配置文件(M) Ctrl+Shift+M

图 9-1

打开“预览选项”对话框，可以更改预览时使用的浏览器。“播放器”的选项有 3 个，具体的作用及含义如表 9-1 所示。读者可以尝试更换不同的配置之后，单击“预览”按钮查看效果，如图 9-2 所示。

表 9-1 “播放器”选项的作用及含义

选项	作用及含义
默认	该选项表示在播放中有工具条，左侧页面列表为折叠状态
打开页面列表	该选项表示会将左侧的页面列表展开（方便预览时选择相应的页面）
最小化	该选项是指隐藏播放器顶部的工具栏，左侧的页面列表也被折叠，让播放可视区域更大

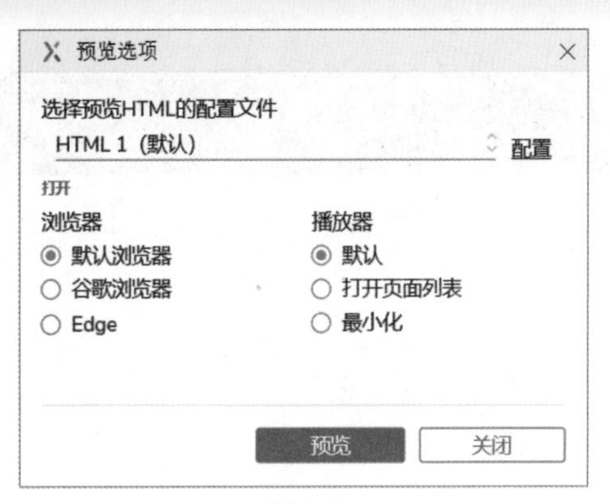

图 9-2

★重点 9.1.2 发布项目配置

单击“预览选项”对话框中的“配置”按钮，可以打开“发布项目”对话框，对需要发布或预览的原型进行配置，如图 9-3 所示；“发布项目”对话框中，各选项的作用及含义如表 9-2 所示。

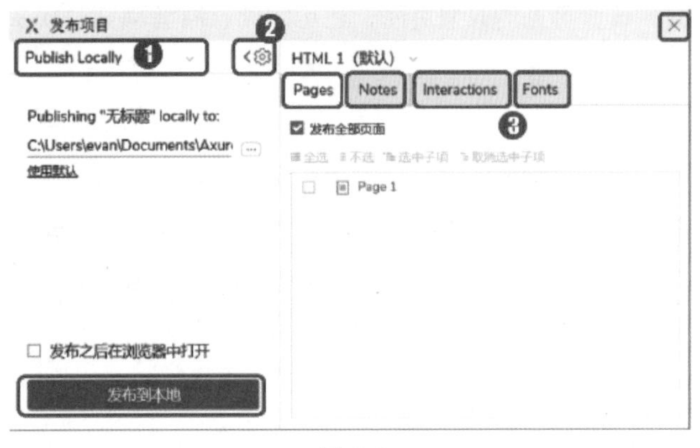

图 9-3

表 9-2 选项的作用及含义

选项	作用及含义
❶ 发布位置	下拉列表中有“Publish Locally（发布到本地）”“发布到 Axure 云”“Manage Serves（管理云服务器）”3 个选项，读者可以根据自己的需求选择发布位置
❷ 齿轮按钮	折叠或展开发布区域设置界面
❸ 发布区域设置	包括“Pages（页面）”“Notes（说明）”“Interactions（交互）”“Fonts（字体映射设置）”选项卡和“关闭”按钮

9.1.3 生成器配置

执行“发布”菜单中的“更多生成器和配置文件”命令，可以设置更多文本格式，也可以使用快捷组合键“Ctrl+Shift+M”打开“更多生成器和配置文件”命令，如图 9-4 所示。

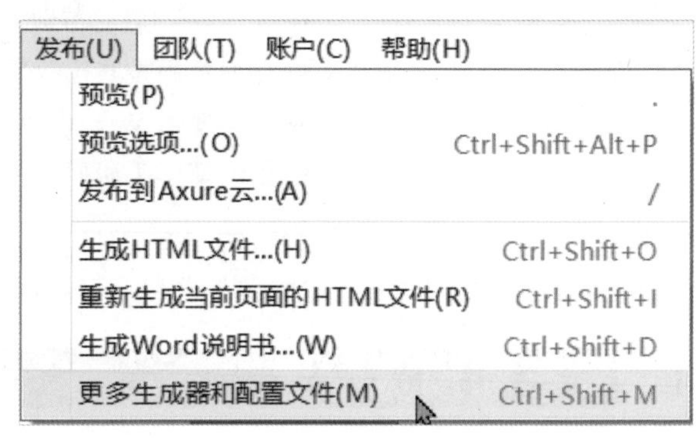

图 9-4

接着弹出“生成器配置”对话框，注意标有“默认”的配置是无法被删除的，对于默认的配置，可以通过单击“编辑”修改当前配置，单击“添加”新增配置。这就好比管理模板一样，如果当前模板不满足使用条件，可以添加新的模板或修改当前模板。系统提供了 4 种默认配置，如图 9-5 所示。

图 9-5

9.2 发布到本地

“发布到本地”功能可以将你设计的原型生成本地文件，这些文件可以是查看原型的 html 文件、说明原型的 Word 文档、包含页面和元件的 CSV 报告，在“文件”菜单中还可以将当前页面或所有页面导出为图片格式，也可以将关键内容页面打印出来。

★重点 9.2.1 生成 html 文件

生成 html 文件的步骤非常简单：❶ 在“发布项目”对话框中，选择位置为“Publish Locally（发布到本地）”；❷ 保存路径建议新建一个文件夹（生成的内容比较多，方便集中管理），文件夹的命名参考“×××项目原型”，必要时加上版本号方便区分；❸ 也可以单击“使用默认”选项（复制路径方便使用）；❹ 如果需要马上打开原型，勾选“发布之后在浏览器中打开”复选框即可；❺ 单击“发布到本地”按钮完成发布，如图 9-6 所示。

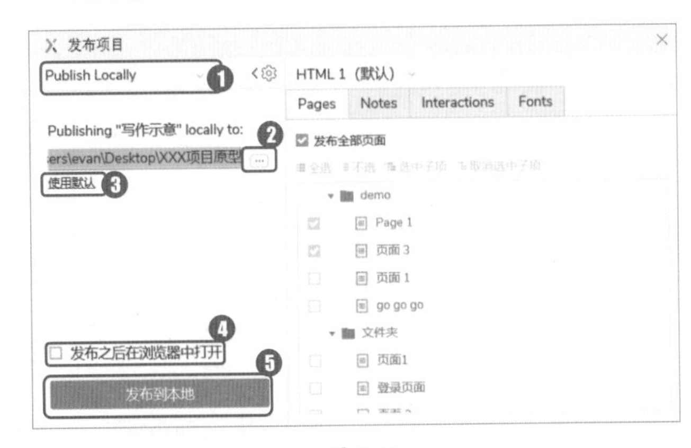

图 9-6

查看生成的 html 文件，每个页面除对应一个 html 文件外，还包括很多其他文件夹，如 js 和 css 等文件夹。读者需要查看某个页面，只需要打开对应的文件即可；如果需要整体查看原型，打开“start.html”或“index.html”文件即可。如果使用谷歌浏览器预览，还需要安装插件，若用户无法正确打开自己设计的原型，很可能是谷歌浏览器没有安装插件。保存后的原型结构文件如图 9-7 所示。

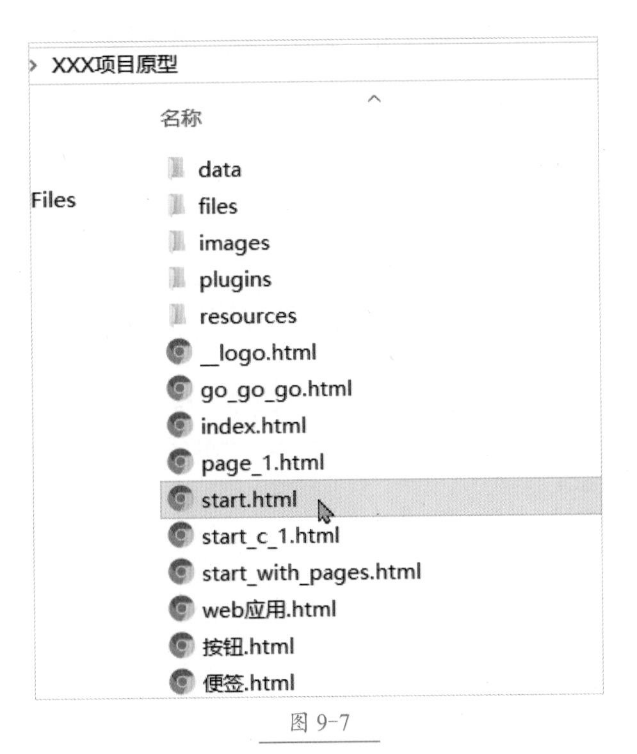

图 9-7

9.2.2 生成 Word 说明书

执行“发布”菜单中的“生成 Word 说明书”命令，即可生成 Word 说明书，也可以使用快捷组合键“Ctrl+Shift+D”来生成 Word 说明书，如图 9-8 所示。

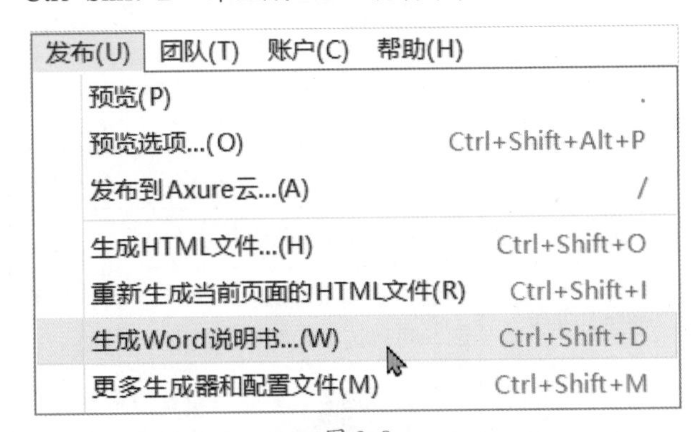

图 9-8

还有一种比较复杂的操作方法，即打开“生成器配置”对话框，在“生成器”选项卡中双击“Word 说明书 (.docx)”选项，也可以生成 Word 说明书，如图 9-9 所示。

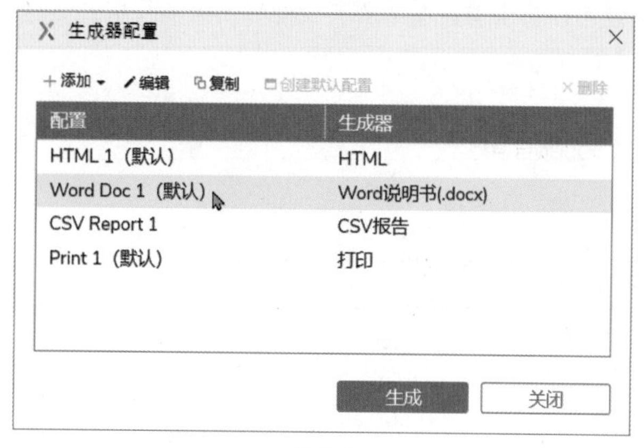

图 9-9

打开“生成说明书”对话框，可以进行说明书选项卡设置，如图 9-10 所示。选项卡的具体作用及含义如表 9-3 所示。

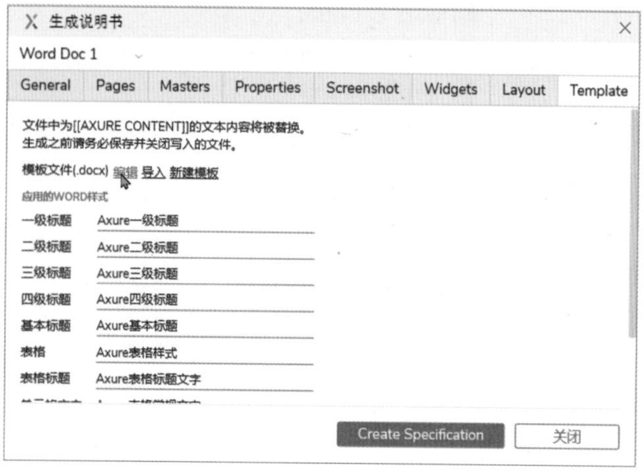

图 9-10

表 9-3　选项卡的具体作用及含义

选项卡	作用及含义
General（常规）	可以设置 Word 说明书存放的路径
Pages（页面）	设置是否需要在说明书中包含页面的标题，可以选择全部页面或部分页面
Masters（母版）	设置母版内容，默认会导出母版相关信息，通过设置可以不导出母版信息或导出指定的母版信息
Properties（说明）	对页面的相关注释进行设置，以及设置是否需要将注释生成到 Word 说明书中
Screenshot（快照）	设置与快照相关的选项，它会将我们设计的原型转换成图片存放到说明书中，默认标题为“用户界面”，可以调整默认标题
Widgets（元件）	可以设置是否在说明书中显示元件列表，它会以表格的形式展示元件对应的注释信息，这些内容取决于原型中元件的说明配置
Layout（布局）	将“元件列表”等内容按单栏或双栏的方式进行布局
Template（模板）	可以编辑模板、导入模板、新建模板，默认标题样式可以选择 Word 内置样式或 Axure 默认的样式

9.2.3　生成 CSV 报告

CSV 报告可以生成页面报告或元件报告，页面报告内容包括页面或母版的名称、页面或母版编号、母版行为（母版的视图名称）、交互、页面概述等。

元件报告内容包括对象 ID、页面或母版 ID、页面或母版的名称、交互、元件名称、说明（注释）等。

生成 CSV 报告可以执行“发布”菜单中的“更多生成器和配置文件”命令，打开“生成器配置”对话框，在“生成器”选项卡中双击“CSV 报告”选项即可，如图 9-11 所示。

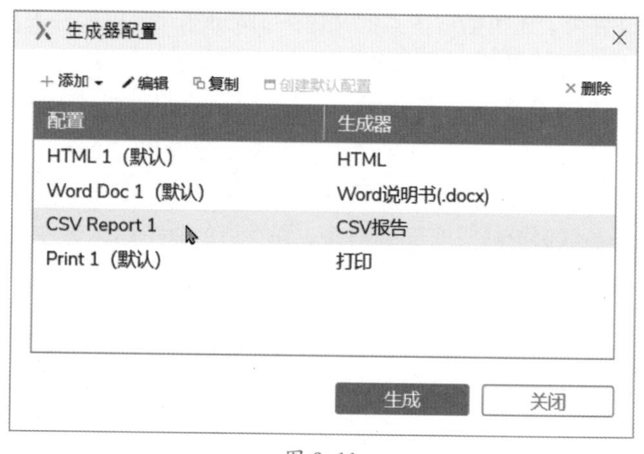

图 9-11

在弹出的“生成 CSV 报告”对话框中可以设置报告生成的路径、页面、母版、页面说明和元件说明等要素，完成设置以后单击“Create CSV Report（创建 CSV 报告）”按钮即可生成 CSV 报告，如图 9-12 所示。

图 9-12

★重点 9.2.4 导出原型为图片

选中需要导出为图片的原型页面，然后执行“文件”菜单中的“导出【选中文件名】为图片”命令即可导出图片。这里以“中继器动作练习”为例，若需要导出所有图片，则选择“导出所有页面为图片”命令，如图 9-13 所示。

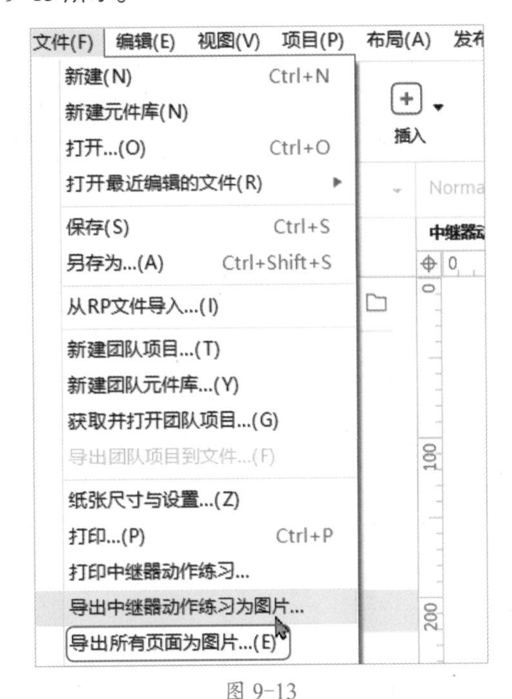

图 9-13

9.3 发布到 Axure 云服务器

将设计好的原型发布到 Axure 云服务器后，可以通过生成的链接和密码进行访问，简单来说，就是运行时不再依赖本地的计算机。不过云服务器在国内的访问速度比较慢，针对这个问题，可以使用 Axure Cloud 手机版，将原型下载到手机，演示时不再依赖网速。

9.3.1 注册 / 登录 Axure 账号

首次使用 Axure 提供的云服务时，需要先注册账号并登录。方法是单击工具栏上的“登录”按钮，如果看不到该按钮，需要执行“视图”菜单中的“工具栏”中“自定义基本工具列表”命令进行设置，勾选“用户账户”复选框之后，便会在工具栏上显示“登录”按钮，如图 9-14 所示。

图 9-14

单击“登录”按钮，在弹出的“登录”对话框中输入对应的邮箱和密码，没有账号则单击右下角的“注册”链接进行注册，如图 9-15 所示。

图 9-15

在弹出的“注册”对话框中输入正确的邮箱地址作为用户名，设置登录密码并勾选“我同意 Axure 条款”选项，之后单击“创建账户”按钮，完成账户创建后再次登录即可，如图 9-16 所示。

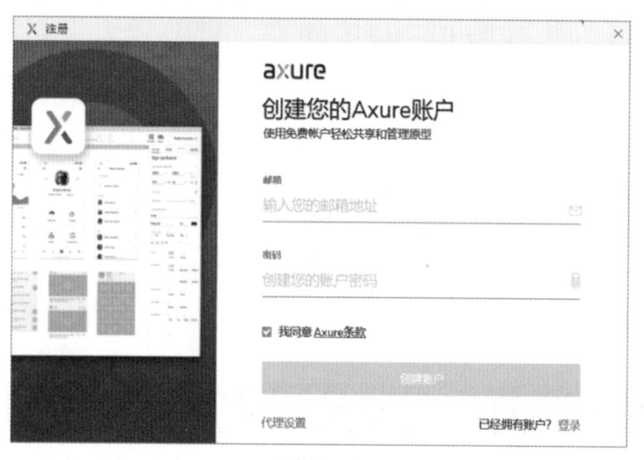

图 9-16

在 Axure RP 中创建的账号默认为国外平台，如果你使用的是“Axure 企业版”，可以申请创建国内平台账号（模型发布后访问速度更快），不过需要提供很多信息，包括支付宝实名认证截图、公司信息和 Axure 论坛邀请码等，详情请参考官网发布的信息。

★重点 9.3.2 发布到 Axure 云

登录 Axure 账户后，我们便可以将原型发布到云上，操作方法如下。

Step01 执行“发布”菜单中的“发布到 Axure 云”命令，或使用快捷键“/”打开“发布”对话框，如图 9-17 所示。

发布(U) 团队(T) 账户(C) 帮助(H)	
预览(P)	.
预览选项...(O)	Ctrl+Shift+Alt+P
发布到Axure云...(A)	/
生成HTML文件...(H)	Ctrl+Shift+O
重新生成当前页面的HTML文件(R)	Ctrl+Shift+I
生成Word说明书...(W)	Ctrl+Shift+D
更多生成器和配置文件(M)	Ctrl+Shift+M

图 9-17

Step02 在弹出的“发布”对话框中进行云发布设置，与前面小节介绍的“发布到本地”类似，可以在右侧对发布的“页面”“说明”“交互”和“字体映射”选项进行设置。发布到 Axure 云生成的是一个链接，❶ 需要输入项目名称，默认位置为 Private Workpace（私人空间），❷ 可以单击 ··· 按钮切换位置（通过访问 https://share.axure.com/ 进行管理），❸ 设置共享链接的访问密码（根据原型重要性选填），❹ 默认勾选“允许评论”复选框，表示别人在查看原型时可以对页面进行评价，取消勾选则不能进行评价，该功能仅适用于发布到云，❺ 发布准备完成后单击“发布”按钮，如图 9-18 所示。

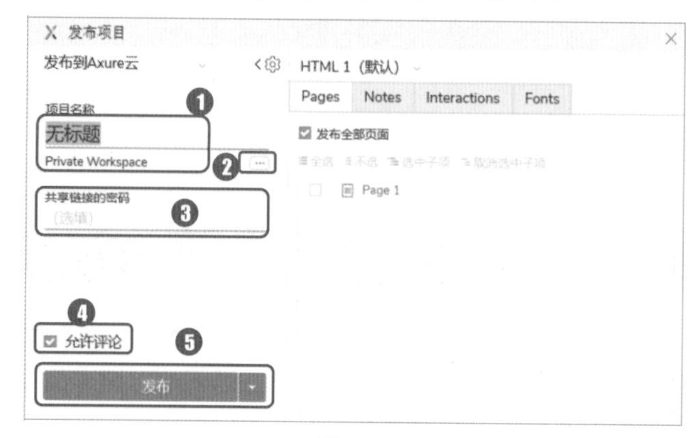

图 9-18

Step03 发布时长与页面的数量和网速有关，发布过程中会出现“等待上传确认”的提示，如果中途不想发布了，单击“Cancel（取消）”按钮即可。稍等片刻会出现“准备共享”对话框，显示了原型发布到的位置，以及共享链接（可直接单击链接访问），如果设置了密码，还包括密码，单击“Copy Link（复制链接）”按钮复制链接到浏览器中打开，即可访问发布的原型，如图 9-19 所示。

图 9-19

Step04 再次发布相同的项目时，“发布”按钮会变为“更新”按钮，通常直接更新即可。若需要“发布为新项目”或“替换已有项目”，单击“更新”按钮后面的下拉按钮打开下拉列表即可，如图 9-20 所示。

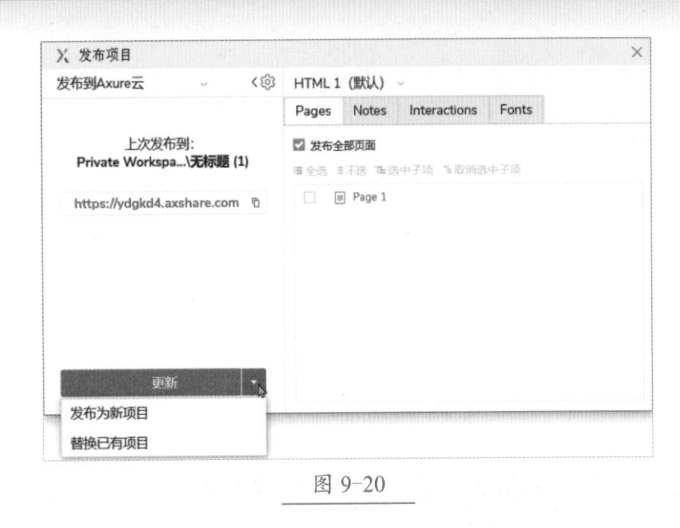

图 9-20

9.4 Web 原型播放器

原型设计完成后，单击工具栏上的“预览”按钮或使用快捷键“.”或“Ctrl+.”可以在浏览器中查看原型内容。Axure 提供了一些常用的原型交互操作，包括顶部工具栏、左侧页面列表等。这些功能统称为 Web 原型播放器，简单来说就是一个原型插件，它具备切换页面、查看原型注释、调试信息等功能。

9.4.1 汉化原型播放器

在第 1 章介绍了 Axure 安装后的目录结构，原型播放器（插件）存放在“DefaultSettings”文件夹下的“Prototype_Files”中。在浏览器中查看原型时，原型播放器显示的都是英文，如图 9-21 所示。

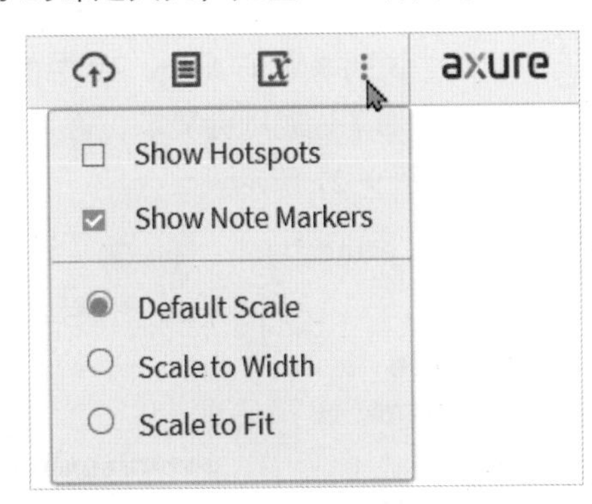

图 9-21

不太习惯英文的读者可以使用下面介绍的方法对原型播放器进行汉化，将 js 文件和 html 文件中涉及的工具栏和页面列表栏的英文翻译为中文。

Step01 使用本章节同步学习文件中提供的汉化文件进行翻译，如图 9-22 所示。

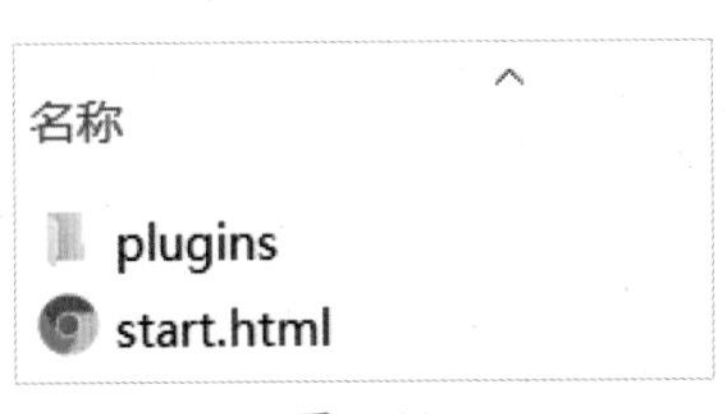

图 9-22

Step02 将 Axure 安装目录下的“Prototype_Files”文件夹进行备份，将第一步提到的文件及文件夹复制后，粘贴在“Prototype_Files”文件夹，在弹出的对话框中选择“替换目标中的文件”，如图 9-23 所示。

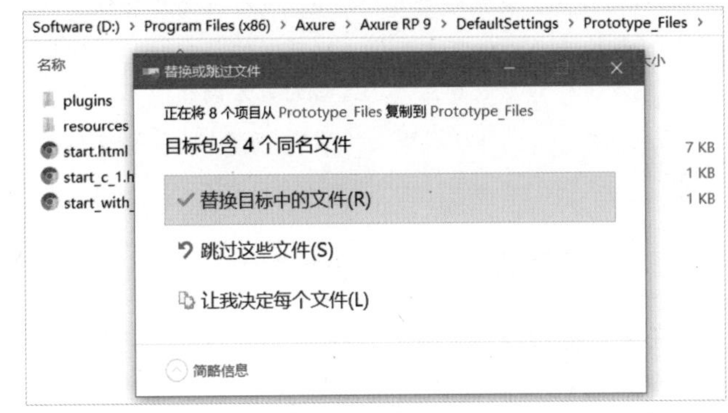

图 9-23

Step03 完成替换后，重新预览原型，此时左侧页面列表及工具栏显示为中文，如图 9-24 所示。

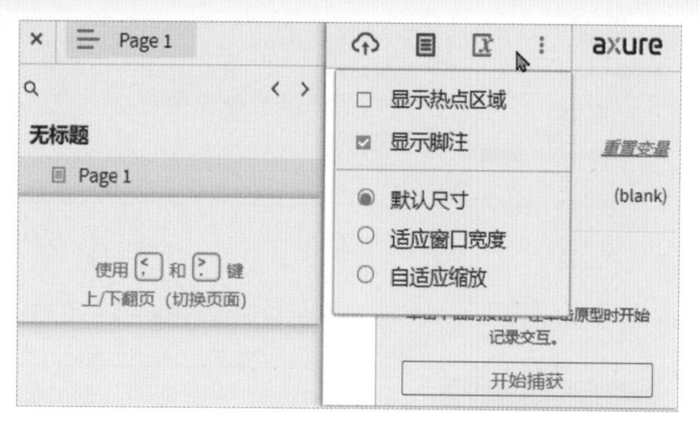

图 9-24

技能拓展——关于汉化原型播放器的重要说明

随着 Axure 版本不断升级，对应的原型播放器文件也会有所调整。目前该汉化在 Axure RP 9.0.3696 版本正常使用，若读者使用的版本高于这个版本，在汉化前请先备份原有的文件，由于汉化原因导致原型预览出现问题时方便恢复。另外在此分享一个汉化文件说明，帮助感兴趣的读者了解 Axure 相关的文件用途。

（1）start.html 开始页面存放工具栏上的一些指向提示，如左上角的“隐藏（折叠）工具栏”，右侧⋮更多选项。

（2）debug.js 工具栏上的调试按钮对应的设置区域用于调试原型交互、查看全局变量、捕获交互事件。

（3）page_notes.js 页面可显示说明信息，当页面没有说明时会显示“此页面没有说明”。

（4）sitemap.js 即原型播放器中，左侧显示的页面列表用于在原型页面之间进行翻页、展开折叠列表等。

（5）axplayer.js 文件名直译就是 Axure 播放器相关的文件，用于完善原型页面的注释显示（对 page_notes.js 的一些补充），以及浏览器的版本、手机型号等。

可以使用文档比较工具打开上述文件并与备份的文件进行比较，当 Axure 版本变化（出现新的英文）时，打开这些文件搜索对应的英文，在适当的地方调整即可，如果不知道从何下手，可以发邮件到 mailtosu@163.com 与笔者讨论。

9.4.2 切换页面

在原型播放器中，在左侧的页面列表中单击相应的页面可以进行页面切换，也可以使用快捷键“<”和“>”在当前原型页面之间进行切换，如图 9-25 所示。

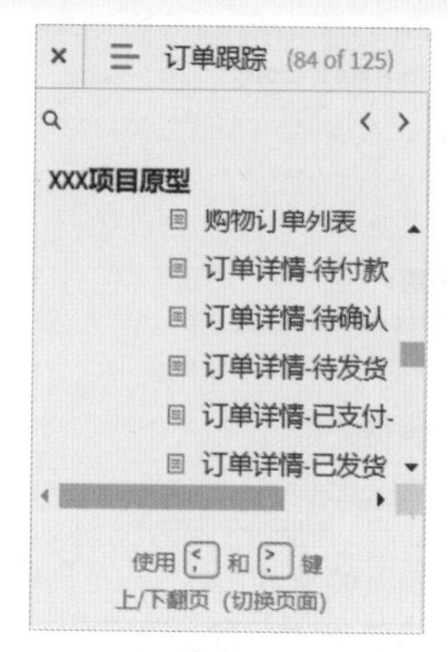

图 9-25

9.4.3 隐藏 / 显示顶部工具栏

若需要隐藏原型播放器顶部的工具栏，单击工具栏左上角的“×”按钮进行隐藏；若需要再次显示，将鼠标指针移动到左上角，再次单击即可显示，如图 9-26 所示。

图 9-26

9.4.4 查看原型说明

通过单击原型播放器顶部的页面文档按钮，可以查看页面的说明，这些说明来源于 Axure RP 中的“说明”面板，如果设计时添加了说明则会显示，否则提示“此页面没有说明”，如图 9-27 所示。

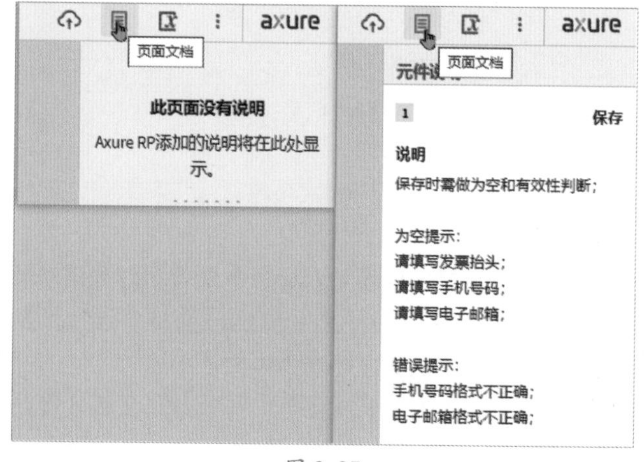

图 9-27

9.4.5 评论（适用于发布到 Axure 云服务的原型）

用户、开发人员或其他产品经理在查看你设计的原型时，可以对原型进行评论，提出他们的意见或指出问题，该功能仅针对发布到 Axure 云服务的原型。

Step01 单击“工具栏”上的评论按钮，如图 9-28 所示。

图 9-28

Step02 单击图 9-28 中的“Add comment（添加评论）”按钮，单击并标记需要添加评论的区域，并在弹出的对话框中输入相关评论，下载相关插件后，还可以单击按钮上传图片。完成操作后，单击“POST”按钮提交评论，如图 9-29 所示。

图 9-29

★重点 9.4.6 使用控制台查看全局变量并跟踪轨迹信息

单击工具栏上的调试按钮可以查看原型设计时用到的全局变量。在交互时可以观察全局变量的变化，了解当前变量值与设定的交互场景是否一致，左侧默认显示的变量为“OnLoadVariable”，也可以在右侧自定义更多的全局变量，如图 9-30 所示。

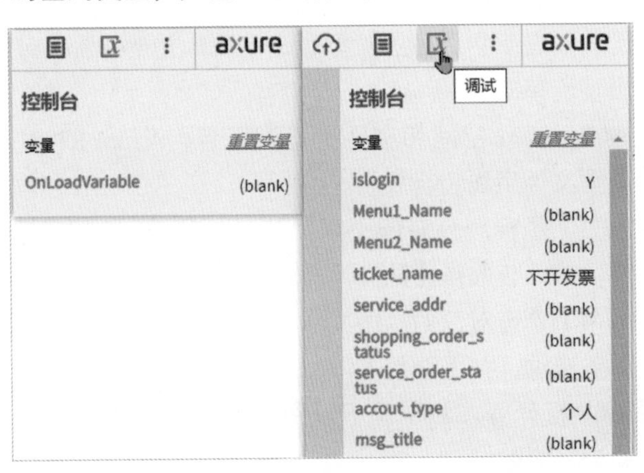

图 9-30

9.4.7 其他选项设置

在其他选项设置中可以高亮显示页面中能进行交互的热点区域、显示脚注（页面中的注释）及调整原型预览时的尺寸。预览尺寸除默认尺寸外，还包括适应窗口宽度和自适应缩放，如图 9-31 所示。

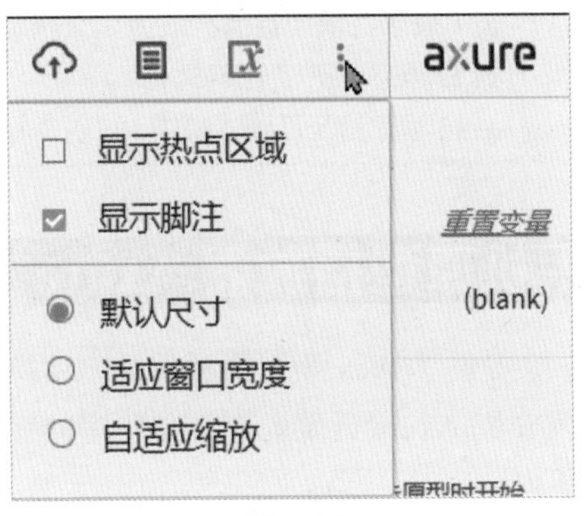

图 9-31

9.4.8 了解原型 URL 参数

通过更改更多选项的设置，如勾选“显示热点区域”复选框，取消勾选“显示脚注”复选框，更换原型预览尺寸为“自适应缩放”，观察浏览器地址栏，可以发现 URL 参数会发生变化。URL（Uniform Resource Locator，统一资源定位器），可以理解为每个原型页面有不同的地址，配合更多选项设置后会在地址后面追加相应的参数，参数的作用及含义如表 9-4 所示。

表 9-4 参数的作用和含义

参数和参数值	参数的含义
hi=1	显示热点区域
fn=0	footnote（脚注）即页面注释，为 0 表示不显示，默认不传入此参数，不传入参数表示显示注释
sc=n	screen 屏幕类型 sc=1 表示适应窗口宽度 sc=2 表示自适应缩放 sc=0 表示默认尺寸（一般不显示在参数中）
tr=1	trace 捕获追踪，为 1 表示开始捕获交互事件
p=name	表示当前是哪一个页面，name 是传入的值，如 p= 登录页面，说明现在查看的是登录页面，需配合 id 参数使用

续表

参数和参数值	参数的含义
id= 唯一值	当前原型页面的 ID 值（自动生成），当找不到该 ID 时默认会跳转到首个页面
g=n	播放器当前工具栏的交互变化 g=1 表示左侧的页面列表为显示状态 g=12 表示打开了说明文档 g=13 表示打开了调式模式，可以查看控制面板

接下来看一个原型页面的 URL 地址，http://127.0.0.1:32767/start.html#id=8nljm2&p=pagename1&g=13&hi=1&sc=1，对照上表能看懂吗？如果能看懂，恭喜你已掌握 URL 参数知识，若还不能看懂，可在预览原型时多观察参数变化。

9.5 手机原型播放器 Axure Cloud

Axure 除提供了 Web 原型播放器外，还提供了一个叫"Axure Cloud"的手机 APP，下载安装后便可以使用手机来访问发布到 Axure 云端的原型了，它的好处是可以在手机上全屏查看原型，比在手机上使用 Web 原型播放器交互体验更好。

★重点 9.5.1 下载与安装

使用 Axure Cloud 的第一步是下载并安装，在谷歌应用商店搜索"Axure Cloud"并下载安装，考虑由于网络限制部分用户无法使用谷歌应用商店，本书提供了安卓端的安装包，将安装包复制到手机中进行安装即可。

9.5.2 注册与登录

安装完成后，输入登录的用户名（邮箱地址）及密码，和 PC 端发布到 Axure 云的账号一致。如果没有注册账号，则需要先进行注册。手机端的登录界面如图 9-32 所示。

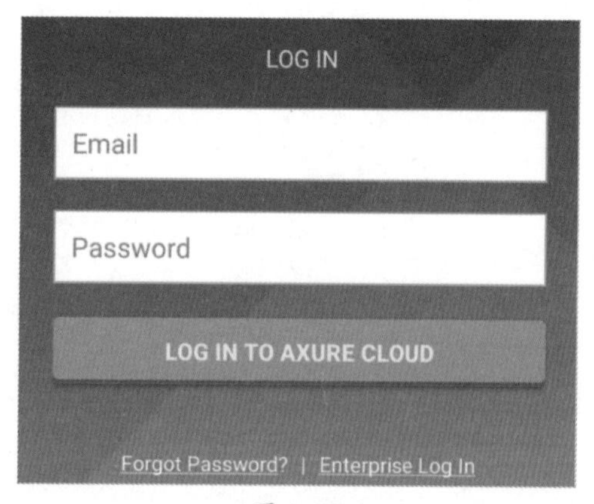

图 9-32

★重点 9.5.3 Axure Cloud 快速入门

登录后，单击右上角的"更多选项"菜单后，单击"Help（帮助）"按钮查看帮助信息，快速熟悉该 APP，如图 9-33 所示。

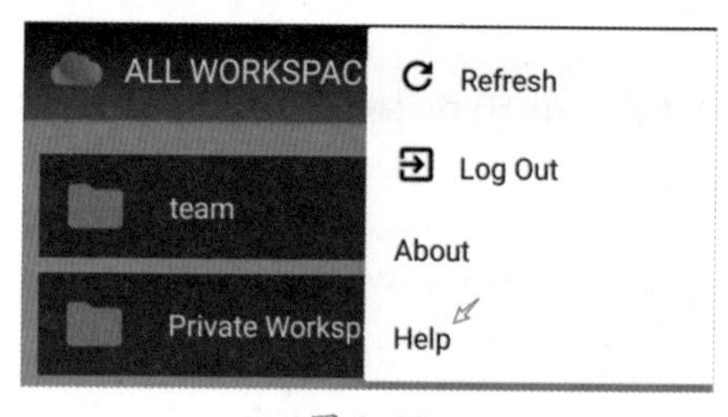

图 9-33

打开帮助信息后可以左右滑动进行查看，共有 4 个提示，内容如下。

（1）在手机上预览原型时，在屏幕上点击 3 次可以退出预览模式。

（2）工作空间和文件夹是深蓝色，Axure RP 对应的原型文件用浅色行展示。

（3）图标颜色有所不同，蓝色的是 rp 文件或 rplib 文件，紫红色的是团队文件 teamrp 或元件库 teamrplib。

（4）单击对应的原型文件可以启动它们，右侧提供了更多选项，如下载到本地、在手机浏览器打开及直接用 APP 打开等，对于已下载到本地的文件还可以通过选项进行删除。

★重点 9.5.4 使用 Axure Cloud 查看原型

Axure Cloud 适合手机版的尺寸，首先在计算机上打开 Axure RP 新增一个页面并将页面名命名为“Cloud 测试”，在“样式”面板中将页面尺寸调整为“iPhone 8（375×667）”，在页面上拖入任意元件并进行简单调整，这里以“主要按钮”元件为例，文本内容设置为“登录”，位置参数为（117，202），尺寸参数为（140，40），如图 9-34 所示。

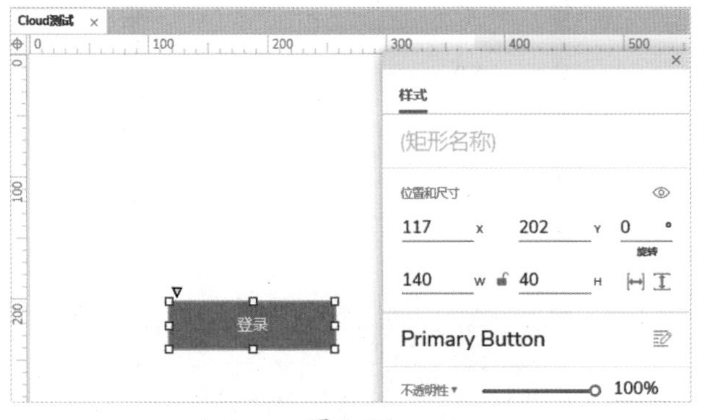

图 9-34

完成上述操作后，将原型发布到 Axure 云，如果是相同项目则单击“更新”按钮即可。打开手机上的“Axure Cloud”（确保计算机与手机使用的是同一个 Axure 账号），预览刚刚发布的原型项目，找到“Cloud 测试”页面并打开，如图 9-35 所示。

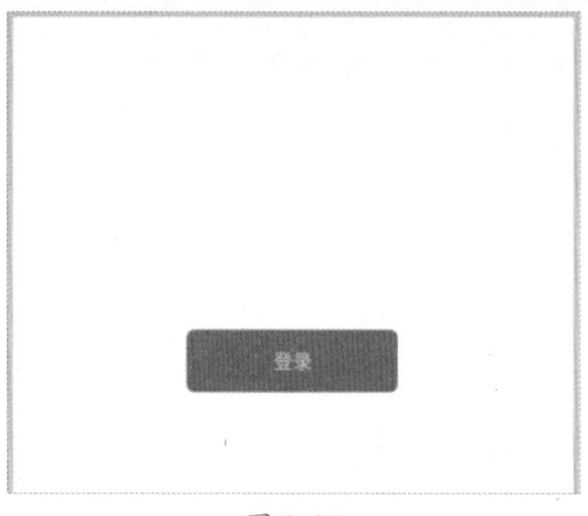

图 9-35

目前很多手机尺寸不同，如果你的手机看到的页面不是全屏的，可以调整原型的尺寸为你手机的尺寸（可等比例调整，如小米 9 屏幕截图的尺寸为 1080×2340，缩小 2.88 倍为 375×813），另外还可以通过退出原型预览，在“PROJECT OPTIONS（项目选项）”菜单中选择“Scale to fit width（适应宽度）”选项，如图 9-36 所示。

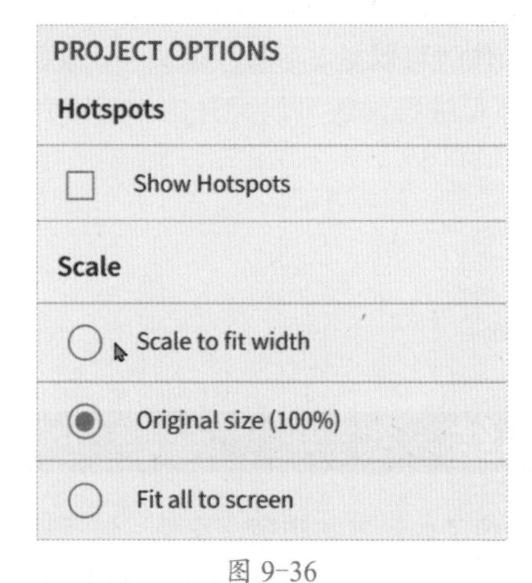

图 9-36

妙招技法

原型发布和预览有很多快捷键，例如，预览原型的快捷键“.”，发布原型到 Axure 云的快捷键“/”。这里为大家介绍发布原型后如何批量更换原型字体及使用手机端 Axure Cloud 的小技巧。

技巧 01 使用字体映射轻松更换原型字体

一个好的原型设计作品，涉及非常多的功能点，尤其是字体样式。如果在和客户讨论原型方案时，客户说字体不好看，能不能换一种字体看下效果，此时 Axure 提供的字体映射功能就发挥了重要作用。

执行“发布项目”菜单中的“Fonts（字体）”的“字体映射”命令，在弹出的“字体映射”对话框中单击“添加映射”选项，上一行是需要被替换的字体，下一行是替换的新字体。将原型页面使用的“宋体”替换为“华文行楷”，如图 9-37 所示。

图 9-37

技巧 02 使用 Axure Cloud 下载到本地功能

如果需要和开发人员或客户沟通原型时，计算机并不在身边，这时 ❶ 打开手机上安装的 Axure Cloud，❶ 点击底部的"CLOUD（云端）"按钮找到发布的云项目，❷ 点击右侧的更多选项按钮，❸ 在弹出的菜单中选择"DOWNLOAD LOCAL（下载到本地）"等待下载完成。工作时可以提前下载原型文件，使用提前下载到本地的原型进行沟通可以提升工作效率，如图 9-38 所示。

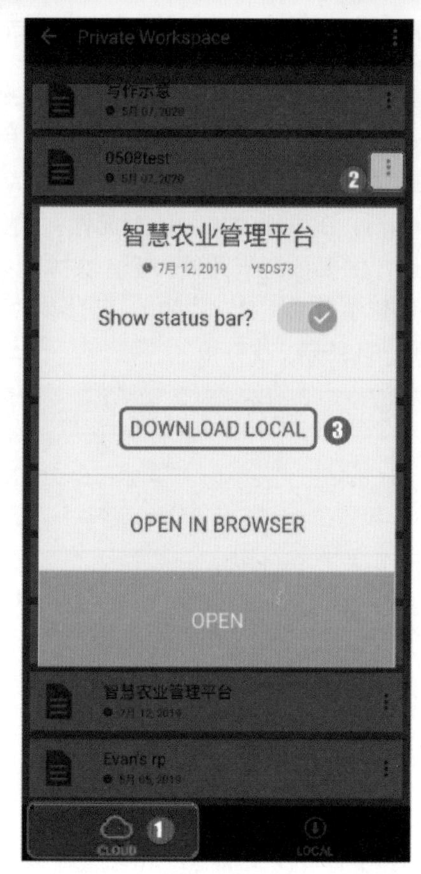

图 9-38

本章小结

本章介绍了如何发布和预览原型，包括预览前的设置、发布前的项目配置及生成器配置。针对发布到本地，介绍了如何生成 html 文件，如何生成其他格式的文件，发布到 Axure 云如何对原型链接进行加密及如何评论原型，Web 原型播放器提供了哪些常用操作，以及如何汉化。接着介绍了手机原型播放器，包括如何安装播放器、入门介绍及简单的实战，最后提供了两个小技巧。

第10章 团队项目

- 创建团队项目有什么好处？
- 如何创建团队项目？如何创建团队元件库？
- 如何邀请用户使用团队项目？
- 如何使用签入/签出功能？
- 如何获取团队项目？

要使用 Axure 提供的团队项目功能，就要用 Axure 的团队版或企业版，版本区别和价格可以参考官网。团队项目创建成功后，中心版本保存在 Axure Cloud 上，团队成员从 Axure Cloud 上获取中心版本到本地进行编辑，完成编辑后提交到 Axure Cloud。每个成员可以有自己的本地版本，但中心版本为统一的版本。Axure Cloud 作为远程的版本管理服务器，在 Axure RP 8 中支持使用本地的 SVN，但 RP 9 不再支持。本章将学习如何创建和管理团队项目。

10.1 创建团队项目与团队元件库

团队项目的好处是可以集中管理原型，团队之间分工合作，将功能点进行拆分，最后整合在一起作为一个完整的项目，尤其是开发周期短但原型功能点特别多的项目，非常适合团队成员共同处理。团队的元件库也可同时使用或共同管理。

★重点 10.1.1 创建团队项目

执行“文件”菜单中的“新建团队项目”命令可以创建团队项目，如图 10-1 所示。

文件(F) 编辑(E) 视图(V) 项目(P)
新建(N) Ctrl+N
新建元件库(N)
打开...(O) Ctrl+O
打开最近编辑的文件(R)
保存(S) Ctrl+S
另存为...(A) Ctrl+Shift+S
从RP文件导入...(I)
新建团队项目...(T)
新建团队元件库...(Y)
获取并打开团队项目...(G)

图 10-1

另外，也可以从当前页面创建团队项目，区别在于创建后项目包含当前文件。方法是执行“团队”菜单中的“从当前文件创建团队项目”命令，如图 10-2 所示。

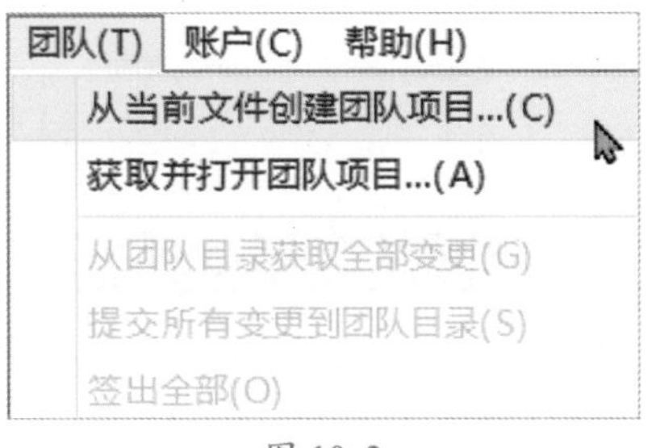

图 10-2

Step 01 单击“新建团队项目”按钮会弹出“创建团队项目”对话框，创建的位置可以是 Axure Cloud 的国外或国内服务器（切换位置时在弹出的选项中单击“Manage Servers”可管理服务器）。确认创建位置后，需要输入团队项目名称及新建的工作空间名称，也可以单击“Choose Existing Workspace（选择已存在的空间）”选择存储空间如图 10-3 所示。

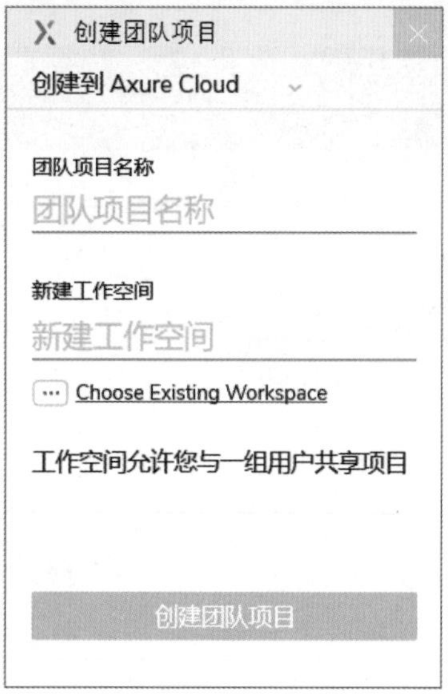

图 10-3

Step02 输入团队项目名称和新建工作空间名称，单击“创建团队项目”按钮，如图 10-4 所示。

图 10-4

Step03 提示创建成功，单击底部的“保存团队项目文件”按钮将创建成功的团队项目文件保存到计算机上，如图 10-5 所示。

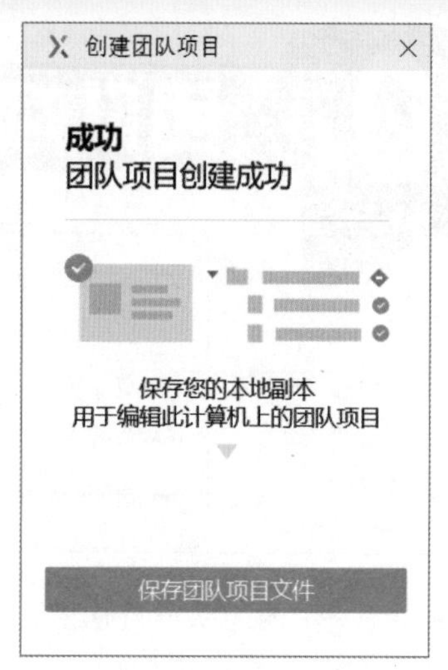

图 10-5

Step04 提示文件已保存到本地，这时可以通过单击“Invite Users”邀请成员参与该项目，单击“Make URL Public（使 URL 公开）”，把 URL 地址设为公开（非项目成员也能查看），这两个操作都会打开浏览器进行二次操作。单击“打开团队项目文件”按钮，如图 10-6 所示。

图 10-6

Step05 打开团队项目文件后，可进行页面的添加、修改、删除、添加元件、修改样式、添加母版等操作，这些操作会在本地保存一个副本，提交更新到 Axure Cloud 时，会覆盖中心版本，如图 10-7 所示。

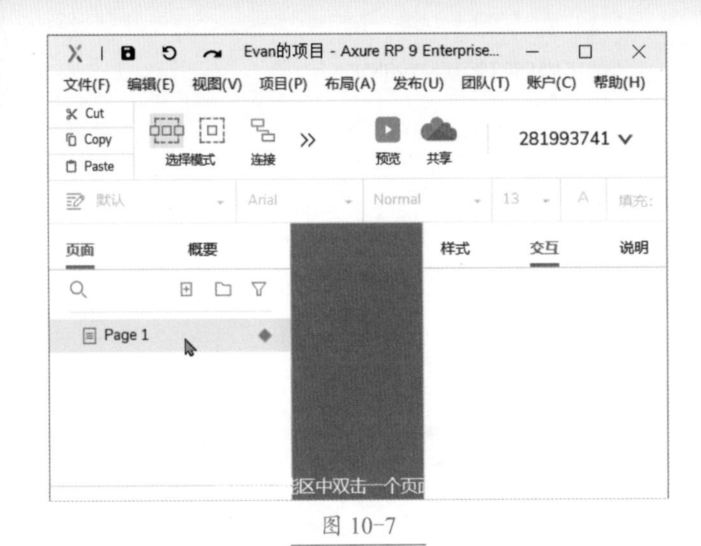

图 10-7

★重点 10.1.2　创建团队元件库

执行“文件”菜单中的“新建团队元件库”命令，即可打开“创建团队项目”对话框，设置团队元件库。和团队项目不同，元件库生成的文件是“rpteamlib”格式，元件是为页面服务，而项目是若干个页面。

打开“创建团队项目”对话框，输入团队项目名称，工作空间选择上节中创建的空间，单击底部的“创建团队项目”按钮，如图 10-8 所示。

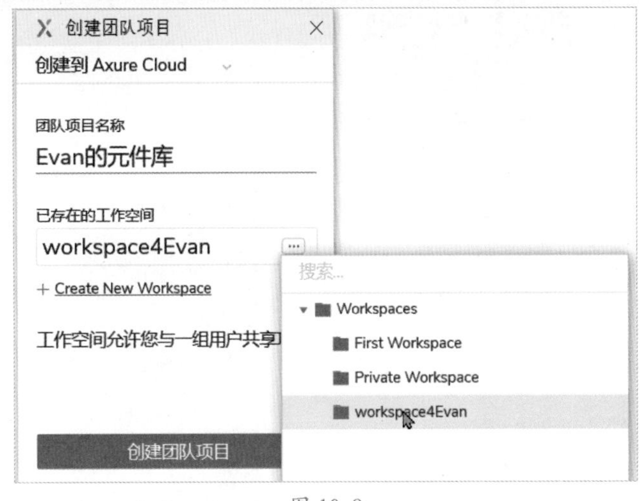

图 10-8

完成创建后保存副本到本地，打开副本，可创建新的元件，每新增一个页面就是一个新的元件名称，默认提供了一个名为“Widget 1”的元件，如图 10-9 所示。

图 10-9

10.2　管理团队项目与团队元件库

创建团队项目和团队元件库后，使用时需要对它们进行管理。创建项目后，可以邀请成员参与编辑，在本地编辑项目后可以提交变更给其他成员查看。通过获取变更既可以查看成员对项目的改动，还可以在不同的项目之间进行切换操作。

★重点 10.2.1　邀请用户使用团队项目

项目或元件库创建完成后，可以邀请用户使用，也执行“团队”菜单中的“邀请用户”命令，在浏览器中打开邀请链接，如图 10-10 所示。

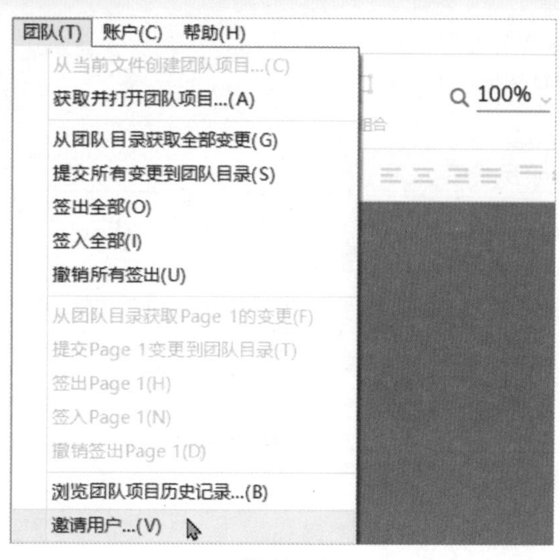

图 10-10

Step 01 在弹出的“邀请用户”对话框中，输入邀请对象的邮箱地址，地址输入后触发下一步操作，如图 10-11 所示。

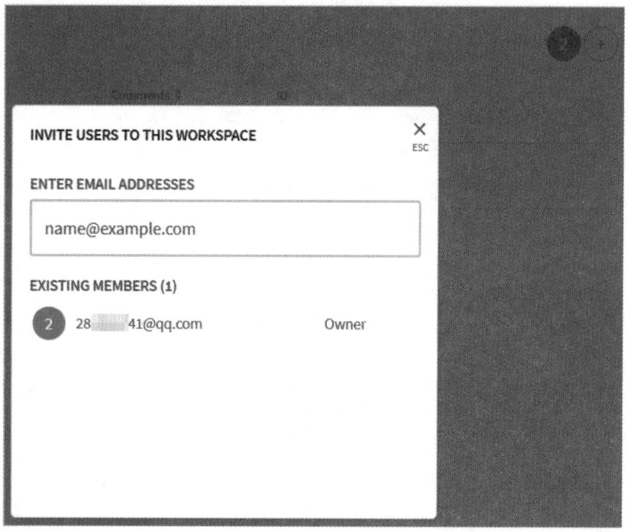

图 10-11

Step 02 在“ENTER EMAIL ADDRESSES（输入邮箱地址）”栏输入被邀请人的邮箱地址并按“Enter”键，可输入多个地址，在“OPTIONAL MESSAGE（可选信息）”栏可以输入邀请备注信息，但目前暂时无法使用这个功能（输入后无法单击邀请按钮），完成操作后单击“Invite（邀请）”按钮发送邀请，被邀请的用户可以对项目进行编辑，若被邀请用户仅能查看，可单击最下方的“Invite as Viewer Only（作为只读者邀请）”按钮，如图 10-12 所示。

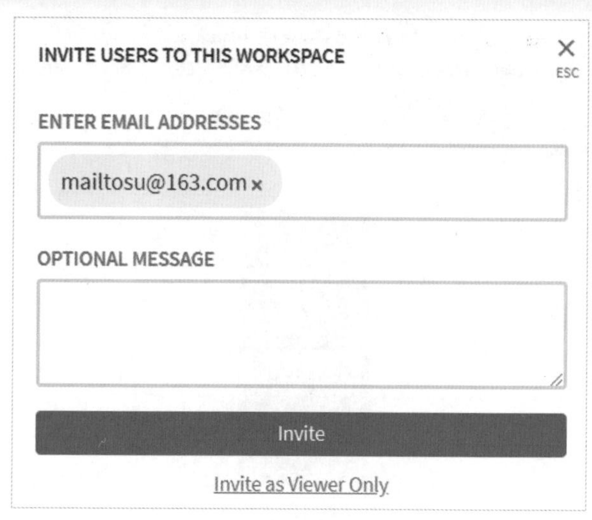

图 10-12

Step 03 邀请通过 Axure 的系统邮箱自动发出，被邀请者打开邮件单击“workspace4Evan（Evan 的工作空间）”选项即可查看对应的项目（需要进行登录验证），这是笔者自己的命名，仅供参考，登录验证成功后便可以使用该项目空间了，如图 10-13 所示。

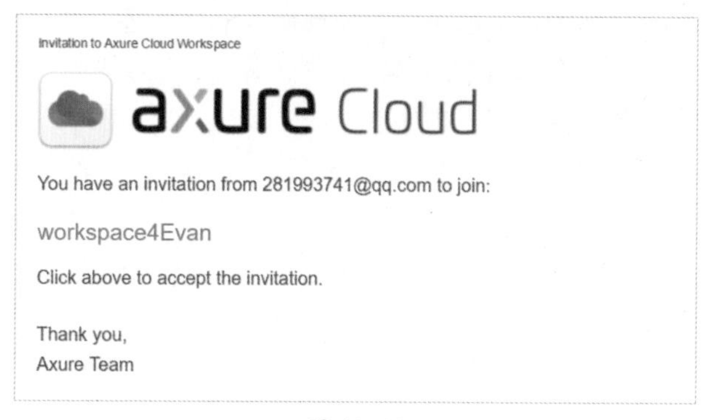

图 10-13

10.2.2 签出

在修改页面之前需要将页面从服务器中签出，以确保获取的页面是当前最新的版本，在操作页面时，Axure 以悬浮窗的方式浮动在页面右上角进行提示，单击这个悬浮窗可签出该页面，如图 10-14 所示。

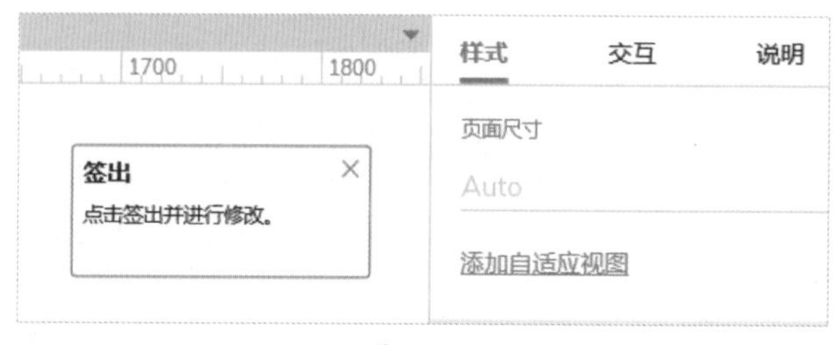

图 10-14

也可以右击页面空白区域，在弹出的快捷菜单中选择“签出”选项，如图 10-15 所示。

图 10-15

签出过程会出现进度条，表示正在从服务器下载文件，完成签出后原来的蓝色图标会变为绿色的小勾。根据图标可以了解页面当前的状态，如图 10-16 所示。

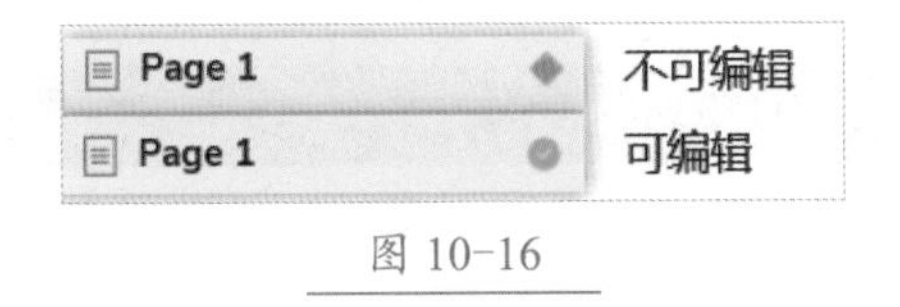

图 10-16

10.2.3 提交变更

在已签出的页面上进行交互设计，完成后提交变更到服务器，这样其他团队成员在签出时就能看到你提交的变化内容。操作方法是右击要提交变更的页面，在弹出的快捷菜单中选择“提交变更”选项。也可以执行“团队”菜单中的“提交 Page 1 变更到团队目录”命令进行变更，如图 10-17 所示。

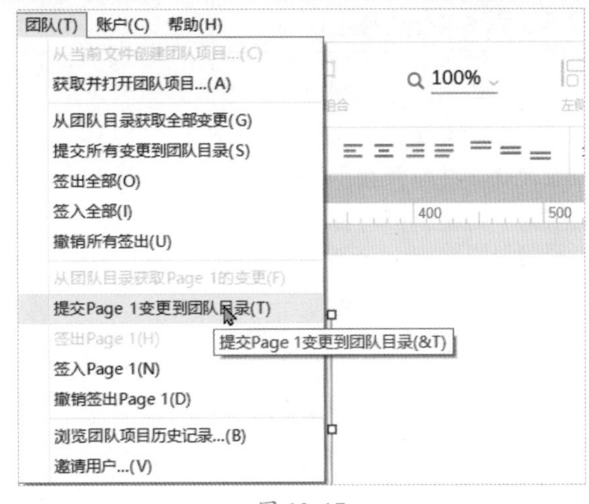

图 10-17

在弹出的“提交变更”对话框中，可添加页面或元件库的变更说明，完成后单击对话框中最下方的“确定”按钮即可，如图 10-18 所示。

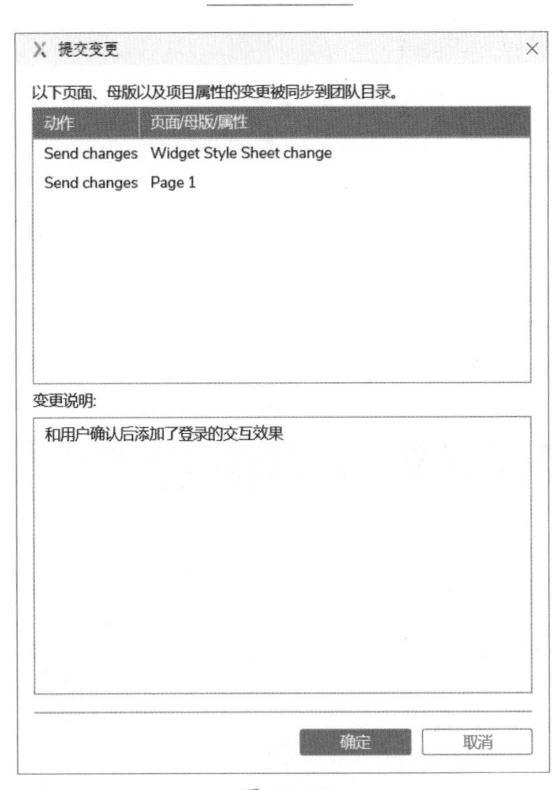

图 10-18

10.2.4 签入

签入的功能和提交变更类似，都是将变化的内容提交到服务器上，区别在于，签入后将放弃当前的编辑状态（变为不可编辑），若需要再次修改页面，还需要进行签入操作，操作方法同提交变更一样，右击要签入的页面，在弹出的快捷菜单中选择“签入”选项，或者执行“团队”菜单中的“签入”命令完成页面的签入。

10.2.5 获取团队项目

在使用团队项目过程中，如果需要切换项目或使用新的项目，可以执行“团队”菜单中的“获取团队项目”或“获取并打开团队项目”命令，在弹出的“获取团队项目”对话框中选择相应的空间名称和团队项目名称，❶ 确认选择某个项目后（如 Evan 的元件库，实际为读者的团队项目），❷ 单击“获取团队项目”按钮，如图 10-19 所示。

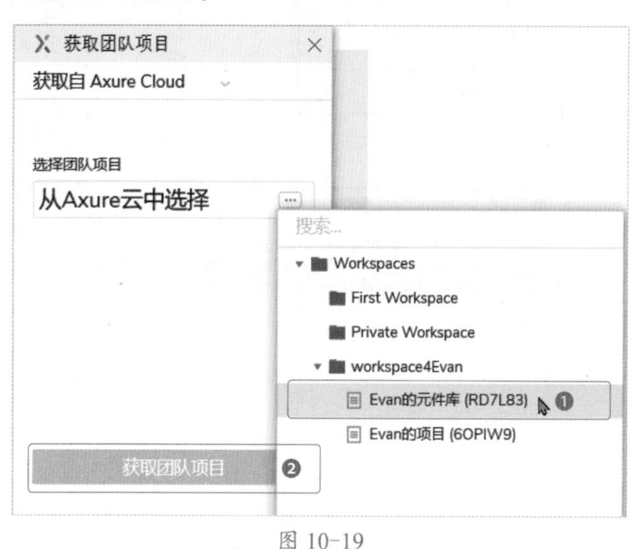

图 10-19

★重点 10.2.6 批量操作

“团队”菜单提供了很多批量操作，可根据需要进行选择，包括“从团队目录获取全部变更”“提交所有变更到团队目录”“签出全部”“签入全部”和“撤销所有签出”选项，如图 10-20 所示。

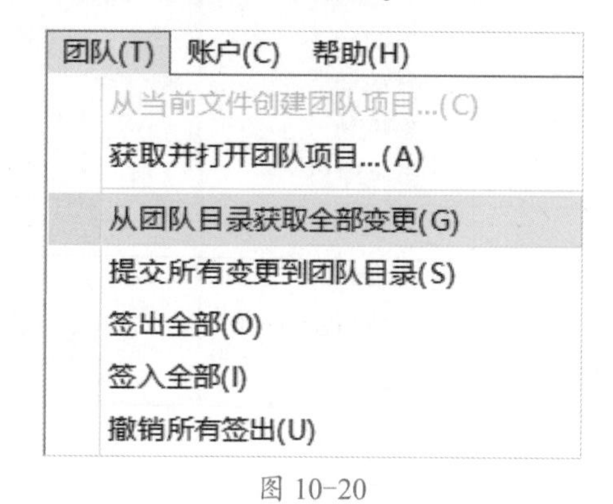

图 10-20

妙招技法

团队项目最好的妙招就是多沟通，不要埋头苦干，多倾听团队成员的想法，避免走弯路。除此之外，还有两个小技巧，即将团队项目转换为本地项目及查看原型页面或元件库的变化记录。

技巧 01 团队项目格式转换

执行“文件”菜单中的“导出团队项目到文件”命令，可以将团队项目转换为本地的项目文件，即将“rpteam”格式转换为“rp”格式，而将“rpteamlib”转换为“rplib”格式进行存储，格式转换的好处是可以得到本地的版本，不受团队操作的影响，也可以将本地文件提供给项目的相关人员查看。

技巧 02 浏览团队项目历史记录，掌握变化情况

执行“团队”菜单中的“浏览团队项目历史记录”命令，可以在浏览器中查看原型页面或元件库的历史记录，这有助于了解原型的变化原因，当然在提交变更或签入时填写关键性的说明是了解变化原因的关键所在。此处会列出页面的历史记录，包括操作成员等信息，如图 10-21 所示。

图 10-21

本章小结

本章首先介绍了Axure RP 9的团队项目功能，熟悉RP 8的读者要注意的是，RP 9创建团队项目时没有SVN选项。本章详细讲解了如何创建和管理团队项目与元件库，包括邀请用户加入团队项目，签出、提交、签入、获取团队项目，批量操作页面或元件库，另外还介绍了如何将团队项目转换为本地项目、如何浏览团队项目历史记录。

第3篇 高手养成篇

本篇将介绍一些辅助软件及常用的设计字体，便于使用 Axure 设计原型或发布原型。原型是由若干个小的元件加上样式和事件交互组合而成的，我们把常用的元件交互组合称为元件或组件，如分页、折叠菜单、选项卡等。本篇还将学习如何设计不同风格的元件，以及 Axure 自带的元件。

第11章 更好地设计原型

- 有哪些工具可以辅助我们更好地设计原型？
- 如何扩展设计字体？
- 什么是屏幕尺寸与分辨率？
- 新元件 Sample UI Patterns 有哪些作用？
- 如何搭建本地原型服务器？
- 如何将原型同步到第三方服务平台？

我们需要用到很多工具来更好地完成原型设计，例如，截取某块区域的图片、吸取某个颜色作为样式的背景色或前景色。原型设计完成后，除生成 html 文件外，还要学习如何发布到本地局域网中方便开发人员查看，及如何使用第三方的服务平台将原型发布到互联网上，如何使用投屏工具将手机内容投到计算机上，除此之外，本章还提供了一些常用的设计字体和屏幕尺寸规范，帮助读者设计出更好的原型。

11.1 使用截图工具

截图工具在日常工作和生活中经常用到，如 QQ 截图、Windows 自带的截图工具等，类似的截图软件有很多，这里要给大家推荐的是一款叫作“Snipaste”的截图软件，它可以方便地截图、吸取图片上的颜色并将截图复制到剪贴板，如图 11-1 所示。

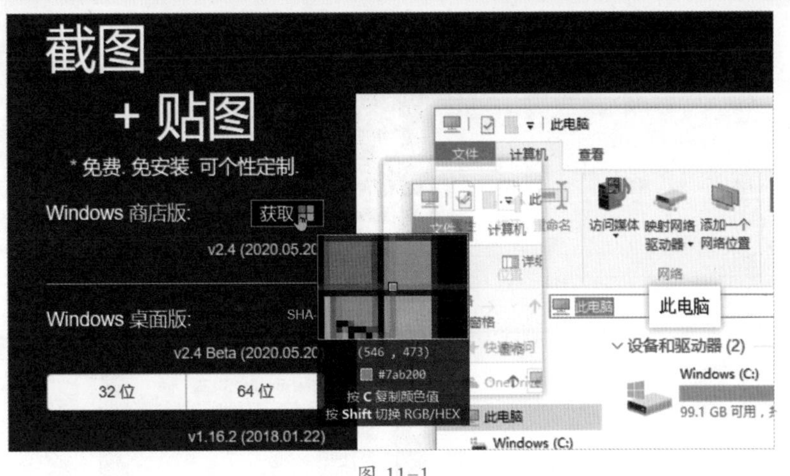

图 11-1

11.2 使用脑图工具

脑图也叫思维导图，可以帮助我们整理原型的功能点及设计思路，使设计出的原型更加有条理。这里要推荐的脑图工具叫作 XMind ，版本推荐 2020 版本，即 XMind 2020，上手非常简单，软件安装后有入门介绍，效果如图 11-2 所示。

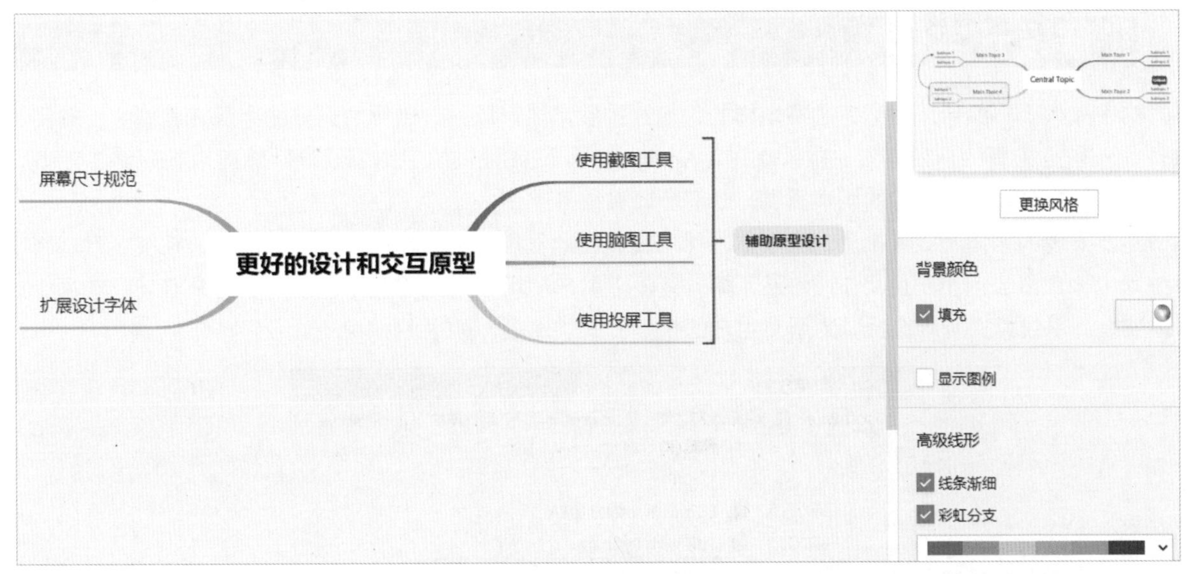

图 11-2

★重点 11.3 使用投屏工具

如果需要将手机上的原型或其他文件在投影仪上进行展示，可以使用投屏工具，将手机上的内容投屏到计算机，然后计算机再连接投影仪。推荐的投屏工具叫作 ApowerMirror，手机和计算机端都要安装。ApowerMirror 支持局域网无线投屏及有线投屏，为达到更好的演示效果（延迟低），推荐使用有线投屏，如图 11-3 所示。

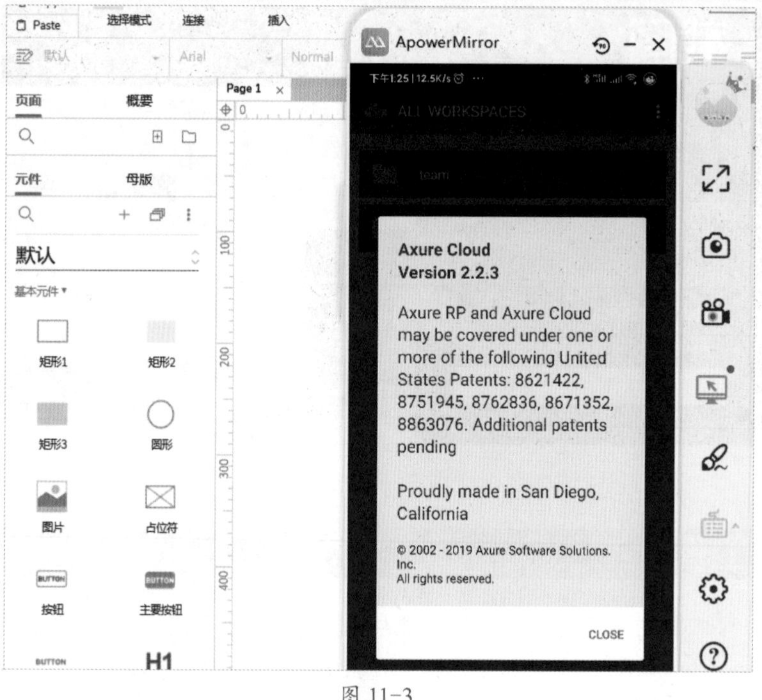

图 11-3

11.4 扩展设计字体

不同的字体大小、颜色、粗细等是不一样的，通过扩展字体可以设计出更加逼真的高保真原型图，常用设计字体有很多，一些是免费的，如苹方、微软雅黑、Adobe 或 Google 提供的字体。设计字体可以在网络上下载，另外还有一个方法是让公司设计部门的同事提供，他们会收集很多字体。

右击需要安装的字体，或者批量选中字体，然后在弹出的快捷菜单中选择“安装”选项，系统会默认将字体安装到系统盘中（仅限当前用户使用）。如果计算机有多个用户使用，则需要选择“为所有用户安装”选项，如果不想将字体安装到系统盘，可以选择“为所有用户的快捷方式”选项，如图 11-4 所示。

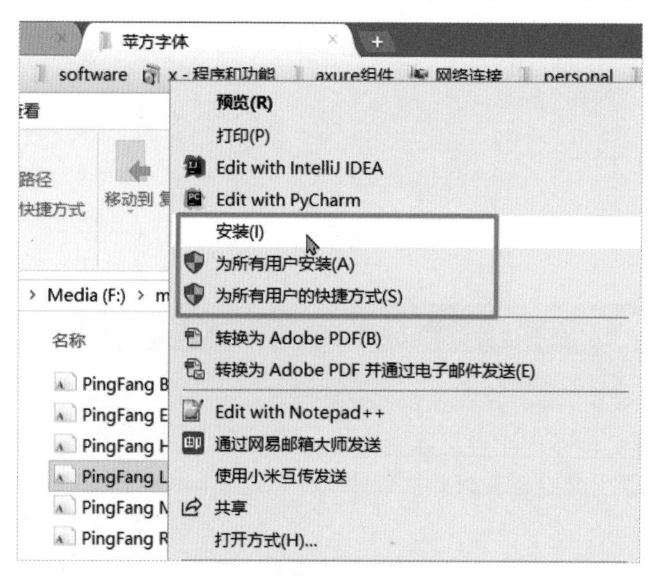

图 11-4

字体安装完成后，重新打开 Axure 就可以使用相应的字体了，这些字体也适用于其他软件，如 Word、记事本和 Photoshop 等，一些不同的字体的效果比较如图 11-5 所示。

图 11-5

11.5 屏幕尺寸与分辨率

首先需要明白原型需要在什么设备上进行展示，是计算机端、手机还是其他设备。不同设备的屏幕尺寸、分辨率是不同的。屏幕的尺寸与屏幕分辨率没有固定的关系，尺寸是显而易见的，如 50 英寸的电视机、27 英寸的显示器等计算机分辨率是指屏幕可显示的最高像素数目，像素与像素之间的距离叫作“点距”，点距不同决定了其分辨率的差异。笔者这台笔记本电脑尺寸为 14 英寸，显示分辨率最高可为 1920×1080，其他高分屏像素会更高，以前的计算机也是 14 英寸，但最高分辨率只能达到 1280×1024，手机屏幕尺寸与分辨率关系也是同样的道理。通过手机的截屏功能截图（这也是了解手机屏幕分辨率的方法之一），分析图片的尺寸，同样的图片在不同的设备上查看是有差异的。我们主要通过设置分辨率来适配尺寸。这里列举了笔者计算机端的“显示分辨率”，Axure 预置的页面尺寸，单位都是像素，在设计原型时，根据需要选择相应的尺寸规范或自定义设备（手动输入页面的宽和高）即可。手机端常用的尺寸是 iPhone 8 的尺寸 375×667，等比放大两倍就是 750×1334。计算机端常用的尺寸有 1280×1024、1024×768 等，当超过尺寸范围时页面就会出现相应的滚动条，可上下、左右滑动，常用尺寸规范如图 11-6 所示。

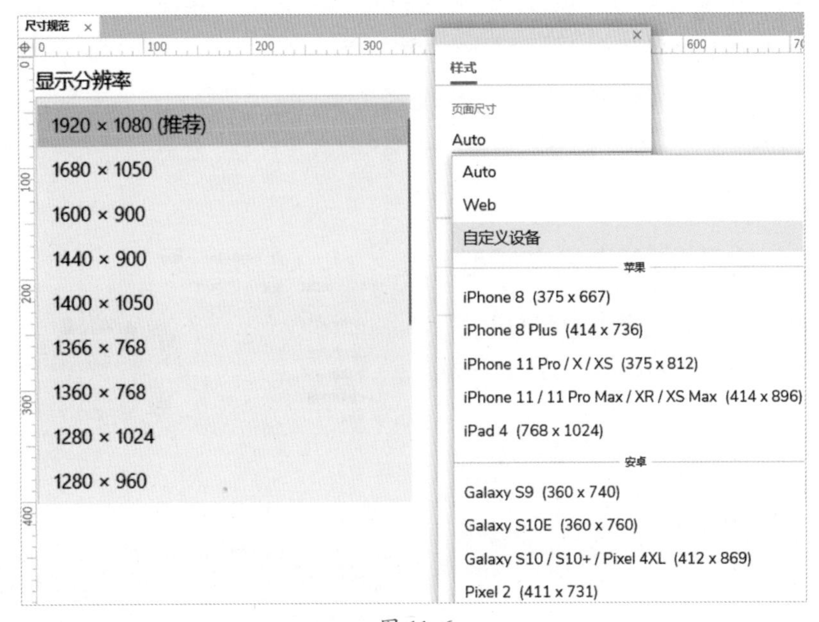

图 11-6

11.6 Sample UI Patterns

Sample UI Patterns（样本界面模型）是 2020 年 1 月 27 日 Axure 新增的库，它包含了很多输入控件、容器、导航和内容，将元件拖动到画布中可以直接使用，带有交互效果和简单的样式，使用起来非常方便，这些元件在后面的章节中会进行系统的讲解，对 Sample UI Patterns 感兴趣的读者，可以查看相应的样式面板及交互面板。Sample UI Patterns 元件库下的所有元件如图 11-7 所示。

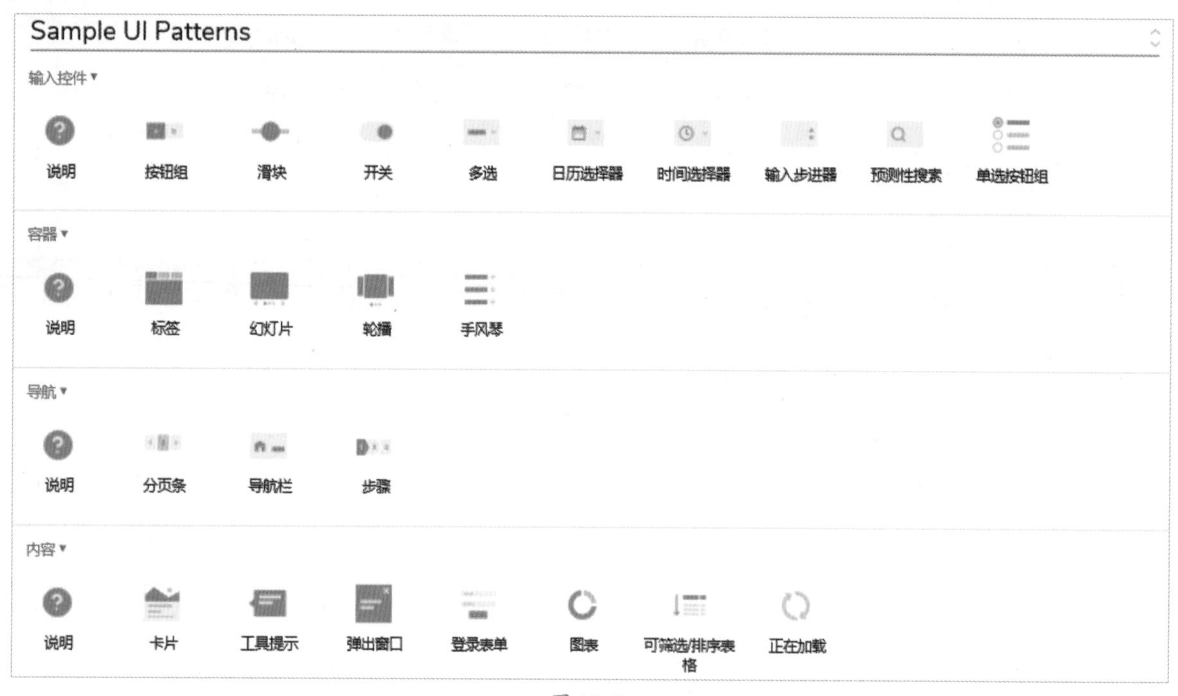

图 11-7

11.7 搭建本地原型服务器

前文介绍了如何将原型生成 html 文件，本节介绍如何将生成的 html 原型发布到本地服务器，将 URL 地址提供给同一网络段的用户，即可访问（查看）原型，这里将介绍 3 种发布方式。原型除了发布在本地计算机，还可以发布到云主机上，如阿里云、腾讯云等。

★重点 11.7.1 实战：使用 IIS 服务发布原型

IIS（Internet Information Services，互联网信息服务）是 Windows 系统中自带的服务，要使用时将其启用即可，操作步骤如下。

Step 01 执行“开始”菜单中的“控制面板”选项的“程序”命令，在“程序和功能”区域单击“启用或关闭 Windows 功能”选项，如图 11-8 所示。

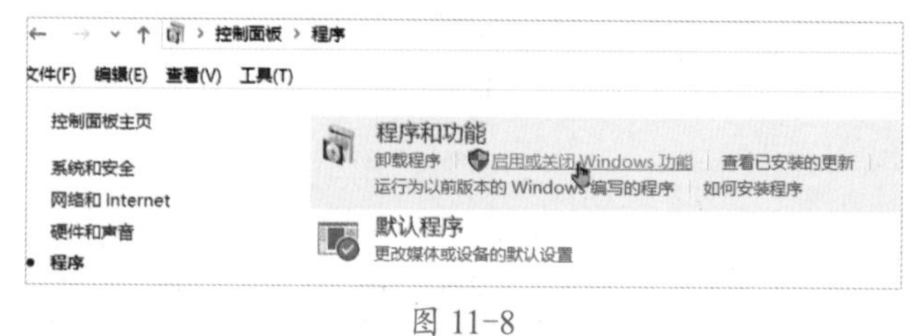

图 11-8

Step 02 在弹出的“Windows 功能”对话框中选择“Internet Information Services”选项打开下拉按钮，并勾选“Web 管理工具”选项下面的“IIS 管理服务”“IIS 管理脚本和工具”和“IIS 管理控制台”3 个复选框，单击“确定”按钮，即可完成 IIS 服务的安装，如图 11-9 所示。

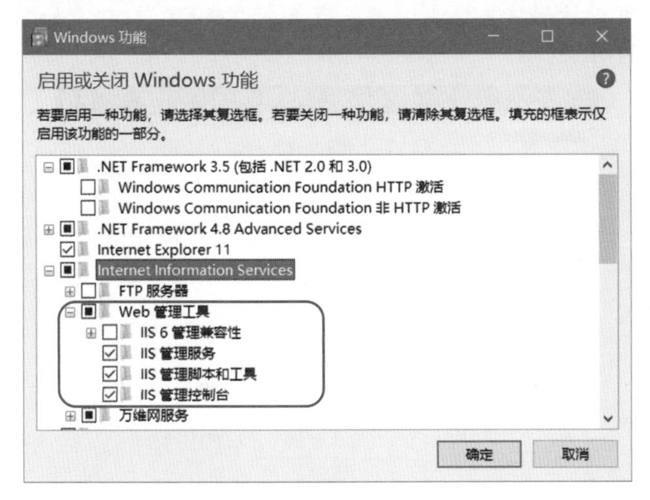

图 11-9

Step03 右击“此电脑”(我的电脑)，在弹出的快捷菜单中选择“管理”选项，如图 11-10 所示。

图 11-10

Step04 在弹出的“计算机管理”对话框中，❶ 执行“服务和应用程序”下的“Internet Information Services”命令，❷ 右击右侧展开的“网站”选项，在弹出的快捷菜单中选择“添加网站”选项，如图 11-11 所示。

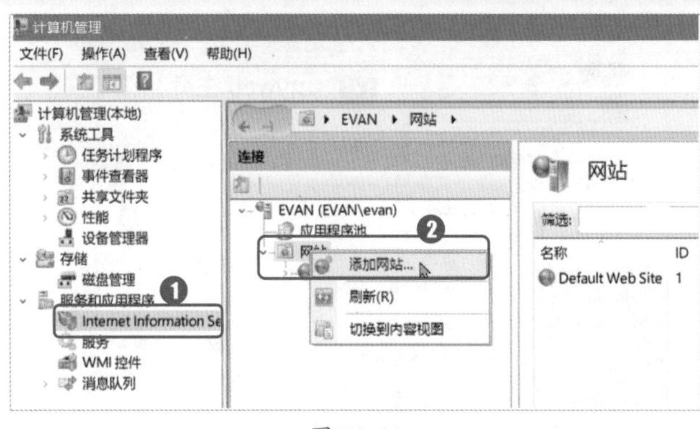

图 11-11

Step05 在弹出的“添加网站”对话框中，设置生成的 html 原型文件。❶“网站名称”可以自定义，这里设置为“myweb”，❷“应用程序池”设置为默认，❸“物理路径”为原型 html 文件路径，❹“绑定”类型为 http，“IP 地址”默认为“全部未分配”，“端口”为“2020”(也可以是除 80 端口外的其他端口，避免端口被占用)，如图 11-12 所示。

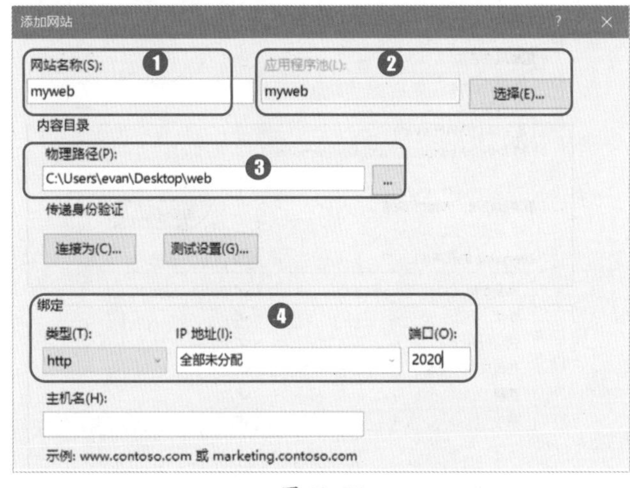

图 11-12

Step06 完成设置后，要确保新建的网站“myweb”已启动。操作方法是右击新建的网站，在弹出的快捷菜单中选择“管理网站”子菜单，如果出现“重新启动”选项则说明该网站已经启动成功，如果没有启动则单击“启动”按钮，如图 11-13 所示。

Step07 IIS 服务默认会在网站文件夹中添加“web.config”配置文件，因此需要调整原型文件夹的安全属性。右击对应的原型文件夹，在弹出的快捷菜单中选择“属性”，在“web 属性”对话框中找到“安全”选项卡并单击“编辑”按钮，如图 11-14 所示。

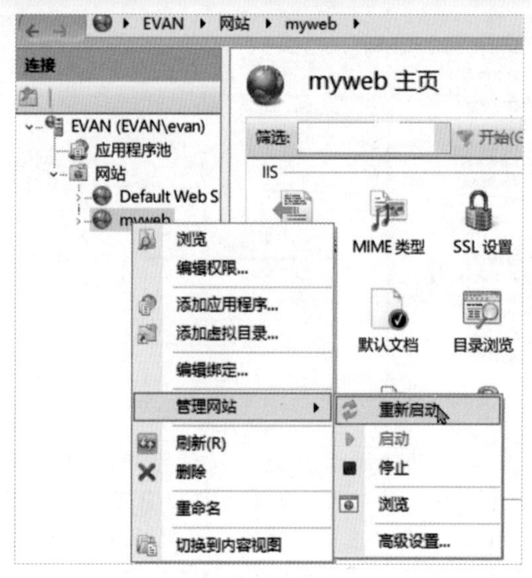

图 11-13

图 11-14

Step08 在弹出的“web 的权限”对话框中，继续单击“添加”按钮，如图 11-15 所示。

图 11-15

Step09 弹出“选择用户或组”对话框，在“输入对象名称来选择”区域，输入文本“everyone”，每个人都可以访问该文件夹，完成后单击“确定”按钮，如图 11-16 所示。

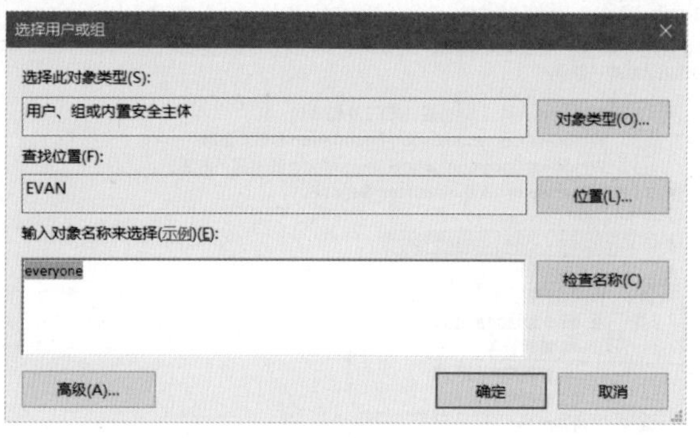

图 11-16

Step10 编辑新增加对象“Everyone”的权限，将权限都勾选为允许，单击“确定”按钮，如图 11-17 所示。

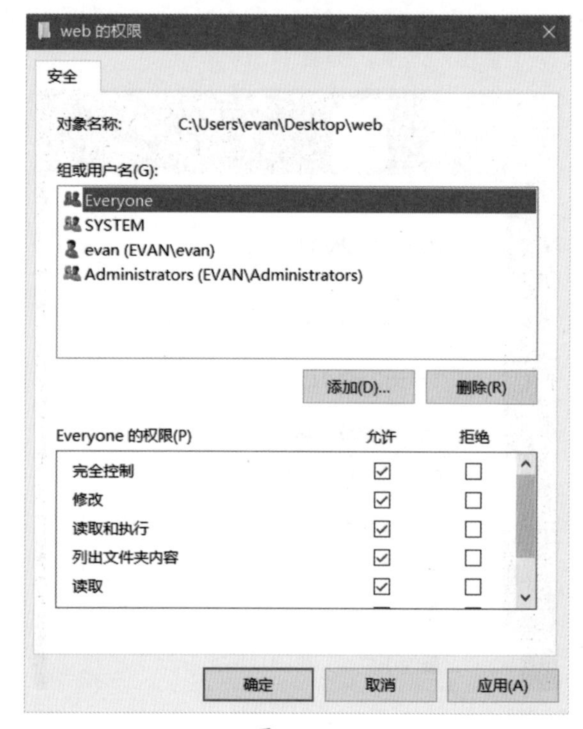

图 11-17

Step11 打开浏览器，在地址栏输入网址“http://127.0.0.1:2020/”或“http://localhost:2020”，并按“Enter”键，此时就可以访问 IIS 服务发布的原型，注意端口号“2020”是可以自定义的，如图 11-18 所示。

图 11-18

Step12 将原型访问地址发布给同一局域网的同事，将 localhost 或 127.0.0.1 换成当前的局域网 IP 地址，笔者的 IP 地址是 192.168.1.60，即 http://192.168.1.60:2020，也可以带上对应的页面 http://192.168.1.60:2020/start.html，查看自己的 IP 的方法见下一步。

Step13 打开 Windows 任务管理器，选择“性能”选项，并单击 Wi-Fi 或以太网（本地连接），然后在右侧查看对应的 IPv4 地址，如图 11-19 所示。

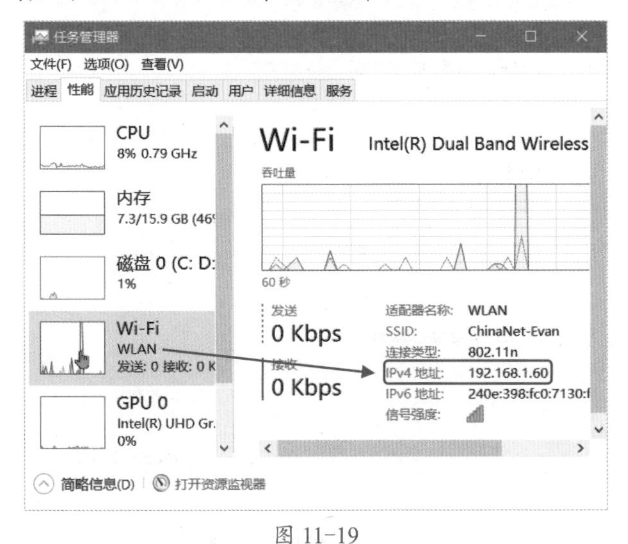

图 11-19

★重点 11.7.2 实战：使用 Tomcat 服务发布原型

使用 Tomcat 服务需要先下载，Tomcat 的功能类似 IIS 服务，它需要依赖 Java 环境支持，涉及的知识很复杂，通常开发人员才会深入学习，产品岗位工作人员了解如何使用它发布原型即可，感兴趣的读者可以自行学习。Tomcat 的操作步骤如下。

Step01 打开 Tomcat 下载页面，这里以 Tomcat 9 为例，网络地址为 https://tomcat.apache.org/download-90.cgi，在核心内容“Core”区域根据计算机系统选择文件，Mac 系统选择 tar.gz，Windows 系统选择 32 位或 64 位进行下载，笔者的系统是 64 位，下载对应的文件，如图 11-20 所示。

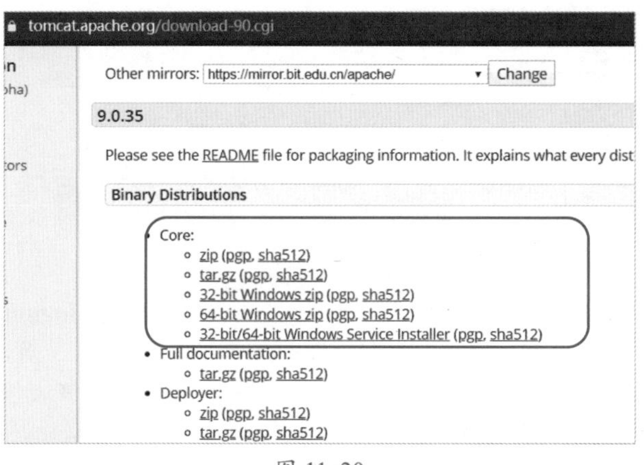

图 11-20

Step02 下载得到“apache-tomcat 9.0.35 windows x64.zip”压缩文件，如图 11-21 所示。

图 11-21

Step03 解压压缩文件，找到“conf”目录下的“server.xml”文件，如图 11-22 所示。

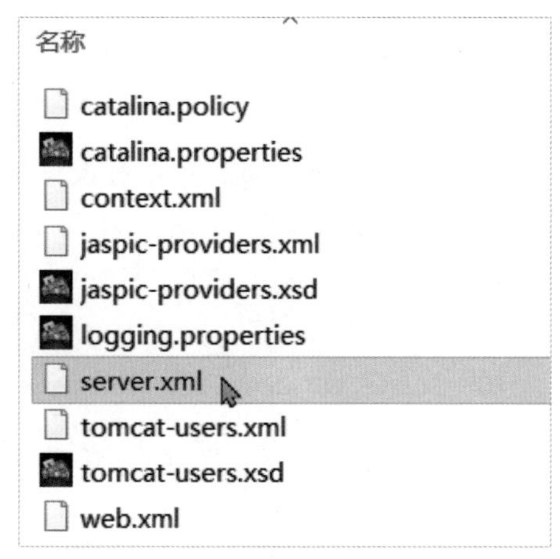

图 11-22

Step04 使用文本工具打开“server.xml”文件并在第 154 行添加如下代码。

```
<Context  path="/myweb" docBase="C:\Users\evan\Desktop\web"/>
```

其中“path”后面是要发布的原型的项目名称，建议是纯英文或英数组合，docBase 后面的内容是原型所在的位置，读者需要修改为自己的项目名称及对应的目录。调整完成后保存文件，如图 11-23 所示。

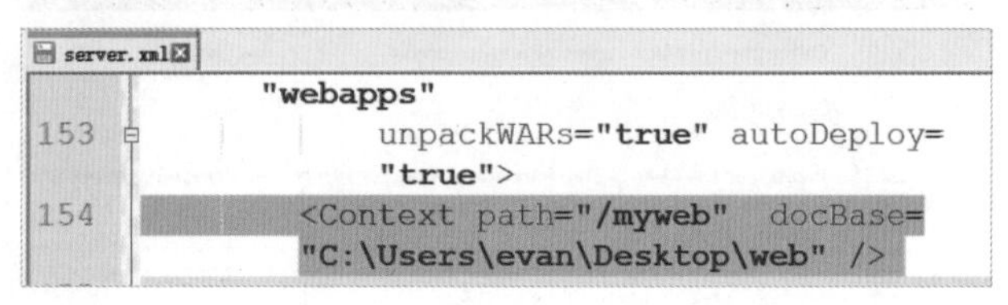

图 11-23

Step05 在同一个目录，使用文本工具打开“logging.properties”文件并将“UTF-8”替换为“GBK”，解决启动服务时中文乱码的问题，替换完成后保存该文件，如图 11-24 所示。

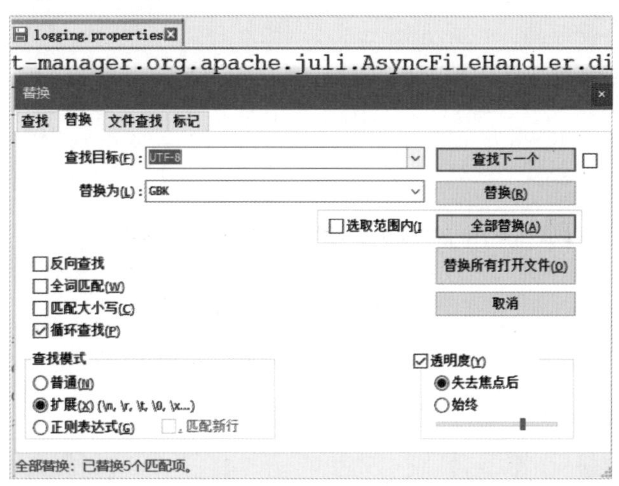

图 11-24

Step06 下载并安装 JDK 工具包，JDK 版本比较多，根据自己计算机系统选择相应的版本，这里下载“jdk-12.0.2_windows-x64_bin.exe”，如图 11-25 所示。

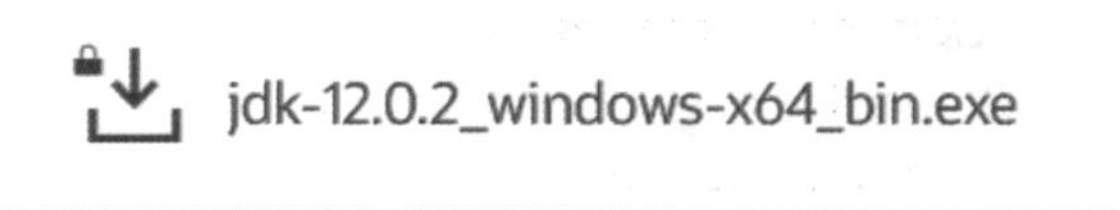

图 11-25

Step07 下载完成后，双击“jdk-12.0.2_windows-x64_bin.exe”程序根据提示完成 JDK 的安装。

Step08 安装完成后需要配置环境变量，Tomcat 在运行时会查找相应的 JDK 和 JRE（Java 运行环境）信息，右击“此电脑/我的电脑”图标，在弹出的快捷菜单中选择“属性”选项，并在弹出的菜单中选择“高级系统设置”选项，如图 11-26 所示。

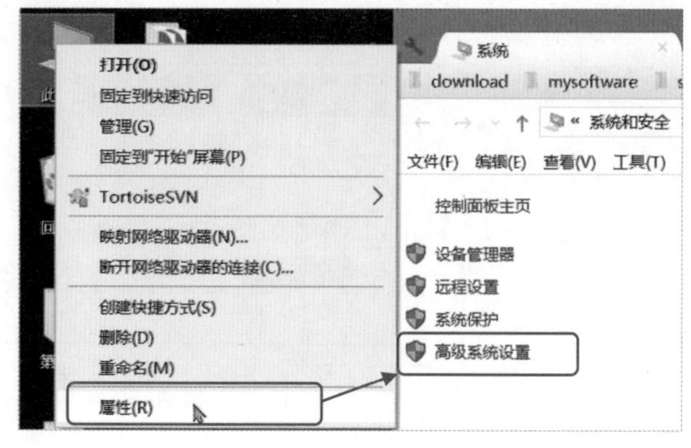

图 11-26

Step09 在弹出的“系统属性”对话框中单击“环境变量”选项，如图 11-27 所示。

图 11-27

Step10 在“环境变量”对话框中单击“新建”按钮，在弹出的对话框中输入名为“JAVA_HOME”的变量，变量值为“D:\software\jdk12”（这个路径是笔者的安装路径，需要换成自己安装的地址），完成操作后，单击“确定”按钮，可以看见“JAVA_HOME”变量已经成功添加，如图 11-28 所示。

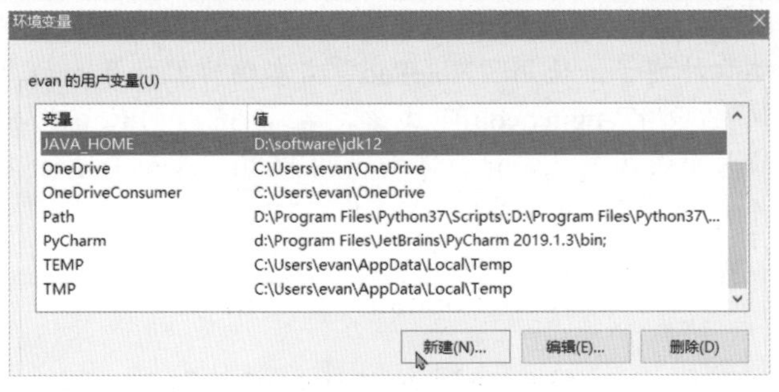

图 11-28

Step 11 继续新建“CLASSPATH”变量，如果这个变量已存在，则直接添加变量值的内容“.;%JAVA_HOME%\lib;%JAVA_HOME%\lib\tools.jar”（注意最前面有英文的小圆点和分号“.;”），完成之后单击“确定”按钮，如图 11-29 所示。

图 11-29

Step 12 验证 JDK 的配置，可以使用快捷组合键“Win+R”打开运行窗口，然后键入“cmd”，如图 11-30 所示。

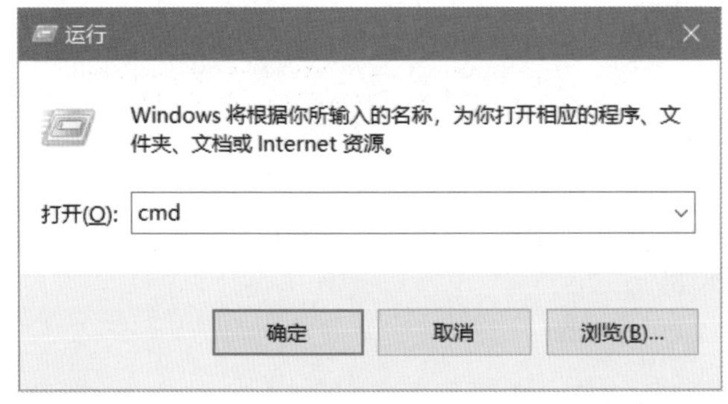

图 11-30

Step 13 在“cmd”窗口输入“javac”并按“Enter”键，若出现相应选项则说明配置成功，如图 11-31 所示。

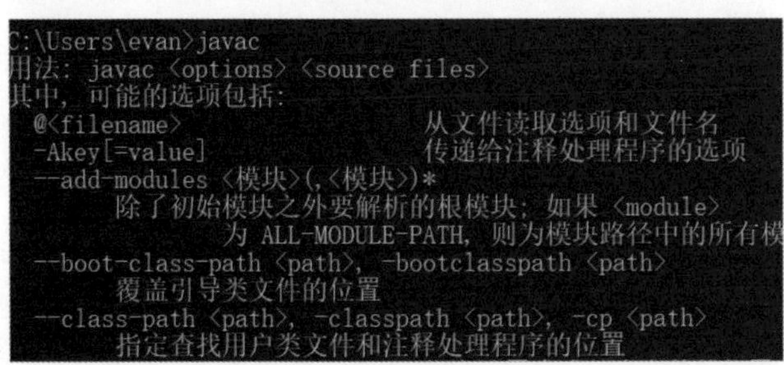

图 11-31

Step 14 找到“D:\software\apache-tomcat-9.0.35-windows-x64\apache-tomcat-9.0.35\bin”下的“startup.bat”文件（注意笔者的盘符和路径是 D:\software\，读者的可能有所不同），双击运行，即可完成 Tomcat 启动，如图 11-32 所示。

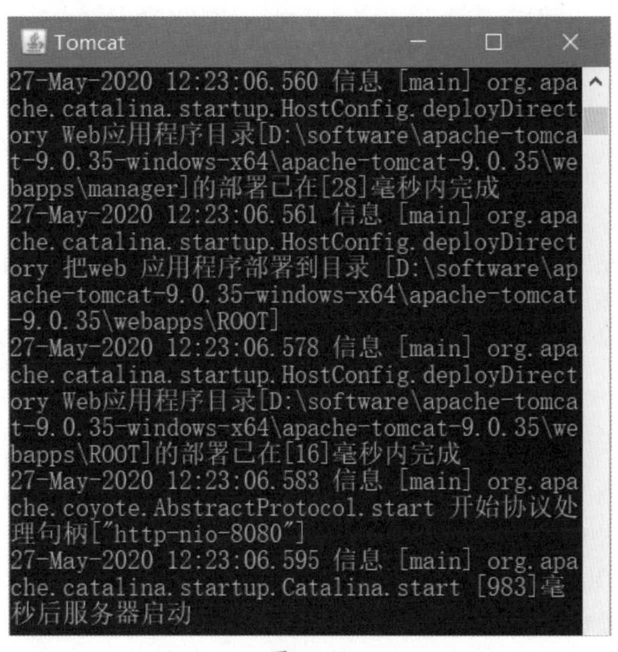

图 11-32

Step 15 Tomcat 的默认端口为 8080，在浏览器地址栏中输入网址 http://127.0.0.1:8080/，如图 11-33 所示。

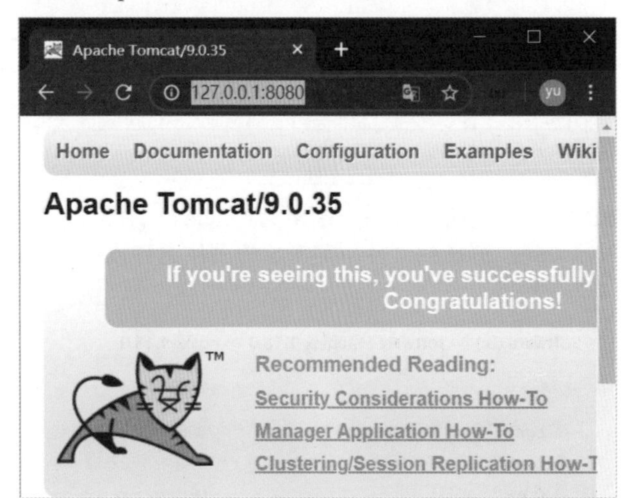

图 11-33

Step 16 在地址栏加上设置的项目名称，笔者设置的是“/myweb”，即 http://127.0.0.1:8080/myweb，效果如图 11-34 所示。

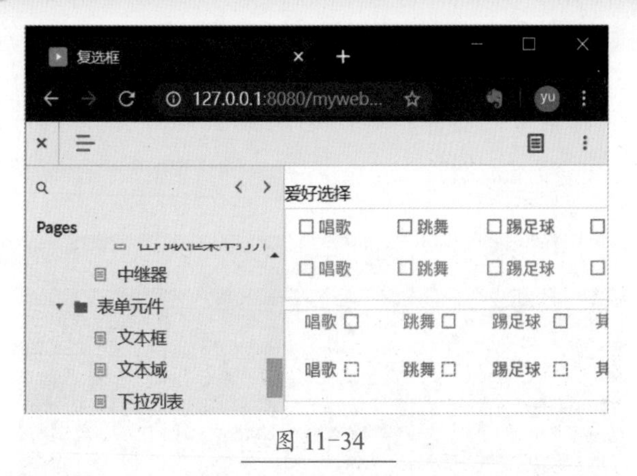

图 11-34

Step17 将 127.0.0.1 换成局域网内的 IP 地址，基于 Tomcat 发布的原型就完成了，原型路径变换时使用第 4 步的方法进行调整，当需要停止服务时关闭第 14 步中的窗口即可。

★重点 11.7.3　实战：使用 Nginx 服务发布原型

Nginx 是一个反向代理 Web 服务器，除 Windows 外很多 Linux 系统都有该服务。我们只学习如何发布原型，详细配置不做讨论。使用 Nginx 服务发布原型的方法如下。

Step01 下载并安装 Nginx，选择当前稳定的版本 nginx/Windows-1.18.0，如图 11-35 所示。

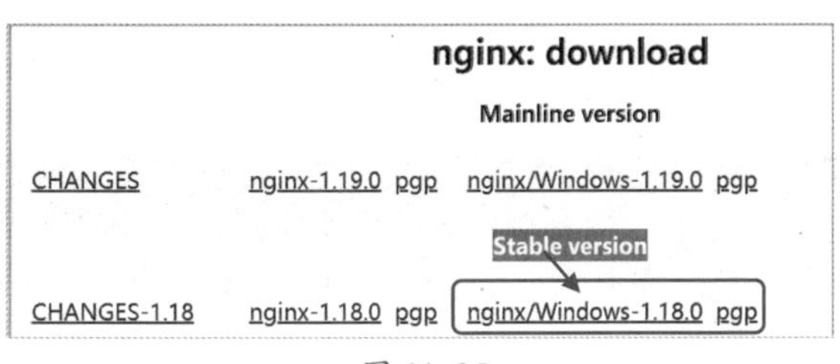

图 11-35

Step02 下载完成后得到一个名为“nginx-1.18.0.zip”的压缩文件，解压该文件，解压后的文件夹目录结构如图 11-36 所示。

Software (D:) › software › nginx-1.18.0 › nginx-1.18.0

名称	修改日期
conf	2020/4/21 22:12
contrib	2020/4/21 22:12
docs	2020/4/21 22:12
html	2020/4/21 22:12
logs	2020/4/21 22:12
temp	2020/4/21 22:12
nginx.exe	2020/4/21 21:26

图 11-36

Step03 修改 Nginx 默认的 80 端口，这和 IIS 默认网站的端口冲突了，使用“NotePad”文本编辑器打开 conf 文件夹下的“nginx.conf”文件，在第 36 行的位置将 80 端号更改为其他，记得不要使用 8080，这和 Tomcat 有冲突，这里改为 8090，如图 11-37 所示。

```
nginx.conf
28      #tcp_nopush     on;
29
30      #keepalive_timeout  0;
31      keepalive_timeout  65;
32
33      #gzip  on;
34
35      server {
36          listen       8090;
```

图 11-37

Step04 继续在“nginx.conf”文件中添加指向原型的路径，位置在第 44 行，笔者对应原型 html 文件路径为 C 盘，读者需根据实际情况改为自己的路径，完成上述操作后保存文件，如图 11-38 所示。

```
nginx.conf
37          server_name  localhost;
38
39          #charset koi8-r;
40
41          #access_log  logs/host.access.log  main;
42
43          location / {
44              root   C:/Users/evan/Desktop/web;
45              index  index.html index.htm;
46          }
```

图 11-38

Step05 双击“nginx.exe”程序即可启动服务，如图 11-39 所示。

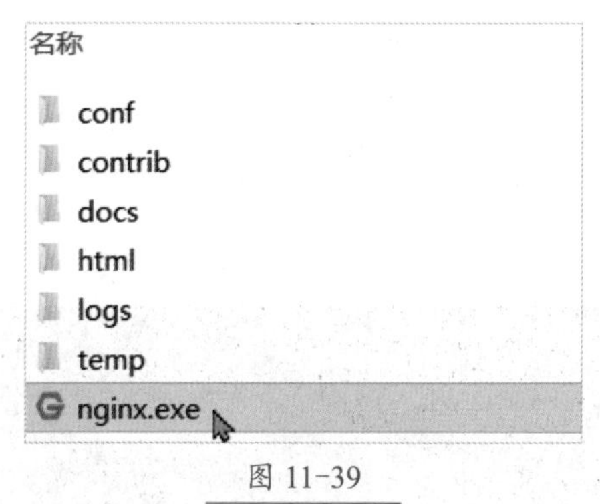

图 11-39

Step06 在浏览器地址栏中输入网址 http://127.0.0.1:8090/ 即可访问原型，使用同样的方法，将本地 IP 发给局域网的同事，他们便可以进行访问，如图 11-40 所示。

图 11-40

Step07 若要关闭 Nginx 服务，使用任务管理器结束 Nginx 的进程即可，此时任务管理器中有两个 Nginx 进程，如图 11-41 所示。

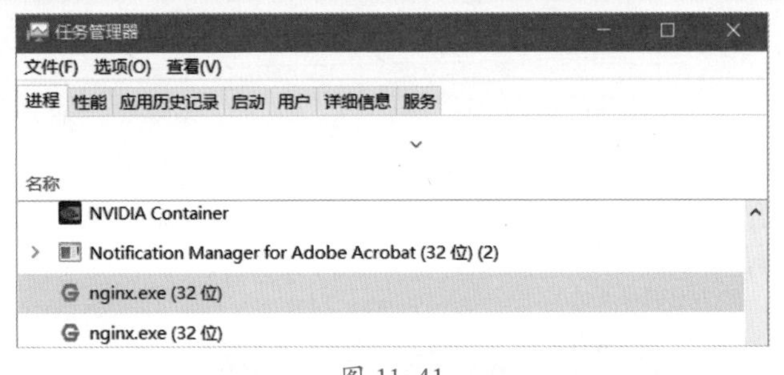

图 11-41

搭建原型服务器的提示

本节涉及一些开发领域的知识，实际工作中产品岗位并不需要掌握这些。不同的公司和岗位要求有所不同，如果读者对搭建服务感兴趣，可以自行学习。本地的搭建与在云主机上搭建原理相同，还可以添加权限验证，输入用户名和密码才能查看原型。

11.8 同步原型到第三方服务平台

本节将介绍两种同步原型到第三方服务平台的方法，安装相应的同步插件即可。同步原型到第三方服务平台的优点是操作简单，还可以查看版本；缺点是受控于第三方，存在一些潜在的风险，如服务器突然无法使用、服务器突然收费、一些公开地址未加密被非团队人员查看或下载。一般比较机密的商业产品原型建议使用本地搭建的服务或公司自己的云主机，有些公司也使用内部的 SVN 服务器进行管理。

★重点 11.8.1 发布到 Axhub

在前文介绍了使用谷歌 Axhub 插件一键复制图标到 Axure，其实这个插件还有一个功能就是同步原型。

Step01 ❶ 单击插件图标，注册账号并登录，勾选“开启一键同步原型文件”按钮，❷ 在 Axure 预览原型时单击同步按钮同步原型，如图 11-42 所示。

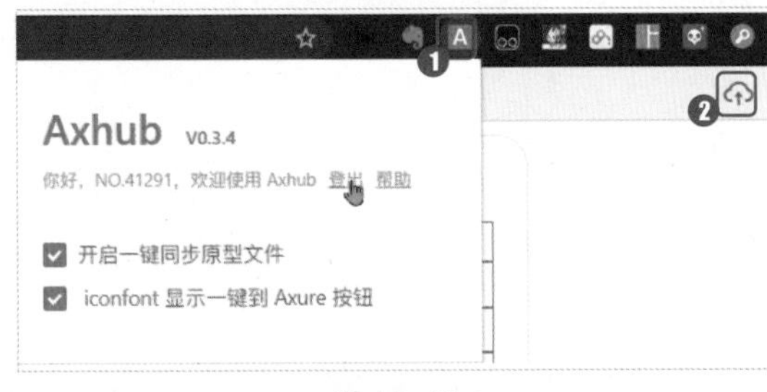

图 11-42

Step02 首次同步原型时需要先新建一个项目，单击“新建项目”按钮进行操作，笔者先前已建立一个 test 项目，如图 11-43 所示。

图 11-43

Step03 单击“同步”按钮完成同步，此时会生成一个 URL 地址，访问这个地址即可访问原型，在 Axhub 设置页面可以修改原型的访问权限，如图 11-44 所示。

图 11-44

11.8.2 发布到蓝湖

蓝湖提供了很多便捷的操作，除了产品经理，设计师也可以使用蓝湖的设计图、颜色规范等。要将 Axure 文件发布到蓝湖，需要下载蓝湖 Axure 客户端，使用蓝湖前需要先注册账号，如图 11-45 所示。

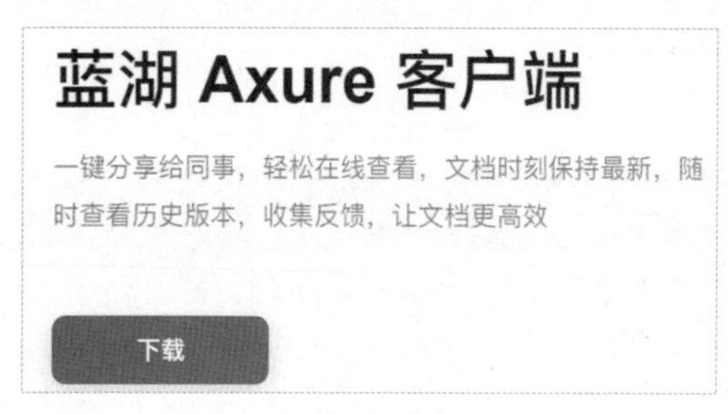

图 11-45

Step01 安装蓝湖 Axure 客户端并打开，使用已注册的账号进行登录，启动 Axure 打开要同步的原型并预览，蓝湖 Axure 客户端会自动获取浏览器中原型页面的信息。首次使用需要建立项目，单击下拉按钮可以新建项目，如图 11-46 所示。

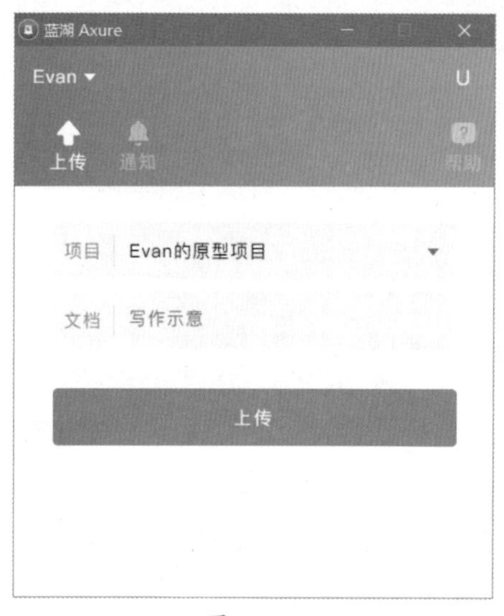

图 11-46

Step02 单击“上传”按钮，打开上传页面，首次上传时间会久一些，当然上传速度还是取决于变化的页面数量及网络情况，如图 11-47 所示。

图 11-47

Step03 完成上传之后可以通知蓝湖的其他成员（需要查看原型的人员），也可以复制链接或立即查看，如图 11-48 所示。

图 11-48

妙招技法

在使用其他软件辅助设计原型时需要多加练习，例如，截图工具有很多快捷操作，脑图工具也有很多技巧，这里给大家介绍几个常用的小技巧，辅助我们更好地进行原型设计和交互。

技巧 01　快速吸取和复制颜色

打开截图工具“Snipaste”，按“C”键可复制颜色值，按“Shift”键可以在 RGB 和 HEX 颜色值之间切换，RGB 和 HEX 是两种不同的颜色格式，感兴趣的读者可以自行学习了解。Axure 中使用的是 HEX 格式。截图工具操作提示如图 11-49 所示。

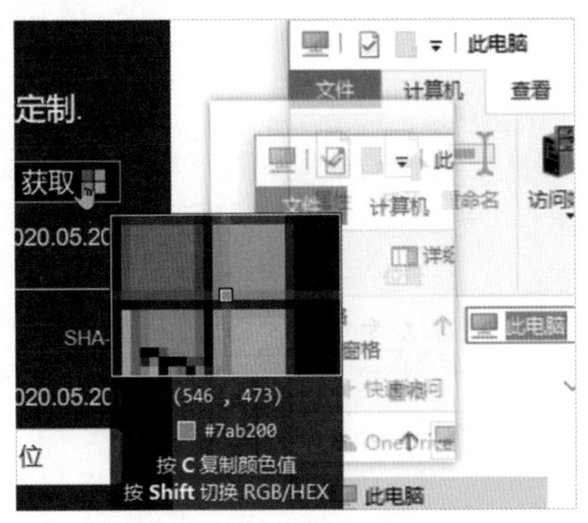

图 11-49

技巧 02　如何快速拥有更多的设计字体

自行在网上下载字体并不是最好的方法，比较好的办法是与设计人员保持沟通，让他们提供一些字体资源，这样更有利于制作“高保真”原型图。使用字体时需要了解字体的版权，避免一些不必要的法律纠纷，如哪些字体可以商用，哪些不能，然后结合前文介绍的方法安装字体，最后应用到原型设计中。

技巧 03　搭建公司级原型服务器

在前文我们介绍了搭建本地原型服务器的 3 种方法。根据公司需要可以和开发人员沟通，让他们帮忙搭建公司级的原型服务器。例如，公司有自己的本地服务器，这样就不会因为自己计算机的开关和断网问题而影响别人查看原型。公司也可能购买了云服务器，这样开发人员搭建好服务器后，你只需将生成的原型文件发布到云服务器并定期更新到指定的目录即可。

本章小结

本章介绍了辅助设计原型的 3 种工具：截图工具、脑图工具和投屏工具，使用这些工具可以使设计和演示原型更加方便。另外还介绍了如何扩展字体，让原型上的文字更加美观；介绍了与原型设计相应的屏幕尺寸和分辨率，以及它们之间的关系。

接着介绍了 Axure 新增的 Sample UI Patterns 元件，这些元件集成了很多交互。另外介绍了搭建本地原型服务器的 3 种方法：IIS、Tomcat 和 Nginx，原型和服务在云主机上配置并发布易于访问原型。觉得搭建本地原型复杂的读者，可以选择将原型发布到第三方服务器 Axhub 和蓝湖上。

第12章 Win 10 系统元件

- ➥ Win 10 系统元件有哪些字体版式？
- ➥ 如何制作表单元件？
- ➥ 如何制作动作元件？
- ➥ 如何制作菜单与栏目？

从本章开始我们将使用前面所学的知识制作高保真元件及产品效果案例，这会用到 Axure 的相关操作技巧，如元件库中元件的选择，针对元件的样式布局，交互事件、情形及变量的应用。在进行产品设计时要学习设计的思路，了解为什么要这么设计，交互的逻辑条件、流程是什么。

12.1 官方色系

Win 10 系统提供了两种窗口模式，分别是浅色和深色。针对这两种窗口模式，还可以选择默认的应用模式“亮”或“暗”，另外，还可以选择预定的颜色或自定义 Windows 颜色，官方提供的配色十分丰富，在设计中可以使用截图工具中的颜色吸取功能，获取颜色的 RGB 值或 HEX 值，如图 12-1 所示。

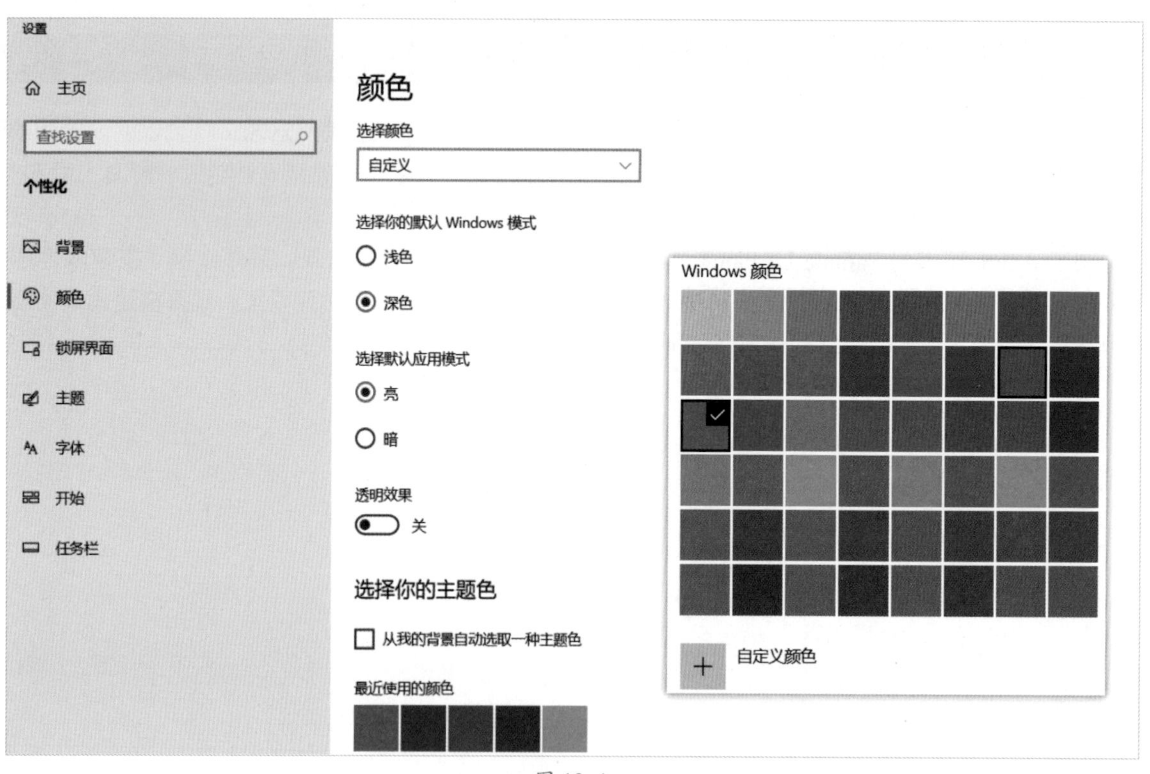

图 12-1

★重点 12.2 字体版式

Win 10 系统元件使用的字体默认为“Segoe UI”，如果没有此类字体，可以用其他相近的字体代替（微软雅黑、幼圆等）。字体在排版时使用不同的字号和风格（如粗体、斜体等）区分层级，如标题、副标题、正文和说明等，Win 10 系统元件常用的字体版式如表 12-1 所示，效果如图 12-2 所示。

表 12-1 Win 10 系统元件常用的字体版式及风格

版式	字体大小	字体风格
标头	46px	推荐 Light
副标头	32px	推荐 Light
标题	24px	推荐 Light
子标题	20px	推荐 Light
子标题提示	18px	推荐 Light
正文	15px	推荐 Normal
说明提示	13px	推荐 Normal
说明	12px	推荐 Normal

图 12-2

Step01 打开 Axure，执行“文件”菜单中的“新建元件库”命令，如图 12-3 所示。

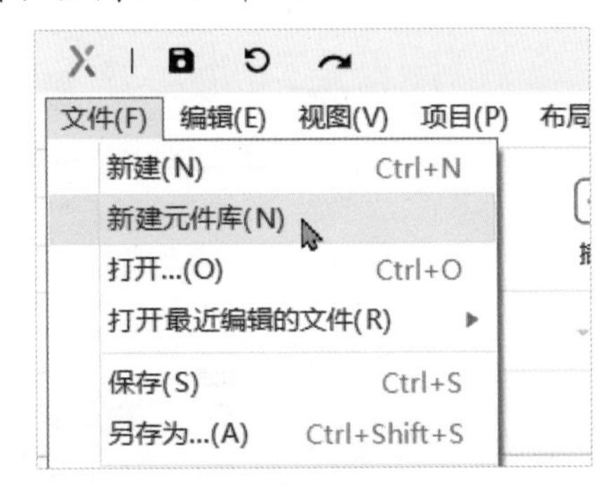

图 12-3

Step02 在“元件”面板中新建文件夹并命名为“字体版式”，修改默认的元件页面名称为“整体”，参考表 12-1 的字体大小和风格录入文本，调整默认元件库中的标题样式，并添加一个灰色矩形作为背景，如图 12-4 所示。

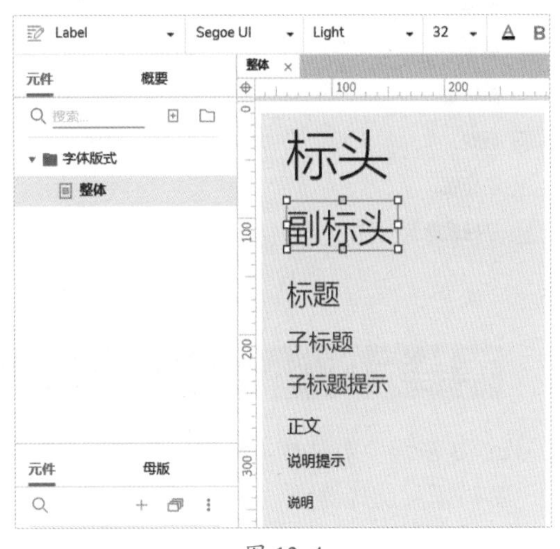

图 12-4

Step03 复制一组元件，将字体颜色设置为白色，矩形的背景色设置为黑色，如图 12-2 所示。

Step04 为方便使用独立的字体版式，需要将图 12-4 中的所有字体版式拆为多种不同的字体元件，方法是新建多个字体版式页面，如图 12-5 所示。

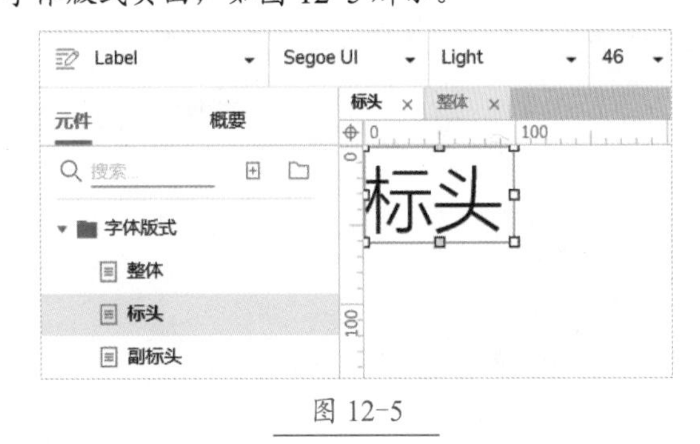

图 12-5

Step05 按照上述步骤设置所有字体版式，并保存元件库，命名为“Win 10 组件”，如图 12-6 所示。

图 12-6

Step06 使用前文学习的知识导入 Win 10 组件，在设计原型时就可以直接使用相应的元件，如图 12-7 所示。

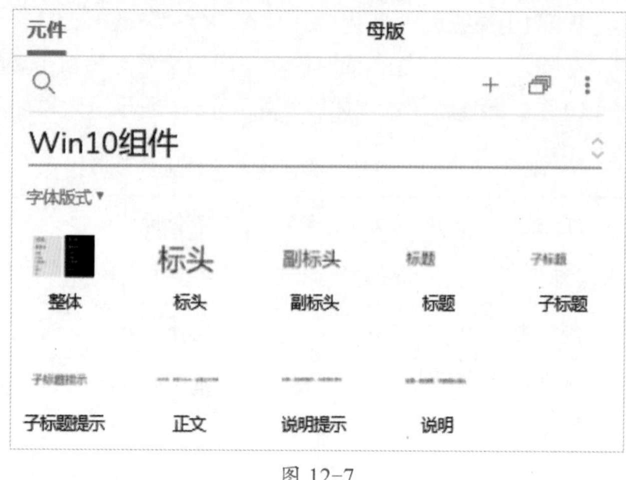

图 12-7

12.3 表单元件

在 Win 10 系统中对某些功能进行设置时，经常会进行选择和切换的交互，包括单选按钮、复选框、切换开关、文本框、密码框及选择器等，图 12-1 中就显示了单选按钮、切换开关和复选框，下面我们来学习如何制作这些功能元件。

12.3.1 实战：制作单选按钮

单选按钮被选中时边框颜色和中间的颜色不同，可以使用前文介绍的截图工具吸取相应的颜色。

Step01 新建一个文件夹并命名为“表单组件”，并为其添加子元件并命名为“单选按钮组”，如图 12-8 所示。

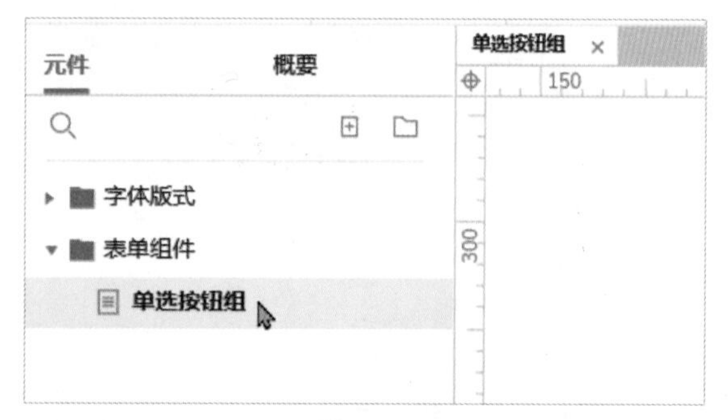

图 12-8

Step02 在画布中拖入圆形元件，命名为“外圈”，设置“位置”的参数为（15，8），“尺寸”的参数为（20，20），线段“颜色”为“#3E3E3E”，“线宽”为 2，如图 12-9 所示。

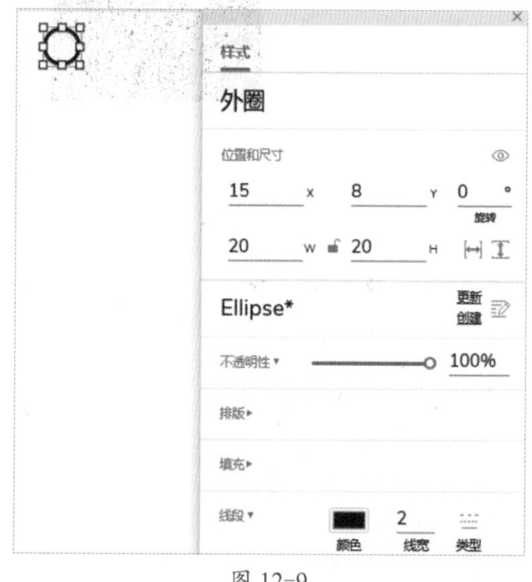

图 12-9

Step03 在“交互样式”对话框中，为“外圈”添加样式，设置“线段颜色”为 # 0E7FD9，如图 12-10 所示。

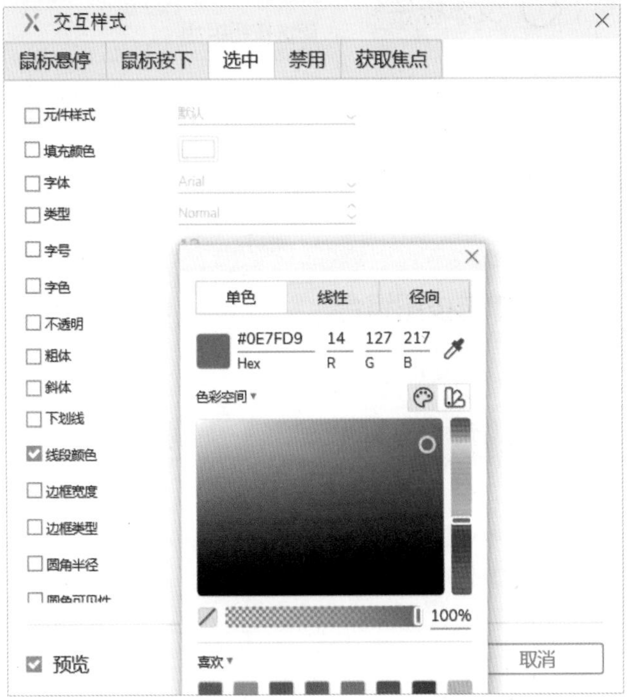

图 12-10

Step04 在“交互样式”中展开“形状 PROPERTIES”下拉列表，将“选项组”设置为“外圈分组”并勾选“选中”复选项，如图 12-11 所示。

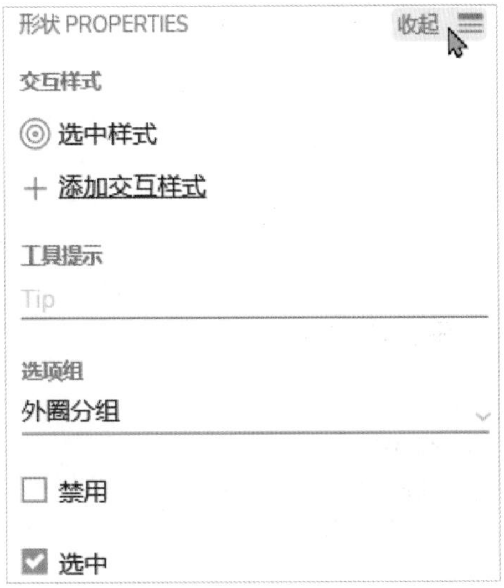

图 12-11

Step05 在画布中拖入“圆形”元件，命名为“内圈”，设置“位置”的参数为（20，13），“尺寸”的参数为（10，10），线段“颜色”为 # 333333，“线宽”为 0，如图 12-12 所示。

图 12-12

Step06 在“交互样式”中，为“内圈”添加选中样式，设置“填充颜色”为“#333333”，如图 12-13 所示。

图 12-13

Step07 在“交互样式”中，将内圈元件的“选项组”设置为“内圈分组”并勾选“选中”复选项，如图 12-14 所示。

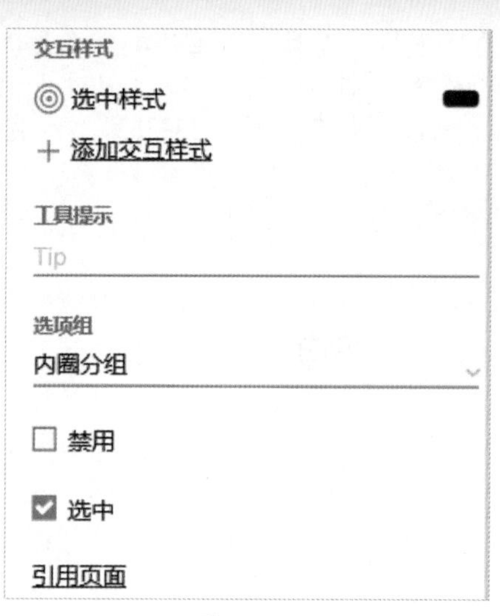

图 12-14

Step08 查看页面上的布局，效果如图 12-15 所示。

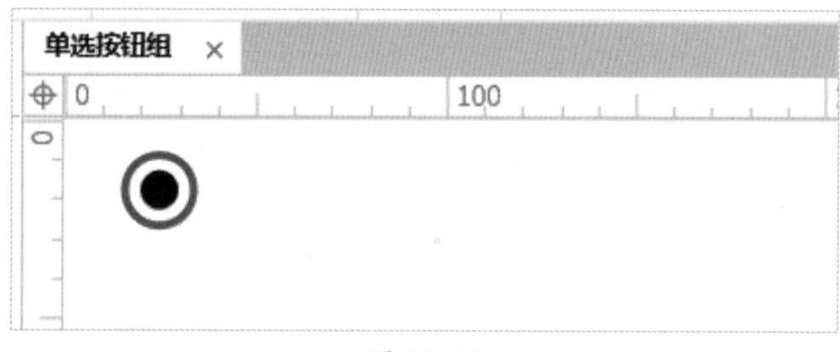

图 12-15

Step09 继续在页面上添加“文本标签”元件，命名为“提示内容”，设置“位置”的参数为（45，8），“尺寸”的参数为（69，20），字体大小设置为 15，“字体”设置为 Segoe UI，“字体风格”设置为 Normal，效果如图 12-16 所示。

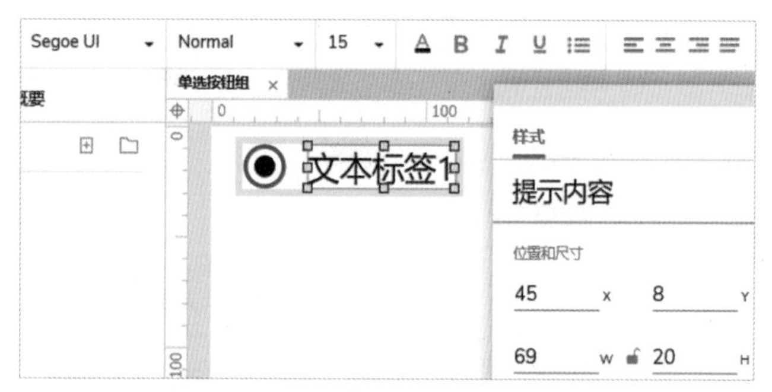

图 12-16

Step10 选中当前页面上的所有元件（外圈、内圈及提示内容），使用快捷组合键“Ctrl+G”将它们组合在一起，并命名为“单选按钮组合”，如图 12-17 所示。

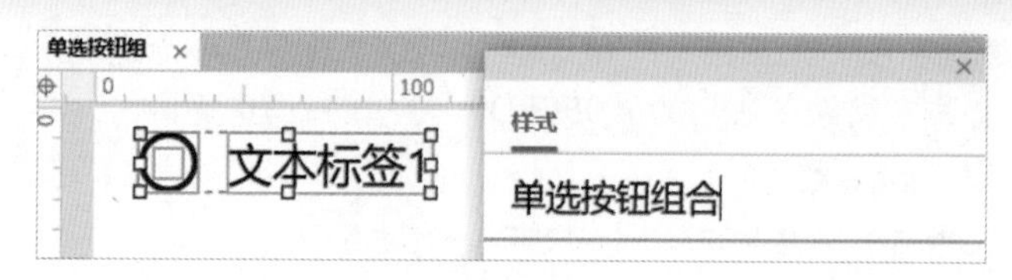

图 12-17

Step11 在“交互”面板中将“单选按钮组合”选项组设置为“整体分组”，如图 12-18 所示。

图 12-18

Step12 为“单选按钮组合”添加“单击时”事件，动作为“设置选中”，目标分别为“外圈”和“内圈”，如图 12-19 所示。

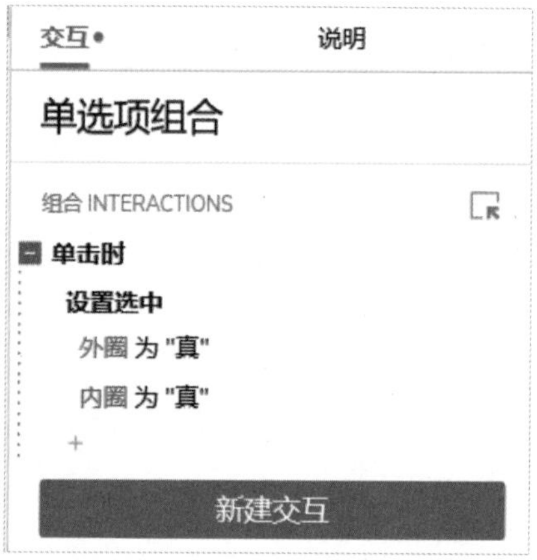

交互• 说明

单选项组合

组合 INTERACTIONS

单击时

设置选中

外圈 为 "真"

内圈 为 "真"

新建交互

图 12-19

Step13 复制多个“单选按钮组合”，左侧对齐，上下边距设置为 15，将提示内容末尾的数字修改为 2 和 3，如图 12-20 所示。

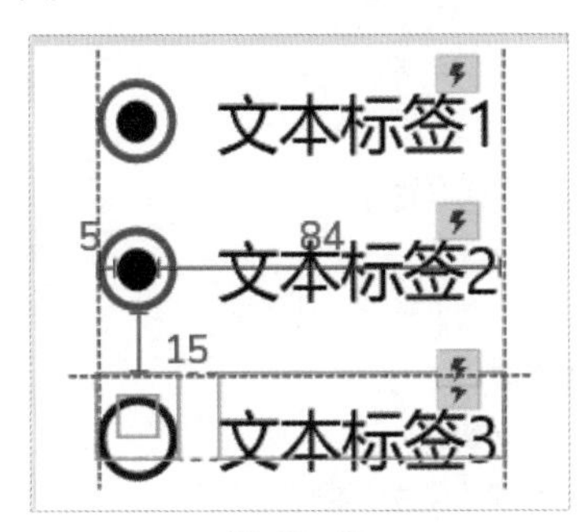

图 12-20

Step14 预览原型，在浏览器中查看效果，单选按钮一次只能选中其中一项，单击时选中效果会在“文本标签 1”“文本标签 2”“文本标签 3”之间切换，如图 12-21 所示。

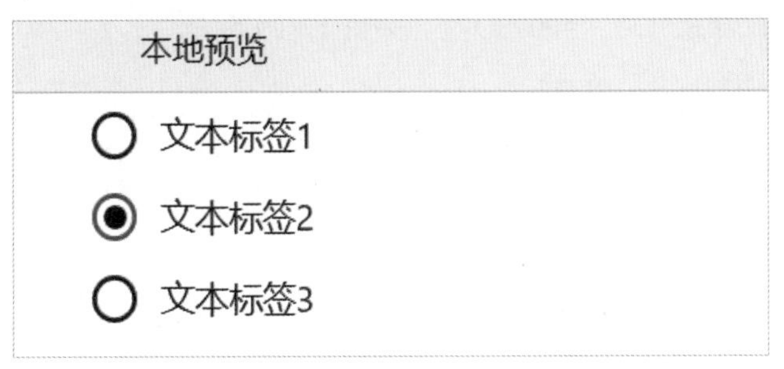

图 12-21

Step15 完成元件设计后，还可以为元件自定义图标和提示信息内容，一般使用缩略图即可，如图 12-22 所示。

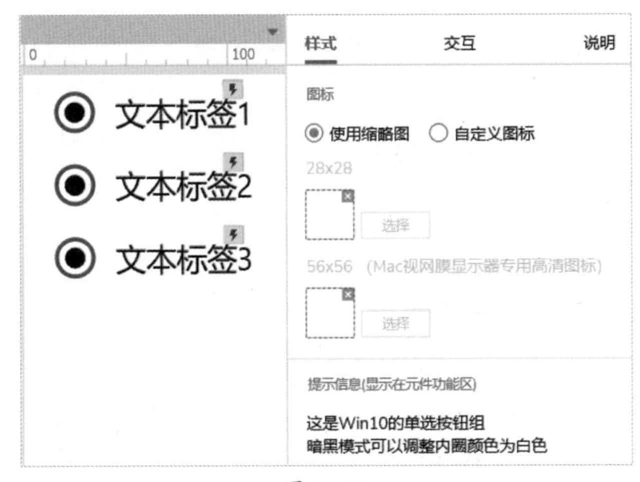

图 12-22

Step16 在“元件”面板中切换“元件库”为“Win10 组件”，查看缩略图和提示信息，如图 12-23 所示。

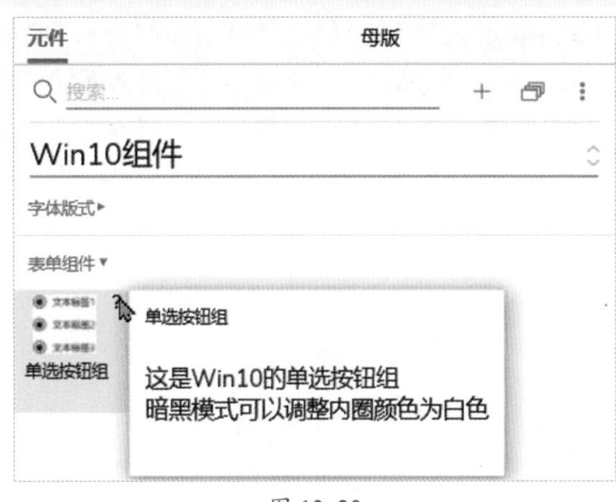

图 12-23

12.3.2 实战：制作复选框

复选框支持多项选择，如爱好收集、多选题等，复选框可以使用矩形元件嵌套实现，包括鼠标指向时和移出时的交互效果，具体步骤如下。

Step01 在“表单组件”文件夹下添加子元件并命名为“复选框”，如图 12-24 所示。

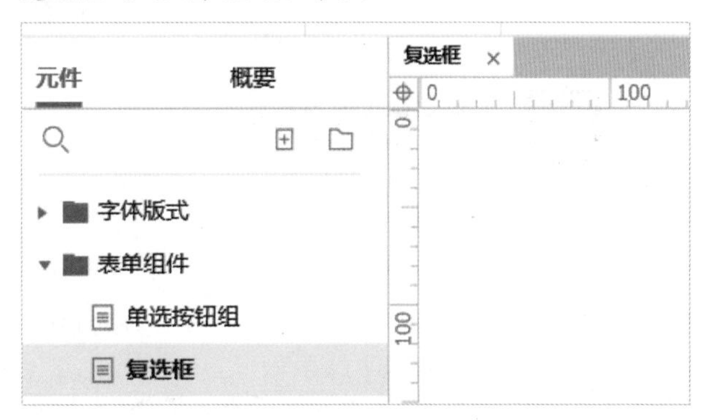

图 12-24

Step02 在元件页面添加内容，如表 12-2 所示。

表 12-2 元件页面添加的元件及参数

元件名称	命名	位置	大小
矩形 1	外框	（9，12）	（20，20）
矩形 2	内框	（11，14）	（16，16）
文本标签	提示内容	（38，12）	（69，20）
自定义形状	选中	（12，17）	（14，10）

将元件设置为如下样式。

（1）外框元件的线段为 2，颜色为“#333333”。

（2）内框元件的背景色为“#0078D7”。

（3）提示内容元件的字体大小为15px，字体为Segoe UI，风格为Normal，本章的所有字体保持一致。

（4）选中元件后自定义元件形状，操作方法是使用工具栏上“插入”下拉列表的“绘画”工具绘制形状，快捷键为“P”，如图12-25所示。

图 12-25

绘制一个宽度小于20的对钩形状，表示选中状态，命名为“选中”；将线段颜色设置为白色（#FFFFFF），“位置”的参数为（12，17），“尺寸”的参数为（14，10），最终效果如图12-26所示。

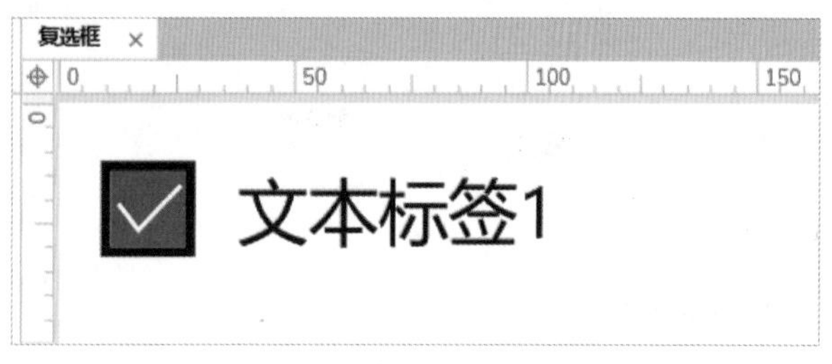

图 12-26

Step03 同时选中“内框”和“选中”元件，将它们组合在一起并命名为“内框选中组合”。

Step04 同时选中“外框”“内框选中组合”和“提示内容”，再次进行分组，并将此分组命名为“复选框组合”，此时“概要”面板的结构如图12-27所示。

图 12-27

Step05 为“复选框组合”添加“单击时”事件，动作为“显示/隐藏”，目标为“内框选中组合”，隐藏类型为“切换可见性”，如图12-28所示。

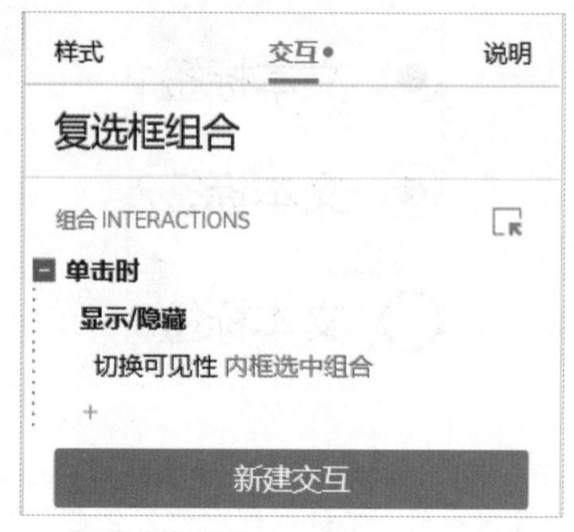

图 12-28

Step06 选中“外框”元件，为其添加选中样式，设置“线段颜色”为“#0078D7”，如图12-29所示。

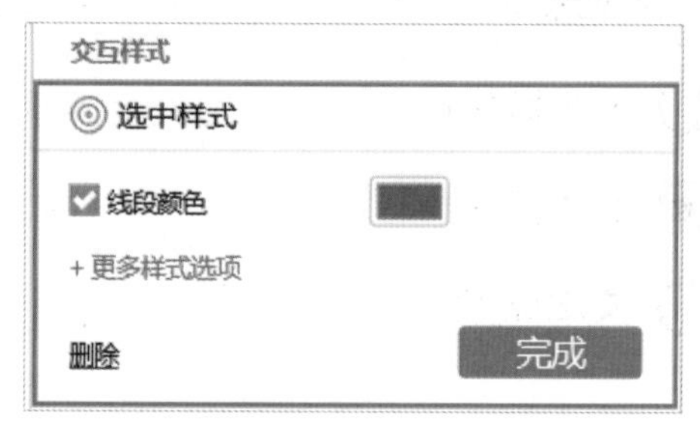

图 12-29

Step07 继续为“复选框组合”添加“鼠标移出时”事件，动作为“设置选中”，目标为“外框”，值为“真”，其目的是当鼠标移出时改变外框颜色，如图12-30所示。

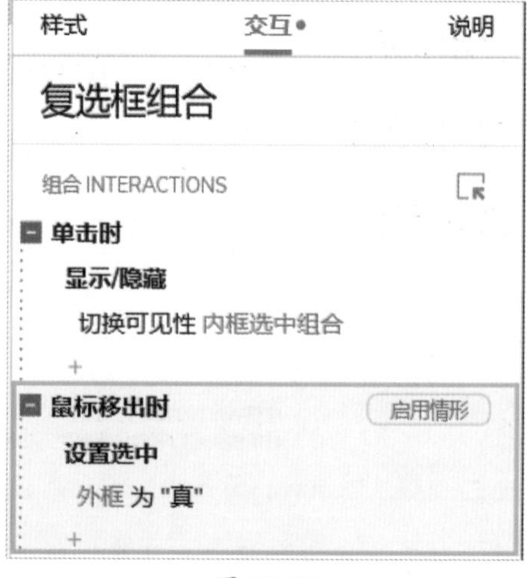

图 12-30

Step 08 只有勾选复选框时外框的颜色才发生改变。因此我们需要启动“鼠标移出时”的情形，情形名称为“已选中”，并添加“元件可见”条件判断，目标为“内框选中组合”，值为“真”表示可见，如图 12-31 所示。

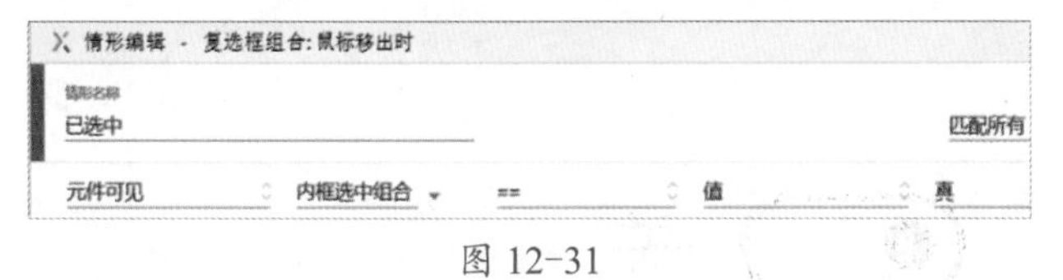

图 12-31

Step 09 当鼠标移入时需要改变复选框外框的选中值，并且也是针对已选中状态，添加“鼠标移入时”事件，并启用情形条件判断，如图 12-32 所示。

图 12-32

Step 10 完成上述操作后，在浏览器中预览元件，共有 3 种效果；选中后鼠标移出效果如图 12-33 所示。

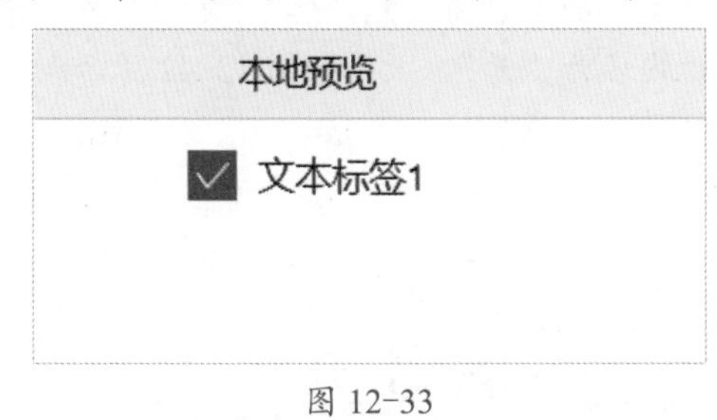

图 12-33

★重点 12.3.3 实战：切换开关

开关在 Win 10 系统中应用非常普遍，在 Sample UI Pattern 元件中也有相应的案例，本节我们动手绘制一个切换开关。

Step 01 新建一个元件页面并命名为“切换开关”，拖入“矩形 1”元件，如图 12-34 所示。

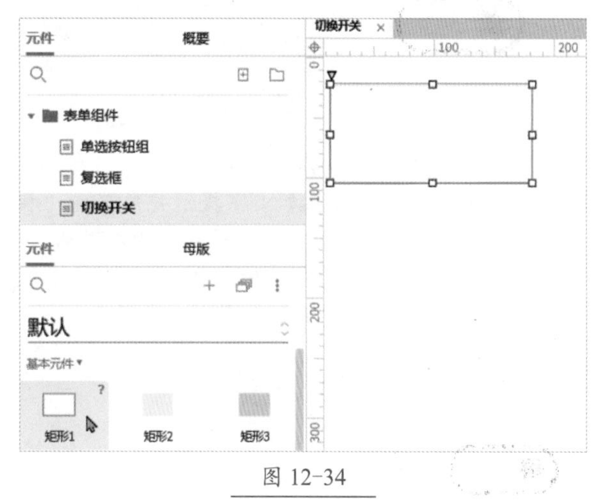

图 12-34

Step 02 将“矩形 1”元件命名为“轨道”，设置“位置”的参数为（40，40），“尺寸”的参数为（44，20），“线段”设置为 2，“线段颜色”为黑色（# 000000），圆角半径为 20，效果如图 12-35 所示。

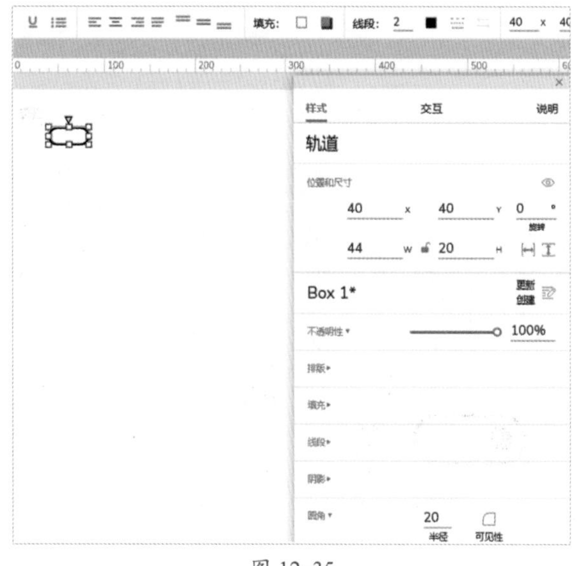

图 12-35

Step 03 继续添加圆形元件并命名为“圆点”，设置“位置”的参数为（46，45），“尺寸”的参数为（10，10），“填充色”设置为黑色（#000000），“线段”设置为 0，位置调整时可以添加辅助线，效果如图 12-36 所示。

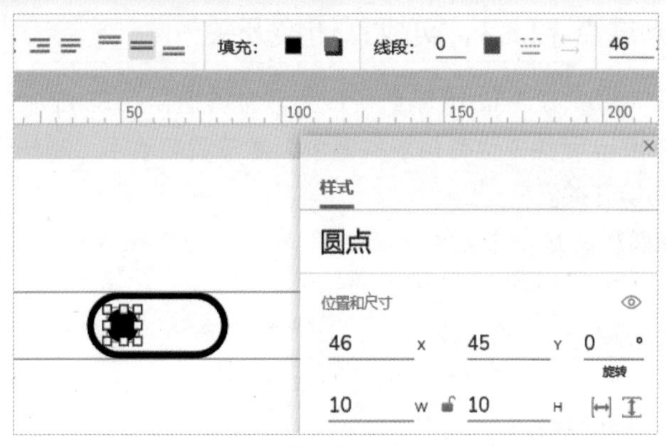

图 12-36

Step04 参考辅助线，继续添加文字提示并命名为“提示内容”，文本内容设置为“关”，“位置”的参数为（94，39），“尺寸”的参数为（15，20），字体大小的参数设置为15，颜色还是黑色，效果如图 12-37 所示。

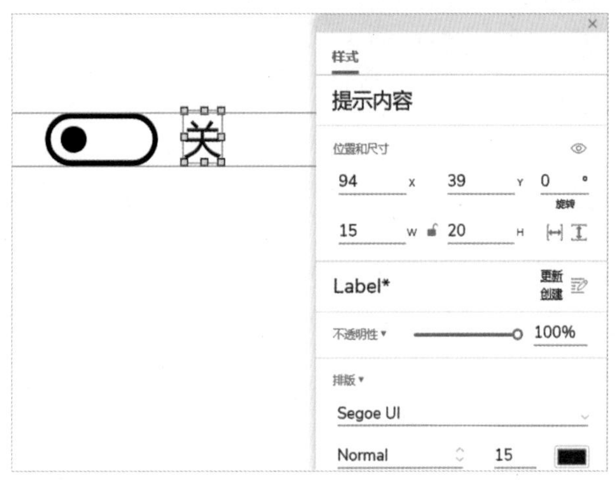

图 12-37

Step05 现在页面上已有 3 个元件，将它们全部选中，然后转换为“动态面板”，并将动态面板命名为“开关”，如图 12-38 所示。

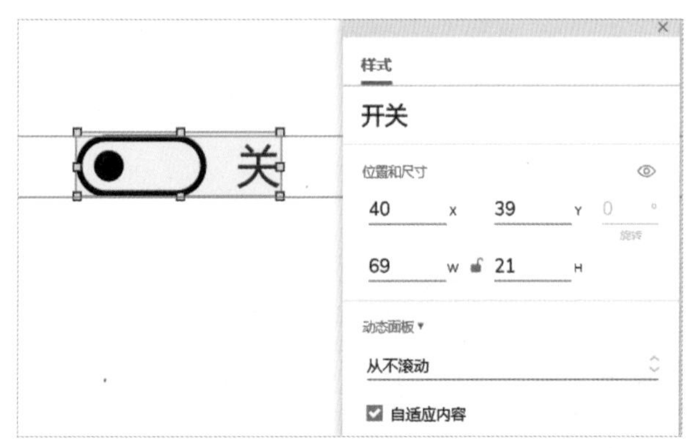

图 12-38

Step06 双击“开关”动态面板进入“状态编辑”模式，并单击重复状态按钮，如图 12-39 所示。

图 12-39

Step07 复制得到状态“State2”，将“State1”重命名为“关”，“State2”命名为“开”，如图 12-40 所示。

图 12-40

Step08 将“开关”动态面板的状态切换为“开”，调整“轨道”元件的背景色为“#0078D7”,“线段”设置为 0，效果如图 12-41 所示。

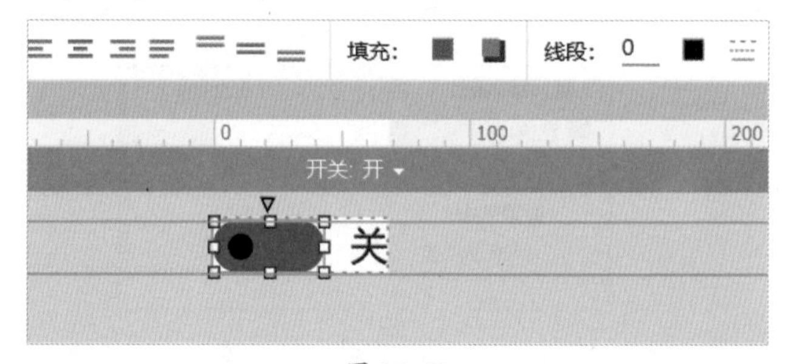

图 12-41

Step09 继续调整“圆点”元件的背景色为白色（#FFFFFF），设置“位置”的参数为（28，6），“尺寸”的参数不变，调整提示内容为“开”，效果如图 12-42 所示。

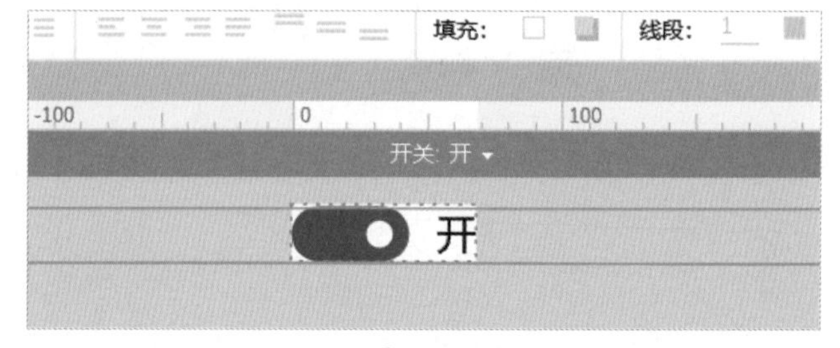

图 12-42

Step10 继续在该状态下为“轨道”元件添加“鼠标悬停样式”交互，填充颜色为“#4DA1E3”，如图 12-43 所示。

图 12-43

Step11 退出动态面板编辑模式，为“开关”元件添加“单击时”事件，动作为“设置面板状态”，目标选择“当前”或“开关”，STATE（状态）选择“下一项”并勾选“向后循环”复选框，完成操作后，单击“确定”按钮，如图 12-44 所示。

图 12-44

Step12 在浏览器中预览元件并对比 Win 10 系统的效果，如图 12-45 所示。

图 12-45

Step13 复制并粘贴开关元件，并命名为“开关不可用”，勾选动态面板中的“禁用”选项，如图 12-46 所示。

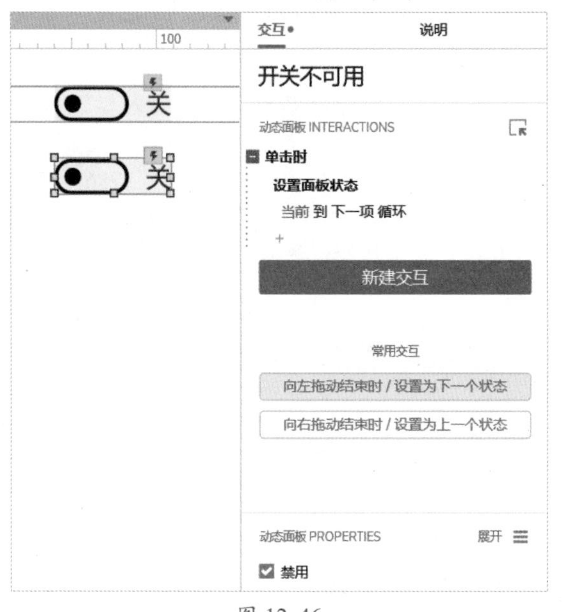

图 12-46

Step14 调整“开关不可用”元件首个状态的配色，一般用浅灰色表示，调整“轨道”背景色为“#CCCCCC”，“线段”设置为 0，圆点背景色为“#A3A3A3”，效果如图 12-47 所示。

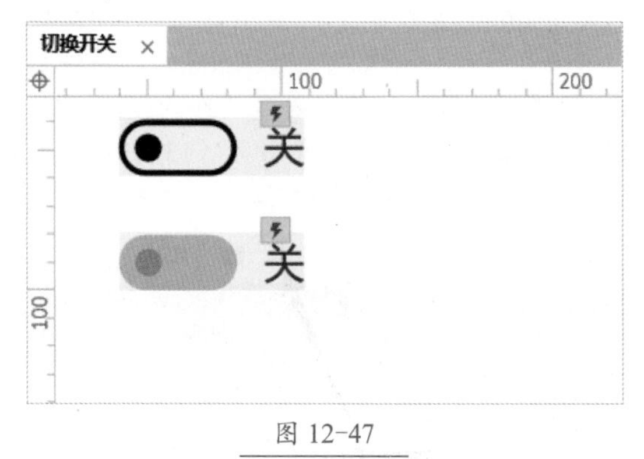

图 12-47

12.3.4 实战：文本输入框

当我们输入一个关键字时，系统会自动匹配出相应的内容，如输入一个数字“3”，会自动匹配出相关的选项，如图 12-48 所示。

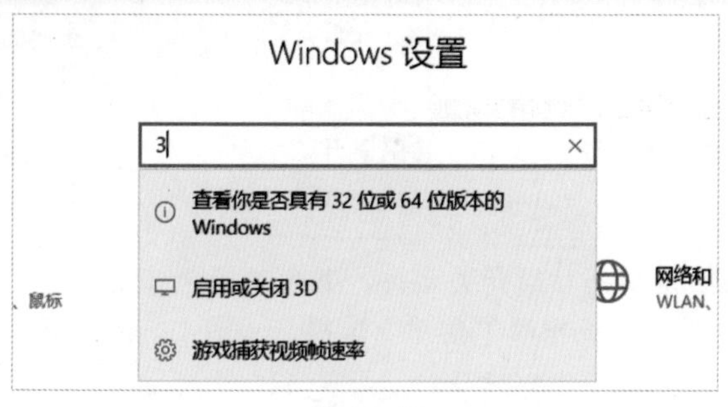

图 12-48

Step01 新建元件页面并命名为“文本输入框”，拖入一个文本框元件，将元件命名为“文本框”，设置“位置”的参数为（14，22），“尺寸”的参数为（286，32），样式设置为左对齐，“线段”设置为 2，线段颜色设置为“#8A8A8A”，左侧边距设置为 10，如图 12-49 所示。

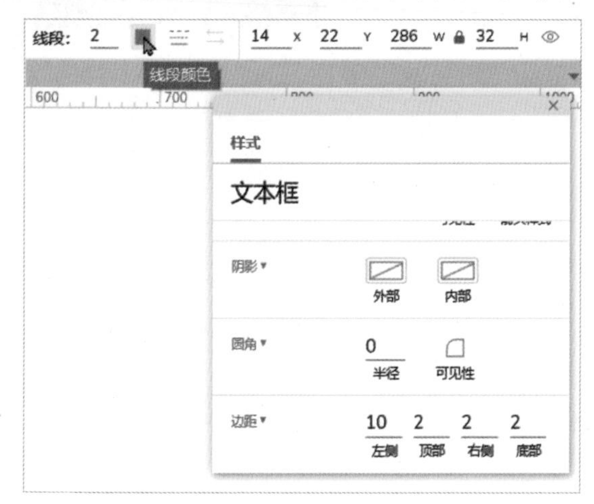

图 12-49

Step02 从 iconfont 图标库复制一个类似 Win 10 系统风格的“查找”图标，命名为“查找图标”，并将其转换为 SVG 格式，设置“位置”的参数为（278，32），“旋转”设置为 90°，“尺寸”的参数为（13，13），填充颜色“#8A8A8A”，如图 12-50 所示。

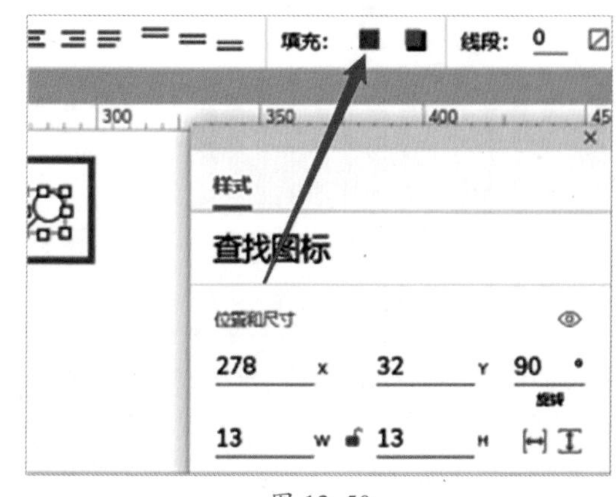

图 12-50

Step03 为“文本框”元件添加“获取焦点样式”，线段颜色为“#0078D7”，“输入类型”为“文本”，“提示文本”设置为“输入数字 3”，“隐藏提示”为“输入”，如图 12-51 所示。

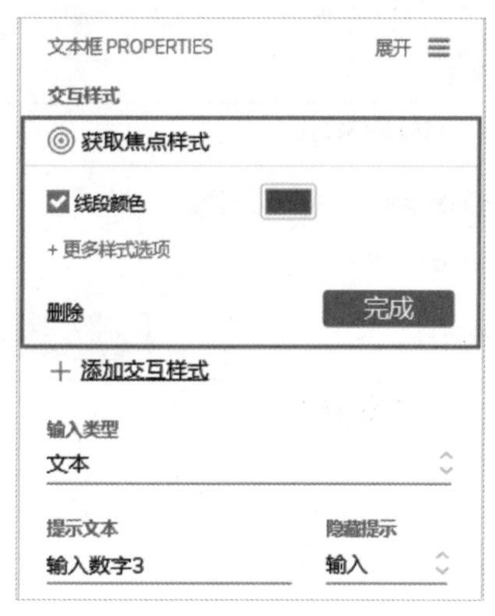

图 12-51

Step04 选中“查找图标”元件，将其转换为动态面板，完成转换后，双击进入动态面板编辑模式，复制一个状态并粘贴，如图 12-52 所示。

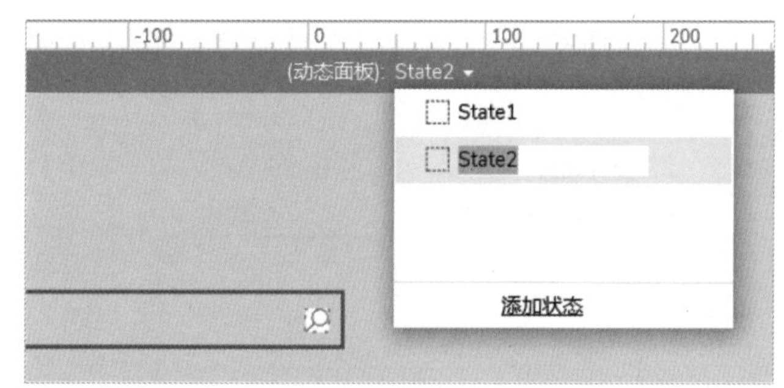

图 12-52

Step05 分别将 State1 和 State2 命名为“查找”和“清除”，如图 12-53 所示。

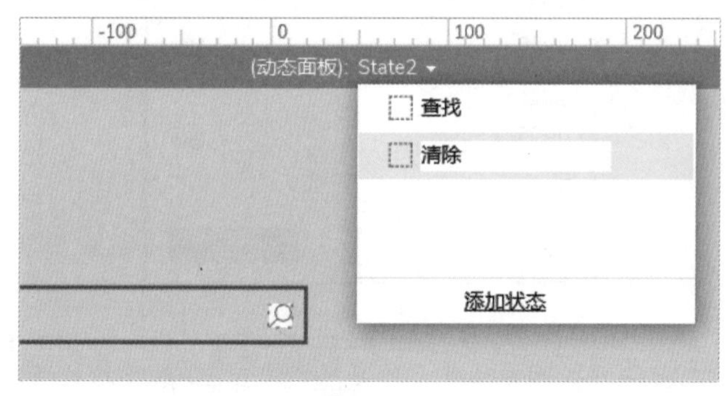

图 12-53

Step06 现在要调整“清除”状态下的图标样式，用一个叉号表示，可以自行绘制或继续使用 iconfont 库中的图标，将其命名为“清除图标”，设置“位置”的参数为（0，0），“尺寸”的参数为（13，13），颜色和查找图标颜色一致，为“#8A8A8A”，如图 12-54 所示。

图 12-54

Step07 为“清除图标”添加“鼠标悬停样式”，只设置填充颜色为“#1885DB”，如图 12-55 所示。

图 12-55

Step08 退出动态面板编辑模式，将“动态面板”命名为“图标面板”，如图 12-56 所示。

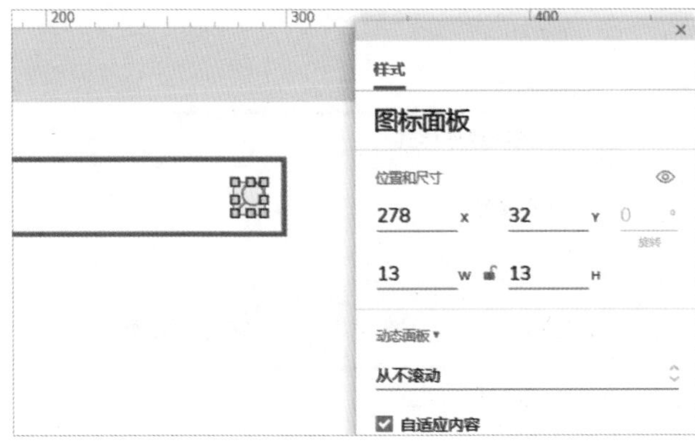

图 12-56

Step09 为“文本框”元件添加交互事件，当文本改变时，切换图标面板的状态为“清除”，如图 12-57 所示。

图 12-57

Step10 为“清除图标”元件添加“单击时”事件，动作为设置文本，目标为“文本框”，设置内容为空，如图 12-58 所示。

图 12-58

Step11 清除文本框内容时，图标要切换为查找，因此还需要为“清除图标”元件添加一个“设置面板状态”的动作，目标为“图标面板”，状态为“查找”，如图 12-59 所示。

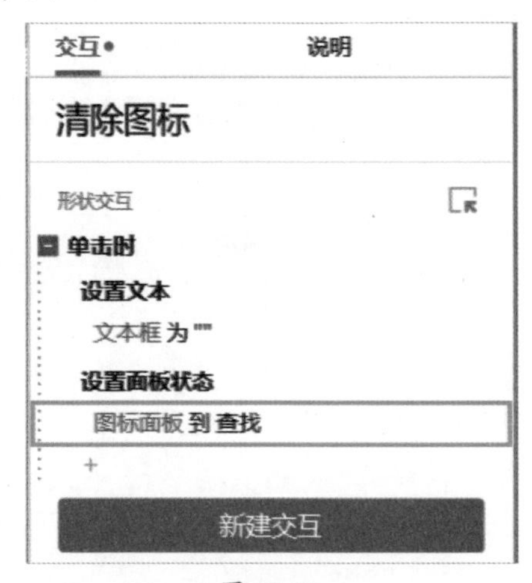

图 12-59

Step 12 另外还有一种情况，使用键盘上的删除键逐个清除或剪切文本框时，不会触发图标变换。因此我们还需要完善“文本框”元件的交互事件，启用情形，当文本框的值不为空时，图标面板的状态为“清除”，反之图标面板的状态为“查找”，如图 12-60 所示。

图 12-60

Step 13 在文本框下方拖入一个中继器元件并命名为“查询结果”，如图 12-61 所示。

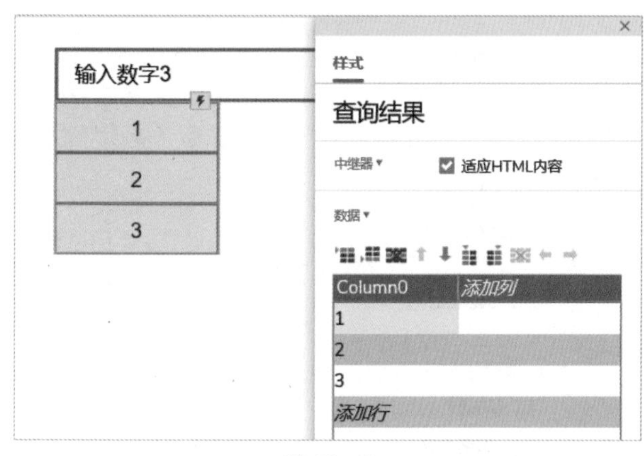

图 12-61

Step 14 调整中继器 ID 列的名字为“name”并将行的内容改为含有数字 3 的内容，如 32 位、3D、2013，如图 12-62 所示。

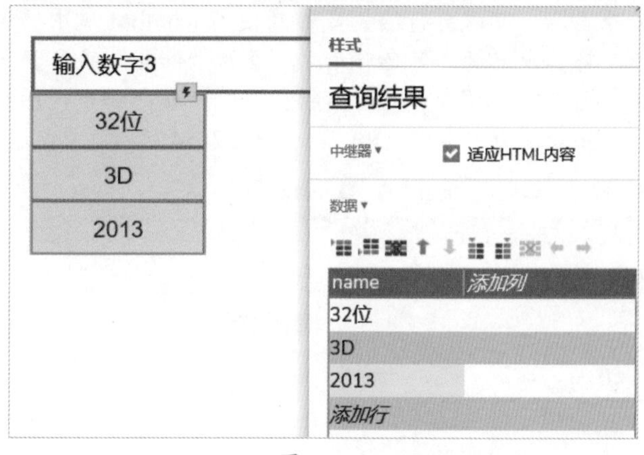

图 12-62

Step 15 双击中继器元件进入元件编辑模式，调整矩形元件的样式，命名为“查询结果行”，“位置”的参数为（0，0），“尺寸”的参数为（284，32），字号设置为 15，文本左对齐，背景色设置为“#F2F2F2”，“线段”设置为 0，“左侧边距”设置为 10，效果如图 12-63 所示。

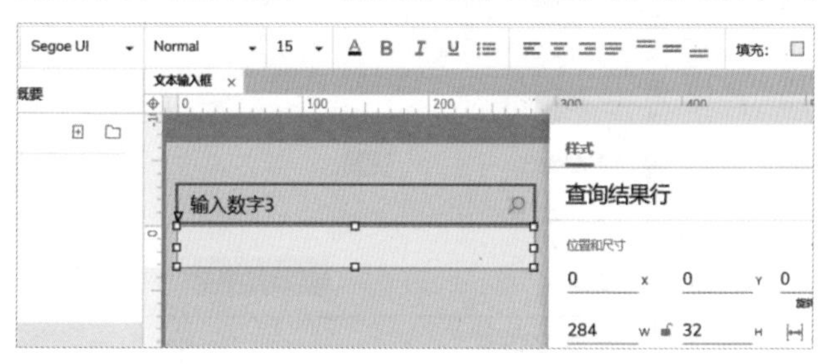

图 12-63

Step 16 为“查询结果行”元件添加“鼠标悬停样式”，设置填充颜色为“#DADADA”，如图 12-64 所示。

图 12-64

Step 17 继续为“查询结果行”元件添加“单击时”事件，“目标”选择“文本框”，“设置为”选择“文本”，“值”为“[[Item.name]]”，如图 12-65 所示。

图 12-65

Step18 退出中继器编辑模式，设置“查询结果”元件的线段颜色为“#CCCCCC”，线宽为 1，类型为默认实线，边距都为 1，如图 12-66 所示。

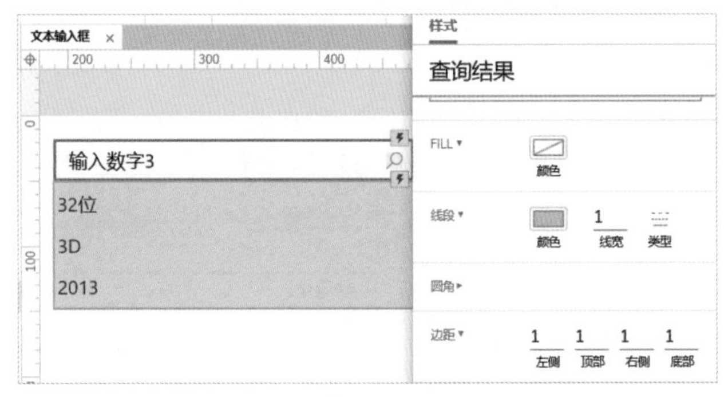

图 12-66

Step19 选中页面上的所有元件，按快捷组合键“Ctrl+G”将其组合在一起，并命名为“文本输入框组合”，观察“概要”面板结构变化情况，如图 12-67 所示。

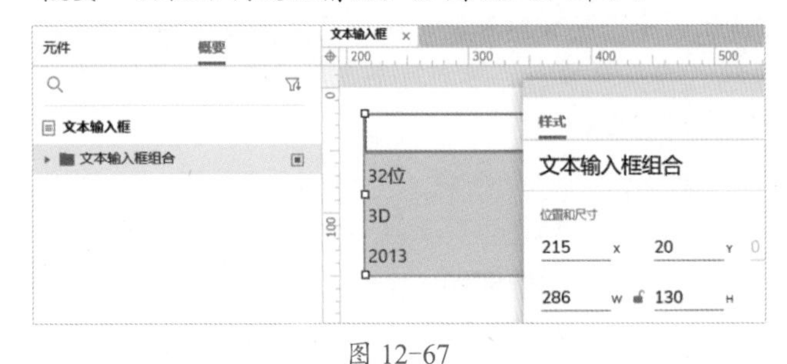

图 12-67

Step20 隐藏“查询结果”元件，默认不展示，只有输入的查询关键字匹配到结果时才展示，，如图 12-68 所示。

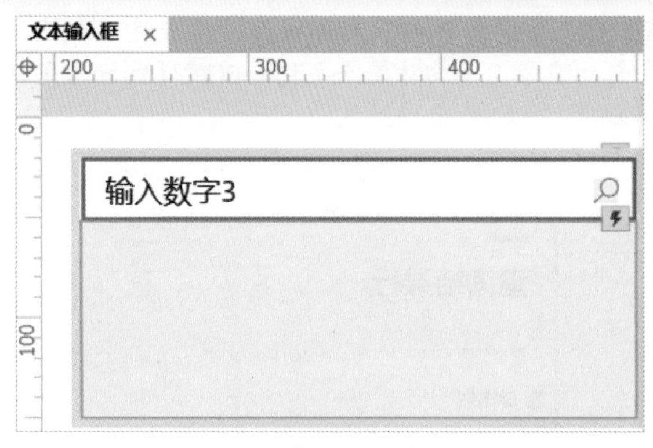

图 12-68

Step21 在交互面板中为“文本框”元件添加筛选，筛选条件：如果“文本框”输入的值（字母不区分大小写）包含在中继器的 name(姓名）列中，即展示出匹配的数据。统一使用小写转换函数 toLowerCase()，将中继器 name 列的值转换为小写，Item.name.toLowerCase() 函数将文本框的值转换为小写，This.text.toLowerCase() 函数中 This 表示当前文本框。接着使用 indexOf() 函数验证索引位置，返回 0 或正数表示找到匹配的数据索引位置，最终组合在一起 [[Item.name.toLowerCase().indexOf(This.text.toLowerCase())>=0]]，一旦满足查询条件，就显示“查询结果”元件，如图 12-69 所示。

图 12-69

Step22 为"查询结果行"元件添加"单击时"事件，当单击它时隐藏"查询结果"元件，以获得更好的交互体验，如图 12-70 所示。

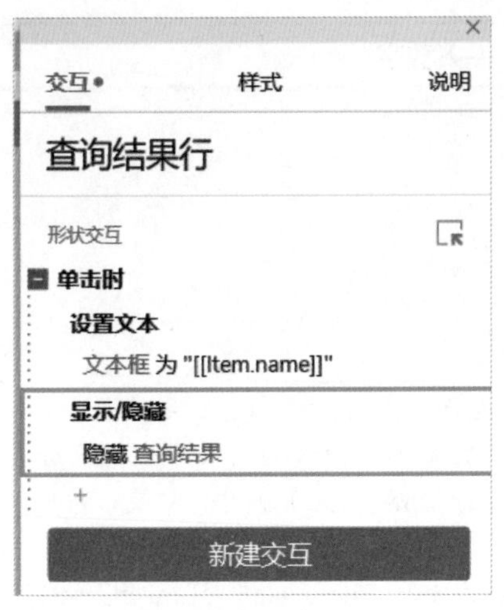

图 12-70

Step23 继续为"清除图标"元件添加隐藏"查询结果"的交互，如图 12-71 所示。

图 12-71

Step24 在浏览器中预览并和 Win 10 系统界面效果进行对比，如图 12-72 所示。

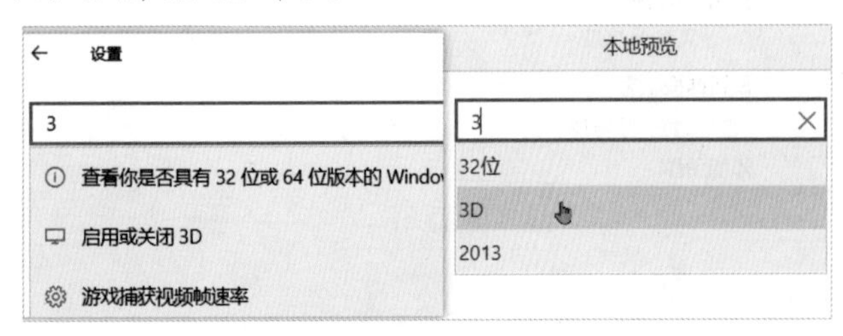

图 12-72

12.3.5 实战：制作密码框

制作"密码框"比制作"文本输入框"更加简单，我们只需复制上节中的文件，进行简单的调整即可。

Step01 在"元件"面板中选中"文本输入框"，使用快捷组合键"Ctrl+D"获得一个新的副本"文本输入框(1)"，如图 12-73 所示。

图 12-73

Step02 将"文本输入框(1)"重名为"密码框"，并删除"查询结果"元件，如图 12-74 所示。

图 12-74

Step03 删除"查询结果"元件的交互事件，调整"输入类型"为"密码"，"提示文本"为"输入密码"，如图 12-75 所示。

图 12-75

Step04 使用绘图工具绘制一个隐藏小图标，这个图标也可以从图标库下载，如图 12-76 所示。

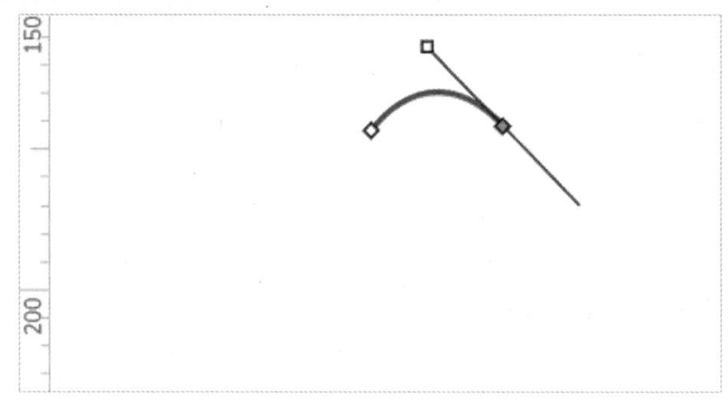

图 12-76

Step05 ❶ 使用前面学习的编辑点方式对弧线进行微调，位置参数为（0，2），尺寸参数为（13，6），❷ 接着拖入一个圆形元件，位置参数为（4，5），尺寸参数为（5，5）。❸ 将两个元件组合在一起命名为“密码图标”，❹ 将线段颜色设置为“#8A8A8A”，如图 12-77 所示。

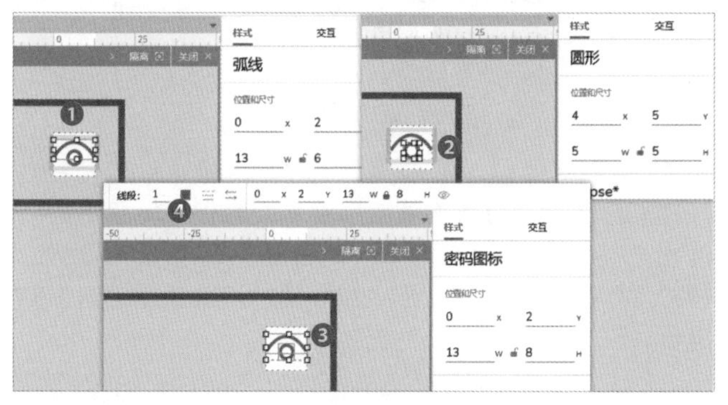

图 12-77

Step06 将密码图标移动到“图标面板”的查找面板中，删除原有的“查找图标”，如图 12-78 所示。

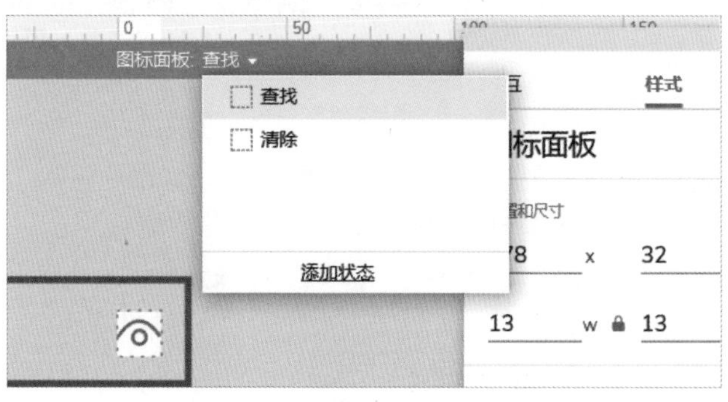

图 12-78

Step07 将查找状态改为“密码”，在浏览器中预览，效果如图 12-79 所示。

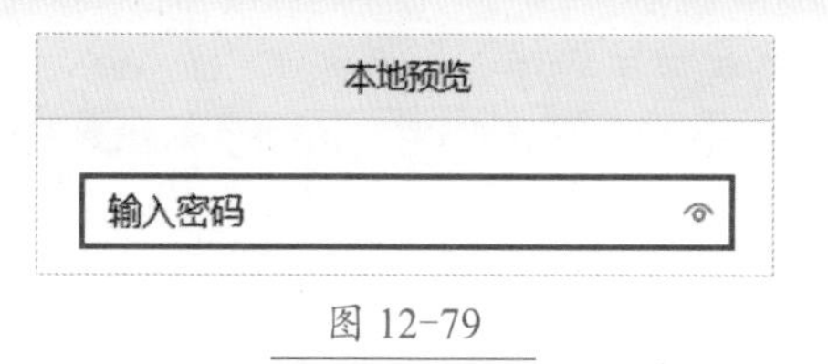

图 12-79

12.3.6 实战：制作下拉选择框

下拉选择框提供了弹出式的菜单项供选择，在 Win 10 系统中，下拉选择框效果用到了多种样式和交互，使用 Axure 中默认的下拉列表元件并不能满足需求，本节将使用中继器作为菜单项，并利用前文所学的知识进行实战练习。

Step01 新增一个“下拉选择框”元件页面，拖入“矩形 1”元件，文本内容设置为横向，字号设置为 15，命名为“下拉框”，“位置”的参数为（75，75），“尺寸”的参数为（280，32），左侧边距设置为 10，线段颜色设置为“#999999”，效果如图 12-80 所示。

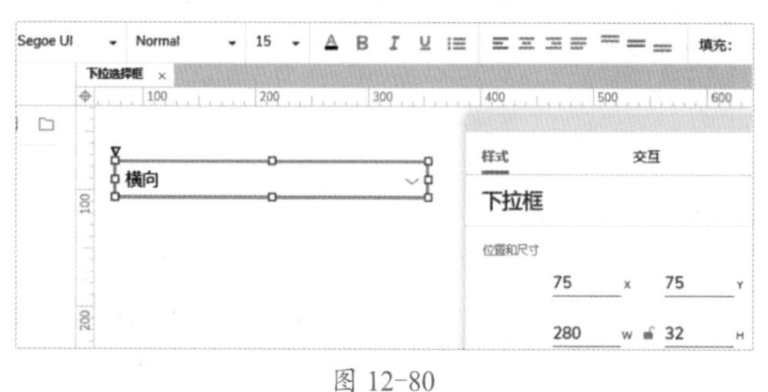

图 12-80

Step02 为“下拉选择框”添加“鼠标悬停样式”，设置线段颜色为“#666666”，如图 12-81 所示。

图 12-81

Step03 绘制一个向下的箭头，命名为“向下箭头”，设置“位置”的参数为（334，90），“尺寸”的参数为（13，5），线段设置为 1，“线段颜色”设置“#5D5D5D”，效果如图 12-82 所示。

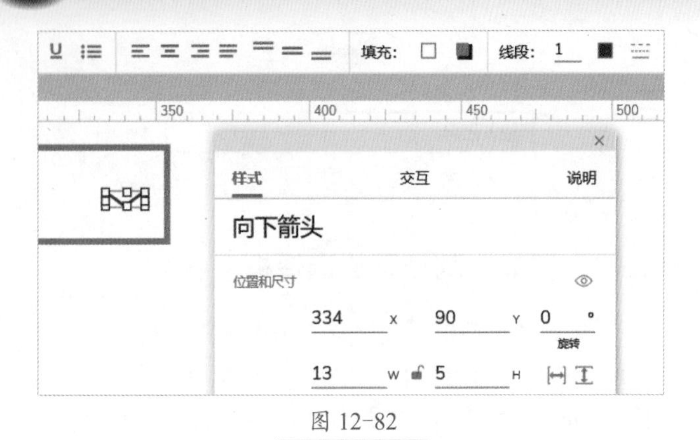

图 12-82

Step04 继续在页面中拖入中继器元件，命名为“下拉选项”，设置“位置”的参数为（75，107），尺寸参数为（100，90）如图 12-83 所示。

图 12-83

Step05 在“样式”面板中将“下拉选项”元件的列名设置为 name，并修改行值为“横向”“纵向”“横向（翻转）”“纵向（翻转）”，如图 12-84 所示。

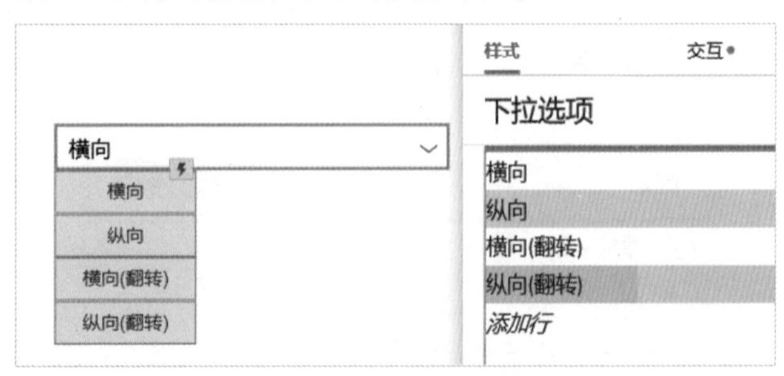

图 12-84

Step06 双击“下拉选项”元件进入中继器元件编辑模式，调整矩形元件样式。将矩形元件命名为“菜单项”，设置“位置”的参数为（0，0），“尺寸”的参数为（280，32），文字左侧对齐，左侧边距设置为 10，填充颜色为“#F2F2F2”，线段设置为 0，效果如图 12-85 所示。

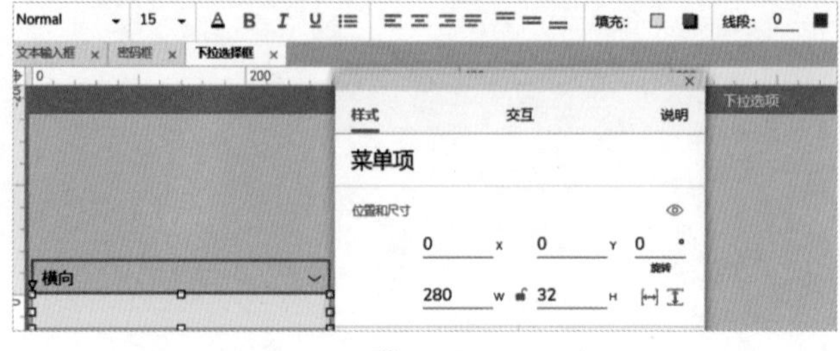

图 12-85

Step07 为“菜单项”元件添加“鼠标悬停样式”，设置填充色为“#DADADA”，如图 12-86 所示。

图 12-86

Step08 复制并粘贴“菜单项”元件，退出中继器元件编辑模式，将粘贴的“菜单项”重命名为“菜单项高亮”，填充色设置为“#A6D8FF”，“位置”的参数为（395，107），“尺寸”的参数为（278，32），效果如图 12-87 所示。

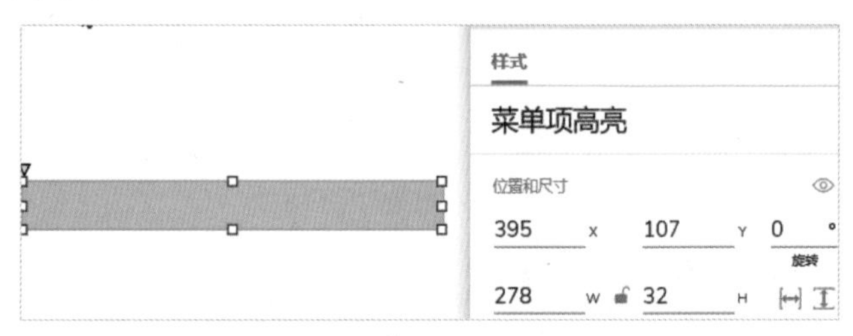

图 12-87

Step09 为“菜单项高亮”元件添加“鼠标悬停样式”，设置填充色为“#76B9ED”，如图 12-88 所示。

图 12-88

Step10 隐藏“菜单项高亮”元件，每次菜单项被单击选中时才显示它。

Step⑪ 为“菜单项”元件添加“单击时”事件，动作为“显示/隐藏”，目标为“菜单项高亮”，设置为显示，如图 12-89 所示。

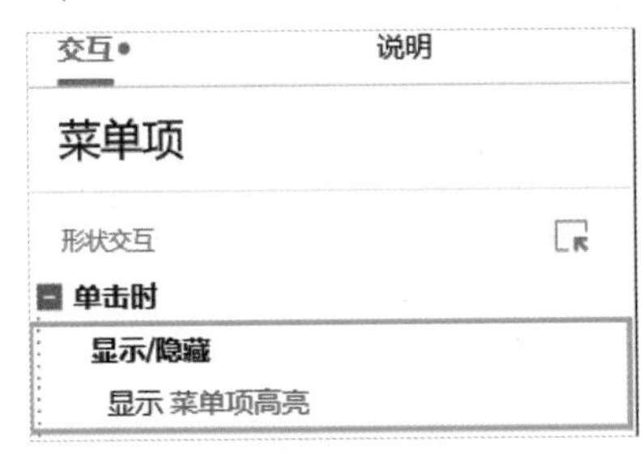

图 12-89

Step⑫ 继续为“菜单项”添加“设置文本”动作，目标分别为“菜单项高亮”和“下拉框”，目的是给“菜单项”的文本值赋值，如图 12-90 所示。

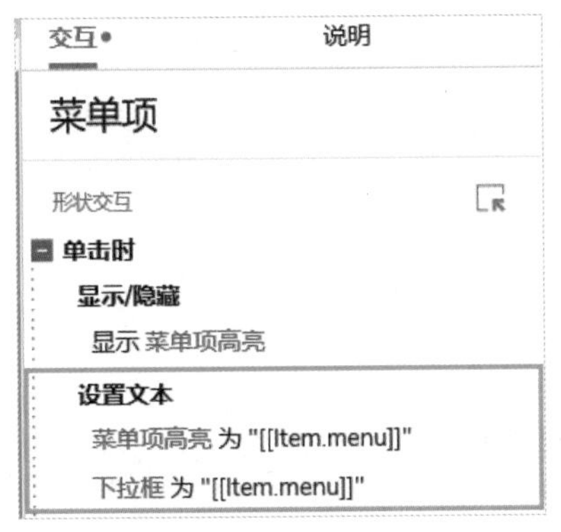

图 12-90

Step⑬ 退出中继器编辑模式，添加新列“id”，分别给行赋值为 0、1、2、3，其目的是动态计算“菜单项高亮”Y 坐标的值，如图 12-91 所示。

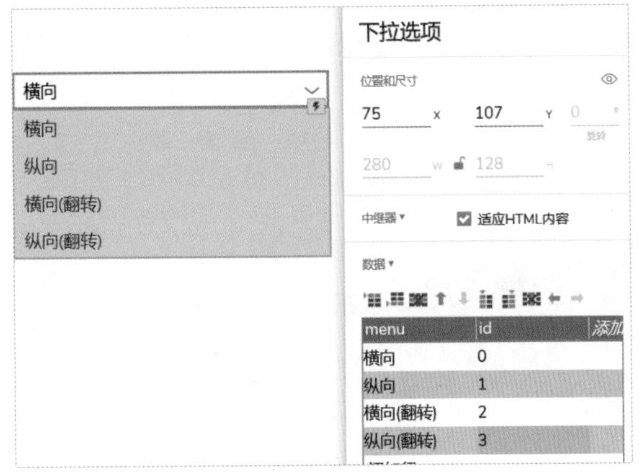

图 12-91

Step⑭ 进入中继器编辑模式，为“单击时”事件继续添加“移动”动作，目标为“菜单项高亮”，移动类型为“到达”，分别设置 X 坐标和 Y 坐标的值，如图 12-92 所示。

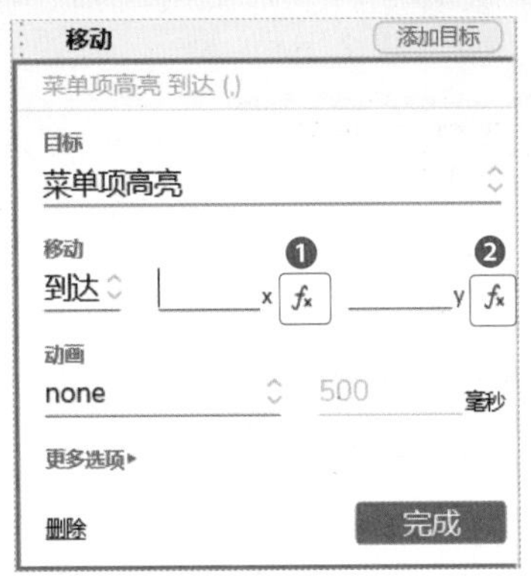

图 12-92

Step⑮ 设置 X 坐标值，单击图 12-92 中的第 1 个“fx”，在弹出的“编辑值”对话框中，❶ 添加一个局部变量“option”，类型为“元件”，对象为“下拉选项”，❷ 在“插入变量或函数”区域输入“[[option.x]]”（“下拉选项”的 X 坐标值），❸ 完成操作后单击“确定”按钮，如图 12-93 所示。

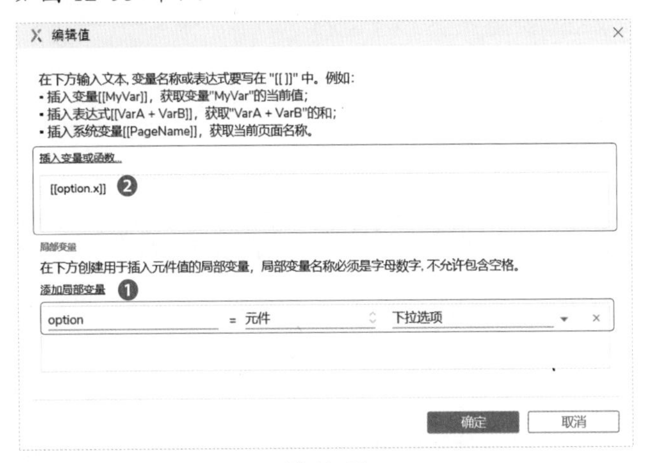

图 12-93

Step⑯ 用同样的方法添加 Y 坐标值，单击图 12-92 中的第 2 个“fx”，在弹出的“编辑值”对话框中，❶ 添加一个局部变量“option”，类型为“元件”，对象为“下拉选项”，❷ 在“插入变量或函数”区域输入“[[option.y+Item.id*32]]”（即“下拉选项”的 Y 坐标值加上当前选项菜单 ID 值乘以 32 作为整体的 Y 坐标值），❸ 完成操作后单击“确定”按钮，如图 12-94 所示。

Step⑰ 退出中继器编辑模式，调整“下拉选项”样式，线段颜色为“#CCCCCC”，线宽为 1，边距都为 1，调整边距后，还需要再次进入中继器编辑模式。调整“菜单项”的宽度为 278，因为“下拉选项”左右有 1 像素的边距，为确保有更好的交互效果，“下拉框”宽度也要改为 278，效果如图 12-95 所示。

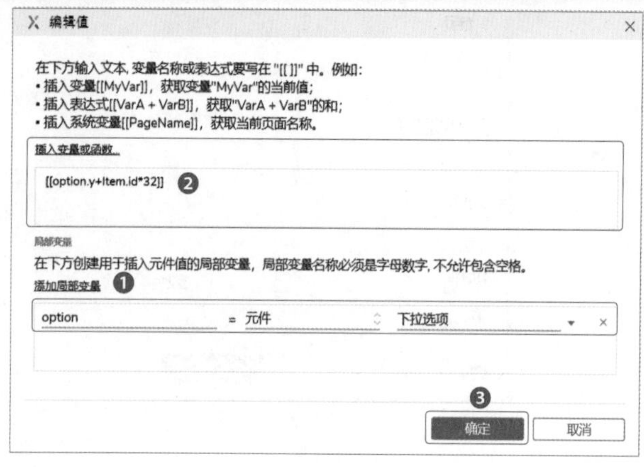

图 12-94

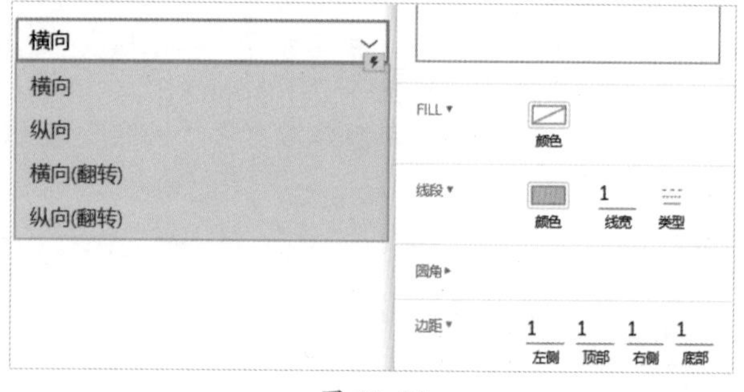

图 12-95

Step18 隐藏“下拉选项”元件并为“下拉框”元件添加“单击时”事件，动作为“显示 / 隐藏”，目标“下拉选项”和“菜单项高亮”都设置为切换可见性，如图 12-96 所示。

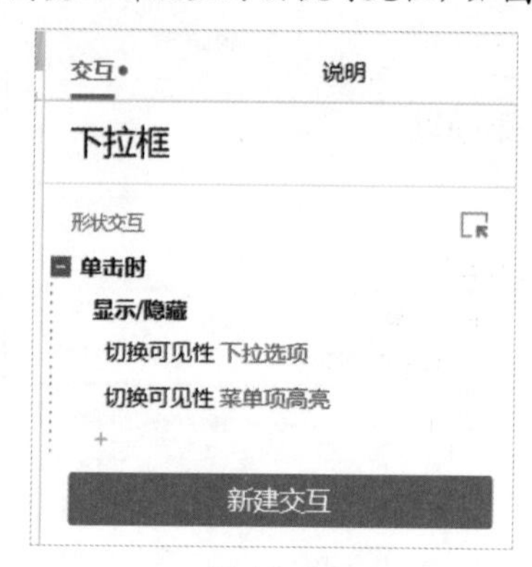

图 12-96

Step19 在浏览器中预览效果，如图 12-97 所示。

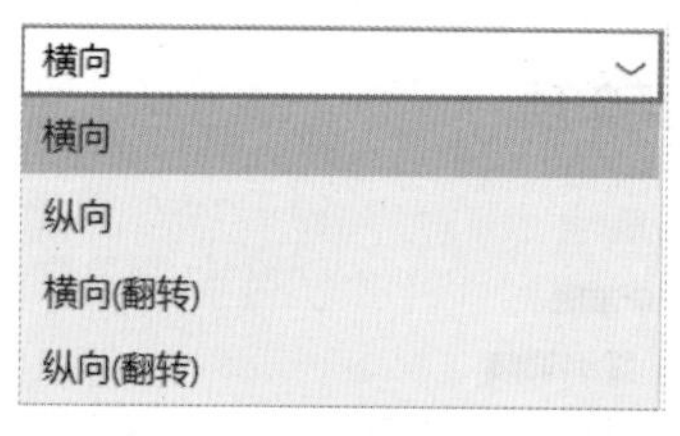

图 12-97

12.4 动作元件

通常动作元件都会触发新的事件，如按钮、超链接等。本节将学习制作一些常用的动作元件。

12.4.1 实战：按钮

Win 10 系统的按钮在鼠标移入时会显示一个边框，移出后边框消失，当按钮不可用（不可点击）时，鼠标再次移入或移出时将没有交互效果，利用 Axure 的鼠标悬停样式及背景填充色的变化可以完成按钮的交互设计。

Step01 添加一个文件夹并命名为“动作组件”，在动作组件文件夹添加一个元件页面并命名为“按钮”，如图 12-98 所示。

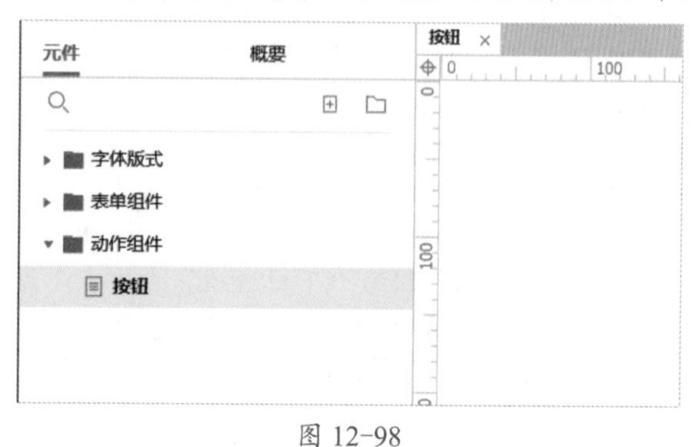

图 12-98

Step02 拖入“矩形元件 3”，命名为“按钮”，文本内容为“保存主题”，“位置”的参数为（15，15），“尺寸”的参数为（148，30），字号设置为 15，填充色和线段色都设置为“#CCCCCC”，线段设置为 2，效果如图 12-99 所示。

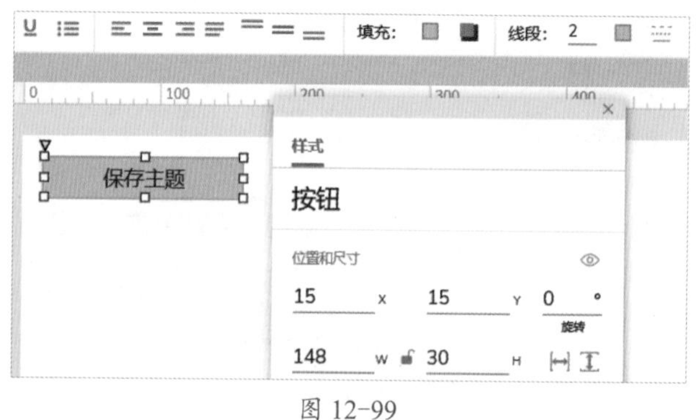

图 12-99

Step03 为“按钮”元件添加“鼠标悬停样式”，当鼠标指向按钮时，按钮的线段颜色变为“#7A7A7A”，如图 12-100 所示。

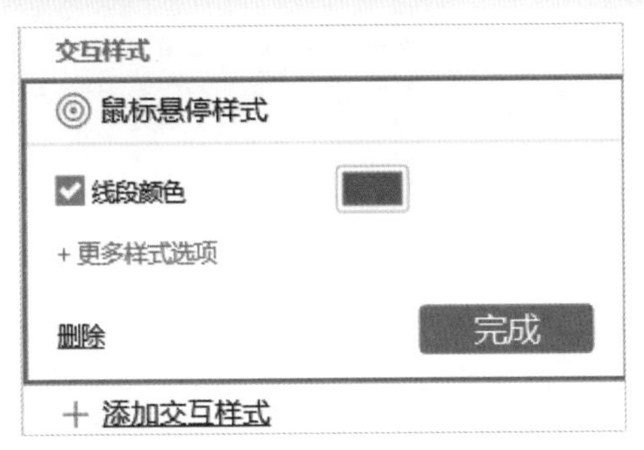

图 12-100

Step04 在浏览器中预览按钮交互效果，如图 12-101 所示。

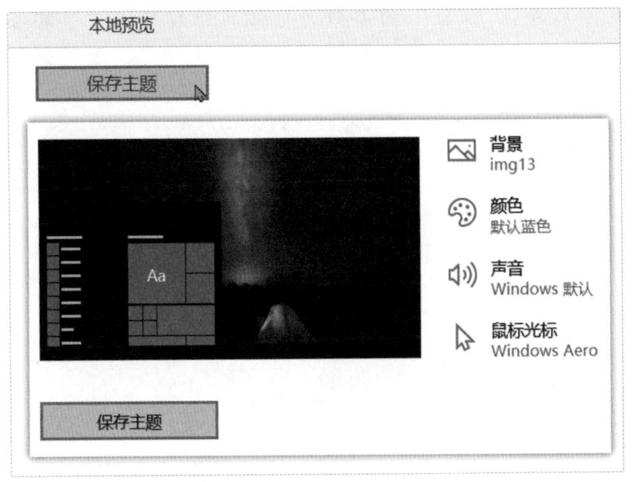

图 12-101

Step05 继续复制一个“按钮元件”页面并粘贴，将其命名为“按钮不可用”，如图 12-102 所示。

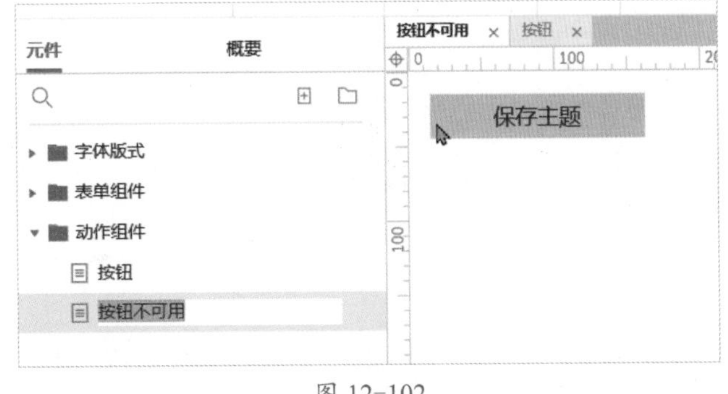

图 12-102

Step06 删除按钮的鼠标悬停样式，将字体颜色设置为40%透明度的黑色即可，如图 12-103 所示。

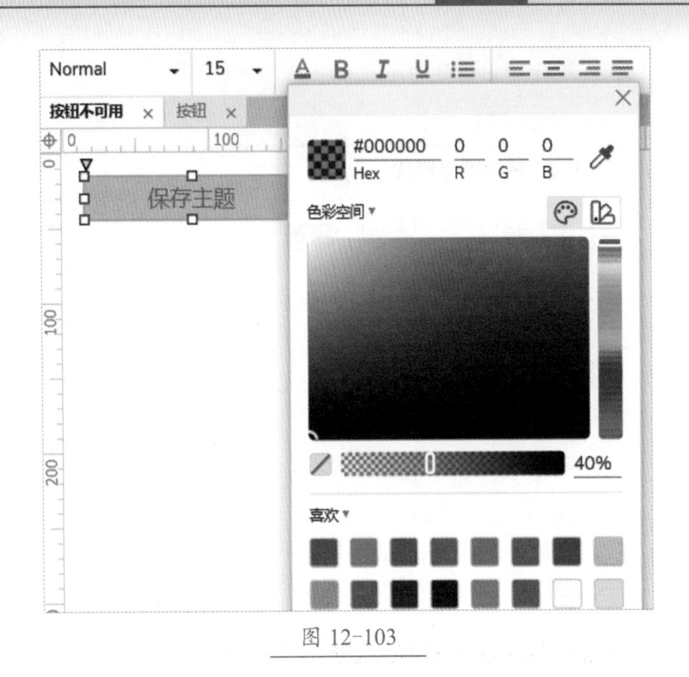

图 12-103

★重点 12.4.2 实战：制作超链接

制作超链接十分简单，使用“文本标签”元件配合样式面板进行文字大小、字体、颜色的设计，最后再添加一个“鼠标悬停样式”，必要时再添加“单击时”事件跳转链接即可。

Step01 新增一个“超链接”元件页面，拖入“文本标签”元件，文本内容设置为“屏幕超时设置”，命名为“超链接”，“位置”的参数为（36，28），“尺寸”的参数为（90，20），字体设置为 Segoe UI，字号设置为 15，字体颜色设置为“#0078D7”，根据需要也可以加入下划线，效果如图 12-104 所示。

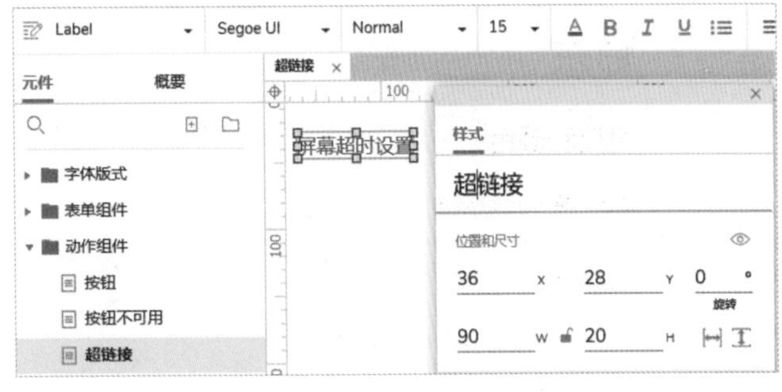

图 12-104

Step02 为“超链接”元件添加“鼠标悬停样式”，当鼠标指向该元件时字体颜色更改为“#666666”，如图 12-105 所示。

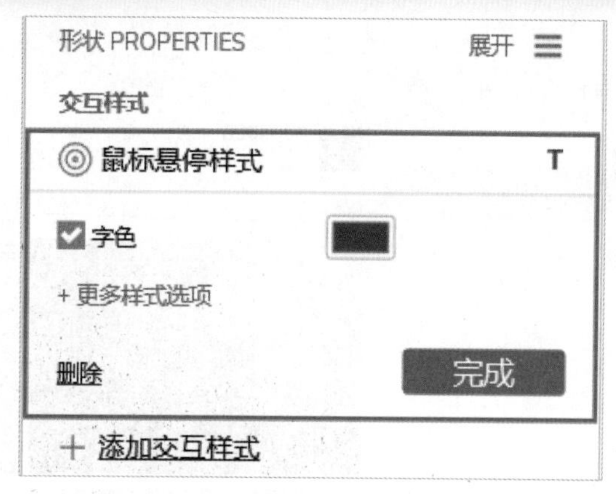

图 12-105

Step03 在浏览器中预览并对比 Win 10 系统中的超链接交互效果，如图 12-106 所示。

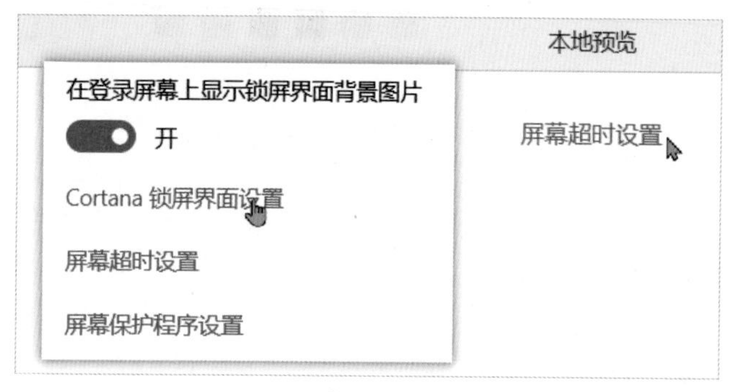

图 12-106

12.4.3 实战：制作控制条

控制条元件的设计步骤要复杂一些，它需要用到鼠标拖动事件（这将用到动态面板），以及鼠标指向显示文本、最小值和最大值的边界控制，如图 12-107 所示。

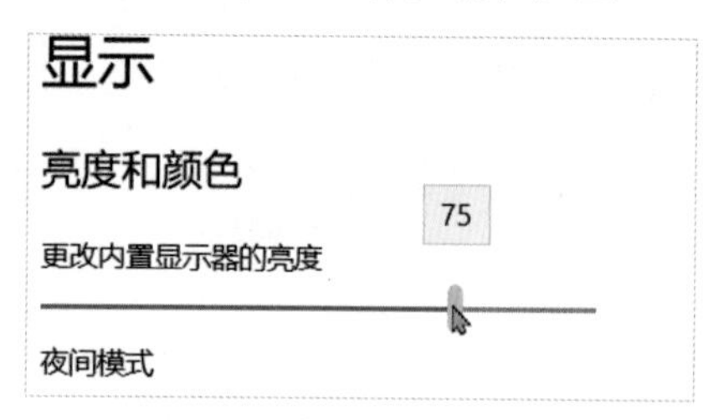

图 12-107

Step01 新增一个元件页面并将其命名为“控制条”，在元件页面拖入“矩形 3”元件，命名为“控制条上”设置“位置”的参数为（62，93），“尺寸”的参数为（350，3），填充色设置为“#0078D7”，效果如图 12-108 所示。

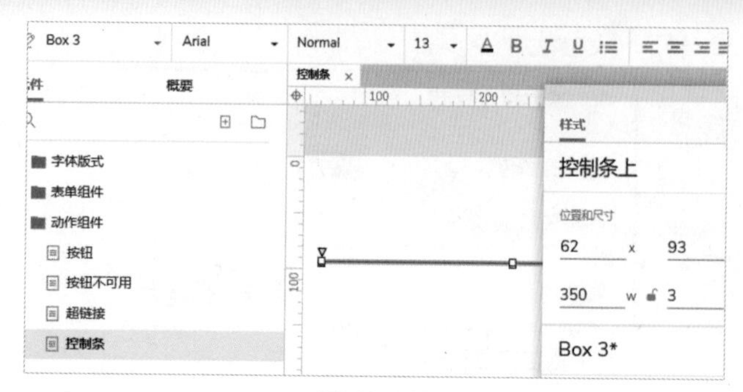

图 12-108

Step02 复制“控制条上”并粘贴，命名为“控制条下”，置于底层，“位置”的参数为（62，93），“尺寸”的参数为（350，3），填充色设置为“#999999”，效果如图 12-109 所示。

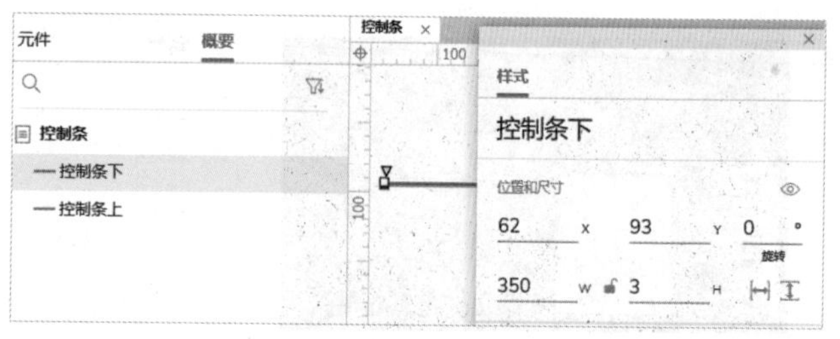

图 12-109

Step03 继续拖入一个“矩形 3”元件，命名为“滑块”，“位置”的参数为（243，80），“尺寸”的参数为（10，30），填充色设置为“#0078D7”，圆角的弧度设置为 5°，效果如图 12-110 所示。

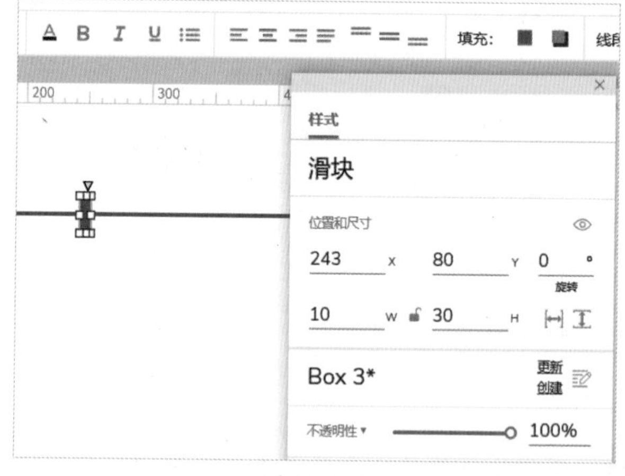

图 12-110

Step04 拖入一个“矩形 2”元件，命名为“提示框”，“位置”的参数为（228，20），“尺寸”的参数为（44，38），填充色可以不用调整，使用默认的“#F2F2F2”，线段设置为 1，线段色设置为“#CCCCCC”，效果如图

12-111 所示。

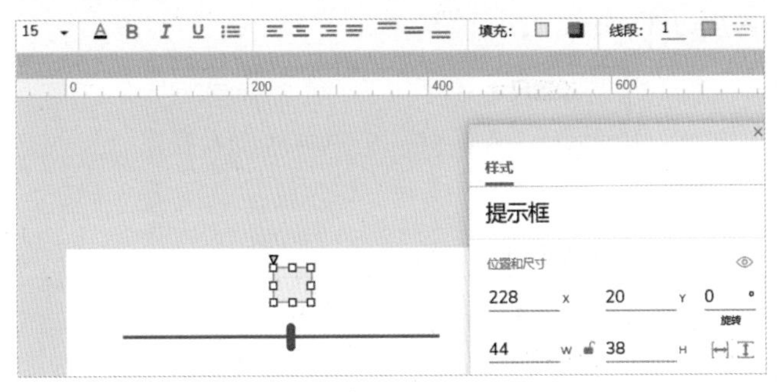

图 12-111

Step05 将“控制条上”元件的宽度调整为 191，突出“控制条上”和“控制条下”的颜色差异，如图 12-112 所示。

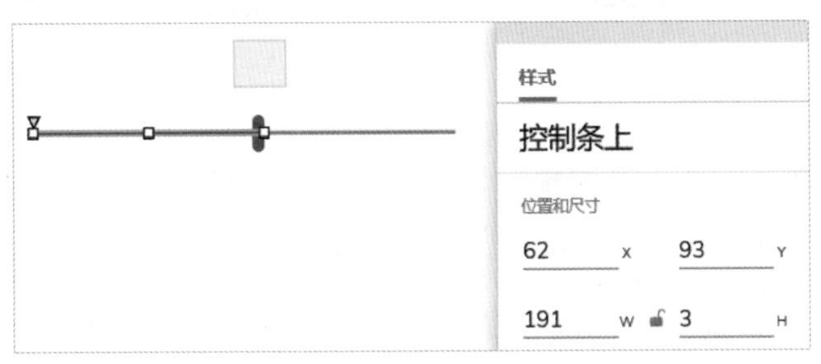

图 12-112

Step06 将滑块元件转为“动态面板”，添加“鼠标拖动”事件，并命名为“滑块面板”，如图 12-113 所示。

图 12-113

Step07 滑块只能沿控制条水平移动并且不能超出控制条的范围，为“滑块面板”添加“拖动时”事件，动作为“移动”，目标为“滑块面板”，移动类型为“跟随水平拖动”，如图 12-114 所示。

图 12-114

Step08 在“更多选项”中设置轨道为“直线”，设置左侧边界和右侧边界的位置，如图 12-115 所示。

图 12-115

Step09 编辑左侧边界值，逻辑符号选择“>=”，新增一个局部变量并命名为“block_down”，插入变量或函数时引用该变量并获取 X 坐标，如图 12-116 所示。

编辑值

在下方输入文本, 变量名称或表达式要写在 "[[ ]]" 中。例如:
• 插入变量[[MyVar]], 获取变量"MyVar"的当前值;
• 插入表达式[[VarA + VarB]], 获取"VarA + VarB"的和;
• 插入系统变量[[PageName]], 获取当前页面名称。

插入变量或函数...

[[block_down.x]]

局部变量
在下方创建用于插入元件值的局部变量, 局部变量名称必须是字母数字, 不允许包含空格。
添加局部变量

block_down = 元件 控制条下

确定 取消

图 12-116

Step⑩ 编辑右侧边界值，逻辑符号选择“<=”，新增一个局部变量并命名为“block_down”，插入变量或函数时引用该变量并获取元件宽度 width 及 *X* 坐标，将它们的值相加，如图 12-117 所示。

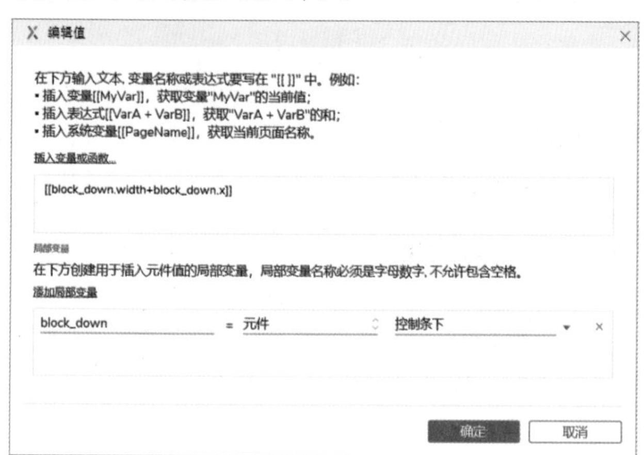

图 12-117

Step⑪ 先来预览一下，当鼠标左右拖动时滑块沿着控制条水平移动，如图 12-118 所示。

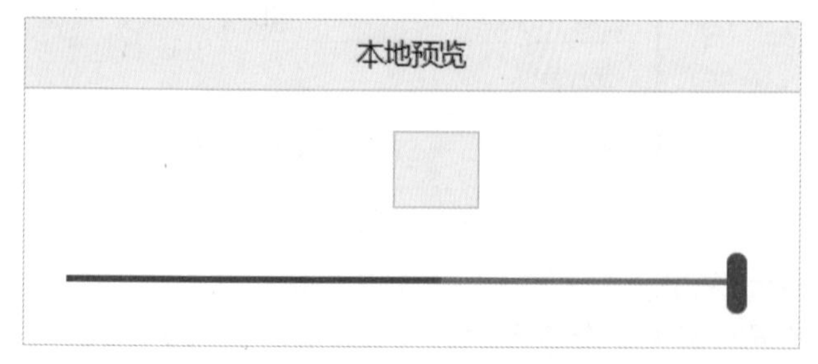

图 12-118

Step⑫ 完善设计，鼠标拖动滑块时，让“控制条上”元件的宽度随之变化，为“滑动面板”的“拖动时”事件继续添加新的动作“设置尺寸”，目标为“控制条上”，高度为 3，如图 12-119 所示。

设置尺寸 添加目标

控制条上 为 [[slider_panel.x-block_up.x]]宽 x 3高

目标

控制条上

尺寸 + 锚点

[[slider_ w *fx*

3 h *fx*

动画

none 500 毫秒

删除 完成

图 12-119

Step⑬ 在上一步仅设置了“控制条上”的高度为 3，接下来计算它的宽度。首先新增两个局部变量并取 *X* 坐标值，然后引用这两个局部变量求差，即 [[slider_panel.x-block_up.x]]，变量 slider_panel 是“滑块面板”，用于左右拖动；block_up 是当前控制条的进度情况。用“滑块面板”的 *X* 坐标值减去“控制条上”的 *X* 坐标值就是“控制条上”的宽度，如图 12-120 所示。

编辑值

在下方输入文本, 变量名称或表达式要写在 "[[ ]]" 中。例如:
• 插入变量[[MyVar]], 获取变量"MyVar"的当前值;
• 插入表达式[[VarA + VarB]], 获取"VarA + VarB"的和;
• 插入系统变量[[PageName]], 获取当前页面名称。

插入变量或函数...

[[slider_panel.x-block_up.x]]

局部变量
在下方创建用于插入元件值的局部变量, 局部变量名称必须是字母数字, 不允许包含空格。
添加局部变量

slider_panel = 元件 滑块面板
block_up = 元件 控制条上

确定 取消

图 12-120

Step⑭ 设置“提示框”，当滑块滑动时，提示框的值动态变换，拖动到最左侧时提示框的值为 0，拖动到最右侧时提示框的值为 340（这也是控制条的宽度），插入“设置文本”动作，目标为“提示框”，新增两个局部变量，设置为 [[slider_panel.x-block_up.x]]，如图 12-121 所示。

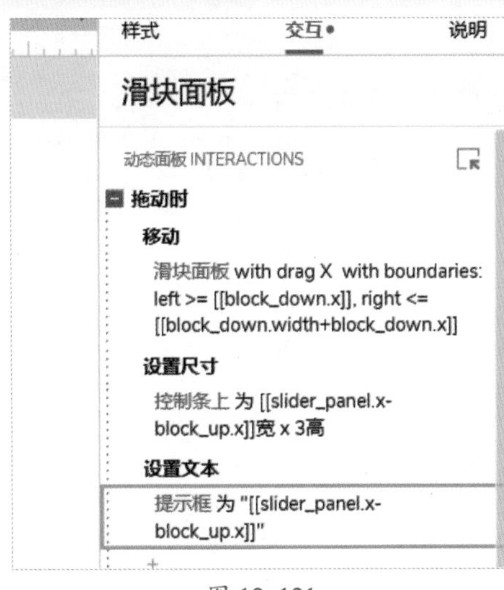

图 12-121

Step15 在浏览器中预览，左右拖动滑块可以发现提示框值的范围为 0~340，滑块宽度为 10，如图 12-122 所示。

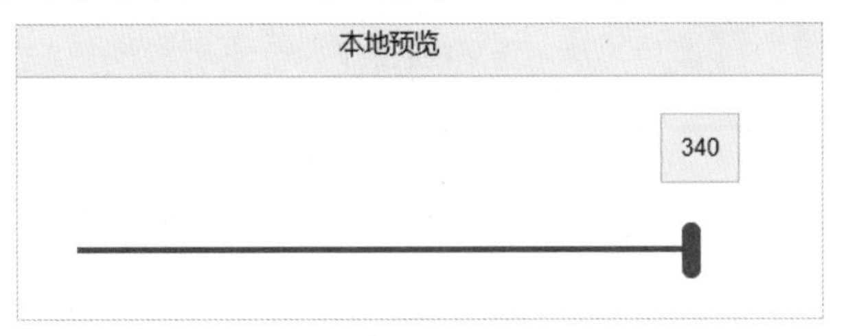

图 12-122

Step16 如何转换一个提示框的值，让其范围为 0~100 呢？340 刚好是 100 的 3.4 倍，将文本值整体除以 3.4 即可，使用 ceil 函数向上取整，设置文本的值为 [[Math.ceil((slider_panel.x−block_up.x)/3.4))]]，如图 12-123 所示。

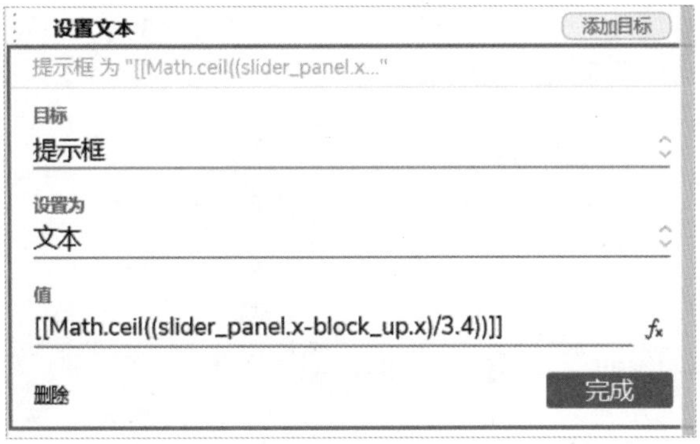

设置文本 添加目标

提示框 为 "[[Math.ceil((slider_panel.x..."

目标

提示框

设置为

文本

值

[[Math.ceil((slider_panel.x-block_up.x)/3.4))]]

删除 完成

图 12-123

Step17 将提示框设置为隐藏，只有滑块被拖动时才显示，为“滑块面板”的“拖动时”事件添加“显示 / 隐藏”动作，目标为“提示框”，设置为显示，如图 12-124 所示。

图 12-124

Step18 继续添加移动时动作，让提示框跟随滑块一起移动，和移动“滑块面板”一样，提示框只能水平移动，左右有边界限制，左侧的边界值大于等于“控制条下”的 X 坐标值减去提示框自身宽度的一半，如图 12-125 所示。

图 12-125

Step19 继续设置“提示框”的右侧边界值，在弹出的“编辑值”对话框中进行设定。通过新增两个局部变量引用，将表达式设置为 [[LVAR1.width+LVAR1.x+LVAR2.width/2]]，限定“提示框”右侧的边界值要小于或等于“控制条下”的宽度加“控制条下”的 X 坐标值再加上“提标框”宽度的一半，如图 12-126 所示。假设“控制条下”的宽为 350，它的 X 坐标值为 62，“提示框”宽度为 44，它的一半为 22，按上面的表达式可以算出“提示框”右侧移动时不能超过 434，再减去“提示框”的宽度 44 后，边界值为 390。之所以要减掉 44，是因为当“提示框”在位置 390 时，加上自身宽度 44 就已经达到上限了。

图 12-126

Step20 拖动滑块面板时，提示框的移动值如图 12-127 所示。

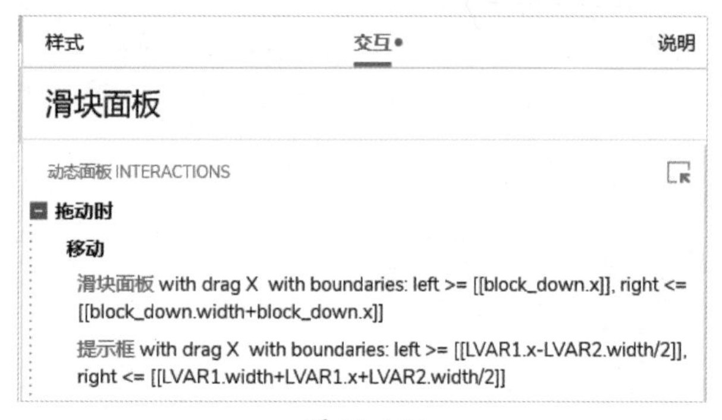

图 12-127

Step21 为达到更好的交互效果，继续为“滑块面板”添加一个“拖动结束时”事件，动作为“显示 / 隐藏”，隐藏“提示框”，如图 12-128 所示。

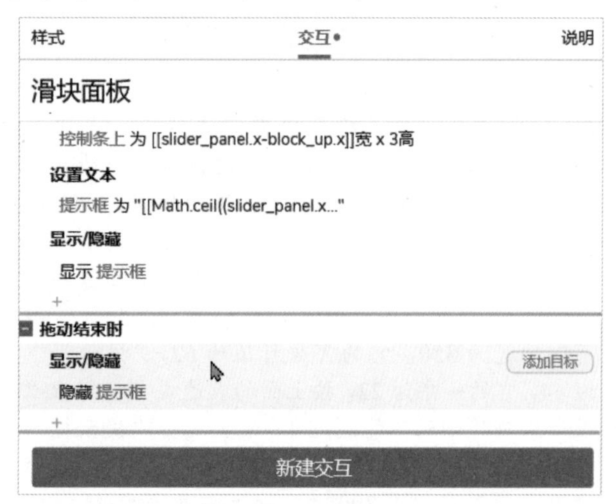

图 12-128

Step22 选中滑块面板中的“滑块”元件，设置交互样式，设置选中样式的填充色为“#171717”，如图 12-129 所示。

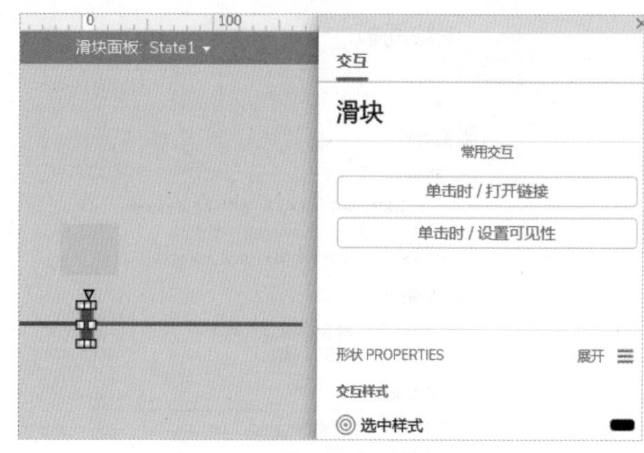

图 12-129

Step23 选中“控制条下”元件，设置选中样式填充色为“#666666”，如图 12-130 所示。

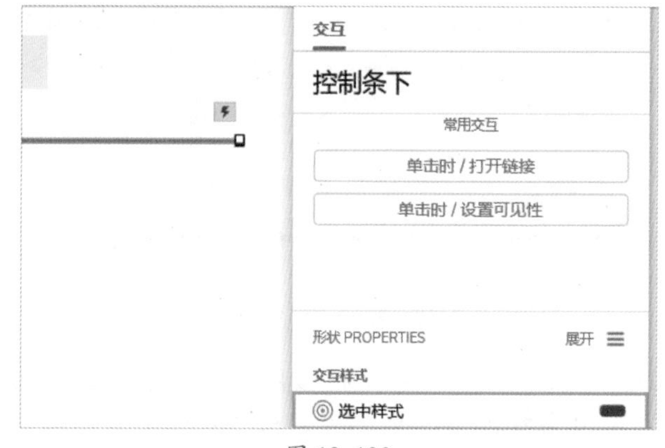

图 12-130

Step24 拖入矩形 2 元件，命名为“底层”，设置“位置”的参数为（62，75），“尺寸”的参数为（350，40），将该元件置于底层，效果如图 12-131 所示。

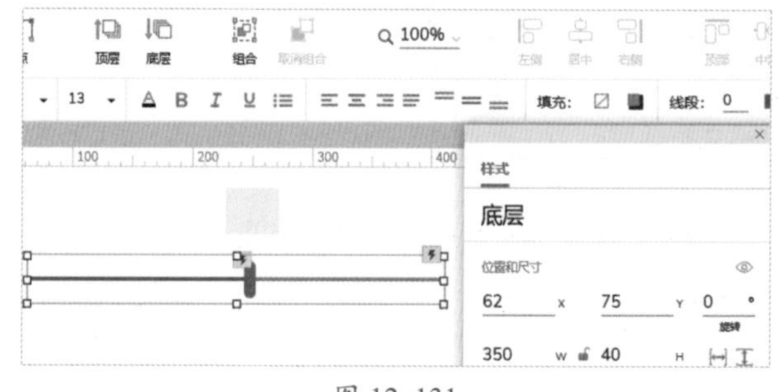

图 12-131

Step25 为“底层”元件添加两个交互事件，分别为“鼠标移入时”和“鼠标移出时”，目标为“滑块”和“控制条下”，移入时选中值为“真”，移出时选中值为“假”，如图 12-132 所示。

图 12-132

Step26 至此，完成控制条的设计，在浏览器中预览最终效果，如图 12-133 所示。

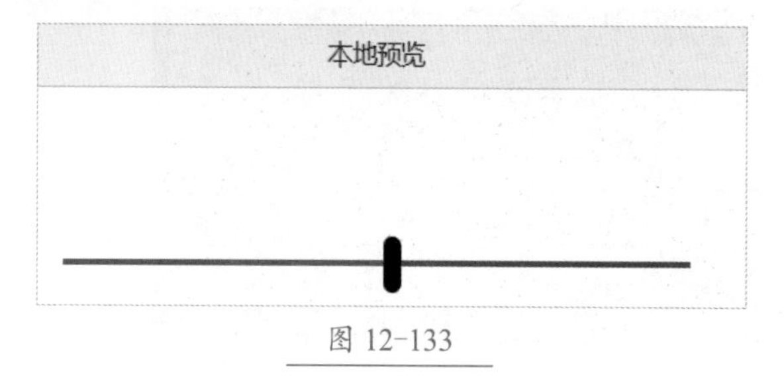

图 12-133

12.5 菜单与栏目

Win 10 系统中经常会用到很多菜单，包括上下文菜单及导航菜单等，还有很多栏目，如标题栏，包括最大化、最小化和关闭按钮，下面我们就来练习如何设计这些元件。

12.5.1 实战：设计上下文菜单

上下文菜单是指结合当前的操作环境产生与之对应的菜单交互，例如，右击桌面空白区域，弹出的菜单内容与右击“任务栏”弹出的菜单内容不一样。当鼠标指向箭头方向时还会出现二级菜单，制作这样的菜单可以使用“中继器”元件辅助完成，具体步骤如下。

Step01 新增一个文件夹并命名为“菜单及栏目”，在该文件夹下添加一个元件页面，命名为“上下文菜单”，拖入一个中继器元件，命名为“菜单 1”，设置“位置”的参数为（50，51），“尺寸”使用默认的参数（100，90），如图 12-134 所示。

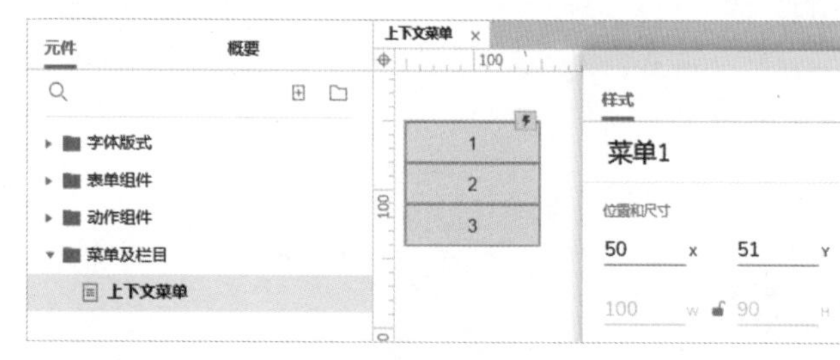

图 12-134

Step02 双击“菜单 1”进入中继器元件编辑模式，调整矩形元件样式，并将矩形元件命名为“菜单项”，字号设置为 15 号，文本色为白色（#FFFFFF），左侧对齐，填充色设置为“#2B2B2B”，线段设置为 0，设置位置的参数为（0，0），“尺寸”的参数为（372，40），左侧边距设置为 30，效果如图 12-135 所示。

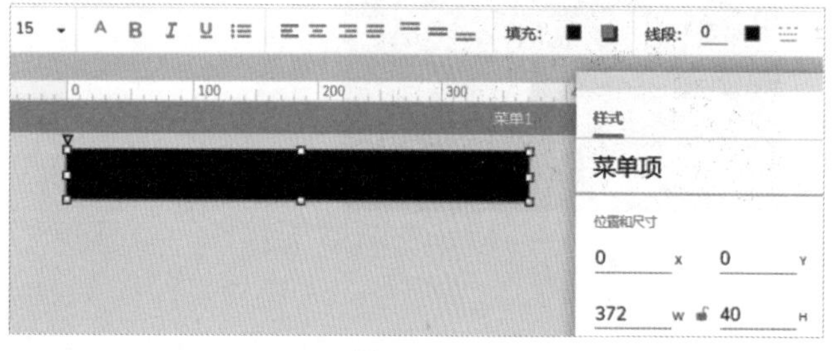

图 12-135

Step03 为“菜单项”添加“鼠标悬停样式”，设置填充色为“#414141”，如图 12-136 所示。

图 12-136

Step04 退出中继器元件编辑模式，调整“菜单 1”的样式，添加两行，值分别为 4 和 5，如图 12-137 所示。

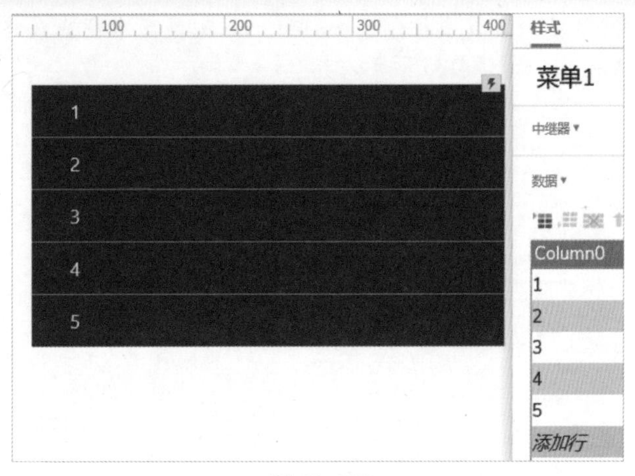

图 12-137

Step05 继续调整“菜单 1”的样式，如图 12-138 所示。填充色设置为 FILL（#A0A0A0），线段颜色设置为“#A0A0A0”，线宽设置为 1，边距都设置为 1，效果如图 12-138 所示。

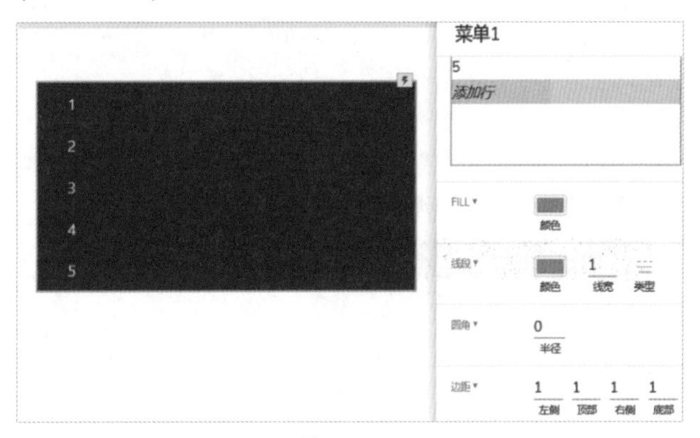

图 12-138

Step06 使用绘画工具（快捷键为“P”）绘制一个向右的箭头，表示右侧还有菜单，命名为“右箭头”，设置“位置”的参数为（408，105），“尺寸”的参数为（7，13），线宽设置为 1，线段颜色设置为“#FFFFFF”，效果如图 12-139 所示。

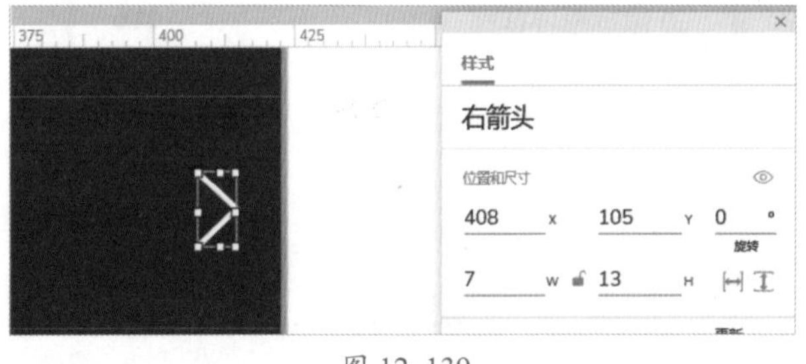

图 12-139

Step07 复制“菜单 1”并粘贴，重命名为“菜单 2”，将菜单 2 内部的菜单项宽度调整为 248，退出中继器元件编辑模式，设置“菜单 2”的“位置”参数为（418，92），“尺寸”的参数为（250，122），调整 1~3 行的值为 2-1、2-2、2-3 并删除其他行，如图 12-140 所示。

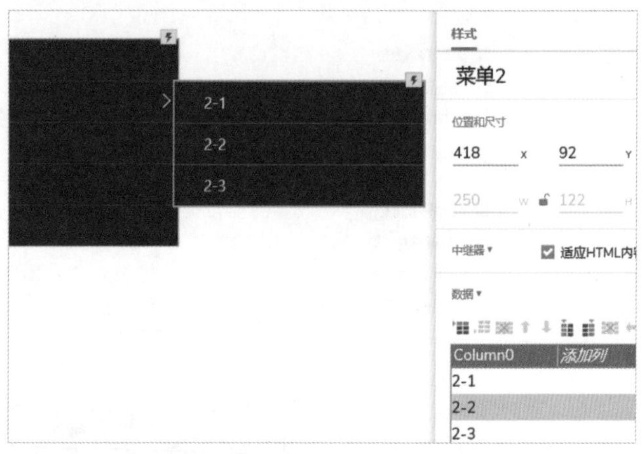

图 12-140

Step08 双击进入“菜单 1”的中继器编辑模式，复制矩形“菜单项”，退出编辑模式，粘贴矩形并重命名为“菜单项有子菜单”，文本值设置为 2，“位置”的参数为（51，91），“尺寸”的参数为（372，40），如图 12-141 所示。

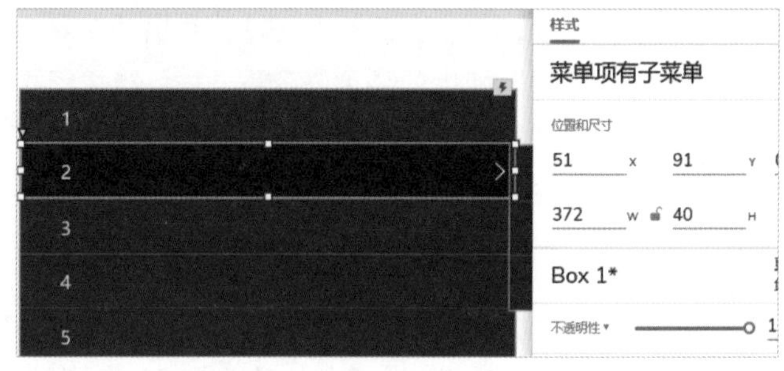

图 12-141

Step09 在“概要”面板中调整元件层级顺序，将“右箭头”置为顶层，然后再将“菜单 2”置为顶层，如图 12-142 所示。

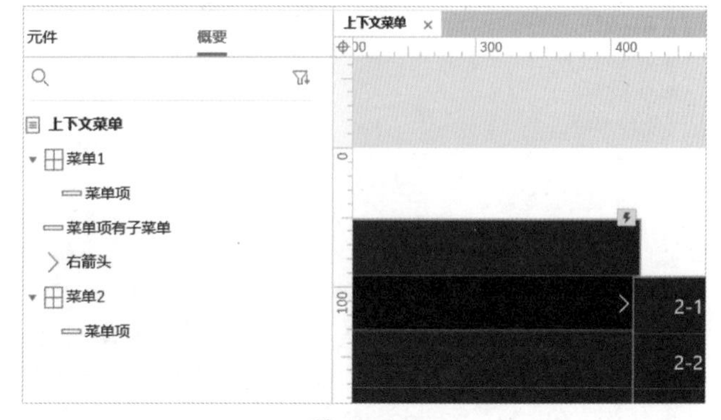

图 12-142

Step10 为“菜单项有子菜单”元件添加“选中样式”，填充色设置为“#414141”，如图 12-143 所示。

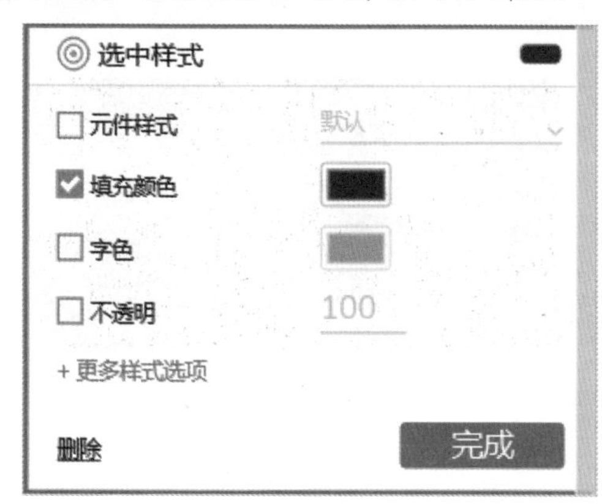

图 12-143

Step11 将“菜单2”的可见性状态设置为不可见，继续为“菜单项有子菜单”元件添加“鼠标移入时”事件，动作为“显示/隐藏”，目标为“菜单2”，继续添加“设置选中”动作，目标为“菜单项有子菜单”，值为“真”，如图 12-144 所示。

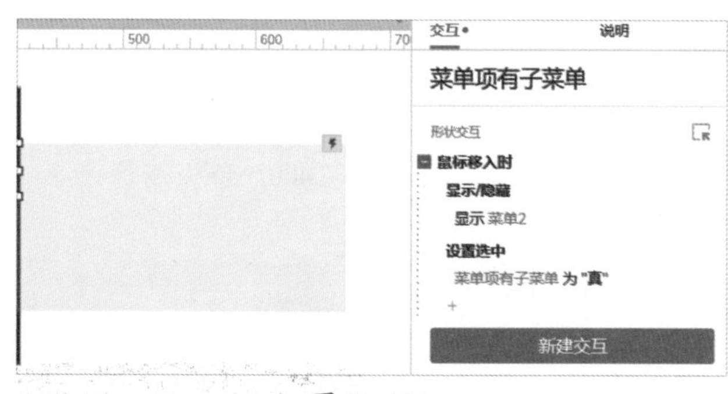

图 12-144

Step12 进入“菜单1”的中继器编辑模式，为菜单项添加“交互”事件，鼠标移出和移入时，隐藏“菜单2”，设置“菜单项有子菜单”的值为“假”，如图 12-145 所示。

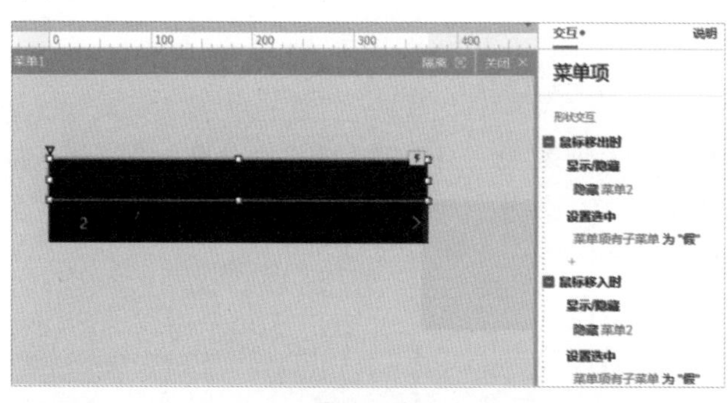

图 12-145

Step13 在浏览器中预览元件，鼠标指向菜单，查看效果，如图 12-146 所示。

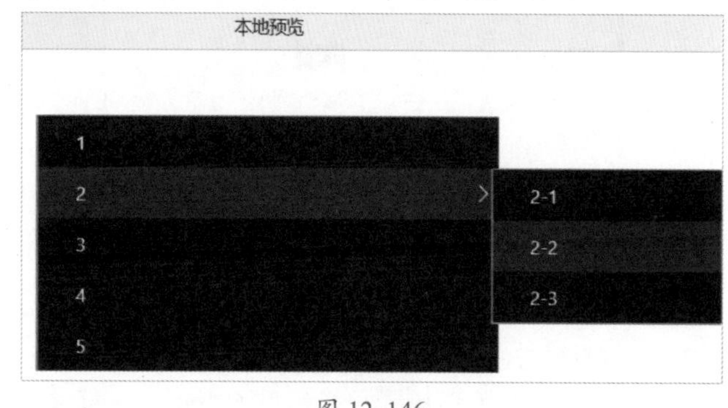

图 12-146

★重点 12.5.2 实战：制作导航菜单

导航的作用是指引，方便我们快速找到目的地，导航菜单的作用也类似，使用图标 + 文字的形式，能更直观地表示对应的功能菜单。例如，“关机”除了文字外，再搭配一个形象的图标，更容易被理解。如何制作导航菜单呢？需要用到前面章节学习的扩展图标库。

Step01 添加一个元件页面，命名为“导航菜单”，在此页面拖入一个“矩形 2”元件，命名为“菜单项”，设置“位置”的参数为（30，60），“尺寸”的参数为（320，40），字号设置为 15，文本颜色设置为“#FFFFFF”，文本左对齐，填充色设置为“#2C2C2C”，左侧边距设置为 50，效果如图 12-147 所示。

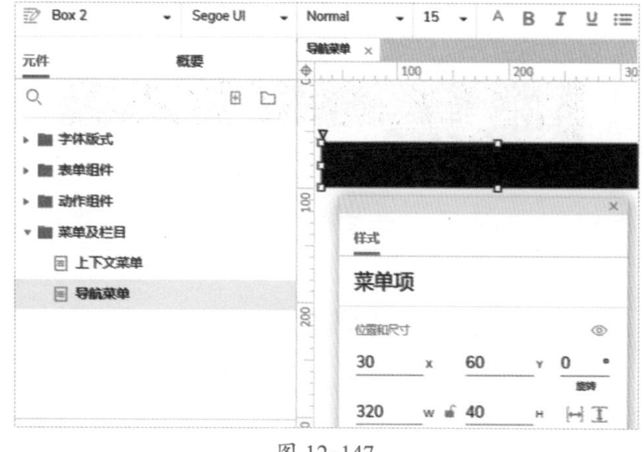

图 12-147

Step02 为“菜单项”添加“鼠标悬停样式”，填充颜色设置为“#414141”，如图 12-148 所示。

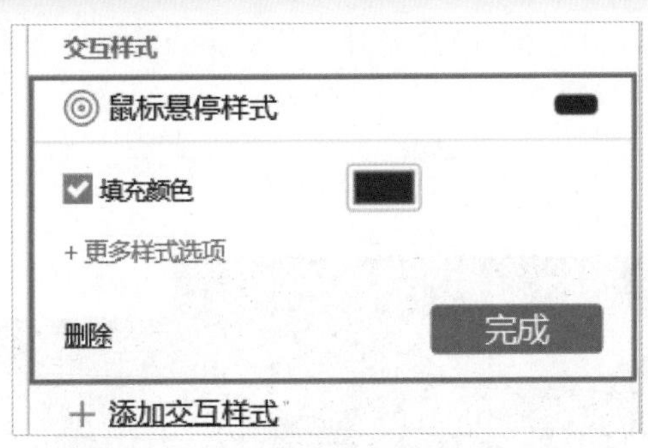

图 12-148

Step03 在阿里巴巴矢量图标库通过关键字“shutdown-win10”搜索一个关机图标，并使用 Axhub 插件将图标复制到元件页面中，如图 12-149 所示。

图 12-149

Step04 将粘贴的图标转换为 SVG 格式，命名为“关闭”，设置图标尺寸参数为（16，16），填充色为“#F0F0F0”，“位置”的参数为（48，72），双击“菜单项”元件输入文本内容“电源”，如图 12-150 所示。

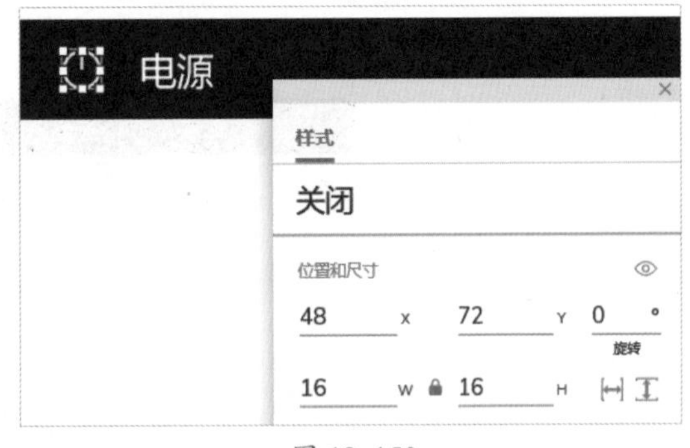

图 12-150

Step05 使用同样的方法复制多个菜单项并对齐，导入不同的图标并调整文字，完成多个图标 + 文字组合的导航菜单设计，如图 12-151 所示。

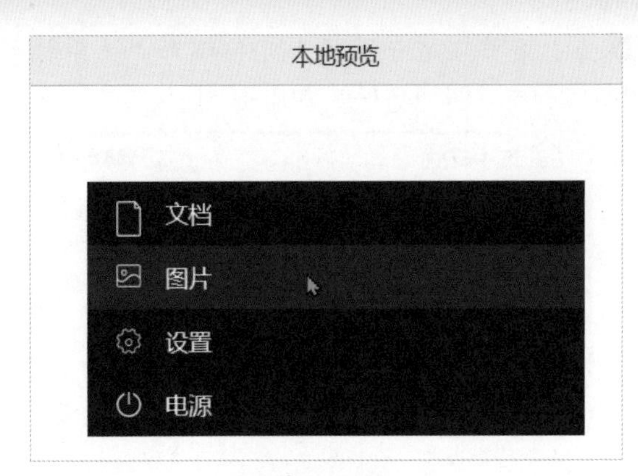

图 12-151

12.5.3 实战：制作任务栏

任务栏的设计方法和导航菜单一样，只是方向、图标、尺寸有所不同。要点是将图标转换为 SVG 格式，然后为图标添加“鼠标移入时”事件，达到选中图标时可以使图标变色，鼠标移出时又恢复默认颜色的效果。如果你正好使用的是 Win 10 系统，实战前不妨用鼠标指向“开始”菜单观察效果。

Step01 增加一个元件页面，命名为“任务栏”，拖入“矩形 2”元件，命名为“任务栏”，设置“位置”的参数为（56，68），“尺寸”的参数为（400，40），背景颜色为 #101010，如图 12-152 所示。

图 12-152

Step02 复制并粘贴“任务栏”元件，重命名为“任务按钮”，设置“位置”的参数为（56，68），“尺寸”的参数为（48，40），如图 12-153 所示。

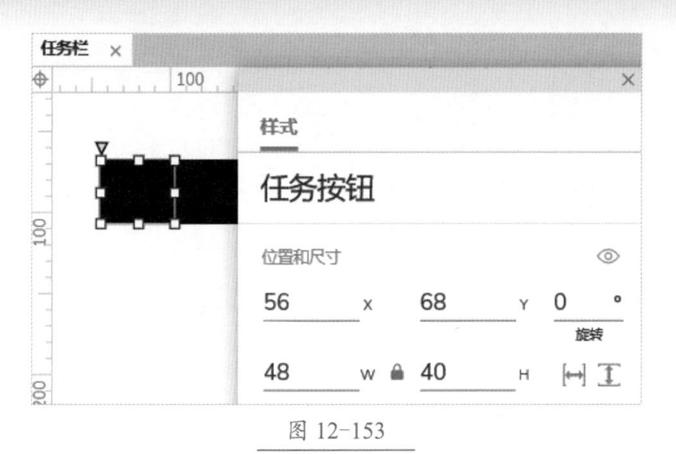

图 12-153

Step03 为“任务按钮”添加“鼠标悬停样式”，填充色设置为“#272727”，如图 12-154 所示。

图 12-154

Step04 使用关键字“win10”在阿里巴巴矢量图标库中找到“开始”按钮图标，将其转换为 SVG 格式，命名为“开始按钮”，设置“位置”的参数为（72，80），“尺寸”的参数设置为（17，17），如图 12-155 所示。

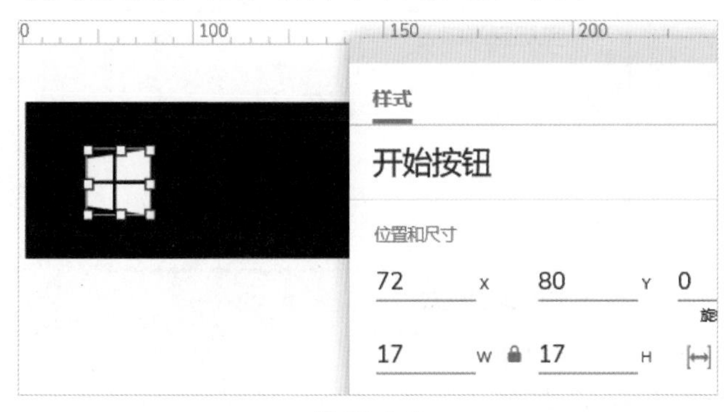

图 12-155

Step05 为“开始按钮”添加“鼠标悬停样式”及“选中样式”，填充颜色都设置为“#00ADEF”，如图 12-156 所示。

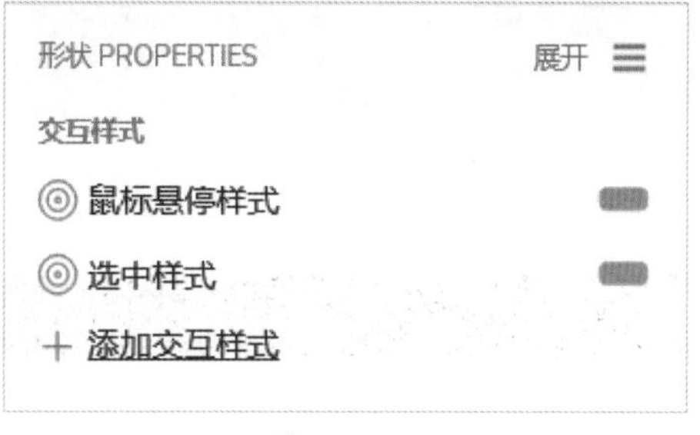

图 12-156

Step06 单击选中“任务按钮”，为其添加“鼠标移入时”和“鼠标移出时”事件，动作为“设置选中”，“目标”为开始按钮，移入时为“真”，移出时为“假”，如图 12-157 所示。

图 12-157

Step07 复制一个“任务按钮”并粘贴，左侧边缘和前面的任务按钮对齐，删除“鼠标移入时”和“鼠标移出时”的交互事件。使用同样的方法在阿里巴巴矢量图标库中通过关键字“查找”，找到一个查找图标，粘贴在页面，对齐时可以使用辅助线，使其位置在任务按钮的中心，如图 12-158 所示。

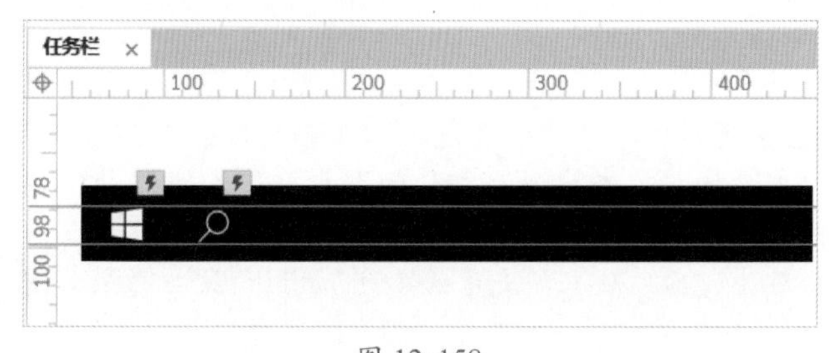

图 12-158

Step08 在浏览器中预览效果，如图 12-159 所示。

图 12-159

12.5.4 实战：制作标题栏

不同的 Win 10 系统主题配色有所不同，这里以笔者当前的任务管理器的标题栏为例，标题栏左侧是任务管理器的小图标，紧接着是标题内容，右侧有 3 个按钮，分别是“最小化”“最大化”（当最大化后是还原）及“关闭”按钮，当鼠标指针指向这 3 个按钮时会有不同的交互色，指向“关闭”按钮时，“关闭”按钮的背景变为红色，如图 12-160 所示。

图 12-160

Step01 添加新的元件页面并命名为“标题栏”，拖入“矩形 2”元件，命名为“标题栏”，双击输入文本内容“任务管理器”，设置“位置”的参数为（34，55），“尺寸”的参数为（500，35），字号设置为 14，文字左对齐，文本颜色为“#FFFFFF”，填充色设置为“#0078D7”，左侧边距设置为 30，效果如图 12-161 所示。

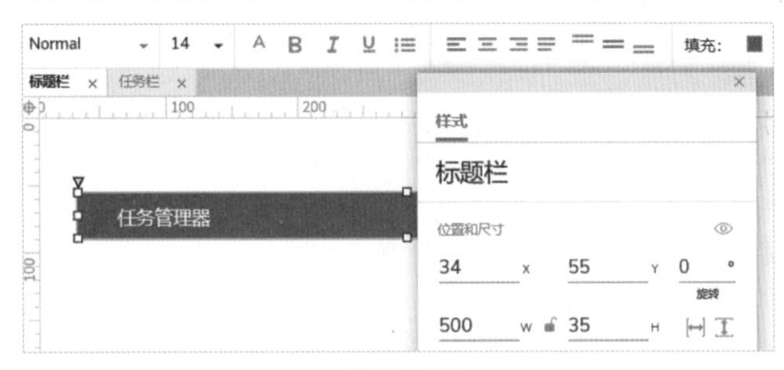

图 12-161

Step02 通过关键字“任务监控”在阿里巴巴矢量图标库中搜索图标，查找一个相似的图标，将其转换为 SVG 格式，设置“位置”的参数为（41，63），“尺寸”的参数为（20，20），填充色设置为“#FFFFFF”，效果如图 12-162 所示。

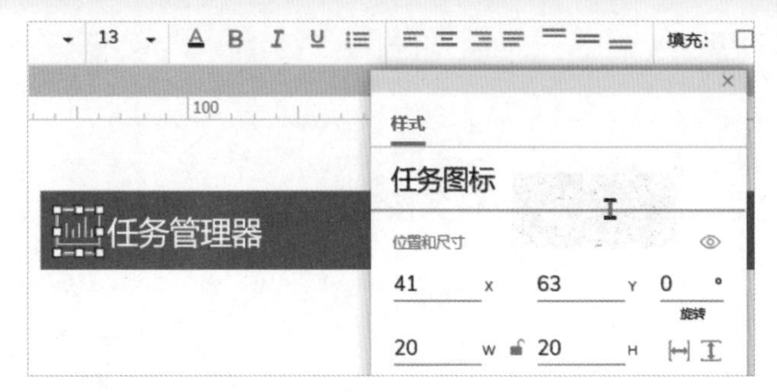

图 12-162

Step03 复制“任务栏”元件并粘贴，删除文字，重命名为“最小化”，设置“位置”的参数为（417，125），“尺寸”的参数为（50，35），如图 12-163 所示。

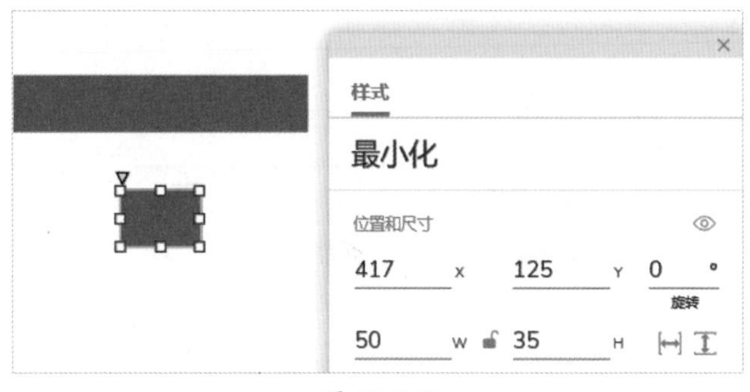

图 12-163

Step04 为“最小化”元件添加“鼠标悬停样式”，填充颜色设置为“#1A86DB”，如图 12-164 所示。

图 12-164

Step05 继续复制“最小化”元件，对齐边缘得到“最大化”及“关闭”元件，概要面板中元件层级结构如图 12-165 所示。

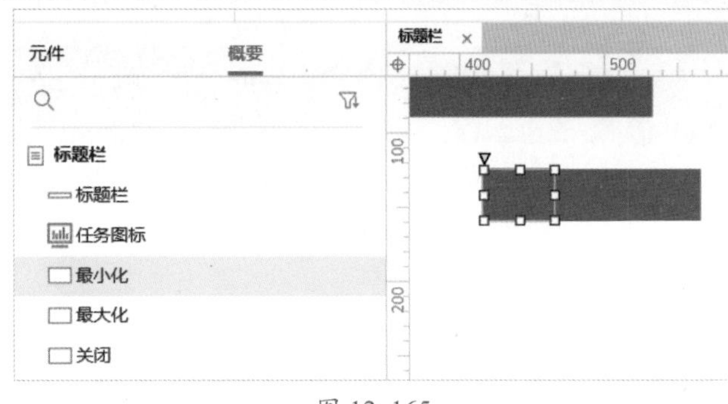

图 12-165

Step06 调整“关闭”按钮，将元件的填充颜色设置为“#E81123”，如图 12-166 所示。

图 12-166

Step07 使用水平线工具、矩形工具绘制最小化、最大化、关闭按钮，宽度都为 10，将这 3 个元件拖动对齐，将其对齐到对应的矩形元件内，如图 12-167 所示。

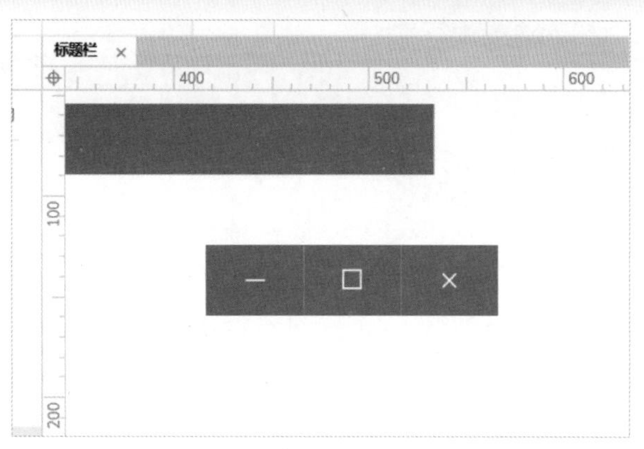

图 12-167

Step08 将 3 个按钮（最小化、最大化、关闭）全部选中，移动到“标题栏”元件上，保持上、下、右侧的边框对齐，如图 12-168 所示。

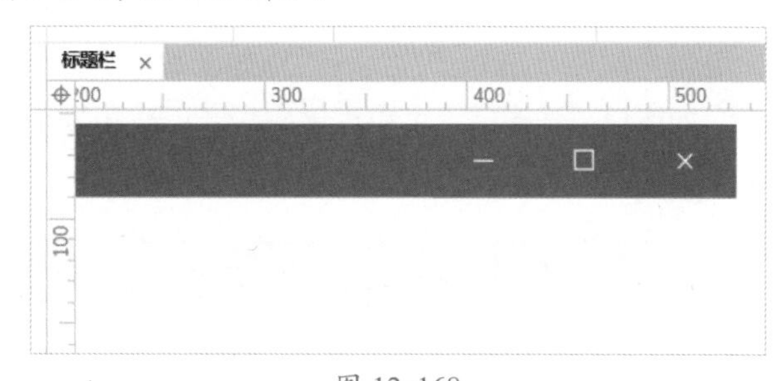

图 12-168

Step09 预览元件查看效果，如图 12-169 所示。

图 12-169

本章小结

本章介绍了 Win 10 系统的部分元件制作的过程，Win 10 系统的色系非常丰富，根据需要自行搭配，可以使用拾色器工具快速获取某个颜色。字体的版式不同，排列出来的效果有所不同。考虑到篇幅，元件的选择上有所缩减，希望读者学习设计的流程和思想，而不仅仅局限于某些具体元件的制作。另外要说的是，有很多元件特别复杂，需要花费很多精力和时间去制作，如果没有强制要求，完全可以使用截图的方法示意，如时间选择元件、颜色选择面板等，切记要和开发人员多沟通。

第13章 WeUI 元件

- ➥ 什么是 WeUI？
- ➥ 有哪些常用的按钮？如何设计适应设备宽度的按钮？
- ➥ 标题栏有什么作用？通常使用哪种对齐方式？
- ➥ 如何制作带图标和等待效果的浮窗？
- ➥ 如何制作列表，有哪些常用的列表？
- ➥ 如何制作图片和卡片效果？
- ➥ 如何制作弹窗？

WeUI 是一套和微信原生视觉体验一致的基础样式库，由微信官方设计团队为微信内网页和微信小程序量身设计，令用户的使用感知更加统一。随着互联网的发展，越来越多用户量庞大的产品开始利用自己的 APP 开发集成应用，如微信小程序、百度小程序、抖音小程序等。本章主要以微信提供的 WeUI 为主，带领读者学习一些常用的 WeUI 元件设计知识。

13.1 视觉规范

WeUI 官方提供了一套详细的视觉规范说明，在设计原型元件时，我们需要熟悉这套视觉规范，如图 13-1 所示。同时官方也提供了一套预览效果，在谷歌浏览器中查看时，可以按下快捷键“F12”进入“开发者”模式，然后再通过快捷组合键“Ctrl+Shift+M”使用移动端尺寸显示，这里使用了 iPhone 6/7/8 ，当然也可以使用默认的 Web 查看方式，如图 13-2 所示。

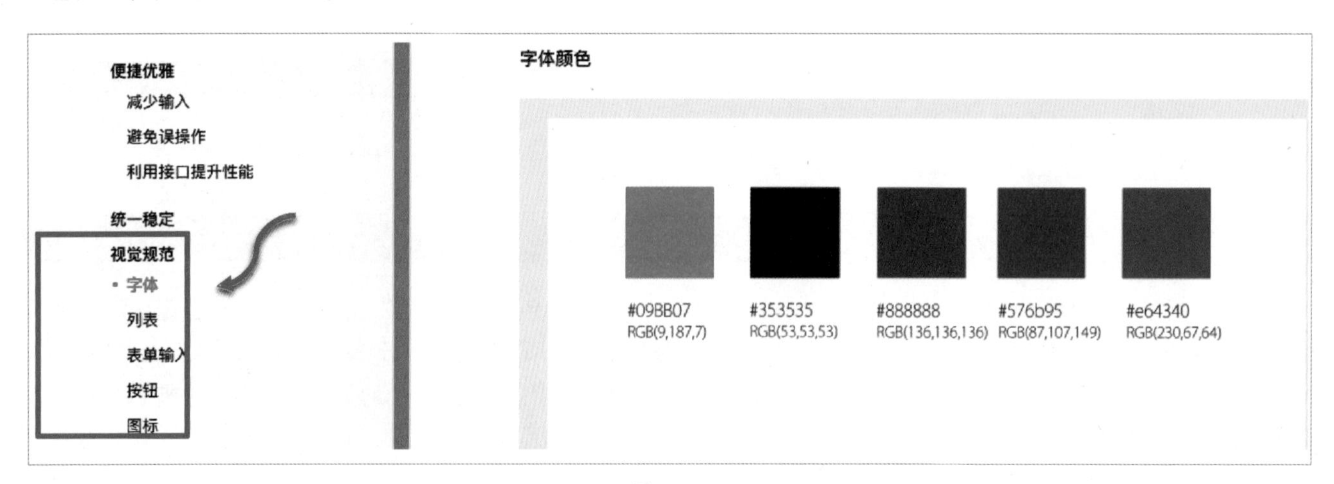

图 13-1

图 13-2

13.2 按钮

使用微信时经常会点击按钮进行交互，在 WeUI 的定义中，按钮有很多分类，用不同的配色和图标进行区分，包括常规的主要按钮、带图标的按钮、警告性的按钮、线框的按钮（只有边框无填充色）、自适应屏幕宽度的按钮及灰色不可用按钮等。

13.2.1 实战：制作主要按钮

主要按钮通常使用醒目的颜色进行区分，以突出它的重要性。制作方法非常简单，填充矩形工具背景颜色，再调整字体、大小、矩形圆角即可，操作步骤如下。

Step01 新建一个“元件库”，存储为“WeUI 组件”，在元件管理页面添加文件夹，并命名为“按钮”，同时在该文件夹下添加元件页面，命名为“主要按钮”，如图 13-3 所示。

图 13-3

Step 02 在画布中拖入“矩形 2”元件，并命名为“主要按钮”，设置“位置”的参数为（40，35），“尺寸”的参数为（180，40），填充颜色为“#09BB07”，字体设置为苹方（如果没有安装，也可以使用微软雅黑），字号设置为 18，矩形的圆角半径设置为 4°，如图 13-4 所示。

图 13-4

Step 03 为“主要按钮”添加“鼠标按下样式”，填充颜色设置为“#0BC807”，如图 13-5 所示。

图 13-5

Step 04 在浏览器中预览效果，单击时按钮背景色会变化，如图 13-6 所示。

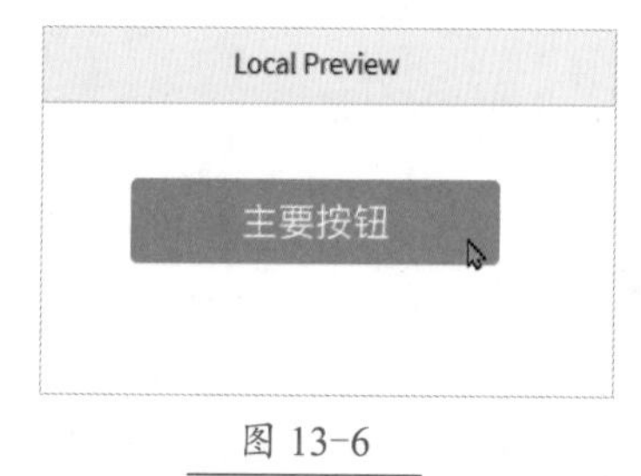

图 13-6

13.2.2 实战：制作图标按钮

在一些特定的交互场景，使用图标 + 文字的交互方式更加友好，如当一个交互需要等待时，可以为按钮添加一个“加载时”的图标，这里我们使用“旋转”动作和“线性”动画，结合“加载时”使图标旋转起来，并配合“触发事件”使用动画无限循环。

Step 01 复制“主要按钮”元件页面并粘贴，将粘贴的元件页面重命名为“图标按钮”，如图 13-7 所示。

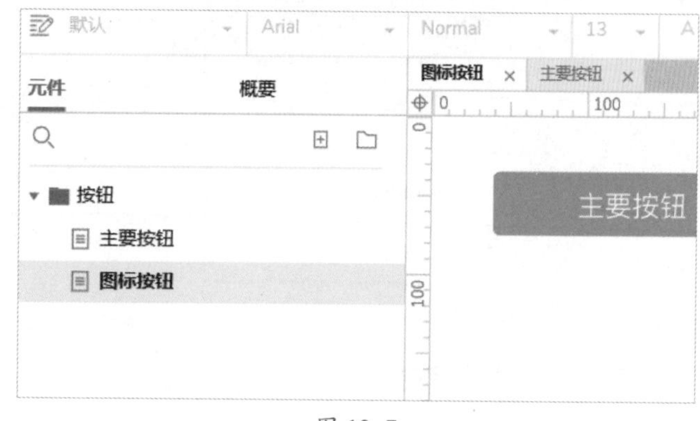

图 13-7

Step 02 搜索关键字“加载”，在阿里巴巴矢量图标库中找到合适的加载图标，如图 13-8 所示。

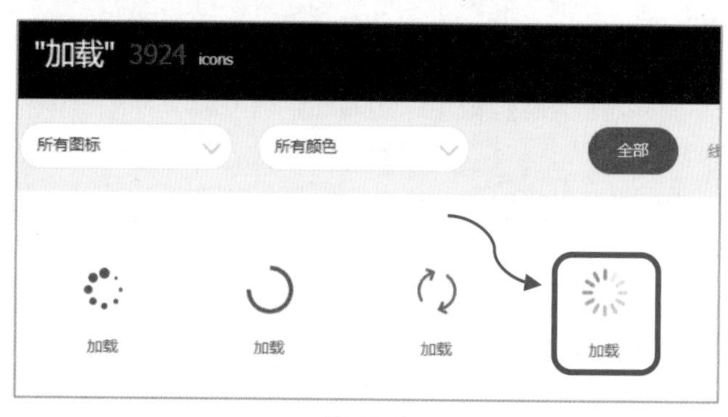

图 13-8

Step 03 将图标复制后粘贴到元件页面，右击图标，在弹出的快捷菜单中执行“变换图片”菜单中的“转换 SVG 图片为形状”命令，如图 13-9 所示。

Step 04 将转换后的图标命名为“加载图标”，设置“位置”的参数为（84，47），“尺寸”的参数为（16，16），填充色设置为“#FFFFFF”，如图 13-10 所示。

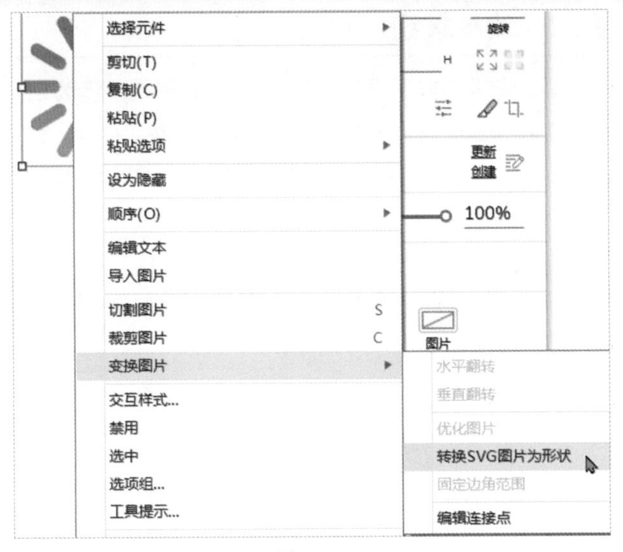

图 13-9

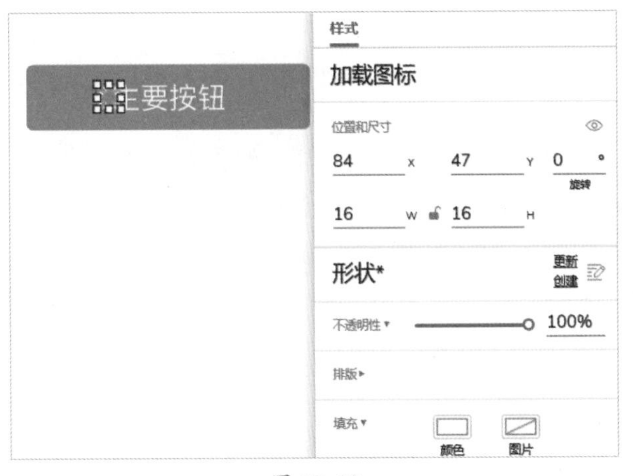

图 13-10

Step05 将“主要按钮”的名字和文本内容都改为“图标按钮”，填充色设置为“#06AE56”，左侧边距设置为16，其他边距设置为2，如图 13-11 所示。

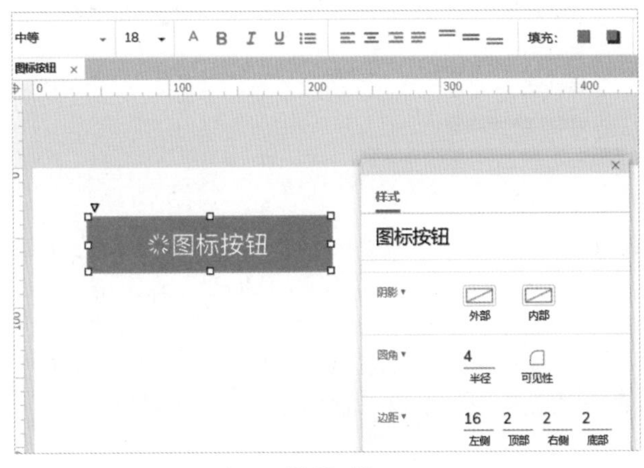

图 13-11

Step06 为“加载图标”元件添加“载入时”事件，目标为“当前”，动作为“旋转”，依次选择“顺时针”，经过，360°，动画设置为“线性”，时间为“1500”毫秒，值越小旋转速度越快，如图 13-12 所示。

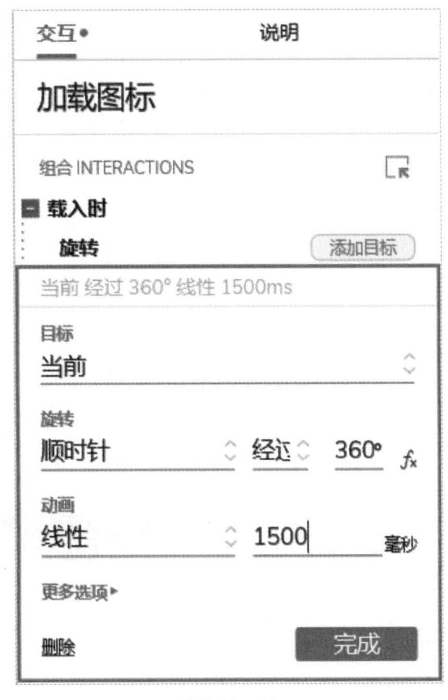

图 13-12

Step07 继续为“加载图标”添加“旋转时”事件，动作为“触发事件”，目标为“当前”，触发事件选择“载入时”，其目的是每次“加载图标”元件旋转时会触发“加载时”事件，而“加载时”事件又会调用“旋转时”事件（“旋转”调用“加载”，“加载”又调用“旋转”），两个事件相互驱动，从而得到循环旋转的效果，如图 13-13 所示。

图 13-13

Step08 在浏览器中预览，可以看到加载图标开始 360° 循环旋转，如图 13-14 所示。

图 13-14

13.2.3 实战：制作警告按钮

通常警示类的按钮和文本提示都会使用一些较为夺目的颜色，标明这是一个重要的提示，希望能引起重视。复制一个“主要按钮”元件，更换背景色来快速制作一个警告按钮。

Step 01 复制“主要按钮”元件页面并粘贴，将其重命名为“警告按钮”，如图 13-15 所示。

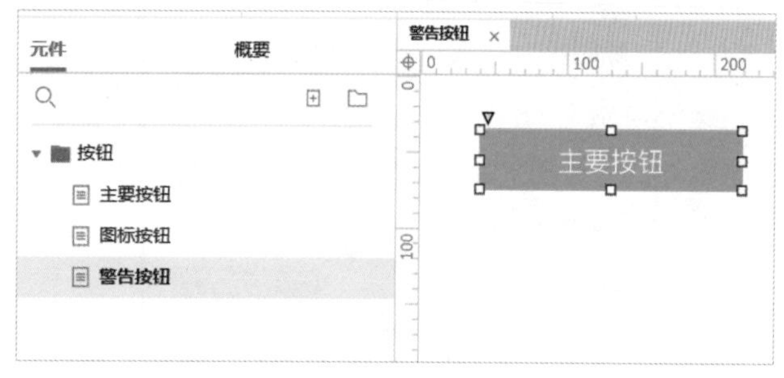

图 13-15

Step 02 将“主要按钮”的命名和文本内容都改为“警告按钮”，填充颜色设置为“#E64340”，如图 13-16 所示。

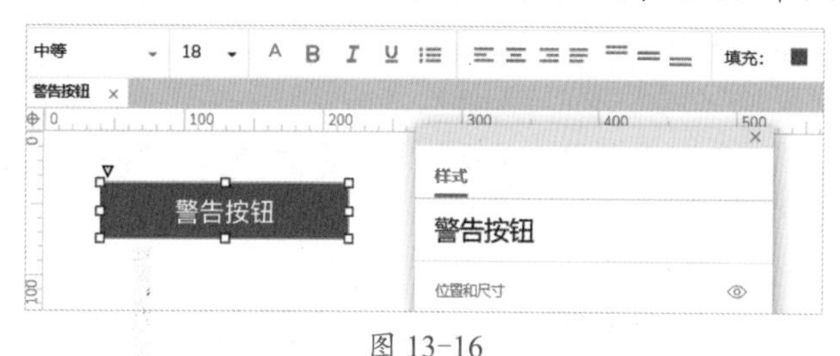

图 13-16

Step 03 修改“警告按钮”元件，鼠标按下时的填充色设置为 #C82333，如图 13-17 所示。

图 13-17

13.2.4 线框按钮

线框按钮通常不设置填充色或将填充色设置为白色（#FFFFFF），而是设置线框的颜色。复制“警告按钮”元件页面并粘贴，将其命名为“线框按钮”，调整背景色为“#FFFFFF”，线段为 1，线段颜色为“#E64340”，文本颜色为“#E64340”，删除“鼠标按下样式”。另外，调整不同的线段颜色和文本颜色得到不同效果的线框按钮，红框效果如图 13-18 所示。

图 13-18

★重点 13.2.5 实战：制作自适应设备宽度的按钮

在前文中介绍过，动态面板的特性之一就是可以自适应宽度。因此要制作自适应设备宽度的按钮，一定要将“矩形”元件转换为“动态面板”元件。

Step 01 继续复制“主要按钮”元件页面并粘贴，将其重命名为“自适应设备宽度按钮”，如图 13-19 所示。

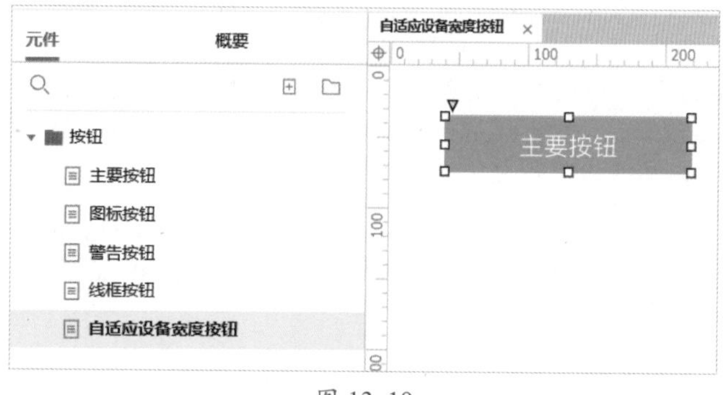

图 13-19

Step 02 将页面上的“主要按钮”元件转换为动态面板，或使用快捷组合键“Ctrl+Shift+Alt+D”完成转换，在“样式”面板中勾选“100% 宽度（仅浏览器中有效）”复选框，设置 State1（状态 1）的填充色为“#09BB07”，圆角半径为 4，如图 13-20 所示。

图 13-20

Step03 双击“动态面板”进入状态编辑模式，单击重复状态按钮，复制 State1 状态得到 State2，如图 13-21 所示。

图 13-21

Step04 切换到 State2，设置“主要按钮”矩形元件的填充色为“#0BC807”，如图 13-22 所示。

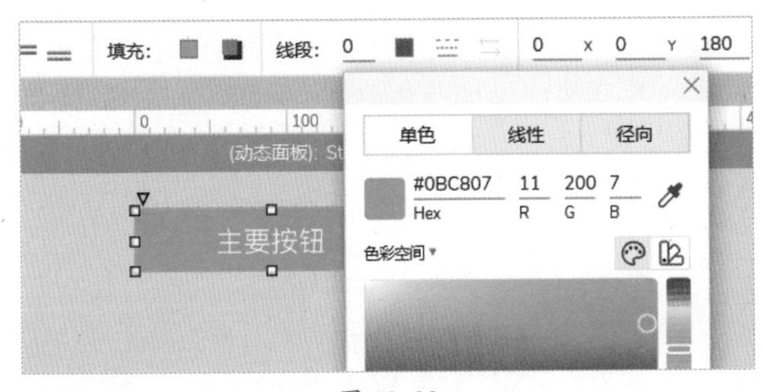

图 13-22

Step05 继续设置 State2 的填充颜色为“#0BC807”，如图 13-23 所示。

图 13-23

Step06 退出动态面板状态编辑模式，为动态面板添加两个交互事件，鼠标按下时设置面板状态为 State2，鼠标松开时面板状态为 State1，从而获得颜色切换的交互效果，如图 13-24 所示。

图 13-24

Step07 在浏览器中预览，可随意调整浏览器窗口大小，按钮会随窗口的宽度变化而自动调整，效果如图 13-25 所示。

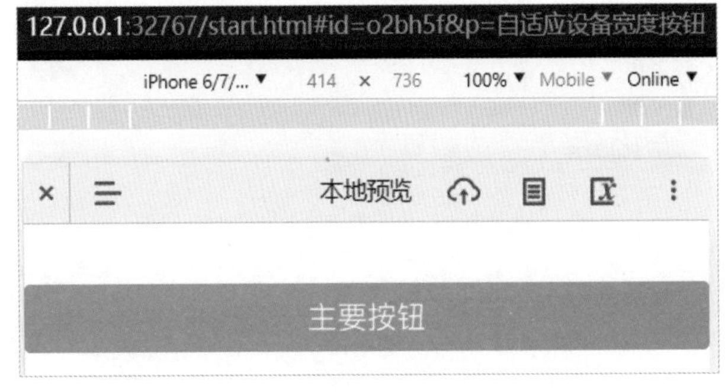

图 13-25

13.2.6 不可用按钮

不可用按钮的制作也非常简单，只需要新增一个元件页面，命名为“不可用按钮”，从“主要按钮”元件页面复制页面内容，然后调整文本颜色（#C2C2C2），设置填充色为“#F2F2F2”，同时删除交互面板中的“鼠标按下样式”，效果如图 13-26 所示。

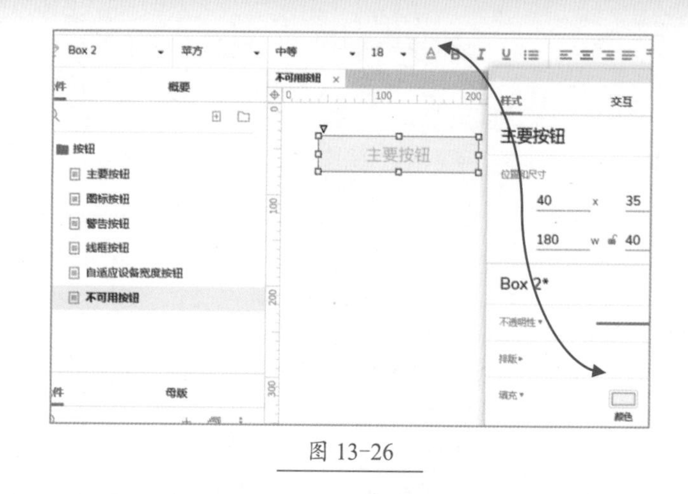

图 13-26

13.3 标题栏

移动端访问某个应用时，页面顶部会有标题栏，如注册、登录、首页和购物车等。标题栏标明了当前页面是做什么的，通常还附带一些功能按钮，常用的有返回（后退）、关闭和搜索等，小程序还有系统预设的功能按钮。本节学习标题栏的制作方法。

13.3.1 实战：制作居中对齐的标题栏

移动端标题栏常用的两种对齐方式是左侧对齐和居中对齐，首先学习制作居中对齐的标题栏，在最左边加一个“后退”按钮表示点击它可以回到上一个页面；在最后边加一个“更多”按钮，点击“更多”按钮可以弹出菜单选项进一步操作。这里我们利用“水平线”箭头样式和线条样式辅助完成，后面小节中将使用阿里巴巴矢量图标库中的图标制作不同的标题栏效果。

Step01 添加一个文件夹，命名为“标题栏”，在文件夹中添加一个元件页面，命名为“居中对齐”，如图 13-27 所示。

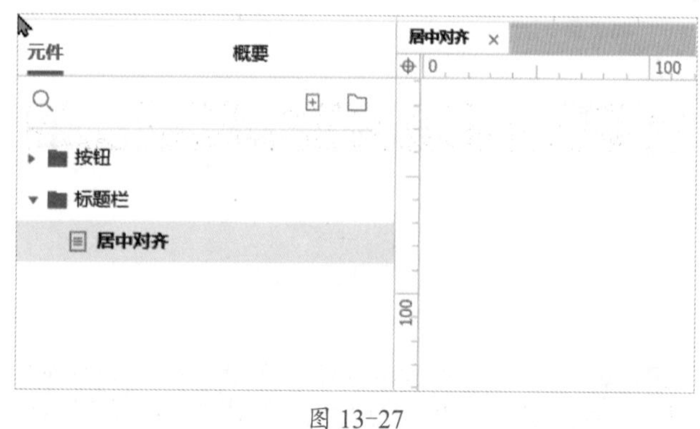

图 13-27

Step02 拖入“矩形元件 3”，文本内容设置为“个人中心”，设置“位置”的参数为（0，0），“尺寸”的参数为（375，44），字号设置为 18，字体设置为苹方，填充色设置为“#E2E6EA”，文本颜色设置为“#333333”，矩形元件文本默认为居中对齐，效果如图 13-28 所示。

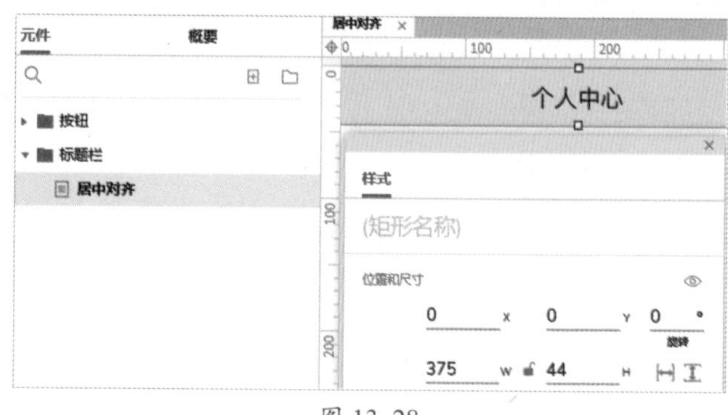

图 13-28

Step03 拖入“水平线”元件，调整左侧箭头样式，右侧箭头样式不变，线段颜色为“#000000”，如图 13-29 所示。

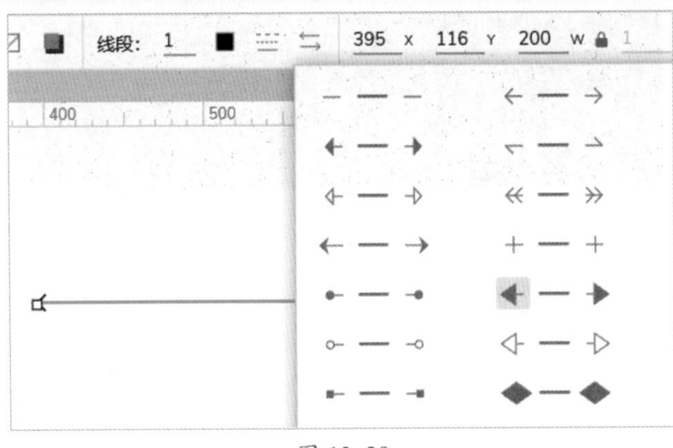

图 13-29

Step04 调整箭头的位置和尺寸，设置“位置”的参数为（18，22），“尺寸”的参数为（10，1），如图 13-30 所示。

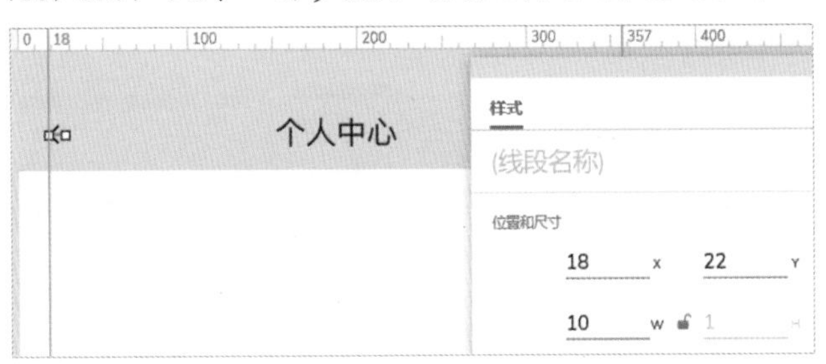

图 13-30

Step05 继续拖入一个“水平线”元件，调整线段样式为虚线模式，用于制作“更多”选项按钮，线段设置为 2，线段颜色设置为“#000000”，结果如图 13-31 所示。

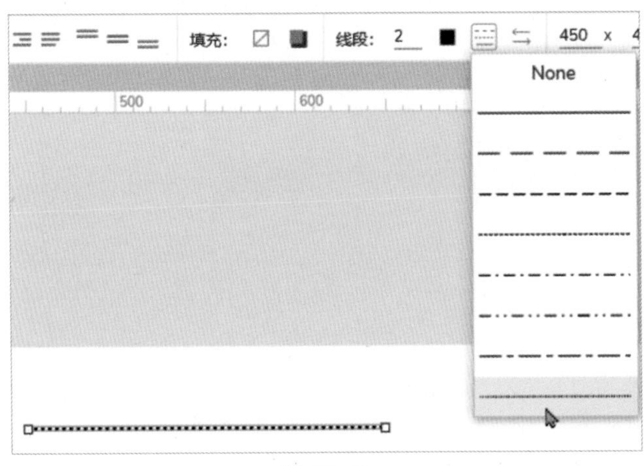

图 13-31

Step06 设置水平线元件的位置参数为（345，22），尺寸参数为（10，2），如图 13-32 所示。

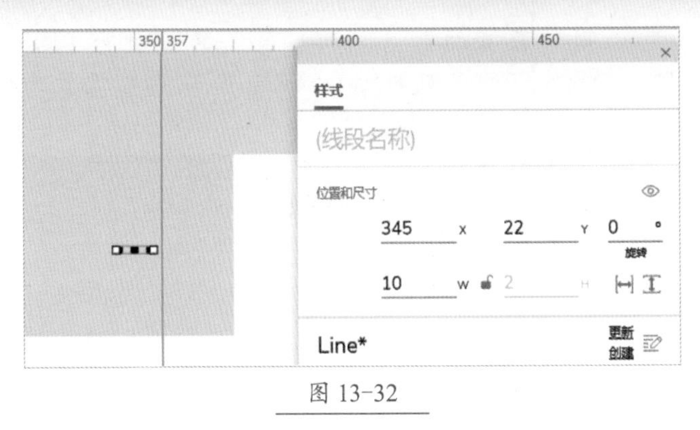

图 13-32

Step07 在浏览器中预览元件样式，效果如图 13-33 所示。

图 13-33

13.3.2 实战：制作左侧对齐的标题栏

制作左侧对齐的标题栏时，我们来手绘一个返回按钮，替换原有的“返回”按钮。

Step01 复制“居中对齐”元件页面并粘贴，重命名为“左侧对齐”，如图 13-34 所示。

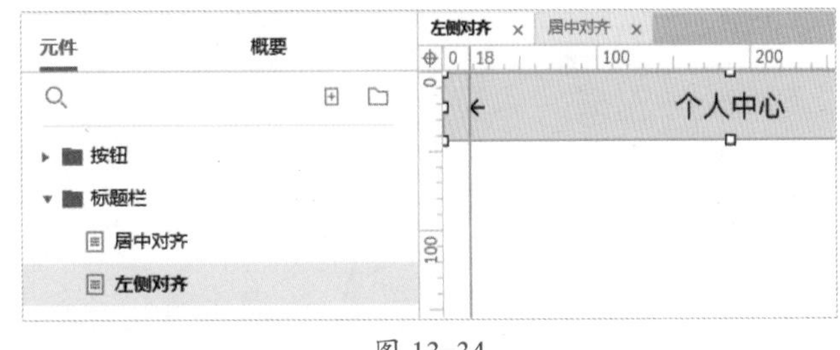

图 13-34

Step02 使用“绘画”工具，绘制一个方向向左的箭头，如图 13-35 所示。

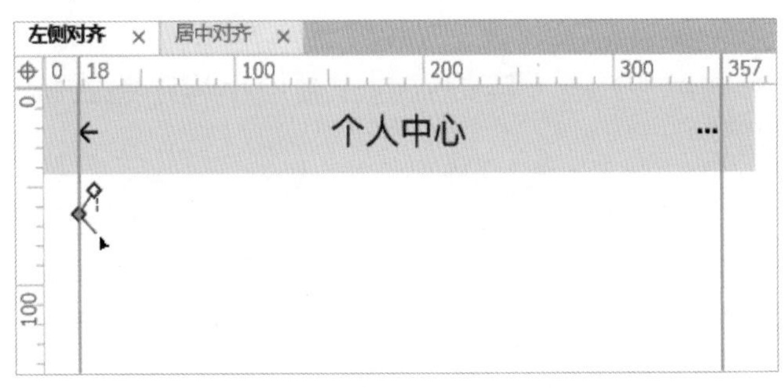

图 13-35

Step03 删除原有的箭头，调整箭头的参数为（18，14），“尺寸”的参数为（10，18），线段颜色设置为“#000000”，如图 13-36 所示。

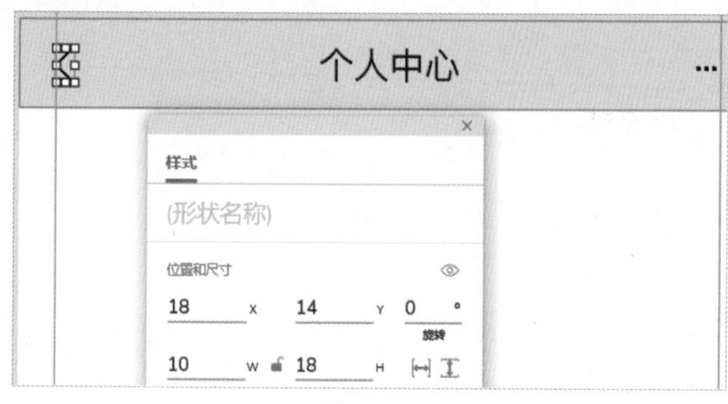

图 13-36

Step04 调整矩形的文本对齐方式为左侧对齐，左侧边距为 30，至此完成左侧对齐方式的标题栏制作，如图 13-37 所示。

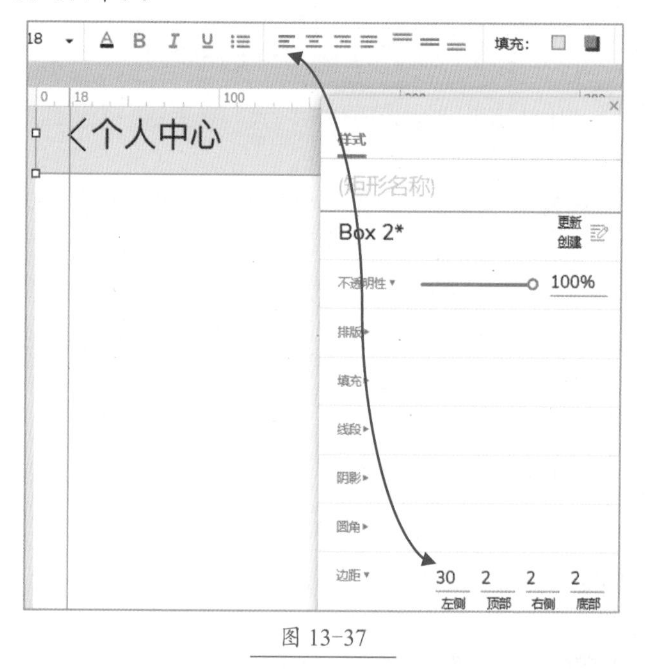

图 13-37

★重点 13.3.3 实战：制作微信小程序版式标题栏

微信小程序版式标题栏右侧的按钮有所不同，可自行绘制，为节约时间，我们直接使用阿里巴巴矢量图标库中的资源，输入关键字“小程序”找到相应的图标，如图 13-38 所示。

图 13-38

Step01 复制“居中对齐”元件页面并粘贴，重命名为“微信小程序版式”，如图 13-39 所示。

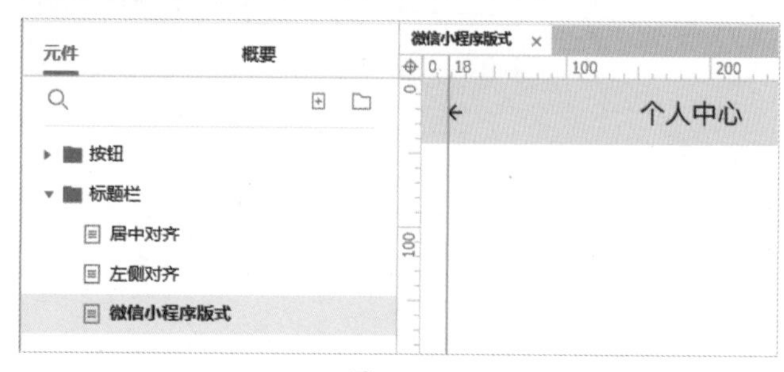

图 13-39

Step02 使用在阿里巴巴矢量图标库中下载的图标，并将 SVG 图片转换为形状，设置“位置”的参数为（302，12），“尺寸”的参数为（55，20），如图 13-40 所示。

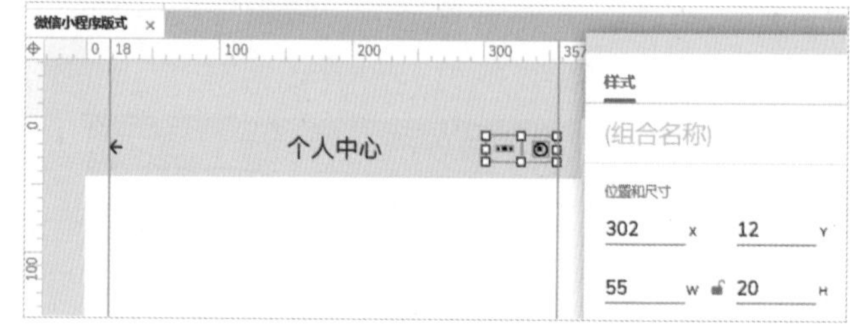

图 13-40

13.4 浮窗

浮窗的作用是提醒用户应用交互过程中的响应，如支付成功、操作成功、操作失败或正在加载等。制作时只需要改换不同的图标和文字组合即可，通常可以结合“显示 / 隐藏”动作使用。

13.4.1 实战：制作图标浮窗

本节我们介绍如何制作一个常用的“操作成功”图标浮窗效果，这会用到圆角矩形，以及一个“成功”（正确）图标，当然字体大小、字体颜色、矩形背景色也必不可少。

Step01 新增一个文件夹，命名为“浮窗”，在该文件夹下添加一个元件页面，命名为“图标浮窗”，如图 13-41 所示。

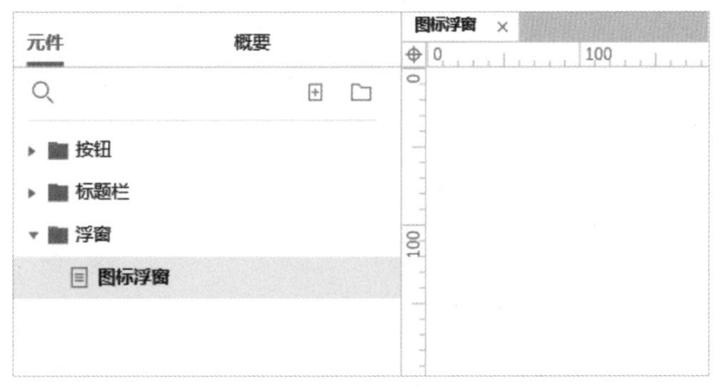

图 13-41

Step02 拖入“矩形 2”元件，命名为“浮窗”，字体设置为苹方，字号设置为 18，文本颜色设置为白色（#FFFFFF），填充色设置为“#000000”，透明度设置为 60%，“位置”的参数为（30，30），“尺寸”的参数为（120，120），圆角半径设置为 5，效果如图 13-42 所示。

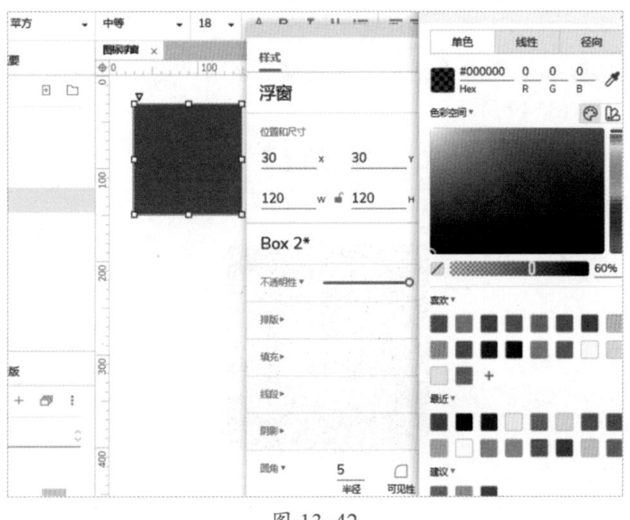

图 13-42

Step03 设置“浮窗”元件的文本内容为“操作成功”，顶部边距设置为 50，其他边距为 2，如图 13-43 所示。

图 13-43

Step04 在阿里巴巴矢量图标库中复制一个“成功”图标并将其转换为形状，调整“位置”的参数为（66，63），“尺寸”的参数为（50，35），填充颜色为“#FFFFFF”，效果如图 13-44 所示。

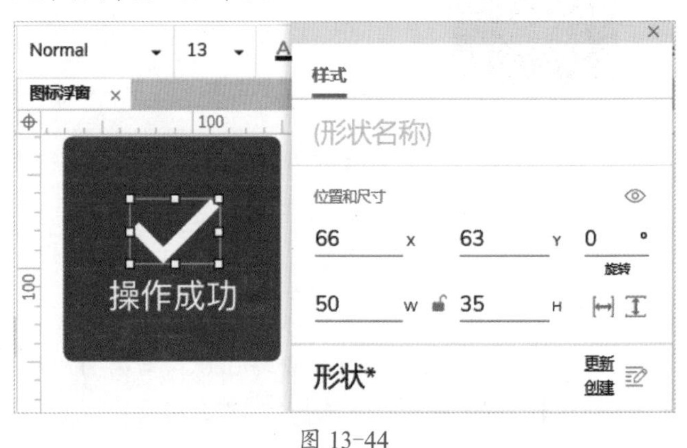

图 13-44

★重点 13.4.2 实战：制作等待浮窗

“等待浮窗”和“图标按钮”相似，但应用场景不同，通常“等待浮窗”会配合屏蔽来使用，完成等待后取消屏蔽，这时用户才能进行其他操作，“支付中”“下载中”等交互就需要用到“等待浮窗”，这里动画交互使用的是“摇摆”，在等待时会慢慢加快旋转速度，与等待场景更加契合。

Step01 复制“图标浮窗”元件页面并粘贴，将粘贴的页面重命名为“等待浮窗”，如图 13-45 所示。

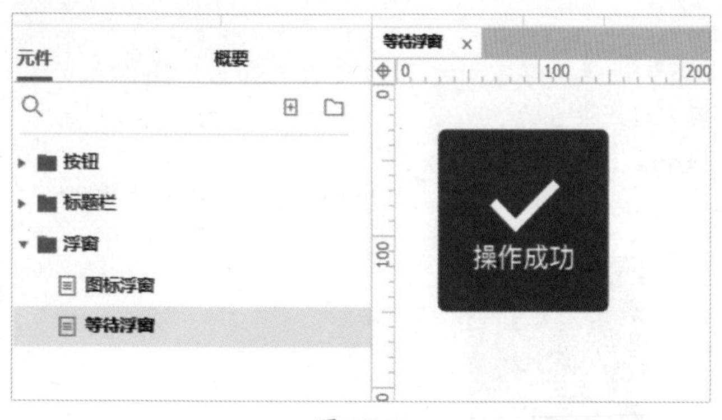

图 13-45

Step02 将“浮窗”元件的文本内容调整为“加载中 ...”，通过关键字“加载”在阿里巴巴矢量图标库中找到喜欢的图标，将其复制到元件页面并转换为形状，“位置”的参数为（70，58），“尺寸”的参数为（40，40），填充色设置为“#FFFFFF”，效果如图 13-46 所示。

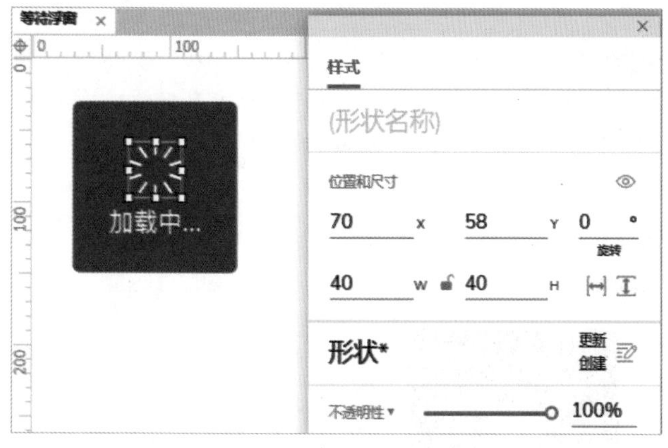

图 13-46

Step03 为形状元件添加“载入时”事件，动作为“旋转”，目标为“当前”，顺时针旋转 360°，动画为“摇摆”，时长为 1500 毫秒，如图 13-47 所示。

图 13-47

Step04 继续为元件添加“旋转时”事件，动作为“触发事件”，目标为“当前”，这样设置的目的是达到循环效果，如图 13-48 所示。

图 13-48

Step05 在浏览器中预览，摇摆动画会有一种加速的效果，如图 13-49 所示。

图 13-49

13.5 列表

打开微信界面，无论是“通讯录”“发现”还是“我”的页面，都有很多列表。列表的用途十分广泛，分类组合也比较多，这节我们将学习一些常用的列表制作方法。

13.5.1 实战：制作单行列表

单行列表还是使用万能的矩形工具制作，考虑到移动端的屏幕较窄，通常在制作全屏的单行列表时不显示左右边框，仅上边框和下边框可见。另外还会制作一个“更多”的交互按钮，使用“绘画”工具制作一个向右的箭头，最后调整边距、字体和字体颜色、线段颜色、线宽等完成制作。

Step 01 新增一个文件夹，命名为“列表”，在该文件夹下添加一个元件页面，命名为“单行列表”，拖入“矩形 1”元件，设置位置参数为（12，21），尺寸参数为（375，44），如图 13-50 所示。

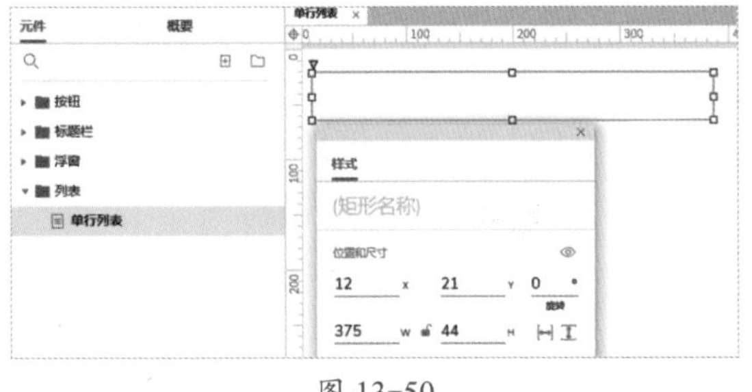

图 13-50

Step 02 设置“矩形 1”元件的文本内容为“账号与安全”，调整样式，字体设置为苹方，字号设置为 18，文本颜色设置为 #FFFFFF，线段颜色设置为 #E2E6EA，线宽设置为 1，线段可见性设置为上下可见，左侧边距设置为 15，其他边距为 2，如图 13-51 所示。

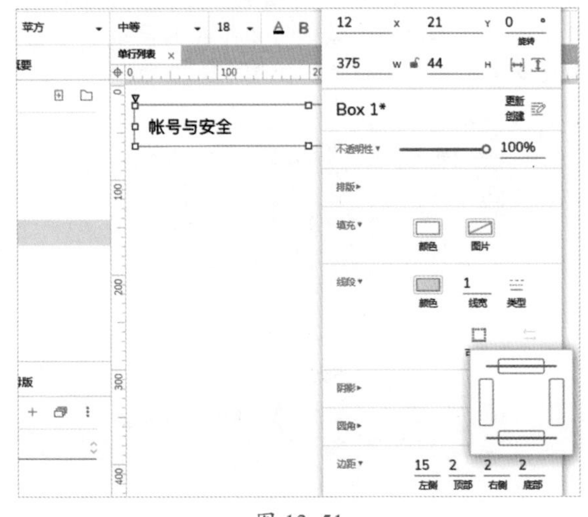

图 13-51

Step 03 绘制一个向右的箭头形状，表示该列表可以单击交互，设置“位置”的参数为（365，36），“尺寸”的参数为（7，15），线段颜色设置为“#A2A2A2”，效果如图 13-52 所示。

图 13-52

Step 04 最终效果如图 13-53 所示。

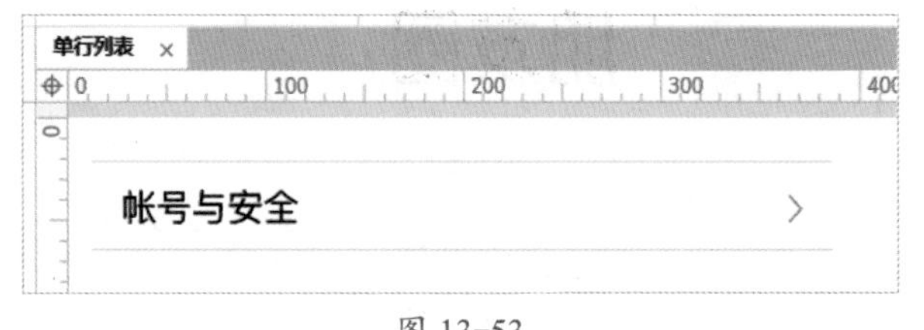

图 13-53

13.5.2 实战：制作缩略图列表

在单行列表的基础上加入图标或缩略图，方便用户理解文字内容，类似 Win 10 系统元件中的“导航菜单”。

Step 01 复制“单行列表”元件页面并粘贴，将新粘贴的元件页面重命名为“缩略图列表”，如图 13-54 所示。

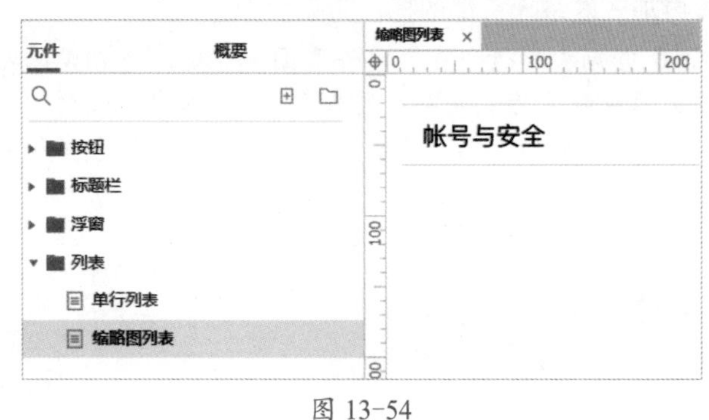

图 13-54

Step02 将矩形元件文本内容设置为“朋友圈”，左侧边距设置为 50，其他不变，如图 13-55 所示。

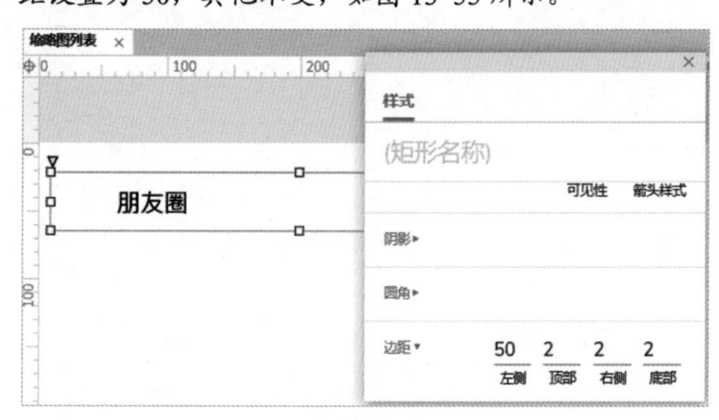

图 13-55

Step03 根据关键字“朋友圈”从阿里巴巴矢量图标库中找到相应的图标，将其转换为形状，设置“位置”的参数为（28，35），“尺寸”的参数为（18，18），至此完成缩略图列表的设计，如图 13-56 所示。

图 13-56

13.5.3 实战：制作联系人列表

联系人列表的制作是基于“单行列表”的扩展，根据内容调整列表的高度，另外值得注意的是，要使用不同的字体颜色、字号区分主次。这里姓名是主，使用黑色粗体突出显示，其他字体字号更小，颜色淡一些，最后再加入联系人头像图标，完成设计。

Step01 复制“单行列表”元件页面并粘贴，将粘贴的元件页面重命名为“联系人列表”，将文本内容改为“张三”，删除页面上的“右箭头”形状，调整矩形字体宽度为“粗体”，文字顶部对齐，左侧边距设置为 90，顶部边距设置为 10，如图 13-57 所示。

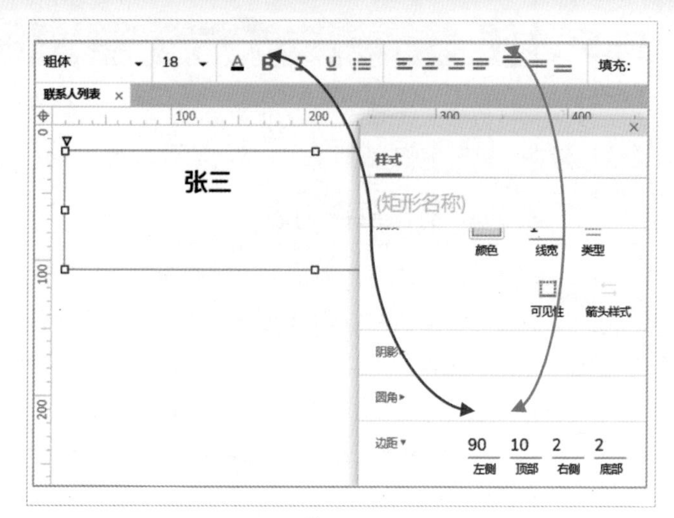

图 13-57

Step02 根据关键字“头像”从阿里巴巴矢量图标库获取头像形状，设置“位置”的参数为（30，30），“尺寸”的参数为（65，65），填充颜色设置为“#E2E6EA”，如图 13-58 所示。

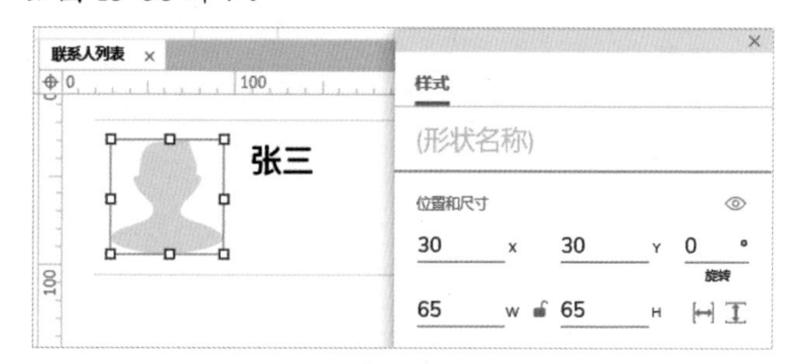

图 13-58

Step03 拖入“文本标签”元件，字体和之前的保持一致，字号设置为 14 号，文本内容为“地区：四川成都”，“位置”的参数为（109，63），“尺寸”的参数为（98，20），文本颜色设置为“#727B84”。可以使用辅助线使之与上面的文本对齐，读者可以根据需要适当地调整矩形高度及文本标签的位置，如图 13-59 所示。

图 13-59

Step04 预览元件，在浏览器中查看效果，如图 13-60 所示。

图 13-60

13.5.4 实战：制作消息列表

通过优化联系人列表可以得到一个全新的“消息列表”，类似微信发送消息时，上面是姓名，下面是预览的消息内容，右侧是消息时间。

Step01 复制“联系人列表”元件页面并粘贴，重命名为“消息列表”，如图 13-61 所示。

图 13-61

Step02 调整矩形元件的高度为 68，其他内容不变，如图 13-62 所示。

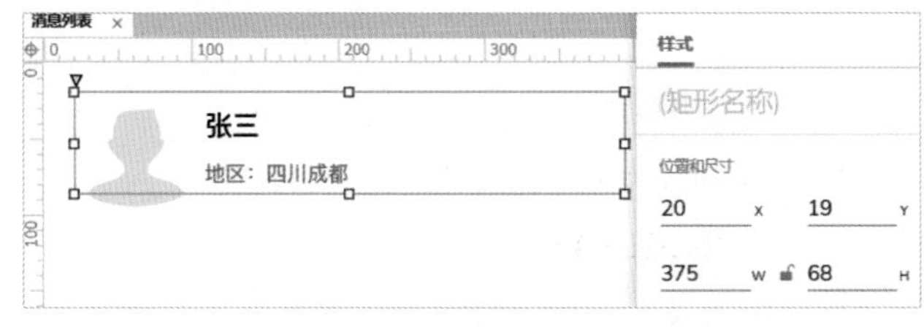

图 13-62

Step03 将头像元件的尺寸参数调整为（50，50），其他不变，如图 13-63 所示。

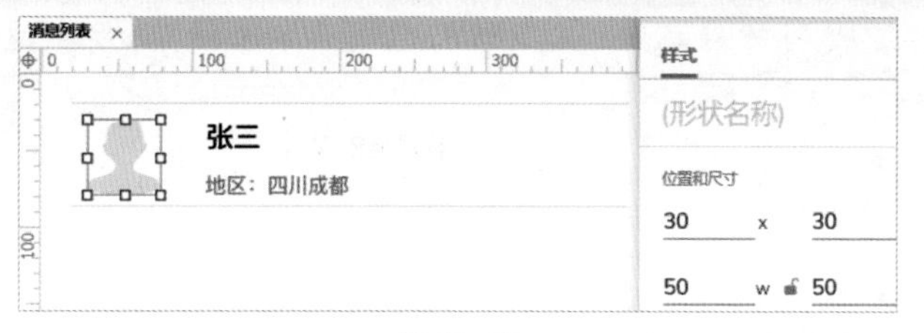

图 13-63

Step04 将“地区：四川成都”改为要显示的消息内容，如“端午放假？打算去哪里？”，完成后复制该文本，设置“位置”参数为（347，30），“尺寸”的参数为（28，20），文本内容调整为“昨天”，如图 13-64 所示。

图 13-64

Step05 选中所有元件，按快捷组合键“Ctrl+G”进行分组，并命名为“消息列表”，最终效果如图 13-65 所示。

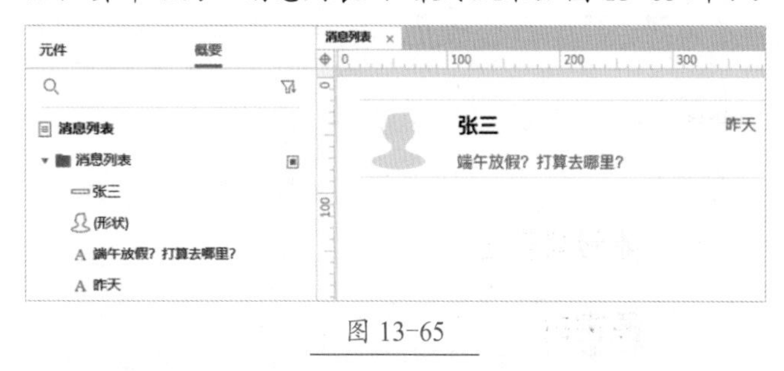

图 13-65

★重点 13.5.5 实战：制作表单列表

表单列表可以收集用户新增或变更的信息，可以结合表单元件使用，如文本框、下拉列表、单选按钮等。

Step01 复制“单行列表”元件页面并粘贴，将其重命名为“表单列表”并调整页面顺序，如图 13-66 所示。

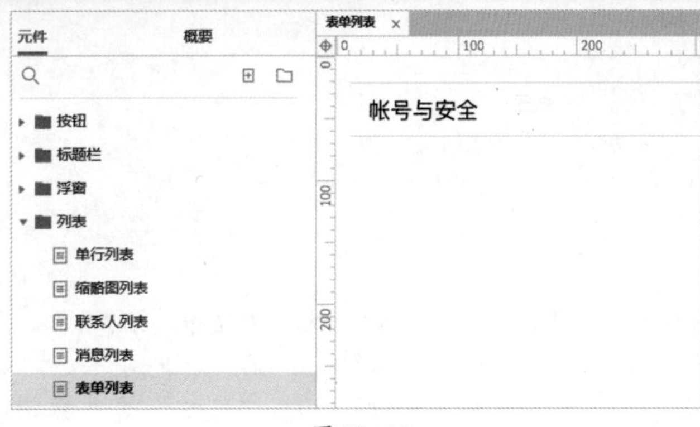

图 13-66

Step02 将矩形元件的高度设置为 140，文本顶部对齐，左侧边距为 15，顶部边距为 10，其他边距为 2，如图 13-67 所示。

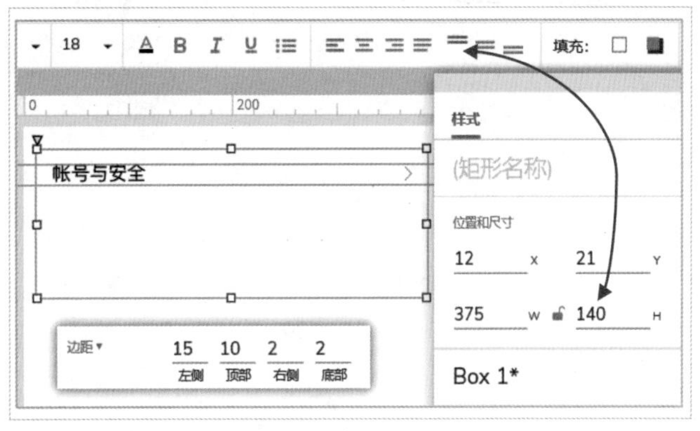

图 13-67

Step03 拖入文本标签元件，名称和文本内容都设置为"原密码"，"位置"的参数为（27，75），"尺寸"的参数为（54，25），字号与颜色和矩形一致，如图 13-68 所示。

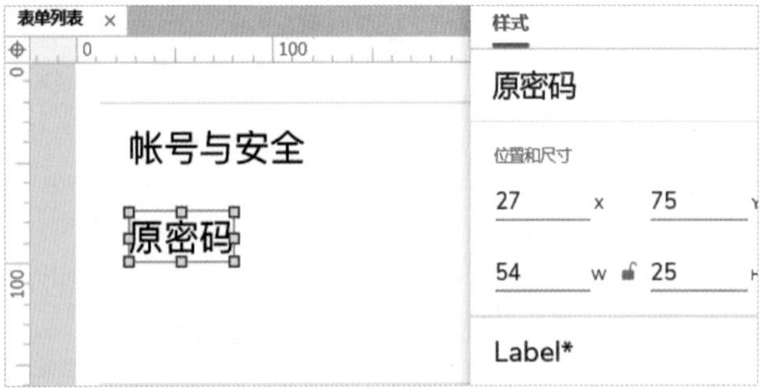

图 13-68

Step04 拖入文本框元件用于输入密码，命名为"密码框"，线段设置为 1，线段颜色设置为"#E2E6EA"，设置"位置"的参数为（120，75），"尺寸"的参数为（250，24），如图 13-69 所示。

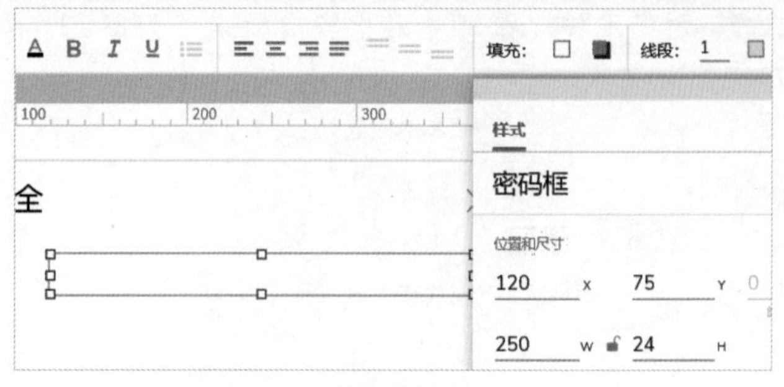

图 13-69

Step05 继续设置"密码框"元件的样式，可见性设置为仅底部可见，其余不可见，如图 13-70 所示。

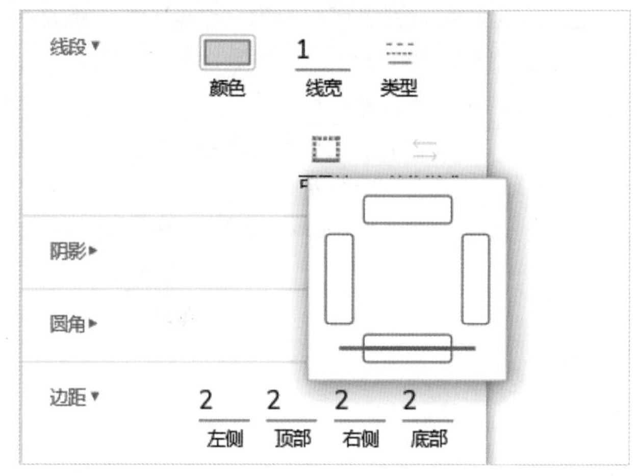

图 13-70

Step06 在"交互"面板中设置"密码框"的输入类型为"密码"，提示文本为"填写原密码"，隐藏提示为"输入"，如图 13-71 所示。

图 13-71

Step07 复制"原密码"和"密码框"元件并粘贴，调整其显示的文本内容、命名及提示内容，如图 13-72 所示。

图 13-72

Step08 将所有元件选中并分组，将分组命名为“表单列表”，概要面板层级结构如图 13-73 所示。

图 13-73

13.6 图片 / 卡片

在发朋友圈时可以添加照片或视频，在添加时会有一个“+”的图标用来进行单击交互，而所谓的卡片就是我们看到的公众号的推文消息、优惠券、会员卡之类的像卡片一样的信息，用户需要了解更多信息时可以单击其查看详细信息。

13.6.1 实战：制作添加图片按钮

上传图片时，一个方框中间有一个加号图标的交互布局随处可见，只需要用矩形制作一个背景框，然后使用水平线制作一个加号图标，二者组合在一起即可完成添加图片交互按钮的制作。

Step01 新增一个文件夹，命名为“图片 / 卡片”，在该文件夹下添加一个元件页面，命名为“添加图片”，拖入“矩形 2”元件，填充色不变，使用“矩形 2”默认的颜色，设置“位置”的参数为（15，10），“尺寸”的参数为（60，60），如图 13-74 所示。

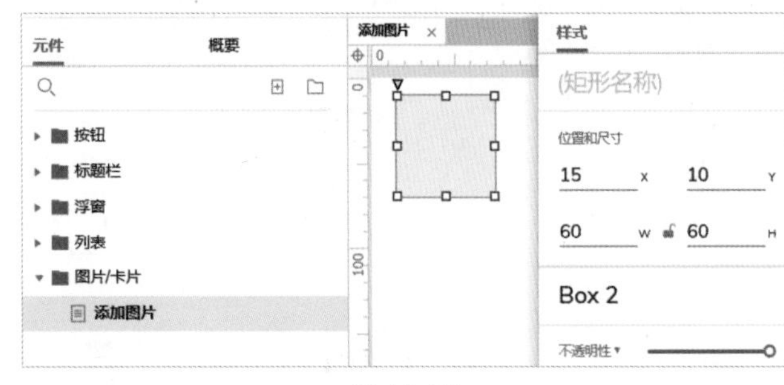

图 13-74

Step02 拖入“水平线”元件，命名为“直线”，设置“位置”的参数为（30，40），“尺寸”的参数为（30，2），线段设置为 2，线段颜色设置为“#A2A2A2”，效果如图 13-75 所示。

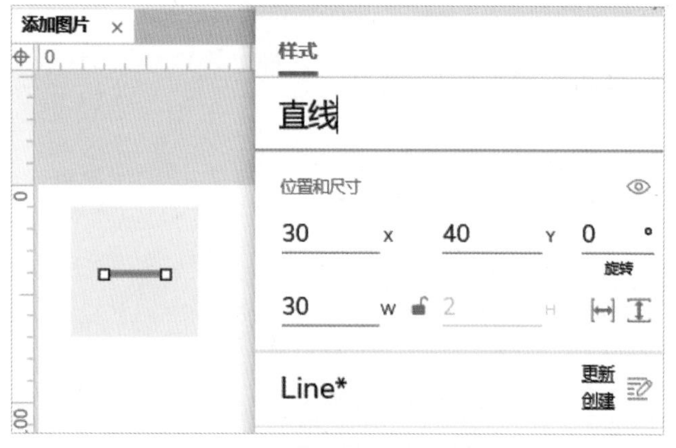

图 13-75

Step03 复制“直线”元件，得到新的元件，命名为“竖线”，将其旋转 90°，设置“位置”的参数为（30，39），尺寸不变，如图 13-76 所示。

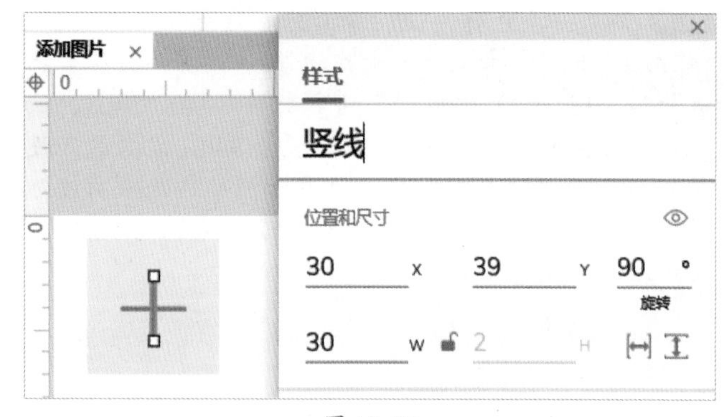

图 13-76

Step04 同时选中“直线”和“竖线”并将它们组合在一起，命名为“添加”，方便统一移动位置，如图 13-77 所示。

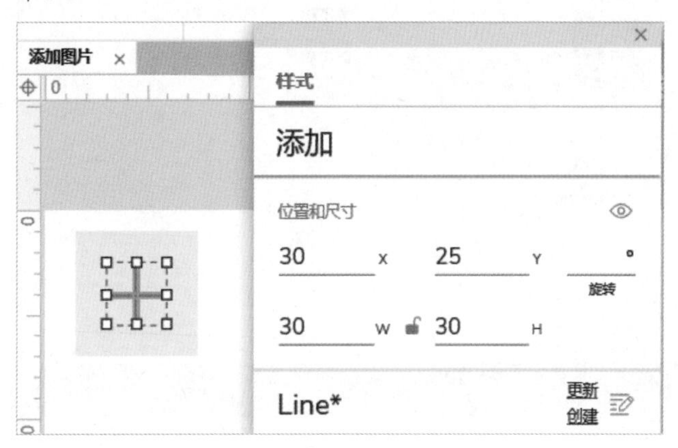

图 13-77

Step05 选中所有元件并分组，将分组命名为“添加图片”，概要面板层级结构如图 13-78 所示。

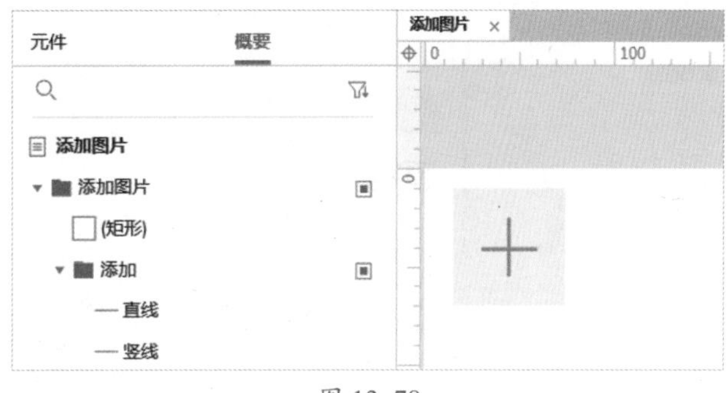

图 13-78

13.6.2 实战：制作大图卡片

大图卡片和微信公众号推文的布局类似，上方放置一张大图（封面），下方添加一些文字描述，就能完成“大图卡片”的制作，这里使用了示意图图标，根据场景需要可换成对应的大图。

Step01 添加一个元件页面，命名为“大图卡片”，拖入“矩形 1”元件，命名为“卡片背景”，设置“位置”的参数为（18，12），“尺寸”的参数为（340，240），基于宽度为 375 的移动端，宽度设置为 340，左右边距设置为 18，读者可根据屏幕尺寸灵活调整边距。高度是根据卡片内容的多少而决定，线段设置为 1，线段颜色设置为“#E2E6EA”，效果如图 13-79 所示。

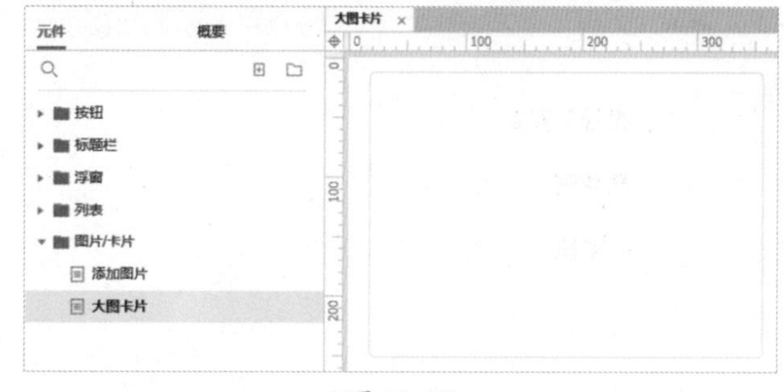

图 13-79

Step02 根据关键字“示意”，从阿里巴巴矢量图标库中找到一个示意图标作为示意图片，如图 13-80 所示。

图 13-80

Step03 复制示意图图标到元件页面并粘贴，并将其转换为形状，命名为“示意图”，设置“位置”的参数为（562，95），“尺寸”的参数为（30，30），填充色设置为“#868E96”，如图 13-81 所示。

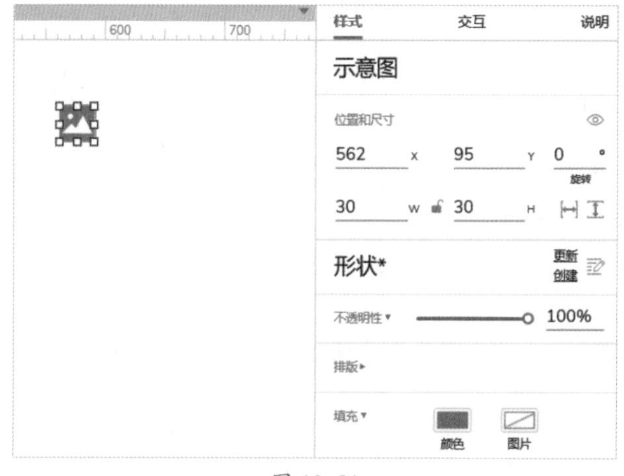

图 13-81

Step04 拖入一个“矩形2”元件，命名为“示意图背景”，设置“位置”的参数为（434，150），“尺寸”的参数为（316，160），填充色设置为“#EEEEEE”，线段设置为1，线段颜色设置为“#E2E6EA”，效果如图13-82所示。

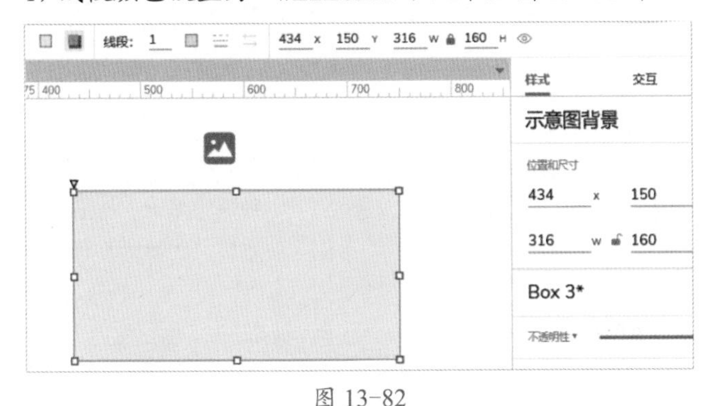

图 13-82

Step05 使用元件辅助对齐功能，将“示意图”拖入“示意图背景”的中心，确保上下距离和左右距离相等，如图13-83所示。

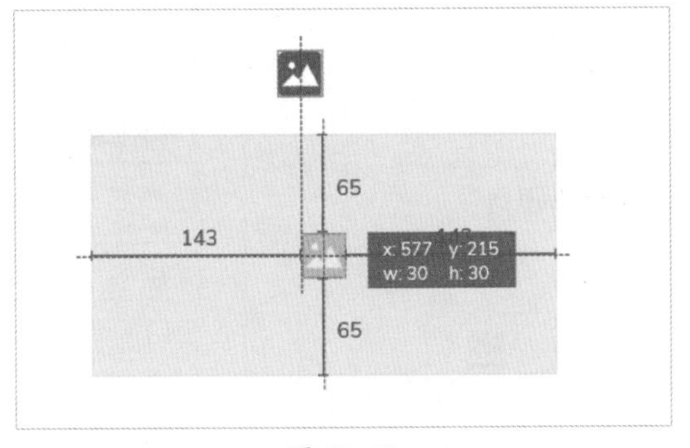

图 13-83

Step06 将示意图的层级置于背景之上，将其选中并组合在一起命名为“示意图组合”，设置“位置”参数为（30，22），尺寸不变，如图13-84所示。

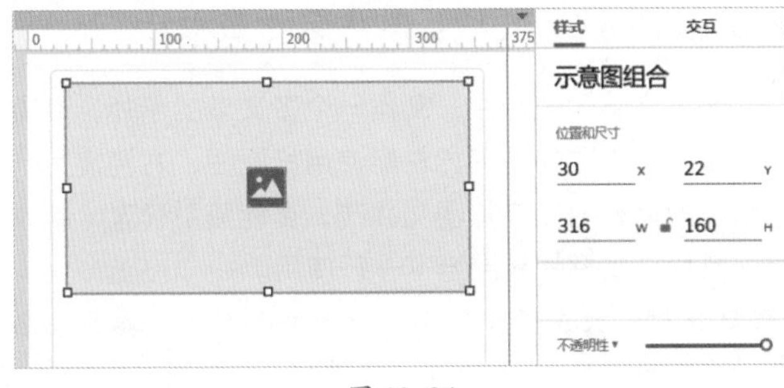

图 13-84

Step07 拖入“水平线”元件，命名为“分割线”，设置“位置”的参数为（18，194），“尺寸”的参数为（340，1），线段颜色设置为“#E2E6EA”，效果如图13-85所示。

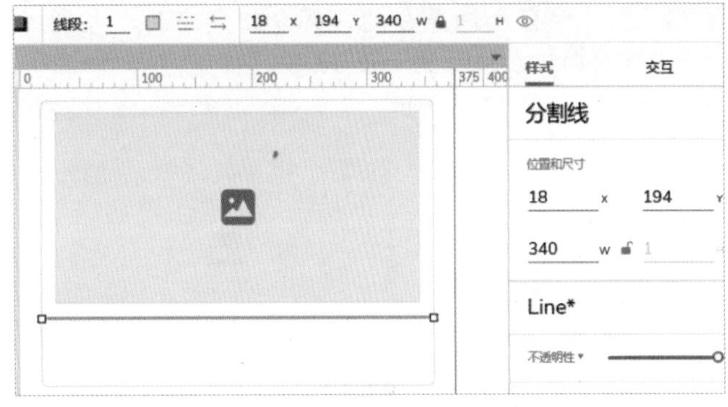

图 13-85

Step08 拖入文本标签元件，名称和文本内容都为“查看详情”，设置“位置”的参数为（30，215），“尺寸”的参数为（72，25），字体设置为苹方，字号设置为18，文本颜色设置为“#000000”，效果如图13-86所示。

图 13-86

Step09 复制“单行列表”页面中的箭头元件并粘贴，命名为“右箭头”，线段颜色设置为“#E2E6EA”，设置“位置”的参数为（339，220），“尺寸”的参数为（7，15），如图13-87所示。

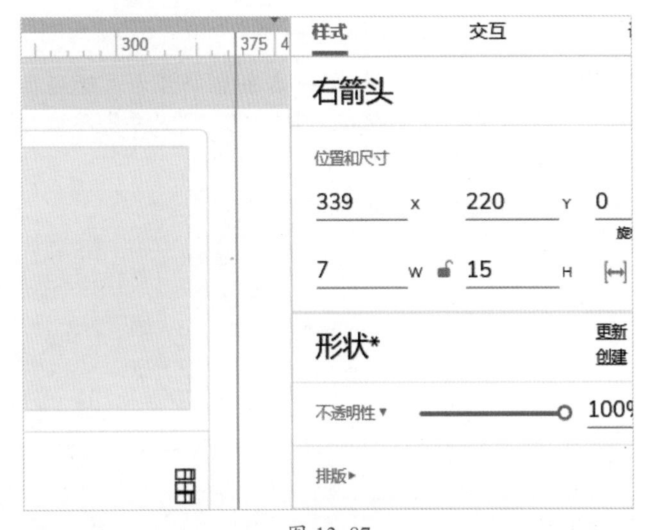

图 13-87

第1篇 第2篇 第3篇 第4篇

Step10 选中所有元件并分组，将分组命名为“大图卡片”，概要面板层级结构如图 13-88 所示。

图 13-88

13.6.3 实战：制作标题卡片

标题卡片带有标题说明，我们可以直接使用“大图卡片”进行制作。为顶部预留一些空间，拖入一个“文本标签”元件，键入相应的标题内容即可。

Step01 复制“大图卡片”元件页面并粘贴，将其重命名为“标题卡片”，如图 13-89 所示。

图 13-89

Step02 将“大图卡片”组合的名字重命名为“标题卡片”，然后设置位置参数为（18，100），“尺寸”参数为（340，240）如图 13-90 所示。

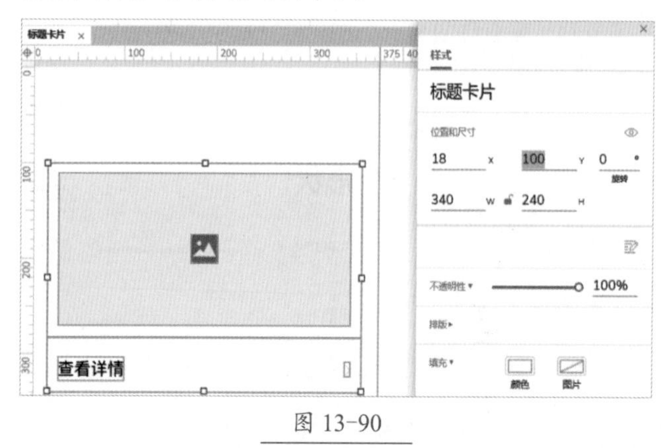

图 13-90

Step03 设置“卡片背景”的“位置”参数为（18，50），“尺寸”参数为（340，290），给标题留出空白空间，如图 13-91 所示。

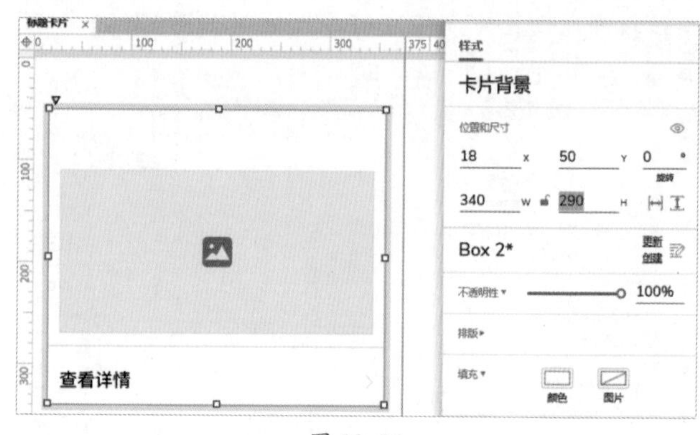

图 13-91

Step04 复制“查看详情”元件并粘贴，重命名为“卡片标题”，文本内容这里设置为“2020 双 11 促销活动”，设置“位置”的参数为（30，65），“尺寸”的参数为（72，25），如图 13-92 所示。

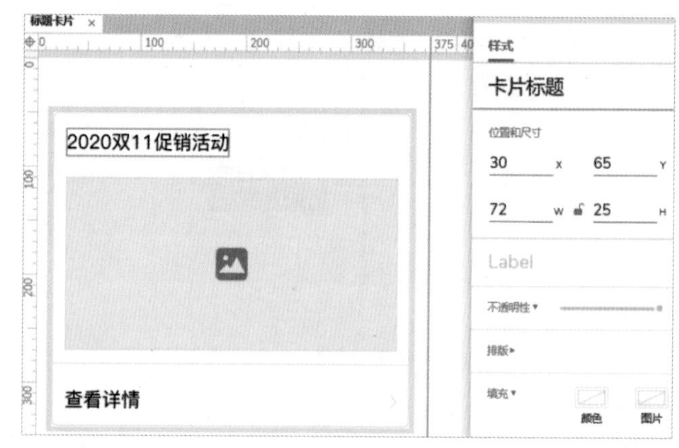

图 13-92

★重点 13.6.4 实战：制作多文章卡片

通过完善大图卡片，制作一个多文章的卡片，除顶部继续使用大图外，下方左侧使用标题栏，右侧使用一个较小的缩略图使卡片图文并茂，更能吸引读者，制作好一行后可以将其复制给下一行使用。

Step01 复制“大图卡片”元件页面并粘贴，将其重命名为“多文章卡片”，如图 13-93 所示。

图 13-93

Step 02 删除页面上的“右箭头”元件，调整“卡片背景”元件的高度为 322，如图 13-94 所示。

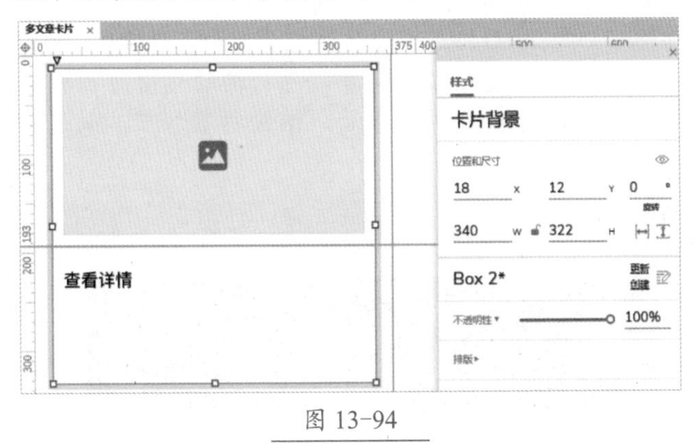
图 13-94

Step 03 将“大图卡片”分组重命名为“多文章卡片”，如图 13-95 所示。

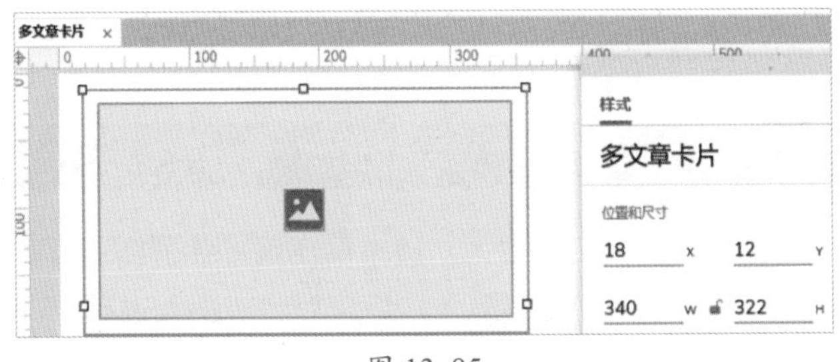
图 13-95

Step 04 修改“查看详情”的文本内容，如“为什么打电话都要说‘喂’？”，同时将名称改为“标题”。复制“示意图组合”并粘贴，重命名为“示意图组合缩略图”，设置“位置”的参数为（296，202），“尺寸”的参数为（50，50），示意图的“尺寸”参数为（30，30），注意保持元件居中对齐，如图 13-96 所示。

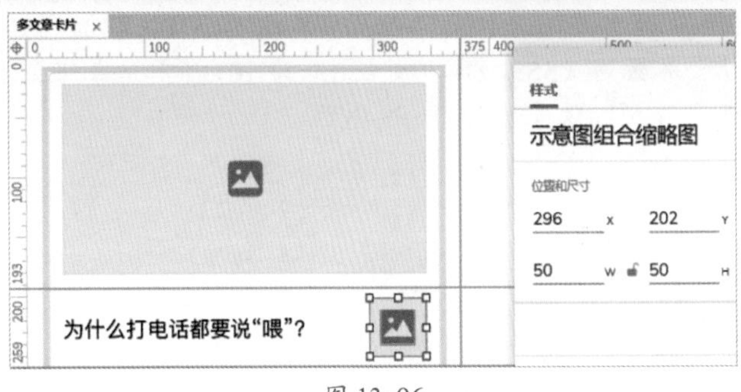
图 13-96

Step 05 复制一组“标题”“示意图组合缩略图”及“分割线”，并使之对齐，调整边距，最终效果如图 13-97 所示。

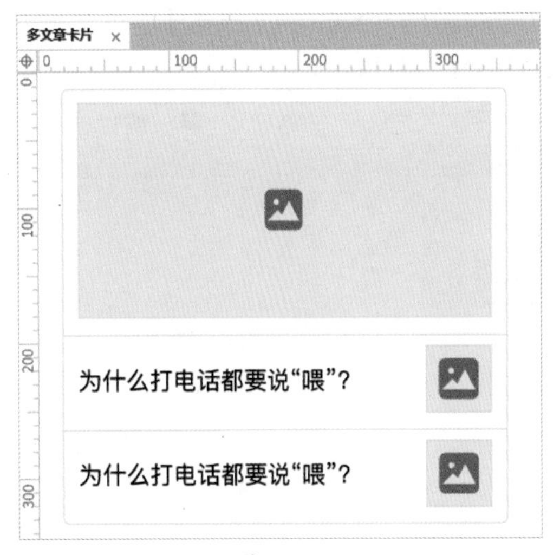

图 13-97

★重点 13.6.5 实战：制作会员卡

微信的卡包可以管理生活中常用的一些会员卡，这些会员卡的设计非常简单，我们可以直接使用前面学习的“消息列表”进行扩展。

Step 01 新增一个元件页面，命名为“会员卡”，复制“消息列表”元件页面中的所有元件，粘贴到“会员卡”元件页面，如图 13-98 所示。

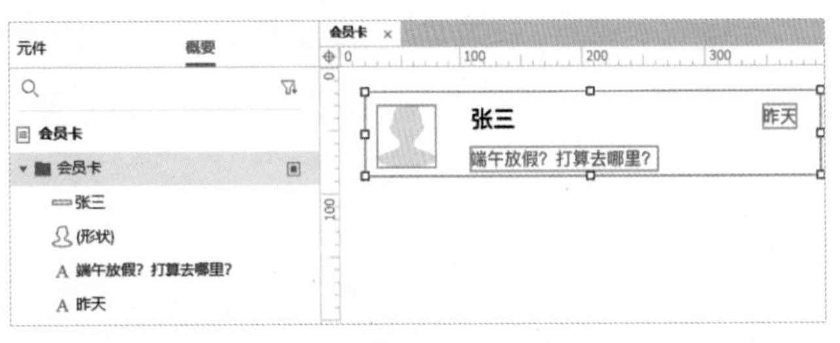
图 13-98

Step02 调整矩形元件的“位置”参数为（10，19），“尺寸”参数为（355，80），左右边距为 10，所有边都可见，圆角为 5°，效果如图 13-99 所示。

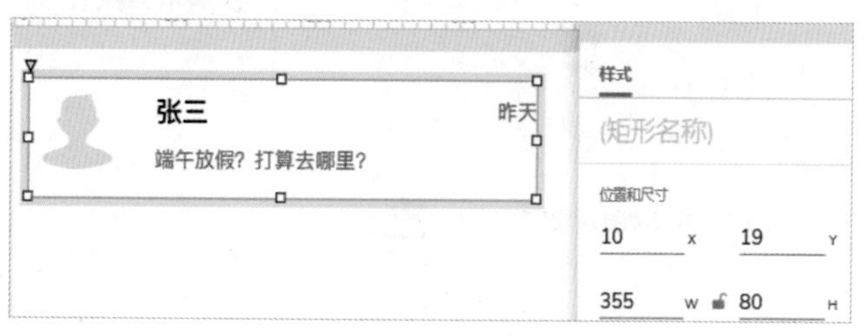

图 13-99

Step03 将右上角的“昨天”修改为“附近可用”，并将线段设置为 1，线段颜色设置为“#E2E6EA”，设置“位置”的参数为（280，25），“尺寸”的参数为（75，25），效果如图 13-100 所示。

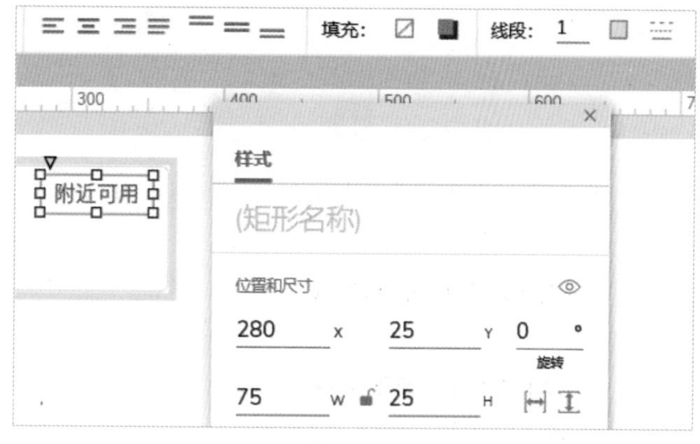

图 13-100

Step04 将“张三”改为“会员卡”，提示内容改为“××××品牌”，如图 13-101 所示。

图 13-101

Step05 为矩形填充一个喜欢的颜色或渐变色，如“#28A745”，然后将文本字体都设置为白色（#000000），以体现高对比度的颜色反差，感兴趣的读者可以根据微信提供的会员卡样式布局，继续打磨细节，效果如图 13-102 所示。

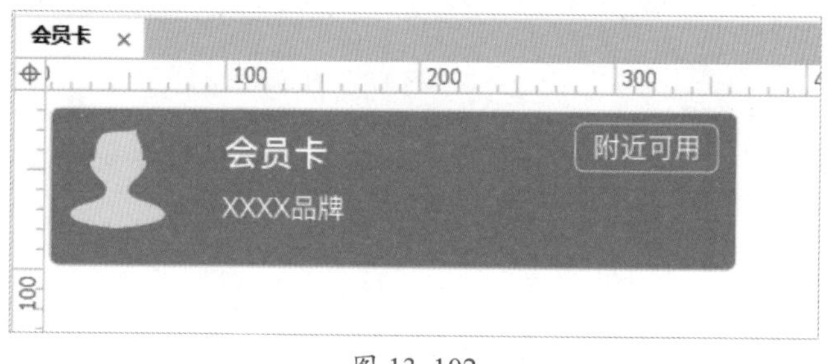

图 13-102

13.7 弹窗

弹窗和浮窗有很多相似之处，都是用于提醒交互，不同之处在于弹窗的尺寸更大，通常需要用户单击确认或进行选择，或直接关闭，如“确认要取消订单吗？”“确认要退出吗？”除纯文字提醒外，还可以带有交互选项（如请选择分类），也可以带图片等元素，让弹窗信息更加丰富多样。

13.7.1 实战：制作确认弹窗

弹窗无处不在，尤其是移动端的原型设计，确认弹窗由标题栏、提示内容及一个明确提示内容的按钮组成。在布局上可以使用辅助线使文字居中对齐，另外还需要注意字体的版式和颜色突显主次，这样交互上更有层次感。

Step01 新增一个文件夹，命名为“弹窗”，在该文件夹下添加一个元件页面，命名为“确认弹窗”，拖入一个“矩形 1”元件，命名为“弹窗背景”，设置“位置”的参数为（40，40），“尺寸”的参数为（280，160），线段设置为 0，效果如图 13-103 所示。

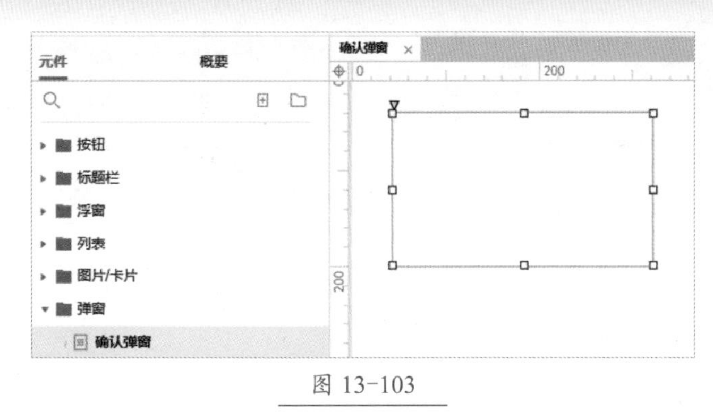

图 13-103

Step02 拖入“文本标签”元件，命名为“标题”，文本内容设置为“到货提醒”，设置“位置”的参数为（143，81），“尺寸”的参数为（72，25），字体设置为苹方，字号设置为 18 号，字体颜色设置为“#000000”，可以使用显示网格及辅助线，使文字更好地在“确认弹窗”上显示，如图 13-104 所示。

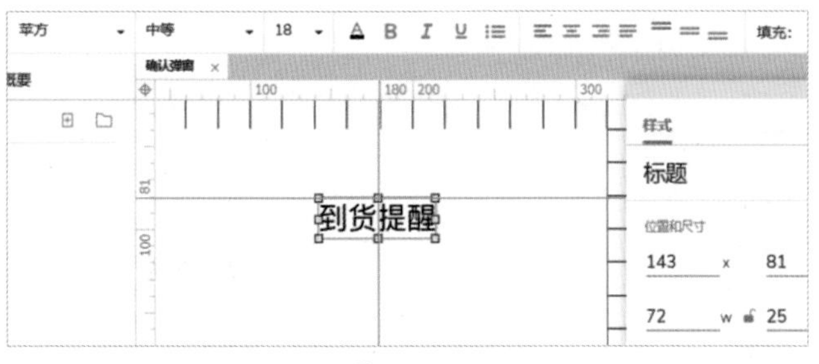

图 13-104

Step03 复制“标题”元件并粘贴，重命名为“提示内容”，文本内容设置为“由于 618 促销火爆，到货时间会有所延误感谢理解与支持”，确保文本居中对齐，设置“位置”的参数为（54，116），“尺寸”的参数为（250，40），字号设置为 14，字体颜色设置为“#888888”，效果如图 13-105 所示。

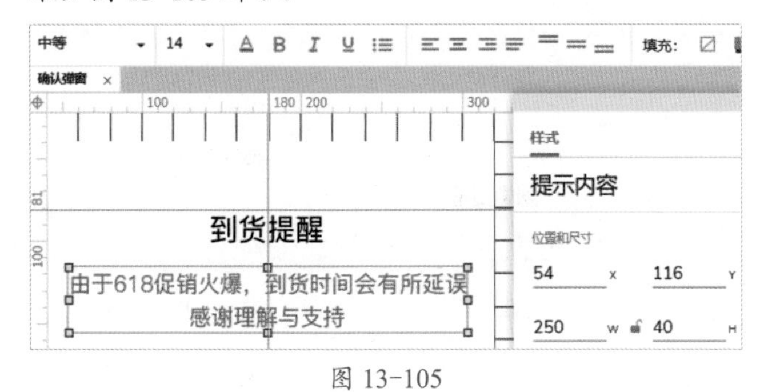

图 13-105

Step04 复制“标题”元件并粘贴，重命名为“知道了”，文本内容设置为“知道了”，设置“位置”的参数为（152，166），“尺寸”的参数为（54，25），字号设置为 18，字体颜色设置为“#09BB07”，效果如图 13-106 所示。

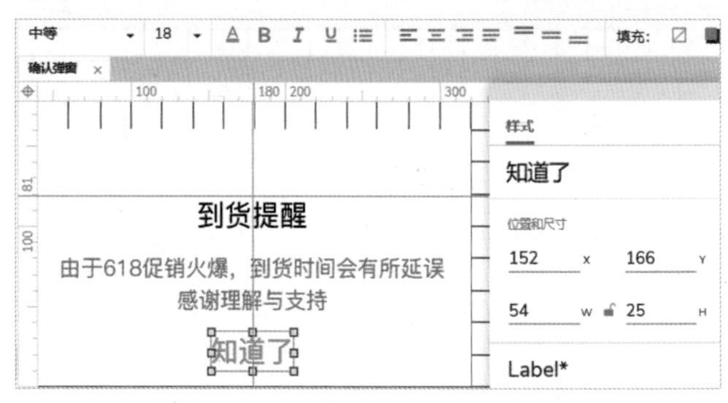

图 13-106

Step05 选中所有元件并分组，将分组命名为“确认弹窗”，根据需要还可以为“知道了”添加交互事件，单击时隐藏弹窗，概要面板层级结构如图 13-107 所示。

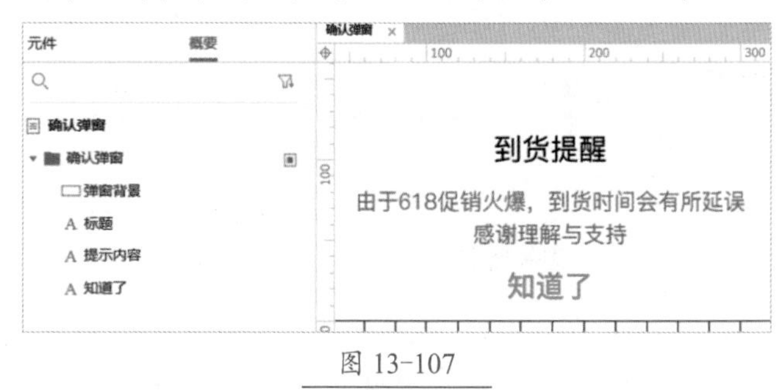

图 13-107

13.7.2 实战：制作选择弹窗

与确认弹窗有所不同，选择弹窗除标题和提示内容外，还至少有两个操作供选择，布局时需注意左右边距。

Step01 复制“确认弹窗”元件页面，重命名为“选择弹窗”，如图 13-108 所示。

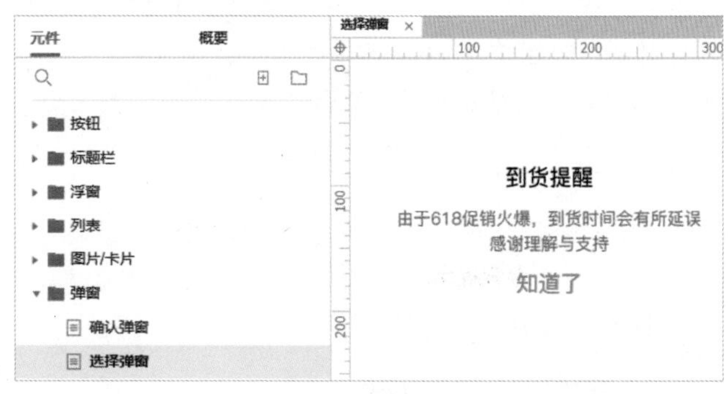

图 13-108

Step02 将“标题”元件的文本内容修改为“温馨提示”，“提示内容”元件的文本内容修改为“你还有大额红包未使用，确定要离开吗？”，如图 13-109 所示。

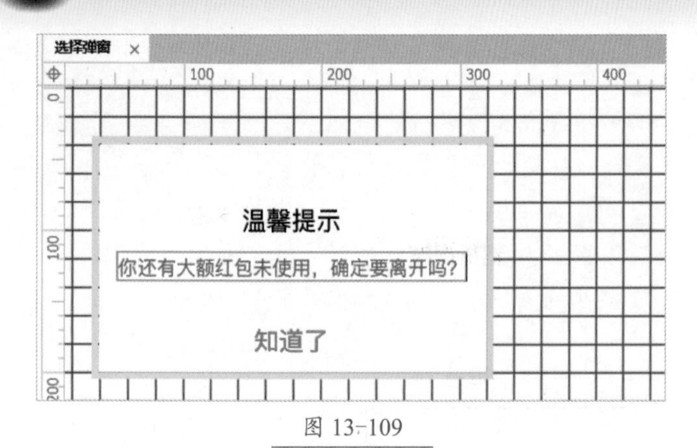

图 13-109

Step03 修改“知道了”元件的命名，并将文本内容修改为“去使用”，可以使用网格和辅助线帮助布局，设置“位置”的参数为（224，166），“尺寸”的参数为（54，25），如图 13-110 所示。

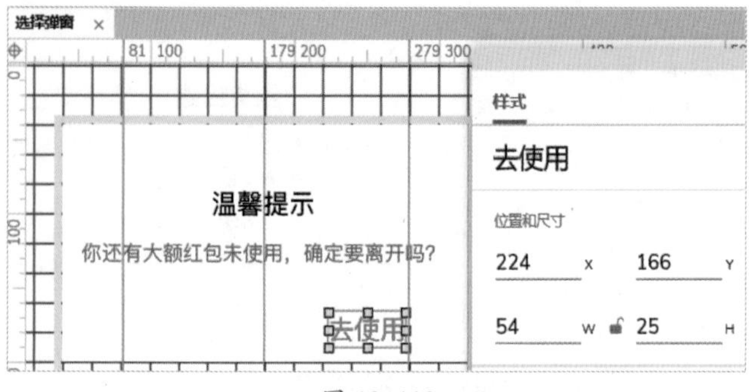

图 13-110

Step04 复制“去使用”元件，文本内容和命名都修改为“残忍离开”，设置“位置”的参数为（86，166），“尺寸”的参数为（72，24），文本颜色设置为“#888888”，在营销设计中，不希望用户点击的按钮用比较淡的颜色或小的字体，反之则使用醒目的颜色或突出重点的方式进行引导，如图 13-111 所示。

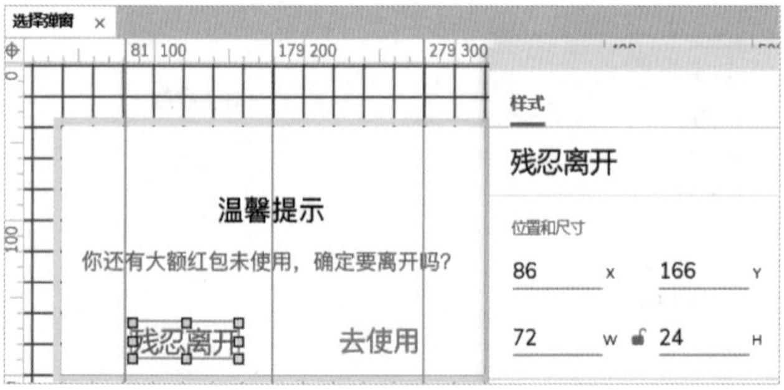

图 13-111

Step05 将元件的分组命名改为“选择弹窗”，概要面板层级及效果如图 13-112 所示。

图 13-112

★重点 13.7.3　实战：制作图片弹窗

为了让弹窗内容更加丰富，有时也会添加图片进行装饰，一些漂亮的弹窗也可使用 WeUI 进行设计，原型设计还是提倡以快速为主。

Step01 复制“确认弹窗”元件页面，重命名为“图片弹窗”，如图 13-113 所示。

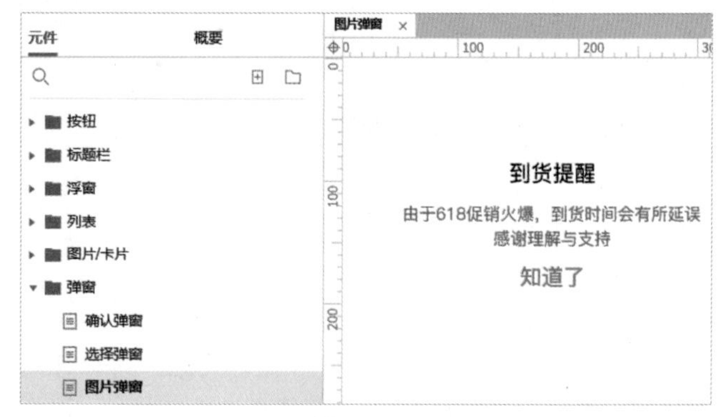

图 13-113

Step02 将“弹窗背景”元件的高度设置为 320，其余保持不变，如图 13-114 所示。

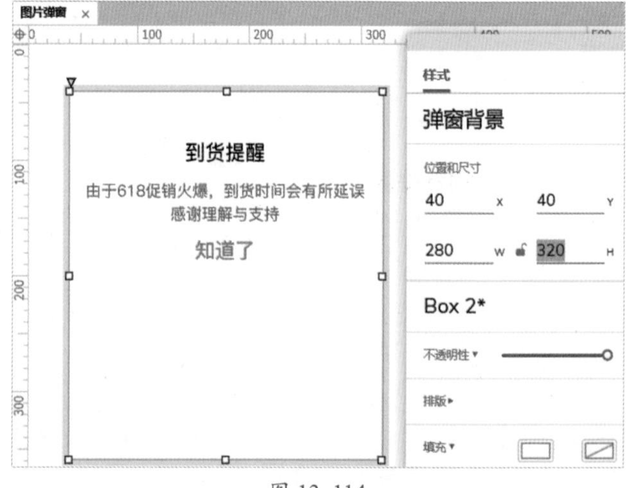

图 13-114

Step03 同时选中“提示内容”和“知道了”两个元件，将它们整体向下垂直移动，确保“提示内容”元件移动前的位置和移动后的位置距离为104（预留图片区域），效果如图13-115所示。

图 13-115

Step04 从“大图卡片”元件中复制“示意图组合”，如图13-116所示。

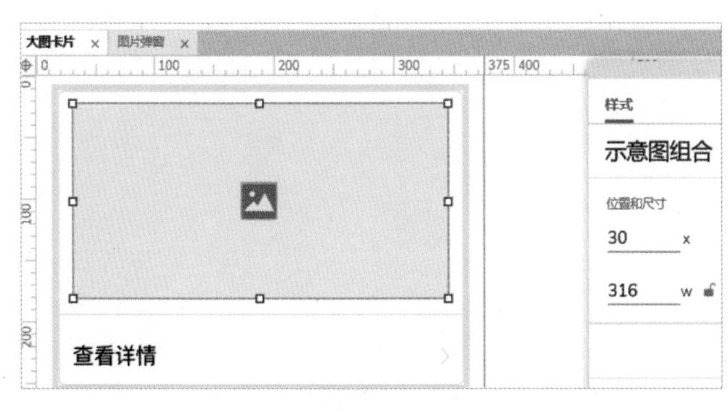

图 13-116

Step05 粘贴前先选中的组合，确保“示意图组合”粘贴到当前组合中，并设置“位置”的参数为（50，120），“尺寸”的参数为（260，132），如图13-117所示。

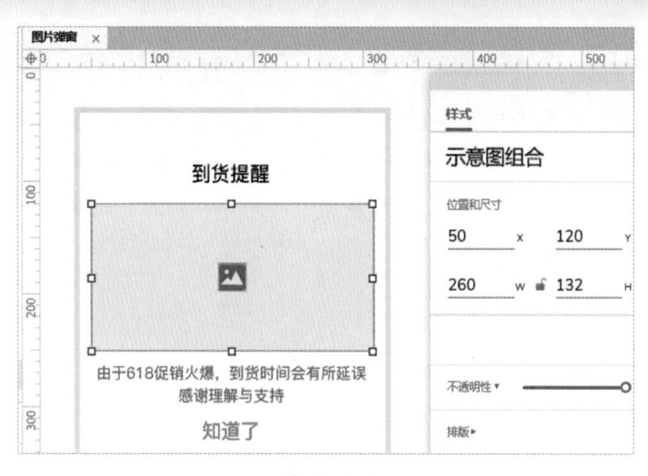

图 13-117

Step06 由于背景为白色，为了更好地查看效果，可以再为“弹窗背景”添加一个外部阴影效果，使用默认值，*X*和*Y*都为5，如图13-118所示。

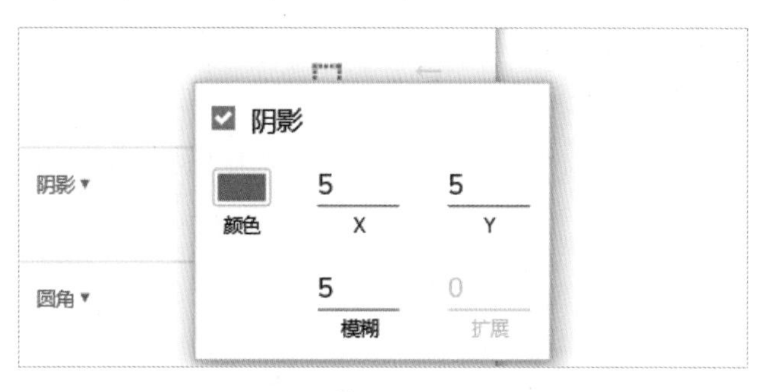

图 13-118

Step07 重命名分组为“图片弹窗”，概要面板层级及最终效果如图13-119所示。

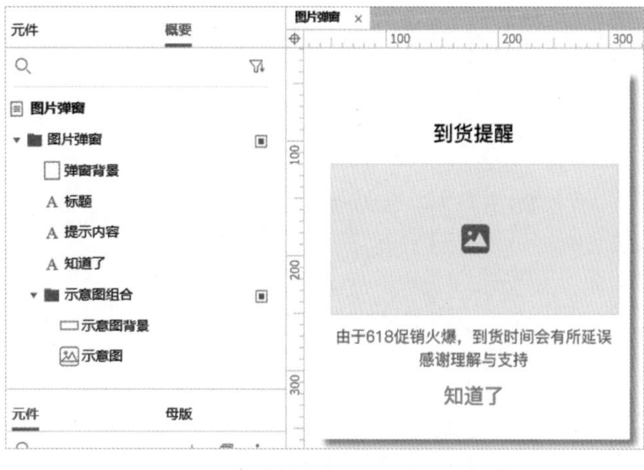

图 13-119

本章小结

本章介绍了 WeUI 部分元件制作的过程，官方的视觉规范很重要，读者一定要花时间查看。在实际运用中颜色的搭配并不都是 WeUI 提供的色系，可以根据实际需要大胆搭配。本章节的元件使用的是比较通用的 375 宽度，元件宽度如果为 375，则充满整个屏幕，小于这个宽度则需要留出合理的边距。为避免内容重复，其他的一些元件效果，如选项卡、自动切换的 banner 将在第 14 章继续学习。

第14章 Web 端 Bootstrap 4 元件

- 什么是 Bootstrap？ Bootstrap 有哪些常用的色系？字体版式有哪些？
- 如何制作不同分格的按钮？
- 如何制作不同功能的轮播图？
- 在卡片式元件中如何制作选项卡切换效果？
- 如何制作分页元件效果？
- 如何制作进度条？如何制作自动加载效果？
- 如何制作提示框？如何设计带方向性的提示？

Bootstrap 是全球最受欢迎的前端元件库，用于开发响应式布局、移动设备优先的 Web 项目。它是一套用于进行 HTML、CSS 和 JS 开发的开源工具集。本章将介绍 Bootstrap 的原型元件设计，学会这些知识可以提高 web 原型项目的工作效率。

14.1 主题色系

学习了 Win 10 系统元件和 WeUI 元件后，对于主题色系相信读者已经不再陌生，官方在推出一套元件时，会搭配相应的主题色系，这种主题色系也称为某某风，如苹果风、安卓风等，官方色系的配色建议如图 14-1 所示。

按钮配色

	主要	次要	成功	危险	警告	信息	淡色	暗黑
默认	#007BFF	#868E96	#28A745	#DC3545	#FFC107	#17A2B8	#F8F9FA	#343A40
鼠标悬停	#0069D9	#727B84	#218838	#C82333	#E0A800	#138496	#E2E6EA	#23272B
不可用	#5aaaff	#b1b6bb	#74c687	#e87c87	#ffd75f	#69c3d1	#fafbfc	#7c8083

文本提示告警级别

	主要	次要	成功	危险	警告	信息	淡色	暗黑
	#cce5ff	#e7e8ea	#d4edda	#f8d7da	#fff3cd	#d1ecf1	#fefefe	#d6d8d9

图 14-1

★重点 14.2 字体版式

Bootstrap 4 的字体依然可以使用 Segoe UI，通过不同的字号和风格（如粗体、斜体、细斜体等）进行区分。h1 到 h6 的字体大小如表 14-1 所示。3 种字体风格如图 14-2 所示，从左到右分别是 Negreta（粗体）、Normal（正常）、Light Italic（细斜体）。

表 14-1 字体版式及风格

版式	字号	字体风格（根据需要选择）
h1	40px	推荐 Normal
h2	32px	推荐 Normal
h3	28px	推荐 Normal
h4	24px	推荐 Normal
h5	20px	推荐 Normal
h6	16px	推荐 Normal

图 14-2

Step01 在文件菜单中选择“新建元件库”，存储时命名为“web 端 bootstrap4 组件”，添加文件夹，命名为“字体版式”，然后在该文件夹下新增元件页面，命名为“整体”，参考上表设计出整体的字体版式，如图 14-3 所示。

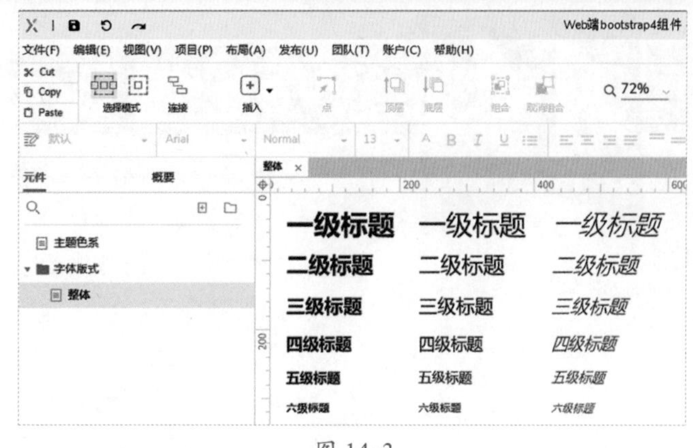

图 14-3

Step02 继续新增 6 个页面，依次将一级标题到六级标题，风格为 Normal 正常样式的内容复制到相应的页面中，并完成元件页面的命名，如图 14-4 所示。

图 14-4

14.3 按钮

本节将进行按钮设计，正常按钮在交互时都会添加“鼠标悬停样式”。字体统一使用“Segoe UI”，可以使用喜欢的颜色制作更多风格的按钮。

14.3.1 制作标准按钮

新建一个文件夹，命名为“按钮”，并在下面添加“标准按钮”元件页面，拖入“按钮”组件，命名与文本内容都为“标准按钮”，文本内容字号设置为 20，“位置”的参数为（20，20），“尺寸”的参数为（146，52），填充色设置为“#007BFF”，字体颜色设置为“#FFFFFF”，圆角设置为 4°，在“交互”面板中设置鼠标悬停时填充颜色为“#0069D9”，效果如图 14-5 所示。

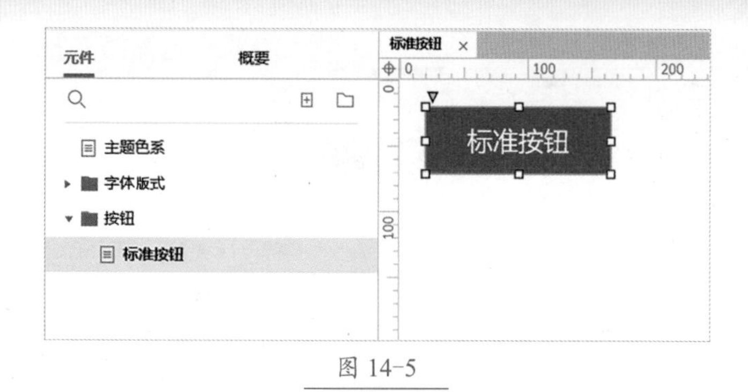

图 14-5

14.3.2 实战：制作轮廓按钮

轮廓按钮主要以边框为主（轮廓），它和标准按钮形成鲜明的对比，边框和字色使用相同的颜色，填充色则为白色或浅色。

Step01 复制“标准按钮”并粘贴，重命名为“轮廓按钮”，如图 14-6 所示。

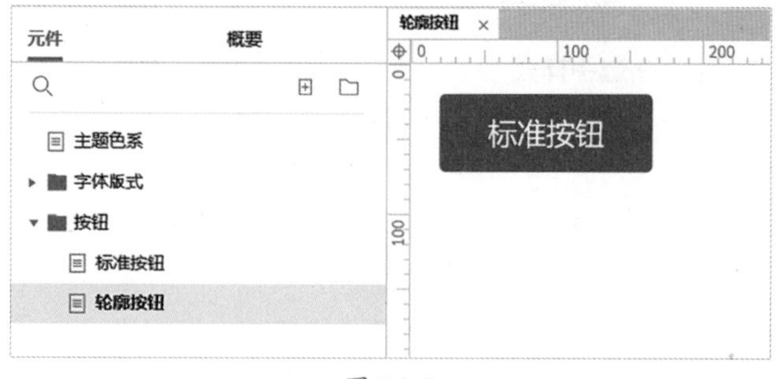

图 14-6

Step02 将“标准按钮”的文本内容修改为“轮廓按钮”，然后修改填充色为无，线段设置为 1，线段颜色设置为“#007BFF”，字体颜色设置为“#007BFF”，效果如图 14-7 所示。

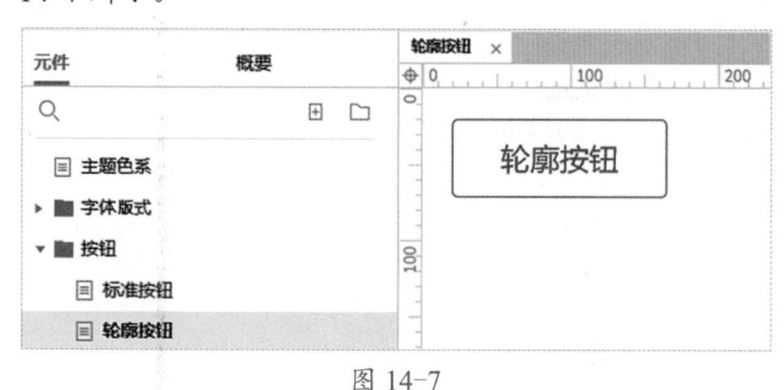

图 14-7

Step03 修改“交互”面板中的“鼠标悬停样式”，添加字色为“#FFFFFF”，如图 14-8 所示。

图 14-8

14.3.3 实战：制作禁用按钮

Bootstrap 4 提供了一套禁用的颜色规范，只需要使用这些颜色填充并适当调整样式和交互，即可完成“禁用按钮”的制作。

Step01 复制“标准按钮”元件页面并粘贴，重命名为“禁用按钮”，元件的文本内容设置为“禁用按钮”，调整填充色为“#5AAAFF”，效果如图 14-9 所示。

图 14-9

Step02 选中“矩形”元件，在“交互”面板中勾选“禁用”选项，元件就不会有交互效果了，如图 14-10 所示。

图 14-10

★重点 14.3.4 实战：制作复选按钮组

复选按钮组允许多个按钮被选中，要制作这样的元件，需要用到选中效果的切换，即选中时单击取消选中，未选中时单击则选中，按钮之间互不干扰。

Step 01 执行“项目”菜单中的“元件样式管理器”命令，前文中介绍过，经常要用的样式可以设置为样式模板，如图 14-11 所示。

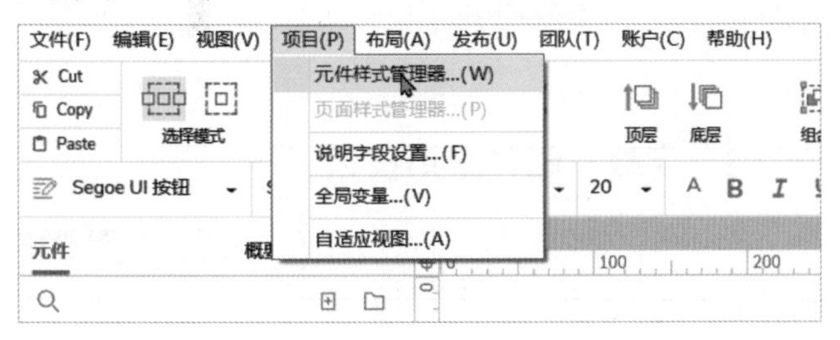

图 14-11

Step 02 添加一个元件样式，命名为“Segoe UI 按钮”，填充颜色设置为“#868E96”，字体设置为 Segoe UI，类型设置为 Normal，字号设置为 16，字色设置为白色（#FFFFFF），边框宽度设置为 0，圆角半径设置为 4，如图 14-12 所示。

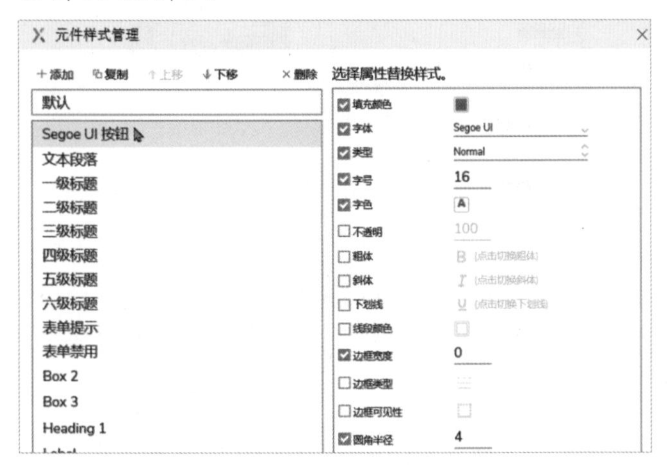

图 14-12

Step 03 拖入“矩形 2”元件，文本内容和命名都为“左”，样式选择预设样式“Segoe UI 按钮”，设置“位置”的参数为（10，22），“尺寸”的参数为（100，38），如图 14-13 所示。

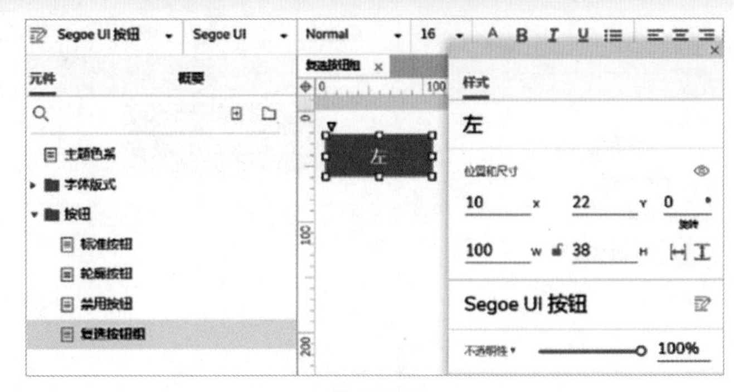

图 14-13

Step 04 为“左”元件添加交互样式，将“鼠标悬停样式”及“选中样式”的填充色都设置为“#727B84”，如图 14-14 所示。

图 14-14

Step 05 继续为该元件添加“单击时”事件，动作为“设置选中”，目标为“当前”，到达为“切换”，如图 14-15 所示。

图 14-15

Step06 完成交互事件添加后，复制2个“左”元件并粘贴，使用元件对齐功能，得到“中”和“右”两个元件，文本内容和元件名称都需要调整，如图14-16所示。

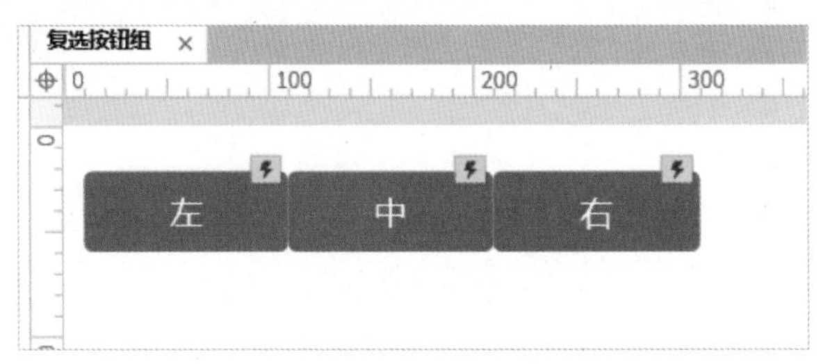

图 14-16

Step07 调整元件“左”的圆角可见性，设置右上角和右下角不可见，如图14-17所示。

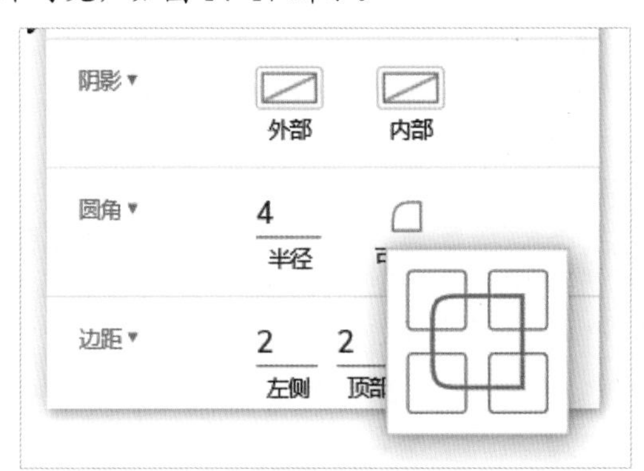

图 14-17

Step08 调整元件“中”的圆角半径为0，元件“右”的圆角半径为4，圆角可见性设置为左上角和左下角不可见，如图14-18所示。

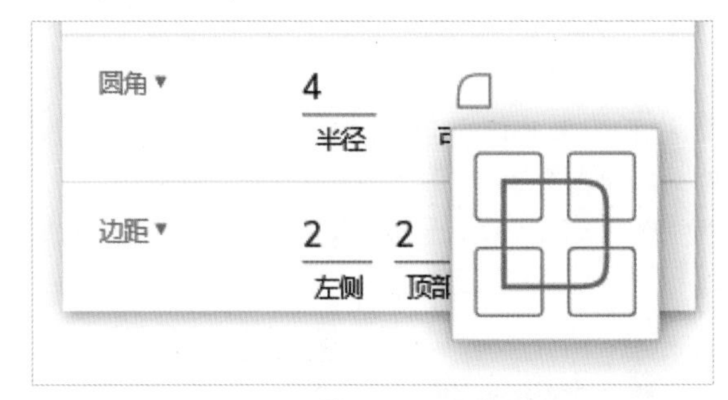

图 14-18

Step09 完成复选按钮组的设计，在浏览器中查看效果，如图14-19所示。

图 14-19

14.3.5 制作单选按钮组

单选按钮组与复选按钮组相反，一次只能选中一个，使用交互面板中的“选项组”将它们都设置为相同的选项组即可。

Step01 复制“复选按钮组”元件页面，并粘贴，重命名为“单选按钮组”，如图14-20所示。

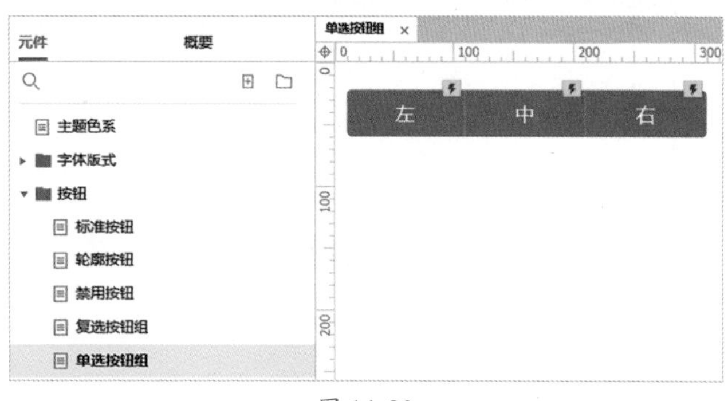

图 14-20

Step02 同时选中3个元件，打开“交互”面板，展开“形状PROERTIES”设置区域，在“选项组”处输入“单选组”，将3个元件设置为同一个分组，如图14-21所示。

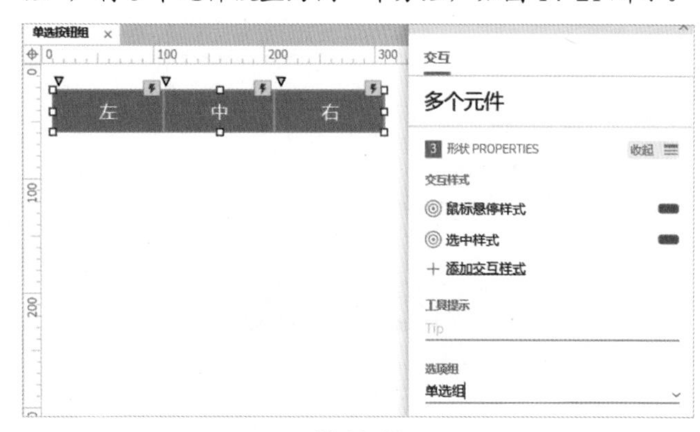

图 14-21

★重点 14.3.6 实战：制作带有下拉菜单的按钮

有时为了扩展按钮的功能，可以为按钮添加下拉菜单的交互效果，利用形状工具的箭头制作一个“下拉箭头”，然后使用矩形工具制作菜单，接着调整样式布局，并利用交互中的“隐藏和显示”动作完成制作，具体步骤如下。

Step01 新增一个“按钮带下拉菜单”元件页面，复制“单选按钮组”里的“中”元件并粘贴到该页面，设置“位置”的参数为（29，20），“尺寸”的参数为（120，38），文本内容和命名都为“更多”，文本左侧对齐，圆

角可见性为4个角都可见，左侧边距设置为30，效果如图14-22所示。

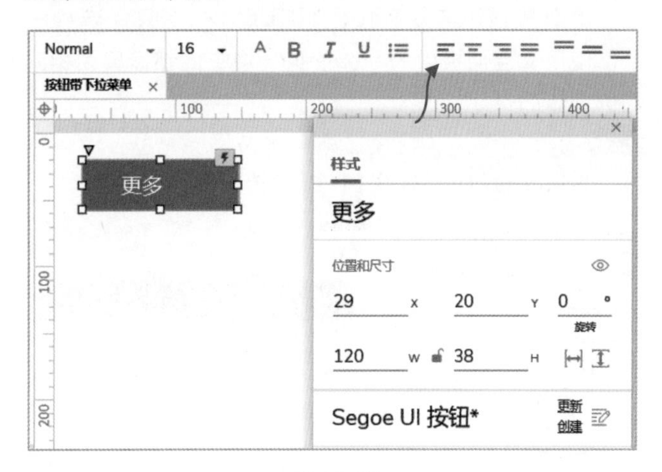

图 14-22

Step02 删除“交互”面板中的“单击时”事件及“选中样式”，如图14-23所示。

图 14-23

Step03 将“上三角形”形状添加到页面中，如图14-24所示。

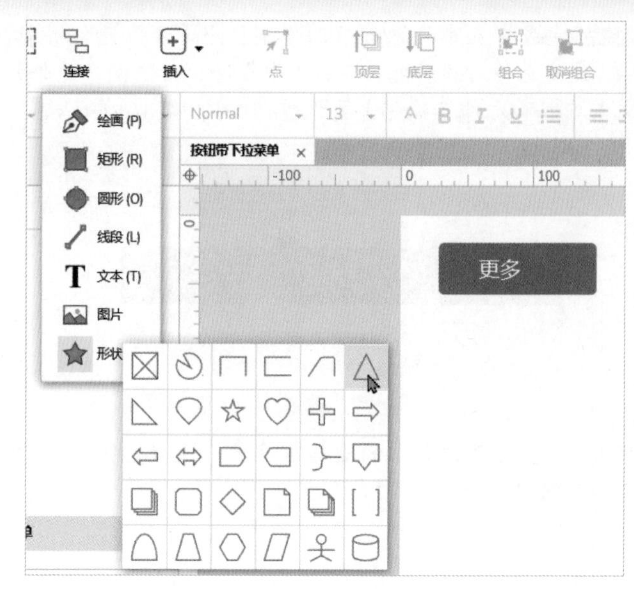

图 14-24

Step04 将插入的三角形形状命名为“小三角”并设置“位置”的参数为（124，36），“尺寸”的参数为（12，6），旋转的角度设置为180°，填充色设置为白色（#FFFFFF），线段设置为0，效果如图14-25所示。

图 14-25

Step05 将页面上的两个元件组合在一起，命名为“更多按钮”，如图14-26所示。

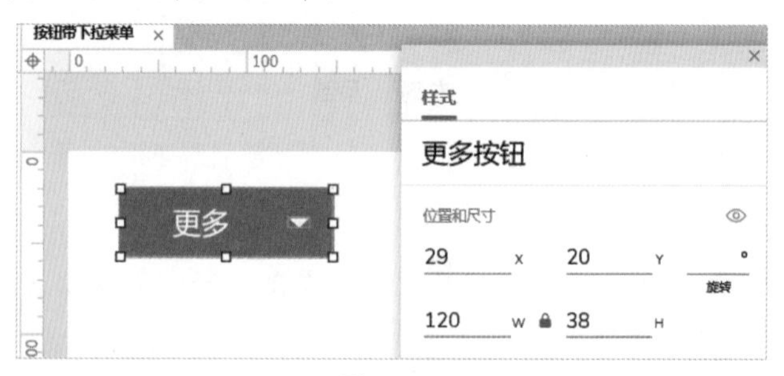

图 14-26

Step06 拖入“矩形1”元件，命名为“选项背景”并设置“位置”的参数为（29，59），“尺寸”的参数为（220，124），线段设置为1，线段颜色设置为

"#E2E6EA"，圆角半径设置为4，效果如图14-27所示。

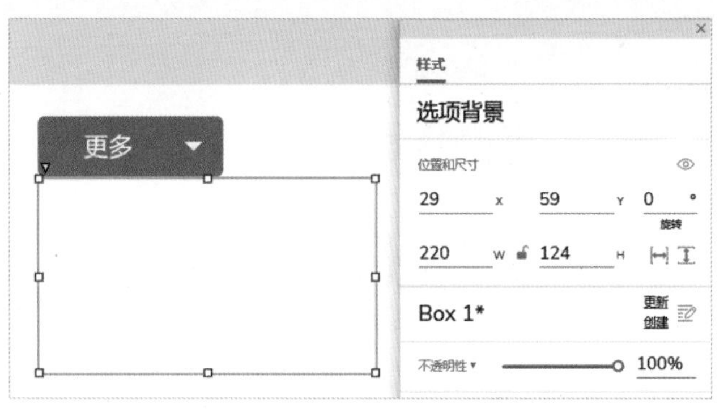

图 14-27

Step07 插入"矩形1"元件，命名为"选项"，设置"位置"的参数为（30，63），"尺寸"的参数为（218，38），线段设置为0，字号设置为16，字色设置为"#373A3C"，文本左侧对齐，左侧边距设置为20，效果如图14-28所示。

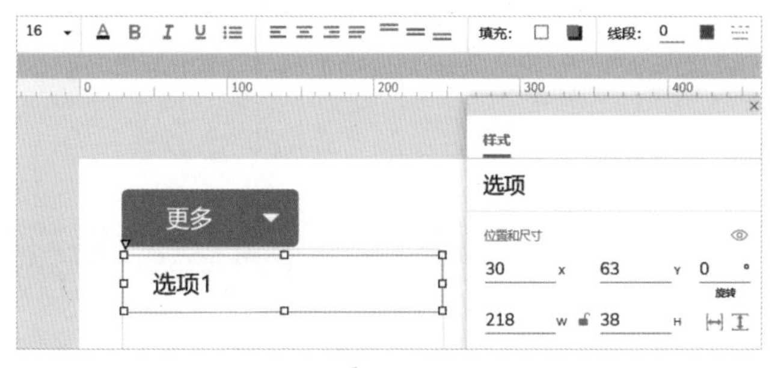

图 14-28

Step08 在"交互"面板中为"选项"元件添加"鼠标悬停样式"，并将填充颜色设置为"#F8F9FA"，"选中样式"的填充色设置为"#007BFF"，字色设置为"#FFFFFF"，如图14-29所示。

图 14-29

Step09 在"交互"面板中为"选项"元件添加"鼠标按下时"事件，设置选中当前为"真"，鼠标松开时设置选中当前为"假"，如图14-30所示。

图 14-30

Step10 复制"选项"元件，调整文本内容，得到"选项2"和"选项3"，使用元件对齐功能将元件对齐，使每个元件的高度都为38，避免重叠在一起，如图14-31所示。

图 14-31

Step11 将所有选项及选项背景组合在一起，命名为"选项菜单组合"，并设置为隐藏，效果如图14-32所示。

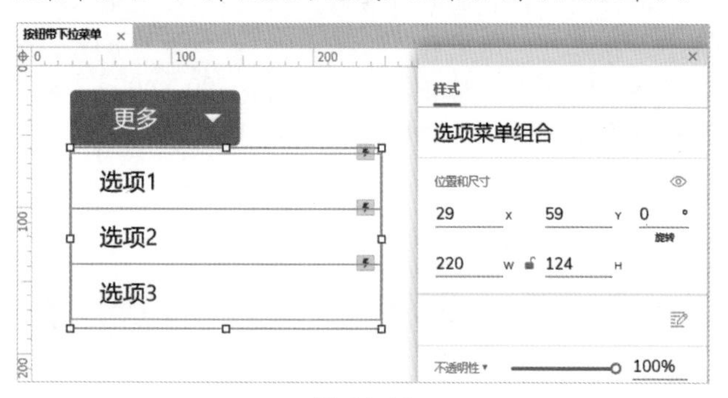

图 14-32

Step12 为“更多按钮”添加“单击时”事件，动作为“显示/隐藏”，目标为“选项菜单组合”，设置为“切换”，动画根据需要设定，这里未设置，如图14-33所示。

图 14-33

Step13 在浏览器中预览并查看交互效果，如图14-34所示。

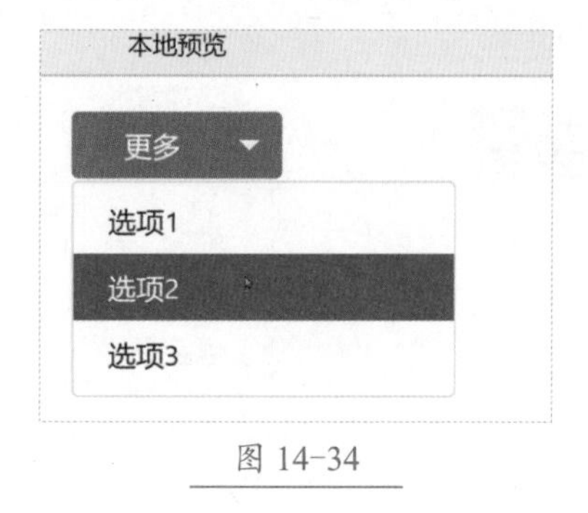

图 14-34

14.4 轮播图

轮播图在各行各业的应用都十分普遍，如京东、淘宝、支付宝等网站首页，每隔几秒会自动切换推广信息。轮播图除自动切换外，还可以手动切换，下面就来学习如何制作轮播图。

★重点 14.4.1 实战：制作标准轮播图

官方提供的标准轮播图就是在动态面板多个状态之间进行切换，单击左侧区域时切换到上一张，单击右侧区域时切换到下一张，并使用面板状态的循环切换，除“动态面板”元件外，还用到了“热区”元件。

Step01 添加一个文件夹并命名为“轮播图”，在该文件夹添加一个元件页面，命名为“标准”，接着拖入一个动态面板元件，命名为“轮播面板”，设置“位置”的参数为（0，0），“尺寸”的参数为（800，400），尺寸在实际工作中可以灵活调整，如图14-35所示。

图 14-35

Step02 制作“轮播图”，添加“矩形2”元件，命名为“第一张”，文本内容也设置为“第一张”，设置“位置”的参数为（0，420），“尺寸”的参数为（800，400），字号设置为72，字色设置为“#727B84”，填充色设置为“#F2F2F2”，线段设置为0，效果如图14-36所示。

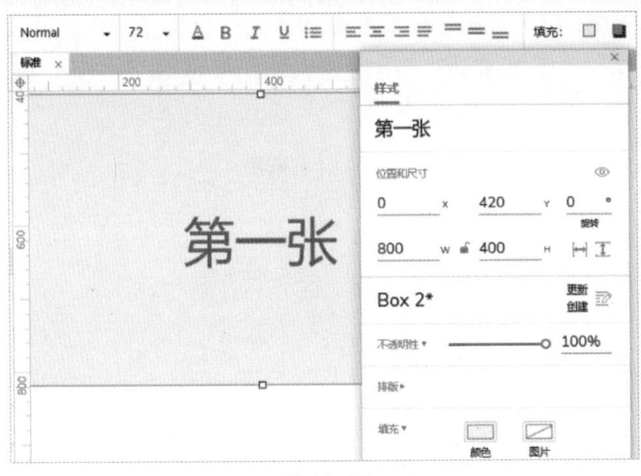

图 14-36

Step03 剪切“第一张”元件，双击“轮播面板”元件进入动态面板编辑模式，粘贴剪切的元件并设置“位置”参数为（0，0），“尺寸”保持不变，如图 14-37 所示。

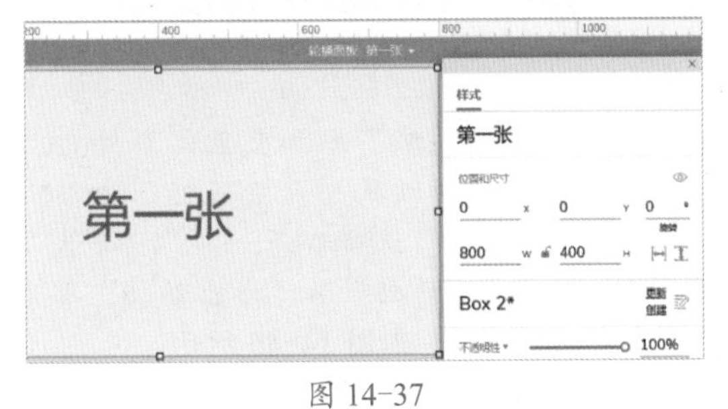

图 14-37

Step04 利用重复状态功能，复制得到轮播面板的第二张和第三张，元件名和文本内容都相应调整，如图 14-38 所示。

图 14-38

Step05 确保已完成上述步骤中动态面板状态及元件命名等操作，此时概要面板的结构如图 14-39 所示。

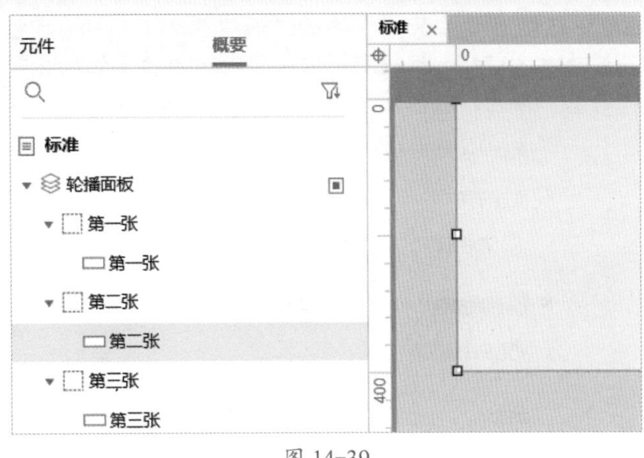

图 14-39

Step06 拖入水平辅助线，将辅助线的位置调整为 200，元件设置为居中，然后使用绘画工具，以水平辅助线为对称线，绘制一个向右的箭头，如图 14-40 所示。

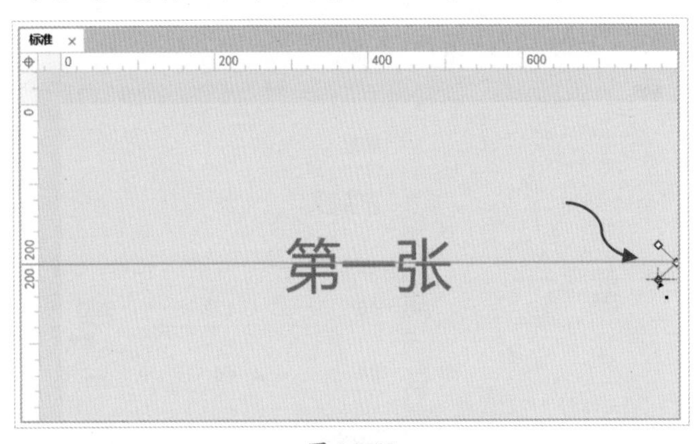

图 14-40

Step07 将新绘制的形状命名为“右箭头”，设置“位置”的参数为（736，178），“尺寸”的参数为（24，44），线段为 4，线段颜色为“#BBBBBB”，如图 14-41 所示。

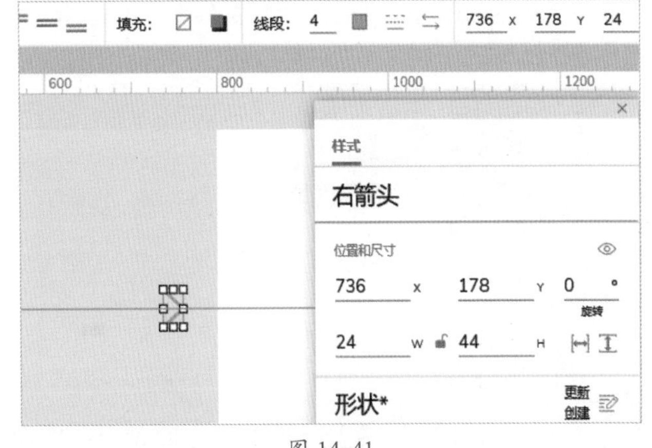

图 14-41

Step 08 继续为“右箭头”添加“选中样式”，线段颜色设置为 #28A745，线段颜色取决于轮播图的背景色及箭头的基础颜色，颜色反差要大，如图 14-42 所示。

图 14-42

Step 09 复制“右箭头”元件并粘贴，重命名为“左箭头”，设置“位置”的参数为（40，178），“旋转”为 180°，如图 14-43 所示。

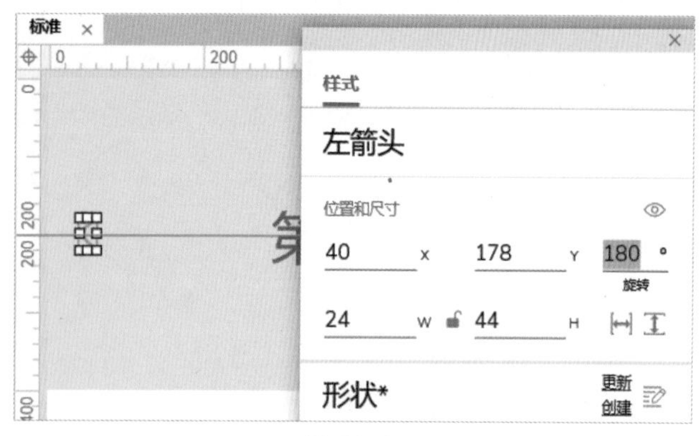

图 14-43

Step 10 拖入一个“热区”元件，命名为“右侧区域”，目的是增大箭头的交互区域，设置“热区”元件的“位置”参数为（700，0），“尺寸”的参数为（100，400），如图 14-44 所示。

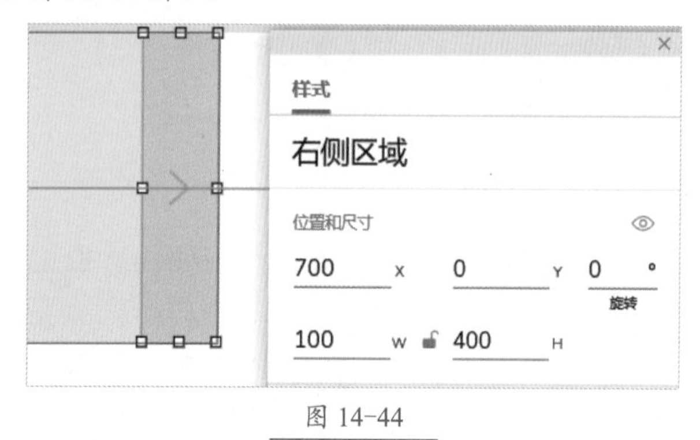

图 14-44

Step 11 为“右侧区域”添加交互，分别设置“鼠标移入时”选中右箭头，“鼠标移出时”取消选中，即“真”和“假”，如图 14-45 所示。

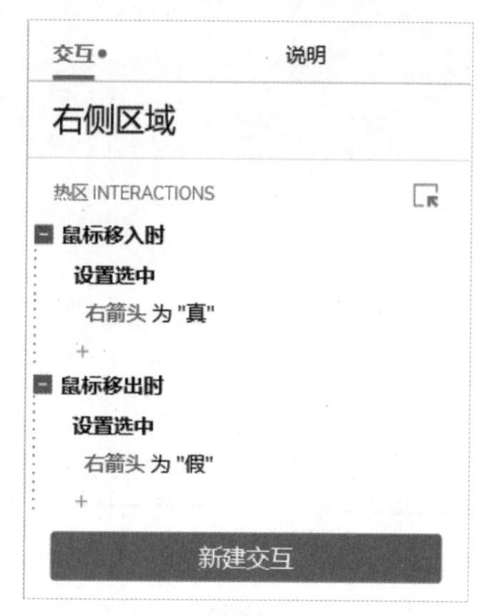

图 14-45

Step 12 继续为“右侧区域”添加交互，事件为“单击时”，动作为“设置面板状态”，“目标”为“轮播面板”，“STATE（状态）”选择“下一项”，勾选“向后循环”复选框，“进入动画”和“退出动画”都为“逐渐”，时长为 500 毫秒，如图 14-46 所示。

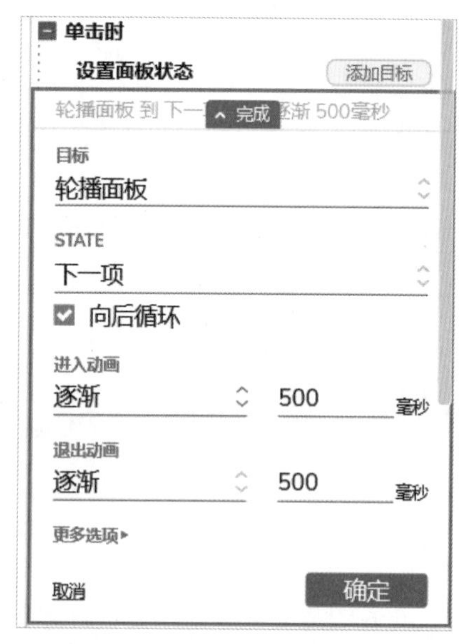

图 14-46

Step 13 复制“右侧区域”元件并粘贴，命名为“左侧区域”，修改鼠标移入/移出时的对象为“左箭头”，动态面板的状态改为“上一项”，其余不变，如图 14-47 所示。

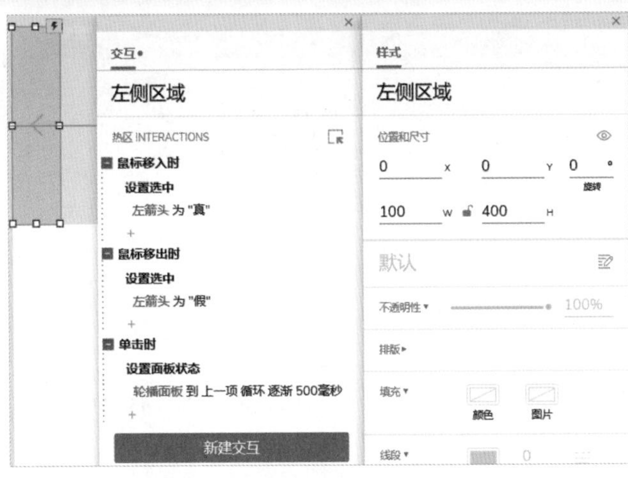

图 14-47

Step 14 在浏览器中预览效果，分别单击左侧区域和右侧区域，鼠标移入和移出时左右箭头的颜色会发生变化，如图 14-48 所示。

图 14-48

14.4.2 实战：制作带指示标的轮播图

我们可以通过左右区域的单击切换轮播图，但并不能直观地知道具体有多少张图片，指示标既可以快速定位到对应的轮播图，也可以根据指示标的个数判断有多少张轮播图。

Step 01 复制“标准”元件页面并粘贴，重命名为“指示标”，如图 14-49 所示。

图 14-49

Step 02 拖入垂直辅助线，辅助线的位置设置为 400，用于居中对齐参考。双击“动态面板”元件，选中“第一张”状态，拖入“矩形 2”元件，命名为“指示标 2”，设置“位置”的参数为（382，370），“尺寸”的参数为（38，10），填充色设置为“#868E96”，如图 14-50 所示。

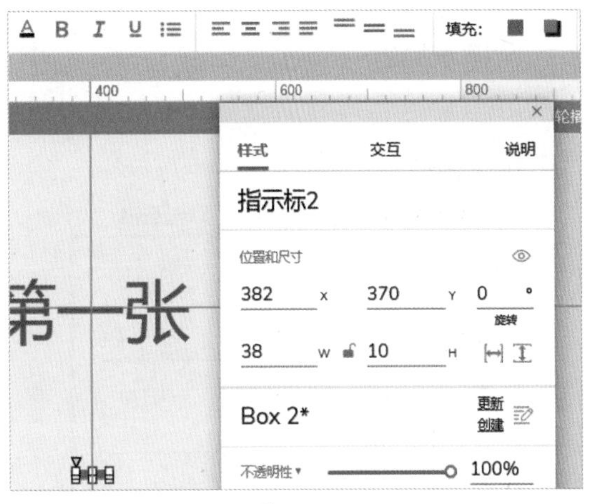

图 14-50

Step 03 复制“指示标 2”，得到“指示标 1”和“指示标 3”，间距设置为 20，设置“指示标 1”的位置参数为（324，370），“指示标 3”的位置参数为（440，370），效果如图 14-51 所示。

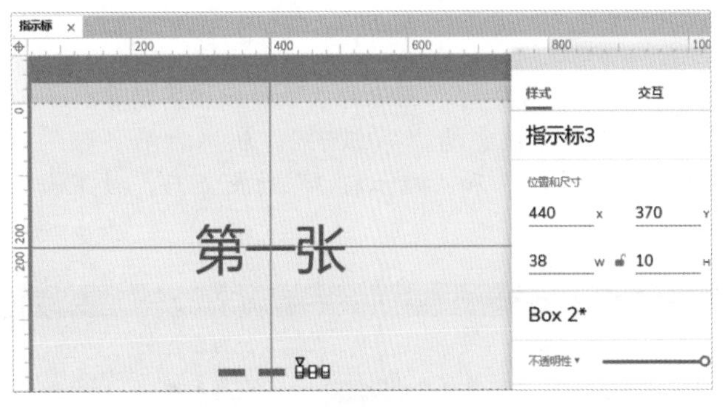

图 14-51

Step 04 调整“指示标 1”的填充色为“#28A745”，概要面板层级结构如图 14-52 所示。

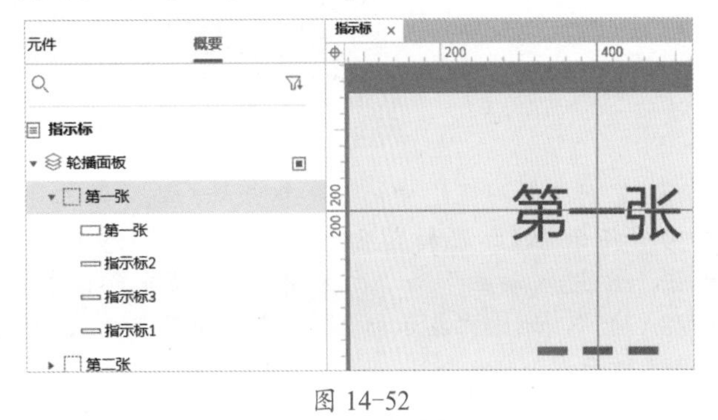

图 14-52

Step 05 为“指示标 2”添加“单击时”事件，“目标”为“轮播面板”，“STATE（状态）”为“第二张”，“进入动画”和“退出动画”都为向左滑动，时长为 500 毫秒，如图 14-53 所示。

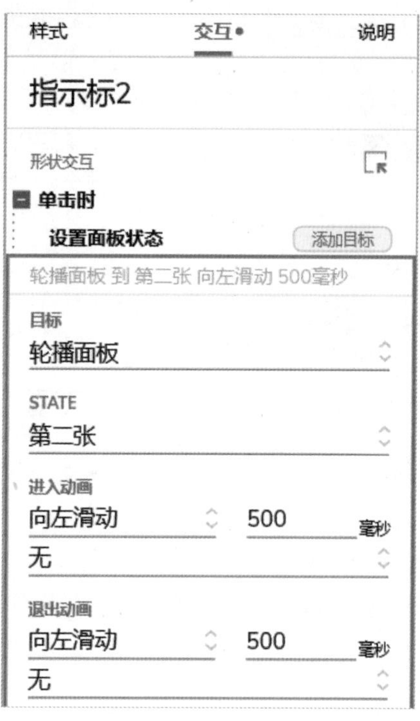

图 14-53

Step 06 同样还需要为“指示标 3”添加相同的事件和动作，不同的是状态为“第三张”。状态“第一张”添加完“指示标 2”和“指示标 3”的交互后，效果如图 14-54 所示。

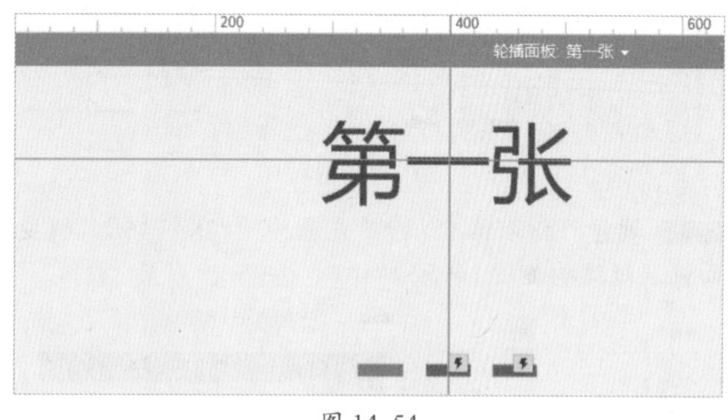

图 14-54

Step 07 复制“第一张”中的 3 个指示标，在“第二张”中为“指示标 1”添加交互，单击时切换状态为“第一张”，“进入动画”为“向右滑动”，填充色设置为“#28A745”，删除“指示标 2”的交互事件，效果如图 14-55 所示。

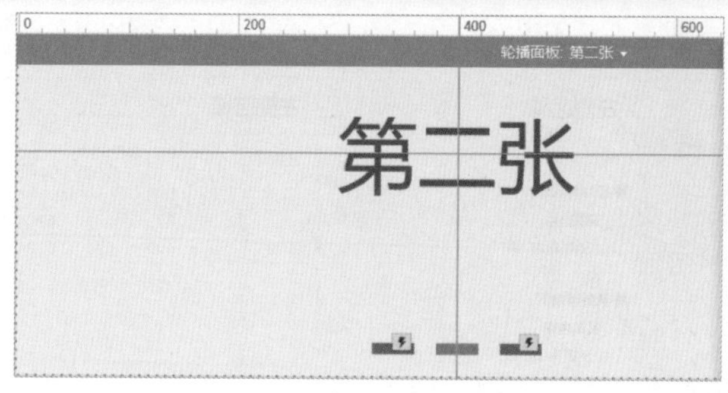

图 14-55

Step 08 使用上一步的方法，完成“第三张”状态的调整，效果如图 14-56 所示。

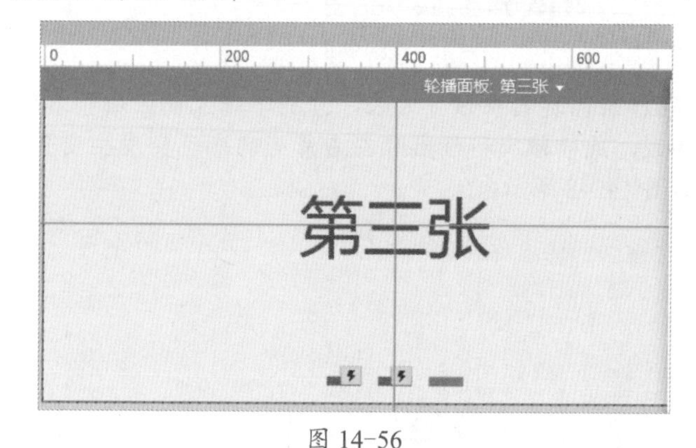

图 14-56

Step 09 在浏览器中预览，分别单击左侧区域、右侧区域及指示标 1、指示标 2 和指示标 3，状态和高亮正常切换，如图 14-57 所示。

图 14-57

14.4.3 实战：制作带定时器和说明的轮播图

定时器可以自动切换轮播图，说明文本可以描述轮播图的用途，根据重要性和文字内容的多少预估时长，常用的时间间隔有 3 秒、5 秒、6 秒等，阿里云的轮播图设计如图 14-58 所示，间隔时长为 6 秒。

图 14-58

Step01 复制“指示标”元件页面并粘贴，重命名为“带定时器和说明”，如图 14-59 所示。

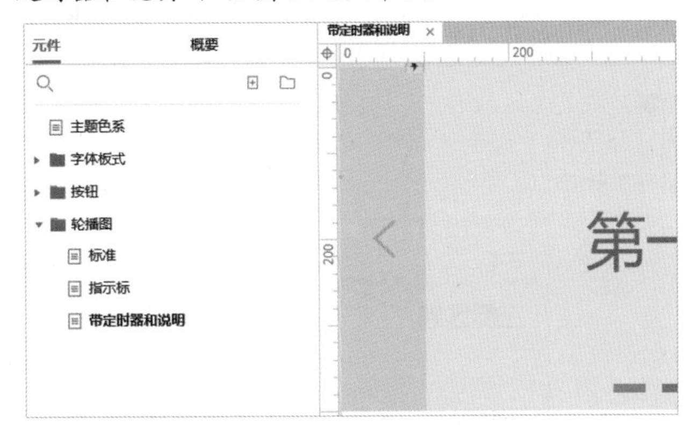

图 14-59

Step02 双击“轮播面板”切换到“第一张”状态编辑模式，拖入“文本标签”元件，命名为“标题”，文本内容为“这是说明标题 1”，字号设置为 28 号，字色设置为“#727B84”，设置“位置”的参数为（308，260），“尺寸”的参数为（184，37），效果如图 14-60 所示。

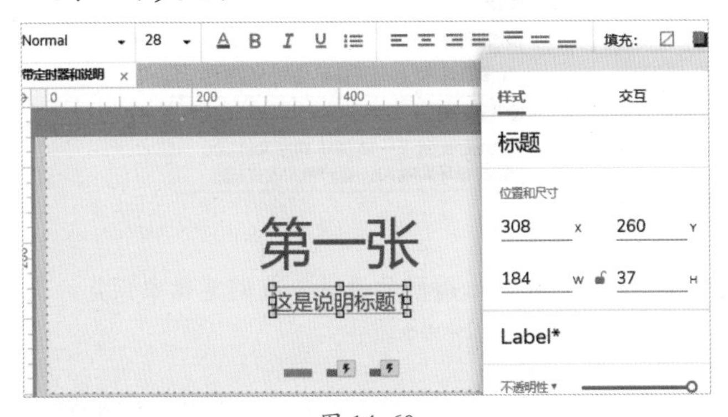

图 14-60

Step03 复制“标题”元件并粘贴，重命名为“提示内容”，设置“位置”的参数为（323，317），“尺寸”的参数为（153，21），字号设置为 16 号，字色设置为“#868E96”，效果如图 14-61 所示。

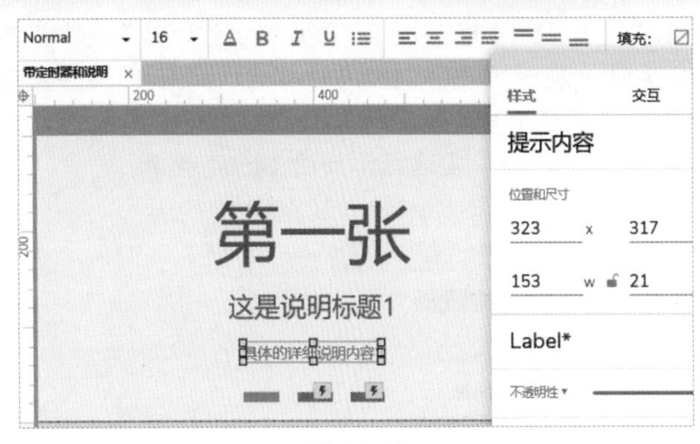

图 14-61

Step04 复制“标题”元件和“提示内容”元件并粘贴到“第二张”状态，调整“标题元件”的文本内容为“这是说明标题 2”，“提示内容”元件的文本内容为“具体的详细说明内容 2”，如图 14-62 所示。

图 14-62

Step05 复制“标题”元件和“提示内容”元件并粘贴到“第三张”状态，调整“标题元件”的文本内容为“这是说明标题 3”，“提示内容”元件的文本内容为“具体的详细说明内容 3”，如图 14-63 所示。

图 14-63

Step06 退出动态面板编辑模式，为“轮播面板”添加“载入时”事件，动作为“设置面板状态”，“目标”为“轮播面板”，“STATE”选择“下一项”，勾选“向后循环”复选框，“进入动画”为“向左滑动”，时长为500毫秒，展示“更多选项”，勾选“循环间隔”复选框并设置为3000毫秒，即3秒，勾选“首个状态延时3000毫秒后切换”复选框，如图14-64所示。

图 14-64

Step07 复制“轮播面板”载入时的动作内容，如图14-65所示。

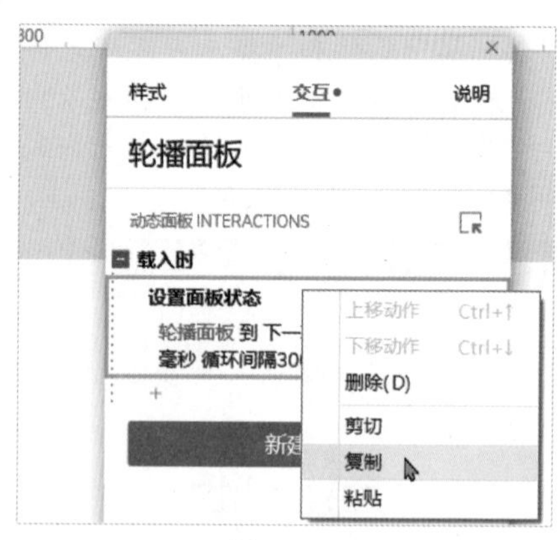

图 14-65

Step08 依次切换面板状态，为已有交互动作的指示标粘贴第7步中复制的动作，粘贴前先在“交互面板”中选中交互事件，Axure会将复制的动作粘贴到交互事件的后面，如一个按钮有“单击时”事件和“双击时”事件，此时就需要选中具体的交互事件后粘贴，避免事件粘贴错误。这里在“指示标2”已有的“单击时”事件后面粘贴，其余指示标需读者自行完成粘贴，如图14-66所示。

图 14-66

Step09 完成上述操作后，继续将复制的动作粘贴到“左侧区域”和“右侧区域”，以触发自动循环效果，如图14-67所示。

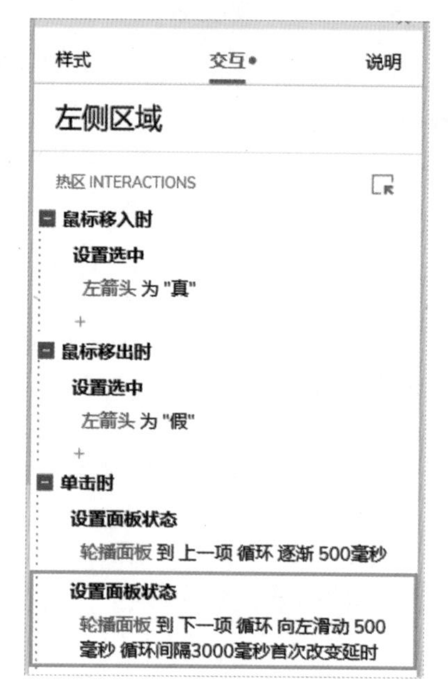

图 14-67

Step10 至此完成该轮播图的设计，在浏览器中预览，交互效果正常，如图14-68所示。

图 14-68

14.5 卡片式元件

BootStrap 4 的卡片式元件和前文介绍的“图文 / 卡片”有相似之处，但配色及元件的尺寸不同。本节将介绍带图片、按钮及脚注的卡片及选项卡切换元件的制作。

14.5.1 实战：制作带图片和按钮的组件

这和 WeUI 的元件类似，但大小和风格有差异，初学的读者需要多加练习，体会 PC 端的布局与移动端的布局的异同。

Step01 新增一个文件夹，命名为“卡片式组件”，在该文件夹下添加一个元件页面，命名为“带图片和按钮”，拖入“矩形 2”元件，命名为“图片”，文本内容为“300*180”，元件样式选择前文中新增的样式“Segoe UI 按钮”，设置“位置”的参数为（10，10），“尺寸”的参数为（380，180），线段设置为 1，线色设置为“#E2E6EA”，圆角设置为左下角和右下角不可见，即直角，效果如图 14-69 所示。

图 14-69

Step02 复制上步中的“图片”元件并粘贴，将其重命名为“外框”，填充色设置为“#FFFFFF”，删除文本内容，设置“位置”的参数为（10，190），“尺寸”的参数为（300，180），圆角设置为左上角和右上角不可见，左下角和右下角可见，效果如图 14-70 所示。

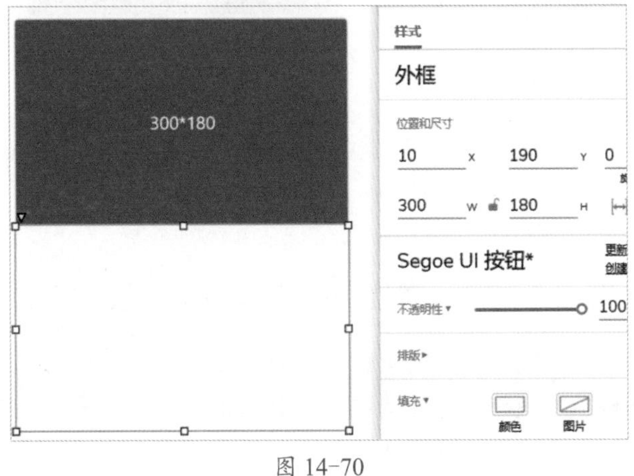

图 14-70

Step03 使用 h4 标题，或者拖入文本元件，设置字号为 24 号，字色为“#333333”，命名和文本内容都为“卡片标题”，设置“位置”的参数为（40，220），“尺寸”的参数为（96，32），效果如图 14-71 所示。

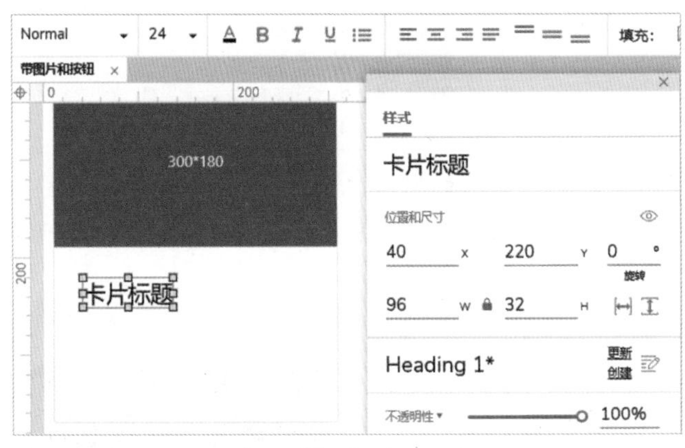

图 14-71

Step04 使用 h6 标题或复制“卡片标题”并粘贴，将其命名为“提示内容”，文本内容为“更多关于卡片的信息描述”，设置“位置”的参数为（40，272），“尺寸”的参数为（176，21），字号设置为 16 号，字色设置为“#727B84”，如图 14-72 所示。

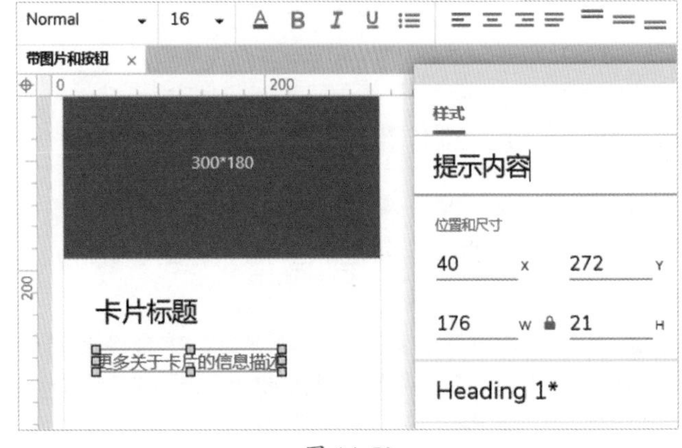

图 14-72

Step05 复制“标准按钮”元件并粘贴，重命名为“按钮”，设置“位置”的参数为（190，313），“尺寸”的参数为（100，36），字号设置为 16 号，效果如图 14-73 所示。

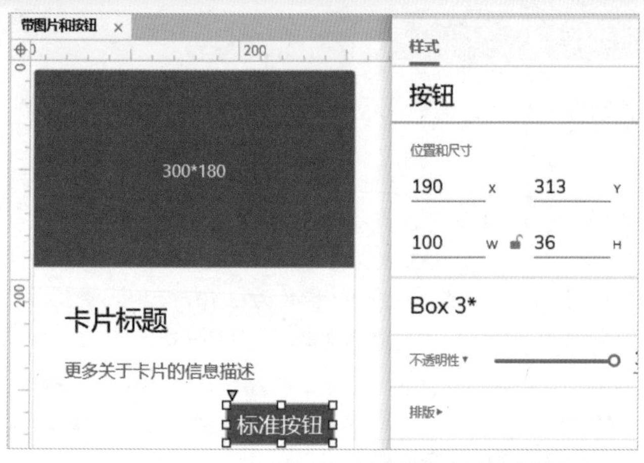

图 14-73

Step 06 选中页面上的所有元件进行分组并命名为“带图片和按钮”，概要面板的层级结构及页面效果如图 14-74 所示。

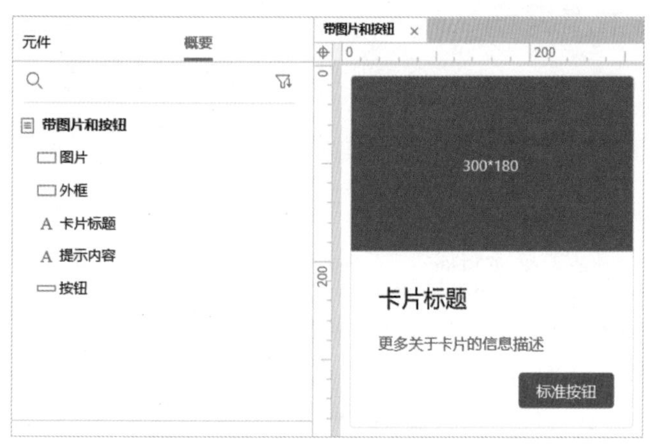

图 14-74

14.5.2 实战：制作带图片和脚注的组件

按钮可以进行交互操作，而脚注通常用于提醒，试着将 14.5.1 节中的按钮换成脚注提醒，得到一组新的元件，应用到不同的场景中。

Step 01 复制“带图片和按钮”元件页面，重命名为“带图片和脚注”，删除蓝色的元件按钮，如图 14-75 所示。

Step 02 复制“提示内容”元件并粘贴，将其重命名为“时间提示”，设置字号为 13 号，字色为“#868E96”，“位置”的参数为（246，338），“尺寸”的参数为（47，17），如图 14-76 所示。

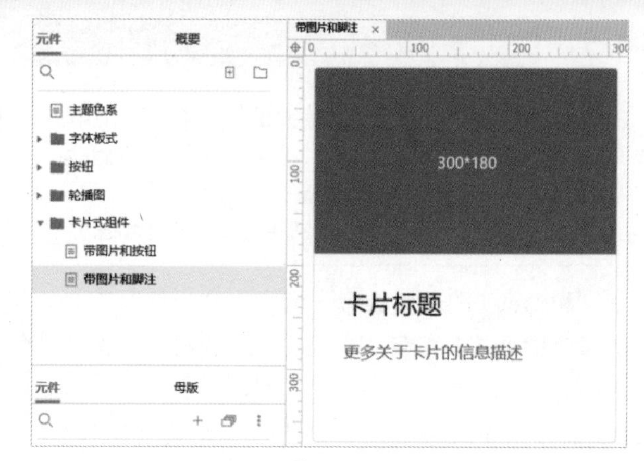

图 14-75

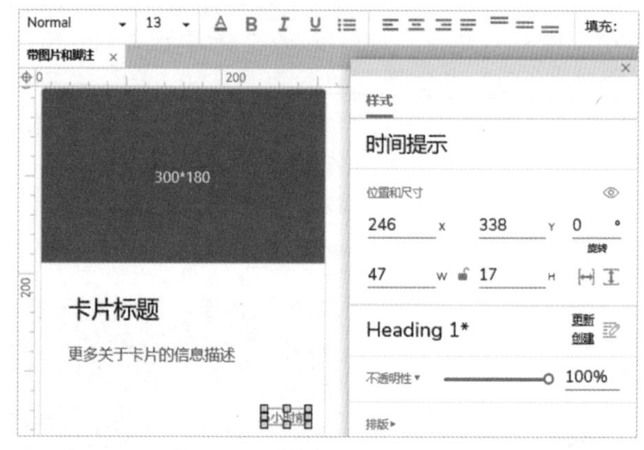

图 14-76

Step 03 将分组命名为“带图片和脚注”，概要面板的层级结构及页面效果如图 14-77 所示。

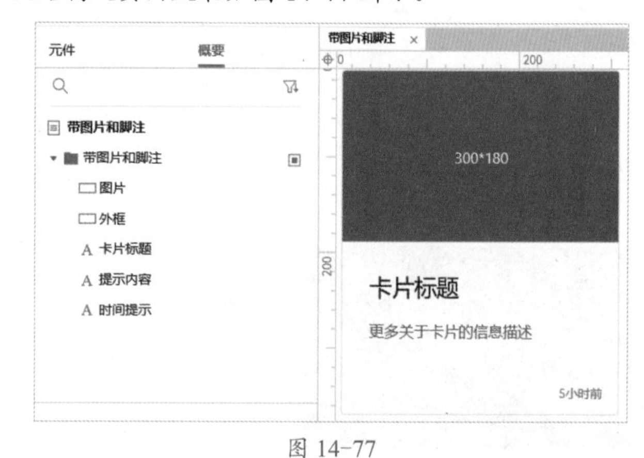

图 14-77

★重点 14.5.3 实战：制作选项卡切换元件

本节我们制作一个选项卡的切换元件，将用到动态面板、单选按钮组、选中时和取消选中的交互样式，在实战中要注意边框样式的衔接。

Step01 新建“选项卡切换”页面。拖入“矩形2”元件，命名为“导航背景”，设置“位置”的参数为（20，15），“尺寸”的参数为（600，65），填充色设置为“#F7F7F7”，线宽设置为1，线色设置为“#E2E6EA”，圆角半径设置为4，圆角设置为左下角和右下角不可见，效果如图14-78所示。

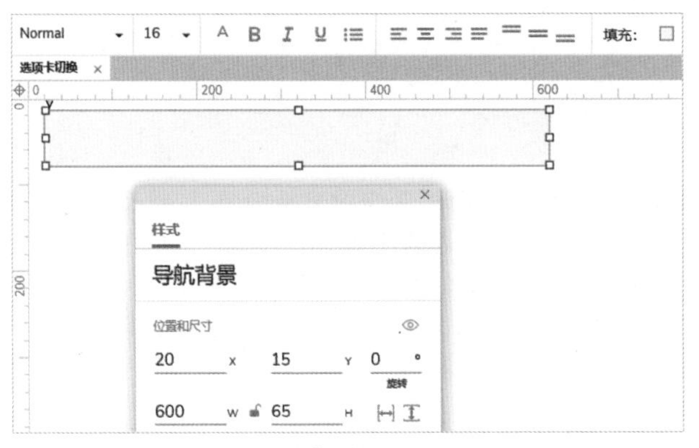

图 14-78

Step02 继续拖入“矩形2”元件，命名为“我的选项卡”，文本内容为“我的”，设置“位置”的参数为（40，48），“尺寸”的参数为（87，32），设置字号为16，字色为“#727B84”，填充色为“#F7F7F7”，线宽设置为1，线色设置为“#E2E6EA”，线段的上、左、右不可见，仅下可见，圆角半径设置为4，如图14-79所示。

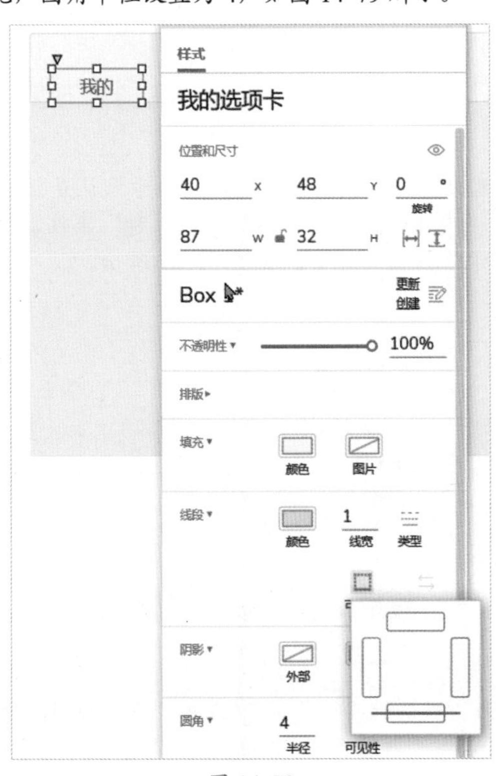

图 14-79

Step03 为“我的选项卡”元件添加选中样式，填充颜色设置为“#FFFFFF”，线段颜色设置为“#F7F7F7”，边框宽度设置为1，边框可见性设置为下边框不可见，其余可见，如图14-80所示。

图 14-80

Step04 继续为“我的选项卡”元件添加“单击时”事件，动作为“设置选中”，目标为“当前”，值设置为“真”，如图14-81所示。

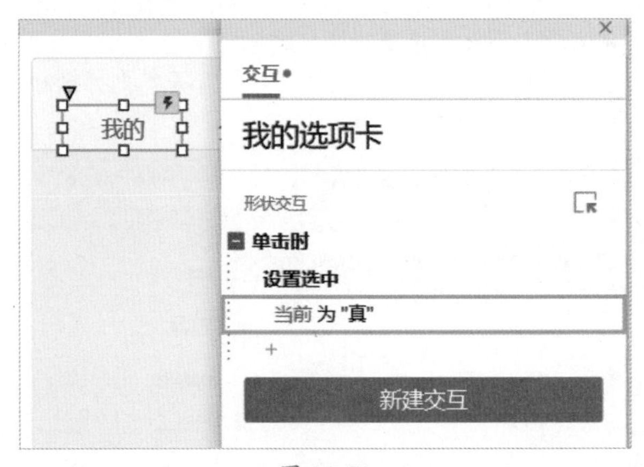

图 14-81

Step05 复制“我的”选项卡元件并粘贴，得到“分类”和“设置”元件，分别命名为“分类选项卡”和“设置选项卡”，效果如图14-82所示。

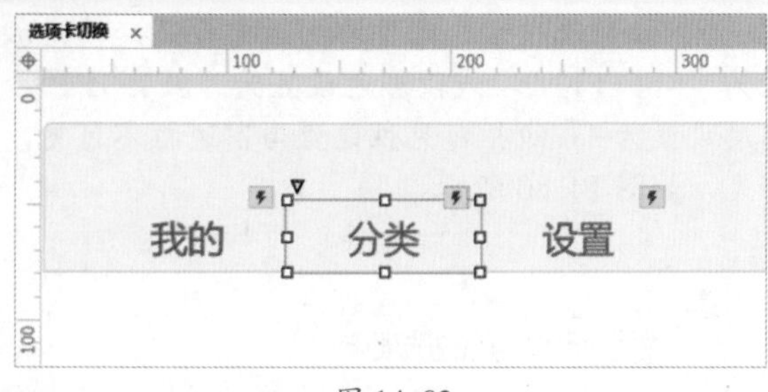

图 14-82

Step 06 拖入“动态面板”元件，命名为“内容面板”，设置“位置”的参数为（20，80），“尺寸”的参数为（600，330），如图 14-83 所示。

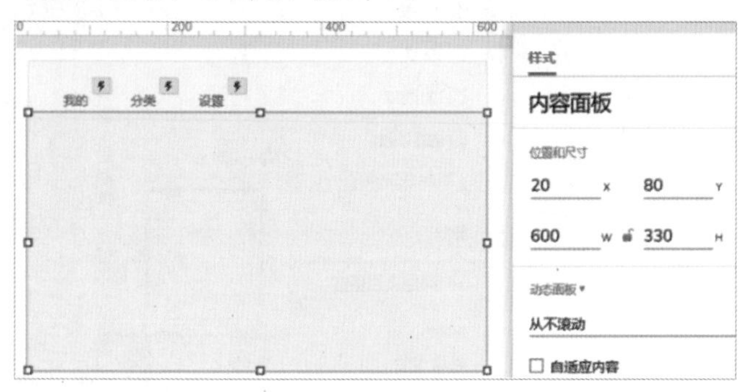

图 14-83

Step 07 双击“动态面板”进入动态面板编辑模式，将“State1”状态名改为“我的”，拖入“矩形 1”元件，命名为“内容”，设置“位置”的参数为（0，0），“尺寸”的参数为（600，330），填充色设置为“#FFFDFD”，线宽设置为 1，线色设置为“#F7F7F7”，线段的上边框不可见（避免与“导航背景”元件的边框重叠），效果如图 14-84 所示。

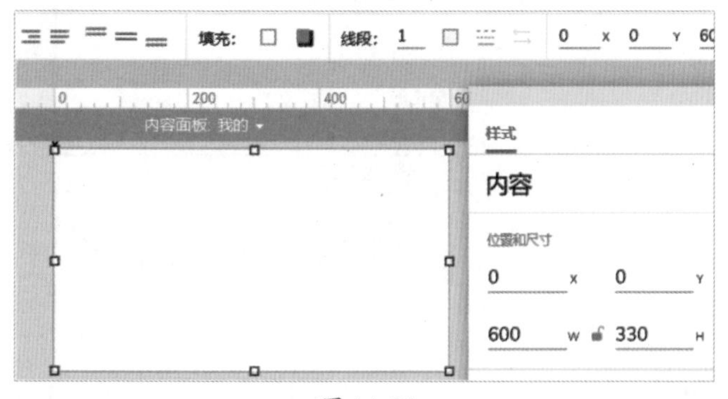

图 14-84

Step 08 使用“重复状态”功能，得到“分类”状态和“设置”状态，如图 14-85 所示。

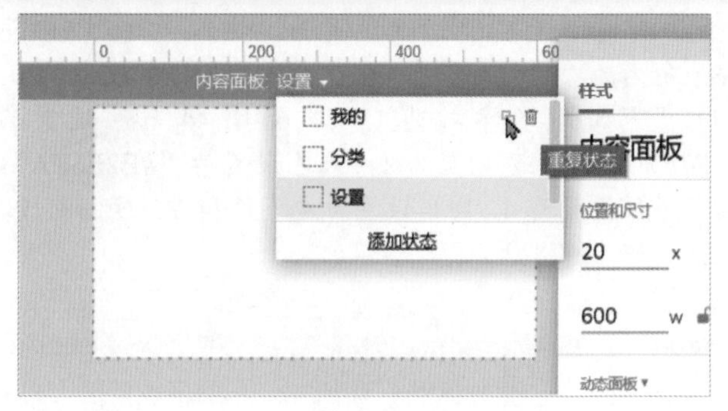

图 14-85

Step 09 从轮播图下的“带定时器和说明”页面中复制文本提示并粘贴到“内容”提示元件上，使用“元件对齐”功能，让文本居中对齐，完成对齐后再次将文本内容复制到另外两个状态中，并分别将文本末尾的数字改为 2 和 3，如图 14-86 所示。

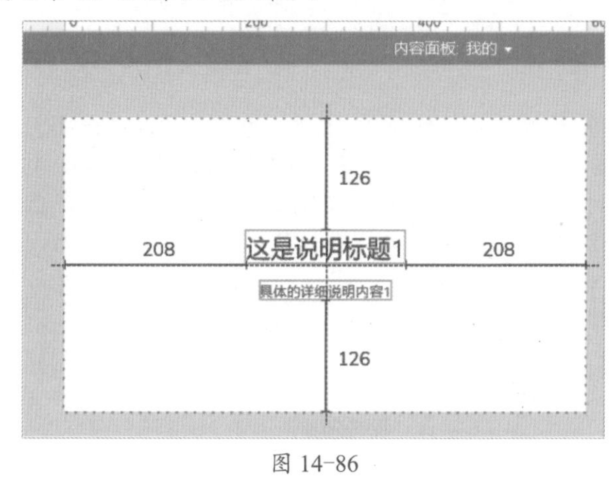

图 14-86

Step 10 退出动态面板编辑模式，选项卡默认是没有选中的，为“内容面板”元件添加“载入时”事件，将“我的选项卡”设置为选中，如图 14-87 所示。

图 14-87

Step 11 为“我的选项卡”元件添加“设置面板状态”动作，目标为“内容面板”，状态为“我的”，完成后复制当前动作，如图 14-88 所示。

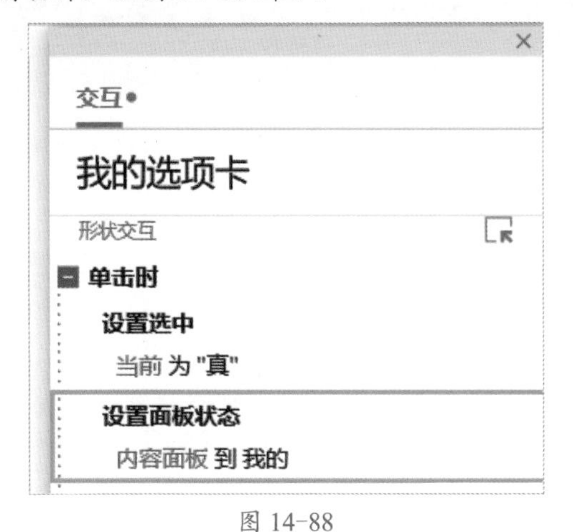

图 14-88

Step12 将上一步中复制的动作分别粘贴到“分类选项卡”元件和“设置选项卡”元件中，状态分别修改为“分类”和“设置”，至此完成选项卡切换元件的制作，在浏览器中预览，效果如图 14-89 所示。

图 14-89

14.6 分页元件

在很多功能型的原型中，分页元件的作用是告知查询结果可进行分页切换，包括上一页、下一页及指定的某一项，一些元件还可设置每页显示内容的条数、输入跳转页码值等。当前页面如果为第一页，上一页按钮则不能再单击（为不可单击样式）。本节将介绍不同尺寸的简单版的分页元件设计方法，读者可以根据实际需要进行扩展。

14.6.1 实战：制作大尺寸分页元件

分页用到了单选按钮组的交互样式，制作好一个按钮后可以重复使用，不同的场景需要用到的按钮尺寸有所不同，本节制作一个较大尺寸的分页，之后将围绕这个案例衍生出不同的分页元件制作。

Step01 新增一个文件夹并命名为“分页”，在该文件夹下添加一个元件页面，命名为“分页大”，复制“轮廓按钮”元件页面中的内容并粘贴，效果如图 14-90 所示。

图 14-90

Step02 将复制的元件命名和文本内容都设置为“上一页”，位置和尺寸保持不变，线色设置为“#E2E6EA”，效果如图 14-91 所示。

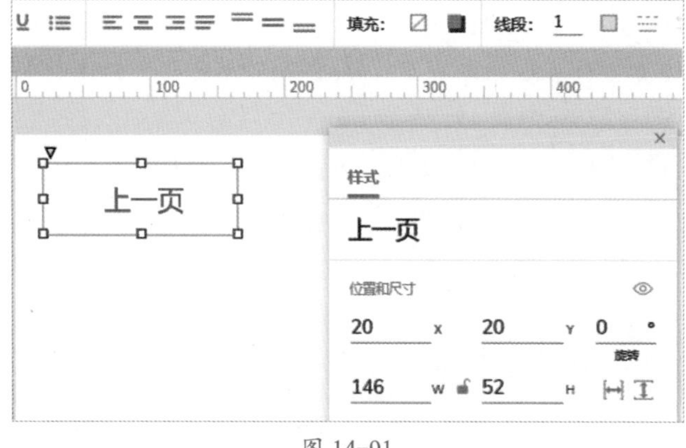

图 14-91

Step03 调整“上一页”元件的“鼠标悬停样式”的参数，填充颜色设置为“#E9ECEF”，“选中样式”的填充颜色设置为“#007BFF”，字色设置为“#FFFFFF”，选项组为“分页组”，如图 14-92 所示。

图 14-92

Step04 继续为该元件添加交互，“单击时”事件设置当前选中值为“真”，如图 14-93 所示。

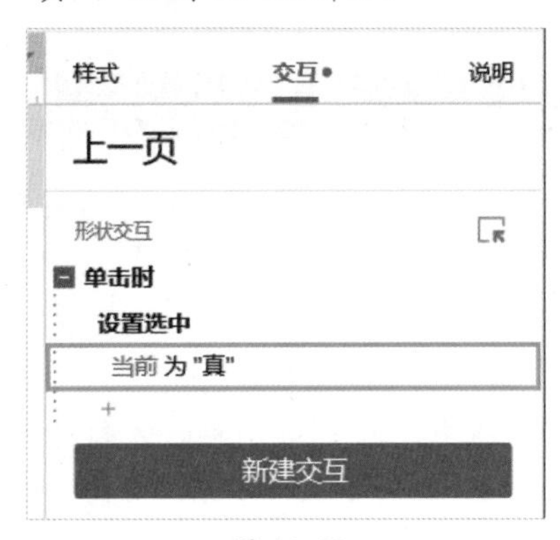

图 14-93

Step05 复制“上一页”元件并粘贴，重命名为“页码”，设置“位置”的参数为（166，20），“尺寸”的参数为（44，52），如图 14-94 所示。

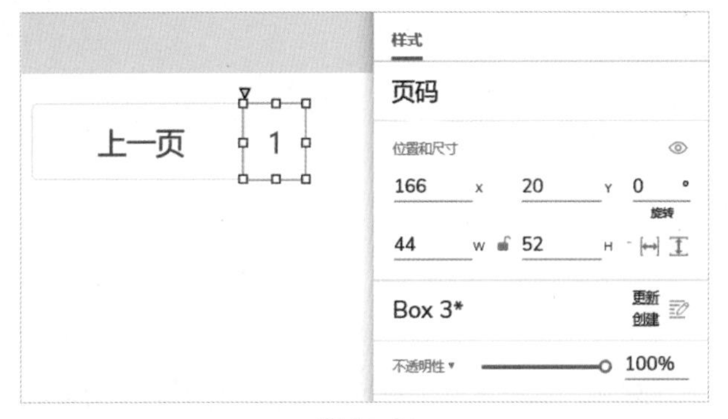

图 14-94

Step06 继续复制“页码”和“上一页”元件并粘贴，得到其他页码（2、3、4、5）和下一页元件。选中所有元件，将其分组并命名为“分页组合”，概要面板中层级结构及命名如图 14-95 所示。

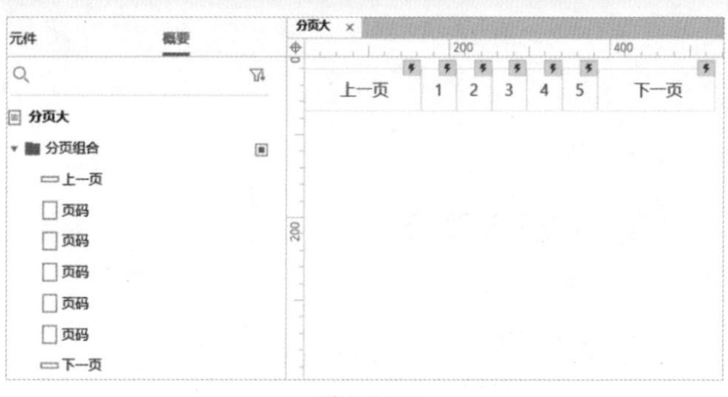

图 14-95

Step07 在浏览器中预览并进行指向和单击交互，如图 14-96 所示。

图 14-96

14.6.2 实战：制作中等尺寸分页元件

复制“分页大”中的所有内容并粘贴，重命名为“分页中”，将字号调整为 16，矩形的高度设置为 32，上一页和下一页的宽度为 125，页码的宽度为 38，交互颜色可自行更换，最终效果如图 14-97 所示。

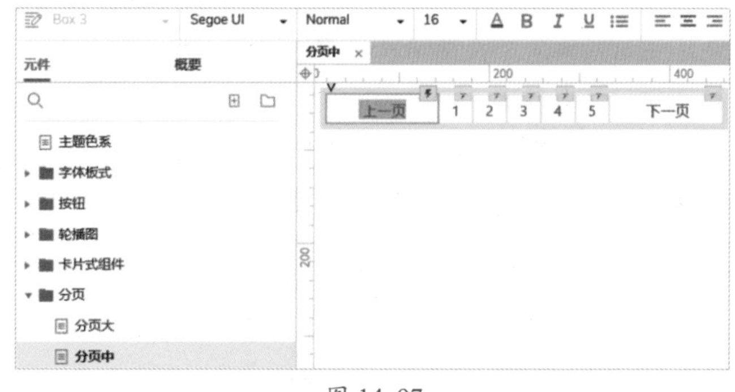

图 14-97

14.6.3 制作小尺寸分页元件

复制“分页大”中的所有内容并粘贴，重命名为“分页小”，将字号调整为 14 号，矩形的高度设置为 26，上一页和下一页的宽度设置为 85，页码的宽度设置为 26，交互颜色可自行更换，最终效果如图 14-98 所示。

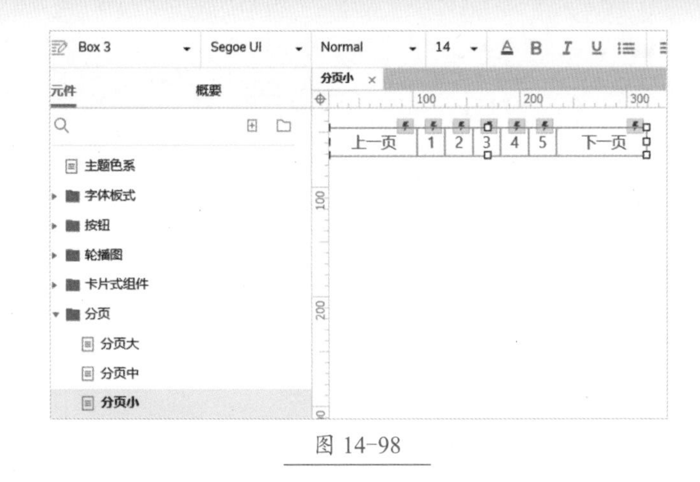

图 14-98

14.6.4 实战：制作带不可用状态的元件

Step01 新增一个元件页面，命名为“带不可用”，复制“分页小”页面的内容，“上一页”元件的字色设置为“#868E96”，在“交互”面板中勾选“禁用”选项，如图 14-99 所示。

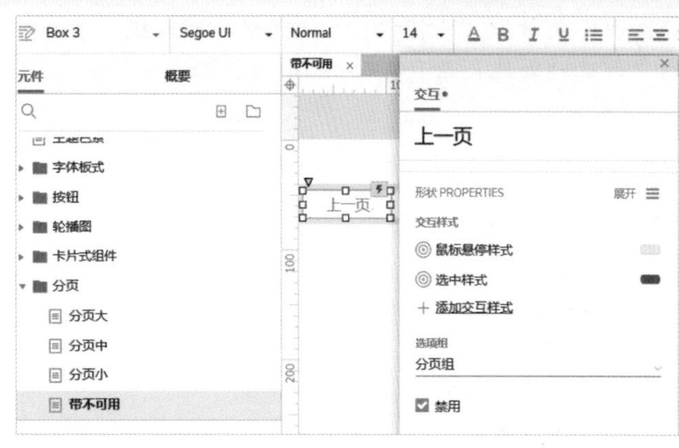

图 14-99

Step02 在浏览器中预览元件页面，“上一页”按钮为不可用状态，不可单击，其余按钮可正常交互，如图 14-100 所示。

图 14-100

14.7 进度条

进度条的作用是等待交互，表示需要一定的时间完成操作，如下载或查询数据、安装软件等。一般情况下进度从 0% 开始，根据需要处理的事务或网速，然后匀速、缓慢或加速递进。进度条完成时的值为 100%，然后触发新的交互。在设计进度条时可以带入生活或工作中的一些场景，本节使用 Bootstrap 4 的色系进行设计，如图 14-101 所示。

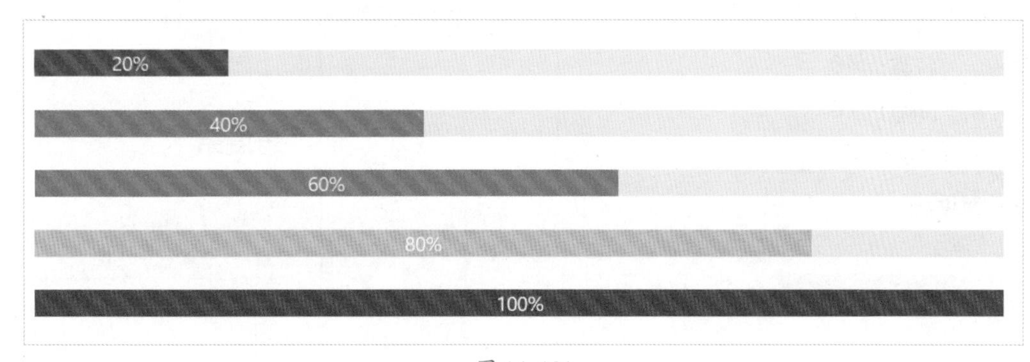

图 14-101

14.7.1 实战：制作基本样式的进度条

本节学习如何制作进度条，使用矩形元件和辅助线工具均分“百分比”，使用 14.1 节中提到的颜色进行填充，读者可以将这些颜色收藏到 Axure 中，方便后续使用。

Step01 新增一个文件夹并命名为“进度条”，在该文件夹下添加一个元件页面，命名为“基本”，右击空白处，在弹出的菜单中，执行“标尺 • 网格 • 辅助线”菜单中的“创建辅助线”命令，如图 14-102 所示。

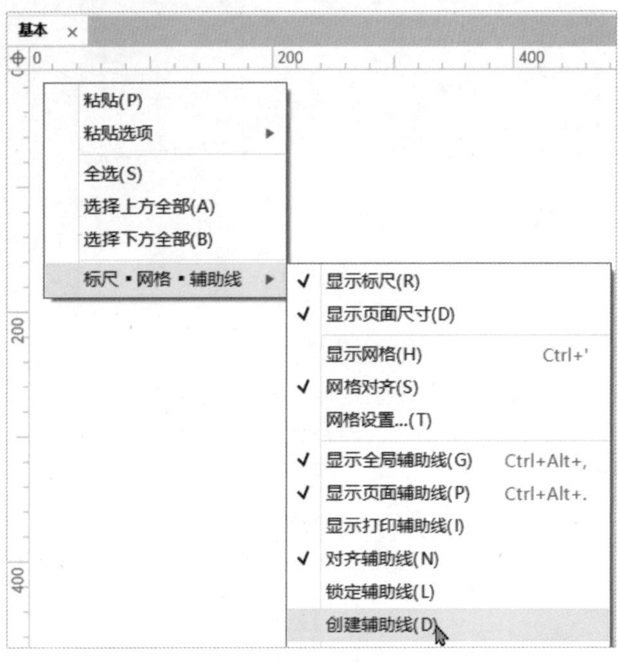

图 14-102

Step02 在弹出的“创建辅助线”对话框中，设置列数为 5，列宽为 120，间隙和边距都为 0，勾选“创建为全局辅助线”复选框表示其他页面也可以使用，其余保持默认状态，如图 14-103 所示。

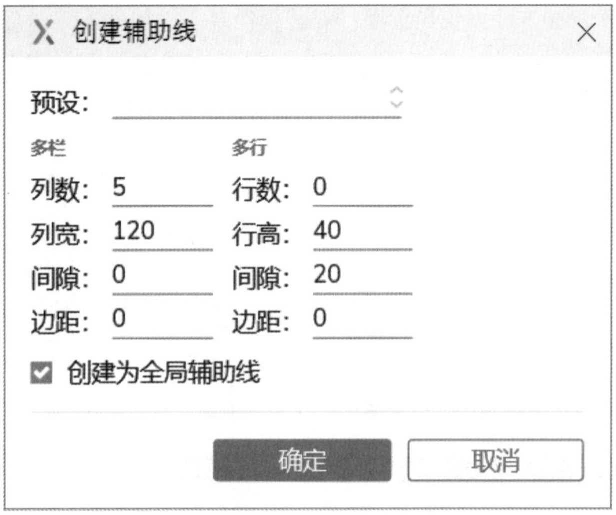

创建辅助线

预设：

多栏 | 多行
列数：5 | 行数：0
列宽：120 | 行高：40
间隙：0 | 间隙：20
边距：0 | 边距：0

创建为全局辅助线

确定 取消

图 14-103

Step03 基于辅助线拖入一个“矩形 2”元件，命名为“背景”，设置“位置”的参数为（0，40），“尺寸”的参数为（600，16），用辅助线将背景均分为 5 段，每段表示 20%，如图 14-104 所示。

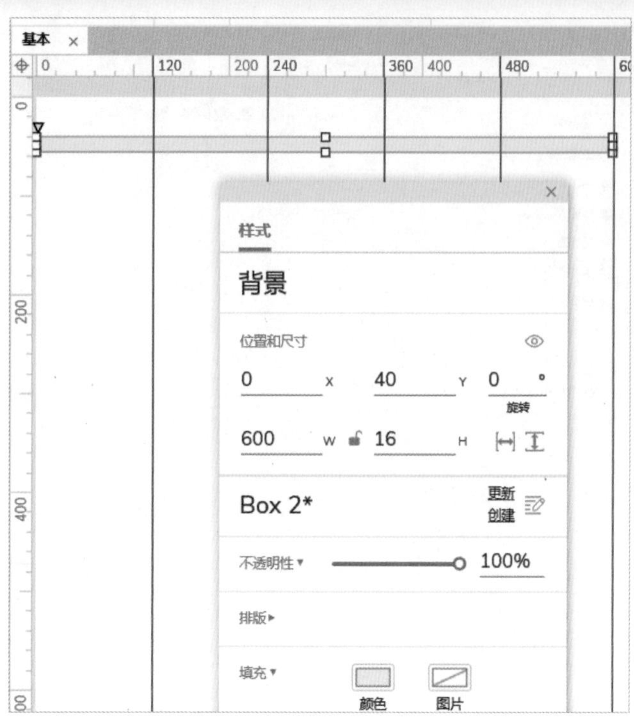

图 14-104

Step04 复制“背景”元件并粘贴，将其重命名为“进度条”，设置“位置”的参数为（0，40），“尺寸”的参数为（120，16），填充色设置为“#007BFF”，效果如图 14-105 所示。

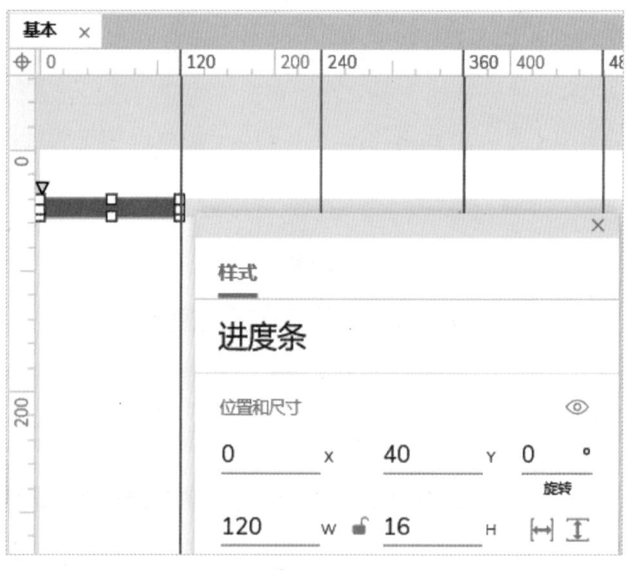

图 14-105

Step05 使用同样的方法，复制“进度条”元件和“背景”元件并粘贴，变换进度条的宽度和填充色，宽度分别为 240、360、480、600，对应的填充色分别为“#28A745”“#17A2B8”“#FFC107”“#DC3545”，如图 14-106 所示。

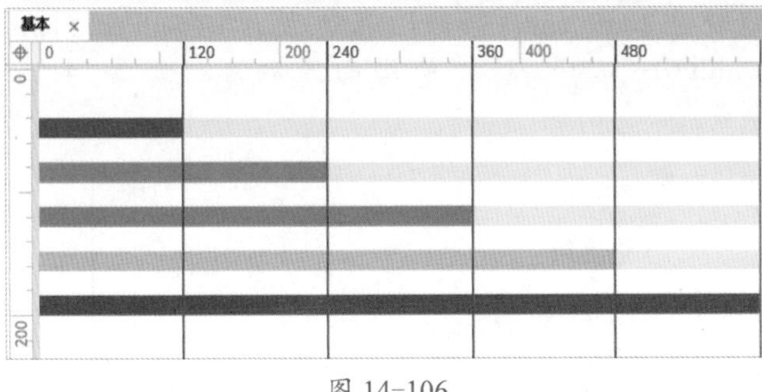

图 14-106

Step06 选中所有元件，将其分组并命名为“基本”，读者也可以将5组进度条分别放到5个页面中，命名为“20%、40%、60%、80和100%”，方便自己选择和使用，至此基本进度条的制作完成，是不是很简单？

14.7.2 制作带标签的进度条

新增一个元件页面并命名为“带标签”，然后从“基本”元件页面中复制所有内容并粘贴到本页面。选中所有元件，在工具栏上调整字体为“Segoe UI”，字号设置为12号，字色设置为“#FFFFFF”，从上到下分别设置文本值为20%、40%、60%、80%和100%，最后将所有元件组合起来，命名为“带标签”，效果如图14-107所示。

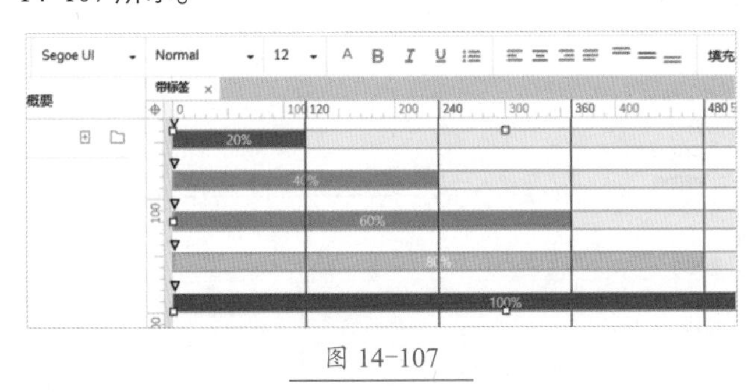

图 14-107

14.7.3 实战：制作带底纹的进度条

为了让进度条更加美观，本节我们为进度条添加一个底纹，并使用动态面板的重复填充功能让底纹适应进度条的宽度。

Step01 新增一个元件页面并命名为“带底纹”，然后从“带标签”元件页面中复制所有内容并粘贴到本页面。拖入“动态面板”元件，命名为“底纹”，设置“位置”的参数为（0，40），“尺寸”的参数为（120，16），单击“填充”区域的图片填充按钮，选择本书同步学习文件中提供的“进度条底纹素材.png”，图片居中对齐，并设置为“重复图片”，如图14-108所示。

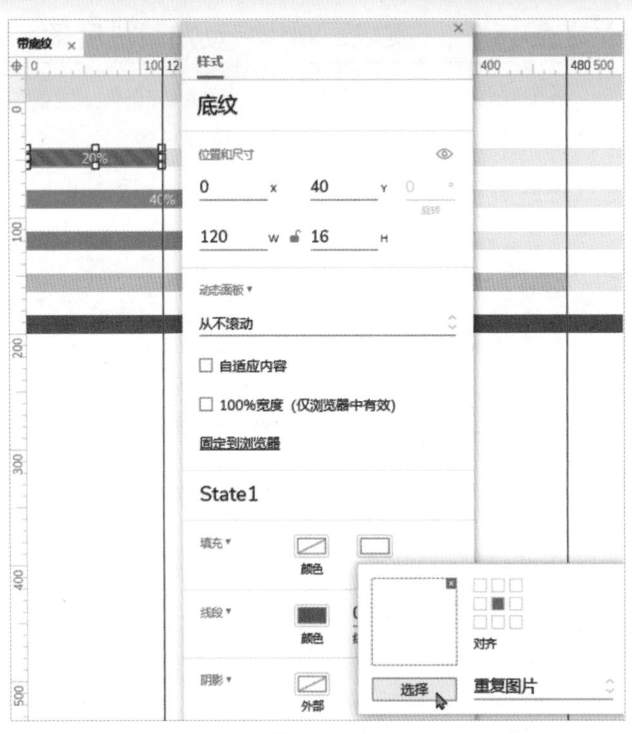

图 14-108

Step02 将上一步中已导入的“底纹”依次复制到剩余进度条上，使用辅助线调整底纹的宽度，以适应进度条的宽度，效果如图14-109所示。

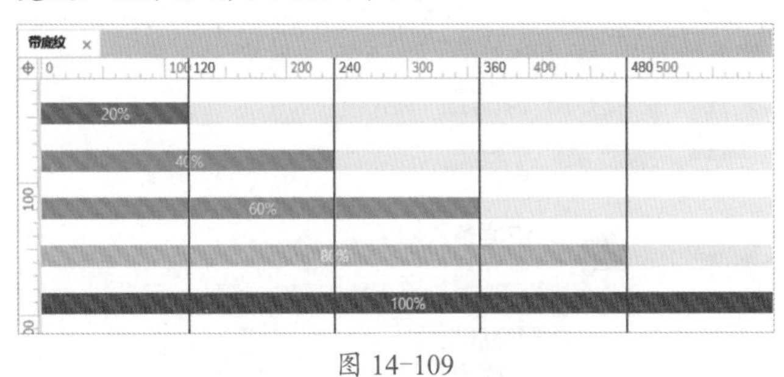

图 14-109

Step03 将页面上的所有元件分组，并将组合命名为“带底纹”，在浏览器中查看效果，如图14-110所示。

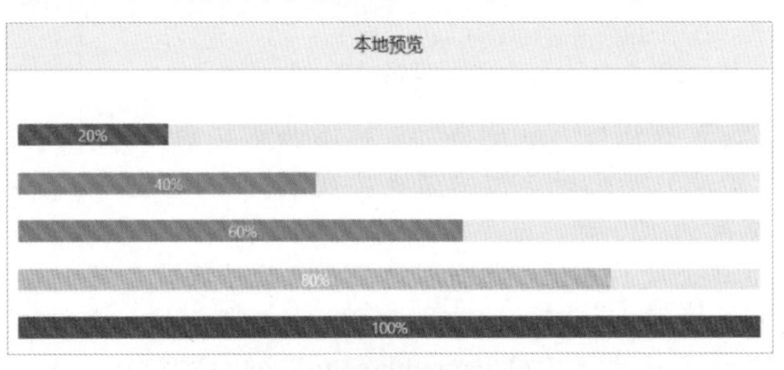

图 14-110

★重点 14.7.4 实战：制作自动加载进度条

进度条制作完成后，为了让它们能动起来，我们需要为进度条添加交互事件。这里将用到函数、多种交互事件及情形条件，还可以通过调整“等待”事件的时长调整进度条的加载速度，具体步骤如下。

Step 01 创建“自动加载”元件页面，从“带标签”元件页面中复制一组进度条，包括“背景”元件和“进度条”元件，粘贴到“自动加载”元件页面，如图 14-111 所示。

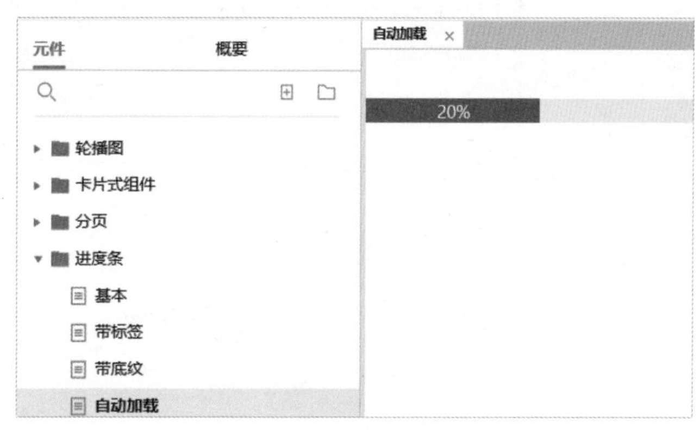

图 14-111

Step 02 为“进度条”元件添加“载入时”事件，动作为“设置尺寸”，目标为“进度条”，高度为空或使用默认宽度值 [[this.width+10]]，这表示在现有宽度的基础上递增 10，效果如图 14-112 所示。

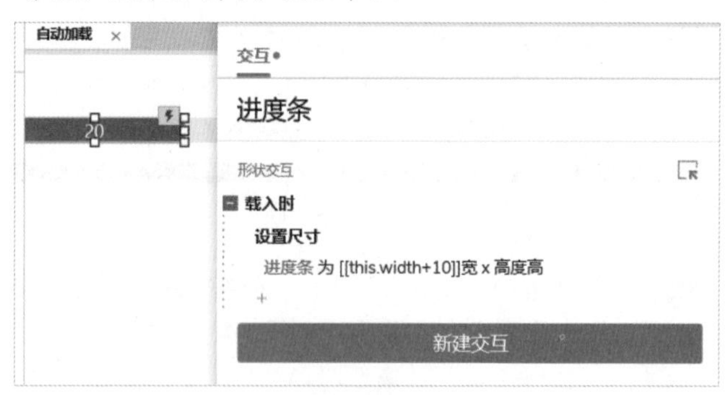

图 14-112

Step 03 继续为“进度条”元件添加交互事件，当进度（宽度）变化时，文本值也要发生改变，即当进度条宽度为 120 时，进度增加到 20%，文本值为 20%，宽度是进度的 6 倍。但当宽度不是 6 的倍数时会有小数，因此要用到 toFixed() 函数取整，最后再拼接一个“%”号，表达式为 [[(This.width/6).toFixed()+"%"]]；也可以使用 Math.ceil() 函数，表达式为 [[Math.ceil(This.width/6)+"%"]]，这里使用的是后者，如图 14-113 所示。

图 14-113

Step 04 为“进度条”元件添加“尺寸改变时”事件，动作为“等待”，值为 500ms，值越小，后面的动作执行越快。继续添加“触发事件”，目标为“进度条”，事件为“载入时”，这种用法是循环调用，如图 14-114 所示。

图 14-114

Step 05 为“进度条”元件的“尺寸改变时”事件添加情形条件，如果不添加进度条会无限加载。情形名称为“达到 100% 时停止”，设置“进度条”元件的文本不等于 99%。注意之所以为 99%，而不是 100%，是因为经过测试发现在宽度取整时有精度差异。如果值的公式使用的是 [[(This.width/6).toFixed()+"%"]]，则文本不等于 98%。情形条件设置如图 14-115 所示。

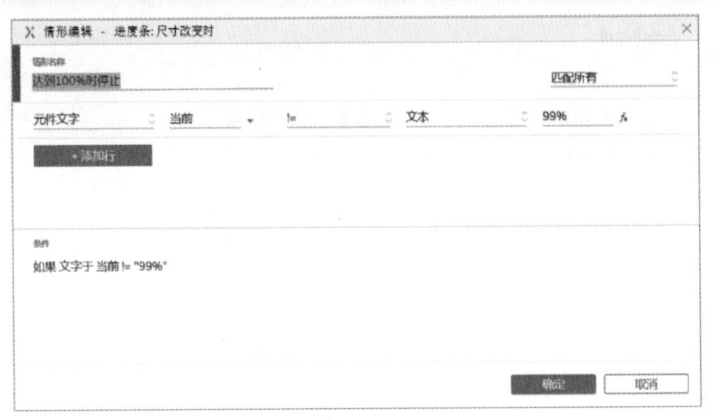

图 14-115

Step06 预览元件，进度条自动加载，达到 100% 时自动停止，如果觉得加载速度慢，也可将等待的值改为 50ms 或更低，预览效果如图 14-116 所示。

图 14-116

14.8 提示框

很多产品在进行交互时，会提供相应的提示信息，这些信息有助于用户更好地理解业务场景。提示框在 Bootstrap 4 中带有方向箭头（上、下、左、右），可以在鼠标指向时或单击时进行提示，也可以根据需要设置触发提醒的快捷键，如 F1 键、双击等。

14.8.1 实战：制作方向提示框

新增一个文件夹并命名为“提示框”，在该文件夹下添加一个元件页面，命名为“方向提示框”。在工具栏上的“插入”菜单选择“形状”下的“气泡形状”，用来制作方向提示框。不过旋转时，形状内的文字角度也会发生改变，可以在旋转完成后搭配文本标签使用，如图 14-117 所示。这里我们使用圆角矩形 + 小三角自行制作提示框。

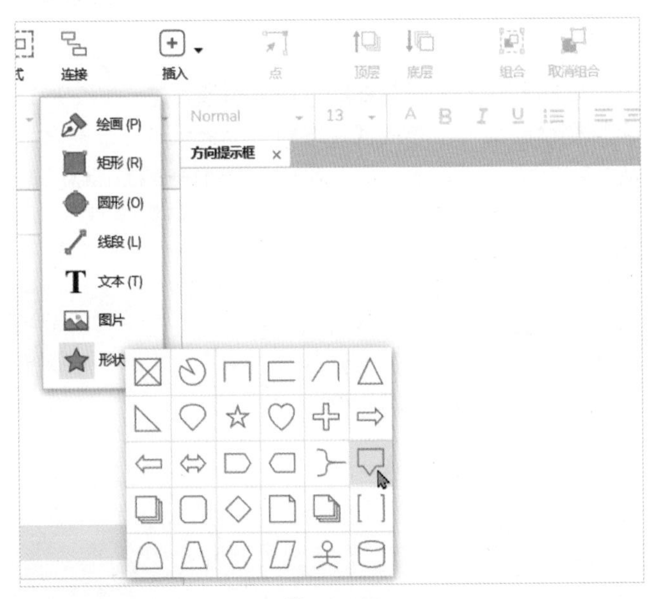

图 14-117

Step01 拖入一个“矩形 2”元件，命名为“顶部提示”，文本内容为“顶部工具提示”，设置“位置”的参数为（20，130），“尺寸”的参数为（120，28），样式选择之前预设的样式“Segoe UI 按钮”，如图 14-118 所示。

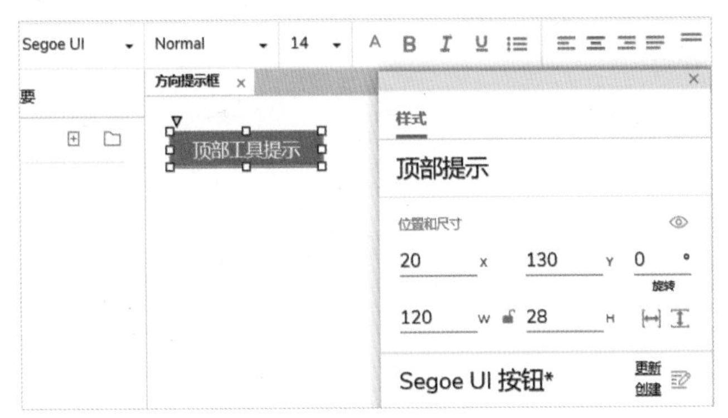

图 14-118

Step02 使用形状菜单中的“小三角”形状作为提示的方向箭头，如图 14-119 所示。

图 14-119

Step03 将"三角形"形状命名为"小三角"，设置"位置"的参数为（72，157），"尺寸"的参数为（16，8），填充颜色设置为"#868E96"，线宽设置为 0，如图 14-120 所示。

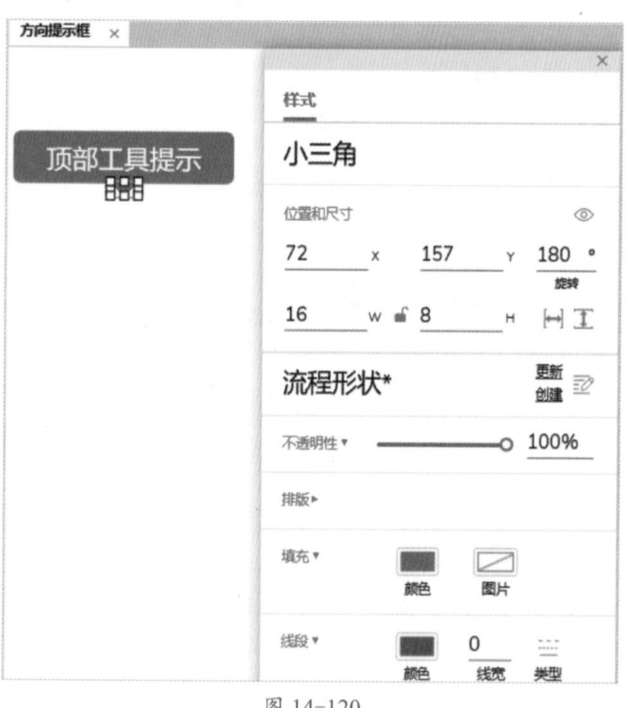

图 14-120

Step04 将制作好的提示框分组，并命名为"顶部提示框"，复制 3 个提示框并粘贴，修改"小三角"的方向和位置，调整矩形工具的显示内容和命名，得到底部工具提示、左侧工具提示及右侧工具提示，如图 14-121 所示。

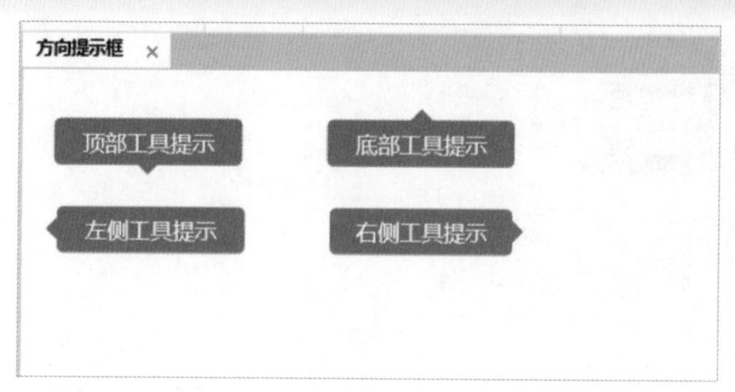

图 14-121

Step05 概要面板层级结构包括 4 种方向的提示框，相应的名字调整后如图 14-122 所示。

图 14-122

★重点 14.8.2 实战：制作带标题的方向提示框

继续制作一个带标题的方向提示框，上一节中的提示框稍微改变一下布局就会得到一个全新的提示框。

Step01 新增一个元件，并命名为"方向提示框带标题"，拖入一个"矩形 1"元件，命名为"顶部提示框"，设置"位置"的参数为（32，40），"尺寸"的参数为（260，130），填充颜色设置为"#FFFFFF"，线宽设置为 1，线色为"#E2E6EA"，圆角半径设置为 4，字号设置为 14 号，字色设置为"#727B84"，左侧边距设置为 20，效果如图 14-123 所示。

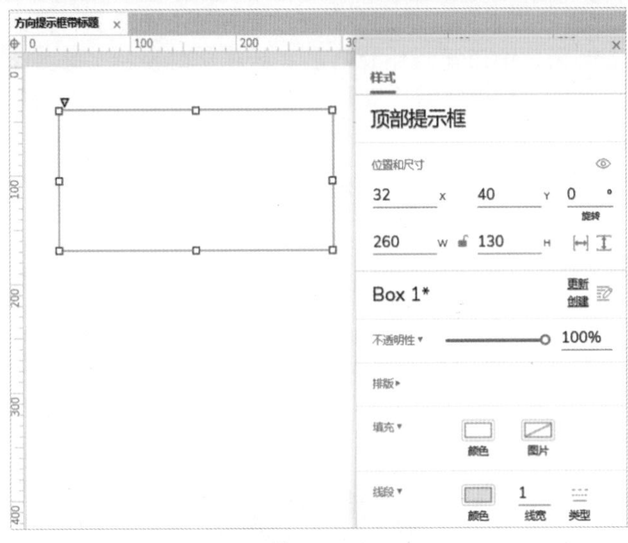

图 14-123

Step02 复制“顶部提示框”并粘贴，重命名为“标题”，设置“位置”的参数为（32，42），“尺寸”的参数为（260，38），填充色设置为“#F7F7F7”，字号设置为16号，字体风格设置为粗体，文本内容设置为“友情提示”，圆角半径设置为0，线段的上部不可见，效果如图14-124所示。

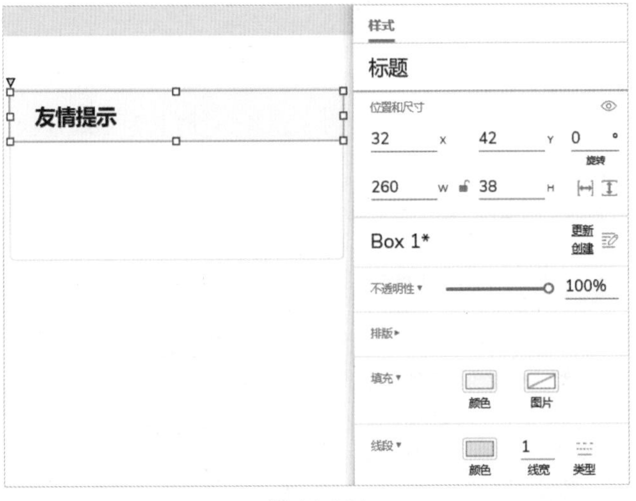

图 14-124

Step03 设置“顶部提示框”的文本内容为“这是一个顶部提示框”，使用绘画工具绘制一个向下的箭头，命名为“小三角”，设置“位置”的参数为（152，169），“尺寸”的参数为（20，11），填充色设置为“#FFFFFF”，线宽设置为1，线色设置为“#E2E6EA”，如图14-125所示。

图 14-125

Step04 将页面上的所有元件组合在一起，命名为“顶部提示框带标题”，概要面板层级结构及页面效果如图14-126所示。

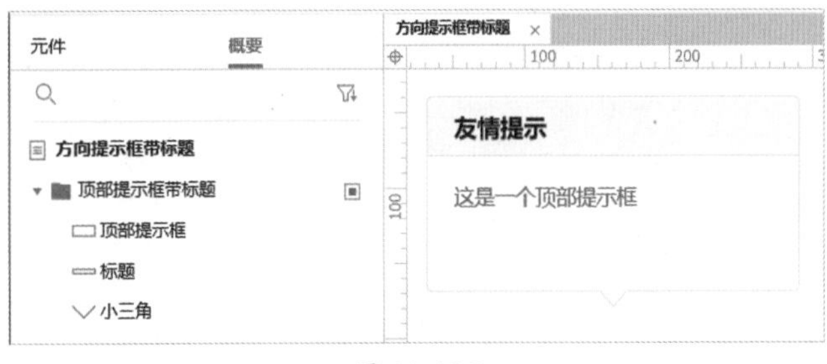

图 14-126

14.8.3 实战：制作指向提示

很多时候当鼠标指针指向一段文字时会出现一个提示内容，学习了前面的内容后，要制作指向提示已经很容易了，学会它，可以为原型设计积累更多的实战经验。

Step01 复制“方向提示框带标题”元件页面并粘贴，重命名为“指向提示”，如图14-127所示。

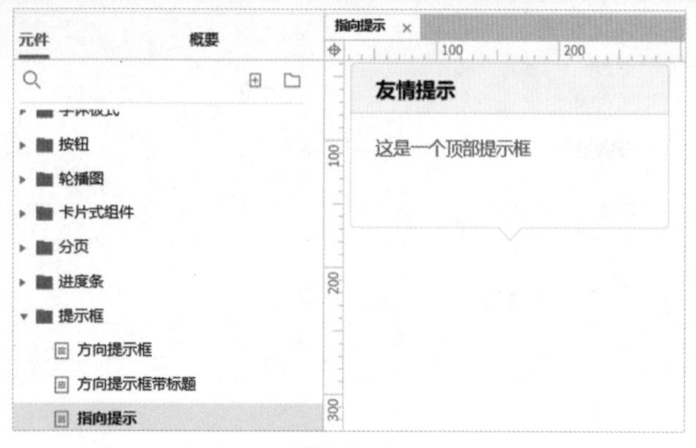

图 14-127

Step02 复制“轮廓”按钮并粘贴到该页面，文本内容和命名都修改为“指向提示”，设置“位置”的参数为（89，190），“尺寸”的参数为（146，52），如图 14-128 所示。

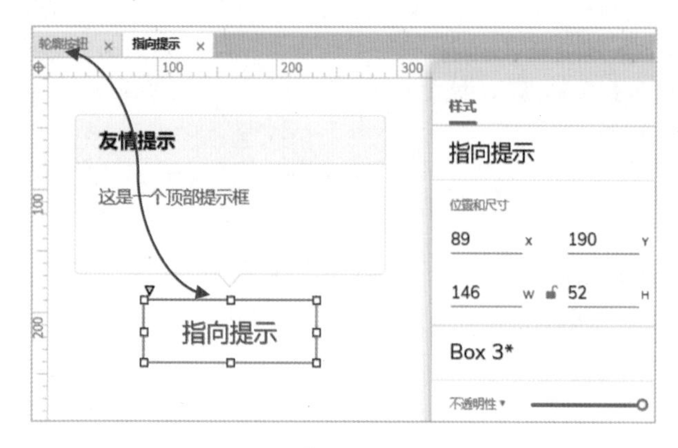

图 14-128

Step03 为“指向提示”元件添加“鼠标移入时”事件，显示“顶部提示框带标题”，动画为“逐渐”，时长为 500 毫秒，“鼠标移出时”则隐藏，如图 14-129 所示。

图 14-129

Step04 将“顶部提示框带标题”元件设置为隐藏，然后在浏览器中预览元件效果，鼠标移动到按钮上时显示提示框，移出时则隐藏提示框，静态效果如图 14-130 所示。

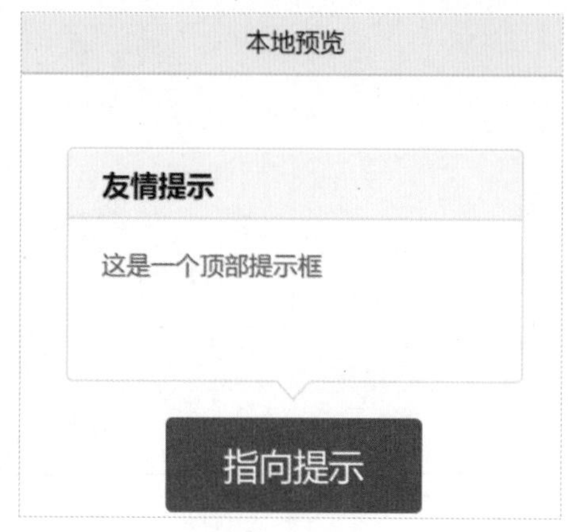

图 14-130

14.8.4 制作单击提示

制作单击提示非常简单，新增“单击提示”元件页面，复制“指向提示”中的所有内容并粘贴到本页面，修改“指向指示”的文本内容和命名为“单击提示”，删除该元件的鼠标移入和移出事件，新增“单击时”事件，动作为“显示 / 隐藏”，目标为“顶部提示框带标题”，切换可见性，动画为“逐渐”，时长为 500 毫秒，如图 14-131 所示。

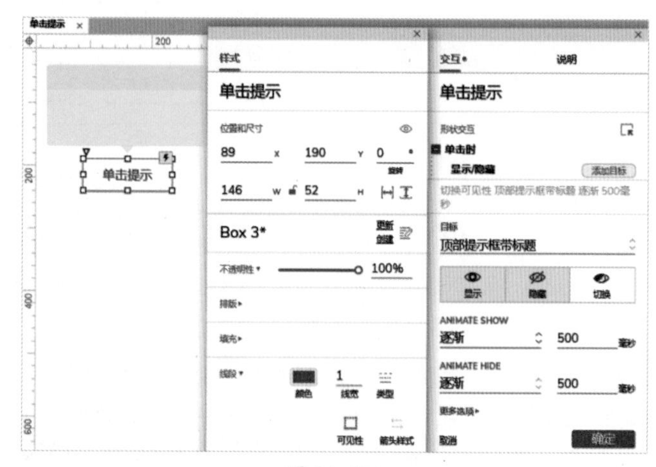

图 14-131

本章小结

本章首先介绍了 Web 端 Bootstrap 4 的主题色系及字体版式，然后介绍了不同种类的按钮设计、轮播图的制作、选项卡切换的制作。分页元件和单选按钮组很接近，不同之处是颜色风格及尺寸的搭配。在进度条小节讲解了如何制作进度条，使用辅助工具能提升我们的工作效率。最后介绍了提示框的制作方法，在实际工作中直接引用 Bootstrap 4 元件，可以大大提高原型设计效率。希望大家掌握设计方法，举一反三，第 15 章将学习制作综合案例。

第4篇 实战案例篇

本篇按分类介绍生活中常用的移动端或 Web 端常见的原型制作效果。本篇涉及的产品版本会不断变化（更新）（如电商类产品京东，经常改换色系，优化布局），如果读者在实际的移动端或 Web 端发现与本书教程中出现的效果图有差异属于正常现象，重要的还是学习原型的制作方法。考虑到部分案例功能有相似之处，部分章节将仅提供核心思路供读者参考。

第15章 电商类产品设计

- 常用的电商类产品有哪些？有哪些交互效果值得借鉴？
- 如何制作顶部冻结和快速回到顶部效果？
- 下拉刷新效果如何实现？
- 如何制作收藏、分享商品效果？
- 如何使用交互动作制作转盘游戏？

电商类产品有很多，最常见的有淘宝、京东、唯品会、苏宁易购和天猫等（排名不分先后），这些产品有很多共同之处和实用的交互效果，如下拉刷新、收藏与取消收藏、快速回到顶部及商品详情局部放大效果等。本章从唯品会和京东中选取了部分效果并分享这些效果的制作方法。

15.1 唯品会原型设计案例

本节是参考唯品会安卓版，APP 版本为 7.22.3，案例仅以简单的关键步骤实现 APP 的原型设计，不使用高保真模式，读者学习设计思路即可。APP 首页推荐和设置页面的效果如图 15-1 所示。

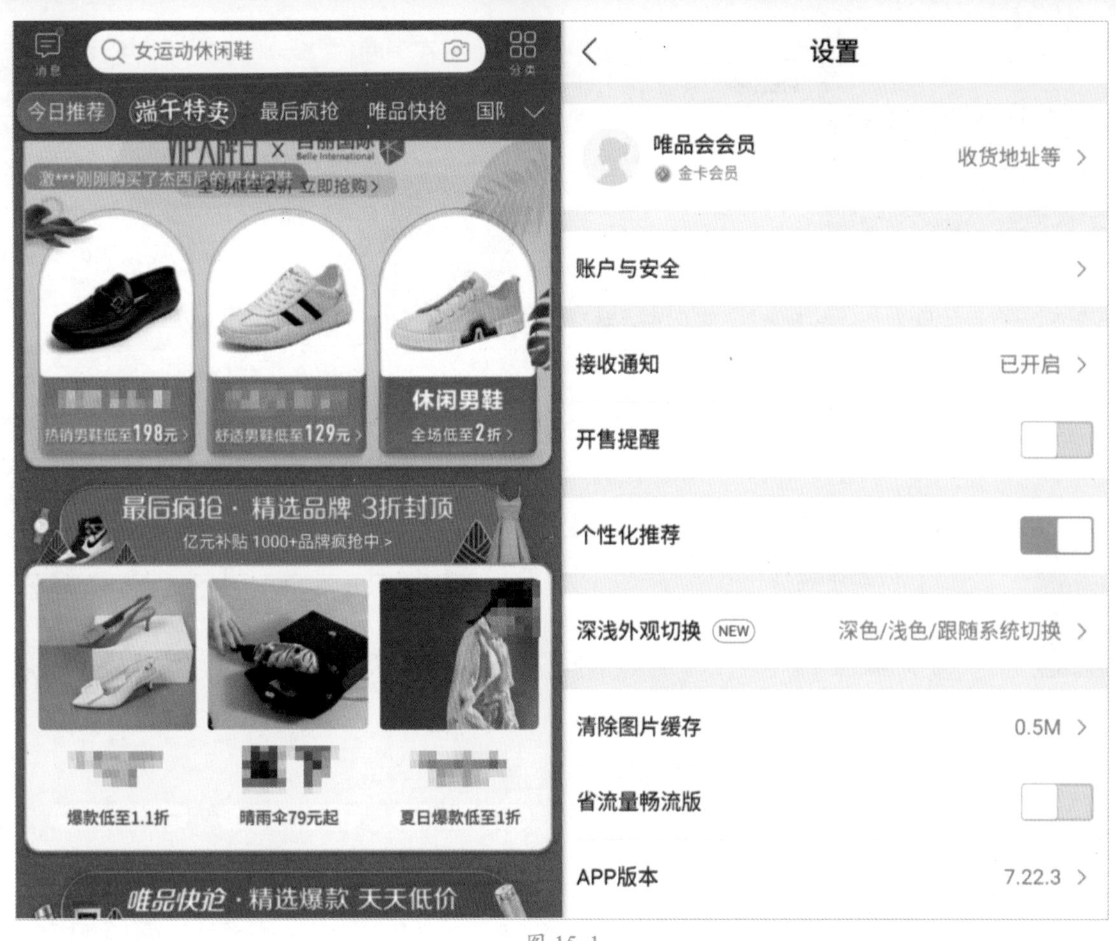

图 15-1

15.1.1 顶部冻结效果

在移动端浏览商品时，搜索栏和导航栏始终在最上方，方便我们切换页面或搜索商品，其实现方式是使用动态面板元件的固定到浏览器功能。

Step 01 新建一个原型项目，在“页面”面板中添加文件夹并命名为“唯品会”，在该文件夹下添加原型页面并命名为“顶部冻结效果”，设置页面尺寸为“iPhone 8(375×667)”，如图 15-2 所示。

图 15-2

Step 02 拖入“矩形 2”元件，命名为“顶部背景”，填充色设置为“#D62166”，设置“位置”的参数为（0，0），“尺寸”的参数为（375，130），如图 15-3 所示。

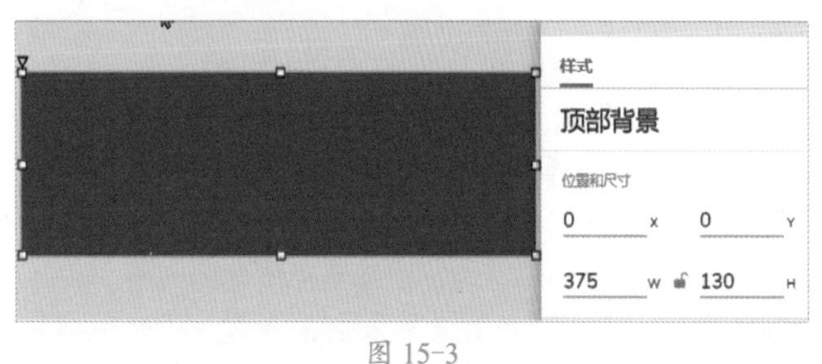

图 15-3

Step 03 复制“顶部背景”元件并粘贴，设置“位置”的参数为（0，667），“尺寸”的参数为（375，130），这个位置刚好超出屏幕的高度，将出现滚动条，将复制的元件命名为“溢出区域”，如图 15-4 所示。

图 15-4

Step 04 将“背景”元件转换为“动态面板”，然后在“样式”面板中单击“固定到浏览器”按钮，在弹出的对话框中，勾选“固定到浏览器窗口”复选框，其余设置保持不变，单击“确定”按钮完成顶部冻结效果制作，如图 15-5 所示。

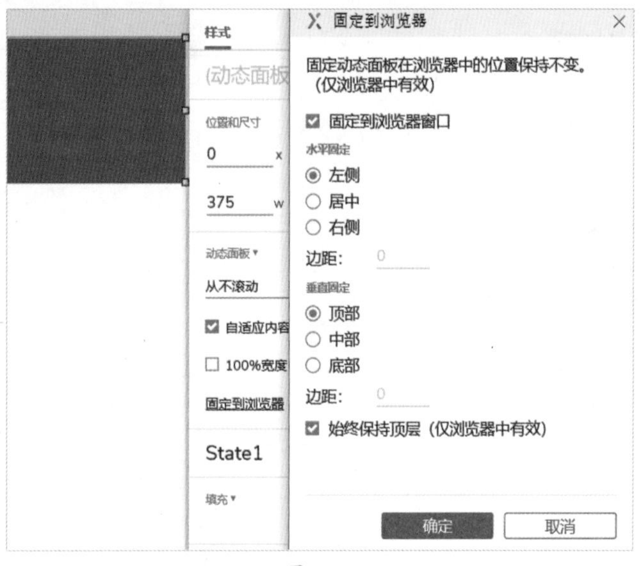

图 15-5

15.1.2 制作回顶部效果

移动端的高度是无限的，根据不同的需求很多数据会不断地加载，“回顶部”功能可以快速定位到顶部位置。制作“回顶部”效果将结合前面的例子和 Axure 提供的“滚动到元件”功能，以及情形条件的判断。

Step 01 复制“顶部冻结效果”页面，命名为“回顶部效果”，拖入圆形元件，命名和文本内容都设置为“顶部”，填充色使用默认的白色，线宽设置为 1，线色设置为“#E2E6EA”，设置“位置”的参数为（329，720），“尺寸”的参数为（40，40），文本底部对齐，顶部边距设置为 5，效果如图 15-6 所示。

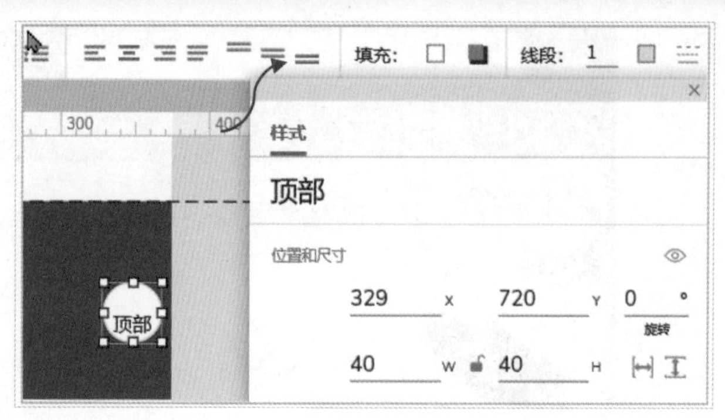

图 15-6

Step 02 拖入垂直线元件，命名为“向上箭头”，设置“位置”的参数为（348，724），“尺寸”的参数为（1，14），线宽设置为 1，线色设置为 #797979，箭头样式如图 15-7 所示。

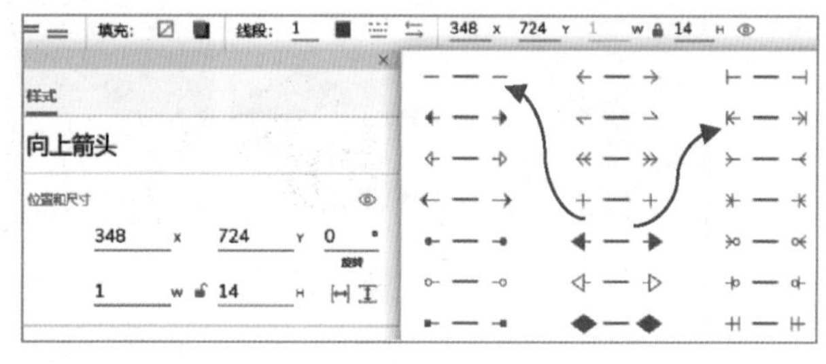

图 15-7

Step 03 将“顶部”元件和“向上箭头”元件组合在一起并命名为“回顶部”，方便整体移动位置，如图 15-8 所示。

图 15-8

Step 04 拖入“水平线”元件，并命名为“顶部线”，设置“位置”的参数为（0，0），“尺寸”的参数为（1，1）并将其设置为不可见，当单击“回顶部”元件时，页面滚动到该元件的位置，如图 15-9 所示。

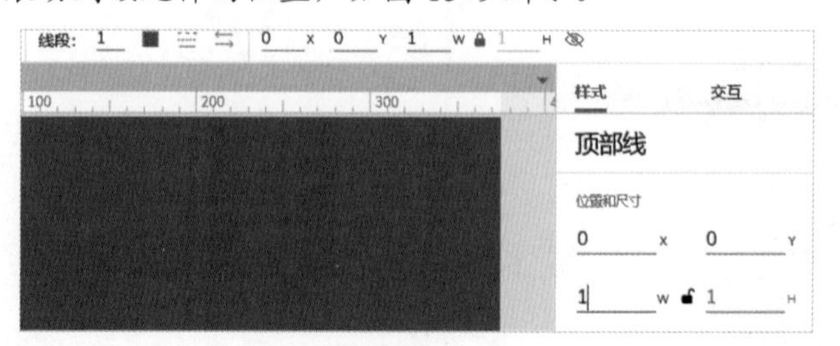

图 15-9

Step 05 选中“回顶部”分组，设置可见性为不可见，然后添加“单击时”事件，动作为“滚动到元件”，目标为“顶部线”，垂直滚动，动画为“线性”，时长为 500 毫秒，如图 15-10 所示。

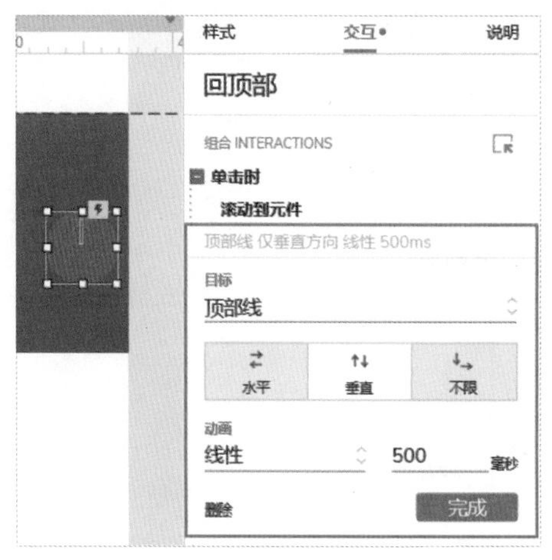

图 15-10

Step 06 将“回顶部”组合转换为“动态面板”，然后利用动态面板的特性设置固定到浏览器窗口，水平固定选择右侧，垂直固定选择底部，边距为 50，目的是让“回顶部”面板悬浮固定，方便使用，如图 15-11 所示。

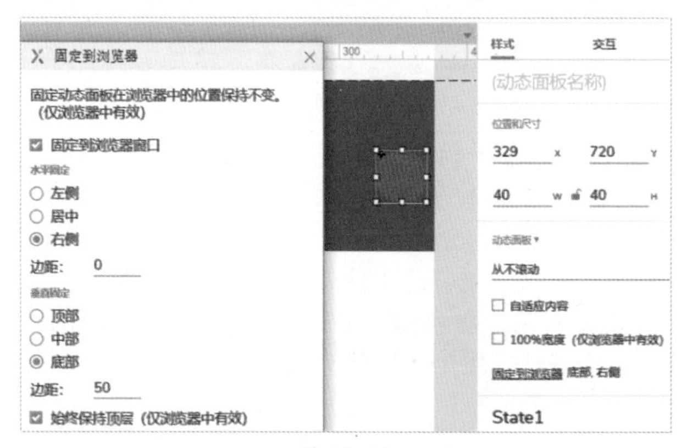

图 15-11

Step 07 关键的一步来了，当窗口向下滚动时，滚动条的 Y 坐标值会发生变化，我们只需判断这个值是否超出屏幕值，如果超出则出现“回顶部”，默认没有滚动时滚动条的 Y 坐标值为 0，所以滚动条的 Y 值大于 0 时则说明超出了页面的高度 375（前面设置的页面高度）。反之，当向上滚动时 Y 坐标值也会发生变化。判断这个值，然后隐藏“回顶部”，这里使用参考值是 20，根据需要可以调整这个值，如 50、80 或 100，应注意最大值要小于“溢出区域”的高度。在这个案例中滚动条的 Y 坐标值最大值要小于 130，130 是“溢出区域”的高度。页面的情形条件和交互动作如图 15-12 所示。

图 15-12

Step 08 预览原型页面，当滚动条的 Y 值大于 20 时出现“回顶部”按钮，单击“回顶部”按钮滚动到预设的“顶部线”位置；当滚动条的 Y 坐标值小于 20 时则会隐藏“回顶部”按钮，效果如图 15-13 所示。

图 15-13

15.1.3 下拉刷新效果

下拉刷新的应用非常广泛，可以通过下拉刷新页面加载的内容，唯品会的下拉刷新效果是下拉内容区域到一定的高度（有上下边界值），会回到一个指定的高度，等待 1.5 秒左右，刷新页面的内容，这会用到动态面板的“拖动时”事件及“拖动结束时”事件。

Step 01 复制“回顶部效果”页面并粘贴，重命名为“下拉刷新效果”，将页面的填充色设置为“#727B84”，❶ 拖入文本标签元件，文本内容设置为 LOGO，字色为白色，设置“位置”的参数为（167，150），在实际应用中可以将 LOGO 换成动态的 gif 图片或加载中元件。❷ 复制 LOGO 得到刷新提示内容，文本内容设置为“正品保障，释放刷新”，设置“位置”的参数为（124，180），效果如图 15-14 所示。

图 15-14

Step02 拖入“矩形 2”元件，命名为“内容”，设置“位置”的参数为（0，130），“尺寸”的参数为（375，537），如图 15-15 所示。

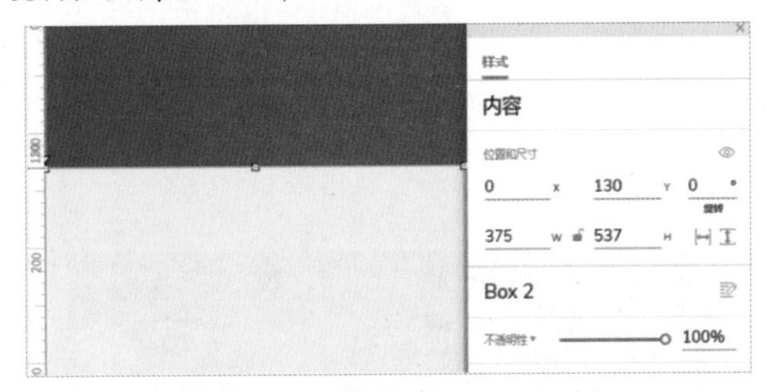

图 15-15

Step03 将“内容”元件转换为“动态面板”，并命名为“内容面板”，动态面板才有“拖动时”事件，如图 15-16 所示。

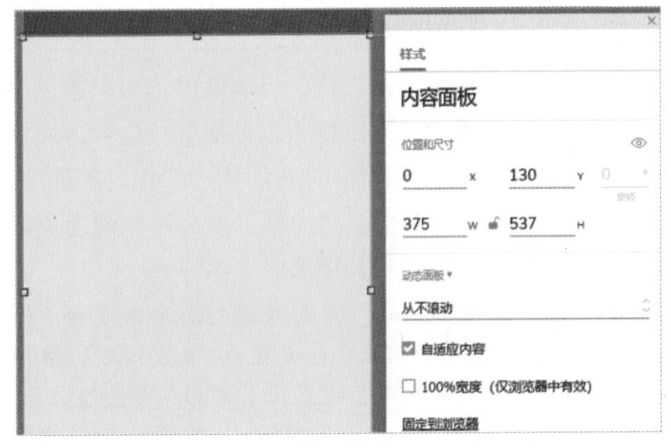

图 15-16

Step04 为“内容面板”添加“拖动时”事件，动作为“移动”，目标为“内容面板”，移动选择“跟随垂直拖动”（上下移动，不能左右移动），轨道选择“直线”，边界为顶部，限定在 130 和 338 之间。130 是“内容面板”的 *Y* 坐标值，向上拖动时防止超出这个范围，而 338 则是整个页面的平均值 667 除以 2 取整，这表示只能下拉到页面的中心位置，也就是一半，不能无限下拉。这个边界范围在实际工作中根据需要调整即可，如图 15-17 所示。

图 15-17

Step05 继续添加“拖动结束时”事件，释放页面时，也就是“拖动结束时”，将下拉位置统一移动到（0，230），并显示下拉提示内容（第一步中的 LOGO 和提示信息）。另外下拉仅在 *Y* 坐标值上移动，所以 *X* 坐标值为 0。这样的设置是笔者根据唯品会的下拉刷新效果大致估算的，交互事件如图 15-18 所示。

图 15-18

Step 06 继续添加"等待"事件，时长设定为1500ms。这个时间根据实际的交互情况而定，如果正式上线的应用交互够快，可以设置为1000ms或更短，否则可以设置得长一些，等待时间结束后更新数据。完成等待事件添加后，继续添加移动事件，将"内容面板"的位置移回原处，完成下拉刷新的闭合效果。还可以继续添加改变动态面板状态的效果模拟内容刷新。加入等待和移动事件后的效果如图15-19所示。

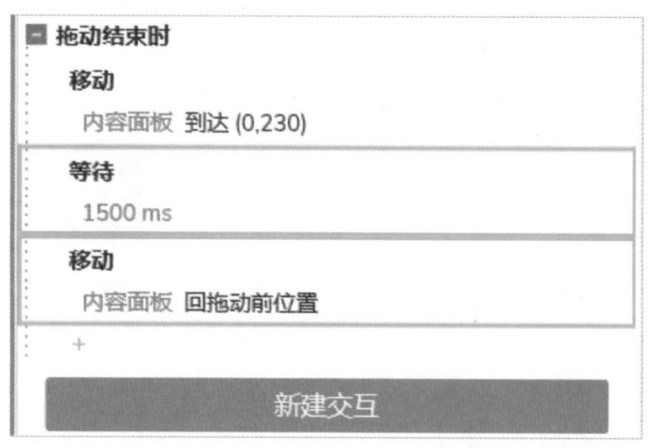

图 15-19

Step 07 在浏览器中预览页面，下拉"内容面板"，效果和预期一样，静态效果如图15-20所示。

图 15-20

15.1.4 制作收藏商品效果

唯品会收藏商品的效果就是对一个无填充的心形进行颜色填充，同时底部文字提示变为"已收藏"；取消收藏则是恢复心形未填充时的样式，底部文字提示为"已取消"。笔者使用了"WeUI组件"库中的标题和图标浮窗，文字提示除了文字还有图标，可以根据需要进行调整。

Step 01 新增页面，命名为"收藏商品效果"，然后切换元件库为"WeUI组件"，拖入标题栏元件下的"左对齐"元件。请确保已导入该元件库，设置"位置"的参数为（0，0），如图15-21所示。

图 15-21

Step 02 使用关键字"收藏"从阿里巴巴矢量图标库中复制一个心形图标并将其转换为形状，命名为"收藏"，填充色设置为"#D62166"，线宽设置为0，设置"位置"的参数为（279，15），"尺寸"的参数为（18，17），如图15-22所示。

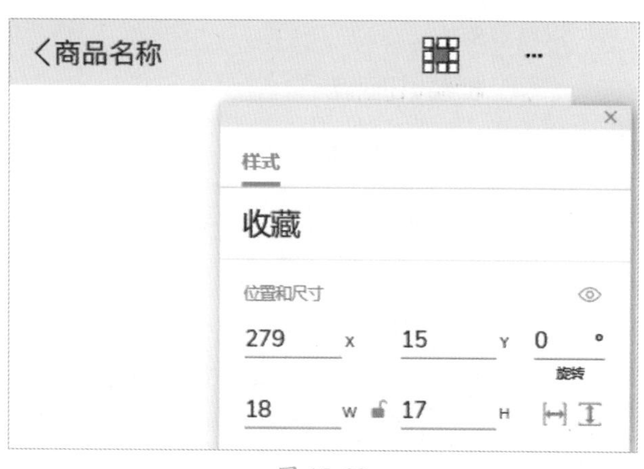

图 15-22

Step 03 将"收藏"元件转换为"动态面板"，命名为"收藏按钮面板"，复制当前状态并粘贴，分别命名为"收藏"和"取消收藏"，如图15-23所示。

Step 04 切换到"取消收藏"状态，将"收藏"元件重命名为"取消收藏"，将填充色改为无，线宽设置为1，线色设置为"#868E96"，如图15-24所示。

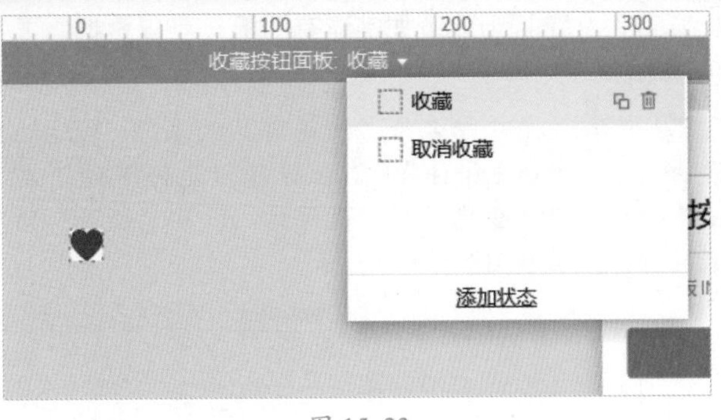

图 15-23

图 15-24

Step05 退出动态面板编辑模式，为“收藏面板”元件添加“单击时”事件，目标选择“收藏按钮面板”或当前，STATE 选择“下一项”，勾选“向后循环”复选框，进入动画和退出动画都为“逐渐”，时长为 500 毫秒，如图 15-25 所示。

图 15-25

Step06 继续从“WeUI 组件”库中拖入“图标浮窗”元件，修改文本内容为“已收藏”，“尺寸”的参数保持不变，“位置”的参数为（127，507），效果如图 15-26 所示。

图 15-26

Step07 将拖入的元件全部选中并转换为“动态面板”，命名修改为“收藏提示”，复制一个状态并粘贴，将状态分别命名为“已收藏”和“已取消”，如图 15-27 所示。

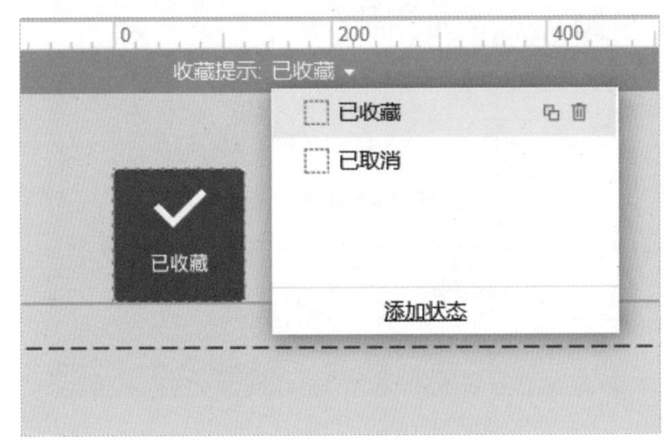

图 15-27

Step08 切换到“已取消”状态，调整文本内容为“已取消”，根据关键字“取消”从阿里巴巴矢量图标库中获取素材图标，替换原有的图标，效果如图 15-28 所示。

图 15-28

Step 09 将"收藏提示"设置为不可见，然后添加"显示时"事件，动作为"显示/隐藏"，隐藏"收藏提示"，动画为"逐渐"，时长为1000毫秒，如图15-29所示。

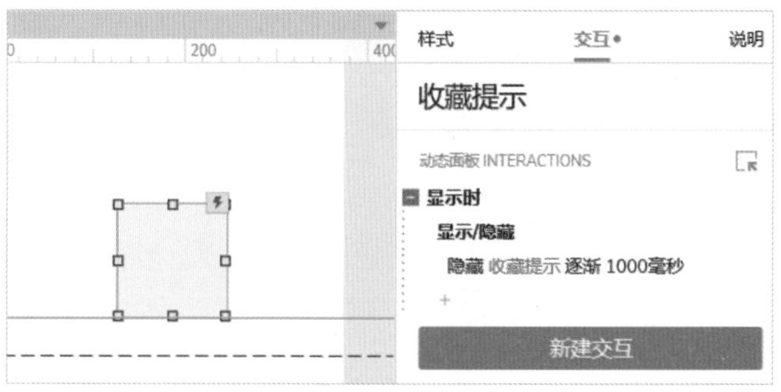

图 15-29

Step 10 为"收藏按钮面板"继续添加"单击时"事件，显示收藏提示和切换收藏提示的面板状态动画都为"逐渐"，时长都为500毫秒，如图15-30所示。

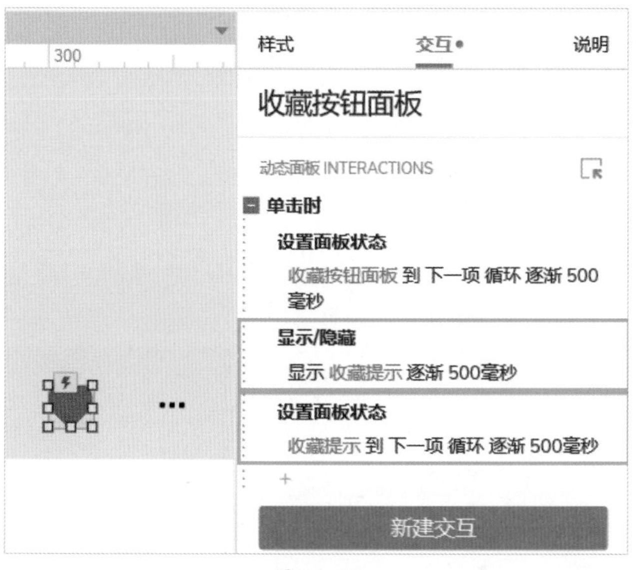

图 15-30

15.1.5 分享商品弹出菜单效果

分享商品时会先出现一个透明的屏蔽效果，然后在底部提供图标+文字组合的提示，如分享给微信好友，分享到朋友圈、分享给QQ好友或复制链接等选项。要制作这样的效果，可以直接使用前面学习的灯箱效果。

Step 01 复制"收藏商品效果"页面并粘贴，重命名为"分享商品弹窗效果"，通过关键字"分享"从阿里巴巴矢量图标库获得分享图标，转换为形状后，命名为"分享按钮"，设置"位置"的参数为（312，12），"尺寸"的参数为（18，19），填充色设置为"#343A40"，效果如图15-31所示。

图 15-31

Step 02 拖入动态面板元件，命名为"弹窗面板"，设置"位置"的参数为（450，0），"尺寸"的参数为（375，667），如图15-32所示。

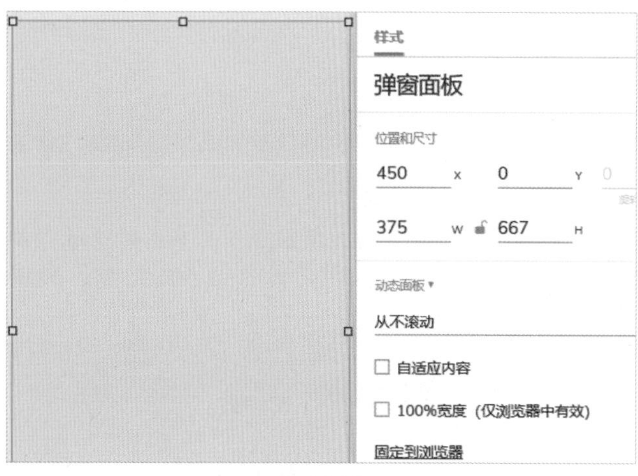

图 15-32

Step 03 双击"动态面板"元件，进入动态面板编辑模式，拖入"矩形2"元件，命名为"分享背景"，填充色为白色（# FFFFFF），设置"位置"的参数为（0，480），"尺寸"的参数为（375，187），如图15-33所示。

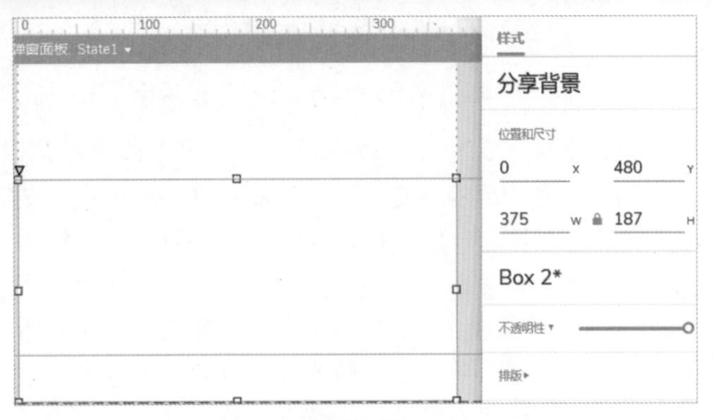

图 15-33

Step 04 在“分享背景”元件上添加分享内容，通过关键字“微信好友”“朋友圈”“QQ 好友”“好物圈”及“复制链接”从阿里巴巴矢量图标库中获得对应的图标，并使用“文本标签”元件添加文字，最后在底部加入“矩形”元件，命名为“取消按钮”，文本内容为“取消”，字色设置为“#007BFF”，“位置”的参数为（0，627），“尺寸”的参数为（375，40），最终效果如图 15-34 所示。

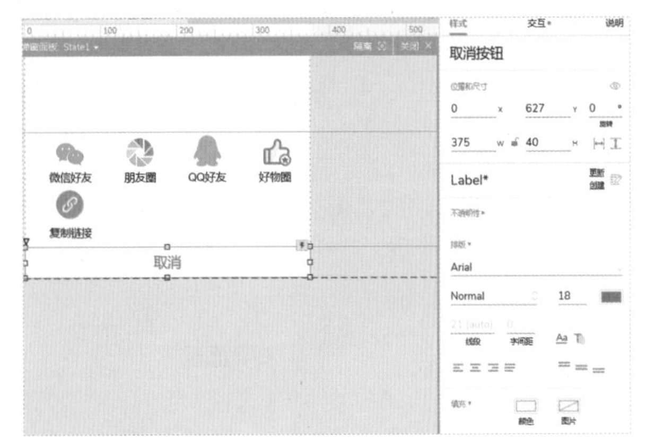

图 15-34

Step 05 为“取消按钮”添加交互事件，单击时隐藏“弹窗面板”，动画为“逐渐”，时长为 500 毫秒，如图 15-35 所示。

图 15-35

Step 06 退出动态面板编辑模式，为“分享按钮”添加交互事件，目标为“弹窗面板”，单击时显示，ANIMATE（动画）为“逐渐”，时长为 500 毫秒，在“更多选项”中勾选“置于顶层”复选框，选择“灯箱效果”，背景色使用默认的颜色，如图 15-36 所示。

图 15-36

Step 07 因为“弹窗面板”起始位置为（450，0），为了查看效果，还需要在页面载入时将它移动到（0，0），也可以在单击“分享按钮”时移动，这里使用的是“页面载入时”事件，如图 15-37 所示。

图 15-37

Step 08 将“弹窗面板”的可见性设置为隐藏，预览原型页面，单击“分享”按钮，灯箱效果会自动产生一个遮罩蒙层；单击“取消”按钮，则隐藏“弹窗面板”。本案例的最终效果如图 15-38 所示。

图 15-38

15.2 京东原型设计案例

从京东 APP 中选取几个案例效果，分别为秒杀倒计时、为你推荐的左右翻页效果、上滑加载更多及京豆福利转盘效果，本节是参考京东安卓版，版本为 V 9.0.2。京东 APP 首页和设置页面如图 15-39 所示。

图 15-39

15.2.1 秒杀倒计时效果

京东的秒杀每隔 2 小时有一次，倒计时则以 2 小时为单位，原型设计根据需要自行设置就好，真正的项目中则是以后台活动配置及服务器的时间为准。

Step01 在页面面板中添加文件夹并命名为“京东”，在该文件夹下添加原型页面并命名为“秒杀倒计时效果”，默认页面尺寸为 iPhone 8(375×667)，如图 15-40 所示。

图 15-40

Step02 切换到“WeUI 组件”库，拖入“标题卡片”元件，设置“位置”的参数为（16，10），效果如图 15-41 所示。

图 15-41

Step03 从默认元件库中拖入“文本框”元件，命名为“时”，文本内容为“00”，设置“位置”的参数为（211，25），“尺寸”的参数为（29，25），填充色为“#E64340”，线宽设置为 0，圆角半径设为 5，并在“交互”面板中勾选“只读”，文本框不支持文本输入，部分设置如图 15-42 所示。

图 15-42

Step04 复制两个“时”元件并粘贴，分别命名为“分”“秒”，并将秒的文本内容设置为 59，拖入“文本标签”元件，文本内容设置为冒号，字色设置为“#E64340”，位于时、分、秒之间。“分”元件的“位置”参数为（263，25），“秒”元件的“位置”参数为（315，25），效果如图 15-43 所示。

图 15-43

Step05 为元件“秒”添加“载入时”事件，设置文本的当前值为 -1，为达到倒计时的效果，使用 [[This.text-1]] 函数逐渐递减。继续添加“文本改变时”事件，等待为 1000ms，触发秒的“载入时”事件，达到每秒减 1 的效果，如图 15-44 所示。

图 15-44

Step 06 如果不加情形条件，秒会变为负数一直减下去，因此我们加入判断，事件分为两种情形，第一种情形是秒数为 0~10，不包括 0，为 0 时就停止，并且秒数为 0~9 时前面补一个 0，达到 09、08、07 的效果，这里用到了 concat 函数，如果直接用 [["0"+This.text-1]] 函数达不到这样的效果，这个函数会将字符 0 转换为数字相加。第二种情形就是当秒的值大于 10 时直接减 1，最终“秒”元件的交互配置如图 15-45 所示。

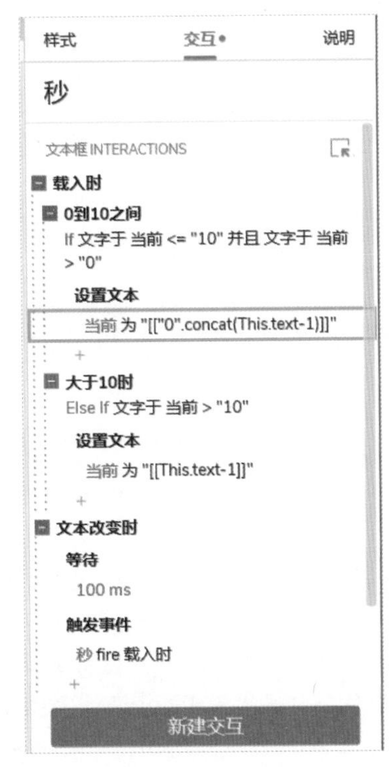

图 15-45

Step 07 预览原型页面，在浏览器中秒的值倒计时到 0 时停止，也可以加入判断，当秒数为 0 时触发下一个秒杀场景内容，如图 15-46 所示。

图 15-46

15.2.2 “为你推荐”长按商品弹出菜单效果

在商城中浏览商品时，系统会记录我们的浏览记录，然后根据相似度或同分类推荐商品。这些商品可能并不是十分准确，如果系统推荐的商品我们不感兴趣，此时长按推荐的商品会弹出菜单，如不感兴趣或图片引起不适等，可使此类商品不再被推荐。

Step 01 添加原型页面并命名为“为你推荐长按商品弹出菜单效果”，从“Web 端 bootstrap4 组件”库中拖入“带图片和脚注”元件备用，并将页面的填充色设置为“#E2E6EA”，如图 15-47 所示。

图 15-47

Step 02 对“卡片”元件进行优化，调整为京东商品布局效果，顶部为 175×175 的商品封面图，背景填充为白色，下方是商品标题，标题设计为两排，超出长度时使用省略号结尾，价格使用红色（#F2270C）加粗样式，右下角原“5 小时前”改为“看相似”，填充色设置为“#E2E6EA”，圆角为 5，左上角和右下角不显示圆角，字号设置为 12 号，如图 15-48 所示。

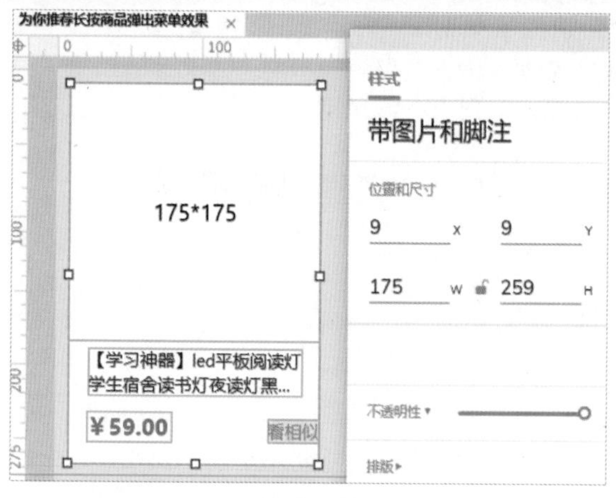

图 15-48

Step 03 通过关键字“关闭”从阿里巴巴矢量图标库中复制一个关闭图标粘贴到当前页面，命名为“关闭”，设置“位置”的参数为（162，14），“尺寸”的参数为（16，16），如图 15-49 所示。

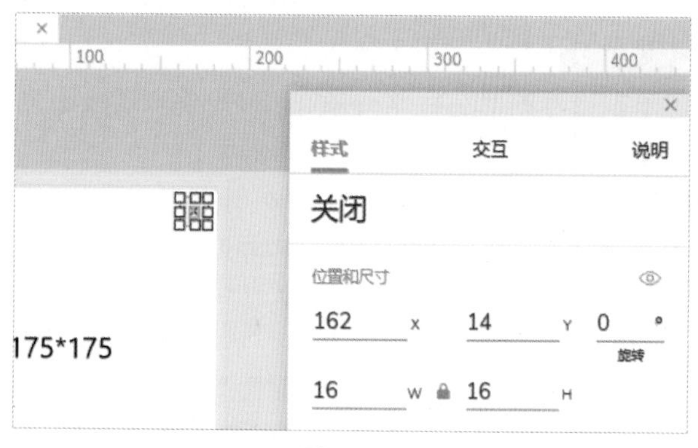

图 15-49

Step 04 完成上述操作后，将整体的分组重命名为“商品”，复制一组进行微调，添加“满 99 元减 10 元”的文本标签，适当调整位置，效果如图 15-50 所示。

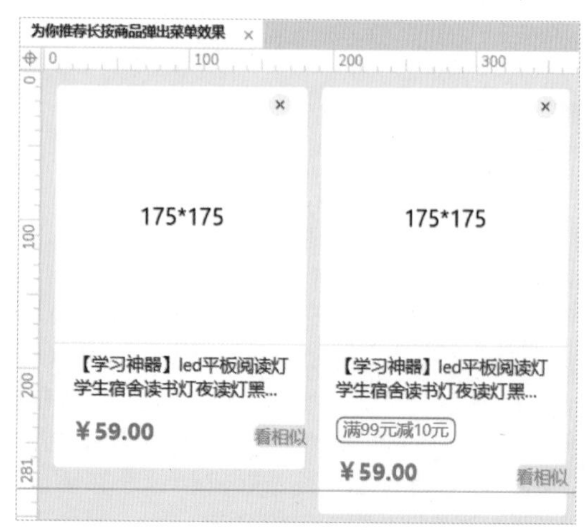

图 15-50

Step 05 制作方向性的提示菜单，将“方向提示框带标题”元件添加到页面并进行箭头方向的调整及文本设置，如图 15-51 所示。

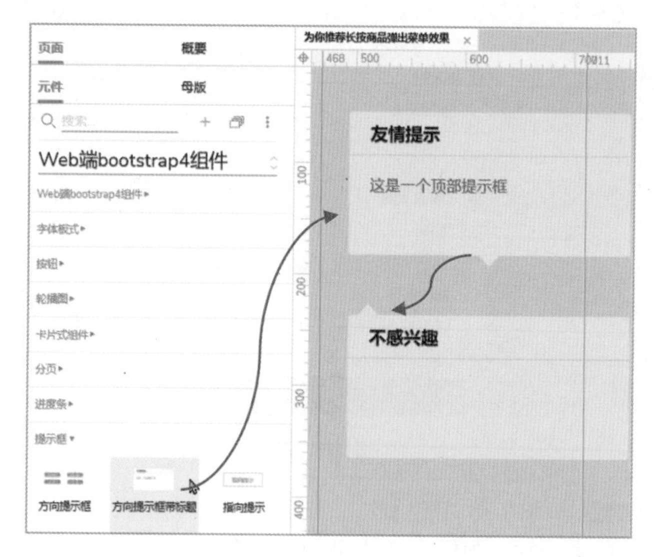

图 15-51

Step 06 优化菜单，调整原粗体样式为正常，字号设置为 14，字色设置为“#727B84”，复制标题时使用元件对齐功能进行拖动对齐。调整菜单内容，将分组命名为“推荐提示框”，设置“位置”的参数为（149，30），“尺寸”的参数为（200，202），效果如图 15-52 所示。

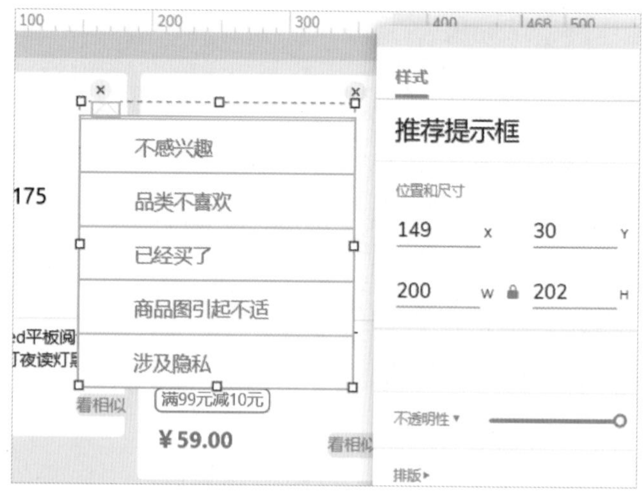

图 15-52

Step 07 将“推荐提示框”元件设置为隐藏，并为“商品”元件添加“鼠标长按时”事件（在移动端就是长按），目标选择“推荐提示框”，设置目标为逐渐显示，动画时长为 500 毫秒，勾选“置于顶层”复选框并选择灯箱效果。背景颜色设置为“#010101”，不透明度设置为 10%，如图 15-53 所示。

图 15-53

Step08 完成该示例的制作后，在浏览器中预览效果，长按鼠标弹出菜单，单击其他区域（非菜单区域）则隐藏菜单，效果如图 15-54 所示。

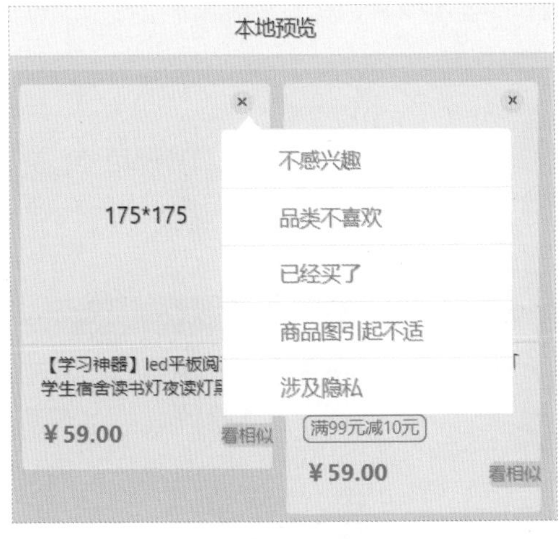

图 15-54

15.2.3 “为你推荐”上滑加载更多效果

涉及滑动的操作都需要用到动态面板。动态面板可以管理数据集，如数据分页、每页显示条数及展示布局等。笔者在本小节使用简单的动态面板进行功能示意，只有首次上滑才会出现加载更多的效果。

Step01 新增页面并命名为“为你推荐上滑加载更多”，复制上节中的所有内容并粘贴，选中页面上的所有内容，将其转换为动态面板并命名为“商品面板”，如图 15-55 所示。

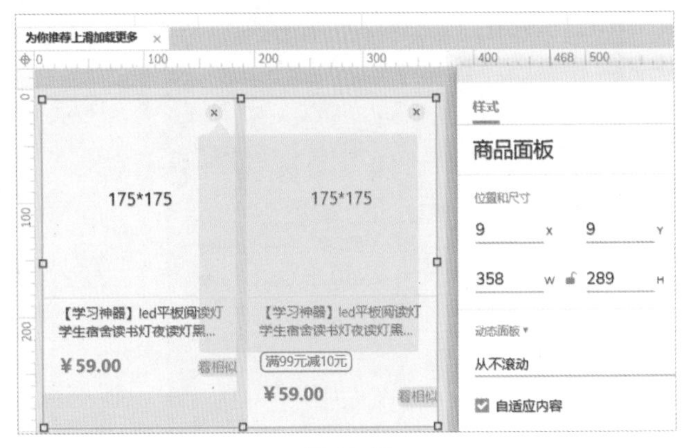

图 15-55

Step02 从“WeUI 组件”库中拖入“等待浮窗”，命名为“加载中”，设置“位置”的参数为（127，307），“尺寸”的参数为（120，120），如图 15-56 所示。

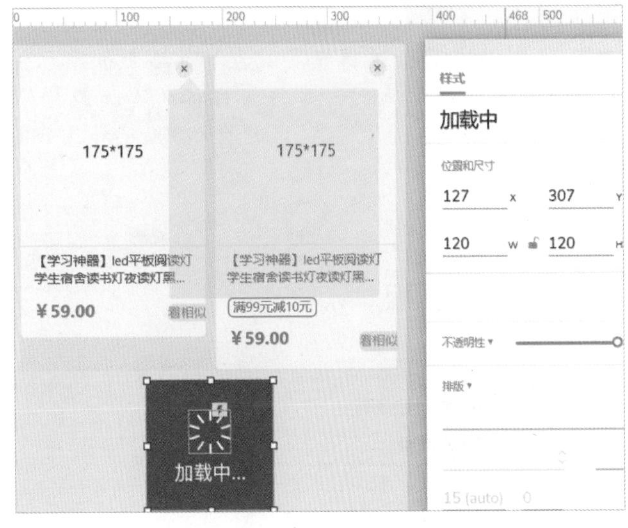

图 15-56

Step03 双击“商品面板”进入动态面板编辑模式，复制两组商品信息并粘贴，采用错位对称的排版方式，将复制的两组商品信息组合起来并命名为“more”，隐藏可见性，当页面上滑的时候显示，如图 15-57 所示。

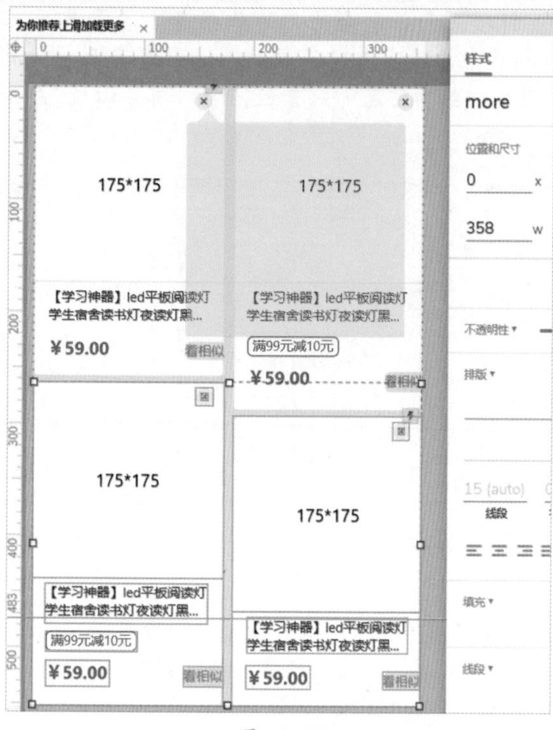

图 15-57

Step 04 退出动态面板编辑模式，为“商品面板”元件添加“向上拖动结束时”事件，目标为“加载中”，ANIMATE（动画）为“逐渐”，时长为 500 毫秒，如图 15-58 所示。

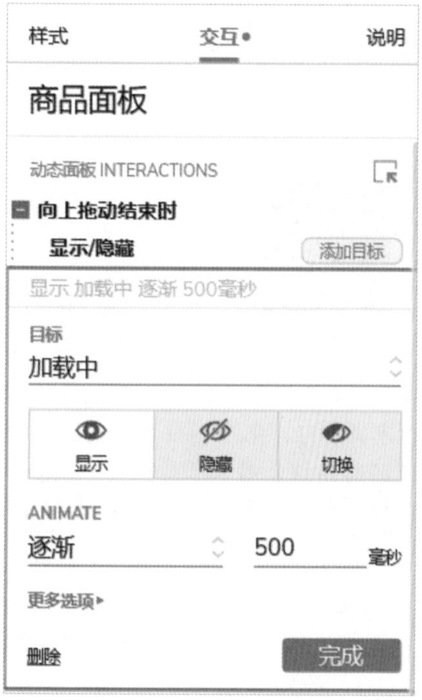

图 15-58

Step 05 为“加载中”元件添加“显示时”事件，当该元件处于显示状态时，1 秒后自动隐藏，之后立即显示出更多的商品，即“more”组合元件，如图 15-59 所示。

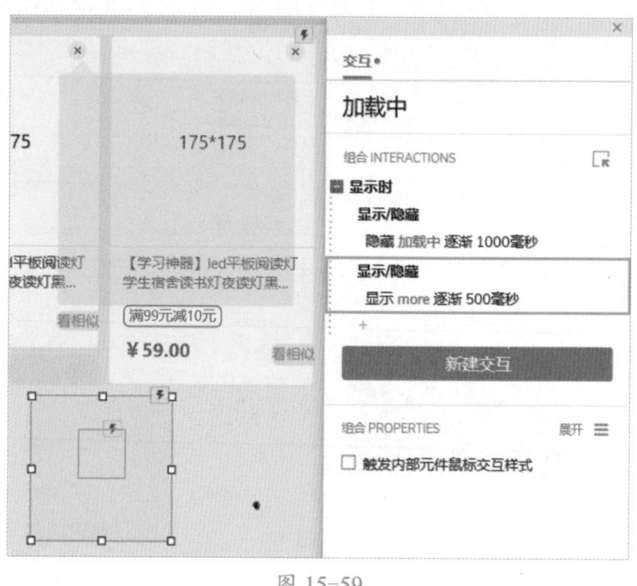

图 15-59

Step 06 预览原型页面，向上滑动，滑动结束时出现加载中动画，此时会加载更多商品信息，当商品加载完成后加载动画效果会逐渐消失，如图 15-60 所示。

图 15-60

15.2.4 京豆福利转盘游戏效果

该转盘是一个圆形平均分成 8 个部分，每部分设置有不同的奖项。中间有一个抽奖按钮，完成抽奖后会弹出相应的中奖项。真实环境中存在大量的算法和逻辑，这里我们仅用 Axure 简单地模拟一下，其余功能读者可根据需要优化扩展。

Step01 新建一个"福利转盘"页面，拖入一个"圆形"元件并命名为"转盘"，设置"位置"的参数为（87，120），"尺寸"的参数为（200，200），如图 15-61 所示。

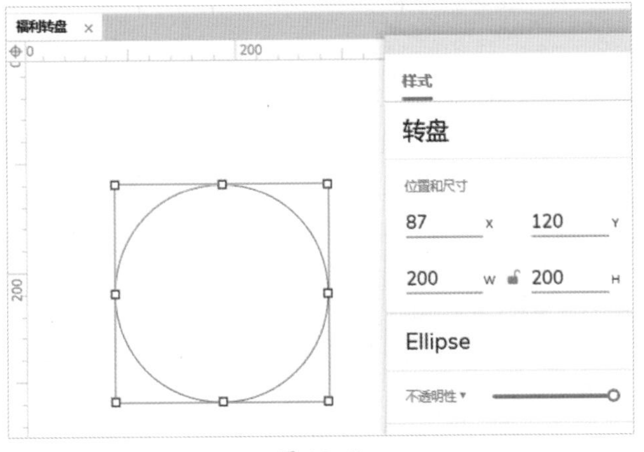

图 15-61

Step02 拖入"水平线"和"垂直线"，使其穿过圆心，注意线长不要超出圆形形状，如图 15-62 所示。

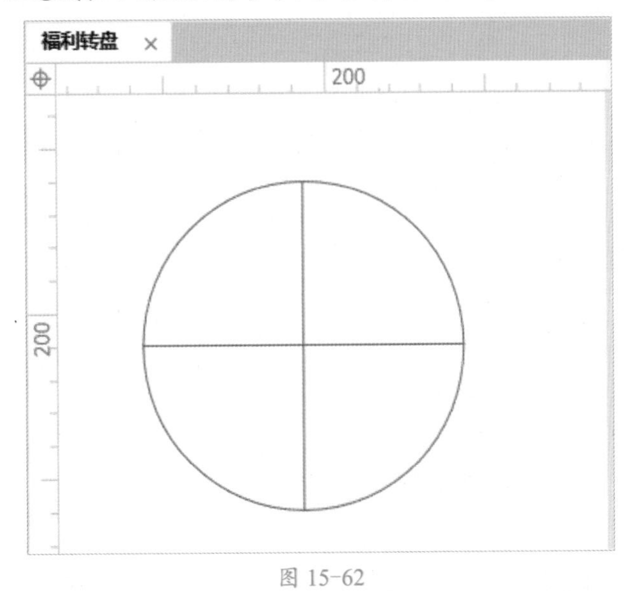

图 15-62

Step03 将两条线段选中，然后在"样式"面板中将其旋转 45°，如图 15-63 所示。

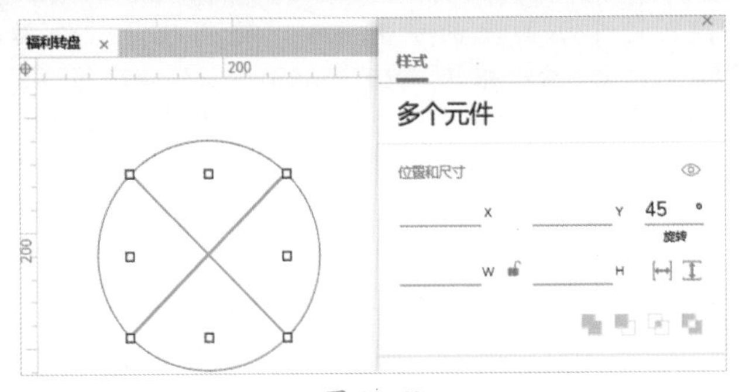

图 15-63

Step04 继续拖入"水平线"和"垂直线"，将圆形平均分成 8 个部分，如图 15-64 所示。

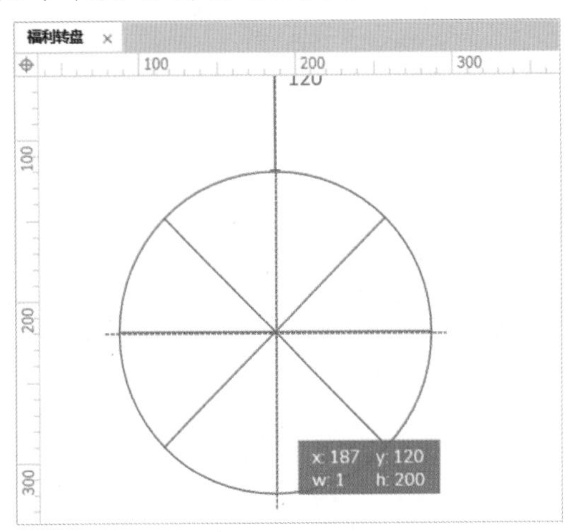

图 15-64

Step05 拖入一条"垂直辅助线"穿过圆心，选中所有线段，旋转圆形元件，使用辅助线均分其中一块区域，如图 15-65 所示。

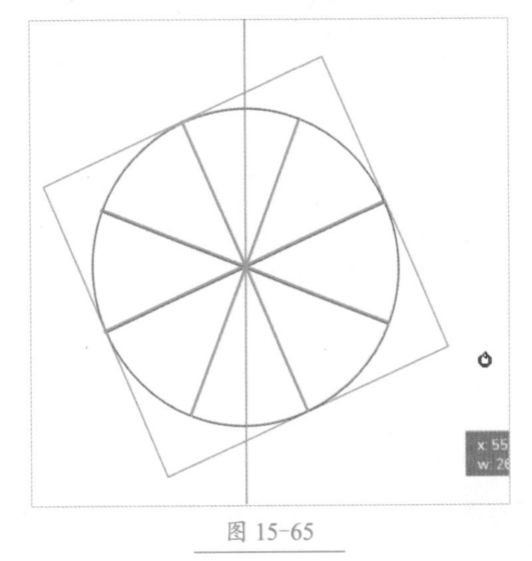

图 15-65

Step 06 选中页面上的所有元件，使用快捷组合键“Ctrl+Alt+U”合并形状，也可以执行快捷菜单中的“变换形状”子菜单中的“合并”命令，如图 15-66 所示。

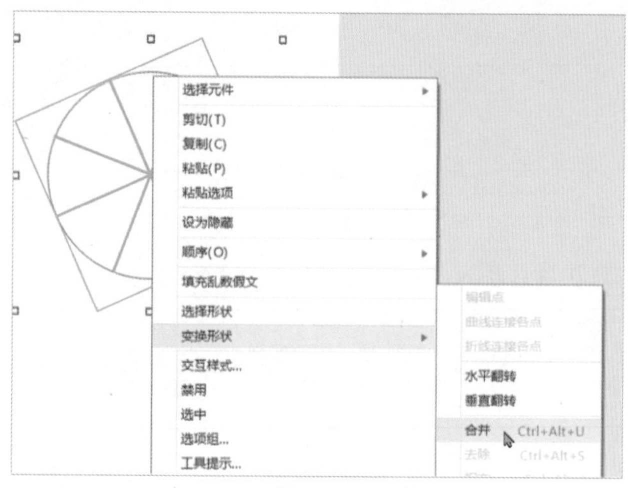

图 15-66

Step 07 调整合并元件的样式，填充色设置为“#009DD9”，线宽设置为 2，线色设置为“#FFF9F9”，线段类型选择虚线，效果如图 15-67 所示。

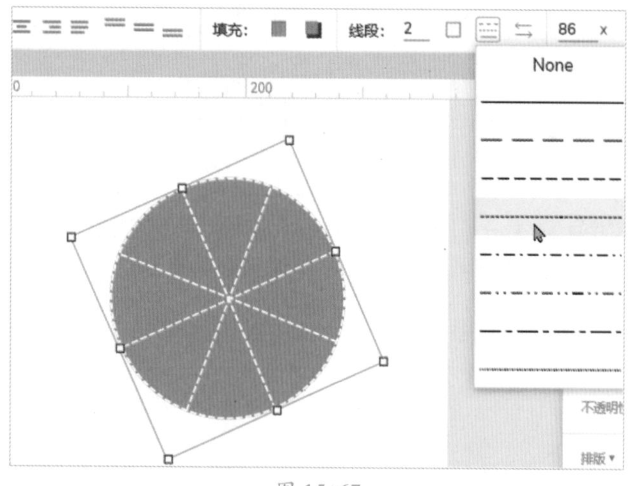

图 15-67

Step 08 继续拖入“圆形”元件，命名为“外框”，设置“位置”的参数为（72，113），“尺寸”的参数为（230，230），填充色设置为“#FFFFFF”，线宽设置为 5，线色设置为“#17A2B8”，效果如图 15-68 所示。

Step 09 拖入“文本标签”元件，字色设置为白色，使每个区域上都有一个奖项名称，如一等奖到八等奖，调整位置，将“转盘”元件和所有奖项名字合并在一起，命名为“转盘组合”，效果如图 15-69 所示。

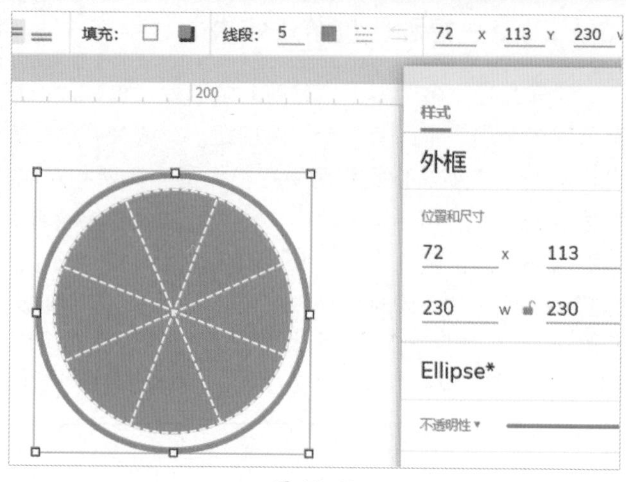

图 15-68

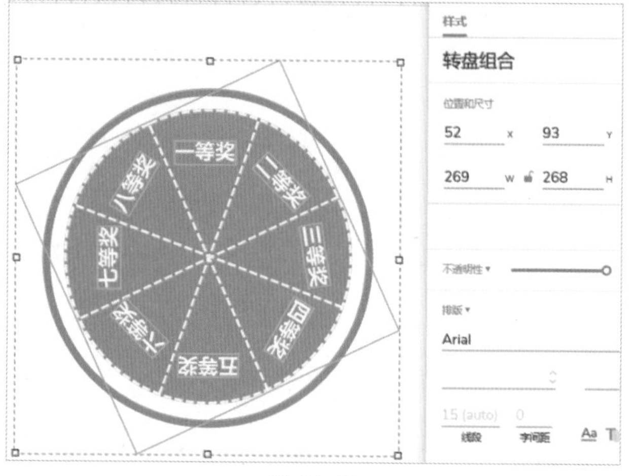

图 15-69

Step 10 拖入圆形元件，命名为“启动按钮”，设置“位置”的参数为（168，206），“尺寸”的参数为（40，40），填充色设置为“#FF7E7E”，线宽设置为 5，线色设置为“#FEFEFE”，文本内容调整为“GO”，效果如图 15-70 所示。

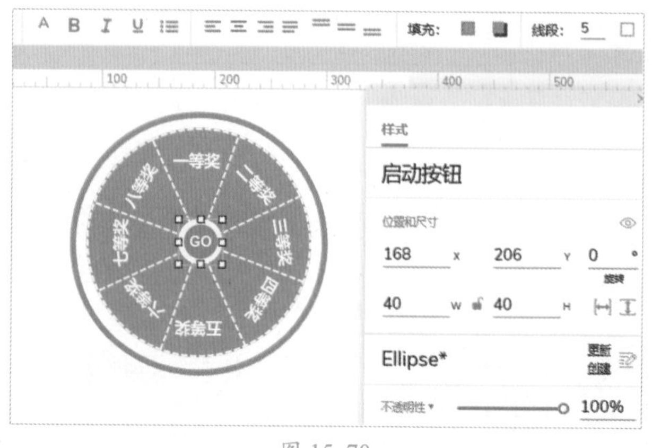

图 15-70

Step 11 拖入水滴标记元件，命名为“中奖指示”，设置“位置”的参数为（169，88），“尺寸”的参数为（30，40），使用默认样式，如图 15-71 所示。

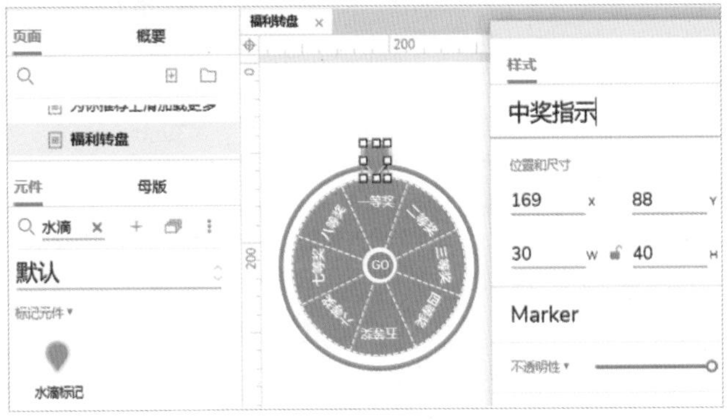

图 15-71

Step 12 为“启动按钮”添加“单击时”事件，让转盘组合顺时针旋转起来，选择“经过”，值设置为 [[(Math.floor(Math.random() *8)+1)*45+3600]]，这个表达式的意思是先随机获取一个小于 8 的整数，然后用这个整数乘以 45；3600 的意思是旋转 10 圈，动画为缓进缓出，时长为 2000 毫秒，也就是说 2 秒内完成 10 圈 +$N\times45$ 旋转，N 的值小于等于 8，如图 15-72 所示。

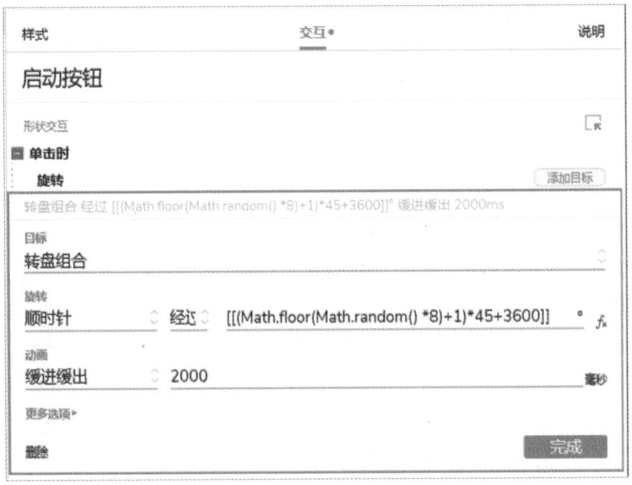

图 15-72

Step 13 新建一个全局变量，用于存放转盘组的旋转角度，方便后续计算奖项，变量名称为“random”，如图 15-73 所示。

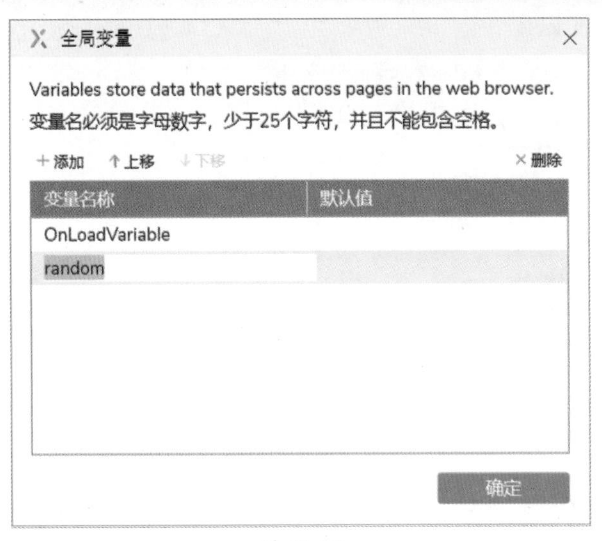

图 15-73

Step 14 继续为“启动按钮”添加“设置变量值”动作，全局变量“random”设置为值，该值需要新增一个局部变量，这里命名为“zpzh”，用于存放“转盘组合”的相关数据；rotation 属性可以获取对象的角度值，旋转一圈是 360°，旋转 10 圈就是 3600°，在第 12 步中加了一个 3600，所以将 [[zpzh.rotation-3600]] 作为 random 变量的随机值，减掉 3600 是为了还原初始值，方便下一次旋转，如图 15-74 所示。

图 15-74

Step 15 上一步中局部变量的值的设置，如图 15-75 所示。

编辑文本

在下方输入文本，变量名称或表达式要写在 "[[ ]]" 中。例如：
• 插入变量[[MyVar]]，获取变量"MyVar"的当前值；
• 插入表达式[[VarA + VarB]]，获取"VarA + VarB"的和；
• 插入系统变量[[PageName]]，获取当前页面名称。

插入变量或函数...

[[zpzh.rotation-3600]]

局部变量

在下方创建用于插入元件值的局部变量，局部变量名称必须是字母数字，不允许包含空格。

添加局部变量

zpzh = 元件 转盘组合

确定 取消

图 15-75

Step 16 直接设定可能无法将旋转组合的角度值赋给全局变量，因为动画完成需要2s，因此需加入“等待”事件，设置 2s 后再设置变量值，如图 15-76 所示。

图 15-76

Step 17 制作抽奖提醒，因为转盘是顺时针旋转，默认第一个奖项是第一名，旋转 45° 时是八等奖，90° 时是七等奖，以此类推，所有奖项和旋转角度如表 15-1 所示。

表 15-1 奖项和旋转角度

奖项	初始度数	旋转 10 圈后的度数
一等奖	0°	3600
八等奖	45°	3645
七等奖	90°	3690
六等奖	135°	3735
五等奖	180°	3780
四等奖	225°	3825
三等奖	270°	3870
二等奖	315°	3915
一等奖	360°	3960

Step 18 拖入动态面板元件用于进行弹框提示，命名为“奖项提示面板”，设置“位置”的参数为（395，0），“尺寸”的参数为（375，667），填充色设置为“#000000”，填充色不透明度设置为 25%，效果如图 15-77 所示。

图 15-77

Step 19 双击“动态面板”进入动态面板编辑模式，拖入“矩形 2”元件，命名为“奖项提示”，设置“位置”的参数为（37，242），“尺寸”的参数为（300，180），填充色设置为 #000000，圆角半径设置为 20，效果如图 15-78 所示。

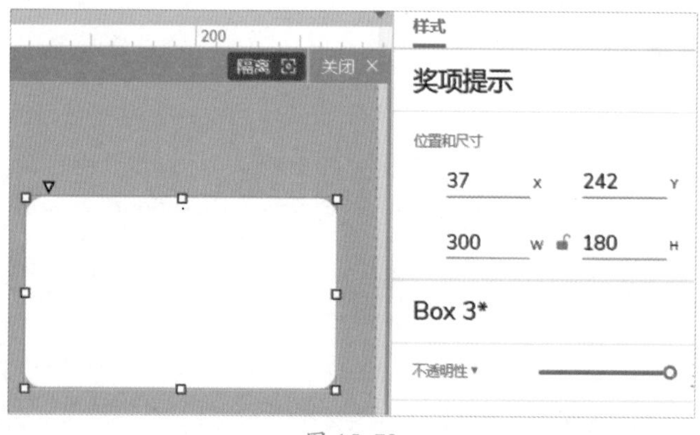

图 15-78

Step20 使用 web 端 bootstrap 4 元件三级标题，设置文本内容为“恭喜获得”，字色设置为“#FFC107”，设置“位置”的参数为（131，260），“尺寸”的参数为（96，32），接着使用四级标题并命名为“奖项名称”，清空文本内容，设置“位置”的参数为（139，332），“尺寸”的参数不变，如图 15-79 所示。

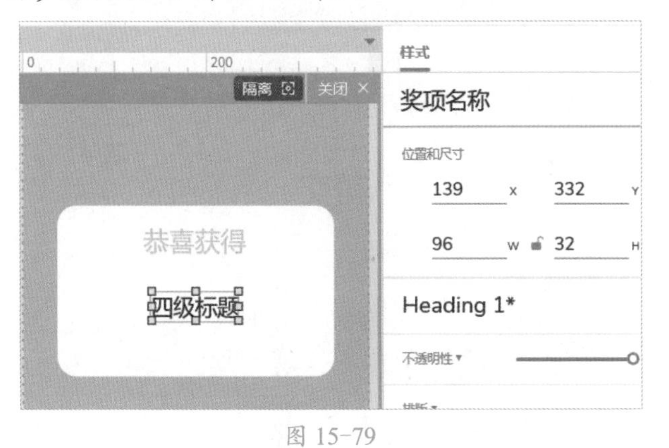

图 15-79

Step21 退出动态面板编辑模式，为“奖项提示面板”添加“显示时”事件，加入不同的情形条件，如图 15-80 所示。

图 15-80

Step22 从“为你推荐长按商品弹出菜单效果”页面复制“关闭”按钮元件，设置“位置”的参数为（179，436），为其添加“单击时”事件，用于隐藏“奖项提示面板”，ANIMATE（动画）为“逐渐”，时长为 500 毫秒，效果如图 15-81 所示。

图 15-81

Step23 继续添加旋转事件，使转盘组合到达 0°，原因是我们的算法是从 0° 开始的。每次完成抽奖，转盘复位，并且还需要添加一个奖项名为空的事件，目的是清空上一次奖项，避免下次进入时因数据交互而延时，如图 15-82 所示。

图 15-82

Step24 为页面添加“载入时”事件，将“奖项提示面板”的位置移动到（0，0），避免因页面超出屏幕尺寸而看不到该面板的中奖提示，如图 15-83 所示。

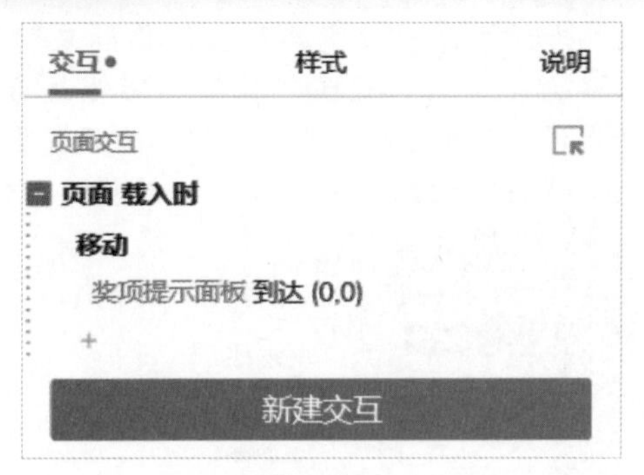

图 15-83

Step25 继续为“启动按钮”添加交互，单击时显示“奖项提示面板”，动画为“逐渐”，时长为 500 毫秒，如图 15-84 所示。

图 15-84

Step26 预览原型页面，单击“启动按钮”，“奖盘”顺时针旋转 10 圈以上，2 秒后弹出中奖信息，单击关闭中奖提示可以反复抽奖，如图 15-85 所示。

图 15-85

15.2.5 购物车商品数量调整效果

在购物车中设置商品数量时，可以通过单击减号按钮减少商品数量，单击加号按钮增加商品数量，也可以手动输入具体数量。商品数量不能为负数，商品有库存和购买数量限制，当达到指定的上限时弹出提示，如“最多只能购买 ××× 件”。

Step01 添加原型页面并命名为“购物车商品数量调整效果”，插入文本标签元件和文本框元件，其中文本为只读，不可输入，分别命名为“减”“数量”和“加”，位置尽量在屏幕的右上方，如图 15-86 所示。

图 15-86

Step02 为“减”元件添加交互事件和情形条件，只有当“数值”的文本值大于 1 时，“数值”的值才能减 1，如图 15-87 所示。

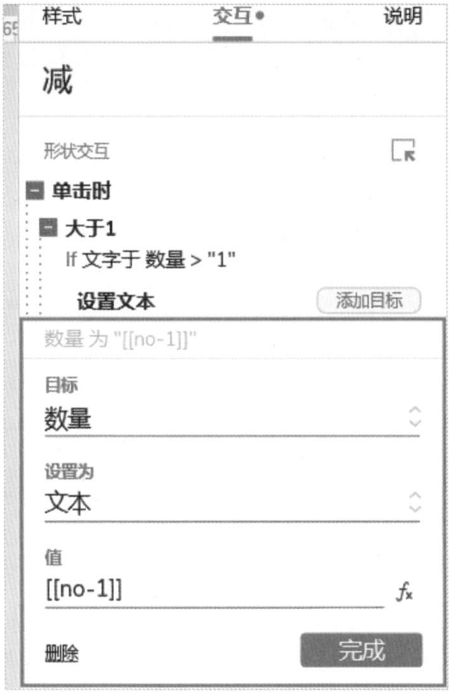

样式
交互
说明
减
形状交互
单击时
大于1
If 文字于 数量 > "1"
设置文本
添加目标
数量 为 "[[no-1]]"
目标
数量
设置为
文本
值
[[no-1]]
删除
完成

图 15-87

Step03 同样为“加”元件添加交互事件，限制数量不超过 200 件，每次单击“+”时在原数量的基础上加 1，因为起始值为 1 件，所以到 199 件时加上起始值就是 200 件了，之后将无法继续累加，情形和交互事件如图 15-88 所示。

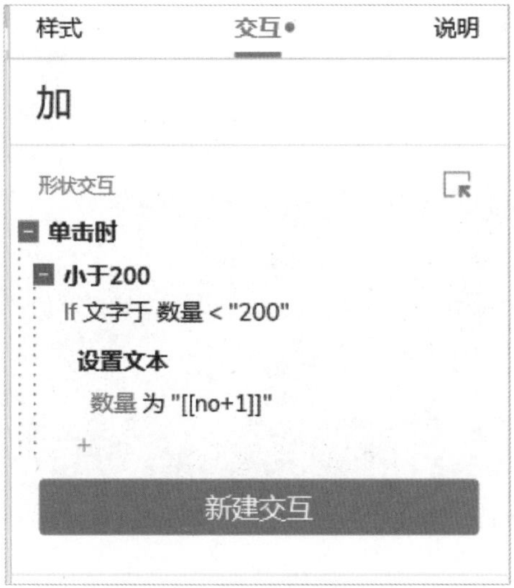

样式
交互
说明
加
形状交互
单击时
小于200
If 文字于 数量 < "200"
设置文本
数量 为 "[[no+1]]"
新建交互

图 15-88

Step04 拖入“WeUI 组件”库中的“选择弹窗”元件，参考京东弹窗效果，修改对应内容，并使用前面步骤中用到的数量增加元件，修改相应的样式即可，如图 15-89 所示。

温馨提示
你还有大额红包未使用，确定要离开吗?
残忍离开
去使用
修改购买数量
取消
确定

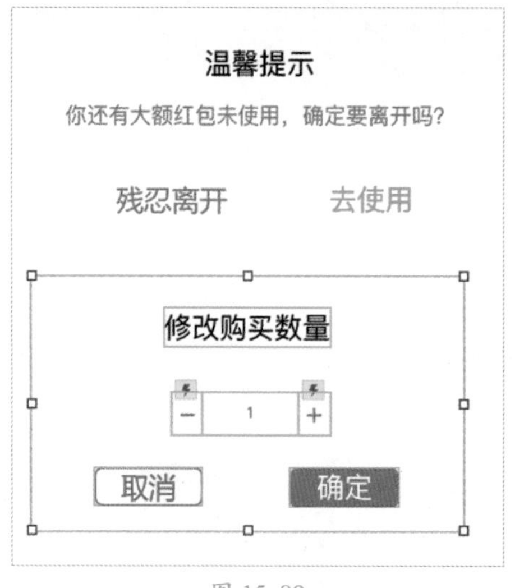

图 15-89

Step05 为弹窗中的“数量”元件添加“失去焦点时”事件，并加入情形条件。如果输入的文本值超过 200 或小于 1，则文本值都为 200，为避免输入字母，可将文本框的类型改为“数字”，添加的交互事件如图 15-90 所示。

样式
交互
说明
数量
文本框 INTERACTIONS
失去焦点时
情形 1
If 文字于 当前 > "200" 或者 文字于 当前 < "1"
设置文本
当前 为 "200"
修改购买数量
确定
新建交互

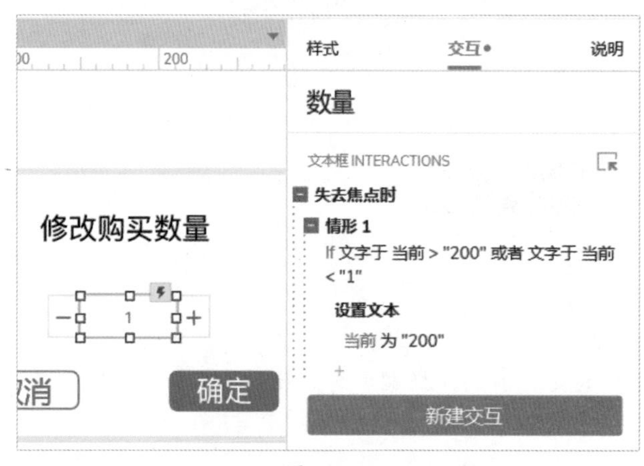

图 15-90

Step06 为“取消”按钮添加“单击时”事件，单击时隐藏该对话框，如图 15-91 所示。

样式
交互
说明
取消
形状交互
单击时
显示/隐藏
隐藏 修改数量弹窗 逐渐 500毫秒
新建交互
修改购买数量
取消
确定
形状 PROPERTIES
展开
交互样式

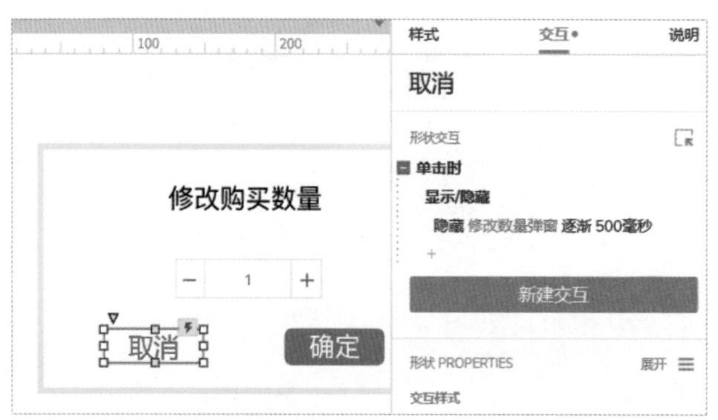

图 15-91

Step 07 “确定”按钮也需要同样的事件，并将修改购买数量中的商品数量传递到箭头指向的区域，如图 15-92 所示。

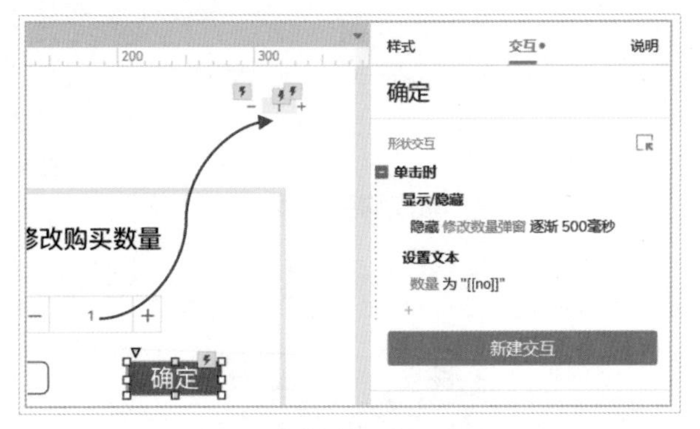

图 15-92

Step 08 拖入一个“矩形 2”元件，命名为“超限提醒”，填充色设置为 #5D5D5D，字色设置为白色，设置“位置”的参数为（105，471），“尺寸”的参数为（152，49），如图 15-93 所示。

图 15-93

Step 09 为“超限提醒”添加“显示时”事件，并设置 1 秒钟延迟，目的是提醒“购买数量”超限，等待 1 秒钟后自动隐藏，如图 15-94 所示。

图 15-94

Step 10 将“超限提醒”设置为不可见，为弹窗中的“数量”元件设置显示“超限提醒”，超出有效数量范围时弹出提醒，如图 15-95 所示。

图 15-95

Step 11 为弹窗外的“数值”元件添加“单击时”事件，单击鼠标时显示“弹窗”，在浏览器中预览效果，当输入数量超过 200 时，提示最多能购买 200 件，1 秒后提示自动消失，如图 15-96 所示。

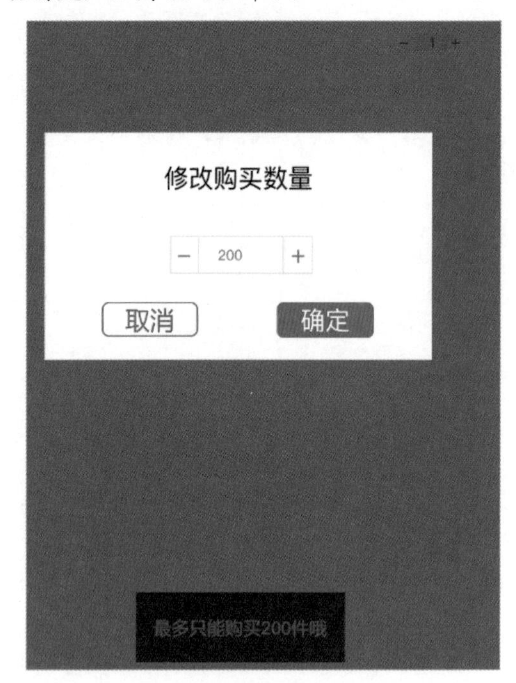

图 15-96

本章小结

本章参考了电商类产品中的两个代表：唯品会和京东。大部分的案例都用到了动态面板，动态面板自带很多“光环”，如冻结、自适应、拖动和状态切换等，读者一定要多加练习。另外，笔者想告诉大家的是，不要花费太多的精力和时间去制作一些“花哨”的东西，RP 本意就是快速制作原型示意，能表达出原型想要表达的意思即可，有些效果开发人员看一下就懂了。另外在转盘游戏小节用到了一些函数、全局变量和情形逻辑计算，对这些不熟悉的读者记得回看相关章节，举一反三。

第16章 推荐问答类产品设计

- ➥ 推荐问答类产品有什么共性？
- ➥ 开屏广告实现的核心思路是什么？
- ➥ 如何利用弹窗元件实现广告菜单的交互？
- ➥ 如何制作标题字数限制效果？
- ➥ 知乎登录效果的实现思路是什么？

推荐问答类的产品以信息服务为主，提供各种新闻资讯、行业动态及知识问答。这类产品有很多选项卡用于切换不同的数据显示，下拉刷新是常态，中间还会夹杂很多推广的广告信息，方便引流。这类产品的原型设计秘诀就是多用同类，然后思考交互效果会用到 Axure RP 9 中的哪些元件，搭配样式和交互，复杂的还需要加入变量和函数及情形条件。

16.1 今日头条原型案例

今日头条是一款基于数据挖掘的推荐引擎产品，它为用户推荐有价值的、个性化的信息，提供连接人与信息的新型服务。本章从 APP 中选取了几个交互案例，供大家参考借鉴，学会分析市场、分析竞品，了解其他公司的产品有何优势，才能更好地设计产品原型。

16.1.1 设计开屏广告效果

开屏广告很多 APP 都有，首次启动应用时，首个界面会呈现一个广告，一般右上角会有一个 3 秒左右的倒计时（显示或隐藏的），可以单击“跳过广告”按钮跳过开屏广告。这期间如果单击广告界面，则会跳转到相应的产品营销页面。开屏广告属于产品的营销策略，不同的人群看到的广告有所不同，系统会根据用户信息分配不同的广告。开屏广告的原型其实就是一个倒计时功能，完成倒计时之后将其隐藏即可，设计时可以考虑使用动态面板，根据用户的交互行为判断是否需要切换面板的状态；也可以通过置顶图层将广告置于最上方（不被其他图层遮挡），效果如图 16-1 所示。

图 16-1

16.1.2 广告菜单交互效果

信息中总是会夹杂着广告，无意触碰可能会下载相应的应用或进入详细的广告营销页面，营销广告页面其实也提供了一个交互的“关闭”按钮，单击这个按钮可以对该广告进行操作，弹出4种选项菜单，系统会根据选择优化算法，广告菜单交互效果如图16-2所示。

图16-2

16.1.3 频道管理弹出效果

今日头条提供了非常丰富的频道管理功能，满足不同用户的偏好设定需求，如用户喜欢科技类和搞笑的内容，可以调整它们出现的顺序，也可以删除一些不感兴趣的分类，以免占用顶部导航栏的位置。如何设计个性化的频道分类效果？毫无疑问，这样的操作，最适合的元件是中继器，它支持数据的动态处理，增加、删除、排序、分页都不在话下。设计难点是拖动时的交互顺序，要拖动的元件都需要转换为动态面板，然后记录每个动态面板的位置，将元件的触碰情形作为判断依据，如“科技”频道移动到“搞笑”频道的位置时，判断两者是否进行了触碰，如果触碰，两者互换位置（坐标值交换）或者位置不变文字信息交换，如图16-3所示。

图16-3

16.1.4 小视频推荐布局效果

这个布局非常简单，屏幕平分原型，左上角搭配一个关闭推荐的交互操作，和卡片设计类似，除标题外，还多了播放按钮、累计播放次数、累计点赞数，这样的布局要先确认屏幕尺寸，然后使用辅助线均分页面，预留间距，使用白色线段作为分隔线，若需要进行动态交互，可使用“内联框架”，如图16-4所示。

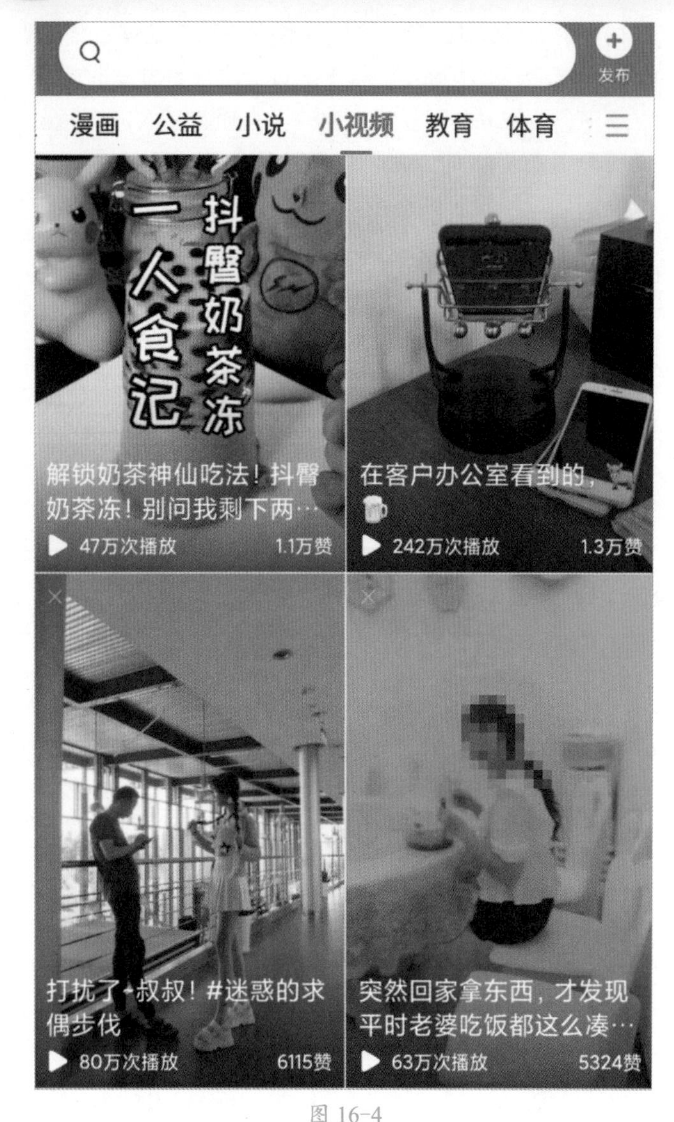

图 16-4

16.1.5 西瓜视频更多按钮交互效果

在查看某个视频时，如果对其感兴趣，可以通过更多菜单进行分享、转发、收藏、引用视频等操作。这个弹窗交互和前面学习的弹窗交互的不同之处在于，交互图标和文字可以左右滑动。要实现这一功能需要把元件转换为动态面板，取消按钮和弹窗按钮中间是透明分隔的，使用圆角半径设置；使用“显示时”的“灯箱”效果，修改默认的填充色为黑色及不透明度，即可达到相似的效果，如图 16-5 所示。

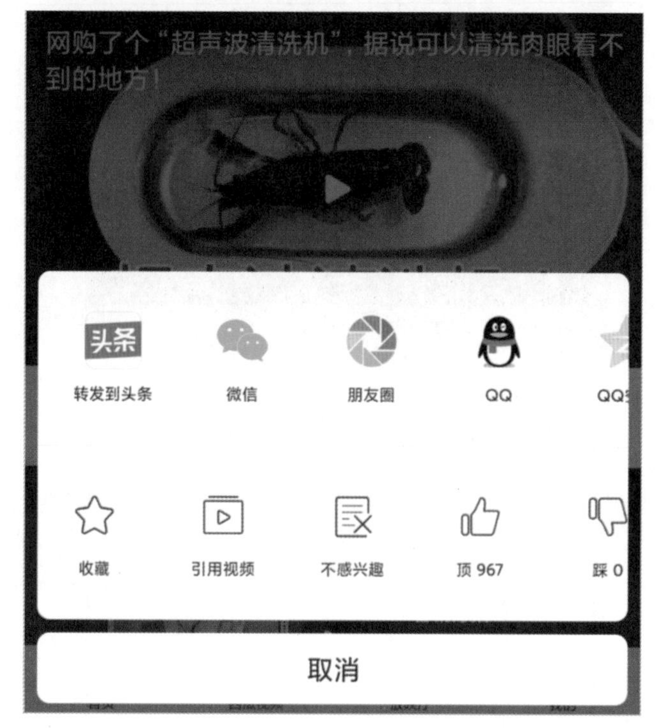

图 16-5

16.2 人人都是产品经理原型案例

这款应用也是笔者接触产品之后了解的，有移动端和 PC 端，提供了很多与产品相关的知识，支持投稿创作，也支持免费和付费提问，可以和很多专业人士一起学习交流。本章节将从中选取几个常用的原型效果进行介绍，包括顶部展开效果、历史搜索记录删除效果、付费提问交互效果、标题字数限制效果。

16.2.1 全部分类顶部展开效果

人人都是产品经理 APP 的导航栏目录不多，目前首页分了 3 个，分别是“文章”“活动”“订阅”，右侧有搜索按钮及全部分类的展开按钮，效果是从顶部弹出一个全屏窗口，使用原型设计中的显示时向上滑动动画可以实现，顶部是 4 个分类，可以使用卡片式布局来实现；接着是一个“天天问周活跃榜”，有固定的排版，每周更新数据，显示 Top5 的活跃用户；最后是“分类阅读”板块，一行排列 3 个圆角矩形，控制好左右边距，选中 3 个元件，使用工具栏上的“水平分布”功能，可以使元件之间的距离相等；复制多组数据，移动端没有鼠标悬停这样的交互样式，所以要使用鼠标按下时，当手指按在分类阅读板块下的内容时有一个交互效果，之后便跳转到相应的分类阅读板块，如图 16-6 所示。

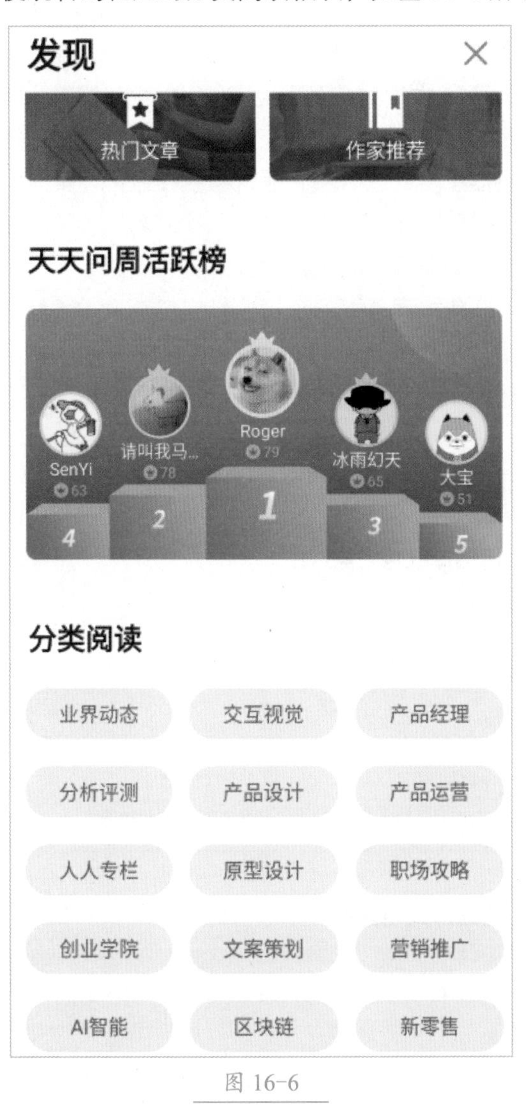

图 16-6

16.2.2 历史搜索记录删除效果

不支持单个关键词删除，只支持批量清空历史搜索记录，制作这样的效果会用到拉动元件，如图 16-7 所示。

图 16-7

Step01 新建原型页面，命名为“历史搜索记录删除效果”，页面尺寸选择“iPhone 8（375×667）”，导入本章节提供的素材，分别命名为“搜索历史”和“热搜词”，如图 16-8 所示。

图 16-8

Step02 从默认元件库中拖入一个“热区”元件，遮罩在“搜索历史”的删除按钮上，并命名为“清空”，设置“位置”的参数为（333，129），“尺寸”参数为（27，31），如图 16-9 所示。

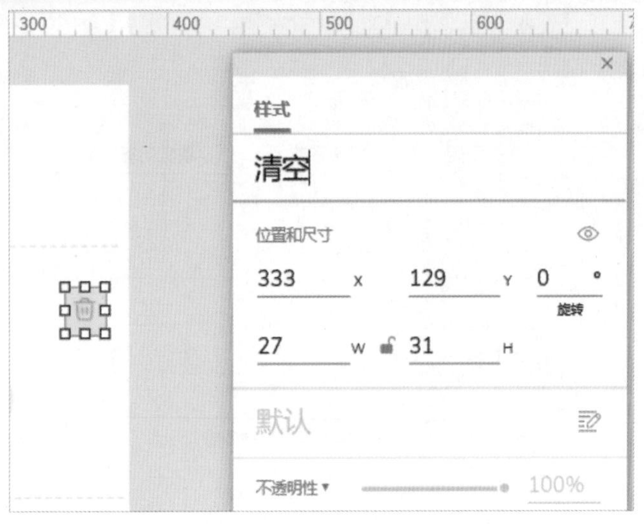

图 16-9

Step 03 为“清空”按钮添加“单击时”事件，隐藏搜索历史元件，ANIMATE（动画）为逐渐，时长为 500 毫秒，在“更多选项”中选择“拉动元件”，选中“下方”，如图 16-10 所示。

图 16-10

16.2.3 付费提问交互效果

人人都是产品经理支持付费提问，付费以悬赏红包的方式支付，支持两种方案，一种是最佳悬赏红包，选出一个最满意的回答，该回答者获得所有红包；另一种则是随机悬赏红包，每个回答者可获得随机数额的红包，两种方案对应的红包金额和红包个数是不一样的，随机回答的红包个数多于最佳。实现思路是这样的，将“最佳悬赏红包”和“随机悬赏红包”设置为同一个“单选按钮组”（每次只能选中一个红包方案）。另外也可以通过动态面板切换不同状态，选中其中一种红包方案，红包方案下面的“请选择红包金额”可设置为另外一个“单选按钮组”，每次只能选中其中一项，并为每个选项添加“单击时”事件，动作为“显示 / 隐藏”，目标为“提示框”，提示框的内容为“获得 25 个回答后再发红包”，效果如图 16-11 所示。

图 16-11

16.2.4 提问标题字数限制并显示剩余字数效果

这个效果也很常用，如标题限制 60 个字符，如图 16-12 所示。

图 16-12

Step01 新建一个对应的元件页面，命名参考本小节标题，拖入一个文本框元件，命名为“标题框”，设置位置的参数为（0，55），尺寸的参数为（300，40），线宽为1，线色为“#E2E6EA”，字号为16，左对齐，边框仅底部可见，左侧边距为15，文本内容为“输入标题”，如图16-13所示。

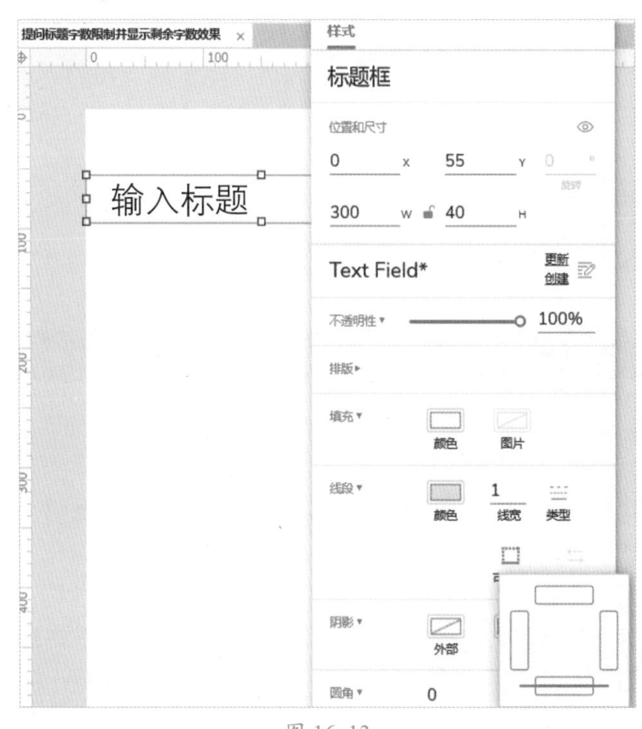

图 16-13

Step02 拖入一个文本标签元件，命名为“剩余”，设置位置的参数为（305，77），尺寸的参数为（9，18），字号为16，右侧对齐，字色为“#868E96”，效果如图16-14所示。

图 16-14

Step03 复制“剩余”元件，命名为“总量”，位置为（330，77），尺寸为（23，18），文本内容设置为“60”，如图16-15所示。

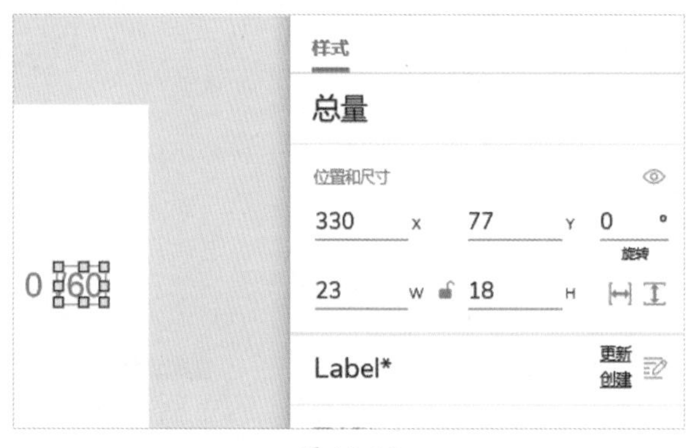

图 16-15

Step04 为“标题框”元件添加“文本改变时”事件，目标为“剩余”，将目标设置为“文本”，值为 [[this.text.length]]，增加文字和删除文字时自动计算长度，如图16-16所示。

Step05 当标题字数超过60个字符时，添加新的情形，并将新情形命名为“小于61”，条件为判断当前文本框的长度 [[this.text.length]]，如图16-17所示。

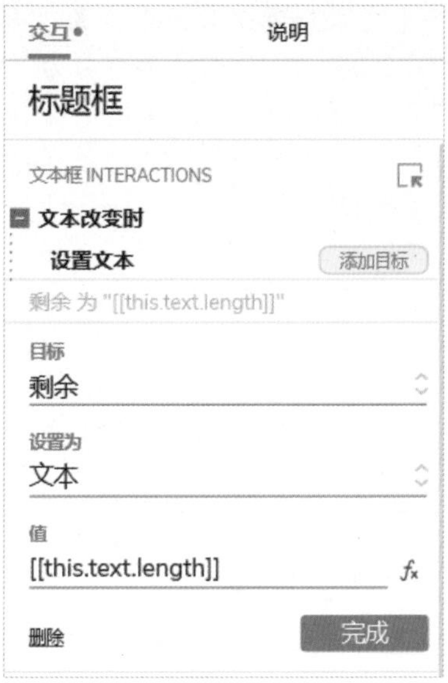

交互
说明
标题框
文本框 INTERACTIONS
文本改变时
设置文本
添加目标
剩余 为 "[[this.text.length]]"
目标
剩余
设置为
文本
值
[[this.text.length]]
删除
完成

图 16-16

情形编辑 - 标题框: 文本改变时
情形名称
小于61
匹配所有
值
[[This.t
<
值
61
+ 添加行
条件
如果 "[[This.text.length]]" < "61"
确定
取消

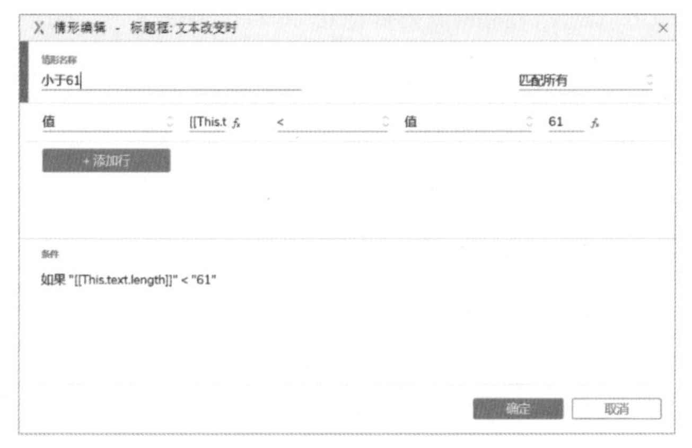

图 16-17

Step 06 继续添加一个情形，将文本框的值设置为取前 60 位，使用 substr 函数从开始位置截取到指定位数，函数为 [[this.text.substr(0，60)]]，如图 16-18 所示。

交互
说明
标题框
文本框 INTERACTIONS
文本改变时
小于61
If "[[This.text.length]]" < "61"
设置文本
剩余 为 "[[this.text.length]]"
大于60
Else If "[[This.text.length]]" > "60"
设置文本
标题框 为 "[[this.text.substr(0,60)]]"
新建交互

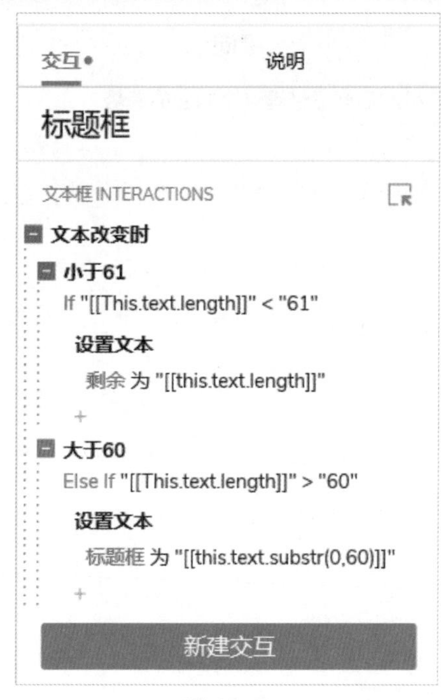

图 16-18

Step 07 预览原型页面，输入文字，观察文本框的变化及“剩余”元件的数值变化，如图 16-19 所示。

本地预览
标题测试会不会超限?
10/60

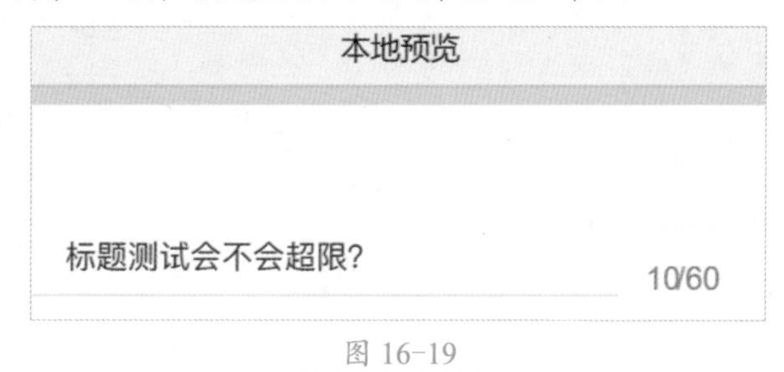

图 16-19

16.3 知乎原型案例

知乎建立了一个可信赖的问答社区，提供高效和值得信赖的解答。本节主要介绍知乎不同登录方式的实现思路。

16.3.1 密码登录效果

知乎登录方式非常多，用户名和密码登录是最常用的方式之一，默认当用户名和密码为空时，登录按钮不可单击，只有满足条件后，按钮颜色才会变化。除此之外，还可以选择短信验证码登录、海外手机号登录，以及使用第三方应用账号登录。切换不同的账号登录方式，可以使用动态面板状态的切换方式实现，而第三方登录（QQ、微信等），在原型设计时仅示意就可以了，第三方接口的对接和元件使用由开发人员处理，效果如图 16-20 所示。

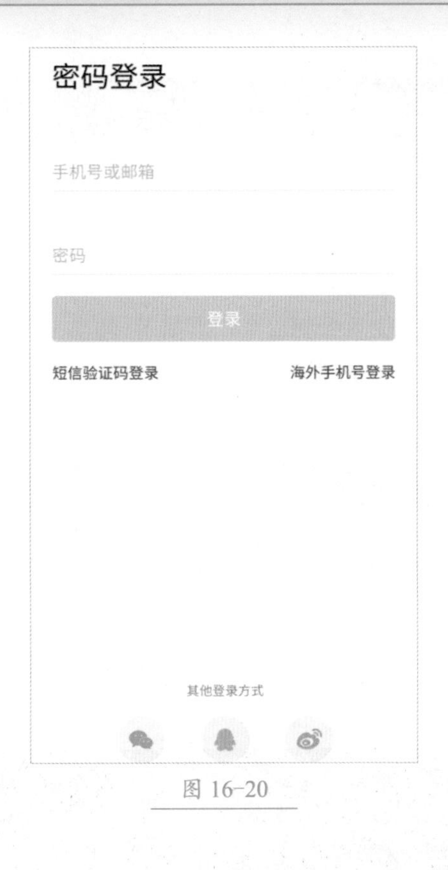

图 16-20

16.3.2 一键登录效果

知乎还有一个“一键登录”效果，在真实环境中会获取用户的手机号码，手机号码的中间4位用“*”屏蔽，下方有提示“认证服务由中国移动提供”，这种界面可使用不同的标题实现。单击切换号码，其实又回到短信验证码方式登录，原型设计时考虑使用超链接打开新页面，或者切换动态面板状态，但要考虑当前产品的用户量是否需要这么丰富的登录方式。我们在设计原型时可以获得很多思路，简化用户的操作过程，让他们更方便地使用产品，如图 16-21 所示。

图 16-21

本章小结

本章介绍了推荐问答类的几个代表产品的设计技巧，大部分案例只提供了相关的设计思路，如果你能根据笔者提供的思路，快速通过 Axure RP 9 实现这种效果，那么恭喜你已经掌握了各种元件的应用方法，通过不断地思考和练习，就可以做出好的原型。第 17 章讲解支付金融类的产品设计。

第17章 支付金融类产品设计

支付金融类的产品首要考虑的就是安全，如银行 APP，登录时还要使用令牌口令（实物），超出一段时间不使用就会自动退出登录。有些银行 APP 输入信息的键盘也是随机变化的，不是直接调用手机自带的键盘。本章选取了支付宝和个别银行 APP 的一些效果与读者一起学习。

17.1 支付宝原型案例

支付宝作为支付界的巨头之一，它改变了我们的生活方式。以前出门必备“身手钥钱”（身份证、手机、钥匙、钱包），现在基本上可以做到出门带个手机就可以，很多东西慢慢被集成化、电子化、信息化。像电子社保卡、网上缴纳各种费用（电费、燃气费、话费、水费等）。除此之外，支付宝还有很多营销功能。本节选择几个常见效果进行原型设计的思路讲解。

17.1.1 引流淘宝红包营销交互效果

支付宝首页末尾有一个“淘宝特价”模块，单击任意商品进入该页面后，可以签到领红包，接着便会弹出红包营销交互窗口，红包营销弹窗的设计可以使用“灯箱”。除此之外，还有一个引导用户的小细节，底部有一个循环单击的手形动画图标，当单击某个商品达到指定时长可以再领红包。这个小动画如何放到原型里呢？其实插入一张 gif 图片即可。使用原型示意时，可以从阿里巴巴矢量图标库中搜索“手形单击”图标，然后制作一个移动的、不断显示和隐藏的循环效果即可，红包营销页面如图 17-1 所示。

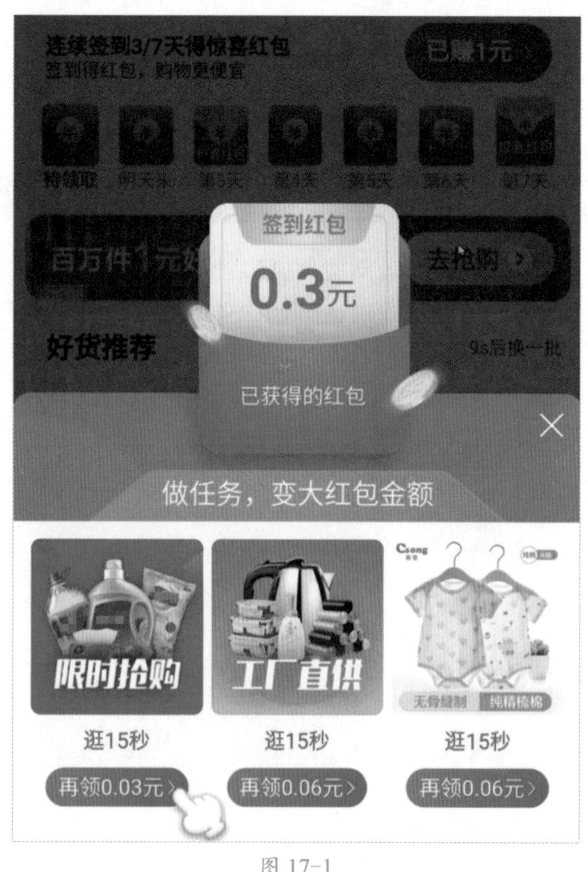

图 17-1

17.1.2 扫一扫效果

扫一扫效果会自动调用手机的相机功能，在原型中其实就是一条水平线从上到下慢慢移动，只变化 Y 坐标的值，到达底部时，又回到最上方，一直重复。下面来制作循环的扫一扫线条。

Step01 新建“扫一扫效果”页面，页面尺寸设置为“iPhone 8（375×667）”，拖入一条“水平线”元件，命名为“线条”，设置“位置”的参数为（0，100），线色设置为“#007BFF”，勾选外部阴影选项并使用默认颜色，效果如图 17-2 所示。

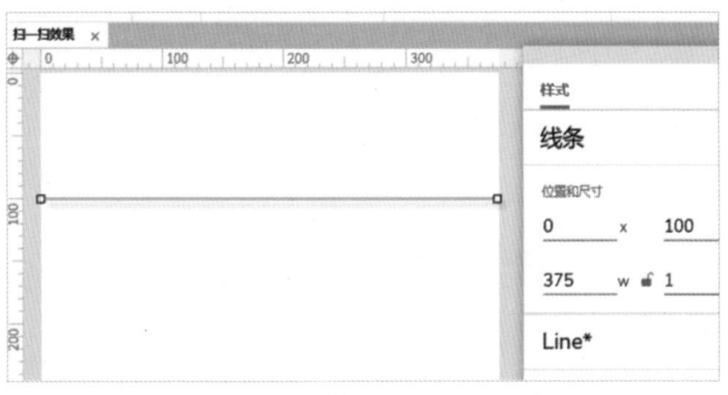

图 17-2

Step02 拖入“动态面板”元件并命名为“循环面板”，设置“位置”的参数为（420，140），“尺寸”的参数为（60，51），如图 17-3 所示。

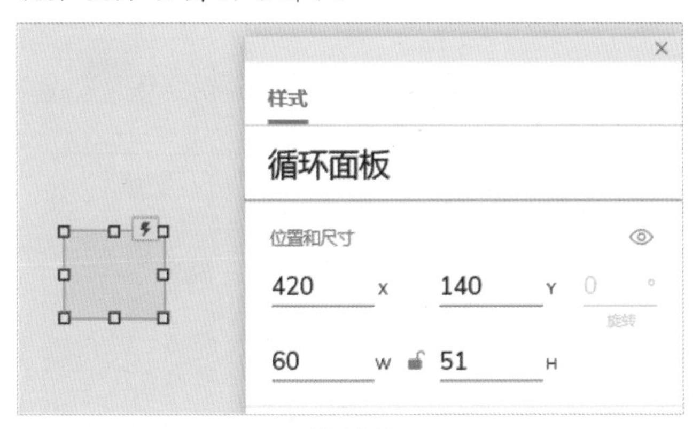

图 17-3

Step03 为“动态面板”添加 2 个状态，从上到下分别命名为“down”和“up”，2 个状态交替循环，如图 17-4 所示。

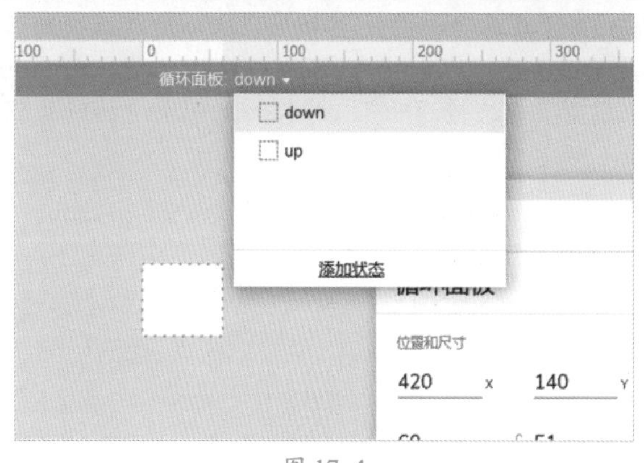

图 17-4

Step04 退出动态面板编辑模式，为“循环面板”添加“载入时”事件，设置面板状态的目标为“当前”，STATE 为“下一项”，勾选“向后循环”复选框，无动画，在“更多选项”中勾选“循环间隔”复选框，并设置循环间隔为 1000 毫秒，这个时间，需要和后面步骤的动画时间保持一致，否则达不到想要的效果，如图 17-5 所示。

图 17-5

Step 05 继续添加“状态改变时”事件，动态面板的状态如果为“down”，则向下移动，到达位置（0，400），动画设置为“缓慢退出”，时长和上一步中的时长保持一致，如图 17-6 所示。

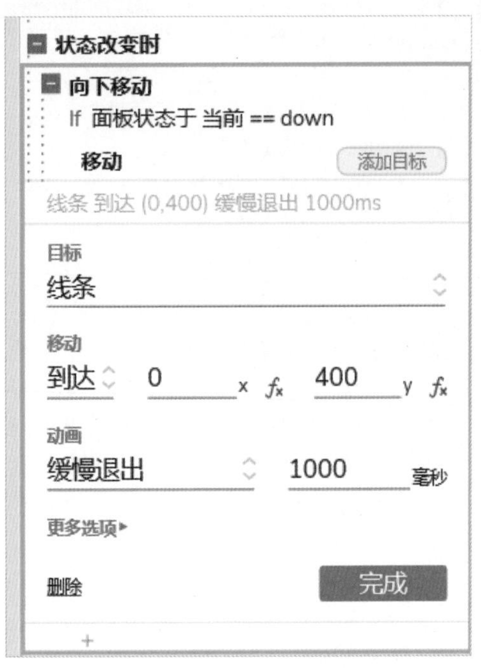

图 17-6

Step 06 新建一个名称为“向上移动”的情形，状态改为“up”，到达位置（0，100），无动画，使线条可以快速到达扫描的起始位置，至此完成制作，如图 17-7 所示。

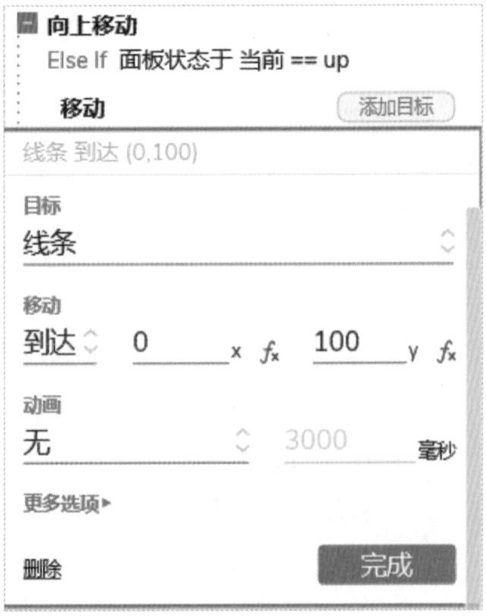

图 17-7

17.1.3 付款方式切换传值效果

支付宝的支付方式是可以切换的，支持自定义扣款顺序，选择某种付款方式有一个传值的过程，在原型设计时我们可以用一个全局变量来辅助完成交互。切换付款方式如图 17-8 所示；顺序调整用到了开关元件，如图 17-9 所示。

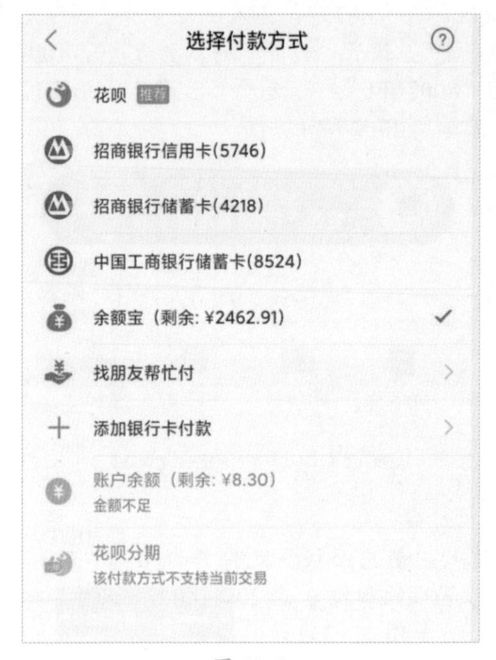

图 17-8

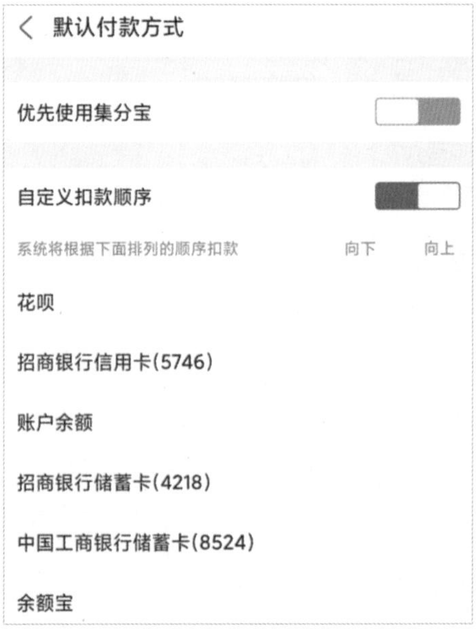

图 17-9

Step01 新建“付款方式切换效果”页面，页面尺寸设置为“iPhone 8（375×667）”，拖入同步学习文件中本章素材“付款详情”，设置“位置”的参数为（0，161），“尺寸”的参数为（375，506），如图 17-10 所示。

图 17-10

Step02 拖入一个“矩形 2”元件，命名为“付款名称”，设置“位置”的参数为（155，343），“尺寸”的参数为（192，40），填充色设置为“#F7F7F7”，字体设置为苹方，字号设置为 14 号，字色设置为“#333333”，文字右侧对齐，效果如图 17-11 所示。

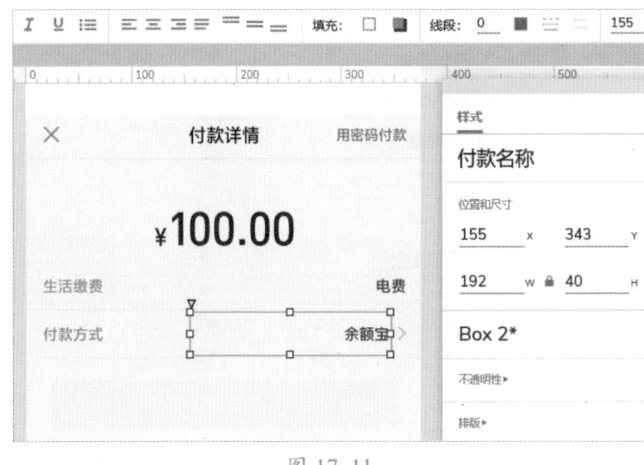

图 17-11

Step03 导入同步学习文件中的“选择付款方式”素材，命名为“付款方式”，设置“位置”的参数为（395，195），“尺寸”的参数为（375，472），如图 17-12 所示。

图 17-12

Step04 新建一个全局变量“Paytype”，默认值为“余额宝”，如图 17-13 所示。

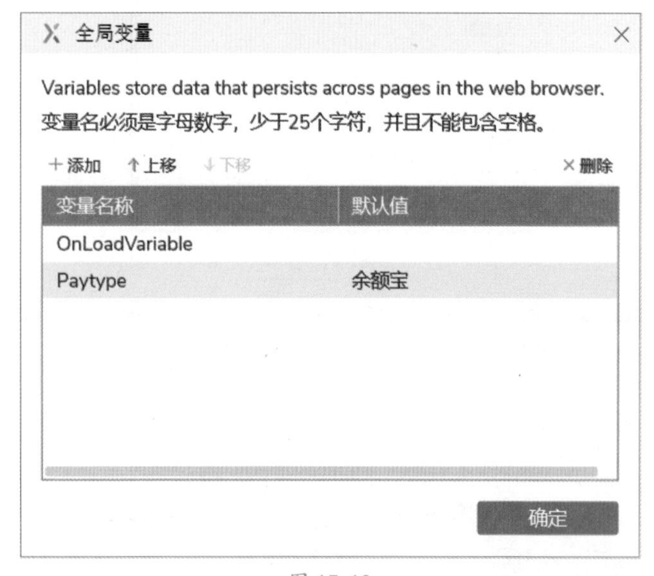

图 17-13

Step05 拖入一个“热区”元件，命名为“热区”，设置“位置”的参数为（407，240），“尺寸”的参数为（353，40），如图 17-14 所示。

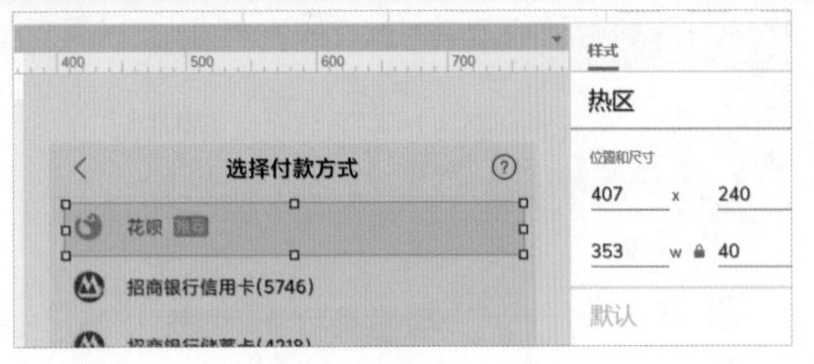

图 17-14

Step06 为热区添加“单击时”事件，设置变量值的交互，目标为“Paytype”，值设置为“花呗”，如图 17-15 所示。

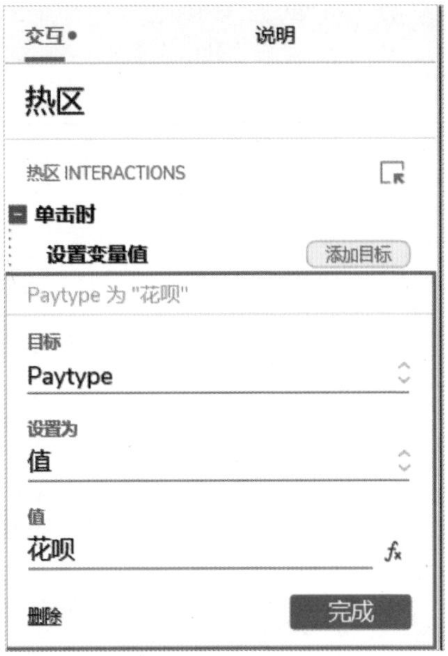

图 17-15

Step07 复制“热区”元件到其他选项上，记得更换对应的文本内容，然后将“付款方式”和所有“热区”元件选中，分组后命名为“付款方式组合”，如图 17-16 所示。

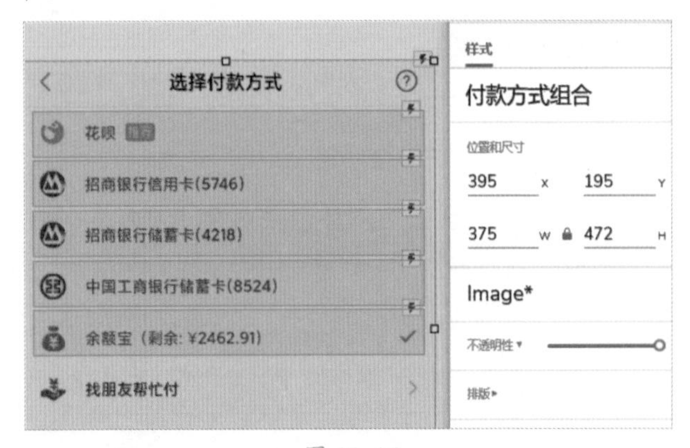

图 17-16

Step08 为“付款方式组合”添加“隐藏时”事件，设置“付款名称”的文本为全局变量“Paytype”，如图 17-17 所示。

图 17-17

Step09 为每个热区元件添加隐藏“付款方式组合”情形，如图 17-18 所示。

图 17-18

Step 10 为页面载入时添加“移动”情形，将“付款方式组合”移动到（0，195）的位置，使其位于屏幕范围内，如图 17-19 所示。

图 17-19

Step 11 为“付款名称”添加“单击时”事件，设置单击时显示“付款方式组合”，如图 17-20 所示。

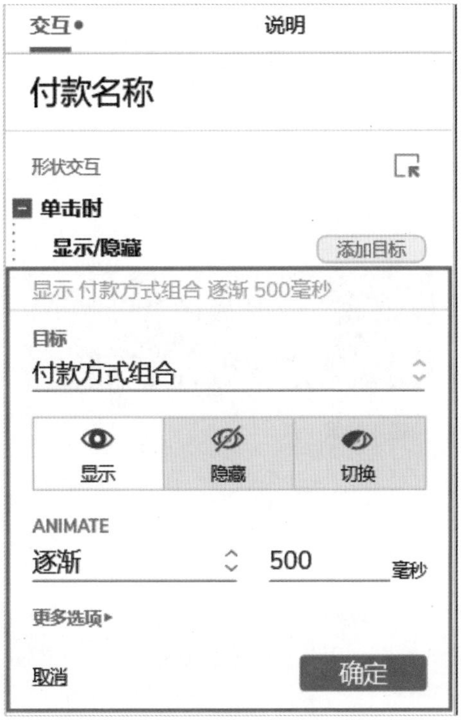

图 17-20

Step 12 将“付款方式组合”的可见性设置为不可见，接着拖入一个“热区”元件，调整大小，遮住箭头位置，命名为“右箭头”，复制“付款名称”中的“单击时”事件，如图 17-21 所示。

图 17-21

Step 13 预览原型，切换付款方式，对应的付款名称也发生了变化，如图 17-22 所示。

图 17-22

Step 14 打开 Axure 控制台，也能看到全局变量，其他页面也能引用这个值，实现信息共享，如图 17-23 所示。

图 17-23

17.2 手机银行类原型案例

手机银行类产品越来越成熟，这类产品需要以安全为主线，如设置安全键盘、敏感信息加密及账单类的人性化设计等。

17.2.1 中国建设银行安全键盘登录效果

中国建设银行（简称建行）的安全键盘，登录时无法进行屏幕截图和屏幕录制且是定制的键盘布局，在原型设计时使用多个矩形元件配合圆角半径即可，交互事件选用键盘事件，当点击数字 1 时在对应的文本框或密码框中输入 1，APP 的效果如图 17-24 所示。

图 17-24

17.2.2 建行转账时键盘自动切换效果

在填写转账表单时，多个文本框之间是可以切换焦点的，纯数字的文本框获取焦点时会自动将键盘切换为纯数字的输入模式，这种交互设计十分人性化，原型设计可参考这种思路，点击数字文本框时，从底部弹出键盘面板，如图 17-25 所示。

图 17-25

17.2.3 招商银行指纹解锁效果

从阿里巴巴矢量图标库中下载“指纹”相关的图标，然后添加一个“鼠标长按时”事件，添加正确时和错误时两个空的情形条件即可，效果如图 17-26 所示。

图 17-26

17.2.4 招商银行账户总览加密效果

查询账户余额时点开隐藏按钮，涉及的账户总览、本月收支、个人消费信用卡就变为 6 个星号，这样的交互效果在原型设计中需要用到两个动态面板，一个命名为加密，另一个命名为未加密，这两个面板可单击的图标、星号和数字不同。也可以使用全局变量来实现，设置文本值时，切换变量的值即可，账户总览加密效果如图 17-27 所示。

图 17-27

本章小结

本章介绍了支付金融类产品的案例，这些案例效果带有明确的使用场景，如红包营销，产品的一些细节可以吸引买家的眼球。扫一扫使用的是水平线的循环移动，需要扩展优化，才能更好地应用，付款方式案例介绍了全局变量的应用，使所有页面共享数据。银行类的产品都是以安全为主，要多了解它们的交互效果，并及时与开发人员沟通，原型无法表现出来的动作交互，开发人员可以实现，如当按下手机截屏键时，自动拦截截屏并提示出于安全考虑，本页面禁止截屏，进行屏幕录制时自动启动黑屏机制，实现这些都需要有一定的技术手段，好的产品一定需要强大的技术团队支持。

第18章 影视音乐类产品设计

- 如何制作上下滑动切换视频效果？
- 如何使用热区元件快速实现评论交互效果？
- 网易云音乐首页有哪些交互功能？
- 如何实现乐签的交互摇摆效果？

影视音乐类产品非常多，影视类产品如爱奇艺、优酷及腾讯视频，音乐类有网易云音乐、QQ 音乐等，在设计同类原型时，需要参考和分析竞品的布局设计、交互效果、流程设计、颜色搭配等。本章节将介绍抖音和网易云音乐的原型交互效果。

18.1 抖音

抖音这款产品非常火，如果要做一款类似的产品，你会如何设计呢？

18.1.1 手指上下滑动切换视频效果

提到滑动一定要联想到“动态面板”元件，本书对应章节的同步学习文件提供了本节需要的图片素材。

Step01 新建一个元件项目，新建文件夹并命名为“抖音”，并在文件夹下新增原型页面，命名为“手指上下滑动切换视频效果”，设置尺寸为（375，813），如图 18-1 所示。

图 18-1

Step02 在画布中拖入本小节对应的同步学习文件中的“顶部 bar”图片，也命名为“顶部 bar”，设置“位置”的参数为（0，0），“尺寸”的参数为（375，25），如图 18-2 所示。

图 18-2

Step03 拖入“视频图片 1”素材，命名为“素材 1”，设置“位置”的参数为（0，24），“尺寸”的参数为（375，731），如图 18-3 所示。

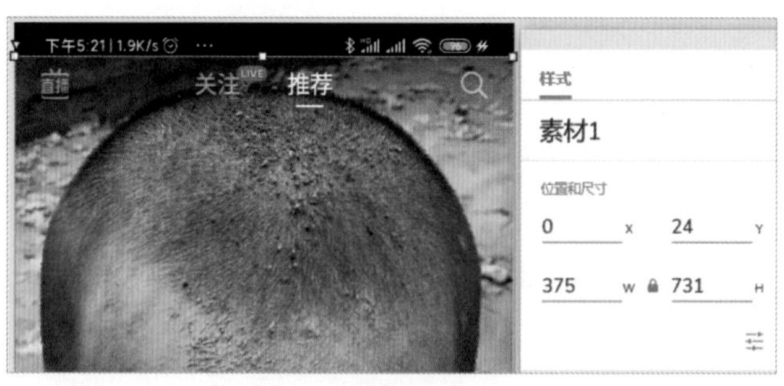

图 18-3

Step04 拖入“底部 bar”素材，设置“位置”的参数为（0，753），“尺寸”的参数为（375，60），如图 18-4 所示。

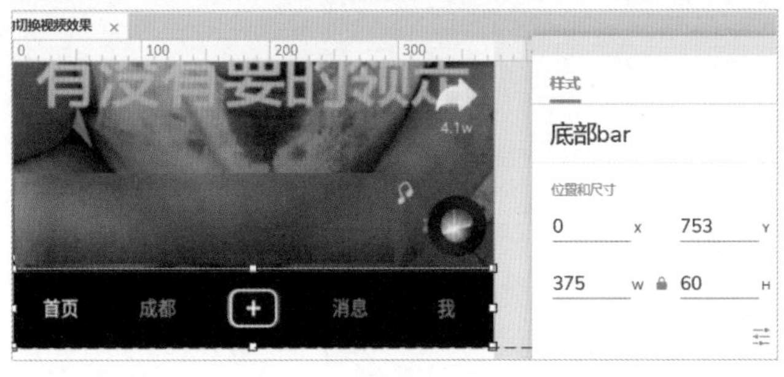

图 18-4

Step 05 将“素材 1”转换为动态面板并命名为“视频面板”，设置“位置”的参数为（0，24），“尺寸”的参数为（375，731），选择“垂直滚动”，不勾选“自适应内容”和“100% 宽度（仅浏览器中有效）”两个选项，如图 18-5 所示。

图 18-5

Step 06 双击动态面板进入动态面板编辑模式，拖入“视频图片 2”素材，命名为“素材 2”，设置“位置”的参数为（0，731），“尺寸”的参数为（375，731），如图 18-6 所示。

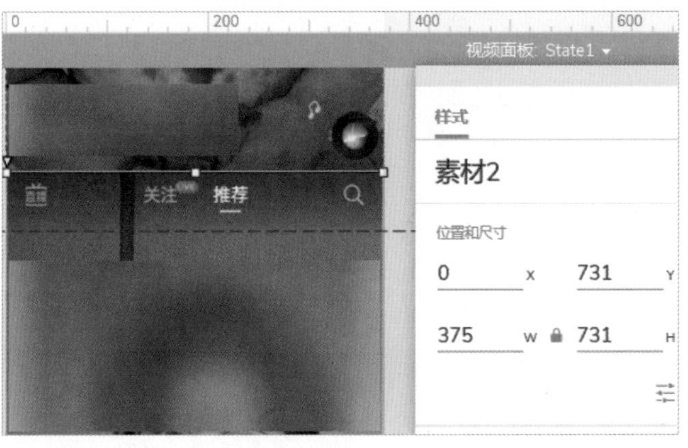

图 18-6

Step 07 退出动态面板编辑模式，为其添加“向上拖动结束时”和“向下拖动结束时”事件，分别滚动到“素材 2”和“素材 1”，动画为“线性”，时长为 500ms，如图 18-7 所示。

图 18-7

Step 08 预览原型，滑动查看效果。在浏览时产生的滚动条使用的是鼠标滚轮交互，可以直接发布到 Axure 云，使用 Axure 移动端查看原型效果更佳，预览效果如图 18-8 所示。

图 18-8

18.1.2 评论交互效果

Step 01 复制上个元件页面，命名为“评论交互效果”，拖入一个热区元件，命名为“评论按钮热区”，设置“位置”的参数为（315，534），“尺寸”的参数为（60，60），如图 18-9 所示。

图 18-9

Step 02 导入本节同步学习文件中的“无评论弹窗”素材，命名为“评论弹窗”，设置“位置”的参数为（0，240），“尺寸”的参数为（375，515），如图 18-10 所示。

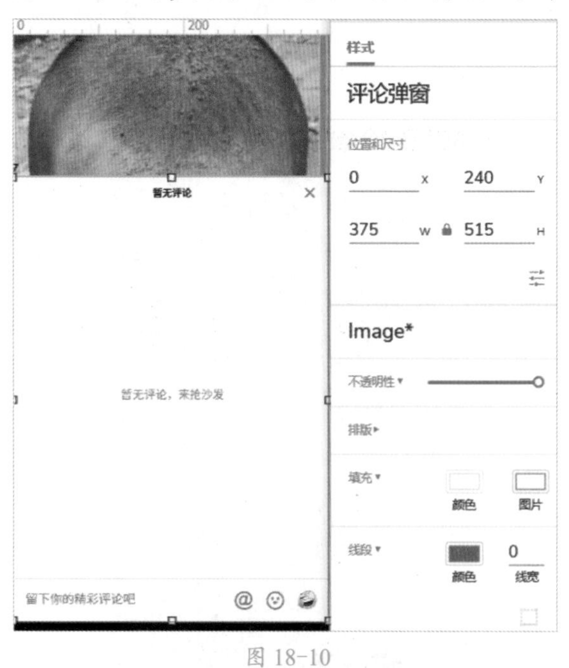

图 18-10

Step 03 为方便后续的操作，调整“评论弹窗”位置，设置“位置”的参数为（425，240），根据需要还可以为右上角的关闭按钮套上“热区”，单击“关闭”按钮时，可以隐藏弹窗，如图 18-11 所示。

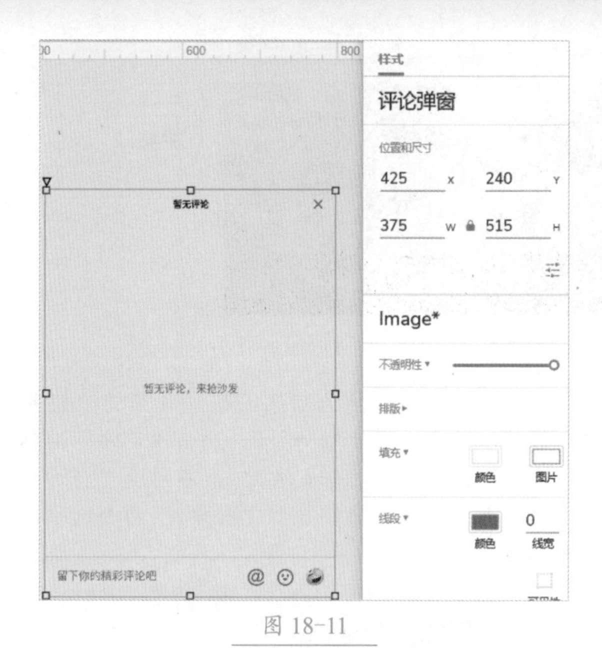

图 18-11

Step 04 为“评论按钮热区”添加“单击时”事件，单击时隐藏“评论弹窗”，动画效果为“向上滑动”，时长为 500 毫秒，若在实际的项目中，有多层元件信息，为防止弹窗被遮挡，可勾选“置于顶层”复选框，如图 18-12 所示。

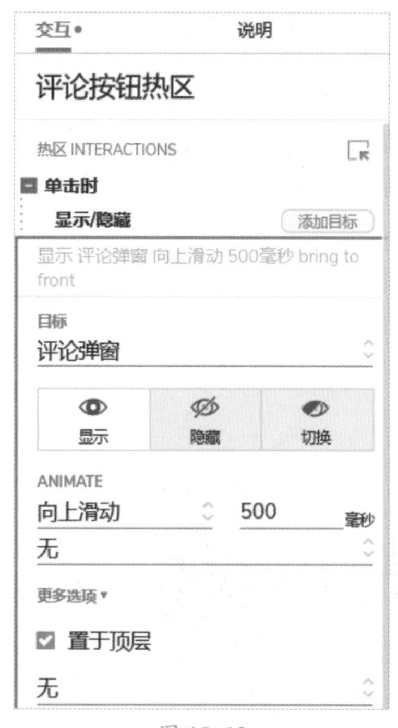

图 18-12

Step 05 因为调整了“评论弹窗”的位置，所以在页面载入时可以将“评论弹窗”移动到指定位置（0，240），如图 18-13 所示。

图 18-13

Step 06 为“视频面板”添加一个“单击时”事件，在单击时隐藏评论弹窗，如图 18-14 所示。

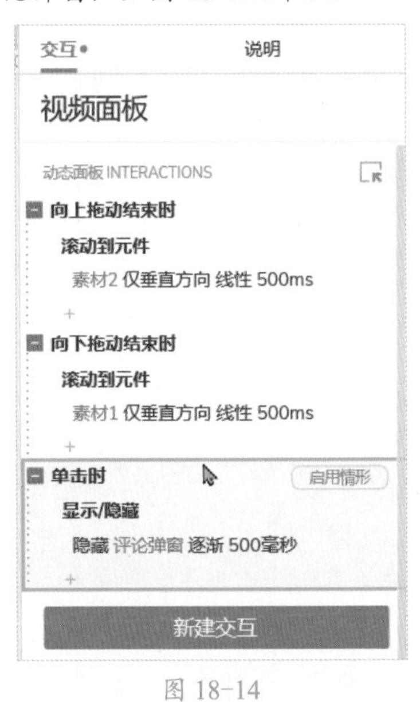

图 18-14

Step 07 预览原型查看效果，单击评论信息时，从底部弹出评论弹窗，单击“视频面板”区域则隐藏评论弹窗，效果如图 18-15 所示。

图 18-15

18.2 网易云音乐

网易云音乐是一个后起之秀，“出道”比很多 APP 晚，却迅速收获大批粉丝。这款 APP 可以根据你喜欢的一首歌智能推荐与之风格相似的歌单。网易云音乐的界面设计简洁大气，通过原型案例一起来了解吧。

18.2.1 播放音乐主页面交互效果

本小节同样提供了素材图片供参考，播放界面的功能很多，界面设计以简洁为主，比较清爽。网易云音乐播放页面的构成如图 18-16 所示，原型设计思路如表 18-1 所示。

图 18-16

表 18-1 原型设计思路

页面组成元素	设计思路
❶ 标题栏	透明，左侧是一个向左的箭头，可以返回上一个交互页面，箭头右侧依次是歌曲名和歌手名，使用不同的字号和字色进行区分，歌手名后面有一个向右的小箭头，单击可以查看该歌手的更多专辑信息。标题栏右侧是两个图标，分别是音乐直播按钮和分享按钮
❷ 唱片封面	播放时唱片封面会顺时针 360° 循环旋转，周围是一个音浪动画，会跟随音乐的起伏变化，原型设计时可以忽略。单击封面可以查看歌词，纯音乐则提示没有歌词
❸ 工具条	从左到右分别是收藏、下载、K 歌（唤醒另一个 APP）、评论、更多菜单，这些按钮都可以在阿里巴巴矢量图标库获得，收藏和弹出菜单的设计在前面章节都有介绍，评论和抖音的评论相似，不过网易云的弹出是全屏设计，可使用前面学习的元件填充内容设计，如卡片式交互

续表

页面组成元素	设计思路
❹ 歌曲播放进度条	左侧是总时长，右侧是剩余时长，进度条的设计可以参考 Win 10 系统的滑块元件设计，利用前面学习的函数制作动态效果
❺ 播放相关按钮	按钮图标既可以在阿里巴巴矢量图标库中获得，也可以使用钢笔工具绘制；播放和暂停按钮可以使用动态面板切换状态；上一首、下一首也可以使用动态面板变换标题栏和中间的封面

18.2.2 摇摆的乐签交互效果

一张卡片（“乐签”）往左边或者右边滑动时，角度会随着滑动力度开始倾斜，当倾斜的角度超出限定边界时卡片消失，未达到限定边界时卡片回到滑动起始位置，这样的效果会用到大量的情形判断，把逻辑理清楚就好。

Step 01 新建页面并命名为“摇摆的乐签交互效果”，页面尺寸选择“iPhone 8（375×667）”，拖入两条垂直线，分别命名为“左边线”和“右边线”，设置“位置”的参数分别为（53，140）和（332，140），如图 18-17 所示。

图 18-17

Step02 页面的填充色设置为“#E2E6EA”，拖入“矩形 2”元件，命名为“卡片”，设置“位置”的参数为（73，140），“尺寸”的参数为（232，200），字号设置为 18，字色设置为“#727B84”，文本内容为“个性签名”，如图 18-18 所示。

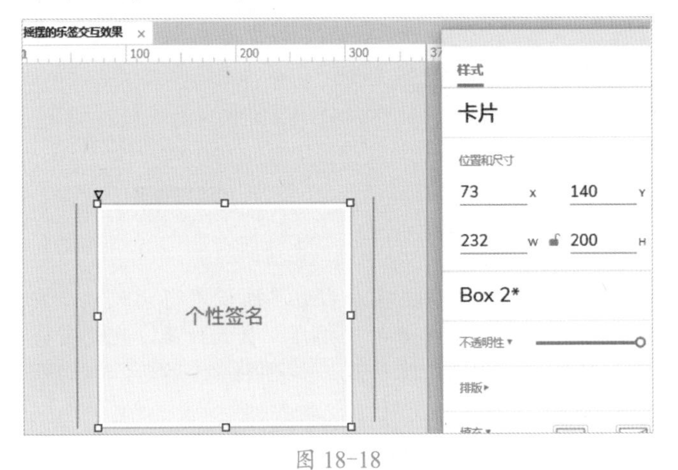

图 18-18

Step03 将“卡片”转换为“动态面板”，并命名为“卡片面板”。记住涉及滑动和拖动的操作都要转换为动态面板，如图 18-19 所示。

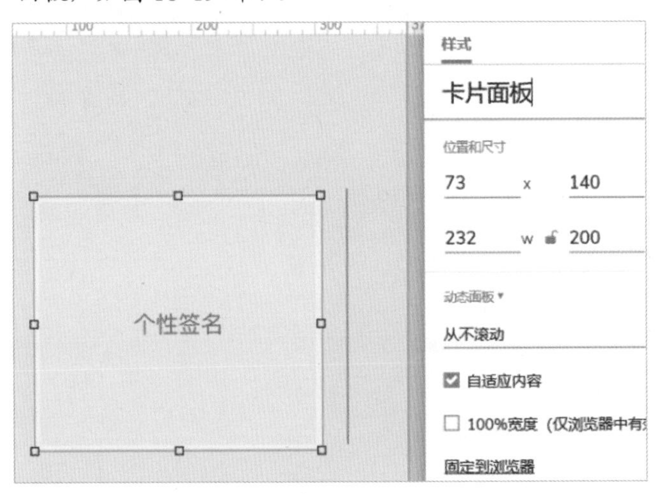

图 18-19

Step04 为“卡片面板”添加“拖动时”事件，移动设置为“跟随水平拖动”，如图 18-20 所示。

Step05 继续为“卡片面板”添加“旋转”动作，目标为卡片面板，顺时针旋转，到达 5° 即可隐藏动画，如图 18-21 所示。

图 18-20

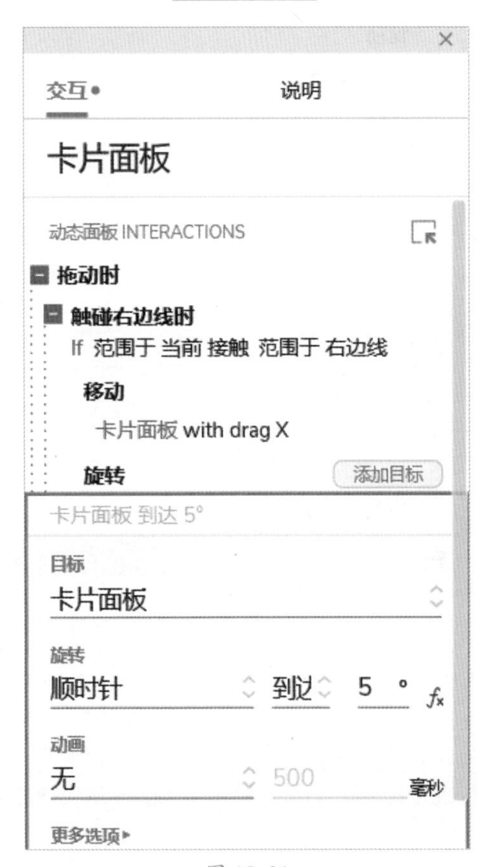

图 18-21

Step 06 添加一个情形，将第一步中添加的边线作为判断条件，情形名称为“触碰右边线时”，元件范围设置为当前元件，接触到右边线时触发拖动交互，如图 18-22 所示。

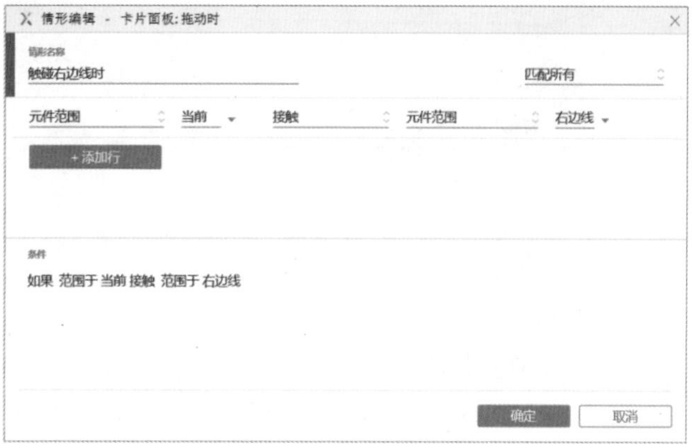

情形编辑 - 卡片面板: 拖动时
情形名称
触碰右边线时
匹配所有
元件范围
当前
接触
元件范围
右边线
+添加行
条件
如果 范围于 当前 接触 范围于 右边线
确定
取消

图 18-22

Step 07 复制上一步中的情形，并将其重命名为“触碰左边线时”，旋转为逆时针，其余不变，如图 18-23 所示。

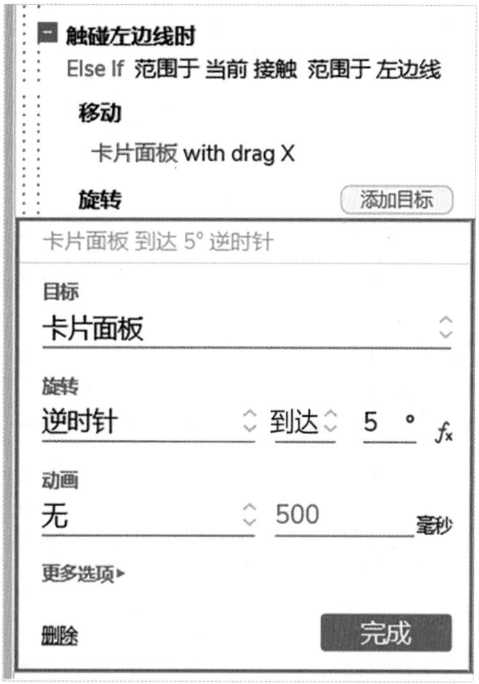

触碰左边线时
Else If 范围于 当前 接触 范围于 左边线
移动
卡片面板 with drag X
旋转
添加目标
卡片面板 到达 5° 逆时针
目标
卡片面板
旋转
逆时针
到达
5 °
动画
无
500
毫秒
更多选项
删除
完成

图 18-23

Step 08 继续添加一个情形，命名为“都未触碰”，条件变为未接触，并添加一个条件，在右上角选择“匹配所有”选项，表明两个条件都要满足。单击“确定”按钮，调整旋转角度为 0°，未触及时不旋转，如图 18-24 所示。

情形编辑 - 卡片面板: 拖动时
情形名称
都未触碰
匹配所有
元件范围
当前
未接触
元件范围
左边线
元件范围
当前
未接触
元件范围
右边线
+添加行
条件
如果 范围于 当前 未接触 范围于 左边线
并且 范围于 当前 未接触 范围于 右边线
确定
取消

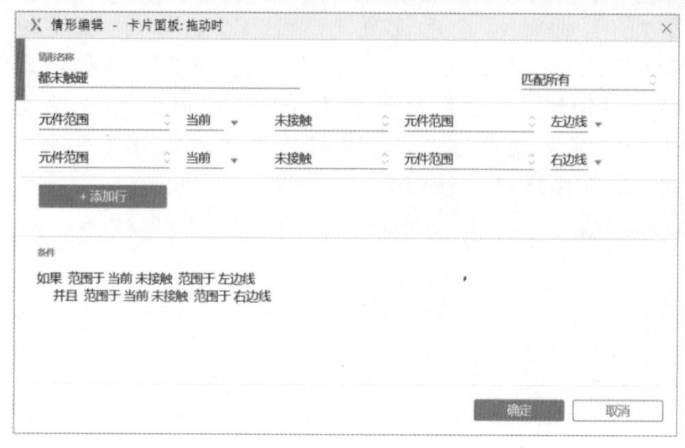

图 18-24

Step 09 由于前面的步骤将左右边界线设定得比较远，在移动卡片时为达到更好的“摇摆”交互效果，把两条线段移动到卡片面板边缘位置，如图 18-25 所示。

100
200
300
个性签名

图 18-25

Step 10 为“卡片面板”添加“拖动结束时”事件，设定为“未超出屏幕边缘”，页面宽度为 375，0~375 就是屏幕的宽度范围；This.x 指当前元件，即“卡片面板” *X* 坐标值；>=0 表示未超出左边屏幕范围，<=142 表示未超出右边屏幕范围，之所以不是 375，是因为元件本身还有宽度。在范围内移动，放开手时，则将元件移回原来的位置，这里使用固定值（73，140），动画设置为线性，时长为 500 毫秒，如图 18-26 所示。

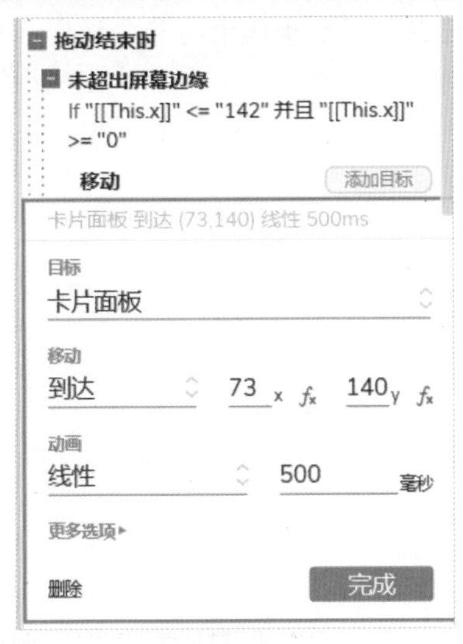

图 18-26

Step 11 继续添加“旋转”动作，设置卡片面板到达 0° 时恢复起始外观，令“旋转”动作在“移动”动作之前，确保先执行“旋转”再执行“移动”，如图 18-27 所示。

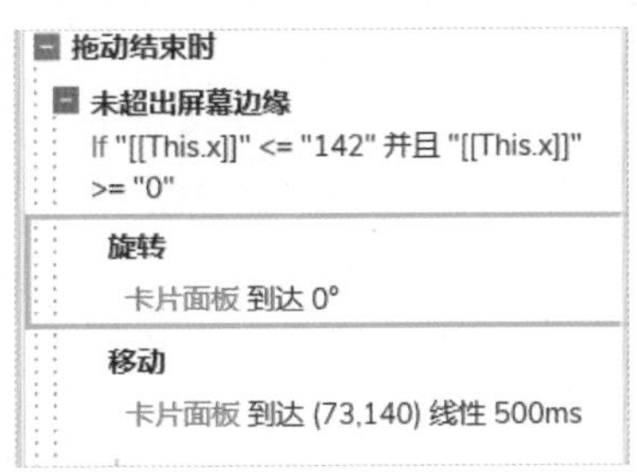

图 18-27

Step 12 复制上步中的情形，命名为“超出右侧屏幕边缘”，条件为元件 *X* 坐标值大于 142，删除“旋转”动作并移动到（374，140），这个位置差不多是元件消失在右侧边缘的值，如图 18-28 所示。

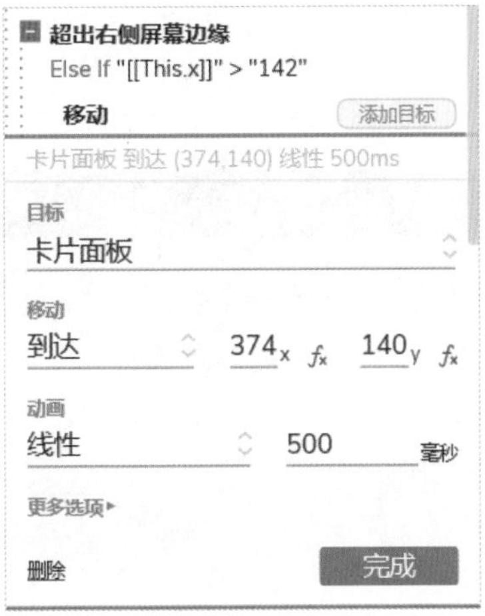

图 18-28

Step 13 卡片还需要添加一个消失的效果，添加逐渐隐藏交互效果，如图 18-29 所示。

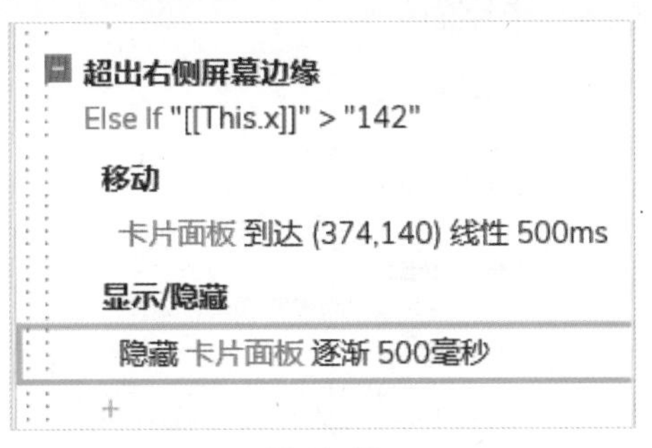

图 18-29

Step 14 复制“超出右侧屏幕边缘”情形，命名为“超出左侧屏幕边缘”，设置到达位置为（-231，140），如图 18-30 所示。

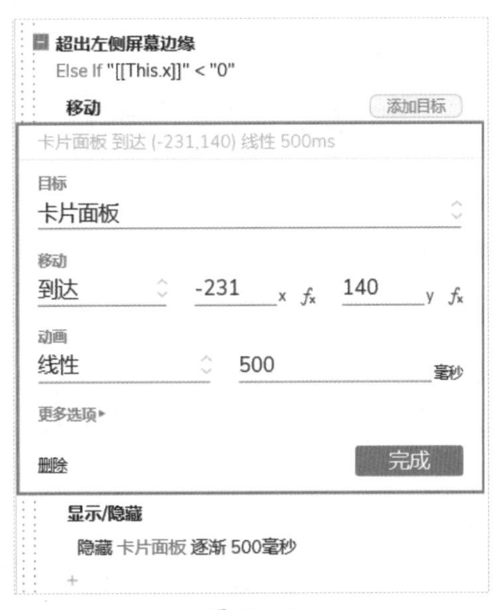

图 18-30

Step 15 “卡片面板”的所有交互动作如图 18-31 所示，共 2 个事件，6 种不同的情形。

Step 16 为“卡片面板”添加一个外阴影效果，然后选中左右边线，将线色设置为“#E2E6EA”，不能直接隐藏边线，否则前面步骤中判断的是否接触“元件范围”将不生效，效果如图 18-32 所示。

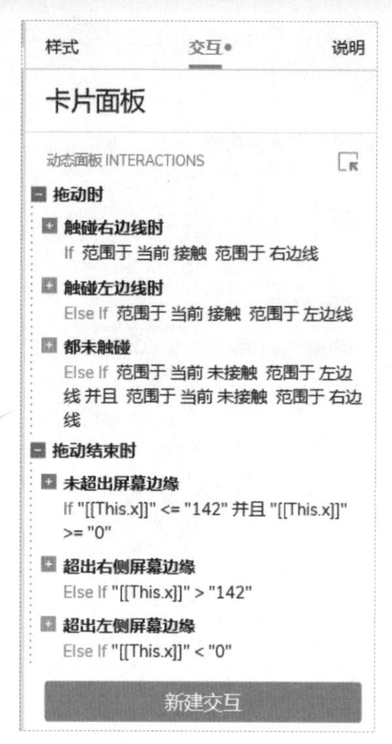

图 18-31

图 18-32

Step 17 确保已完成上述步骤中的所有操作，按住“Ctrl”键不放，复制多个元件，使之重叠，方便后续演示，如图 18-33 所示。

图 18-33

Step 18 预览原型，左右滑动页面，与“乐签”的效果对比如图 18-34 所示。

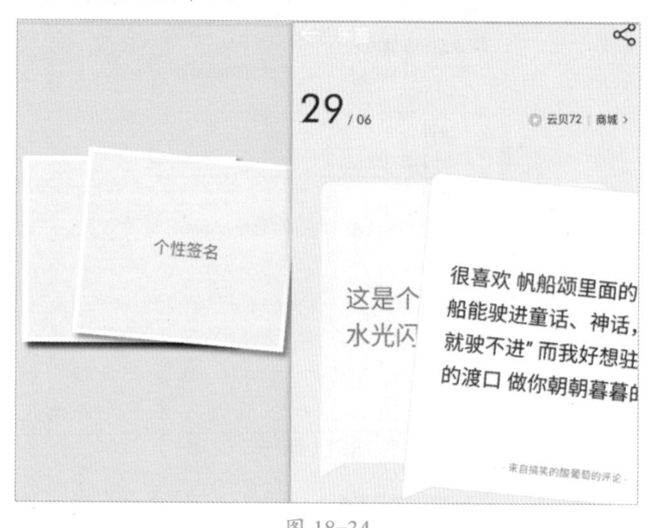

图 18-34

本章小结

本章介绍了抖音 APP 手指上下滑动切换视频效果及评论交互效果，使用的都是图片素材。移动端的原型，可以使用 Axure Cloud APP 将云上的原型下载到本地预览。网易云音乐也介绍了两种功能布局设计，一个是播放页面的功能布局及如何设计原型，另一个则是纯使用拖动交互的案例，涉及拖动开始时、拖动时、拖动结束时 3 个事件，拖动结束时还可以细分为上下左右拖动结束时，以及接触 / 未接触及元件范围。

附录 常用快捷键索引

一、常用操作

操作	Windows 快捷键	macOS 快捷键
剪切	Ctrl+X	CMD+X
复制	Ctrl+C	CMD+C
粘贴	Ctrl+V	CMD+V
粘贴为纯文本	Ctrl+Shift+V	CMD+Shift+V
粘贴包含锁定的小部件	Ctrl+Shift+Alt+V	CMD+Shift+OPT+V
粘贴样式	Ctrl+Alt+V	CMD+OPT+V
重复	Ctrl+D	CMD+D
撤销	Ctrl+Z	CMD+Z
重做	Ctrl+Y	CMD+Y
全选	Ctrl+A	CMD+A
打开文件	Ctrl+O	CMD+O
新建文件	Ctrl+N	CMD+N
保存文档	Ctrl+S	CMD+S
另存为	Ctrl+Shift+S	CMD+Shift+S
退出	Alt+F4	CMD+Q
打印	Ctrl+P	CMD+P
查找	Ctrl+F	CMD+F
更换	Ctrl+H	CMD+R
帮助	F1	F1
拼写检查	F7	CMD+Shift+;
首选项(偏好设置)	F9	CMD+,

二、文本样式

操作	Windows 快捷键	macOS 快捷键
加粗	Ctrl+B	CMD+B
下划线	Ctrl+U	CMD+U
斜体	Ctrl+I	CMD+I

三、画布

操作	Windows 快捷键	macOS 快捷键
切换页面窗口（两个之间）	Ctrl+Tab	
切换页面窗口（多个之间）	Ctrl+Shift+Tab	
顺序向右切换页面窗口	Ctrl+Alt+ →	CMD+OPT+ →
顺序向左切换页面窗口	Ctrl+Alt+ ←	CMD+OPT+ ←
关闭页面 / 母版	Ctrl+W	CMD+W
关闭窗口	Alt+F4	CMD+Shift+W
关闭所有标签	Ctrl+Shift+W	CMD+Shift+OPT+W
向上滚动	PageUp	PageUp
向下滚动	PageDown	PageDown
向左滚动	Shift+PageUp	Shift+PageUp
向右滚动	Shift+PageDown	Shift+PageDown
放大	Ctrl++	CMD++
缩小	Ctrl+-	CMD+-
重设缩放	Ctrl+0	CMD+0
中心画布	Ctrl+1	CMD+1
缩放到选择	Ctrl+2	CMD+2
中心选择	Ctrl+3	CMD+3
移至位置（0,0）	Ctrl+9	CMD+9
手型移动空间模式	Space	Space
临时隐藏网格 / 向导	Ctrl+Space	Ctrl+Space
显示网格	Ctrl+'	CMD+'
显示全局向导	Ctrl+Alt+,	CMD+OPT+,
显示页面向导	Ctrl+Alt+.	CMD+OPT+.

四、插入对象

操作	Windows 快捷键	macOS 快捷键	单键
插入长方形	Ctrl+Shift+B	CMD+Shift+B	R
插入椭圆	Ctrl+Shift+E	CMD+Shift+E	O
插入线条	/	/	L
插入文本	Ctrl+Shift+T	CMD+Shift+T	T
钢笔工具	Ctrl+Shift+P	CMD+Shift+P	P

五、编辑

操作	Windows 快捷键	macOS 快捷键	单键
分组	Ctrl+G	CMD+G	/
取消分组	Ctrl+Shift+G	CMD+Shift+G	/
上移一层	Ctrl+]	CMD+]	/
下移一层	Ctrl+[	CMD+[	/
置于顶层（对象）	Ctrl+Shift+]	CMD+Shift+]	/
置于底层（对象）	Ctrl+Shift+[	CMD+Shift+[	/
左对齐	Ctrl+Alt+L	CMD+OPT+L	/
居中对齐	Ctrl+Alt+C	CMD+OPT+C	/
右对齐	Ctrl+Alt+R	CMD+OPT+R	/
顶部对齐	Ctrl+Alt+T	CMD+OPT+T	/
中部对齐	Ctrl+Alt+M	CMD+OPT+M	/
底部对齐	Ctrl+Alt+B	CMD+OPT+B	/
文本左对齐	Ctrl+Shift+L	CMD+Shift+L	/
文本居中对齐	Ctrl+Shift+C	CMD+Shift+C	/
文本右对齐	Ctrl+Shift+R	CMD+Shift+R	/
水平分布	Ctrl+Shift+H	CMD+Shift+H	/
垂直分布	Ctrl+Shift+U	CMD+Shift+U	/
转换为动态面板	Ctrl+Shift+Alt+D	CMD+Shift+OPT+D	/
转换为母版	Ctrl+Shift+Alt+M	CMD+Shift+OPT+M	/

续表

操作	Windows 快捷键	macOS 快捷键	单键
脱离（从动态面板或母版容器中脱离）	Ctrl+Shift+Alt+B	CMD+Shift+OPT+B	/
锁定位置和大小	Ctrl+K	CMD+K	/
解锁位置和大小	Ctrl+Shift+K	CMD+Shift+K	/
编辑位置和大小	Ctrl+L	CMD+L	/
在保留宽高比的同时调整宽或高的大小	Shift+Enter	Shift+Enter	/
分割图片	Ctrl+Shift+Alt+S	CMD+Shift+OPT+S	S
裁剪图片	Ctrl+Shift+Alt+C	CMD+Shift+OPT+C	C
插入文字链接	Ctrl+Shift+Alt+H	CMD+Shift+OPT+H	/
从所有视图中删除	Ctrl+DEL	CMD+DEL	/
将焦点设置为按 Tab 键顺序中的下一个小部件	Tab	Tab	/
将焦点设置为 Tab 键顺序中的上一个小部件	Shift+Tab	Shift+Tab	/
脚标上移	Ctrl+J	CMD+J	/
脚标下移	Ctrl+Shift+J	CMD+Shift+J	/
减小字体大小	Ctrl+Alt+-	CMD+OPT+-	/
增加字体大小	Ctrl+Alt++	CMD+OPT++	/
变更字型	Ctrl+T	CMD+T	/
透明度设置（1 代表 10%，2 代表 20%，以此类推）	/	/	0—9

六、形状变换

操作	Windows 快捷键	macOS 快捷键
合并	Ctrl+Alt+U	CMD+OPT+U
去除	Ctrl+Alt+S	CMD+OPT+S
相交	Ctrl+Alt+I	CMD+OPT+I
排除	Ctrl+Alt+X	CMD+OPT+X
更改矢量点样式	1（折线），2（曲线）	1（折线），2（曲线）

七、页面 / 目录

操作	Windows 快捷键	macOS 快捷键
新建一个页面	Ctrl+Enter	CMD+Enter
新建文件夹	Ctrl+Shift+Enter	CMD+Shift+Enter
缩进所选项目	Tab	Tab
突出所选项目	Shift+Tab	Shift+Tab
上移所选项目	Ctrl+ ↑	CMD+ ↑
下移所选项目	Ctrl+ ↓	CMD+ ↓
搜索	在面板中输入搜索内容	在面板中输入搜索内容
全部搜索	Ctrl+Shift+F	CMD+Shift+F
从搜索栏移至结果列表	↓	↓
从结果列表返回搜索栏	Shift+Tab	Shift+Tab
退出搜索	ESC	ESC
复制选中的页面	Ctrl+D	CMD+D

八、光标模式

操作	Windows 快捷键	macOS 快捷键	单键
相交选中	Ctrl+Alt+1	CMD+OPT+1	/
包含选中	Ctrl+Alt+2	CMD+OPT+2	/
连接器	Ctrl+E	CMD+E	E
点	Ctrl+Alt+P	CMD+OPT+P	/

九、面板（栏目）

操作	Windows 快捷键	macOS 快捷键	单键
定位至交互面板	Ctrl+Shift+X	CMD+Shift+X	X
定位至说明面板	Ctrl+Shift+N	CMD+Shift+N	N
显示或隐藏左侧面板	Ctrl+Alt+[	CMD+OPT+[	/
显示或隐藏右侧面板	Ctrl+Alt+]	CMD+OPT+]	/

十、发布

操作	Windows 快捷键	macOS 快捷键	单键
预览	Ctrl+.	CMD+.	/
预览选项	Ctrl+Shift+Alt+P	CMD+Shift+OPT+P	/
发布到 Axure Cloud	Ctrl+/	CMD+/	/
生成 HTML	Ctrl+Shift+O	CMD+Shift+O	/
重新生成当前页面	Ctrl+Shift+I	CMD+Shift+I	/
生成说明书	Ctrl+Shift+D	CMD+Shift+D	/
生成器配置	Ctrl+Shift+M	CMD+Shift+M	/

十一、账户

操作	Windows 快捷键	macOS 快捷键
登录	Ctrl+F12	CMD+F12